中 国 国 家 标 准 汇 编

462

GB 25184～25214

（2010 年制定）

中国标准出版社　编

中国质检出版社
中国标准出版社
北　京

图书在版编目（CIP）数据

中国国家标准汇编：2010年制定. 462：GB 25184～25214/中国标准出版社编. —北京：中国标准出版社，2011
ISBN 978-7-5066-6487-5

Ⅰ. ①中… Ⅱ. ①中… Ⅲ. ①国家标准-汇编-中国-2010 Ⅳ. ①T-652.1

中国版本图书馆CIP数据核字(2011)第187859号

中国质检出版社
中国标准出版社 出版发行
北京市朝阳区和平里西街甲2号(100013)
北京市西城区三里河北街16号(100045)
网址:www.spc.net.cn
总编室:(010)64275323 发行中心:(010)51780235
读者服务部:(010)68523946
中国标准出版社秦皇岛印刷厂印刷
各地新华书店经销
*
开本 880×1230 1/16 印张 38.25 字数 1 028 千字
2011年12月第一版 2011年12月第一次印刷
*
定价 220.00 元

出 版 说 明

1.《中国国家标准汇编》是一部大型综合性国家标准全集。自1983年起，按国家标准顺序号以精装本、平装本两种装帧形式陆续分册汇编出版。它在一定程度上反映了我国建国以来标准化事业发展的基本情况和主要成就，是各级标准化管理机构，工矿企事业单位，农林牧副渔系统，科研、设计、教学等部门必不可少的工具书。

2.《中国国家标准汇编》收入我国每年正式发布的全部国家标准，分为"制定"卷和"修订"卷两种编辑版本。

"制定"卷收入上一年度我国发布的、新制定的国家标准，顺延前年度标准编号分成若干分册，封面和书脊上注明"20××年制定"字样及分册号，分册号一直连续。各分册中的标准是按照标准编号顺序连续排列的，如有标准顺序号缺号的，除特殊情况注明外，暂为空号。

"修订"卷收入上一年度我国发布的、修订的国家标准，视篇幅分设若干分册，但与"制定"卷分册号无关联，仅在封面和书脊上注明"20××年修订-1，-2，-3，……"字样。"修订"卷各分册中的标准，仍按标准编号顺序排列（但不连续）；如有遗漏的，均在当年最后一分册中补齐。需提请读者注意的是，个别非顺延前年度标准编号的新制定的国家标准没有收入在"制定"卷中，而是收入在"修订"卷中。

读者配套购买《中国国家标准汇编》"制定"卷和"修订"卷则可收齐上一年度我国制定和修订的全部国家标准。

3.由于读者需求的变化，自1996年起，《中国国家标准汇编》仅出版精装本。

4.2010年我国制修订国家标准共2846项。本分册为"2010年制定"卷第462分册，收入国家标准GB 25184～25214的最新版本。

中国标准出版社

2011年8月

目　　录

ICS 71.040.40
G 04

中华人民共和国国家标准

GB/T 25184—2010

X射线光电子能谱仪检定方法

Verification method for X-ray photoelectron spectrometers

2010-09-26 发布　　2011-08-01 实施

中华人民共和国国家质量监督检验检疫总局
中国国家标准化管理委员会　发布

前　言

本标准按照 GB/T 1.1—2009 给出的规则起草。

本标准由全国微束分析标准化技术委员会表面分析分委员会归口。

本标准负责起草单位:福建光电有限公司、厦门大学固体表面物理化学国家重点实验室。

本标准主要起草人:王水菊、时海燕、丁训民。

X 射线光电子能谱仪检定方法

1 范围

本标准规定了 X 射线光电子能谱仪的检定方法。本标准适用于使用非单色化 Al 或 Mg X 射线或单色化 Al X 射线，且带有溅射清洁用离子枪的 X 射线光电子能谱仪的检定。

2 规范性引用文件

下列文件对于本文件的应用是必不可少的，凡是注日期的引用文件，仅注日期的版本适用于本文件。凡是不注日期的引用文件，其最新版本(包括所有的修改单)适用本文件。

GB/T 19500—2004 X 射线光电子能谱分析方法通则

GB/T 21006—2007 表面化学分析 X 射线光电子能谱仪和俄歇电子能谱仪 强度标的线性(ISO 21270:2004,IDT)

GB/T 22461—2008 表面化学分析 词汇(ISO 18115:2001,IDT)

GB/T 20175—2006 表面化学分析 溅射深度剖析 用层状膜系为参考物质的优化方法(ISO 14606:2000,IDT)

GB/T 22571—2008 表面化学分析 X 射线光电子能谱仪 能量标尺的校准(ISO 15472:2001,IDT)

GB/T 25185—2010 表面化学分析 X 射线光电子能谱 荷电控制和荷电校正方法的报告(ISO 19318:2004,IDT)

ISO 15470:1999 表面化学分析 X 射线光电子能谱仪 所选仪器性能参数表述(Surface Chemical Analysis—X-ray photoelectron spectrometers—Description of selected instrumental performance parameters)

ISO 18116 表面化学分析 样品制备和安装程序标准指南(Surface chemical analysis—Guidelines for preparation and mounting of specimens for analysis)

ISO 18118:2004 表面化学分析 AES 和 XPS 均相材料定量分析用实验测定相对灵敏度因子的使用指南(Surface chemical analysis—Auger electron spectroscopy and X-ray photoelectron spectroscopy—Guide to the use of experimentally determined relative sensitivity factors for the quantitative analysis of homogeneous materials)

ISO 18516:2006 表面化学分析 AES 和 XPS 横向分辨率的测定(Surface chemical analysis—Auger electron spectroscopy and X-ray photoelectron spectroscopy—Determination of lateral resolution)

ISO 19319 表面化学分析 AES 和 XPS 横向分辨率、分析面积和分析器分析面积的测定(Surface chemical analysis—Auger electron spectroscopy and X-ray photoelectron spectroscopy—Determination of lateral resolution, analysis area, and sample area viewed by the analyzer)

ISO 24237 表面化学分析 XPS 强度标的重复性和一致性(Surface chemical analysis—X-ray photoelectron spectroscopy—Repeatability and constancy of intensity scale)

3 符号和缩略语

下列符号和缩略语适用于本文件。

3.1 能量标检定的符号和缩略语

a	测得的能量比例误差
b	测得的零点偏移误差，以 eV 为单位
E_{corr}	对某一给定的 E_{meas} 修正后的结合能结果，以 eV 为单位
E_{elem}	某一频繁被测元素的结合能，其值在指出的结合能标尺上已设定，经校准后能准确读出，以 eV 为单位
E_{meas}	测得的结合能，以 eV 为单位
$E_{meas\ n}$	表 1 中对第 n 个峰测得的结合能平均值，以 eV 为单位
$E_{meas\ ni}$	表 1 中第 n 个峰一组结合能测量数据中的一个，以 eV 为单位
$E_{ref\ n}$	表 1 中第 n 个峰在结合能标尺上位置的参考值，以 eV 为单位
m	在定期校准中 Au $4f_{7/2}$ 和 Cu $2p_{3/2}$ 的重复测量次数
n	表 1 中标识峰的标号
U_{95}	置信度 95％时已校准能量标的总不确定度，以 eV 为单位
$U_{95}^{c}(E)$	用 Au $4f_{7/2}$ 和 Cu $2p_{3/2}$ 峰校准产生的在结合能 E 处置信度 95％时的不确定度，假设标尺完全线性，以 eV 为单位
U_{95}^{l}	从式(7)得到的 ε_2 和 ε_3 在置信度 95％时的不确定度，以 eV 为单位
U_{95}^{cl}	由式(12)和式(13)得到的在没有线性误差的情况下，置信度 95％时的校准不确定度
Δ_n	偏移能量，对于表 1 中 n＝1，2，3，4 的峰，在给定的 X 射线源下，由测量校准峰结合能的平均值减去参考能量值给出，以 eV 为单位
ΔE_{corr}	E_{meas} 的修正值，校准后加上以得到正确的结合能值
$\Delta\phi$	从式(16)得到的 Δ_1 和 Δ_4 的平均值
δ_e	置信度 95％时的能量校准容差极限值(由分析者设定)，以 eV 为单位
ε_2	从式(4)得到的、在 Ag $3d_{5/2}$ 峰处测量的标尺线性度误差，以 eV 为单位
ε_3	从式(5)或式(6)得到的、在 Cu L_3VV 峰处测量的标尺线性度误差，以 eV 为单位
σ_R	σ_{R1}、σ_{R2}(或 σ_{R3})和 σ_{R4} 的最大者
σ_{Rn}	对表 1 中第 n 个峰的结合能 7 次测量得到的重复性的标准偏差，以 eV 为单位
σ_{Rnew}	新测峰的重复性的标准偏差，以 eV 为单位

3.2 强度标检定的符号和缩略语

E_{Cu}	测量的 Cu L_3VV 峰的能量值
E_j	第 j 个能量通道的能量值
I_i	AES 中第 i 个电子束流通量值或 XPS 中第 i 个 X 射线阳极发射电流值
k	常数
$M_H(E_j)$	高强度 X 射线谱在能量 E_j 处的校正计数率
M_i	第 i 个通量值的校正计数率
$M_L(E_j)$	低强度 X 射线谱在能量 E_j 处的校正计数率
$N_H(E_j)$	高强度 X 射线谱在能量 E_j 处的测量计数率
N_i	第 i 个通量值的测量计数率
$N_L(E_j)$	低强度 X 射线谱在能量 E_j 处的测量计数率
N_{max}	该系统使用的和使该系统保持在由 $k(1\pm\delta)$ 给定的容许线性离散限范围内的最大计数率
$\pm\delta$	线性的分数极限
τ_e	延长死时间
τ_n	非延长死时间

A_2　　扣除 Shirley 本底后 Cu $2p_{3/2}$ 峰的平均峰面积

A_{2j}　　A_2 的一个分量值，为在一组测量中第 j 次测量的值

A_3　　扣除 Shirley 本底后，Cu 3p 峰的平均峰面积

A_{3j}　　A_3 的一个分量值，为在一组测量中第 j 次测量的值

i　　3 个参量其中之一 P_i 的识别符号

j　　独立测量的参量其中之一 P_{ij} 的下标

P_i　　参量，表示 A_2、A_3 和 A_3/A_2 中任一参量的平均值

P_{ij}　　平均值的参量，第 j 次测量值

$U_{95}(P_i)$　　置信限 95%时 P_i 平均值的不确定度

$\delta(A_3/A_2)$　置信度为 95%时 A_3/A_2 的一致性容差值(由分析者设定)

Δ　　仪器结合能标尺的能量漂移量，等于被测 Cu $2p_{3/2}$ 峰最大强度的结合能值减去 932.7 eV

$\sigma(P_i)$　　参量 P_i 的重复性标准偏差

4　方法原理与系统构成

4.1　方法原理

具有足够能量($h\nu$)的光子与样品相互作用，光子全部能量转移给原子或分子(M)中的束缚电子，使不同能级的电子以特定几率电离。该光电过程表示为：$M+h\nu \rightarrow M^{+*}+e^-$，式中 M^{+*} 为电离后形成的激发态离子，e^- 为光电子。以 X 射线为激发源，检测逸出样品表面的光电子计数按结合能或动能的分布称为 X 射线光电子能谱(简称 XPS)。

XPS 中各特征谱峰的峰位、峰形和强度(峰高或峰面积)反映样品表面的元素组成、相对浓度、化学状态，依此对样品进行表面分析。本标准中的表面化学分析词汇参照 GB/T 22461—2008。本标准中 X 射线光电子能谱仪所选仪器性能参数表述参照 ISO 15470:1999。

4.2　系统构成

XPS 谱仪装置框图见图 1，由激发源、样品室、能量分析器、探测器和数据采集及处理系统、超高真空系统及仪器控制单元等组成。

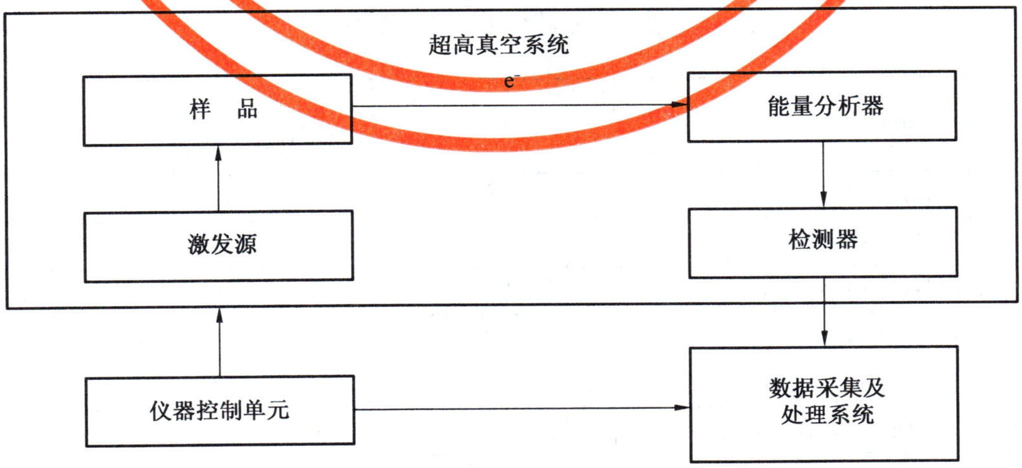

图 1　X 射线光电子能谱仪器装置框图

注：X 射线光电子能谱方法原理和仪器的详细叙述见 GB/T 19500—2004。

5 计量单位与技术指标

5.1 计量单位

XPS 的峰位(结合能,BE)和峰宽以 eV 表示。峰强度以峰高或峰面积表示。峰高以计数(个)或计数率(个/s)表示。峰面积以个·eV 或 eV·个/s 表示。

5.2 技术指标

5.2.1 能量分辨率、灵敏度

各 XPS 仪器厂家对其生产的各种型号的能谱仪能量分辨率、灵敏度等都有明确的指标,检测人员可依据仪器厂家推荐的能谱仪工作参数和操作程序逐项验证。

5.2.2 能量标

参考样品 Au、Ag 和 Cu 的特征峰位在结合能标上的参考值见表 1,用于检定能量标。

表 1 各参考样品特征峰位在结合能标上的参考值 $E_{ref\ n}$

峰序号 n	指认	$E_{ref\ n}$/eV		
		Al Kα	Mg Kα	单色化 Al Kα
1	Au $4f_{7/2}$	83.95	83.95	83.96
2	Ag $3d_{5/2}$	(368.22)	(368.22)	368.21
3	Cu L_3VV	567.93	334.90	—
4	Cu $2p_{3/2}$	932.63	932.62	932.62

注:括号内的 Ag 数据校准时一般不用。

能量标检定指标要求见表 2。

表 2 能量标检定指标要求

项　别	符号	检测要求	
		高准确度	一般准确度
容差极限/eV	$\pm\delta_e$	±0.1	±0.2
重复性标准偏差/eV	σ_R	0.020	0.020
校准测量的不确定度/eV	U_{95}^{cl}	0.052	0.052
能量标的非线性度/eV	ε_2 或 ε_3	0.020	0.020
校准后能量标的不确定度/eV	U_{95}	0.057	0.057
两次校准之间最大容许漂移/eV	$\pm(\delta_e-U_{95})$	±0.043	±0.143
最大校准间隔时间(按稳定月漂移率 0.025 eV 计)/月	—	1.7	5.7

注:不确定度对应 95%的置信度。

5.2.3 强度标

5.2.3.1 强度标的线性

强度标线性离散分数极限 $\delta<5\%$；并据此按本标准 7.2.1 确定在该谱仪工作参数条件下限定的最大测量计数率 N_{max}。

5.2.3.2 强度标的重复性和恒定性

3 种参量 A_2、A_3 和 A_3/A_2 的相对标准偏差 $\sigma(P_i)$ 都小于 3%；置信度为 95% 时 A_3/A_2 的一致性容差值 $\delta(A_3/A_2)$ 对于不同检测要求分别为：要求高准确度的 $\delta(A_3/A_2)\leqslant2\%$，一般准确度的 $\delta(A_3/A_2)\leqslant6\%$。

6 检定环境

6.1 外观要求

仪器外观应有下列标志：名称、型号、制造厂名、出厂日期、使用的电源等。

6.2 安装场所要求

安装场所应避免灰尘、震动和磁场，有独立接地地线，接地电阻小于 10 Ω。

6.3 电源

仪器电源：交流单相 220 V±22 V，50 Hz；交流三相 380 V±38 V，50 Hz。
计算机电源：交流 220 V±22 V，50 Hz。

6.4 环境温度与湿度

环境温度：20 ℃±5 ℃，稳定性为±1 ℃。
相对湿度：40%～65%之间。

6.5 冷却水

仪器冷却水为含有 10%（质量分数）异丙醇的蒸馏水或去离子水，自循环系统，水流量、水温需保证仪器正常工作。

7 检定项目与方法

7.1 能量标检定

能量标检定方法参照 GB/T 22571—2008。

7.1.1 参考样品

使用的参考样品为 Cu、Au 和 Ag 的多晶金属箔，其纯度优于 99.99%。安装样品要保证电接触良好，禁用双面胶带。检测所用参考样品表面均需用 Ar^+ 溅射清洁，直至氧和碳的 1s 信号高度均低于全谱中最强金属峰高度的 2%。要求在完成检定校准或该工作日结束时（以先到为准），氧和碳 1s 峰高度不超过最强金属峰高度的 3%。尽量在一个工作日内完成本标准的相关工作。如果所需时间超过一天，则在每天开始前要确保样品的清洁度。

注意 Ar^+ 溅射区域应大于检测区域。也应注意过度的溅射可能会使样品表面变得很粗糙而导致绝对发射强度明显的变化。

注：本标准各检定项目的样品制备和安装均参照 ISO 18116。

7.1.2 设置谱仪工作参数

根据能量标检定的需要设置能谱仪的工作参数：X 射线源参数和能谱仪参数，通能、减速比、狭缝、透镜参数等。

7.1.3 操作仪器

为了保持谱仪的结合能标不失准，结合能的重复性标准偏差、标尺的线性度误差以及校准间隔时间都需要确定。确定的步骤如图 2 的流程图所示。

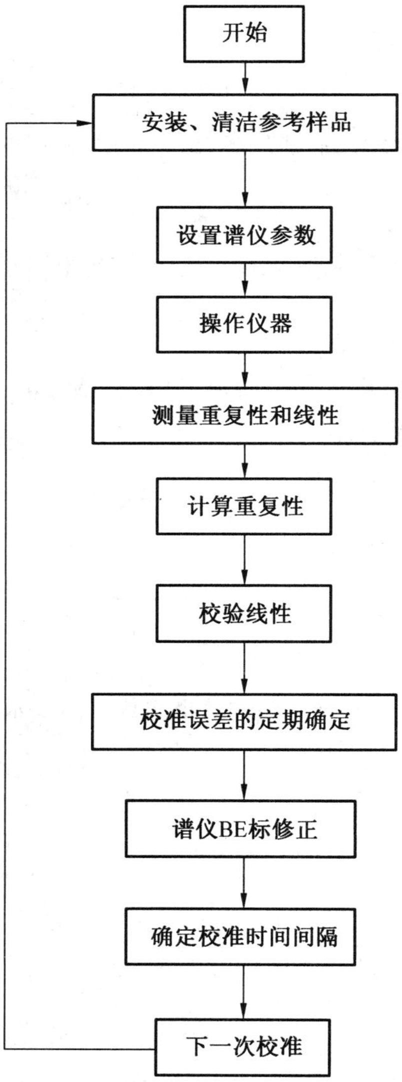

图 2 能量标检定操作程序图

7.1.4 峰结合能重复性标准偏差及标尺线性的测量

7.1.4.1 峰结合能重复性标准偏差 σ_R 按 7.1.4.4 至 7.1.4.7 所述步骤，用 Au $4f_{7/2}$、Ag $3d_{5/2}$（或

Cu L_3VV)和 Cu $2p_{3/2}$ 峰测量，通常只需在对给定的设置参数组合进行首次能量校准时进行。表 3 给出了本标准所定义的部分典型参数的值，这些值会在 95%的置信度下导致标称容差极限达±0.1 eV 和±0.2 eV。注意表 3 中在两次校准之间可容许的漂移的重要性，因而要遵循图 2 的流程。σ_R 的值只对选定的那组条件有效，并会受分析时采用的样品定位步骤的影响。为保持一致起见，这一样品定位步骤应遵循考虑制造商推荐方法后制定出来的操作方案。这部分测量要求每一个需进行能量校准的谱仪操作设置都要做。在仪器发生任何大的变动后也要重复这样的测量。

表 3　对结合能标校准的误差估算起作用的项
（不确定度对应 95%的置信度，定期校准 $m=2$。范例说明所选参数对校准不确定度和所需重校间隔时间的影响）

项　　别	符号	计算依据	范　　例				
			要求 高准确度		不要求 高准确度		
容差极限/eV	$\pm\delta_c$	自选	±0.1		±0.2		所作选择取决于对准确度的要求以及在定期校准之间的时间段内的采谱数
重复性标准偏差/eV	σ_R	(1)式	0.020		0.020		首次校准时测得的谱仪特性(见 7.1.4)
每一组谱的测量次数	m	自选 $m=1$ 或 2	$m=1$	$m=2$	$m=1$	$m=2$	
校准测量的不确定度/eV	U^1_{95}	式(12)或(13)	0.074	0.052	0.074	0.052	
标尺的非线性度/eV	ε_2 或 ε_3	式(4)、(5)或(6)	0.020	0.020	0.020	0.020	首次校准时测得的谱仪特性(见 7.1.4)
校准后能量标尺的不确定度/eV	U_{95}	式(11)	0.078	0.057	0.078	0.057	
两次校准之间的最大容许漂移/eV	$\pm(\delta_c-U_{95})$	δ_c 和 U_{95}	±0.022	±0.043	±0.122	±0.143	规定了在谱仪有可能超出所选极限$\pm\delta_c$ eV 前的容许漂移
最大校准间隔时间(按稳定月漂移率 0.025 eV 计)/月	—	7.1.9	0.9	1.7	4.9	5.7	选一个在此出差错安全限的最大值以下且小于 4 个月的方便间隔时间
可选校准间隔时间/月	—	根据观察到的漂移特性进行选择	此选项不实用	1	3	4	

7.1.4.2　结合能标线性用 7.1.4.6 所述方法确定，对非单色化的 Al 和 Mg X 射线采用 Cu L_3VV 俄歇电子峰，对单色化 Al X 射线采用 Ag $3d_{5/2}$ 光电子峰。它要与重复性测量同时进行以减少工作量和不确定度。

7.1.4.3　数据采集顺序在 7.1.4.4 至 7.1.4.7 中作了规定，对于非单色化的 Al 或 Mg X 射线，为 Au $4f_{7/2}$、Cu $2p_{3/2}$、Cu L_3VV，并按此顺序再重复 6 次；对于单色化 Al X 射线，为 Au $4f_{7/2}$、Cu $2p_{3/2}$、Ag $3d_{5/2}$，并按此顺序再重复 6 次。

注： Au $4f_{7/2}$ 峰通常最弱，尽管有的谱仪有时 Cu L_3VV 峰可能更弱，但从 Au $4f_{7/2}$ 峰着手更易于定出适用于所有峰的一组通用条件。

7.1.4.4 将 Au 样品置于分析位置，使被测电子的出射角保持在与样品平面法线成 0°～56°的范围内。按规定步骤调节样品位置，然后采用在 7.1.2 选定的那组条件以合适的 X 射线功率和通道停留时间记录 Au $4f_{7/2}$峰，使结合能峰值处超过 40 000 计数/通道。扫描时通道能量间隔大致设在 0.05 eV 或 0.1 eV。这取决于使用者想以何种方式确定峰结合能，如稍后将在 7.1.5.1 中所述。扫描范围为峰位两侧至少各 1 eV。确保正确的峰已在宽能量范围（全谱）扫描中识别出。Au $4f_{7/2}$峰（峰 1）的参考结合能见表 1。

很多谱仪控制单元可在大范围内改变能量标扫描速率。高扫描速率可能引起峰结合能测量值的漂移。要确保所用扫描速率不引起明显峰移。

注：校准峰的参考结合能值随出射角 θ 的改变而改变。本标准内的参考值仅对 $0°\leqslant\theta\leqslant56°$有效。

7.1.4.5 用相同样品定位步骤和相同出射角代之以铜样品。保持谱仪设置参数不变，记录 Cu $2p_{3/2}$峰，录谱时间要长到能保证在峰值处超过 40 000 个计数/通道。从至少比峰值低 1 eV 处扫描到比峰值高 1 eV 处。确保正确的峰已在宽能量（全谱）扫描时被辨识。

7.1.4.6 在选定的通能、减速比、狭缝、透镜设置等谱仪设置参数组合下，接着记录 Cu L_3VV 峰（如所用的是非单色化 Al 或 Mg X 射线）或在同一出射角下用银样品替换铜样品，按定位步骤放好，记录 Ag $3d_{5/2}$峰（如所用的是单色化 Al X 射线）。

7.1.4.7 按 7.1.4.4、7.1.4.5 和 7.1.4.6 的顺序再重复测量 6 次，使这 3 个峰中的每一个都有 7 个独立的记录。为了节省时间，这些谱的扫描宽度可以缩小到峰值±0.5 eV 的范围，除非所选用的确定峰结合能的软件要求更宽，见 7.1.5.1.2。

7.1.5 计算峰结合能的重复性标准偏差

7.1.5.1 用以下描述的两种方法中的一种确定测得峰的结合能。

7.1.5.1.1 第一种方法是用最小二乘法以抛物线拟合峰顶周围的数据。所选择的数据点应做到在最大峰强前后的数目大致相等，且应始于和终于其强度在该值从零强度算起 87%至 95%的范围内。

7.1.5.1.2 第二种方法也是用最小二乘法拟合 7.1.5.1.1 中规定的强度间隔中的数据点，但要使用在一些数据系统中用于峰拟合的软件来确定结合能。这种方法只在峰拟合能用且仅限于用方法 1 规定的数据点的条件下适用。可以扣除或添加一个常数本底来辅助拟合，但是不能扣除或利用诸如斜线或 Shirley 和 Tougaard 这样的非对称的本底作为拟合程序的一部分。拟合时要用高斯、洛仑兹或 Voigt 等单纯对称函数的单峰，或这些函数的和或积。

7.1.5.2 对三个峰中的每一个列出 7 个结合能测量值。

7.1.5.3 对每一个峰 n，根据 7 个测量值 $E_{\mathrm{meas}\,ni}$ 计算出平均的结合能 $E_{\mathrm{meas}\,n}$，然后用式(1)按 7.1.4 计算出 7 个 Au $4f_{7/2}$峰能量测量值 $E_{\mathrm{meas}\,1i}$ 的重复性标准偏差 σ_{R1}：

$$\sigma_{\mathrm{R1}}^2=\sum_{i=1}^{7}\frac{1}{6}(E_{\mathrm{meas}\,1i}-E_{\mathrm{meas}\,1})^2 \qquad \cdots\cdots(1)$$

其中，$E_{\mathrm{meas}\,1}$是 $E_{\mathrm{meas}\,1i}$ 的平均值。Ag $3d_{5/2}$（或 Cu L_3VV）和 Cu $2p_{3/2}$峰的重复性标准偏差 σ_{R2}（或 σ_{R3}）和 σ_{R4} 可以类似方式算得。总的重复性标准偏差取 σ_{R1}、σ_{R2}（或 σ_{R3}）和 σ_{R4} 中最大的。

7.1.5.4 按照其采谱顺序重查 Cu $2p_{3/2}$和 Au $4f_{7/2}$峰的能量是否有任何随时间的系统改变。这样的系统改变可能表明预热不充分或有其他漂移源。如果真是这样，应采取恰当的措施（如增加预热时间）并重复 7.1.4。

7.1.5.5 一台处于良好工作状态的谱仪的重复性标准偏差应小于 0.05 eV。如 σ_{R4} 或 σ_{R1} 超过此值，检查谱仪电源的稳定性、系统接地问题以及样品定位步骤。如 $\sigma_{\mathrm{R}}>\delta/4$，则应增大 δ_e 的建议值或找到减小 σ_{R} 的方法。

7.1.6 检验结合能标的线性

7.1.6.1 对每个峰 n，用在 7.1.5.3 中确定的结合能平均测量值 $E_{\mathrm{meas}\,n}$ 减去表 1 给出的相应的参考能

量值 $E_{ref\ n}$，得到该峰的仪器偏移能量测量值 Δ_n，则：

$$\Delta_n = E_{meas\ n} - E_{ref\ n} \quad \cdots\cdots(2)$$

7.1.6.2 为了确定结合能标尺对于预期的应用是否有足够好的线性，必需用式(4)、式(5)或式(6)计算 Ag $3d_{5/2}$峰(单色化 Al X 射线下)或 Cu L_3VV 峰(非单色化 Al 或 Mg X 射线下)的测量结合能标尺线性度误差 ε_2 或 ε_3，下有详述。该误差系仪器偏移能量测量值 Δ_2 或 Δ_3 与假设标尺线性根据 Cu $2p_{3/2}$ 和 Au $4f_{7/2}$峰结合能测量值推得的偏移值之差。对于单色化 Al X 射线，ε_2 由下式给出：

$$\varepsilon_2 = \Delta_2 - [\Delta_1(E_{ref\ 4} - E_{ref\ 2}) + \Delta_4(E_{ref\ 2} - E_{ref\ 1})]/(E_{ref\ 4} - E_{ref\ 1}) \quad \cdots\cdots(3)$$

对于非单色化 X 射线，ε_3 由 Δ_2 和 $E_{ref\ 2}$分别换成 Δ_3 和 $E_{ref\ 3}$后得到的类似方程给出。这些方程可以数值形式简写为：

$$\varepsilon_2 = \Delta_2 - 0.665\Delta_1 - 0.335\Delta_4 \quad \text{(对应单色化 Al X 射线)} \quad \cdots\cdots(4)$$

$$\varepsilon_3 = \Delta_3 - 0.430\Delta_1 - 0.570\Delta_4 \quad \text{(对应非单色化 Al X 射线)} \quad \cdots\cdots(5)$$

$$\varepsilon_3 = \Delta_3 - 0.704\Delta_1 - 0.296\Delta_4 \quad \text{(对应非单色化 Mg X 射线)} \quad \cdots\cdots(6)$$

根据式(4)、式(5)或式(6)计算相关 X 射线源的 ε_2 或 ε_3 的值。

7.1.6.3 在 95%的置信度下，以 eV 为单位的 ε_2 和 ε_3 的不确定度小于 U_{95}^{l}，其值由式(7)给出：

$$U_{95}^{l} = [(1.2\sigma_R)^2 + (0.026)^2]^{1/2} \quad \cdots\cdots(7)$$

计算 U_{95}^{l}。就实用目的而言，如$|\varepsilon_2|$或$|\varepsilon_3|$小于 U_{95}^{l}，可以认为结合能标尺是线性的。如$|\varepsilon_2|$或$|\varepsilon_3|$大于 U_{95}^{l}，则标尺是非线性的。然而，如$|\varepsilon_2|$或$|\varepsilon_3|$小于 $\delta_e/4$，这一非线性也许可以接受；即与选定的容差极限 δ_e 相比，线性度误差可视为足够小。

7.1.6.4 如$|\varepsilon_2|$或$|\varepsilon_3|$大于 $\delta_e/4$，推荐采取修正措施。这可能需要修订操作步骤并继之以重复做一次 7.1.4，与仪器供应商联系，或上调 δ_e值。

7.1.7 对校准误差进行定期确定的步骤

7.1.7.1 对于每一需要进行能量校准的谱仪工作参数组合，当 σ_R 和 ε_2(或 ε_3)在这些参数下的值被确定之后，应定期进行校准误差确定。校准误差的每一次确定应早于前一次校准时确立的校准失效期，如 7.1.9 中所述。

7.1.7.2 定期校准只需用 Au $4f_{7/2}$和 Cu $2p_{3/2}$峰。测量的顺序应是 Au $4f_{7/2}$、Cu $2p_{3/2}$，并按此顺序再重复一次；除非先前使用这一步骤的校准已显示 $\sigma_R < \delta_e/8$，可不进行这项重复测量。定期校准的重复测量次数 m 因而是 1 或 2。每次测量时，样品应放在同样的出射角，其范围为相对于表面法线 0°～56°。应使用样品定位步骤。如 7.1.5.1 中所述的那样确定峰结合能，并由式(2)计算测得的仪器偏移能量 Δ_1 和 Δ_4。

注：对于用单色化 Al X 射线作修改型俄歇参数测量，应在测 Cu $2p_{3/2}$峰之后加测 Cu L_3VV 峰。

7.1.7.3 假设修正后的结合能值 E_{corr}与测得的结合能 E_{meas}线性相关，为：

$$E_{corr} = (1 + a)E_{meas} + b \quad \cdots\cdots(8)$$

能量比例误差 a 由式(9)给出：

$$a = (\Delta_1 - \Delta_4)/(E_{ref\ 4} - E_{ref\ 1}) \quad \cdots\cdots(9)$$

零点偏移误差 b 由式(10)给出：

$$b = (\Delta_4 E_{ref\ 1} - \Delta_1 E_{ref\ 4})/(E_{ref\ 4} - E_{ref\ 1}) \quad \cdots\cdots(10)$$

其中 $E_{ref\ 1}$ 和 $E_{ref\ 4}$ 在表 1 中给出。

注：a 和 b 是 $-\Delta$ 相对于 E 的斜率和截距，而不是 Δ 相对于 E 的斜率和截距。

7.1.7.4 该校准在 95%置信度下的不确定度 U_{95} 由式(11)给出：

$$(U_{95})^2 = (U_{95}^{cl})^2 + (1.2\ |\varepsilon_2 \text{ 或 } \varepsilon_3|)^2 \quad \cdots\cdots(11)$$

式中，对于 0 eV～1 040 eV 的结合能范围，U_{95}^{cl} 由式(12)给出：

$$U_{95}^{cl}=2.6\sigma_R \quad (二次测量, m=2) \qquad \cdots\cdots (12)$$

或

$$U_{95}^{cl}=3.7\sigma_R \quad (一次测量, m=1) \qquad \cdots\cdots (13)$$

7.1.8 修正仪器结合能标尺的步骤

7.1.8.1 谱仪校准的实现取决于所要用的仪器、它的软件、仪器偏移能量 Δ_n 的大小、重复性标准偏差 σ_R 以及容差极限 $\pm\delta_e$。

如峰 1 和峰 4 的($|\Delta_n|+U_{95}$)值均小于 $\delta_e/4$，就不一定在对校准检验后重新校准。当然，能在每次校准检验后进行重校更好，但是是否这样做应根据工作量和所需的不确定度来判断。制造商提供给分析者的校准说明现应在进行校准时遵循。对于许多系统，这些说明只允许分析者改变谱仪逸出功 ϕ。分析者的对策将取决于其仪器上有哪些装置可用，不过下面还是提供三个建议。在这些建议中，结合能的修正值 E_{corr} 由式(14)给出：

$$E_{corr}=E_{meas}+\Delta E_{corr} \qquad \cdots\cdots (14)$$

其中 ΔE_{corr} 是一个与选项有关的修正值。

7.1.8.1.1 选项 1 是保持仪器不变，在测得的结合能上加一采集后修正项 ΔE_{corr}。由式(8)得

$$\Delta E_{corr}=aE_{meas}+b \qquad \cdots\cdots (15)$$

其中的 a 和 b 由式(9)、式(10)给出。

7.1.8.1.2 选项 2 使要加的采集后修正项在 0 eV～1 040 eV 的结合能范围内最小化。这里，在仪器所用的谱仪逸出功值上加一个增量 $\Delta\phi$：

$$\Delta\phi=\frac{1}{2}(\Delta_1+\Delta_4) \qquad \cdots\cdots (16)$$

$$\Delta E_{corr}=a[E_{meas}-\frac{1}{2}(E_{ref\,1}+E_{ref\,4})] \qquad \cdots\cdots (17)$$

这一选项使 ΔE_{corr} 在 508.3 eV 结合能处为零，以致在 0 eV～1 040 eV 结合能范围内对测得结合能的采集后修正被最小化。

7.1.8.1.3 选项 3 将分析者选定的特定结合能(对应于一经常测量元素的结合能)采集后修正减小到零。这里，在谱仪逸出功上加一个增量 $\Delta\phi$，为：

$$\Delta\phi=aE_{elem}+b \qquad \cdots\cdots (18)$$

式中的 E_{elem} 是常测元素的结合能。现在，接着测得的结合能的采集后修正由式(19)给出：

$$\Delta E_{corr}=a(E_{meas}-E_{elem}) \qquad \cdots\cdots (19)$$

而 ΔE_{corr} 在 E_{elem} 的结合能处为零。

7.1.8.2 如在全部或一段选定的需分析的结合能范围内，按 7.1.8.1 做后 $|\Delta E_{corr}|+|U_{95}|$ 之和在校准间隔期内始终比 δ_e 低，则在分析 XPS 数据时可以忽略在 7.1.8.1.1、7.1.8.1.2 或 7.1.8.1.3 中定义的采集后修正项 ΔE_{corr}。但校准现仅对所选结合能范围有效。

7.1.8.3 所选修正步骤应与 Δ_1、Δ_4、a、b、有效动能范围以及 $\Delta\phi$(如用到的话)的值一起记下。第一次使用修正步骤时应通过重复校准值来确保所有的操作都正确无误。

7.1.8.4 如果这是第一次校准，准备一个如图 3 的控制图表。每次校准时，在控制图表中加入作为校准日期函数的 Δ_1 和 Δ_4 的测量值(如不用对结合能标尺的采集后修正)；但如果要用到采集后修正，则应加入 $\Delta_1+\Delta E_{corr}$(在 $E_{ref\,1}$ 的估值)和 $\Delta_4+\Delta E_{corr}$(在 $E_{ref\,4}$ 的估值)。在此图表上，还要加入这些测量相应的不确定度 U_{95} 和容差极限 $\pm\delta_e$。应显示 $\pm0.7\delta_e$ 的警戒限以标明何时应重新校准。

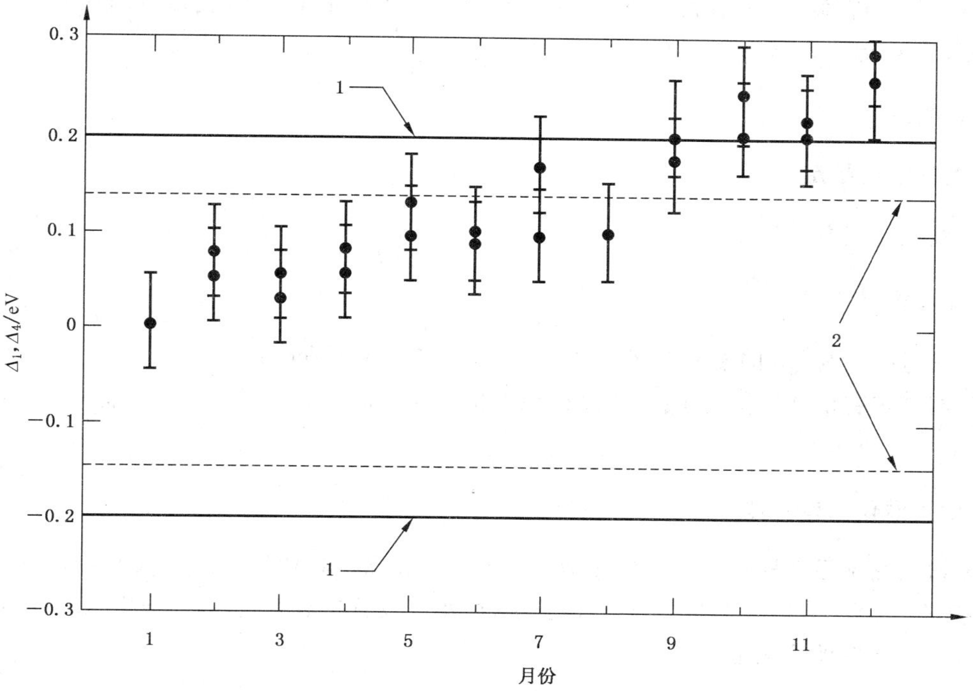

1——容差极限；

2——警戒限。

注：标绘点代表 Δ_1 和 Δ_4 的值。这里的这些点用来说明仪器自 1 月份起未经重校，并且在此期间未对结合能标尺进行采集后修正。由于在 5 月份既突破了上警戒限又到达了 4 个月时间极限本该重校而未进行，致使在 7 月份首次失准。对每个点所示的不确定度(U_{95})对应 95%置信度，且计入标尺线性度误差及其不确定度。此图说明表 1 中 $m=2$ 和 $\delta_e=0.2$ eV 的那个例子。

图 3 监控仪器校准状态的控制图表

7.1.9 建立校准间隔时间

7.1.9.1 仪器全天运行，以 1 h 为间隔测量 Cu $2p_{3/2}$ 和 Au $4f_{7/2}$ 的结合能。任何漂移都说明可能需要让一些电子学单元运行一段规定的最短时间(也许要让这些单元连续运行)以达到足够的稳定度。注意每次测量时的环境温度并检查二者之间是否有关联。校准时使用的任何与预热时间等有关的步骤也应该在进行任何要求与本标准保持一致的分析时使用。

7.1.9.2 如果第一天的稳定性可以的话，则可逐步增大间隔时间，测量 Cu $2p_{3/2}$ 和 Au $4f_{7/2}$ 的结合能，但不能让加到两次校准之间的 Δ_1 和 Δ_4 中变化较大的那个的 U_{95} 大于 $\pm 0.7\delta_e$。最后的那个间隔时间就成为最长的有用校准间隔时间，直到漂移率数据表明更短或更长的间隔时间是合适的。这一间隔时间不应超过 4 个月。

7.1.10 下次校准

7.1.10.1 下次校准在校准不确定度 U_{95} 与仪器漂移之和导致 95%置信度时的总不确定度超过 $\pm\delta_e$ 之前进行。因此校准在到 7.1.9 中规定的校准间隔期时或之前进行。如间隔期未知，先到 7.1.9 确定间隔期后再在到该间隔期时继续 7.1.10.2。

7.1.10.2 在到 8.4.1.9 中规定的间隔期时重复 7.1.1 至 7.1.5 的步骤，除非仪器已被改动或经历了重大变化。每次都要注意自校准开始以来对校准所作的任何改变和累积的变化。确保累积的变化不超过制造商给出的允许值。在所有情况下，记录下校准时的仪器设置参数，包括所用通能或减速比、狭缝或光阑设定、透镜设定以及X射线源。

7.2 强度标检定

7.2.1 强度标线性检定

强度标线性检定方法参照GB/T 21006—2007。

7.2.1.1 参考样品

使用的参考样品为Cu的多晶金属箔，参考样品的安装、清洁同7.1.1。

如果仪器不带有惰性气体离子枪，强度标线性检定则应该用不锈钢样品或样品托，具体检定方法参照GB/T 21006—2007。

7.2.1.2 设置谱仪工作参数

选择能谱仪测定强度标线性的工作参数：每个X射线源参数和每组能谱仪参数，通能、减速比、狭缝、透镜参数等。由于任何检定结果都只对测试时所用的设置参数有效，因而通常只需要对常用分析条件下的设置进行线性评估检定。

7.2.1.3 操作仪器

按照厂商的说明书或局部定义的文件化说明书操作仪器。

对X射线通量可设30个或30个以上近似等距增量的XPS谱仪，用改变源通量法。对于X射线通量只能有2个或更多个但少于30个设定值的XPS谱仪，直接用谱比率法。

7.2.1.4 改变源通量测量强度标线性

7.2.1.4.1 使用经过溅射清洗的铜样品，确定Cu L_3VV 俄歇电子峰。用低X射线通量，测量并记录最强峰所对应的能量，E_{Cu}，精确到0.1 eV。Cu L_3VV 峰的电子结合能对应值分别为334.91 eV(Mg X射线)和567.92 eV(Al X射线)。

7.2.1.4.2 从最强峰峰位的低能端0.5 eV到高能端0.5 eV以大约0.1 eV的增量记录此峰的顶端谱图，采谱时间每通道至少1 s或更长时间，使对应最强峰能量通道处的计数超过 10^5。记录30个X射线通量的每一个谱图。这30个通量值近似等间距地分布在95%最大通量值和最大通量值之间，工作时的谱仪设置按7.2.1.2选定。通量值通过控制X射线源改变，且测量期间其他条件都不变。源通量通常不能直接测量，但是当阳极电压固定时，通量与X射线源的灯丝发射电流成正比。在阳极电压不变的情况下，可以用适当的方法测量通量，或者记录源发射电流值。

7.2.1.5 改变源通量确定强度标的线性

7.2.1.5.1 在能量为 E_{Cu} 处用30个阳极发射电流 I_i 测定30个计数率 N_i。求出30个 N_i/I_i 的值。如图4所示，以 N_i/I_i 为纵坐标、N_i 为横坐标作图，用外推法得出 $N_i=0$ 时的 N_i/I_i 值，并以 k 表示。在此图上，在纵坐标为 $k(1+\delta)$ 和 $k(1-\delta)$ 处作横坐标的平行线，其中 $\pm\delta$ 是强度标线性离散限定许可的分数极限。N_i 从0变化到 N_{max} 时，N_i/I_i 值处于 $k(1\pm\delta)$ 范围之中，它限定了最大测量计数率 N_{max}，而对于 N_{max} 而言，强度标在分数极限 $\pm\delta$ 之内是线性的。图4显示了强度标线性离散限度容许的分数极限和最大测量计数率 N_{max}。

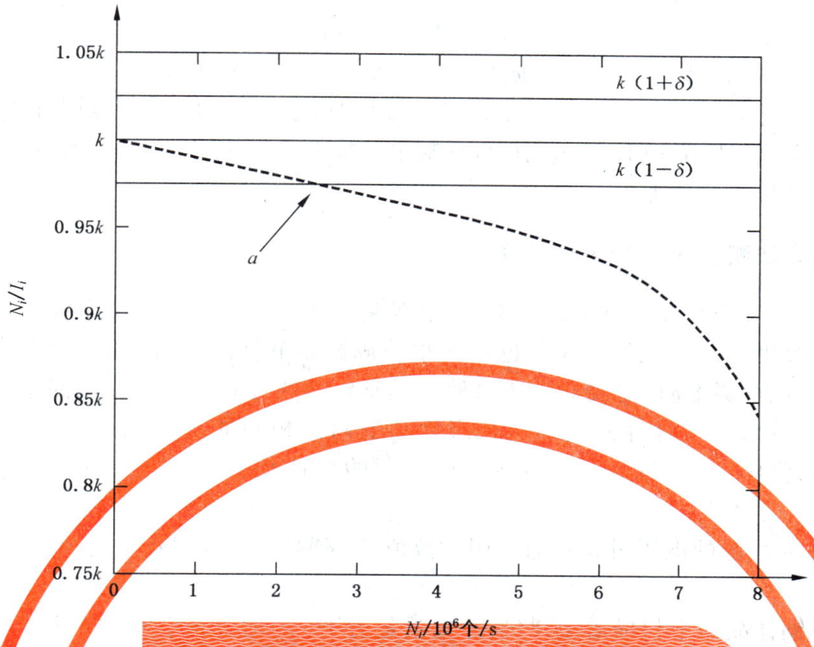

图中 a 为 N_{max}。

图 4 N_i/I_i 对 N_i 作图

7.2.1.5.2 在很多系统中，在对已知线性离散进行校正后，N_{max} 的值可能会增加。此校正可以在谱议数据处理系统软件或其他的软件中完成。如果你有这类软件或你对分析系统工作情况感兴趣，就进行7.2.1.5.3；如答案是否定的，则直接进行7.2.1.8。

7.2.1.5.3 对线性系统：

$$\frac{N_i}{I_i}=k \qquad (20)$$

其中 k 为常数。

对于涉及非延长死时间 τ_n 的体系：

$$\frac{N_i}{I_i}=k(1-N_i\tau_n) \qquad (21)$$

对于含延长死时间 τ_e 的体系：

$$\frac{N_i}{I_i}=k\times\exp(-kI_i\tau_e) \qquad (22)$$

7.2.1.5.4 根据图 4 数据可以确定式(20)、(21)和(22)哪个是有效的，或者根据其他信息另外确定一个合适的关系式。确定所用方程的有效范围，并评估有关的死时间。在仪器日志中注明所用的方程和死时间值。

注 1：如果 $N_i\tau_n$ 或 $N_i\tau_e$ 值小于 0.128，对于相同的真实计数率，式(21)和(22)的差异给出的计数率 N_i 差别小于1%。

注 2：式(21)和(22)是从单通道检测器系统得出的，但对于由一组单通道检测器组成的检测器系统也有效，此时总的系统死时间等于单通道检测器的死时间除以对信号有贡献的单通道检测器的个数。

7.2.1.5.5 计算每次测量的校正计数率 M_i。对于线性系统：

$$M_i=N_i \qquad (23)$$

对含非延长死时间 τ_n 的系统：

$$M_i=\frac{N_i}{1-N_i\tau_i} \qquad (24)$$

对含延长死时间 τ_e 的系统：

$$M_i = N_i \exp(M_i \tau_i) \quad \cdots\cdots(25)$$

7.2.1.5.6 参照图 4，以 M_i/I_i 为纵坐标、N_i 为横坐标作图。在此图中，在纵坐标值为 $k(1+\delta)$ 和 $k(1-\delta)$ 处做横坐标的平行线，其中 $\pm\delta$ 是校正过的强度标线性离散限度的容许分数极限。N_i 从最低值变化到 N_{max} 时，M_i/I_i 处于 $k(1\pm\delta)$ 范围中，它限定了最大测量计数率 N_{max}，而对于 N_{max} 而言，校正后的强度标在分数极限 $\pm\delta$ 之内是线性的。

7.2.1.6 用谱比率法测量 XPS 强度标的线性

本方法适用于有 2 个或 2 个以上但少于 30 个 X 射线源发射电流设置的系统。

7.2.1.6.1 选择要用的 X 射线源。用单色化 X 射线源和非单色化 X 射线源所得的线性结果可能会不同，因此，在首次使用此标准时，需要对上述两种情况或导出的死时间的差异按照 7.2.1.7 的方法进行评估。如果上述两种结果在容许的线性离散限度范围内是相同的，则只需要使用产生最高计数率的 X 射线源。用非单色化的 Al 和 Mg X 射线源所得到的线性结果应该是一样的。通常用 Mg 靶进行实验。

7.2.1.6.2 将 X 射线源的电压设置在通常用的数值上，把发射电流调到最高数值，并以此评估检测器的线性。

7.2.1.6.3 记录铜样品的全扫描谱图，将通道增量定为 1 eV，通道采谱时间定为 1 s 或更长，从而使每个通道的总计数超过 4×10^4。每张谱图的扫描能量范围应包括表 4 所示的能量范围。

如果记录的数据离 Fermi 能级不到 4 eV，则它们的计数将很低，应舍弃。

表 4 全扫描所要包括的能量范围

X 射线源	能量范围	
	动能/eV	结合能/eV
Mg	400～1 250	4～854
Al	400～1 483	4～1 087

7.2.1.6.4 按 7.2.1.6.3 的条件再记录一张全扫谱图，但此时 X 射线源发射电流约为 7.2.1.6.3 的 25%并同时使用更长的通道采集时间。如果需要，应保证每个通道的计数超过 4×10^4。

7.2.1.6.5 确认此次结果与 7.2.1.6.3 的结果差异很小(X 射线源发射电流与 7.2.1.6.2 所选相同)。如果强度差异为 1%或更小，则结果是令人满意的。如果强度差异超过 1%，则重复 7.2.1.6.4 和 7.2.1.6.5。

7.2.1.7 用谱比率法确定 XPS 强度标的线性

7.2.1.7.1 分别用高和低 X 射线源发射电流测得谱强度 $N_H(E_j)$ 和 $N_L(E_j)$，计算比值 $N_H(E_j)/N_L(E_j)$，在此 E_j 为第 j 个能量值。如果你有能高效处理数据的计算机系统，则计算所有能量处的比值。如果你没有这样的计算机系统，则采用以下的手工程序：在最大强度和 5%最大强度区间选择间隔大致均匀的强度点，测定谱中 30 个能量点处的能量和强度值，$N_H(E_j)$。选择能量点时尽可能避免相邻通道间强度迅速改变的点，例如不选在窄峰两边。测定低强度 X 射线谱中同样的 30 个能量点处的 $N_L(E_j)$，并计算 30 个 $N_H(E_j)/N_L(E_j)$ 的值。

7.2.1.7.2 如图 5 所示，以 $N_H(E_j)/N_L(E_j)$ 为纵坐标，$N_H(E_j)$ 为横坐标作图，用外推法至 $N_H(E_j)=0$ 处，此时的纵坐标值以 k 表示。在此图上，在纵坐标值为 $k+(k-1)\delta$ 和 $k-(k-1)\delta$ 处作横坐标的平行线，其中 $\pm\delta$ 是强度标线性离散限度的容许分数极限。在 $N_H(E_j)$ 从 0 到 N_{max} 的范围内，$N_H(E_j)/N_L(E_j)$ 值处于 $k\pm(k-1)\delta$ 范围之中，它限定了最大计数率 N_{max}，对于 N_{max} 而言，强度标在分数极限 $\pm\delta$ 之内是线性的。图 5 显示了强度标线性离散限度容许的分数极限和最大测量计数率 N_{max}。

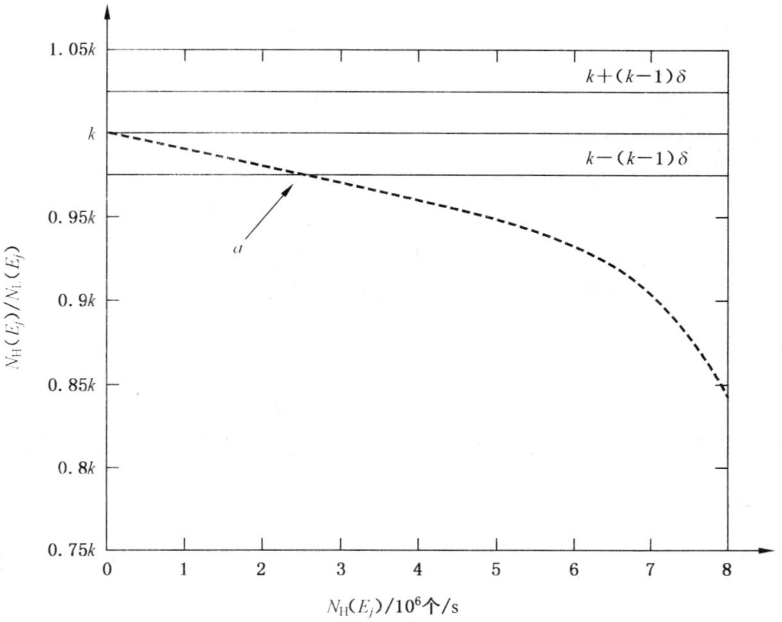

图中 a 为 N_{max}。

图 5　$N_H(E_j)/N_L(E_j)$ 对 $N_H(E_j)$ 作图

7.2.1.7.3　在很多系统中，通过修正已知的线性离散限度，可以提高 N_{max} 的值。此修正可以在谱议数据处理系统或其他的软件中完成。如果你有这类软件或你对分析这种系统感兴趣，继续 7.2.1.7.4，如答案是否定的，则直接进行 7.2.1.8。

7.2.1.7.4　对于线性系统：

$$\frac{N_H(E_j)}{N_L(E_j)}=k \quad \cdots\cdots(26)$$

其中 k 为一常数。

对于涉及非延长死时间 τ_n 的系统：

$$\frac{N_H(E_j)}{N_L(E_j)}=k[1-N_H(E_j)\tau_n(1-k^{-1})] \quad \cdots\cdots(27)$$

对于涉及延长死时间 τ_e 的系统：

$$\frac{N_H(E_j)}{N_L(E_j)}=k\exp[-M_H(E_j)\tau_e(1-k^{-1})] \quad \cdots\cdots(28)$$

其中 $M_H(E_j)$ 是产生测量计数率 $N_H(E_j)$ 的真实计数率。

7.2.1.7.5　从以上数据可以确定式(26)、(27)和(28)中的哪个方程对你的检测系统有效，或者利用其他信息来确定另一个合适的关系式。确定所用方程的有效范围，估计有关的死时间。在仪器日志中注明所用方程和死时间值。

注 1：如果 $N_H(E_j)$ 或 $N_H(E_j)\tau_e$ 的值小于 0.128，对于相同的真实计数率，式(27)和式(28)造成的 $N_H(E_j)$ 值的差异不会超过 1%。

注 2：式(27)和式(28)是从单通道检测系统得出的，但对于由一组单通道检测器组成的检测系统也有效，此时总的系统死时间等于单道检测器的死时间除以对信号有贡献的单道检测器的个数。

7.2.1.7.6　为每个测得的 $N_H(E_j)$ 和 $N_L(E_j)$ 值评估真实计数率 $M_H(E_j)$ 和 $M_L(E_j)$。

对线性系统：

$$M_H=N_H(E_j) \quad \cdots\cdots(29)$$

对涉及非延长死时间 τ_n 的系统：

$$M_H = \frac{N_H(E_j)}{1 - N_H(E_j)\tau_n} \qquad \cdots\cdots (30)$$

对涉及延长死时间 τ_e 的系统：

$$M_H = N_H(E_j)\exp[M_H(E_j)\tau_e] \qquad \cdots\cdots (31)$$

对于低 X 射线源发射电流的情况，需将 H 换成 L。

7.2.1.7.7 与图 5 类似，以 $M_H(E_j)/M_L(E_j)$ 为纵坐标，$N_H(E_j)$ 为横坐标作图。在此图上，在纵坐标值为 $k+(k-1)\delta$ 和 $k-(k-1)\delta$ 处做横坐标的平行线，其中 $\pm\delta$ 是强度标线性离散限度的容许分数极限。在 $N_H(E_j)$ 从 0 到 N_{max} 的范围内，$M_H(E_j)/M_L(E_j)$ 值处于 $k\pm(k-1)\delta$ 之中，它限定了最大计数率 N_{max}，对于 N_{max}，修正后的强度标在分数极限 $\pm\delta$ 之内是线性的。

7.2.1.8 完成分析

对于所选择的谱议设置，确认你已在仪器日志中记录了所用的方法和样品、观察到的非线性类型、所用的修正方程、相关的死时间值、有效计数率范围、N_{max}、选择的容许线性离散限度 δ。

7.2.1.9 何时使用该标准

当检定一台新谱仪，以使谱仪能在合适的计数率范围内工作时，需要使用此标准。而且在以下情况下需要重复此操作：

a) 对检测线路作任何实质性调整后；

b) （自从上次使用此国际标准检验后）倍增器电压增加了厂商提供的增量范围的 1/3 后；

c) 更换电子倍增器后；

d) 间隔了大约 12 个月后。

7.2.2 强度标重复性和恒定性检定

强度标重复性和恒定性检定方法参照 ISO 24237。操作程序见图 6。

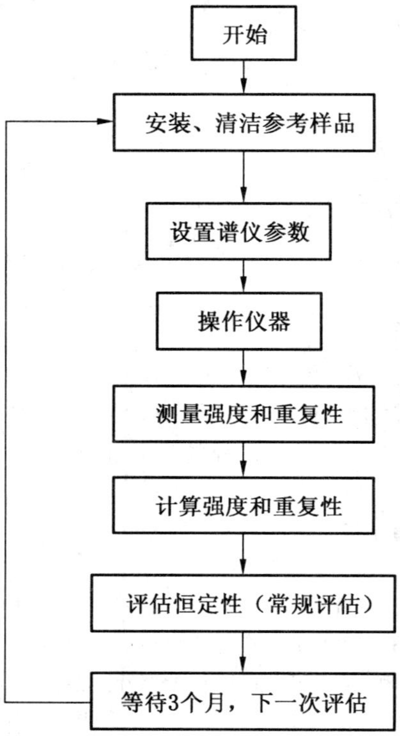

图 6 强度标重复性和恒定性检定的操作程序图

7.2.2.1 **安装、清洁 Cu 参考样品**

使用的参考样品为 Cu 的多晶金属箔，参考样品的安装、清洁同 7.1.1。

7.2.2.2 **设置仪器工作参数**

选择能谱仪测定强度重复性的工作参数：每个 X 射线源参数和每组能谱仪参数，通能、减速比、狭缝、透镜参数等。评估强度恒定性时应重复 7.2.2.2 至 7.2.2.7 的方法。

注 1：分析者可能希望保留定量分析选用的参数设置。然后只需要评估这些参数设置。同样为了确定化学态，分析者可能希望选择用 7.1 校准能量的限定条件。如果选择此评估参数与能量校准的能量设置参数一致，当用下面所描述的 Cu $2p_{3/2}$ 时，可以减小本标准 7.2.2.4 和 7.1 的测量工作量。

注 2：改变能谱仪的设计结构及其他电路，一组参数，包括透镜设置、狭缝和通能的强度/能量响应函数对另一组参数肯定不适用。许多谱学家在一组优化的条件下测量强度，只需要评估分析器的设置条件。任何评估只对所用的有关参数组有效。

7.2.2.3 **操作仪器**

按照仪器厂家的手册操作仪器。进行任何烘烤后仪器应完全冷却下来。确保仪器工作在厂家推荐的 X 射线功率、计数率、能谱仪扫描速度和其他任何厂家指定参数范围内。检查是否正确调节好倍增器参数。对于多道探测器系统，应确保在使用此方法前，执行任何必要的参数优化或厂家描述的检查项目。列出参数集，并记录参数值。

7.2.2.4 **强度及其重复性测量**

7.2.2.4.1 将铜样按通常所用的发射角和通常所用的样品安装方法安装在分析位置上，记录下此发射角。样品安装程序应为通常分析所用的。样品安装程序应该遵循根据厂家建议编写的规程。确保程序清晰完整。

注：样品安装程序对于有些单色 X 射线源能谱仪可能要求特别精确。

7.2.2.4.2 选定 7.2.2.2 和 7.2.2.3 条件，分别采集 Cu $2p_{3/2}$ 和 Cu 3p 峰，如图 7a）和 b）。采集 2 个谱图的结合能区间分别为 924 eV 至 940 eV 和 65 eV 至 90 eV，能量增加步长为 0.1 eV 或约为 0.1 eV，每一步长采集时间为 1 s 或约为 1 s。除结合能区间外，不改变 2 个谱峰的工作条件。如果 Cu 3p 峰计数小于 100 000，则应增加 2 个峰的采集时间，以得到更好的结果。最后选择采集时间要权衡数据质量和所花费的工作时间。记录下参数集。

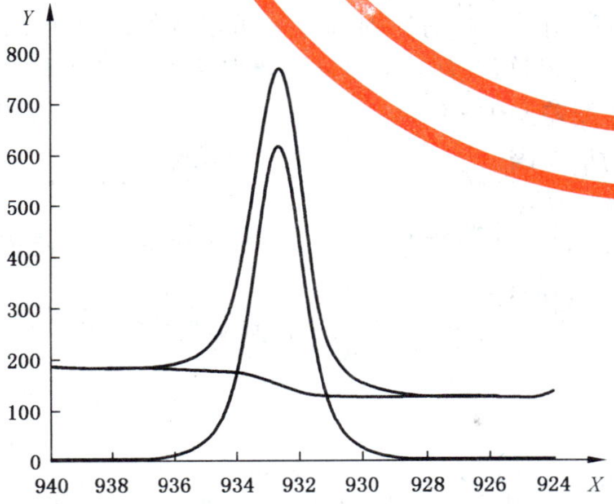

a） **Cu $2p_{3/2}$**

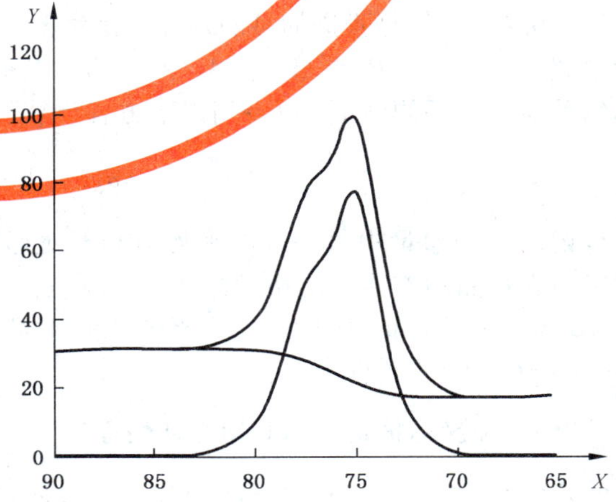

b） **Cu 3p**

a) Cu $2p_{3/2}$ 和 b) Cu 3p 其能量间隔均为 0.1 eV。（每张谱中上面的曲线为采集的数据，S 形曲线为 Shirley 本底，下方的曲线为扣除 Shirley 本底后的谱峰，图中 X 为结合能(eV)，Y 为强度(×1 000 计数)。

图 7 用非单色化 Al X 射线采集的 Cu 精细谱

7.2.2.4.3 将样品从分析位置上卸下，然后再重新安装样品。重复7.2.2.4.1。执行所编制的样品安装程序。不要简单地将样品放回原样品台位置。除非程序要求将样品放回原处。重复将样品从仪器中卸下，再装回到仪器中，直到每个峰的谱共采集了7次为止。

7.2.2.5 计算峰面积强度、强度比和不确定度

7.2.2.5.1 确认Cu $2p_{3/2}$最大强度的结合能位于932.7 eV(±)0.1 eV范围内。如果没有位于932.7 eV(±1 eV)范围内，或者计算与结合能标的能量偏差，精确到0.1 eV，其偏差Δ eV等于测量的能量减去932.7 eV，或者用7.1重新校准仪器结合能标。注意所采用的方法，如果计算了Δ值，还要注意Δ值。

7.2.2.5.2 每个峰测量了7张谱，对于每张谱，或者通过曲线拟合所测量的整个谱，或者通过拟合峰的高结合能端到峰的低结合能端的区间，得到如图7所示的Shirley本底。或者通过峰拟合操作，或者通过从谱中扣除Shirley本底，计算并记录峰面积A_{2j}(对于每张Cu $2p_{3/2}$谱)和A_{3j}(对于每张Cu 3p谱)。对于一台结合能标按7.1校准过的能谱仪，为了确定Shirley本底所设置的端点值，已在表5中给出。在7.2.2.5.1项中，如Δ值不为零，将表4中的端点数值加上Δ，用于该仪器中。在设置的这些端点中，如果数据系统可以在小能量期间内对本底求平均，则可以选择3点、4点或5点。分别记录Cu $2p_{3/2}$和Cu 3p的面积A_{2j}和A_{3j}，以及在端点取平均值中所用的点数目。

注：数据系统给出的强度数据可以是计数或者每秒计数。通过将这些数据相加或将每个数值和道宽的乘积相加得到面积。所以，给出的面积可能是计数(个)、计数率(个/s，个每秒)、个·eV或eV·个/s表示。

按照7.2.2.4，记录下数据，如果对于2个峰选择相同的单位，峰面积间的数值差别并不重要。记录下计算峰面积所用的单位。

表5 用Shirley本底扣除的结合能区间数值

单位为电子伏

峰	X射线源		
	非单色化Mg	非单色化Al	单色化Al
$2p_{3/2}$	926.4和938.4	925.1和938.4	925.1和938.4
3p	68.2和84.6	68.2和84.6	67.5和84.6

7.2.2.5.3 两个峰中每个峰的面积有7个数据。按照采集数据的顺序检查这些数据可以得到仪器系统随时间的变化。这种变化表明仪器系统不合适或其他因素电源不稳定，如果是这种情况，采取适当的措施(如增加预热时间)重复7.2.2.4。

7.2.2.5.4 计算每张谱的A_{3j}/A_{2j}，于是对于7对$2p_{3/2}$和3p峰中，每一对谱总共可以计算出3个P_{ij}参量。此处i为3个P_i参量A_2、A_3和A_3/A_2其中之一的标识符，j为7次独立测量其中之一的下标。计算每种参量的平均值P_i，以及用以下方程计算相对标准偏差$\sigma(P_i)$：

$$[\sigma(P_i)]^2=\sum_{j=1}^{7}\frac{(P_{ij}-P_i)^2}{6P_i} \qquad \cdots\cdots(32)$$

记录3种参量中每一种的平均值和相对标准偏差。如果任一种相对标准偏差超过3%，可能需要重新检查样品的安装。此相对标准偏差就是仪器重复性的量度。

注：3个参量的相对标准偏差可能严格依赖于样品安装程序。在有单色器的仪器系统中，样品偏移0.3 mm可能导致强度10%的变化。

7.2.2.6 强度标恒定性的周期性评估程序

7.2.2.6.1 为了周期性评估能谱仪的恒定性，需对Cu $2p_{3/2}$和Cu 3p峰进行$j=1$次或$j=2$次测量。如进行2次测量，测量顺序应为$2p_{3/2}$、3p、$2p_{3/2}$和3p，进行每对测量前按样品安装程序7.2.2.4.1，安装样品应在7.2.2.2至7.2.2.4中选择能谱仪工作条件和样品位置，并作记录。

7.2.2.6.2 按7.2.2.5.2和7.2.2.5.4所描述的方法计算A_2、A_3和A_3/A_2比值。如对A_2和A_3测量了2次，计算每个参量和比值A_3/A_2的平均值，在下面的分析中，使用这些数值A_2、A_3和A_3/A_2。

7.2.2.6.3 为了计算参量 P_j，置信限为95%时的相对不确定度 $U_{95}(P_j)$，由下式给出：

$$U_{95}(P_j)=2.6\sigma(P_j) \quad 2\text{ 次测量} \qquad \cdots\cdots(33)$$

$$U_{95}(P_j)=3.7\sigma(P_j) \quad 1\text{ 次测量} \qquad \cdots\cdots(34)$$

这里的 $\sigma(P_j)$ 已经由 7.2.2.5.4 中式(32)计算出。所用测量次数的选择依赖于对评估仪器恒定性精度的要求和对测量时间的要求。

7.2.2.6.4 如图8所示画出比值 A_3/A_2 的控制图。根据定量分析的恒定性要求，确认容差限(±)$\delta(A_3/A_2)$。选定 A_3/A_2 变化百分比，在相关的控制图上画出这些控制限，如图8所示。在图中 $0.7\delta(A_3/A_2)$ 处，利用从式(33)或(34)中计算的 $U_{95}(A_3/A_2)$，将此置信限添加到 A_3/A_2 绘图数据中。

注1：典型的容差限区间2%至6%，所以，例如图8中，$\delta(A_3/A_2)$ 区间应为0.004至0.012。

注2：另外 A_2 和 A_3 两个控制图都有助于诊断能谱仪的变化。如果这两个值随时间减小，而比值 A_3/A_2 仍保持相对不变，则X射线阳极靶受到污染，或探测器设置的参数需要调整。按照厂家程序检查这些项目。探测器电压需要增加或者甄别阈需要减小。

7.2.2.7 下次评估

在对仪器进行重大改造或调整后，或仪器每使用3个月后，重复7.2.2.1至7.2.2.3和7.2.2.6，将测得数据添加到控制图中，使用的条件与7.2.2.2至7.2.2.5中所描述的条件相同。如果 A_3/A_2 和 $U_{95}(A_3/A_2)$ 之和达到警戒限，则需要检查、调整仪器或者修改对中程序，使得在接收区获得全新的测量结果 A_3/A_2 及其 $U_{95}(A_3/A_2)$。如果无法得到满意的结果，则应增加容差限(±)$\delta(A_3/A_2)$，重新校准强度标，或重新测定灵敏度因子。

注：测量灵敏度因子的程序在ISO 18118:2004中给出。

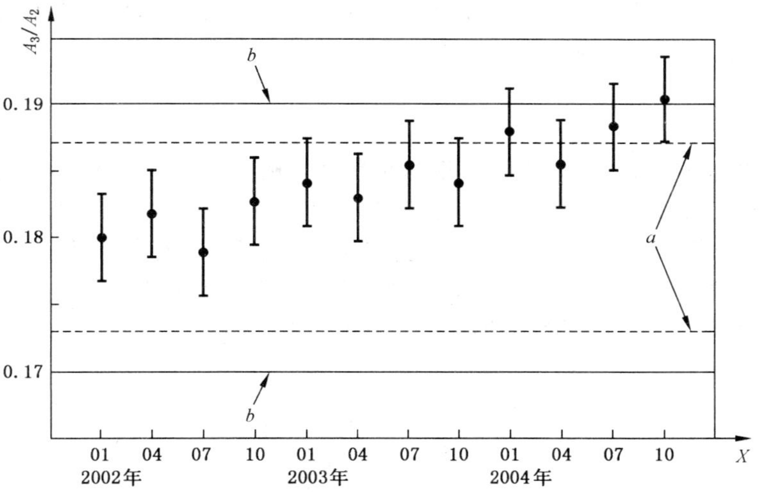

图中：

X——测量月份；

01——1月；

04——4月；

07——7月；

10——10月；

a——警戒限；

b——95%容差限。

此处，图中数据点值 A_3/A_2 表明仪器自2002年1月开始以来从未调整。自2003年起，越过警戒限。在2004年1月第一次超出容差限。应该采取措施。每个数据点的不确定度 $U_{95}(A_3/A_2)$ 的置信限为95%，这里 $\sigma(A_3/A_2)$ 为0.6%。

图8 监测仪器强度一致性的控制图(容差限设为6%的漂移)

7.3 选区和 XPS 成像空间分辨率检定

选区和 XPS 成像空间分辨率检定方法参照 ISO 15470、ISO 18516 和 ISO 19319。当前 XPS 最佳成像空间分辨率约为 3 μm。常用方法有以下三种。

7.3.1 特征区法

样品必需有一小于仪器空间分辨率 30%的特征区。该区的光电子信号特征曲线的半峰宽定义为空间分辨率。如果仪器的空间分辨率函数可以用高斯函数来表示，那么该函数的半峰宽就相当于测量信号最大值的 12%和 88%两点间的距离。

7.3.2 两种不同材料直边相结合法

被分析样品应由两种材料组成，这两种材料的表面在同一平面上且沿一公共直边相结合。当与该直边成 90°角方向测量时，该两种材料之一的特征光电子强度的扫描线被用来定义空间分辨率。在离开该直边的平台区俄歇电子强度从差值的 20%变化到 80%两点间的距离定义为该扫描方向上的空间分辨率。也可使用 7.3.1 的空间分辨率函数法。

7.3.3 单一材料刃边法

某一材料薄片的刃边半覆盖住一个直径约 1 mm、深度不小于 5 mm 的小孔上。与刃边垂直且沿着小孔直径的方向测量时，刃边材料的特征光电子强度的扫描线用来定义空间分辨率。在离开刃边的平台区的光电子强度从最大值的 12%变化到 88%两点间的距离定义为该扫描方向上的空间分辨率。

也可使用 7.3.1 的空间分辨率函数法。

7.4 荷电中和检定

当使用 XPS 分析非导电样品时，X 射线照射的表面区域会产生荷电效应，常用电子中和枪或中和器进行中和。由于单色化 XPS 的荷电效应非常严重，应进行荷电中和。常用聚对苯二甲酸乙二酯(PET)参考样品的 C1s 谱判定中和效果，三种化学态的 C1s 峰必须峰位准确，其峰面积比符合化学计量比，且 FWHM 不大于 1.15 eV。作为实例，测得 PET 的 C1s 谱见图 9，数据见表 6。

注：关于 XPS 分析的核电控制和核电校准方法详见 GB/T 25185—2010。

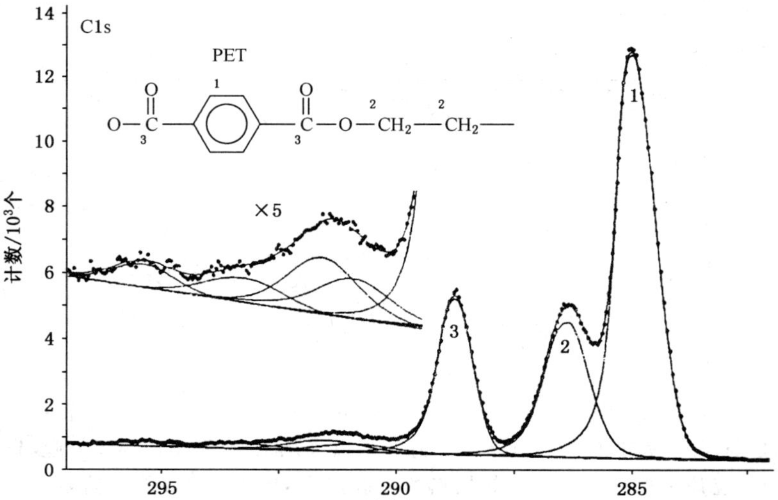

图 9 PET 的 C1s 谱图，图中“×5”放大的部分为震激(Shake-up)峰

表 6　PET 中 C1s 相应数据

款项	C1s(荷电参考:—CH=284.70 eV)		
	1	2	3
BE/eV	284.70	286.24	288.66
FWHM/eV	0.99	1.09	0.85
峰面积/%	59	22	19

7.5　离子枪溅射速率的检定

离子枪用于清洁要检测的表面和进行溅射深度剖析。离子枪溅射速率的检定关系到能否准确判断所检测的表面所处的深度。表 7 中的离子种类、离子能量、离子束流、入射角、溅射面积等溅射参数决定着溅射速率,检定离子枪溅射速率时应说明各溅射速率所用的溅射参数。最常用的离子枪是 Ar^+ 离子枪。检定用的参考材料一般可选用单晶硅上热氧化的 SiO_2 单层膜、多晶 Ta 基底上的 Ta_2O_5 单层或多层膜及 GaAs 衬底上 A1As/GaAs 超晶格多层膜等,GB/T 20175—2006 给出了用层状膜系为参考物质的优化方法。具体的单层膜、多层膜参考材料见表 8 和表 9。为提高深度分辨率,使溅射后检测的表面尽量接近于平面,通常溅射区的面积应是检测区的 10 倍。如可能,溅射深度剖析时离子枪要采用小束斑栅式扫描溅射法,并使样品以溅射中心法线为轴进行旋转。

表 7　溅射深度剖析常用的溅射参数

款项	操作参数	备　注
离子种类	Ar^+,Kr^+,Xe^+,O^-,O_2^+,Ga^+,Cs^+	惰性或活性气体离子,或金属离子
离子能量	0.1 keV～25 keV	
离子束流	1 nA～10^4 nA	法拉第杯
入射角	$0°\leqslant\theta<90°$	
溅射面积	10^{-2} mm^2～10^2 mm^2	聚焦离子束作栅式扫描

表 8　单层膜参考材料

参数材料	厚度/nm	制备方法	结晶状态	参　数
Ta_2O_5/Ta	30,100	阳极氧化	无定形	BCR No. 261
SiO_2/Si	10～200	热氧化	无定形	NIST SRM2531-2536

注 1:Ta 衬底上厚度 30 nm 和 100 nm 的 Ta_2O_5 膜参考材料 BCR No. 261 可从比利时 EC Institute for Reference Materials and Measurements 购买。

注 2:Si 衬底上厚度为 20 nm～100 nm 的 SiO_2 膜参考材料 SRM 2531～2536 可从美国 NIST(National Institute of Standards and Technology)购买。

注 3:也可从以下供应商购买参考材料。
日本的 JEOL 和 ULVAC～PHI,美国的 Geller MicroAnalytical Laboratory,Physical Electronics 和 Surface/Interface Laboratory。

表 9　多层膜参考材料

参数材料	厚度/nm	总层数	制备方法	结晶状态	参　数
Ni/Cr 多层膜	63/53	9	溅射沉积	多晶	MIST SRM 2135c. d. e
Ta_2O_5/Ta 多层膜	30/30	6	溅射沉积	无定形 Ta_2O_5/多晶 Ta	KRISS 03-04-101
A1As/GaAs 超晶格	10/10	10	MOCVD 或 MBE	单晶	NIMC

注 1：缩略语：MOCVD 金属有机化学气相沉积；MBE 分子束外延。
注 2：参考材料 SRM2135c. d. e 可从 NIST 购买。
注 3：KRISS 03-04-101 参考材料可从 Korea Research Institute of Standards and Science(KRISS)购买。
注 4：A1As/GaAs 超晶格参考材料可从日本 National Institute of Materials and Chemical Research(NIMC)购买。

8　报告检定结果

完成检定后形成书面报告检定结果，内容为：

a)　能量标：结合能重复性偏差、结合能标的线性及其修正；
b)　强度标：强度标的重复性和恒定性、强度标的线性及其修正；
c)　选区和 XPS 成像空间分辨率；
d)　荷电中和的方法与结果；
e)　离子枪溅射参数和溅射速率。

并报告各检定项目所评估的检定周期。

9　检定周期

各检定项目按所评估的检定周期进行检定，建议综合性检定周期为 1 年。

ICS 71.040.40
G 04

中华人民共和国国家标准

GB/T 25185—2010/ISO 19318:2004

表面化学分析 X射线光电子能谱 荷电控制和荷电校正方法的报告

Surface chemical analysis—X-ray photoelectron spectroscopy—Reporting of methods used for charge control and charge correction

(ISO 19318:2004,IDT)

2010-09-26 发布 2011-08-01 实施

中华人民共和国国家质量监督检验检疫总局
中国国家标准化管理委员会 发布

前　　言

本标准按照 GB/T 1.1—2009 给出的规则起草。

本标准等同采用 ISO 19318:2004《表面化学分析　X射线光电子能谱　荷电控制和荷电校正方法的报告》。

本标准由全国微束分析标准化技术委员会提出并归口。

本标准负责起草单位:北京师范大学分析测试中心。

本标准主要起草人:吴正龙。

引　言

X射线光电子能谱(XPS)广泛用于材料表面的表征。从测得的光电子谱中,得到样品表面各元素内能级的结合能,对照元素结合能表鉴别样品中的不同元素(除氢和氦以外)。通常可从内能级结合能相对于纯元素对应结合能的微小变化(一般介于0.1 eV至10 eV之间)获得被测元素化学态信息。测量可靠的化学位移通常需要校准XPS仪器的结合能标,其不确定度尽可能小至0.1 eV。

由于绝缘样品表面荷电,在XPS测量时其表面电势往往发生变化,难以精确测定结合能以满足鉴别元素或确定化学态的需要。解决此问题分两步进行,第一步,采用实验方法减少表面荷电量(荷电控制方法);第二步,在采集XPS数据后,校正表面荷电效应(荷电校正法)。尽管在某些情况下表面电荷积累使分析复杂化,但它还是能够用作获得有关样品信息的一种手段。

表面荷电量及其在样品表面的分布,以及它对于实验条件的依赖关系由多种因素决定,包括与样品及XPS能谱仪特性相关的因素。荷电积累已经得到了充分研究,它是一种发生在样品表面和内部的三维现象[1,2]。荷电积累也可能发生在X射线辐照样品深度范围内的物相边界处或界面区域内。由于光电子和二次电子、X射线或加热引起某些样品的挥发或化学变化,荷电量会随时间变化,这类样品可能不会达到稳定的电位。

目前,还没有荷电控制或荷电校正的普遍适用的方法[3,4]。本标准规定了数据采集时荷电控制和(或)数据分析时荷电校正方法所应提供的资料。附录A给出了有关荷电控制和荷电校正通用方法的资料,在多数应用中均有效。在实际使用中,依据样品类型(如粉末,薄膜或厚样品)、仪器特性、样品尺寸以及样品表面可能需要按特定步骤修饰的程度,来选择特定荷电控制方法。

本标准有可能应用于两个主要领域。第一,本标准对将要在XPS测试报告中包括的有关荷电控制和(或)荷电校准方法的信息(如,从分析者到用户或出版物)加以区分,以评价、评估和重现绝缘材料的数据,保证相似样品的测量具有可比性。第二,执行本标准将使其他分析者有信心地采用已发表的结合能,使可靠的数据纳入XPS数据库。

表面化学分析 X射线光电子能谱 荷电控制和荷电校正方法的报告

1 范围

本标准以最少量的资料描述了用X射线光电子能谱测量绝缘样品内能级结合能，及将在报告其分析结果时所采用的荷电控制和荷电校正方法，也给出了在结合能测量过程中对于荷电控制和荷电校正有用的方法资料。

2 规范性引用文件

下列文件对于本文件的应用是必不可少的。凡是注日期的引用文件，仅注日期的版本适用于本文件。凡是不注日期的引用文件，其最新版本(包括所有的修改单)适用于本文件。

GB/T 22461—2008 表面化学分析 词汇 (ISO 18115:2001,IDT)

GB/T 22571—2008 表面化学分析 X射线光电子能谱仪 能量标尺的校准(ISO 15472:2001,IDT)

3 术语和定义

本标准中的术语和定义依照GB/T 22461—2008。

4 符号及缩略语

BE 结合能，单位为eV；

BE_{corr} 校正后的结合能，单位为eV；

BE_{meas} 测量结合能，单位为eV；

BE_{ref} 参考结合能，单位为eV；

FWHM 光电子能谱中本底以上，一个谱峰最大值一半处的全宽度，单位为eV；

XPS X射线光电子能谱；

Δ_{corr} 校正能量值，加在测量的结合能上用于荷电校正，单位为eV。

5 仪器

5.1 A.2中所提到一种或多种荷电控制技术可用于大多数XPS谱仪。应该按照XPS仪器生产厂家和其他文件规定的步骤操作XPS仪器。

5.2 A.2中列举的有些技术需要特殊的装置，如：电子中和枪或金的热蒸发沉积源。

5.3 某些样品安装步骤，如：将样品安装在细金属网下[5]，能改进样品与样品台的电接触，或能减少表面荷电量。ASTM E1078和ASTM E1829[6,7]详细描述了这种以及其他减少静电的样品安装步骤。

6 结合能标校准

在使用本标准前，需要用 GB/T 22571—2008 或其他文件规定的方法校准 X 射线光电子能谱仪的结合能标。

7 报告荷电控制相关信息

7.1 荷电控制方法

A.2 总结了多种控制表面电位和减少表面荷电的多种常用方法。对于彼此独立的样品或各组类似样品，应报告下列关键性的样品和实验条件的信息。

7.2 样品信息

7.2.1 样品形态

应报告样品形态。样品的物理性质、来源、制备方法和结构会影响荷电特性[2]。

例 1：粉末；

例 2：旋涂在硅片上的薄膜；

例 3：矿物样品。

7.2.2 样品外形尺寸

样品的尺寸和形状对样品荷电程度有重要影响。样品形状应与样品的大约尺度或任何有关样品的特征（如粒径）一起报告。

7.2.3 样品安装方法

样品安装和样品与样品托的接触严重影响样品荷电[1,2]。应报告安装样品的方法，包括有关用以增加导电性或样品与地绝缘的特定方法的信息。

例 1：压入金属箔的粉末样品，再用胶带粘到样品托上。

例 2：1 mL 含污染物的液体滴到硅衬底上，并在分析前晾干。

例 3：用特定类型的导电胶带将样品固定到样品托上。

例 4：用金属螺丝将已锈蚀的样品固定在样品托上。

7.2.4 分析前和分析时的样品处理

在 XPS 测试时，分析前和分析时的样品处理包括所有会影响样品荷电的物理和化学处理。

注：像这样的样品处理可能会改变表面组分，也可能会改变表面区域的导电性，从而改变表面区域的荷电。

7.3 仪器和操作条件

仪器和操作条件包括 XPS 仪器的各种细节：X 射线源；照射到样品表面上 X 射线束斑的尺寸；分析器通能；能量分辨率，如：对于选定的操作条件下，$Ag3d_{5/2}$ 光电子线的半高宽（FWHM）；样品法线与 X 射线源的夹角；是否使用磁透镜。

7.4 荷电控制的一般方法

应说明荷电控制所用的仪器部件。

例 1:电子中和枪;

例 2:电子中和枪与离子枪的组合;

例 3:样品加热;

例 4:紫外光照射。

如果所用的部件不是该 XPS 仪器的标准配置,应提供有关制造商或有关设计特征方面的信息。

7.5 需要荷电控制和选择荷电特定控制方法的理由

应报告需要荷电控制和选择某一种荷电控制方法的理由。

例 1:对所提供的样品,样品的被分析部分与地绝缘。采用仪器中的标准配置电子中和枪提供的中和电子进行荷电补偿。

例 2:处理类似样品的经验表明,可能有差分荷电。为了得到高质量的谱,将这些样品完全与地绝缘。综合使用低能电子流和低能离子流能得到分辨好的谱峰。

例 3:未经荷电控制的原始谱表现出峰位移动和谱线展宽。在样品上放置接地的细网格可解决这些问题,且不会明显出现来自网格材料的信号。此方法易于使用,且经常用于类似样品的测量中。

7.6 实验参数值

应报告控制荷电的参数值,如中和枪设置参数。

例:对于中和枪,阴极电压为−5 V(相对于仪器地),发射电流为 20 mA,中和枪阴极距离样品为 5 cm。

7.7 有关荷电控制方法有效性的信息

应确定对所分析类型的荷电控制方法的合理性。在最小化荷电效应后及进行任何荷电校正前,测量谱图中峰的半峰宽(FWHM)和结合能(BE_{meas})是确定荷电控制方法合理性的一个有效途径。为了证实该方法能有效用于测量出正确的 BE 和 FWHM,有必要在其他化学环境类似的样品中测出至少一个光电子峰的 FWHM 与之比较,已知该样品是导电的,或者确信此荷电控制方法对该样品是有效的。

例:使用中和枪后,氧化态 Si2p 光电子峰的 FWHM 从 2.4 eV 减小到 1.6 eV。此峰宽 1.6 eV 与 Si 上 SiO_2 薄层的测量值一致。

测量同一元素不同光电子峰间的能量间距,可提供在宽能量范围内控制荷电补偿的可行性。这种测量适用于假定样品不存在化学态随深度变化或不存在第二种物相引起的复杂情况。

注:建议检查样品是否存在损伤,并记录结果。

8 报告荷电校准方法及其校正值

8.1 荷电校正方法

A.3 中总结了多种常用荷电校正的方法。应报告下列关键的样品参数和实验参数。

8.2 技术路线

存在荷电效应时尽量详细叙述校正所测结合能(峰位)的通用方法,使之能重现,并能证明其有效性。

8.3 能量校正值

应给出有关每一谱图的能量校正值(Δ_{corr})以及如何测定该能量校正值的信息。并报告校正后的结合能和参考能量值。

运用下列关系式确定能量校正值 Δ_{corr},它是所测量出的参考谱线结合能(BE_{meas})与该结合能认可值

或参考值(BE_{ref})之差,确定能量校正值:

$$\Delta_{corr} = BE_{ref} - BE_{meas} \quad\quad (1)$$

然后,同一谱图上其他光电子峰校正后的结合能(BE_{corr})为该谱峰测量的结合能(BE_{meas})与能量校正值之和:

$$BE_{corr} = BE_{meas} + \Delta_{corr} \quad\quad (2)$$

注:只有当荷电补偿正好消除差分荷电效应时,式(1)和(2)才适用。

附 录 A
（资料性附录）
荷电控制和荷电校正方法的描述

A.1 引言

这里描述的方法涉及荷电控制（努力控制表面荷电积累或使荷电效应减至最小），见A.2；荷电校正（尽管存在荷电积累，还应力图测定可靠的结合能），见A.3；或者二者的结合，见A.4。对于荷电控制，峰形是用于评估一种方法有效性的最重要的参数之一。另外，采用一种合适的荷电校准技术可分别校正某个被测峰能量位置（即结合能）。当同时能观测到来自同一元素光电子峰和主俄歇峰时，可以用A.5描述的俄歇参数或修改型俄歇参数提供化学态信息，而无需进行荷电校正。虽然XPS实验时荷电积累常常是一种不希望出现的复杂情况，但是正如A.2.5.2和A.2.5.3中提到的那样，荷电积累也可提供有关样品的重要信息。

对某一实验系统，表面和近表面荷电量与分布由多个因素决定，包括样品的组成、均匀性、体电导率和表面电导率的大小、光电离截面、表面形貌、激发X射线的空间分布以及可提供的中和电子。荷电积累发生在样品表面并进入材料体内[1,2]。样品表面存在的颗粒或不同物相可能导致表面上电荷不均匀分布，即差分荷电现象。荷电积累也可能发生在被X射线辐照样品体内的相边界处或界面处。由于电子、X射线或热效应引起的化学和物理变化，部分样品的荷电量随时间而变化。

没有单一的方法可克服所有仪器的荷电问题[3]。20世纪90年代发展了几种新方法，包括电子、离子或/和磁场的方法。本附录所描述的所有方法均基于以下假设：荷电与信号电子的动能无关。对于有些仪器或当在样品内沿深度方向出现差分荷电时，这种假设不成立。在2000年报道了27个实验室对各种绝缘样品采用静电稳定法的比对结果，在该方法中参考金和碳的能量，给出了结合能测量值的标准偏差最好为0.15 eV[4]。该报道的结论认为，测量的重现性不能令人满意，还需要进行其他大量的工作。

A.2 荷电控制方法

A.2.1 损伤的原因

各种方法正被用于和已被用于控制分析时表面荷电积累的程度。由于其中有些方法涉及到荷电粒子或光子辐照或表面上加入其他物质，应考虑到任何此类辐照或处理引起的样品损伤或样品变化。

A.2.2 电子中和枪[8-11]

在XPS检测中，经常用低能电子中和枪稳定绝缘样品上的静电[9]，尤其当使用单色化X射线时更是如此。最佳工作条件，如灯丝位置、电子能量和电子束流强度，通常取决于电子中和枪相对于样品的取向和电子中和枪专门的设计，可由用户决定。使用低能量（通常小于或等于10 eV）电子的中和效果最好，并且能减小各种电子轰击诱导反应。电子束流应达到既能有效中和，又能避免损伤样品或引起不应有的样品升温。有时在样品上或样品的上方放置一个金属屏蔽罩有助于荷电中和[12,13]。

A.2.3 紫外中和灯[14]

紫外线辐照能产生低能电子（例如，来自样品台），有利于样品的荷电中和。

A.2.4 样品加热

加热可能增加某些样品的电导率，因而减少荷电[2]，但要考虑样品温度效应和可能的表面偏析效应。

A.2.5 电连接

A.2.5.1 接地和增强导电性的方法

用导电材料包绕绝缘材料以减小样品荷电已成为一种常用方法。这种方法就是用带孔的导电网或箔覆盖在固体样品上，或者将颗粒样品嵌在导电箔或胶带上[2]。

A.2.5.2 与地绝缘

某些材料或由不同电导率材料所组成的混合物会产生差分荷电。该现象可获得样品导电部分或绝缘部分的化学态或组成信息[15]。将样品与地绝缘，有时可最大限度地减小差分荷电(达到更均匀的样品电位)。

A.2.5.3 偏置电压

在样品上加低偏置电压(−10 V 至 +10 V 或更高)观察各个谱峰结合能的变化，可以得到有关样品(或样品某些部分)与样品托间电接触的信息。当加上偏置电压时，样品导电区域内的 XPS 谱峰发生移动；而绝缘区域内的谱峰发生较小的移动甚至根本不移动。这种方法有时可证实用于荷电校正的参考峰(如 Au4f 或 C1s)与样品上感兴趣峰的变化行为是相同的[5,14,16]。对于非均匀或复合(非导电或部分导电)样品，加偏置电压后可能会观察到多种荷电位移。这些测量可提供有关样品的有用信息，也可表明需要更加谨慎地使样品接地或与地绝缘。有时某些样品的所有数据均需通过加偏置电压采集(也可参见 A.4)。

A.2.6 低能离子源

即使受 X 射线照射的某些绝缘体表面区域荷正电，在表面其他区域也会荷负电[17]。此效应对于聚焦 X 射线束系统尤其重要。在聚焦 X 射线束系统中，X 射线只是照射在样品上一个较小的区域。在此情形下除电子源外，再加一个低能正离子源可有助于稳定(和得到更加均匀)样品表面电位。

A.3 荷电校正方法

A.3.1 差分荷电

常用多种方法来测定由表面荷电产生的结合能位移值。每种方法都假设沿表面或在样品体内并不存在显著的差分荷电。如果发现或认为有显著的差分荷电，则应改变荷电控制方法。

A.3.2 外来污染碳氢化合物参考[5,8,14,18-22]

A.3.2.1 如果用于分析的样品不是在严格控制的气氛中制备的，样品表面通常会覆盖外来碳氢污染物。样品引入仪器，特别是用油扩散泵的仪器后，会因残余气体吸附而进一步污染。假如样品表面出现稳态静电荷，而且包含有一个结合能已知的元素光电子峰，则此污染层可用于荷电校准。外来污染层中通常可检测到碳，C1s 光电子峰位常被用作参考。

A.3.2.2 常用 284.6 eV 至 285 eV 作为污染层的 C1s 参考结合能。测得的 C1s 结合能与参考值之差[见式(1)]为荷电校正值，它用于校正谱中其他光电子峰的测量结合能。该参考结合能假设了污染碳以碳氢化合物或石墨碳存在，并假设了其他含碳物种不存在，或可以从碳氢污染物的光电子峰中区分开。

A.3.2.3 该法重大缺点在于碳的真实属性及合适参考值的不确定性。文献[8,19,20]报道碳氢化合物和石墨碳的C1s电子结合能范围可以从284.6 eV至285.2 eV。所以建议，如果使用外来污染碳作为荷电校正，则参考结合能(和FWHM)应在用户自己的仪器上、用具有相似的碳覆盖层的样品来测定。理想的情况是这种测量应该在非荷电衬底上进行，该衬底的化学和物理性质应与被分析材料相似，而且只被一层均匀的很薄污染层(即一个单分子层量级)所覆盖。

A.3.2.4 应注意强氧化性样品会引起外来碳氢化合物发生化学变化[20]。外来碳覆盖层小于一单分子层时，C1s结合能有时会变小[21]。离子溅射也可能会导致碳结合能位移。已发现结合能偏低的碳有可能是石墨碳或者更可能是接近于原子尺度的碳簇[14]。识别多种碳存在的方法是监测C1s光电子峰的FWHM。反常峰宽表明可能存在多种碳或存在差分荷电。尽管用外来污染碳作静态荷电校正存在局限性和不确定性，但它仍是最方便和最常用的技术。

A.3.3 金沉积[8,9,18,23-26]

金沉积是指将一薄层(0.5 nm至0.7 nm)元素金镀到绝缘体的整个表面，以便在样品表面提供一种金属校正物。这层金通过与样品托机械接触从而与能谱仪相连，所以能谱仪与金层等电位。假如金沉积层与样品表面间的接触受相同表面电荷的影响，则样品结合能可以参考金的结合能。实际上，使用这种方法存在许多困难。虽然在某些情况下此法是有用的(见A.4)，但目前在XPS测量中已经不再广泛使用。在大多数情况下，当金沉积在材料上时，它形成许多小岛。已发现，当金覆盖小于一个单层时，它与衬底可能存在相互反应。除了样品的结合能发生改变外，这种反应可以引起$Au4f_{7/2}$峰的化学位移，该化学位移随表面覆盖度而变化[24,25]，从而导致金结合能与预期的金参考结合能不同。与金校正物反应的影响会随金覆盖层厚度的增加而减小。然而，$Au4f_{7/2}$峰的位移会随沉积材料的厚度和形貌改变而出现。此外，应注意即使厚的金覆盖层(几个单层)也可能不是连续的覆盖层，因此小“岛”状金与样品之间可能出现差分荷电。

A.3.4 注入惰性气体[27]

当样品中注入惰性气体时，固体中惰性气体的结合能已用于测量绝缘样品的荷电量[27]。但是，这种注入可能会改变样品的化学组成或性质，从而导致结合能位移，甚至能引起样品的谱峰分裂。实验表明，测得的不同基体中的注入物结合能，会因弛豫效应不同而变化[28]。

A.3.5 内标参考

有时，已知样品的部分谱线的结合能值，可用作荷电参考值[18]。此方法假定所选择的化学基团的结合能在不同的分子中是相同的。被测峰的能量包括了样品的静电势能。将参考样化学基团的结合能校正到设定值，计算出荷电校正值，用于校正其他被测峰。如用碳校正，此技术被称为碳内标。

A.3.6 衬底参考

涉及导电衬底上薄膜的研究工作，常常假设所观测到的导电衬底结合能给薄绝缘覆盖层提供了一个合适的参考。但是，在金属与绝缘层界面处趋向于形成荷电层，而产生界面偶极层，使绝缘材料的结合能相对于导电衬底发生位移[28,30]。另外，在界面还可能会发生反应。

A.4 偏置电压参考[17]

A.4.1 这种方法涉及荷电控制和荷电校正，虽然基本要点都已在A.2和A.3中描述过，但是这里还是单独将这种方法列出来。对于特殊样品和一些特殊测量条件，在样品表面引入校准物(如A.3所述),运用和优化荷电控制方法(A.2)。该技术得到了进一步发展,以应对某些样品的测量。在有些仪器中某些用金修饰荷电校准方法(A.3.3)确定的校正值 Δ_{corr} 与中和枪所加电压有关系。在有些情况下[16],当所加中和电子枪电压负值足够低(即 BE_{meas} 向低端移动)时,样品和金的光电子谱线的差值与中和电子枪电压无关。调节中和枪的电压,使得上述两谱线的能量差值为常数,从而提高 Δ_{corr} 的可靠性。

A.4.2 常用真空蒸镀法在样品表面上镀上小的金斑点(直径 1 mm～3 mm,厚度约为 25 nm)。得到的金斑点和样品表面代表性区域内的 XPS 谱都会受到常规中和枪出射电子所产生的负偏压(最大约为 10 V)的影响。在负偏压条件下的 $Au4f_{7/2}$ 峰的 BE_{meas} 值与当金斑点与仪器电接触时同一峰 BE_{meas} 值之间的差值作为校正值。应用此校正值,最终得到相对于金的校正结果。实际应用中,为了监测系统漂移,通常在采集样品的 XPS 数据之前和之后分别采集 $Au4f_{7/2}$ 谱。该方法导致真空能级对齐,而不是费米能级对齐。所以,该方法可能与表面逸出功有关[16]。

A.5 俄歇参数测量[31-33]

A.5.1 俄歇参数被定义为光电子能谱中最尖锐的俄歇峰(通常涉及内能级)的动能减去同一元素最强光电子峰的动能所得的值[32]。(比较俄歇参数前,应指明入射光子的能量。)对于大多数能谱仪器,被测的两种跃迁同样受到均匀静电的影响。由于俄歇参数可能随化学成键而变化,因此当可以测到同一元素的俄歇和光电子峰的动能时,这个与荷电无关的常数值提供了一种不同的鉴别元素化学态的方法[31,32]。

A.5.2 修改型俄歇参数定义为俄歇参数与入射光子能量之和,即修改型俄歇参数也可为光电子谱中最尖锐的俄歇峰的动能与同一元素最强光电子峰的结合能之和。修改型俄歇参数与光子能量无关,常代替俄歇参数来鉴别元素化学态。

A.5.3 虽然大多数情况下荷电不改变俄歇参数,但是还是存在一个问题,荷电差异为深度的函数,甚至于在分析区域内被检测到的化学特性的差异随深度而变化,因此,如果用平均逃逸深度存在明显差别的峰来计算俄歇参数,就会使测量复杂化。在这种情形下,难以对测量结果作出可靠的解释。

参 考 文 献

[1] Cazux, J. : Mechanisms of Charging in Electron Spectroscopy, Journal of Electron Spectroscopy and Related Phenomena, Dec. 1999, Vol. 105, Nos, 2-3, pp155-185

[2] Cazaux, J: About the Charge Compensation of Insulating Samples in XPS, Journal of Electron Spectroscopy and related Phenomena, Dec. 2000, Vol. 113, No. 1, pp. 15-33

[3] Bart. F., Guitter, M. J.. Henriot, M., Thromat, N., Gaultier, M., and Durand, J. P. : Surgace analysis of Wide Gap Insulators with XPS, Journal of Electron Spectroscopy and Related Phenomena, Oct. 1994, Vol. 69, No. 3. pp. 245-248

[4] Unger, W. E. S., Gross, Th., Bose, O., Lippitz, A., Fritz, Th., and Gelius. U, VAMAS TWA2 Project A2: Evaluation of Static Charge Stabilization and determination Methods in XPS on Non-Conducting Samples-Report on an Inter-laboratory Comparison, Surface and inter analysis, Aug. 2000, Vol. 29, No. 8, pp535-543

[5] Dickinson, T., Povey, A. F., and Sherwood, P. M. A. : Differential Sample Charging in ESCA, Journal of Electron Spectroscopy and Related Phenomena, Dec. ! 973, Vol. 2, No. 5, pp441-447

[6] ASTME 1078-02, Standard Guide for Specimen Preparation and Mounting in Surface analysis

[7] ASTM E 1829-02, Standard Guide for Handling Specimens Prior to Surface analysis

[8] Swift, P., Shuttleworth, D., and Seah, M. P. : Static Charge Referecing Techniques, in Practical Surface Anaalysis, Edited by D. Briggs and M. P. Seah, John Wiley and Sons, Ltd., New York, 1983, pp. 437-444

[9] Johansson, G., Hrdman, J., Berndtsson, A., Klasson, M., and Nilsson, R. : Calibration of Electron Spectra, Journal of Electron Spectroscopy and Related Phenomena, Nov. 1973, Vol. 2, No. 4, pp295-317

[10] Hughital, D. A. and Mckeon, R. T. : use of an Electron Flood Gun to Reduce Surface Charging in X-ray Photoelectron Spectroscopy, Applied Physics Letters, Feb. 1977, vol. 20. No. 4. pp. 158-159.

[11] Hunt, C. P., Stoddart, C. T. H., and Seah, M. P. : The Surface Analysis of Insulators by SIMS: Charge Neutralization and Stabilization of the Surface Potential, Surface and Interface Analysis, Aug. 1981, Vol. 3, No. 4, pp157-160

[12] Lewis, R. T., and Kelly, M. A. : Binding-Energy Reference in X-Ray Photoelectron Spectroscopy of insulators, Journal of Electron Spectroscopy and Related Phenomena, July 1980, Vol. 20, Nos. 1-2

[13] Bryson, C. E. : Surface Potential Control in XPS, Surface Science, Oct. 1987. Vol. 189/190, pp50-58

[14] Clark, D. T. : The Investigation of polymer Surfaces by Means of ESCA, in Polymer Surfaces, Edited by D. T. Clark and W. J. Feast, John Wiley and Sons, Ltd., New York, 1978, pp. 309-351

[15] TiElsch, B. J., and Fulghlim, J. E. : Differential Charging in XPS—Part III: A Comparison of Charging in Thin polymer Overlayers on Conducting and Non-Conducting Substrates, Surface and Interface analysis. Oct. 1997, Vol. 25, No. 11, pp. 904-912

[16] Edgell, M. J., Baer, D. R., and Castle, J. E. : Biased Referencing Experiments for the XPS analysis of Non-conducting Materials, Applied Surface, Aug. 1986, Vol. 26, No. 2, pp. 129-149

[17] Larson. P. E., and Kelly, M. A. : Surface chagrge Neutralization of Insulating Samples in X-

ray Photoemisiion Spectroscopy,Journal of Vacuum Science and Technology A,Nov. /Dec. 1998. Vol. 16,No. 6,pp. 3483-3489.

[18] Wagner,C. D. :Energy Calibration of Electron Spectrometers,in Applied Surface Analysis, edited by T. L. Barr and L. E. Davis, ASTM Special Technical Publication 699, American Scciety for Testing and Materials,Philadelphia,1980,pp. 137-147

[19]Clark, D. T. , Thomas, H. R. , Dilks, A. , and Shuttleworth, D. : A Method to Reduc the Hydrocarbon Contamination of Samples in X-ray Photoelectron Spectroscopy, Journal of Electron Spectroscopy and related Phenomena,Apr. 1977,Vol. 10,No4,pp. 455-460

[20] Swift,P. :Adventious Carbon-The Panacee for Energy Referencing, surface and Interface Analysis,Apr. 1982,Vol. 4,No. 2,pp. 47-57

[21] KohiKi,S. ,and Oki,K. :Problems of Adventitious Carbon as an Energy Referecce,Journal of Electron Spectroscopy and Related Phenomena,May 1984,Vol. 33,No. 4,pp. 375-380

[22] Clark,D. T. ,Dilks,A. ,amd Thomas,H. R. :ESCA Applied to Polymers-Xxi:Investigation of Sample-Charging Phenomena,Journal of Polymer Science:Polymer Chemistry Edition,July 1978, Vol. 16,No. 7,pp. 1461-1474

[23] Urch,D. S. ,and Webber,M. :The Unsuitability of Gold as a Standard fir Non-Conducting Samples in X-ray Photoelectron Spectroscopy,Journal of Electron Spectroscopy and Related Phenomena,Nov. /Dec/1974,Vol. 5,pp. 791-798

[24] Hnatowich, D. J. , Hudis, J. , Perlman, M. L. , and Ragaini, R. C. : Determination of Chargeing Effect in Photoelectron Spectroscopy of Nonconducting solids,Journal of Applied Physics, Nov. 1971,Vol. 42,No. 12,pp. 4883-4886

[25] Kohiki, S. : problem of Evaporated gold as an Energy Reference in X-ray Photoelectron Spectroscopy,Applications of Surface,Mar. /Apr. 1984,Vol. 17,No. 4. pp. 497-503

[26] Kohiki,S. ,and Oki,K. :An Appraisal of Evaporated Gold as Energy Reference in X-ray Photoelectron Spectroscopy, Journal of Electron Spectroscopy and Related Phenomena, May 1985, Vol. 36,No. 1,pp. 105-110

[27] Kohiki,S. ,Ohmura,T. ,and Kusao,K. :A New Charge-Correction Method in X-ray Photoelectron Spectroscopy,Journal of Electron Spectroscopy and Related Phenomena,Jan. 1983,Vol. 28, No. 4,pp. 229-237

[28] Citrin,P. H. ,and Hamann,D. R. :Mearurement and Calculation of Polarization and Potential-Energy Effects on Core-Electron Binding Energy in Solids:X-ray Photoemission of Rare Gases Implanted in Noble Metals,Physical Review B,Dec. 1974,Vol. 10,No. 12,pp4948-4963.

[29] Sambe,H. ,and Ramaker,D. E. :X-ray Photoelectron Spectroscopy Study on the Electrical Double Layer at an Al_2O_3-Al Interfance,Journal of Vacuum Science and Technology A,Sep. /Oct. 1992,Vol. 10,No. 5,pp. 2991-05

[30] Baer,D. R. ,Engelhard,M. H. ,Schulte,D. W. ,Guenther,D. E. ,Wang,L. Q. ,and Rieke. P. C. :Electron Beam Effects on (CH_2)17 Self-Assembled Monolayer SiO_2/Si Specimens,Journal of Vacuum Science and Technology A. Jul. /Aug. 1994,Vol. 12,No. 4,pp. 2478-2485

[31]Wagner,C. D. :Chemical Shifts of Auger Lines and the Auger Parameters,Faraday Discussions of the Chemical Society,1975. No. 60,pp. 291-300

[32] Wagner,C. D. :A New Approach to Identifying Chemical States Comprising Combined use of Auger and Photoelectron lines,Journal of Electron Spectroscopy and related Phenomena,Mar. 1977, Vol. 10,No. 3,pp. 305-315

[33] Gaarenstroom, S. W., and Winograd, N.: Initial and Final State Effects in the ESCA Spectra of Cadmium and Silver Oxides, Journal of Chemical Physics, Oct. 1977, Vol. 67, No. 8, pp. 3500-3506

ICS 71.040.40
G 04

中华人民共和国国家标准

GB/T 25186—2010/ISO 18114:2003

表面化学分析　二次离子质谱
由离子注入参考物质确定
相对灵敏度因子

Surface chemical analysis—Secondary-ion mass spectrometry—Determination of relative sensitivity factors from ion-implanted reference materials

(ISO 18114:2003,IDT)

2010-09-26 发布　　　　2011-08-01 实施

中华人民共和国国家质量监督检验检疫总局
中国国家标准化管理委员会　发布

前　　言

本标准等同采用ISO 18114:2003《表面化学分析　二次离子质谱　由离子注入参考物质确定相对灵敏度因子》。

为了方便使用,本标准做了下列编辑性修改:

——用“本标准”代替“本国际标准”。

本标准由全国微束分析标准化技术委员会提出并归口。

本标准起草单位:信息产业部专用材料质量监督检验中心。

本标准主要起草人:马农农、何友琴、何秀坤。

引　　言

在二次离子质谱分析中，常使用离子注入物质校准仪器。

本标准将提供一种统一的方法：由离子注入参考物质来确定某种元素在特定基体中的相对灵敏度因子，并说明如何确定具有相同基体材料的不同样品中该元素的浓度。

表面化学分析 二次离子质谱 由离子注入参考物质确定 相对灵敏度因子

1 范围

本标准指定了一种由离子注入参考物质确定二次离子质谱分析中相对灵敏度因子的方法。

本标准适用于基体化学成分单一的样品，其中注入物质的峰值原子浓度不超过1%。

2 规范性引用文件

下列文件对于本文件的应用是必不可少的。凡是注日期的引用文件，仅注日期的版本适用于本文件。凡是不注日期的引用文件，其最新版本(包括所有的修改单)适用于本文件。

GB/T 22461—2008 表面化学分析 词汇(ISO 18115:2001,IDT)

3 术语和定义

GB/T 22461—2008界定的术语和定义适用于本文件。

4 符号及缩略语

$C_i^{A,M}$ 深度剖析的第 i 个周期时，被分析元素 A 在基体 M 中的原子浓度，用单位体积原子个数表示；

d 深度剖析中求积分用的深度，用长度单位表示；

I_i^{Aj} 在测试的第 i 周期时，同位素 Aj 的被分析离子检测计数率，用计数/s表示；

I_i^{Mk} 在测试的第 i 周期时，参考同位素 Mk 的检测计数率，用计数/s表示；

I_{BG} Aj 的被分析离子的平均本底计数率，用计数/s表示；

N^{Aj} 未知样品中，被分析同位素 Aj 的丰度值；

n 深度剖析中求积分用的深度所包含的周期数；

ϕ 同位素 Aj 的注入剂量，用单位面积原子个数表示；

RSF 相对灵敏度因子，用单位体积原子个数表示；

SIMS 二次离子质谱。

5 原理

可以从离子注入外标准物质的SIMS深度剖析中，得出特定的元素-基体组合中某一同位素的相对灵敏度因子(RSF)。该RSF可以用来定量给出基体材料相同的不同样品中同一特定元素浓度随深度的变化，公式如下：

$$C_i^{A,M} = \frac{\mathrm{RSF}^{Aj,Mk} \times I_i^{Aj}}{I_i^{Mk} \times N^{Aj}} \qquad (1)$$

本标准只适用于被分析离子的计数率与其浓度成正比的样品和参考物质。实际中,能保证这种比例有效检测浓度的上限一般定为1%原子浓度。参考物质和未知样品的测试条件应该相同。

6 仪器

本标准适用于从任何有深度剖析测试功能SIMS仪器获得的数据中确定RSF。为了获得最高质量的深度剖析数据,应当按照仪器制造商的说明书或者当地规定的方法设定仪器。

7 离子注入参考物质

本标准中离子注入参考物质原子百分比的峰值浓度应低于1%,但至少要比本底强度或者SIMS仪器对被分析元素的检测限高100倍。

基体参考元素信号的稳定性可以指示出溅射稳定状态,被分析元素的深度分布中峰位的深度至少应该是溅射稳定状态开始位置的两倍。

如果有被鉴定过的参考物质(CRMs),或者是可以溯源到CRMs的二次参考物质,应使用这些参考物质。如果没有CRMs,可能的话,就使用经某种独立的方法,如卢瑟福背散射谱或中子活化分析测试过其注入剂量的参考物质。

8 步骤

在对离子注入参考物质深度剖析的每一个测试周期 i 中,检测被分析同位素 Aj 的离子计数率 I_i^{Aj} 和参考同位素 Mk 的离子计数率 I_i^{Mk}。在基体 M 中,被分析同位素 Aj 对于参考同位素 Mk 的相对灵敏度因子可由式(2)计算得出:

$$\mathrm{RSF}^{Aj,Mk}=\frac{\phi\times n}{\sum_{i=1}^{n}\left[(I_i^{Aj}-I_{\mathrm{BG}})/I_i^{Mk}\right]\times d} \qquad \cdots\cdots(2)$$

深度 d 通常通过使用校准过的针式表面轮廓仪来测量样品表面溅射坑的深度而计算得出,并且假定在每一个测试周期中,被剥离的深度是一定的。

如果参考离子计数率的变化低于指定的允差水平,可以将其看作常量 I^{Mk},在深度剖析过程中只需对该值测量一次。这时,计算RSF的公式变换为式(3):

$$\mathrm{RSF}^{Aj,Mk}=\frac{\phi\times n\times I^{Mk}}{\sum_{i=1}^{n}(I_i^{Aj}-I_{\mathrm{BG}})\times d} \qquad \cdots\cdots(3)$$

9 测试报告

当用这种方法确定相对灵敏度因子时,应记录以下信息:

a) 相对灵敏度因子;

b) 所用SIMS仪器的型号;

c) 一次束的类型和能量;

d) 二次离子的类型及极性;

e) 参考离子的同位素及类型;

f) 任何特殊的仪器条件(例如,高质量分辨、动能过滤);

g) 任何特殊的分析条件(例如,表面覆氧)。

参 考 文 献

[1] Wilson, R. G., STEVIE, F. A., and MAGEE, C. W., Secondary Ion Mass Spectrometry—A Practical Handbook for Depth Profiling and Bulk Impurity Analysis, John Wiley and Sons, New York, 1989, Section3. 1.

ICS 71.040.40
G 04

中华人民共和国国家标准

GB/T 25187—2010/ISO 15471:2004

表面化学分析　俄歇电子能谱 选择仪器性能参数的表述

Surface chemical analysis—Auger electron spectroscopy—Description of selected instrumental performance parameters

(ISO 15471:2004,IDT)

2010-09-26 发布　　2011-08-01 实施

中华人民共和国国家质量监督检验检疫总局
中国国家标准化管理委员会　发布

前　言

本标准等同采用ISO 15471:2004《表面化学分析　俄歇电子能谱　选择仪器性能参数的表述》。

为了方便使用,本标准做了下列编辑性修改:

——用“本标准”代替“本国际标准”。

本标准由全国微束分析标准化技术委员会提出并归口。

本标准负责起草单位:福建光电有限公司、清华大学化学系。

本标准起草人:王水菊、姚文清、时海燕、李展平、刘芬、沈电洪。

引　言

世界上有许多家厂商生产俄歇电子能谱仪(AESs)和扫描俄歇电子显微镜(SAMs)。虽然每台仪器的AES分析方法的基本原理相同,但仪器的具体设计和性能说明的方式却各不相同。因此,通常很难比较不同厂商生产的仪器性能。本标准提供一个基本项目单,以使所有俄歇电子能谱仪能以一种共同的方式来表述。本标准不是用来取代厂商的说明书,而是就厂商说明书中所确定的某些项目给出一致和明确的定义。

表面化学分析　俄歇电子能谱　选择仪器性能参数的表述

1　范围

本标准表述了如何描述一台俄歇电子能谱仪的特定性能。

2　规范性引用文件

下列文件对于本文件的应用是必不可少的。凡是注日期的引用文件，仅注日期的版本适用于本文件。凡是不注日期的引用文件，其最新版本(包括所有的修改单)适用于本文件。

GB/T 22461—2008　表面化学分析　词汇(ISO 18115:2001,IDT)

3　术语和定义

GB/T 22461—2008　表面化学分析　词汇中所给定的术语和定义适用于本文件。

4　符号和缩略词

AES　俄歇电子能谱(也指俄歇电子能谱仪)；
FWHM　本底以上最大峰强一半处的全宽度；
SAM　扫描俄歇电子显微镜(也指扫描俄歇电子显微术)；
SEM　扫描电子显微镜。

注：一直以来，AES 仪器的动能标参考真空能级，而 XPS 或 AES/XPS 联合谱仪则参考费米能级。从费米能级参照转换为真空能级参照是通过从电子动能中扣除谱仪逸出功来实现；一种近似方法是从费米能级参照的动能中扣除 4.5 eV，这对于大多数实际 AES 和 SAM 应用是可行的。

5　选择仪器性能参数的表述

5.1　分析方法

应简要叙述用于从样品获得信息的方法，并说明在所考虑的系统中其他分析技术的适用性(作为选项)。

5.2　样品

应给出使用该仪器可分析的样品大小和形状。如果样品的大小或形状受限于某些特殊分析模式，例如变角测量、绝缘体测量等，应予以具体说明。

5.3　系统构成

为系统重要分析部件所设计的几何构造及其公差应给予描述。

例子：角度的允差常给定为±1°。

5.4 电子枪阴极

5.4.1 阴极类型

阴极系统应予说明。

例如:热钨丝、六硼化镧(LaB_6)、钨(110)冷场发射,或肖特基(Schottky)。

5.4.2 阴极寿命

应说明在5.5中规定的操作条件下阴极的预期寿命。应说明在5.5中选定的源电压下的发射电流。这通常是一个保证的运行寿命,但可能是一个平均使用寿命。寿命类型应予以说明。

5.5 空间分辨率和束流

5.5.1 概述

应标明以下两类空间分辨率:

a) 在最佳操作条件时扫描电子显微镜;

b) 对每一给定的束能在指定条件下的俄歇电子能谱。

空间分辨率的测量值应该用5.5.2、5.5.3或5.5.4所述的方法之一来获得。应给出在5 keV和(或)10 keV和其他适宜的电子束能量下作为束流的函数的典型空间分辨率的曲线。

注: 如果仪器的空间分辨率函数能用一个高斯函数来表示,那么该函数的FWHM就相当于测量信号从其最大值的12%至88%的两点间距离。在AES中,俄歇跃迁电子的点扩散函数是一个叠加到大量背散射电子信号上的高斯分布。因此,可方便地把AES的空间分辨率定义为相当于横贯台阶刃边的俄歇信号强度从20%变化至80%的两点间距离,也相当于高斯函数分辨率的71.5%。尽管这一定义方法没有物理基础,但却被广泛地应用。

5.5.2 方法1

要分析的样品应有一个小于仪器标称的空间分辨率的30%的独特区。该区的特征俄歇电子信号扫描线的FWHM定义为空间分辨率。特征信号从最大值的50%升至100%再降至50%的两点间距离定义为测量的空间分辨率。

注1: 如果独特区的宽度大于空间分辨率的30%,测量到的空间分辨率将大于真实的空间分辨率。

注2: 使用小样品易于确认系统像散。

5.5.3 方法2

被分析样品由两种材料组成,这两种材料的表面在同一平面上且沿一公共直边相结合。当与该直边成90°角方向测量时,该两种材料之一的特征俄歇电子强度的扫描线被用来定义空间分辨率。在离开该直边的平台区俄歇电子强度差值从20%变化至80%的两点间距离定义为该扫描方向上的空间分辨率。

注1: 如果一台仪器能用高斯函数来表示空间分辨率函数,那么上述强度随距离分布所测得的分辨率等于该仪器空间分辨率函数FWHM的71.5%。

注2: 接近于分辨率极限时可能观察到像散,因而空间分辨率可能需要一个以上的方位来确定。

5.5.4 方法3

要分析的样品具有某一材料的刃边,该刃边在样品平面上覆盖住一个深度超过其直径5倍的小孔的半边。与刃边成90°角方向测量时,刃边材料的特征俄歇电子强度的扫描线用来定义空间分辨率。

在离开刃边的平台区的俄歇电子强度差值从20%变化至80%的两点间距离定义为该扫描方向上的空间分辨率。

注1：如果一台仪器能用高斯函数来表示空间分辨率函数，那么上述强度随距离分布所测得的分辨率等于该仪器空间分辨率函数FWHM的71.5%。

注2：接近于分辨率极限时可能观察到像散，因而空间分辨率可能需要一个以上的方位来确定。

5.6 谱仪强度性能和能量分辨率

5.6.1 概述

谱仪强度性能由918 eV处Cu L_3VV的强度(计数率)和950 eV处的本底强度(计数率)的差值确定(二者都用直接谱模式测量)。在脉冲计数系统中，谱仪性能应表示为每纳安束流的计数率的差值，或者用另一种方法表示：对a)最佳能量分辨率和b)最佳灵敏度所确定的束能和束流条件下的计数率差值。如果谱仪可在不同的能量分辨率下操作，对每一能量分辨率应至少给出某一束能下的性能、本底强度和本底之上峰的FWMH。每一束能对应的束流也应给出。信噪比定义为谱仪强度性能与噪声的比值，强度性能从918 eV和950 eV处、时间为1 s的数据采集获得，噪声从5.6.2或5.6.3中获得。测量噪声的方法应予说明。

5.6.2 方法1

噪声定义为对970 eV和994 eV间等能量间隔进行121次独立测量所得本底强度值的均方根偏差，每道测量收谱时间为1 s，通道间隔约为0.2 eV。均方根偏差是测量强度值与其最小二乘拟合直线的离差计算得到的。

5.6.3 方法2

噪声定义为975 eV处121个样本的本底强度与其均值离差的均方根偏差，其每次测量数据收集时间为1 s。

5.7 谱仪能量标

应参照费米能级来说明能量标，具体应包括标尺线性、用仪器手册描述的定位步骤重置样品时Cu L_3VV峰的测试能量的标准偏差的重复性，及在Cu L_3VV峰的能量处作为时间函数进行定标的精度。

注：中等能量分辨率的俄歇电子能谱仪的能量标校准方法应使用ISO 17973《表面化学分析　中等分辨率的俄歇电子能谱仪　用于元素分析的能量标的校准》(Surface chemical analysis—Medium-resolution Auger electron spectrometers—Calibration of energy scales for elemental analysis)。适用于高能量分辨率的俄歇电子能谱仪的类似标准为ISO 17974《表面化学分析　高分辨率俄歇电子能谱仪　用于元素和化学态分析的能量标的校准》(Surface chemical analysis—High-resolution Auger electron spectrometers—Calibration of energy scales for elemental and chemical-state analysis)。

5.8 谱仪强度线性

应说明最大有效计数率和对一个计数率线性极限(例如限定±2%)的最大计数率。

5.9 谱仪响应函数

应提供给定强度性能的相应操作模式的分析器响应函数，并说明这些函数随时间保持不变的范围。

5.10 谱仪参数

5.10.1 谱仪色差

不希望有的谱仪色散(色差)影响要予以说明。该色散表示为当电子束轰击的样品点在 X、Y 和 Z

方向每移动 1 mm 时，测得的 918 eV 附近 Cu L_3VV 谱峰漂移值(以 eV 为单位)。

5.10.2 分析面积

分析面积可能是由入射电子束对样品表面栅式扫描面积或谱仪视场二者之一确定的，应予以说明。

注：分析面积定义为近 918 eV 的 Cu L_3VV 和近 62 eV 的 M_{23} VV 峰强度都保持其最大值的 95%以上的整个面积。

5.11 图像漂移

对于成像系统，应说明规定的安装环境下的图像漂移率。

5.12 真空环境

应给出指定温度下烘烤 12 h 后再经 24 h 冷却可达到的背压，或达到指定的背压所需要的时间。达到可进行分析的指定压力的样品进样时间也应给出。

ICS 71.040.40
G 04

中华人民共和国国家标准

GB/T 25188—2010

硅晶片表面超薄氧化硅层厚度的测量 X射线光电子能谱法

Thickness measurements for ultrathin silicon oxide layers on silicon wafers X-ray photoelectron spectroscopy

2010-09-26 发布　　2011-08-01 实施

中华人民共和国国家质量监督检验检疫总局
中国国家标准化管理委员会　发布

前　　言

本标准由全国微束分析标准化技术委员会提出并归口。

本标准起草单位:中国科学院化学研究所、中国计量科学研究院。

本标准起草人:刘芬、王海、赵良仲、宋小平、赵志娟、邱丽美。

引　言

硅晶片表面的氧化硅薄层长期以来一直用作硅基场效应晶体管的关键组件——栅极氧化层，它对微纳电子器件和集成电路的可靠性至关重要。随着器件特征尺寸的日益缩减，栅极氧化层变得越来越薄，目前已达到 1 nm 左右。超薄栅极氧化硅层的制备与质量控制要求对其厚度进行准确测量。例如，国际半导体技术路线图(ITRS)曾提出超薄栅极氧化层厚度测量结果的标准不确定度要达到 1.3%的期望值。目前，工业界通常利用椭圆偏振光度法测量 10 nm 以上的薄层厚度。但是，椭圆偏振光度法对表面污染物很敏感，它难以准确测量 10 nm 以下的薄层厚度。在过去的十年中，以 M. P. Seah 为代表的研究组利用 X 射线光电子能谱(XPS)技术在硅晶片表面超薄氧化硅层厚度准确测量方面做了大量工作；通过对衰减长度等因子进行精心计算和校正以及正确选择实验条件，使得精确测量硅晶片表面超薄氧化硅层厚度得以实现，测量结果的不确定度可达到 2%以内[1,2]。在国内，中国计量科学研究院和中国科学院化学研究所合作采用 Seah 等提出的 XPS 方法已经参加了两次硅晶片表面超薄氧化硅层厚度测量的国际比对并取得国际等效度，同时还对 XPS 测量中的重要实验条件(如光电子发射角和晶体样品的测试方位角)进行了修正。

鉴于微纳电子等行业对于准确测量硅晶片表面超薄氧化硅层厚度的需求，现制定本标准。

硅晶片表面超薄氧化硅层厚度的测量 X射线光电子能谱法

1 范围

本标准规定了一种准确测量硅晶片表面超薄氧化硅层厚度的方法，即X射线光电子能谱法(XPS)。本标准适用于热氧化法在硅晶片表面制备的超薄氧化硅层厚度的准确测量；通常，本标准适用的氧化硅层厚度不大于6 nm。

2 规范性引用文件

下列文件中的条款通过本标准的引用而成为本标准的条款。凡是注日期的引用文件，其随后所有的修改单(不包括勘误的内容)或修订版本均不适用于本标准，然而，鼓励根据本标准达成协议的各方研究是否可使用这些文件的最新版本。凡是不注日期的引用文件，其最新版本适用于本标准。

GB/T 22461 表面化学分析 词汇(GB/T 22461—2008,ISO 18115:2001,IDT)

GB/T 19500 X射线光电子能谱分析方法通则

GB/T 21006 表面化学分析 X射线光电子能谱仪和俄歇电子能谱仪 强度标的线性(GB/T 21006—2007,ISO 21270:2004,IDT)

GB/T 22571 表面化学分析 X射线光电子能谱仪 能量标尺的校准(GB/T 22571—2008,ISO 15472:2001,IDT)

3 符号

下列符号适用于本标准。

d 氧化硅层的厚度(nm)；

L Si2p光电子在氧化硅层中的衰减长度(nm)；

R 氧化硅和元素硅体材料的Si2p峰强度比；

θ 光电子发射角，定义为光电子发射方向与样品平面法线之夹角(°)；

$\boldsymbol{\Phi}$ 样品方位角，如对于Si(100)样品以(111)面为界沿[110]方向切割成边长为10 mm的正方形，即它的零方位角是沿[110]方向(°)；

I 氧化硅和元素硅的Si2p峰强度；

I^{∞} 氧化硅和元素硅体材料的Si2p峰强度；

u 测量结果不确定度分量；

u_C 测量结果标准不确定度；

U 测量结果扩展不确定度；

λ 非弹性平均自由程(nm)；

λ_{tr} 迁移平均自由程(nm)；

ω $\lambda/(\lambda+\lambda_{tr})$；

Z 原子序数。

4 方法概述

4.1 简述

XPS的基本原理参见国家标准GB/T 19500。GB/T 22461中确立的术语适用于本标准。

单晶硅基片表面氧化硅层和碳质污染层的模型如图 1 所示。在二氧化硅和元素硅界面间存在中间氧化物，如：Si_2O_3、SiO 和 Si_2O。本方法需考虑中间氧化物层对氧化硅层厚度测量的影响。当样品表面轻微污染（碳质污染层为 0.15 nm～0.3 nm）时，污染层对厚度测量的影响可以忽略；当样品表面污染较严重时，按 6.1.2 进行清洗。

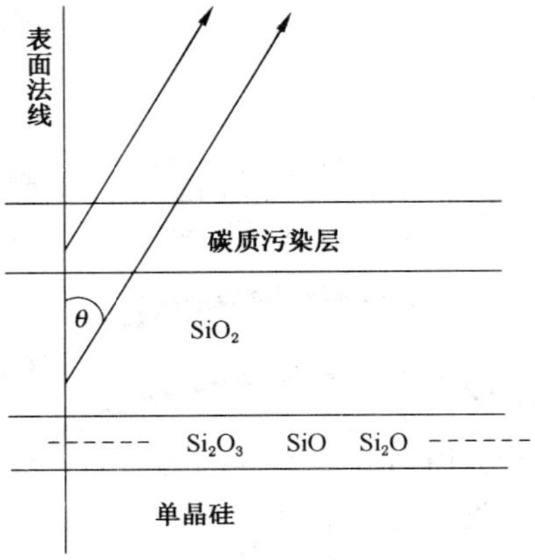

图 1 硅晶片表面的氧化硅层和污染层结构示意图

4.2 厚度计算

通过用 XPS 法测量氧化硅和元素硅的 Si2p 峰面积来计算氧化硅层的厚度。若不考虑二氧化硅和元素硅界面间存在的中间氧化物，由于二氧化硅和元素硅的 Si2p 光电子动能接近（相差约 4 eV），根据非弹性和弹性散射理论可得关系式(1)[1]：

$$d_{SiO_2} = L_{SiO_2} \cos\theta \ln\left(1 + \frac{I_{SiO_2}}{R_{SiO_2} I_{Si}}\right) \quad \cdots\cdots (1)$$

根据式(1)，若分别考虑二氧化硅和中间氧化物对厚度的贡献，计算公式分别如下[2]：

$$d_{SiO_2} = L_{SiO_2} \cos\theta \ln\left(1 + \frac{I_{SiO_2}/R_{SiO_2}}{I_{Si_2O_3}/R_{Si_2O_3} + I_{SiO}/R_{SiO} + I_{Si_2O}/R_{Si_2O} + I_{Si}}\right) \quad \cdots\cdots (2)$$

$$d_{Si_2O_3} = L_{Si_2O_3} \cos\theta \ln\left(1 + \frac{I_{Si_2O_3}}{R_{Si_2O_3} I_{Si}}\right) \quad \cdots\cdots (3)$$

$$d_{SiO} = L_{SiO} \cos\theta \ln\left(1 + \frac{I_{SiO}}{R_{SiO} I_{Si}}\right) \quad \cdots\cdots (4)$$

$$d_{Si_2O} = L_{Si_2O} \cos\theta \ln\left(1 + \frac{I_{Si_2O}}{R_{Si_2O} I_{Si}}\right) \quad \cdots\cdots (5)$$

这样，总氧化硅层厚度为：

$$d_{oxide} = d_{SiO_2} + 0.75 d_{Si_2O_3} + 0.5 d_{SiO} + 0.25 d_{Si_2O} \quad \cdots\cdots (6)$$

除上述公式外，也可利用简化公式(7)来计算总氧化硅层厚度：

$$d_{oxide} = L_{SiO_2} \cos\theta \ln\left[1 + \frac{I_{SiO_2} + 0.75 I_{Si_2O_3} + 0.5 I_{SiO} + 0.25 I_{Si_2O}}{R_{SiO_2}(I_{Si} + 0.75 I_{Si_2O} + 0.5 I_{SiO} + 0.25 I_{Si_2O_3})}\right] \quad \cdots\cdots (7)$$

用式(7)计算厚度时无须考虑中间氧化物的 R 和 L 值，相对比较简单，而且得到的结果与用式(2)～(6)非常接近。

在上述计算公式中 θ 已知，I 可以从实验中测得，因此，只要知道 R 和 L 这两个参数，就可以计算出氧化硅层的厚度。

4.3 *R* 值

本标准 R 用实验测定。对于 Si 片表面的 SiO_2，假如不考虑中间氧化物，有以下简单的方程：

$$I_{Si} = I_{Si}^{\infty} \exp\left(\frac{-d_{SiO_2}}{L_{SiO_2} \cos\theta}\right) \quad \cdots\cdots (8)$$

$$I_{SiO_2} = I_{SiO_2}^{\infty}\left[1 - \exp\left(\frac{-d_{SiO_2}}{L_{SiO_2}\cos\theta}\right)\right] \quad \cdots\cdots(9)$$

所以

$$\frac{I_{SiO_2}}{I_{SiO_2}^{\infty}} + \frac{I_{Si}}{I_{Si}^{\infty}} = 1 \quad \cdots\cdots(10)$$

因为

$$\frac{I_{SiO_2}^{\infty}}{I_{Si}^{\infty}} = R_{SiO_2} \quad \cdots\cdots(11)$$

所以

$$I_{SiO_2} = R_{SiO_2}[I_{Si}^{\infty} - I_{Si}] \quad \cdots\cdots(12)$$

根据式(12),通过测量一系列具有不同 SiO_2 厚度的清洁硅晶片样品的 Si2p 谱线强度 I_{SiO_2} 和 I_{Si},用 I_{SiO_2} 对 I_{Si} 作图,从所得直线的斜率即可求得 R_{SiO_2}。本标准的 R_{SiO_2} 采用:$R_{SiO_2}=0.932\,9$[2,3]。

中间氧化物的 R 值,通过式(13)计算得到(线性插入法)[2]。

$$R_{Si_2O_x} = 1 + 0.25x(R_{SiO_2} - 1) \quad \cdots\cdots(13)$$

4.4 衰减长度 L

用式(14)计算 L 值[4,5]:

$$\frac{L}{\lambda} = 0.979[1 - \omega(0.955 - 0.077\,7\ \ln Z)] \quad \cdots\cdots(14)$$

其中 $\omega=\lambda/(\lambda+\lambda_{tr})$,$\lambda_{tr}$ 是迁移平均自由程[4],ω 可根据有关数据[4,6]测定。Z 为原子序数,如对于元素 Si,Z 是 14;对于化合物则要采用平均值,如 SiO_2 的 Z 为 10。式(8)对于氧化硅层的厚度小于 9 nm 和 $\theta \leqslant 58°$有效。本标准的参数 L 值采用:$L_{SiO_2}=2.996$ nm(Mg 靶)和 $L_{SiO_2}=3.485$ nm(Al 靶)[3]。

中间氧化物的 L 值,通过式(15)计算得到(线性插入法)[2]。

$$L_{Si_2O_x} = L_{Si} + 0.25x(L_{SiO_2} - L_{Si}) \quad \cdots\cdots(15)$$

其中,$L_{Si}=2.415$ nm(Mg 靶或 Al 靶)。

5 仪器和环境条件

5.1 X 射线光电子能谱仪

仪器需符合 GB/T 19500 要求;依据 GB/T 22571 进行能量标尺的校正;依据 GB/T 21006 进行强度标尺的校正。测试时仪器的真空度应优于 10^{-7} Pa。

5.2 实验环境条件

实验室应避免腐蚀性气氛、灰尘、震动和杂散磁场。实验室温度应在 20 ℃±5 ℃范围内并保持恒定(±1 ℃);相对湿度应保持小于 65%。电源稳定。

6 试样

6.1 样品切割和清洗

6.1.1 对于 Si(100)样品以(111)面为界,沿[110]方向切割,如:切割成边长为 10 mm 的正方形,它的零方位角是沿[110]方向;对于 Si(111)样品则以(111)面为界,沿[110]方向切割,如:切割成边长为 15 mm的等边三角形。

6.1.2 对于污染较严重的样品应进行清洗,清洗方法是将样品在分析纯异丙醇中浸泡 16 h 左右[7],然后超声清洗,再用新鲜的异丙醇淋洗,最后用高纯氩气流吹干。然后将样品送入谱仪进行测量或置于专用聚丙烯样品盒中密封保存待测。

6.2 样品安装

安装样品用的所有工具(例如不锈钢镊子和样品托)都应用 6.1.2 的方法进行清洗。操作者要戴口罩、手套。样品用不锈钢夹片和螺丝固定在样品托上。对于正方形的 Si(100)样品,放在样品托上的方位角是 22.5°,XPS 测量的光电子发射角是 34°;对于三角形的 Si(111)样品,放在样品托上的方位角为 0°,即方位角为三角形的一边与样品杆轴线垂直,光电子发射角为 25.5°。图 2 是样品方位角示意图。

注:氧化硅层厚度增加时方位角对厚度测量的影响减小。对于 Si(100)样品,若氧化硅层厚度大于 1.5 nm,适用的光电子发射角和样品方位角范围分别为 34°~38°和 15°~45°[8]。

a) 正方形的 Si(100)样品方位角　　b) 三角形的 Si(111)样品方位角

图 2　XPS 测量时样品方位角示意图

7　测量步骤

7.1　XPS 测量

7.1.1　正常样品表面应光滑和洁净，无划痕和污点，然后按照 6.2 将样品安装在样品托上，并送入谱仪。

7.1.2　X 光源选用 MgKα 线或 AlKα 线，检测区域应选在远离样品边缘 1 mm 以上的中心部位。

7.1.3　记录 Si2p 谱时用重复窄扫描(扫描次数 5 次以上)。

7.1.4　每个样品测量 5 次以上，每次测量时要取出样品重新安装和进样。

7.2　数据处理

7.2.1　从 Si2p 光电子谱线扣除 X 射线伴线产生的光电子伴峰，再进行平滑处理。

7.2.2　扣除 Shirley 本底，扣本底范围：元素 Si 的 $Si2p_{3/2}$ 峰的低结合能端 2.7 eV 至高结合能端 8.2 eV，即结合能从 96.4 eV 至 107.3 eV(元素 Si 的 $2p_{3/2}$ 电子结合能指定为 99.1 eV)。

7.2.3　对 Si2p 谱线进行峰拟合处理，共分 6 个峰(见图 3)，它们的峰位(结合能值)和离元素 $Si2p_{3/2}$ 峰的距离见表 1。

表 1　对测得的 Si2p 谱线进行拟合时的峰位和峰间距

峰名	$P_{Si3/2}$	$P_{Si2p1/2}$	P_{Si_2O}	P_{SiO}	$P_{Si_2O_3}$	P_{SiO_2}
峰位/eV	99.1	99.7	100.05	100.85	101.58	自动
峰间距/eV	0	0.6	0.95	1.75	2.48	3.96～4.36

除 P_{SiO_2} 以外，其余峰位在分峰时都固定不变，半峰宽控制在 0.7 eV～1.5 eV。通过峰拟合得到元素 Si 和各种氧化硅的 Si2p 峰强度 I。

注：有些软件可以直接扣除 $Si2p_{1/2}$ 峰；此时，Si2p 谱线拟合则按 5 个峰处理。

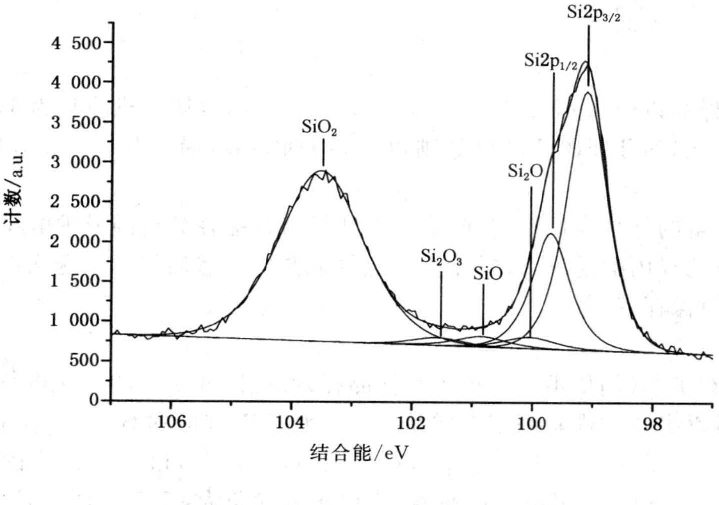

图 3　硅晶片及其表面氧化硅(d_{oxide} = 2 nm)的 Si2p 谱线拟合图

7.3 氧化硅层厚度计算

用峰拟合得到的 Si2p 峰强度 I(峰面积值),代入 4.1 中的式(2~6)或式(7),计算氧化硅层的厚度 d_{oxide}。计算过程中按照 4.2 和 4.3 对各参数进行取值。

7.4 测量结果不确定度的评估

在测量结果的不确定度评估中,本标准本着简化处理、重点评估和合成重要的不确定度分量(本标准中的不确定度均为相对不确定度)的原则。根据上述原则,Si 片表面氧化硅纳米薄层厚度 XPS 分析测量的不确定度有 4 类、6 个主要分量,具体如下:

a) 计数统计学分量,u_n

该不确定度分量源于信号质量,而信号质量与计数系统的统计学以及峰拟合方法有关。计数的影响比较清楚。峰拟合使用的运算法则能够改善总的 A 类不确定度;但如果采用非推荐的运算法则,它也能够增加 B 类不确定度。计数统计学分量属于 A 类不确定度且仅近似正比于氧化硅层厚度;其通常处于 0.002~0.02 之间,典型值为 0.01。计数统计学分量[$u_n(A)$]通过重复测量得到。

b) 发射角定位带来的不确定度分量,u_θ

该不确定度分量包括发射角定位的准确性和精密性,前者属于 B 类,后者属于 A 类。精密性[$u_\theta(A)$]在计数统计学分量中已经得到体现,这里不再考虑。发射角定位的准确性[$u_\theta(B)$]通常处于 0.005~0.04 之间,典型值为 0.02。

c) 衰减长度 L 引入的不确定度分量(在给定的 R 值下),u_{AL}

该不确定度分量属于 B 类不确定度,典型值为 0.004 5。

d) 不同实验室采用的分析方法差别引入的不确定度,可分为以下 3 项:

u_F——仪器商业软件中非标准峰形和峰拟合运算法则带来的不确定度,其量值处于 0~0.01 范围内且近似正比于氧化硅层厚度。

u_P——伴线、自旋分裂峰未扣除以及 5 峰拟合带来的不确定度,其量值处于 0~0.01 范围内且近似正比于氧化硅层厚度。

u_{LA}——电子能量分析器输入透镜入口立体角带来的不确定,其量值处于 0~0.013 范围内且近似正比于氧化硅层厚度。

通过式(16)计算测量结果的标准不确定度:

$$u_C = \sqrt{u_n^2 + u_\theta^2 + u_{AL}^2 + u_F^2 + u_P^2 + u_{LA}^2} \quad \cdots\cdots(16)$$

通过式(17)计算测量结果的扩展不确定度,扩展因子取 2。

$$U = 2u_C \quad \cdots\cdots(17)$$

8 测量报告

8.1 描述所测样品的起始和终了状态。

8.2 报告 XPS 测量的实验细节,如样品方位角和光电子发射角等。

8.3 报告元素 Si 和氧化硅的 Si2p 峰强度,给出氧化硅层厚度的计算方法以及测得的厚度。

8.4 列出不确定度的主要分量,给出标准不确定度。

8.5 报告扩展不确定度。

参 考 文 献

[1] M P Seah,S J Spencer. Surf. Interface Anal. ,2002,33:640～652.
[2] M P Seah,S J Spencer. Surf. Interface Anal. ,2003,35:515～524.
[3] M P Seah,S J Spencer. Surf. Interface Anal. ,2005,37:731～736.
[4] M P Seah,I S Gilmore. Surf. Interface Anal. ,2001,31:835～846.
[5] P J Cumpson,M P Seah. Surf. Interface Anal. , 1997,25:430～446.
[6] A Jablonski,C J Powell. J. Vac. Sci. Technol. A,1997,15: 2095～2106.
[7] M P Seah,S J Spencer. J. Vac. Sci. Technol. A,2003,21(2):345～352.
[8] 刘芬,赵志娟,邱丽美,赵良仲,王海,宋小平. 科学研究月刊. 2007,27(3):87-89.

ICS 71.040.99
N 53

中华人民共和国国家标准

GB/T 25189—2010

微束分析　扫描电镜能谱仪定量分析参数的测定方法

Microbeam analysis—Determination method for quantitative analysis parameters of SEM-EDS

2010-09-26 发布　　2011-08-01 实施

中华人民共和国国家质量监督检验检疫总局
中国国家标准化管理委员会　发布

前　言

本标准由全国微束分析标准化技术委员会提出并归口。

本标准起草单位：中国地质科学院矿产资源研究所。

本标准主要起草人：周剑雄、陈振宇。

引　　言

X射线能谱仪是扫描电镜常用的配置，扫描电镜-能谱仪化学成分定量分析的准确度不仅取决于能谱仪，也取决于扫描电镜性能。对扫描电镜-能谱仪定量分析性能的检验可将两者作为统一的整体来考虑。

微束分析　扫描电镜能谱仪定量分析参数的测定方法

1　范围

本标准规定了扫描电镜-能谱仪化学成分定量分析相关参数的测定方法。

本标准适用于对扫描电镜中影响定量分析性能的相关参数和能谱仪基本参数的测定，并以元素成分定量分析结果对仪器做出综合分析。

2　规范性引用文件

下列文件中的条款通过本标准的引用而成为本标准的条款。凡是注日期的引用文件，其随后所有的修改单（不包括勘误的内容）或修订版均不适用于本标准，然而，鼓励根据本标准达成协议的各方研究是否可使用这些文件的最新版本。凡是不注日期的引用文件，其最新版本适用于本标准。

GB/T 4930　微束分析　电子探针分析　标准样品技术条件导则

GB/T 17359—1998　电子探针和扫描电镜X射线能谱定量分析通则

GB/T 20726　半导体探测器X射线能谱仪通则

JJF 1001　通用计量术语及定义

3　扫描电镜能谱仪定量分析原理

扫描电镜发射的具有一定能量的聚焦电子束轰击试样表面时，产生被激发元素的特征X射线。这些特征X射线经半导体探测器检测并经过信号转换、放大等一系列处理和分析后，可以得到试样中所含各元素的特征X射线强度值，并通过与相应元素标准样品的X射线能谱的对比测定和修正计算处理，可以获得被测试样化学组成的定量分析结果。

4　基本参数和检测用参考物质

4.1　基本参数

4.1.1　扫描电镜的基本参数：电子束流的稳定性、工作距离的重复性等。

4.1.2　能谱仪的基本参数：能量分辨率、X射线能量与仪器检测效率相关性等；

4.2　检测用参考物质

首选国家标准化行政主管部门批准颁发的国家级电子探针/扫描电镜标准样品，符合GB/T 4930的有关规定。若无合适的国家标准样品时，可选用相应机构认可的研究标样。

测定能谱仪能量分辨率的样品：选用金属锰标准样品和聚四氟乙烯样品。

测定能谱仪检出效率的样品：使用抛光、平整、洁净的纯铜或纯镍样品。

测定能谱仪元素定量分析准确度的样品：推荐至少选用一个合金（如Fe-Cr-Ni多元素合金）和一个硅酸盐矿物（如镁铝榴石，橄榄石等）或玄武玻璃样品。对超薄窗口的能谱仪还应使用聚四氟乙烯或含轻元素的样品（如玻璃碳、碳化硅、氮化硼或氟化钙等）。选用的样品应为平坦的抛光样品。

5　技术要求和测定方法

5.1　扫描电镜

扫描电镜的电子束流大小应有数字显示并可调。推荐配备法拉第杯以监控电子束流。实验中应使扫描电镜稳定。

5.1.1 **电子束流稳定度**

5.1.1.1 **技术要求**

a) 电子束流稳定度可以用计数稳定度来测量，计数率变化每小时应小于1%。

b) 如果用法拉第杯监测，钨灯丝和热场发射扫描电镜的电子束流稳定度每小时应优于1%，冷场发射扫描电镜电子束流稳定度每小时应优于5%。推荐配备束流稳定器。

5.1.1.2 **测定方法**

a) 在仪器充分预热后，选择加速电压20 kV，测量特定元素的计数率，每隔6 min测定一次，共测定10次。

计数稳定性A按式(1)计算：

$$A=\frac{\sigma}{I} \qquad \cdots\cdots(1)$$

式中：

σ——10次测量值的标准偏差；

I——10次测量值的算术平均值。

b) 如果扫描电镜配有法拉第杯，也可以使用法拉第杯直接进行电子束流大小的测定。选择加速电压20 kV，插入法拉第杯，每隔6 min测定一次电子束流，共测定10次。电子束流稳定性A按式(1)计算。

5.1.2 **工作距离**

5.1.2.1 **技术要求**

试样和标准样品的工作距离应保持一致。

5.1.2.2 **测定方法**

把试样放在能谱仪定量分析要求的工作距离，使试样放大图像到5 000倍，使用样品台聚集使图像清晰，当交换样品时，保持扫描电镜工作距离不变，仍然使用样品台聚集使图像清晰。

5.2 **能谱仪**

5.2.1 **能量分辨率**

5.2.1.1 **技术要求**

能谱仪的能量分辨率应通过测量Mn-Kα谱峰半高宽来表示。对于超薄窗能谱仪，除了测定Mn-Kα谱峰半高宽外，还应测定碳和氟的Kα谱峰半高宽。对于精确的定量分析，当存在一个能量接近1 keV的谱峰时，应使用Mn-Kα的FWHM低于160 eV的探测器，最好使用小于135 eV的探测器。

5.2.1.2 **测定方法**

选取纯锰(或氧化锰)样品，以及聚四氟乙烯等样品，安装在样品台上，在仪器充分预热稳定后，采集样品的X射线能谱。利用能谱仪提供的计算分辨率的程序计算Mn-Kα以及碳和氟的谱峰半高宽，或利用谱图直接测量，得出能谱仪能量分辨率。

5.2.1.3 **测量条件**

用锰样品测量Mn-Kα谱峰半高宽时，加速电压用15 kV。用聚四氟乙烯或其他轻元素标样测量碳和氟的Kα谱峰半高宽时，加速电压用10 kV。调整束流以使测量中计数率不超过规定的计数率极限，峰计数强度应高于10 000(参照GB/T 20726的附录A)。

5.2.2 **X射线能量与仪器检测效率相关性**

5.2.2.1 **技术要求**

对X射线能量与仪器检测效率的关系，至少应标出特定物质的特征X射线的低能线与高能线的强度比值 L/K。此比值应是用垂直于样品表面的 20 kV 电子束激发并在检出角 35°检测到的纯镍或纯铜样品谱线中 L 线系和 Kα 线净峰面积比。

5.2.2.2 测定方法

使用抛光、平整、洁净的镍或铜样品，将样品安装在与入射电子束垂直的位置。加速电压用 20 kV，峰计数强度应高于 10 000。扣除线性背底后确定纯镍或纯铜样品谱线中 L 线系和 Kα 峰的净峰面积，面积比即为 L/K 比值，最后结果应采用至少 5 次测量结果的平均值(参照 GB/T 20726 的附录 B)。

5.2.3 其他要求

能谱仪应有标准样品数据库，并可在日常使用时建立实时测定的标准样品数据库，以便进行有标样定量分析。能谱仪中应有定量分析轻元素的程序。

5.3 定量分析

5.3.1 技术要求

对于扫描电镜-能谱仪的定量分析结果，在按照 GB/T 17359—1998 所规定的测量条件和测量步骤下，在有标样定量分析情况下，对于原子序数大于 11 的，平坦的、无水的、致密的、稳定的试样，其误差要求见表 1。

表 1 扫描电镜-能谱仪的定量分析误差要求

质量分数	允许的相对误差/%	
	合金	矿物
质量分数>20%	2	5
3%≤质量分数≤20%	5	10
1%≤质量分数≤3%	15	20
0.5%≤质量分数≤1%	20	30
0.1%≤质量分数≤0.5%	30	50
注：以上要求不包括有重叠峰和干扰峰的情况。		

5.3.2 测定方法

5.3.2.1 合金和矿物标样定量分析

待仪器充分预热后，参照 GB/T 17359—1998 第 8、9 章的要求进行定量分析。

对合金和矿物标准样品中含量大于 0.1%的所有元素进行有标样定量分析，测定出标样中此元素的质量分数。

连续测量 5 次，并得到 5 次测量值的算术平均值为 n。

定量分析相对误差 K 按式(2)计算：

$$K=\frac{|n-w|}{w}\times 100\% \qquad \cdots\cdots(2)$$

式中：

w——标准样品中元素的已知质量分数。

5.3.2.2 轻元素标样的定量分析

待仪器充分预热后，使用 10 kV 加速电压，对含有 C 和 F 元素的标样进行分析，连续测量 5 次，并得到 5 次测量值的算术平均值为 n。

定量分析相对误差 K 按式(2)计算。

6 测定报告

报告中至少应包括如下内容:扫描电镜电子束流的稳定性/计数的稳定性、工作距离的重复性的测定结果;能谱仪的能量分辨率、X射线能量与仪器检测效率相关性等参数的测定结果,以及合金标样、矿物标样和轻元素标样的定量分析结果、标样参考值及相对误差。

附 录 A
（资料性附录）
扫描电镜能谱仪定量分析参数

测 定 报 告

A.1 单位名称：________________________________

地址：________________________________

联系方式：________________________________

要求：________________________________

A.2 扫描电镜型号：____________编号：____________制造单位：____________

能谱仪型号：____________编号：____________制造单位：____________

A.3 技术依据：________________________________

A.4 外观：________________________________

A.5 束流稳定度：________________________________

A.6 工作距离的重复性：________________________________

A.7 能谱仪的能量分辨率：________________________________

A.8 X射线能量与仪器检测效率相关性：________________________________

A.9 合金标样、矿物标样和轻元素标样的定量分析结果：

元素 / 次数					
1					
2					
3					
4					
5					
平均					
标样参考值					
分析偏差					

A.10 测定机构：________________________________

测定人员：____________校验人员：____________测定日期：____________

GB

中华人民共和国国家标准

GB 25190—2010

食品安全国家标准

灭菌乳

National food safety standard

Sterilized milk

2010-03-26 发布　　2010-12-01 实施

中华人民共和国卫生部　发布

前　言

本标准代替 GB 19645—2005《巴氏杀菌、灭菌乳卫生标准》及 GB 5408.2—1999《灭菌乳》中的部分指标，GB 5408.2—1999《灭菌乳》中涉及到本标准的指标以本标准为准。

本标准与 GB 19645—2005 相比，主要变化如下：

——将《巴氏杀菌、灭菌乳卫生标准》分为《巴氏杀菌乳》、《灭菌乳》、《调制乳》三个标准，本标准为《灭菌乳》；

——修改了“范围”的描述；

——明确了“术语和定义”；

——修改了“感官指标”；

——取消了脱脂、部分脱脂产品的脂肪要求；

——增加了羊乳的蛋白质要求；

——将“理化指标”中酸度值的限量要求修改为范围值；

——取消了“兽药残留指标”；

——取消了“农药残留指标”；

——“污染物限量”直接引用 GB 2762 的规定；

——“真菌毒素限量”直接引用 GB 2761 的规定；

——取消了“食品添加剂”的要求；

——修改了“标识”的规定。

本标准所代替标准的历次版本发布情况为：

——GB 19645—2005。

食品安全国家标准
灭 菌 乳

1 范围

本标准适用于全脂、脱脂和部分脱脂灭菌乳。

2 规范性引用文件

本标准中引用的文件对于本标准的应用是必不可少的。凡是注日期的引用文件,仅所注日期的版本适用于本标准。凡是不注日期的引用文件,其最新版本(包括所有的修改单)适用于本标准。

3 术语和定义

3.1 超高温灭菌乳 ultra high-temperature milk

以生牛(羊)乳为原料,添加或不添加复原乳,在连续流动的状态下,加热到至少 132 ℃并保持很短时间的灭菌,再经无菌灌装等工序制成的液体产品。

3.2 保持灭菌乳 retort sterilized milk

以生牛(羊)乳为原料,添加或不添加复原乳,无论是否经过预热处理,在灌装并密封之后经灭菌等工序制成的液体产品。

4 技术要求

4.1 原料要求

4.1.1 生乳:应符合 GB 19301 的规定。

4.1.2 乳粉:应符合 GB 19644 的规定。

4.2 感官要求:应符合表 1 的规定。

表 1 感官要求

项 目	要 求	检 验 方 法
色泽	呈乳白色或微黄色。	取适量试样置于 50 mL 烧杯中,在自然光下观察色泽和组织状态。闻其气味,用温开水漱口,品尝滋味。
滋味、气味	具有乳固有的香味,无异味。	
组织状态	呈均匀一致液体,无凝块、无沉淀、无正常视力可见异物。	

4.3 理化指标:应符合表 2 的规定。

表 2 理化指标

项 目	指 标	检 验 方 法
脂肪[a]/(g/100 g) ≥	3.1	GB 5413.3
蛋白质/(g/100 g)		GB 5009.5
牛乳 ≥	2.9	
羊乳 ≥	2.8	

表 2（续）

项　　目	指　　标	检　验　方　法
非脂乳固体/(g/100 g)　　≥	8.1	GB 5413.39
酸度/(°T) 　　牛乳 　　羊乳	 12～18 6～13	GB 5413.34
[a] 仅适用于全脂灭菌乳。		

4.4　**污染物限量**：应符合 GB 2762 的规定。

4.5　**真菌毒素限量**：应符合 GB 2761 的规定。

4.6　**微生物要求**：应符合商业无菌的要求，按 GB/T 4789.26 规定的方法检验。

5　其他

5.1　仅以生牛(羊)乳为原料的超高温灭菌乳应在产品包装主要展示面上紧邻产品名称的位置，使用不小于产品名称字号且字体高度不小于主要展示面高度五分之一的汉字标注“纯牛(羊)奶”或“纯牛(羊)乳”。

5.2　全部用乳粉生产的灭菌乳应在产品名称紧邻部位标明“复原乳”或“复原奶”；在生牛(羊)乳中添加部分乳粉生产的灭菌乳应在产品名称紧邻部位标明“含××%复原乳”或“含××%复原奶”。

注：“××%”是指所添加乳粉占灭菌乳中全乳固体的质量分数。

5.3　“复原乳”或“复原奶”与产品名称应标识在包装容器的同一主要展示版面；标识的“复原乳”或“复原奶”字样应醒目，其字号不小于产品名称的字号，字体高度不小于主要展示版面高度的五分之一。

中华人民共和国国家标准

GB 25191—2010

食品安全国家标准
调 制 乳

National food safety standard

Modified milk

2010-03-26 发布　　2010-12-01 实施

中华人民共和国卫生部　发布

前　言

本标准代替 GB 19645—2005《巴氏杀菌、灭菌乳卫生标准》以及 GB 5408.1—1999《巴氏杀菌乳》、GB 5408.2—1999《灭菌乳》中的部分指标，GB 5408.1—1999《巴氏杀菌乳》、GB 5408.2—1999《灭菌乳》中涉及到本标准的指标以本标准为准。

本标准与 GB 19645—2005 相比，主要变化如下：

——将《巴氏杀菌、灭菌乳卫生标准》分为《巴氏杀菌乳》、《灭菌乳》、《调制乳》三个标准，本标准为《调制乳》。

本标准所代替标准的历次版本发布情况为：

——GB 19645—2005。

食品安全国家标准
调　制　乳

1　范围

本标准适用于全脂、脱脂和部分脱脂调制乳。

2　规范性引用文件

本标准中引用的文件对于本标准的应用是必不可少的。凡是注日期的引用文件，仅所注日期的版本适用于本标准。凡是不注日期的引用文件，其最新版本(包括所有的修改单)适用于本标准。

3　术语和定义

3.1　调制乳　modified milk

以不低于80%的生牛(羊)乳或复原乳为主要原料，添加其他原料或食品添加剂或营养强化剂，采用适当的杀菌或灭菌等工艺制成的液体产品。

4　技术要求

4.1　原料要求

4.1.1　生乳：应符合GB 19301的规定。

4.1.2　其他原料：应符合相应的安全标准和/或有关规定。

4.2　感官要求：应符合表1的规定。

表1　感官要求

项　目	要　求	检验方法
色泽	呈调制乳应有的色泽。	取适量试样置于50 mL烧杯中，在自然光下观察色泽和组织状态。闻其气味，用温开水漱口，品尝滋味。
滋味、气味	具有调制乳应有的香味，无异味。	
组织状态	呈均匀一致液体，无凝块、可有与配方相符的辅料的沉淀物、无正常视力可见异物。	

4.3　理化指标：应符合表2的规定。

表2　理化指标

项　目		指　标	检验方法
脂肪[a]/(g/100 g)	≥	2.5	GB 5413.3
蛋白质/(g/100 g)	≥	2.3	GB 5009.5
[a] 仅适用于全脂产品。			

4.4　污染物限量：应符合GB 2762的规定。

4.5　真菌毒素限量：应符合GB 2761的规定。

4.6　微生物要求

4.6.1　采用灭菌工艺生产的调制乳应符合商业无菌的要求，按GB/T 4789.26规定的方法检验。

4.6.2 其他调制乳应符合表3的规定。

表3 微生物限量

项目	采样方案[a]及限量(若非指定,均以CFU/g或CFU/mL表示)				检验方法
	n	c	m	M	
菌落总数	5	2	50 000	100 000	GB 4789.2
大肠菌群	5	2	1	5	GB 4789.3平板计数法
金黄色葡萄球菌	5	0	0/25 g(mL)	—	GB 4789.10定性检验
沙门氏菌	5	0	0/25 g(mL)	—	GB 4789.4

[a] 样品的分析及处理按GB 4789.1和GB 4789.18执行。

4.7 食品添加剂和营养强化剂

4.7.1 食品添加剂和营养强化剂质量应符合相应的安全标准和有关规定。

4.7.2 食品添加剂和营养强化剂的使用应符合GB 2760和GB 14880的规定。

5 其他

5.1 全部用乳粉生产的调制乳应在产品名称紧邻部位标明“复原乳”或“复原奶”;在生牛(羊)乳中添加部分乳粉生产的调制乳应在产品名称紧邻部位标明“含××%复原乳”或“含××%复原奶”。

注:“××%”是指所添加乳粉占调制乳中全乳固体的质量分数。

5.2 “复原乳”或“复原奶”与产品名称应标识在包装容器的同一主要展示版面;标识的“复原乳”或“复原奶”字样应醒目,其字号不小于产品名称的字号,字体高度不小于主要展示版面高度的五分之一。

中华人民共和国国家标准

GB 25192—2010

食品安全国家标准
再 制 干 酪

National food safety standard

Process(ed) cheese

2010-03-26 发布　　　　2010-12-01 实施

中华人民共和国卫生部　发布

前　　言

本标准对应于国际食品法典委员会(CAC)的标准 Codex Stan 285—1978（Amendment 2008）Codex General Standard for Named Variety Process (ed) Cheese and Spreadable Process (ed) Cheese，Codex Stan 286—1978（Amendment 2008）Codex General Standard for Process（ed）Cheese and Spreadable Process (ed) Cheese，Codex Stan 287—1978（Amendment 2008）Codex General Standard for Process (ed) Cheese Preparations（Process (ed) Cheese Food and Process (ed) Cheese Spread）。本标准与 Codex Stan 285—1978（Amendment 2008）、Codex Stan 286—1978（Amendment 2008）、Codex Stan 287—1978（Amendment 2008）的一致性程度为非等效。微生物指标对应于欧盟 Commission Regulation (EC) No 1441/2007 of 5 December 2007 相关规定，本标准与其一致性程度为非等效。

本标准系首次发布。

食品安全国家标准
再 制 干 酪

1 范围

本标准适用于再制干酪。

2 规范性引用文件

本标准中引用的文件对于本标准的应用是必不可少的。凡是注日期的引用文件，仅所注日期的版本适用于本标准。凡是不注日期的引用文件，其最新版本(包括所有的修改单)适用于本标准。

3 术语和定义

3.1 再制干酪 process (ed) cheese

以干酪(比例大于15%)为主要原料，加入乳化盐，添加或不添加其他原料，经加热、搅拌、乳化等工艺制成的产品。

4 技术要求

4.1 原料要求

4.1.1 干酪：应符合GB 5420的规定。

4.1.2 其他原料：应符合相应的安全标准和/或有关规定。

4.2 感官要求：应符合表1的规定。

表1 感官要求

项 目	要 求	检验方法
色泽	色泽均匀。	取适量试样置于50 mL烧杯中，在自然光下观察色泽和组织状态。闻其气味，用温开水漱口，品尝滋味。
滋味、气味	易溶于口，有奶油润滑感，并有产品特有的滋味、气味。	
组织状态	外表光滑；结构细腻、均匀、润滑，应有与产品口味相关原料的可见颗粒。无正常视力可见的外来杂质。	

4.3 理化指标：应符合表2的规定。

表2 理化指标

项目	指 标					检验方法
脂肪(干物中)[a] (X_1)/(%)	$60.0 \leqslant X_1 \leqslant 75.0$	$45.0 \leqslant X_1 < 60.0$	$25.0 \leqslant X_1 < 45.0$	$10.0 \leqslant X_1 < 25.0$	$X_1 < 10.0$	GB 5413.3
最小干物质含量[b] (X_2)/(%)	44	41	31	29	25	GB 5009.3

[a] 干物质中脂肪含量(%)：X_1=[再制干酪脂肪质量/(再制干酪总质量－再制干酪水分质量)]×100%。

[b] 干物质含量(%)：X_2=[(再制干酪总质量－再制干酪水分质量)/再制干酪总质量]×100%。

4.4 污染物限量：应符合GB 2762的规定。

4.5 **真菌毒素限量**:应符合 GB 2761 的规定。

4.6 **微生物限量**:应符合表 3 的规定。

表 3 微生物限量

项 目	采样方案[a]及限量(若非指定,均以 CFU/g 表示)				检验方法
	n	*c*	*m*	*M*	
菌落总数	5	2	100	1 000	GB 4789.2
大肠菌群	5	2	100	1 000	GB 4789.3 平板计数法
金黄色葡萄球菌	5	2	100	1 000	GB 4789.10 平板计数法
沙门氏菌	5	0	0/25 g	—	GB 4789.4
单核细胞增生李斯特氏菌	5	0	0/25 g	—	GB 4789.30
酵母 ≤	50				GB 4789.15
霉菌 ≤	50				

[a] 样品的分析及处理按 GB 4789.1 和 GB 4789.18 执行。

4.7 **食品添加剂和营养强化剂**

4.7.1 食品添加剂和营养强化剂的质量应符合相应的安全标准和有关规定。

4.7.2 食品添加剂和营养强化剂的使用应符合 GB 2760 和 GB 14880 的规定。

ICS 91.140.90
Q 78

中华人民共和国国家标准

GB 25194—2010

杂物电梯制造与安装安全规范

Safety rules for the construction and installation of service lifts

2010-09-26 发布　　2011-06-01 实施

中华人民共和国国家质量监督检验检疫总局
中国国家标准化管理委员会　发布

前　言

本标准的第 1 章、第 2 章、第 3 章、第 4 章以及 7.2.1、7.2.2、7.4.1、9.1.2b)、9.9.4.2a)、12.2.5、12.3.6.3、12.3.8、16.2a)6)、16.2a)7)、附录 E.2 中带"宜"字的内容以及附录 C、附录 F、附录 J 为推荐性的，其余为强制性的。

本标准修改采用 EN 81-3:2000《电梯制造与安装安全规范　第 3 部分:电力和液压杂物电梯》(英文版)。

本标准对 EN 81-3:2000 做了下列修改:

——在本标准"规范性引用文件"中，用国内文件代替了 EN 81-3:2000"规范性引用文件"中对应的国外文件。

——在本标准"参考文献"中，用国内文件代替了 EN 81-3:2000"参考文献"中对应的国外文件。

——本标准删除了 EN 81-3:2000 的前言和附录 ZA，因为这些内容不适合我国国情且其存在与否对本标准的理解和使用没有任何影响。

——本标准在 EN 81-3:2000 的 12.3.3.3.3 内容中增加"d)允许的弯曲半径。"，因为软管固定时其弯曲半径不应小于制造商标明的弯曲半径。

——本标准在 EN 81-3:2000 的 12.3.6.3 内容中增加"M14×1.5"，因为在我国常用此规格的螺纹连接。

——本标准在 EN 81-3:2000 的第 15 章中增加了"15.13"、"15.14"、"15.15"，以符合我国国情。

本标准的附录 A、附录 B、附录 D、附录 E、附录 G、附录 H 为规范性附录，附录 C、附录 F、附录 J 为资料性附录。

本标准由全国电梯标准化技术委员会(SAC/TC 196)提出并归口。

本标准负责起草单位:康力电梯股份有限公司。

本标准参加起草单位:北京首华优力维特电梯有限公司、沈阳亿成电梯有限公司、上海三菱电梯有限公司、苏州东南电梯(集团)有限公司、上海市特种设备监督检验技术研究院。

本标准主要起草人:王友林、顾楠森、陈喆、陶世全、常达、马依萍、黄国藩、郭勇。

引　言

0.1　总则

0.1.1　本标准从保护人员和货物的观点出发制定杂物电梯的安全规范，防止发生与使用人员、杂物电梯维护或紧急操作相关的事故的危险。

0.1.2　研究了杂物电梯在下列方面的多种事故的可能性：

0.1.2.1　可能因下列事故造成危险：

a）剪切；

b）挤压；

c）坠落；

d）撞击；

e）被困；

f）火灾；

g）电击；

h）由下列原因引起的材料失效：

1）机械损伤；

2）磨损；

3）锈蚀。

0.1.2.2　保护的人员：

a）使用人员；

b）维护和检查人员；

c）杂物电梯井道和机房（如果有）外面的人员。

0.1.2.3　保护的物体：

a）轿厢中的装载物；

b）杂物电梯的零部件；

c）安装杂物电梯的建筑。

0.2　原则

制定本标准时，采用了下列原则。

0.2.1　本标准未重复列入适用于任何电气、机械及包括建筑构件防火保护在内的建筑结构的通用技术规范。

然而，有必要去制定某些规范以保证有良好的制造质量。或许它们对杂物电梯的制造商而言是特有的要求，也或许因为在杂物电梯使用中，可能有较其他场合更为严格的要求。

0.2.2　本标准规定了安装在建筑物或构筑物中的杂物电梯的基本安全要求，同时也应遵守国家有关的建筑规范，如机房高度及其入口门尺寸的最小值的规定。

0.2.3　当部件因质量、尺寸和（或）形状原因用手不能移动时，则这些部件应：

a）设置可供提升装置吊运的附件；或

b）设计可与上述吊运附件相连接的件（如：采用螺纹孔方式）；或

c）具有容易被标准型的提升设备缚系吊运的外形。

0.2.4 本标准尽可能只提出所用材料和部件应满足杂物电梯安全运行的要求。

0.2.5 买主和供应商(或其全权代理人)之间需协商的内容为:

a) 杂物电梯的预定用途;

b) 环境条件;

c) 土建工程问题;

d) 安装地点的其他方面的问题,例如:无人照管的儿童等。另外,也参见附录J。

0.2.6 本标准不涉及家畜的健康与安全。

0.3 假设

考虑到包含在一部完整杂物电梯内的每一零部件的可能危险。

制定了相应规范。

0.3.1 零部件是:

a) 按照通常工程实践和计算规范设计,并考虑到所有失效形式;

b) 可靠的机械与电气结构;

c) 由足够强度和良好质量的材料制成;

d) 无缺陷。

未使用有害材料,如石棉等。

0.3.2 零部件、井道与机房应有良好的维护和保持正常的工作状态,即使有磨损,仍应满足所规定的尺寸要求。

0.3.3 选择和配置的零部件在预期的环境影响和特定的工作条件下,不应影响杂物电梯的安全运行。

0.3.4 承载支撑件的设计,应保证在(0～100)% 额定载重量下杂物电梯均能安全运行。

0.3.5 本标准对电气安全装置的要求是,若电气安全装置完全符合本标准的要求,则其失效的可能性不必考虑。

0.3.6 当使用人员按预定方法使用杂物电梯时,对因其自身疏忽和非故意的不小心而造成的问题应予以保护。

0.3.7 杂物电梯不用于运送人员。

0.3.8 如果在维护期间,一个使用人员通常不易接近的安全装置被有意置为无效状态,此时杂物电梯的安全运行无保障,则应遵照维护规程采取补充措施来保证使用人员的安全。

0.3.9 所用的水平力:

a) 静力:300 N;

b) 撞击所产生的力:1 000 N;

这是一个人可能施加的作用力。

0.3.10 除了下列各项以外,根据良好实例和标准要求制造的机械装置,在无法检查情况下,将不会损坏至频临危险状态。

下列机械故障应考虑:

a) 悬挂装置的断裂;

b) 曳引轮上曳引绳失控滑移;

c) 辅助绳、链和带的连接的断裂和松弛;

d) 与主驱动机组和曳引轮有关的零部件失效;

e) 液压系统(不包括液压缸)中的破裂;

f) 液压系统(包括液压缸)中的微小泄漏。

0.3.11 轿厢从最低层站坠落,在撞击缓冲器之前,允许防轿厢坠落或防超速下行的装置不动作。

0.3.12 当轿厢速度在达到机械制动瞬间仍与主电源频率相关时,则假定此时的速度不超过115%额定速度或相应的分级速度。

0.3.13　根据 3.36,使用人员不得进入杂物电梯。

0.3.13.1　对于不允许维护人员进入的井道,通向井道的任何开口的任一边尺寸不应大于 0.30 m,或无论其开口尺寸如何:

a)　井道的深度不应大于 1.0 m;

b)　井道的面积不应大于 1.0 m^2;和

c)　已采取措施使维护人员便于从外部进行维护。

0.3.13.2　在下列条件下,维护人员可进入机房:

a)　供进入的开口尺寸不小于 0.60 m×0.60 m;和

b)　机房的高度不小于 1.80 m。

0.3.14　通常,应提供用于提升较重设备的设施(见 0.2.5 和 6.3.4)。

杂物电梯制造与安装安全规范

1 范围

1.1 本标准规定了永久安装的新电力驱动的曳引式或强制式杂物电梯和液压杂物电梯的制造与安装应遵守的安全准则。杂物电梯是服务于规定层站的固定式升降设备。它具有一个轿厢,轿厢的尺寸和结构型式不允许人员进入。轿厢借助于钢丝绳或链条悬挂或柱塞支撑,由电力或液压驱动在与铅垂线倾斜度不大于15°的刚性导轨上运行。

本标准适用于额定载重量不大于300 kg,且不允许运送人员的杂物电梯。

1.2 除了本标准的规定外,应考虑在特殊情况下(如潜在的爆炸气体、极端的气候、地震、危险货物品的运送等)的补充要求。

1.3 本标准不适用于:

a) 1.1所述驱动方式以外的杂物电梯;

b) 本标准实施前安装的及已完成重大改装的杂物电梯(见附录E);

c) 升降器械,如链斗式升降机、矿山升降机、舞台升降机、带有自动吊笼的器械、施工升降机、船用电梯、海上开采或钻井平台、建筑和维护用的设备;

d) 导轨与铅垂线的倾斜度大于15°的杂物电梯;

e) 运输、安装、维护和拆卸杂物电梯期间的安全;

f) 井道壁、轿厢与层门(包括视窗)使用了玻璃。

然而,上述设备可参照本标准执行。

本标准未涉及噪声与振动问题,因为这些问题与杂物电梯的安全使用无关。

本标准未涉及火灾的蔓延情况。

1.4 因不允许人员进入轿厢,轿厢的尺寸不应大于:

a) 轿底面积1.0 m^2;

b) 轿厢深度1.0 m;

c) 轿厢高度1.20 m。

如果轿厢由几个固定的间隔组成,且每一间隔都满足上述要求,则轿厢总高度允许大于1.20 m。

尤其是,作为运送货物的升降设备,如果其轿厢尺寸超过以上任何一项参数,则不属于杂物电梯的范畴。

1.5 本标准适用于额定速度不大于1.0 m/s的杂物电梯。

注:超过上述速度的杂物电梯,应采用适当的附加要求以便获得同等的安全性。

2 规范性引用文件

下列文件中的条款通过本标准的引用而成为本标准的条款。凡是注日期的引用文件,其随后所有的修改单(不包括勘误的内容)或修订版均不适用于本标准,然而,鼓励根据本标准达成协议的各方研究是否可使用这些文件的最新版本。凡是不注日期的引用文件,其最新版本适用于本标准。

GB/T 786.1 液压气动图形符号(GB/T 786.1—1993,eqv ISO 1219-1:1991)

GB/T 2423.5—1995 电工电子产品环境试验 第2部分:试验方法 试验Ea和导则:冲击(idt IEC 68-2-27:1987)

GB/T 2423.10—2008 电工电子产品环境试验 第2部分:试验方法 试验Fc:振动(正弦)(IEC 60068-2-6:1995,IDT)

GB/T 4723　印制电路用覆铜箔酚醛纸层压板(GB/T 4723—1992,neq IEC 249-2:1985-1988)

GB/T 4724　印制电路用覆铜箔环氧纸层压板(GB/T 4724—1992,neq IEC 249-2:1987)

GB/T 4728.1　电气简图用图形符号　第1部分:一般要求(GB/T 4728.1—2005,IEC 60617 database,IDT)

GB/T 5013.4—2008　额定电压450/750 V及以下橡皮绝缘电缆　第4部分:软线和软电缆(IEC 60245-4:2004,IDT)

GB/T 5013.5　额定电压450/750 V及以下橡皮绝缘电缆　第5部分:电梯电缆(GB/T 5013.5—2008,IEC 60245-5:1994,IDT)

GB/T 5023.3—2008　额定电压450/750 V及以下聚氯乙稀绝缘电缆　第3部分:固定布线用无护套电缆(IEC 60227-3:1997,IDT)

GB/T 5023.4—2008　额定电压450/750 V及以下聚氯乙稀绝缘电缆　第4部分:固定布线用护套电缆(IEC 60227-4:1997,IDT)

GB/T 5023.5—2008　额定电压450/750 V及以下聚氯乙稀绝缘电缆　第5部分:软电缆(软线)(IEC 60227-5:2003,IDT)

GB/T 5023.6　额定电压450/750 V及以下聚氯乙稀绝缘电缆　第6部分:电梯电缆和挠性连接用电缆(GB/T 5023.6—2006,IEC 60227-6:2001,IDT)

GB 7588—2003　电梯制造与安装安全规范(EN 81-1:1998,MOD)

GB 8903　电梯用钢丝绳(GB 8903—2005,ISO/FDIS 4344:2003,MOD)

GB 23821—2009　机械安全　防止上下肢触及危险区的安全距离(ISO 13857:2008,IDT)

GB 14048.4　低压开关设备和控制设备　机电式接触器和电动机起动器(GB 14048.4—2003,IEC 60947-4-1:2000,IDT)

GB 14048.5　低压开关设备和控制设备　第5-1部分:控制电路电器和开关件　机电式控制电路电器(GB 14048.5—2008,IEC 60947-5-1:2003,MOD)

GB/T 15651　半导体器件　分立器件和集成电路　第5部分:光电子器件(GB/T 15651—1995,idt IEC 747-5:1992)

GB/T 16261　印制板总规范(GB/T 16261—1996,idt IEC/PQC 88:1990)

GB 16895.3　建筑物电气装置　第5-54部分:电气设备的选择和安装　接地配置、保护导体和保护联结导体(GB 16895.3—2004,IEC 60364-5-54:2002,IDT)

GB 16895.21　建筑物的电气装置　第4-41部分:安全防护-电击防护(GB 16895.21—2004,IEC 60364-4-41:2001,IDT)

GB/T 16935.1—2008　低压系统内设备的绝缘配合　第1部分:原理、要求和试验(IEC 60664-1:2007,IDT)

GB 19212.1—2003　电力变压器、电源装置和类似产品的安全　第1部分:通用要求和试验(IEC 61588-1:1998,MOD)

GB 21240—2007　液压电梯制造与安装安全规范(EN 81-2:1998,MOD)

EN 81-58:2003　电梯制造与安装安全规范　检验　第58部分:层门耐火试验(Safety rules for construction and installation of lifts-examination and tests—Part 58:loading doors fire resistance test)

3　术语和定义

下列术语和定义适用于本标准。

3.1

护脚板　apron

从层站地坎或轿厢地坎向下延伸并具有平滑垂直部分的安全挡板。

3.2

轿厢有效面积　available car area

杂物电梯可用于运载货物的轿厢地板面积。

3.3

平衡重　balancing weight

为节能而设置的平衡全部或部分轿厢重量的装置。

3.4

缓冲器　buffer

位于行程端部，用来吸收轿厢或对重能量的一种缓冲安全装置。

3.5

轿厢　car

杂物电梯中用以运载货物的箱形装置。

3.6

对重　counterweight

由曳引绳经曳引轮与轿厢相连接，在曳引式杂物电梯运行过程中保持曳引能力的装置。

3.7

直接作用式液压杂物电梯　direct acting service lift

液压缸与轿厢架直接连接，同步驱动轿厢运行的液压杂物电梯。

3.8

下行方向阀　down direction valve

液压系统中用于控制轿厢下降的电气控制阀。

3.9

电气防沉降系统　electric anti-creep system

防止沉降危险的措施组合。

3.10

电气安全回路　electric safety chain

串联所有电气安全装置的回路。

3.11

电力驱动杂物电梯　electric service lift

靠电力驱动主机输出的作用力，通过悬挂绳或链来提升轿厢的杂物电梯。

3.12

满载压力　full load pressure

当载有额定载重量的轿厢停靠在最高层站时，施加到直接与液压缸连接的管路上的静压力。

3.13

导轨　guide rails

为轿厢和对重（或平衡重）运行导向的刚性部件。

3.14

顶层高度　headroom

顶层端站地坎上平面到井道顶部最低部件（不包括任何超过轿厢轮廓线的滑轮）之间的垂直距离。

3.15

液压杂物电梯　hydraulic service lift

靠电力驱动液压泵输送液压油到液压缸，直接或间接地驱动轿厢的杂物电梯［可使用多个电动机、液压泵和（或）液压缸］。

3.16

间接作用式液压杂物电梯　indirect acting service lift

液压缸借助于钢丝绳或链条与轿厢架连接间接地驱动轿厢运行的液压杂物电梯。

3.17

瞬时式安全钳　instantaneous safety gear

能瞬时使夹紧力达到最大值，并能完全夹紧在导轨上的安全钳。

3.18

液压缸　jack

组成液压驱动装置的缸筒与柱塞(或活塞)的组合。

3.19

平层　leveling

使轿厢地坎平面与层门地坎平面达到同一平面的运动。

3.20

驱动主机　lift machine

包括电动机在内用于驱动或停止杂物电梯的装置，如电力驱动杂物电梯的电动机、减速箱(如果有)等组成的装置，或液压杂物电梯的液压泵、液压泵电动机和控制阀组成的装置。

3.21

机房　machine room

安装杂物电梯驱动主机及其附属设备的专用空间。

3.22

钢丝绳的最小破断载荷　minimum breaking load of a rope

钢丝绳公称直径的平方(mm^2)和钢丝绳的公称抗拉强度(N/mm^2)与一定结构钢丝绳最小破断载荷换算系数的连乘积。

3.23

单向阀　non-return valve

只允许液压油在一个方向流动的阀。

3.24

单向节流阀　one-way restrictor

允许液压油在一个方向自由流动而在另一方向限制性流动的阀。

3.25

限速器　overspeed governor

当杂物电梯的运行速度超过额定速度一定值时，其动作能切断安全回路或进一步导致安全钳起作用而使杂物电梯减速直至停止的安全装置。

3.26

底坑　pit

位于轿厢最低服务层站地坎平面以下的井道部分。

3.27

强制式(包括卷筒式)杂物电梯　positive drive service lift (includes drum drive)

采用链或钢丝绳悬挂的非摩擦方式驱动的杂物电梯。

3.28

溢流阀　pressure relief valve

通过溢流限制系统压力不超过设定值的阀。

3.29

额定载重量　rated load

设计所规定的杂物电梯轿厢载重量。

3.30

额定速度　rated speed

设计所规定的杂物电梯轿厢运行速度 v(m/s)。

对液压杂物电梯可规定不同的上行和下行额定速度：

v_m——上行额定速度，单位为米每秒(m/s)；

v_d——下行额定速度，单位为米每秒(m/s)；

v_s——上行额定速度 v_m 与下行额定速度 v_d 两者中的较大值，单位为米每秒(m/s)。

3.31

再平层　re-levelling

杂物电梯停站后，允许在装载或卸载期间运行轿厢(自动或点动)，使轿厢再次平层的功能。

3.32

节流阀　restrictor

通过内部一个节流通道将出入口连接起来的阀。

3.33

破裂阀　rupture valve

当在预定的液压油流动方向上流量增加而引起阀进出口的压差超过设定值时，能自动关闭的阀。

3.34

安全钳　safety gear

限速器或安全绳动作时，使轿厢或对重停止运行保持静止状态，并能夹紧在导轨上的一种机械安全装置。

3.35

安全绳　safety rope

系在轿厢、对重或平衡重上的辅助钢丝绳，在悬挂装置失效的情况下，可触发安全钳动作。

3.36

杂物电梯　service lift

服务于指定层站的固定式提升装置。具有一个轿厢，轿厢的结构型式和尺寸不允许人员进入。轿厢在两列铅垂的或与铅垂线的倾斜度不大于 15°的刚性导轨上运行。

为了满足不能进人，轿厢尺寸不应大于：

a)　轿底面积 1.0 m^2；

b)　深　　度 1.0 m；

c)　高　　度 1.20 m。

但是，如果轿厢由几个固定的间隔组成，且每一个间隔都能满足上述要求，则轿厢总高度允许大于 1.20 m。

3.37

截止阀　shut-off valve

一种手动操纵的双向阀，该阀的开启和关闭允许或防止在任一方向上的液压油的流动。

3.38

单作用液压缸　single acting jack

一个方向由液压油的作用产生位移，另一个方向由重力的作用产生位移的液压缸。

3.39

轿厢架　sling

固定和支撑轿厢的金属框架，它可与轿厢组成整体。

3.40

曳引式杂物电梯　traction drive service lift

借助于曳引钢丝绳与曳引轮绳槽之间的摩擦力来驱动的杂物电梯。

3.41

随行电缆　traveling cable

连接于运行的轿厢底部与井道固定点之间的电缆。

3.42

开锁区域　unlocking zone

层门地坎平面上、下延伸的一段区域。当轿厢停靠该层站，轿厢地坎平面在此区域内时，轿门、层门可开启。

3.43

使用人员　user

除维修目的外，利用杂物电梯为其服务的人员。

3.44

供应商　vendor

提供杂物电梯首次使用的个人或组织。

3.45

井道　well

保证轿厢和对重（平衡重）和（或）液压缸柱塞安全运动所需的建筑空间。该空间通常以底坑地面、井道壁或隔墙（如果有）和井道顶为边界。

4　单位与符号

4.1　单位

本标准采用国际单位制（SI）。

4.2　符号

符号在相应使用的公式中解释。

5　井道

5.1　总则

5.1.1　本章各项要求适用于装有单台或多台杂物电梯的井道。

5.1.2　杂物电梯的对重（或平衡重）应与轿厢在同一井道内。

5.1.3　液压杂物电梯的液压缸应与轿厢在同一井道内，但可延伸至地下或其他空间内。

5.2　井道的封闭

5.2.1　杂物电梯应由无孔的墙、井道底板和顶板与周围环境分开。

仅允许有下列开口：

a)　层门开口；

b)　通往井道的检修门、检修活板门的开口；

c)　火灾情况下，气体和烟雾的排气孔；

d)　通风孔；

e)　井道与机房之间必要的功能性开孔；

f) 根据 5.5 所述，杂物电梯之间或杂物电梯与电梯之间隔板上的开孔；

g) 对于人员可进入的机房(见 0.3.13.2)，井道与机房隔开的顶板上的开孔。

5.2.2 检修门和垂直铰接的检修活板门

5.2.2.1 通往井道的检修门和检修活板门，除了检修需要外，一般不应采用。

检修门和检修活板门的尺寸应与它们在井道中的位置、用途以及需要承担的工作的可视性相适应。

5.2.2.2 检修门和垂直铰接的检修活板门不应向井道内部开启。

5.2.2.2.1 检修门和检修活板门均应装设用钥匙开启的锁，当上述门开启后，不用钥匙也能将其关闭和锁住。即使在检修门和检修活板门锁住的情况下，也应能不用钥匙从井道内部将门打开。

5.2.2.2.2 仅当检修门和检修活板门均处于关闭位置时，杂物电梯才能运行。为此，应按 14.1.2 规定的电气安全装置证实上述门的关闭状态。

该项要求不适用于仅通向驱动主机及其附件的检修门和检修活板门，但适用于通向井道中装有限速器(如果有)的检修门和检修活板门(见 9.9.2.6.2)。

5.2.2.3 检修门和检修活板门均应是无孔的，并且应具有与层门一样的机械强度。

注：考虑与相关建筑物防火方面的有关规定(见 0.2.5)。

5.2.2.4 应按 6.2 的规定提供通向上述检修门和检修活板门的安全通道。

5.2.3 井道的通风

井道应适当通风，但不应用于非杂物电梯用房的通风。

5.2.4 井道内的部件

5.2.4.1 从层门地坎上任一点到需要维护、调节或检修的任一部件的距离不应大于 600 mm。

如果达不到以上要求，则应提供检修门或检修活板门，并设置在与上述要求相应的位置。

注：注意层站之间的距离。

5.2.4.2 如果未按 5.2.4.1 要求设置，则井道应允许人员进入，且轿厢上应设置可在任一层站附近防止轿厢移动的装置，该装置应符合 9.7.4 的规定，另外，轿顶还应符合 8.3.2.2 的规定。

注：注意层站之间的距离。

5.3 井道壁、底面及顶板

井道的结构应至少能承受下述载荷：驱动主机施加的、液压缸施加的、轿厢偏载情况下安全钳动作瞬间经导轨施加的、缓冲器动作产生的以及轿厢装卸载产生的载荷等。

注：考虑国家建筑规范的相关规定(见 0.2.5)。

5.4 位于轿厢、对重(或平衡重)下部空间的防护

若在杂物电梯的轿厢、对重(或平衡重)之下确有人能够到达的空间，则应按 9.7 和 10.3 的规定采取防护措施。

5.5 井道内的防护

5.5.1 在维护人员可进入的井道下部，对重(或平衡重)运行的区域应具有下列 a)或 b)的防护措施：

a) 采用刚性隔障防护，该隔障从杂物电梯底坑地面上不大于 0.30 m 处向上延伸到距底坑地面至少 2.50 m 的高度。

其宽度应至少等于对重(或平衡重)宽度再在两边各加 0.10 m。

如这种隔障是网孔型的，则应遵循 GB 23821—2009 中 4.2.4 的原则。

b) 按 5.6.4.2 的规定，将对重(或平衡重)的运行行程限制在底坑地面以上不小于 1.80 m 的高度处。

5.5.2 在装有多台杂物电梯和(或)电梯的井道中，不同杂物电梯和(或)电梯的运动部件之间以及在杂物电梯与电梯之间应设置隔障。

如果这种隔障是网孔型的，则应遵循 GB 23821—2009 中 4.2.4 的原则。

5.5.2.1 这种隔障应至少从轿厢、对重(或平衡重)行程的最低点延伸至最低层站楼面以上 2.50 m 的

高度。

宽度应能防止人员从一个底坑通往另一个底坑。

5.5.2.2 若轿顶边缘与相邻杂物电梯或电梯的运动部件[轿厢、对重(或平衡重)]之间的水平距离小于0.50 m,则这种隔障应延伸到整个井道高度。

隔障的宽度不应小于运动部件或运动部件的需要防护部分的宽度再在两边各加0.10 m。

5.6 顶层高度和底坑

5.2.4.2所规定的装置在顶层高度范围停止轿厢时,应保证在轿顶以上有1.80 m的自由垂直距离。

5.6.1 曳引式杂物电梯的顶部间距

5.6.1.1 当对重停在其限位挡块上或其完全压在缓冲器上时,轿厢导轨的长度应能提供不小于0.10 m的进一步制导行程。

5.6.1.2 当轿厢停在其限位挡块上或其完全压在缓冲器上时,对重导轨的长度应能提供不小于0.10 m的进一步制导行程。

5.6.2 强制式杂物电梯的顶部间距

5.6.2.1 轿厢从顶层层站向上直到撞击井道顶部最低部件时的制导行程不应小于0.20 m。

5.6.2.2 当轿厢停在其限位挡块上或其完全压在缓冲器上时,平衡重(如果有)的导轨长度应能提供不小于0.10 m的进一步制导行程。

5.6.3 液压杂物电梯的顶部间距

5.6.3.1 当柱塞按12.3.2.3的规定通过其行程限位装置到达其上限位置时,轿厢的导轨长度应能提供不小于0.10 m的进一步制导行程。

5.6.3.2 当轿厢停在其限位挡块上或其完全压在缓冲器上时,平衡重(如果有)的导轨长度应能提供不小于0.10 m的进一步制导行程。

5.6.4 底坑

5.6.4.1 井道的下部应设置底坑,除缓冲器座、限位挡块、液压缸座、导轨座以及排水装置外,其底部应平整。在导轨、缓冲器及隔障等安装竣工后,底坑不应渗水或漏水。

5.6.4.2 对人员可进入的井道(见0.3.13),应有一种可移动的装置,当轿厢停在其上面时,该装置应保证在0.20 m×0.20 m的区域内,底坑地面与轿厢的最低部件之间有1.80 m的自由垂直距离。

为此设置的装置应永久性地保留在井道内,并应确保其有效性。

5.6.4.3 对人员可进入的井道(见0.3.13),底坑内应设置:

a) 停止装置,该装置应在开门进底坑时容易接近,并且应符合14.2.2和15.7规定;

b) 电源插座(见13.6.2)。

5.6.4.4 对人员不可进入的井道(见0.3.13),底坑地面应能从井道外部进行清扫。

5.7 井道的专用

井道应为杂物电梯专用,井道内不应装设与杂物电梯无关的电缆、设备等。井道内允许设置采暖设备,但不应用蒸汽和高压水采暖。采暖设备的控制与调节装置应设置在井道外面。

6 机房

6.1 总则

6.1.1 机房不应用于杂物电梯以外的其他用途,也不应设置非杂物电梯用的线槽、电缆或装置。

6.1.2 如果机房不与井道相邻,连接机房与井道的液压管道和电气线路应全部或部分安装在专门为此预留(见12.3.3)的套管或线槽内。

6.1.3 人员可进入的机房(见0.3.13.2)应有地面。

6.2 通道

6.2.1 通则

只有胜任人员才能接近驱动主机及其附件。

应为杂物电梯驱动主机及其附件的检修门和检修活板门提供安全、无阻碍的通道。

这些门的最小净尺寸应满足更换杂物电梯部件的需要。

检修门和检修活板门在开启时不应占用6.3.2规定的最小空间。

6.2.2 人员不可进入的机房

应设置检修门或检修活板门,以接近杂物电梯驱动主机及其附件。检修门或检修活板门的最小尺寸为0.60 m×0.60 m,或即使在机房尺寸不允许的情况下,开孔尺寸也应满足更换部件的需要。

从检修门或检修活板门门槛到需要维护、调节或检修的任一部件的距离均不应大于600 mm。

6.2.3 人员可进入的机房

6.2.3.1 供人员进出的水平铰接的活板门,应提供不小于0.64 m^2 的通道面积,该面积的较小边不应小于0.65 m,并且该门能保持在开启位置。

所有检修活板门,当处于关闭位置时,均应能够支撑两个人的重量,每个人按1 000 N计算,作用在门的任意0.20 m×0.20 m面积上,门应无永久变形。

检修活板门除与可收缩的梯子连接外,不应向下开启。铰链(如果有)应为不能脱开的型式。

当检修活板门开启时,应有防止人员坠落的措施(如设置1.10 m高的护栏)。

6.2.3.2 供人员进出的检修门的尺寸不应小于0.60 m×0.60 m。

检修门门槛不应高出其通道水平地面0.40 m。

6.2.3.3 检修门和检修活板门应设置用钥匙开启的锁,当门打开后,不用钥匙也能将其关闭和锁住。即使在锁住的情况下,也应能不用钥匙从井道内部将门打开。

6.3 机房的结构和设备

6.3.1 维护用的站立区域应采取防滑措施(如花纹钢板)。

6.3.2 尺寸

6.3.2.1 在控制屏或控制柜前应有一块净空面积,该面积:

a) 深度,从屏(柜)的外表面测量时不小于0.70 m;

b) 宽度,取两者中的较大值:0.50 m或屏(柜)的全宽。

6.3.2.2 在需要检修、维护或紧急人工操作(见12.2.4)的机械部件前面,至少在门的高度范围内有一块不小于0.50 m×0.60 m的水平净空面积,并保证在下列情况下门都能被完全打开:

a) 在部件前面;或

b) 在检修门门槛前面(0.70 m×0.60 m)。

6.3.2.3 在任何情况下,供活动或操作所需的净高度不应小于1.80 m。

上述净高度从机房顶梁下面测量到下列地面:

a) 通道区域的地面;

b) 工作区域的地面。

6.3.3 插座

应至少提供一个插座(见13.6.2)。

注:照明见13.6。

6.3.4 设备搬运

在机房顶梁或横梁的适当位置上,应装备具有安全工作载荷标志(见15.4.4)的金属支架或吊钩,以便起吊较重设备(见0.2.5和0.3.14)。

7 层门

7.1 总则

在运入轿厢的井道开口处应设置无孔的层门，门关闭后，门扇之间及门扇与立柱、门楣和地坎之间的间隙应尽可能小。

此运动间隙不应大于 6 mm。由于磨损的原因，该间隙值允许达到 10 mm。如有凹进部分，上述间隙应从凹底处测量。

7.2 门及其框架的强度

7.2.1 即使经过一定时间的使用后，门及其框架的结构也不应产生变形。

注：宜采用金属制造。

7.2.2 火灾情况下的性能

如果建筑物需要层门具有防火性能，则该层门宜按 EN 81-58 的规定进行试验。

7.2.3 机械强度

7.2.3.1 层门及其门锁在锁住位置时应具有如下的机械强度：用 300 N 的力垂直作用于层门门扇的任一个面上的任何位置且均匀分布在 5 cm^2 的圆形或方形面积上时，应：

a) 无永久变形；

b) 弹性变形不大于 15 mm；

c) 在试验期间和试验后，门的安全功能不受影响。

7.2.3.2 在滑动门主动门扇的开启方向，以 150 N 的人力（不用工具）施加在一个最为不利的点上时，7.1 所规定的间隙可大于 6 mm。

在任何情况下，与运动部件的最小距离应满足 GB 23821 要求。

7.3 层门入口的高度和宽度

轿厢入口净尺寸不应小于所对应的层门入口净尺寸。

7.4 地坎、导向装置和门悬挂装置

7.4.1 地坎

每个层站入口均应装设一个具有足够强度的地坎，以承受通过其运入轿厢的载荷（见 0.2.5）。

注：在各层站地坎前面宜有较小的坡度，以防洗刷、洒水时，水流进井道。

7.4.2 导向装置

7.4.2.1 层门的设计应防止正常运行中脱轨、机械卡阻或行程终端时错位。

7.4.2.2 水平滑动层门的顶部与底部都应设有导向装置。

7.4.2.3 垂直滑动层门两边都应设有导向装置。即使在悬挂部件断裂的情况下，层门也不应与导向装置脱离。

7.4.3 垂直滑动层门的悬挂装置

7.4.3.1 垂直滑动层门的门扇应固定在两个独立的悬挂部件上。

7.4.3.2 悬挂用的绳、链、皮带，其设计安全系数不应小于 8。

7.4.3.3 悬挂绳滑轮的节圆直径不应小于绳直径的 20 倍。

7.4.3.4 悬挂绳和链应加以防护，以免脱出滑轮槽或链轮。

7.4.3.5 门扇应保持平衡。

7.5 与层门运动相关的保护

7.5.1 通则

层门的设计应尽可能减少由于人员、衣服或其他物件被夹住而造成损坏或伤害的危险。

如果手开门上装有把手，则在门运动方向上，把手与杂物电梯任何其他部件的最小距离不应小于 50 mm，如果把手不可能被抓住，则该距离可缩小到 30 mm。

7.5.2 **动力驱动门**

动力驱动门应尽量减少门扇撞击人员的有害后果。

为此应满足下列条件：

7.5.2.1 **滑动门**

7.5.2.1.1 阻止关门的力不应大于 150 N。

7.5.2.1.2 层门在关闭过程中，当人员或货物被门撞击或将被撞击时，一个保护装置应自动地使门重新开启。如果在入口处用手动方式使门关闭，则该装置可不起作用。

此保护装置的作用可在每个主动门扇最后 50 mm 的行程中被消除

7.5.2.1.3 为了避免运行期间发生剪切的危险，动力驱动的滑动门外表面不应有大于 3 mm 的凹进或凸出部分，这些凹进或凸出部分的边缘应在开门运动方向上倒角。

这些要求不适用于附录 B 中所规定的开锁三角钥匙孔。

7.5.2.2 **其他型式的门**

如果采用其他型式的动力驱动门（如摆动门），当开门或关门有碰撞使用人员危险时，应采用与所规定的动力驱动滑动门类似的保护措施。

7.6 **局部照明和"轿厢在此"信号**

7.6.1 **局部照明**

在层站地坎附近的自然或人工照明的照度不应小于 50 lx，以便安全使用杂物电梯（见 0.2.5）。

7.6.2 **"轿厢在此"指示**

如果层门是手动开启的，使用人员在开门前，应能知道轿厢是否在层站。"轿厢在此"信号应在轿厢停留在层站的整个时段内保持燃亮。

7.7 **层门锁紧和关闭的检查**

7.7.1 **对坠落危险的防护**

在正常运行时，不应打开层门（或多扇层门中的任意一扇），除非轿厢在该层门的开锁区域内停止或停站。

上述要求不适用于 7.7.2.2 中所述的情况。

开锁区域不应大于层站平层位置上下的 0.10 m。

7.7.2 **对剪切的防护**

7.7.2.1 如果一个层门或多扇层门中的任何一扇门开着，在正常操作情况下，不应启动杂物电梯或保持杂物电梯继续运行。

7.7.2.2 在开锁区域内，只要符合 14.2.1.2 与 14.2.1.3 的规定条件，允许杂物电梯开着门，在相应的层门地坎处进行平层、再平层或电气防沉降运行。

7.7.3 **锁紧和紧急开锁**

每个层门都应设置符合 7.7.1 规定的锁紧装置，该装置应有防止故意滥用的保护。

7.7.3.1 **锁紧**

7.7.3.1.1 满足下列要求的杂物电梯：

a) 额定速度≤0.63 m/s；

b) 开门高度≤1.20 m；和

c) 层站地坎距地面高度≥0.70 m。

锁紧无需电气证实，此时层门也无需在轿厢移动之前进行锁紧。然而，当轿厢驶离开锁区域时，锁紧元件应自动关闭，而且除了正常锁紧位置外，无论证实层门关闭的电气控制装置（见 7.7.4）是否起作用，都应至少有第二个锁紧位置。

若以上任何一个条件不应满足，则门锁应符合 GB 7588 或 GB 21240 的规定。

如果杂物电梯安装在不允许公众进入的区域内，则可不满足 GB 7588—2003 的 7.7.5 或 GB 21240—

2007 的 7.7.5 的要求。

7.7.3.1.2 对于铰链门，锁紧应尽可能接近门的垂直关闭边缘处。即使在门下垂时，也能保持锁住。锁紧元件啮合不应小于 10 mm。

7.7.3.1.3 对于滑动门，锁紧应尽可能接近主动门扇的关闭边缘处，对于垂直中分式滑动门，门锁应位于上门扇上。

7.7.3.1.4 锁紧元件的啮合应能满足在沿着开门方向施加 300 N 的力的情况下，不会降低锁紧有效性。

7.7.3.1.5 应由重力、永久性磁铁或弹簧来产生和保持锁紧动作。应采用有导向的压缩弹簧，且弹簧的结构应满足在开锁时弹簧不会被压并圈。

即使永久性磁铁(或弹簧)失效，重力亦不应导致开锁。

如果锁紧元件是通过永久磁铁的作用保持其锁紧位置，则用一种简单的方法(如加热或冲击)不应使其失效。

7.7.3.1.6 门锁装置应设有防护，以避免可能妨碍正常功能的积尘危险。

7.7.3.1.7 工作部件应易于检查，例如采用一块透明板以便观察。

7.7.3.2 紧急开锁

每个层门均应能从层站借助于一个与附录 B 所规定的开锁三角孔相配的钥匙将门打开。

这样的钥匙应仅交给一名被授权的专业人员。钥匙应带有书面说明，详述应采取的预防措施，以防止开锁后因未能有效的重新锁上而可能引起的事故。

在一次紧急开锁后，当层门重新关闭时，锁紧装置不应保持在开锁位置。

在轿门驱动层门的情况下，当轿厢在开锁区域之外时，如果层门无论因为何种原因而开启，则应有一种装置(重块或弹簧)能确保该层门自动关闭。

7.7.4 证实层门关闭的电气装置

7.7.4.1 每个层门应设有符合 14.1.2 规定的电气安全装置，以证实其关闭位置，从而符合 7.7.2 的规定。

7.7.4.2 在与轿门联动的滑动层门的情况下，倘若证实层门锁紧状态的装置是依赖层门的有效关闭，则该装置同时可作为证实层门关闭的装置。

7.7.4.3 在铰链式层门的情况下，此装置应设置在门的关闭边缘处或在验证层门关闭状态的机械装置上。

7.7.5 机械连接的多扇滑动门

7.7.5.1 如果滑动门是由数个直接机械连接的门扇所组成，则允许：

a) 7.7.4.1 或 7.7.4.2 规定的装置设置在一个门扇上；和

b) 若仅锁紧一个门扇，则应在关闭位置采用钩住其他门扇的方法，使如此单一门扇的锁紧能防止其他门扇的开启。

7.7.5.2 如果滑动门是由数个间接机械连接(如采用钢丝绳、皮带或链条)的门扇组成，允许仅锁紧一扇门，其条件是，该门扇的单一锁紧能防止其他门扇的打开，且这些门扇均未装设手柄。未被锁住的其他门扇的关闭位置应由一个符合 14.1.2 规定的电气安全装置来证实。

8 轿厢、对重和平衡重

8.1 轿厢高度

应符合 1.4 规定。

8.2 轿厢有效面积和额定载重量

额定载重量应符合 1.1 规定，轿厢有效面积应符合 1.4 规定。

8.3 轿壁、轿厢地板和轿顶

8.3.1 轿厢应由轿壁、轿厢地板和轿顶完全封闭，仅允许的开口是装载和卸载的入口。

8.3.2 轿壁、轿厢地板（见 0.2.5）和轿顶应有足够的机械强度。包括轿厢架、导靴、轿壁、轿厢地板和轿顶的总成也应有足够的机械强度，以承受杂物电梯正常运行、安全钳动作（如果有）、破裂阀动作（如果有）或轿厢撞击缓冲器或限位挡块的作用力。

8.3.2.1 轿壁应具有如下机械强度：即用 300 N 的力，均匀地分布在 5 cm^2 的圆形或方形面积上，从轿厢内向轿厢外垂直作用于轿壁的任何位置上，轿壁应：

a) 无永久性变形；

b) 弹性变形不大于 15 mm。

8.3.2.2 对于维护人员可进入的杂物电梯的轿顶（见 0.3.13），在其任意位置上，应能支撑两个人的重量，每个人按 0.20 m×0.20 m 的面积上作用 1 000 N 的力，应无永久变形。

8.3.2.3 如果从井道外可触及到固定在轿架上的绳轮和（或）链轮，则应按 9.6 规定采取防护措施。

8.3.3 轿壁、轿厢地板和轿顶不应使用易燃或可能产生有害或大量气体和烟雾的材料。

8.4 护脚板和自动搭接地坎

8.4.1 护脚板

8.4.1.1 每个轿厢地坎上都应设置护脚板，其宽度应等于相应层站入口的整个净宽度。护脚板的垂直部分以下应成斜面向下延伸，斜面与水平面的夹角应大于 60°，该斜面在水平面上的投影深度不应小于 20 mm。

8.4.1.2 护脚板垂直部分的高度不应小于有效开锁区域的高度。

8.4.2 自动搭接地坎

如果杂物电梯采用垂直滑动门且其服务位置与层站地面等高，则 8.4.1 中所规定的护脚板可用固定在层站上的自动搭接地坎所取代，自动搭接地坎应：

a) 能承受装载与卸载操作中可预见的载荷（见 0.2.5）；

b) 当层门完全开启时，无论使用什么方式（如重力或辅助力），能自动移动到服务位置；

c) 宽度不小于轿厢入口的宽度；

d) 长度不小于以下两种情况下的较大值：

  1) 开锁区域的一半加 50 mm；

  2) 轿底至层门地坎的距离加 20 mm；

e) 无论轿厢在何位置，都应与轿底有不小于 20 mm 的重叠；

f) 在层门关闭作用下收起。

8.5 轿厢入口

若在运行过程中运送的货物（见 0.2.5）可能触及井道壁，则在轿厢入口处应设置适当的部件，如挡板、栅栏、卷帘以及轿门等。

这些部件应配有符合 14.1.2 要求的用来证实其关闭位置的电气安全装置。

特别是具有贯通入口或相邻入口的轿厢，应防止货物突出轿厢。

注：井道壁和面向轿厢入口的层门的构造参见附录 F。

8.6 轿门

8.6.1 如果设有轿门，则轿门应是：

a) 无孔的；

b) 网格的；或

c) 孔板的。

网格或孔板孔的尺寸选择应考虑需要运送的载荷。

8.6.2 除必要的间隙外，轿门关闭后应将轿厢的入口完全封闭。

8.6.3 地坎、导向装置和门悬挂装置

轿门的地坎、导向装置与门悬挂装置应符合 7.4 规定。

8.7 轿门运动过程中的保护

轿门的设计应尽可能减少由于人员、衣服或其他物件被夹住而造成损坏或伤害的危险。

8.7.1 动力驱动的滑动门

8.7.1.1 阻止关门的力不应大于 150 N。

8.7.1.2 若轿门先于层门关闭，则应按 7.5.2.1 的要求采取保护措施。

8.8 对重和平衡重

平衡重的应用应符合 12.2.1.1 规定。

8.8.1 若对重(或平衡重)由对重块组成，应防止对重块移位，并应采取下列措施：

a) 对重块固定在一个框架内；或

b) 对于金属对重块，至少采用两根拉杆将对重块固定住。

8.8.2 如果从井道外可触及到固定在对重或平衡重上的绳轮和(或)链轮，则应按 9.6 的要求采取保护措施。

9 悬挂装置和防止轿厢自由坠落、超速下行及沉降的预防措施

电力驱动杂物电梯与间接作用式液压杂物电梯的悬挂装置和(或)用于连接轿厢和平衡重(如果有)的悬挂装置应符合 9.1～9.6 规定。

9.1 悬挂装置

9.1.1 轿厢和对重(或平衡重)应采用钢丝绳或平行链节的钢质链条或滚子链条悬挂。

9.1.2 钢丝绳(或链条)应符合下列规定：

a) 载有额定载重量的轿厢位于最低层站时，一根钢丝绳(或链条)最小破断载荷(N)与该绳(或链条)所承受的最大拉力(N)的比值不应小于 8；

b) 对于钢丝绳，钢丝的抗拉强度：

1) 对于单强度钢丝绳，宜为 1 570 MPa 或 1 770 MPa；或

2) 对于双强度钢丝绳，外层钢丝宜为 1 370 MPa，内层钢丝宜为 1 770 MPa。

钢丝绳的其他特性(结构、延伸率、圆度、柔性、试验等)宜符合 GB 8903 的规定。

9.1.3 钢丝绳或链条应至少有 2 根，每根钢丝绳或链条应是相互独立的。

强制式杂物电梯可使用单根钢丝绳或链条，但应满足下列规定：

a) 安全钳符合 9.7 和 9.8 要求；

b) 层门入口的极限尺寸不大于 0.40 m 宽和 0.60 m 高；

c) 额定载重量不大于 50 kg；

d) 轿厢的有效面积不大于 0.25 m^2；

e) 轿厢深度不大于 0.40 m；和

f) 层门地坎距层站地面以上的垂直高度不小于 0.70 m。

9.1.4 若采用复绕法，则应考虑钢丝绳或链条的根数(见 9.1.3)而不是其下垂根数。

9.2 曳引轮、滑轮和卷筒的绳径比与钢丝绳或链条的端接装置

9.2.1 无论钢丝绳的股数多少，曳引轮、滑轮、卷筒的节圆直径与悬挂钢丝绳的公称直径之比不应小于 30。

9.2.2 钢丝绳与其端接装置的接合处应符合 9.2.2.1 规定，且应至少能承受钢丝绳最小破断载荷的 80%。

9.2.2.1 钢丝绳末端应固定在轿厢、对重(或平衡重)或系结钢丝绳固定部件的悬挂部位上。固定时，应采用金属或树脂填充的绳套、自锁紧楔形绳套、至少带有三个合适绳夹的鸡心环套、手工捻接绳环、环圈压紧式绳环或具有同等安全的任何其他装置。

9.2.2.2 钢丝绳在卷筒上的固定应采用带楔块的压紧装置或至少用两个绳夹或具有同等安全的其他装置。

9.2.2.3 每根链条的端部应采用适合的端接装置固定在轿厢、对重(或平衡重)或系结链条固定部件的悬挂部件上。应依靠自身的结构或采取附加的装置防止意外脱落,保证固定的可靠性。

9.2.2.4 链条与端接装置接合处应至少能承受链条的最小破断负荷的80%。

9.3 钢丝绳曳引

9.3.1 钢丝绳曳引应满足下列条件:

a) 当对重压在缓冲器或限位挡块上,而曳引机按杂物电梯上行方向旋转时,应不可能提升空载轿厢;

b) 当空载或载有125%额定载重量的轿厢按附录D的D.2h)进行曳引检查时,应能被移动和停止。

9.3.2 在选择钢丝绳和曳引轮之间的比压时,应考虑具体的特性和使用条件。

9.4 强制式杂物电梯钢丝绳的卷绕

9.4.1 在12.2.1.1b)条件下使用的卷筒,应加工出螺旋槽,该槽应与所用的钢丝绳相适应。

9.4.2 当轿厢停在完全压缩的缓冲器或限位挡块上时,卷筒的绳槽中应至少保留一圈半的钢丝绳。

9.4.3 卷筒上只能绕一层钢丝绳。

9.4.4 钢丝绳相对于绳槽的偏角(放绳角)不应大于4°。

9.5 钢丝绳或链条之间的载荷分布

9.5.1 若悬挂钢丝绳或链条多于一根(见9.1.3),则应至少在悬挂钢丝绳或链条的一端设置一个自动调节装置来平衡各绳或链的张力。

9.5.1.1 对于与链轮啮合的链条,在链条与轿厢(平衡重)连接端部,也应设置上述平衡装置。

9.5.1.2 多个换向链轮同轴时,各链轮均应能单独旋转。

9.5.2 如果用弹簧来平衡张力,则弹簧应在压缩状态下工作。

9.5.3 调节钢丝绳或链条长度的装置在调节后,不应自行松动。

9.6 曳引轮、滑轮和链轮的防护

9.6.1 曳引轮、滑轮和链轮应根据表1设置防护装置,以避免:

a) 在可触及范围内的部件造成人身伤害(见5.2.4.1);

b) 钢丝绳或链条因松弛而脱离绳槽或链轮;

c) 异物夹入绳与绳槽或链与链轮之间。

9.6.2 所采用的防护装置不应妨碍对旋转部件的观察及检查与维护工作。若防护装置是网孔状,则其孔洞尺寸应符合GB 23821—2009表4的要求。

防护装置只有在下述情况下才能被拆除:

a) 更换钢丝绳或链条;

b) 更换绳轮或链轮;

c) 重新加工绳槽。

表1 曳引轮、滑轮和链轮的防护装置

曳引轮、滑轮及链轮的位置		9.6.1所述及的危险		
		9.6.1a)	9.6.1b)	9.6.1c)
轿厢上	轿顶上	×	×	×
	轿底下		×	×
对重或平衡重上			×	×

表 1(续)

<table>
<tr><td colspan="3" rowspan="2">曳引轮、滑轮及链轮的位置</td><td colspan="3">9.6.1 所述及的危险</td></tr>
<tr><td>9.6.1a)</td><td>9.6.1b)</td><td>9.6.1c)</td></tr>
<tr><td colspan="3">机房内</td><td>×2)</td><td>×</td><td>×1)</td></tr>
<tr><td rowspan="4">井道内</td><td rowspan="2">顶层空间</td><td>轿厢上方</td><td>×</td><td>×</td><td></td></tr>
<tr><td>轿厢侧向</td><td></td><td>×</td><td></td></tr>
<tr><td colspan="2">底坑与顶层空间之间</td><td></td><td>×</td><td>×1)</td></tr>
<tr><td colspan="2">底坑</td><td>×</td><td>×</td><td>×</td></tr>
<tr><td colspan="3">限速器及其张紧轮</td><td></td><td>×</td><td>×1)</td></tr>
<tr><td rowspan="3">液压缸</td><td colspan="2">向上顶升</td><td>×2)</td><td>×</td><td></td></tr>
<tr><td colspan="2">向下顶升</td><td></td><td>×</td><td>×</td></tr>
<tr><td colspan="2">装有机械同步装置</td><td>×</td><td>×</td><td>×</td></tr>
<tr><td colspan="6">×:表示应考虑此项危险。
1) 表明仅在钢丝绳或链条进入曳引轮、滑轮或链轮的方向为水平或与水平线的上夹角不超过90°时,应防护此项危险。
2) 最低限度应作防卷入防护。</td></tr>
</table>

9.7 防止轿厢自由坠落、超速下行、沉降及防止对重或平衡重自由坠落的保护措施

9.7.1 若杂物电梯井道下方有人员可进入的空间(见5.4),或采用一根钢丝绳(链条)悬挂的情况下(见9.1.3),电力驱动的杂物电梯或间接作用式液压杂物电梯的轿厢应配置安全钳(见9.8)。

安全钳应由下列任一装置触发:

a) 限速器(见9.9.2);或

b) 仅对于装有破裂阀(见12.3.5.5)或节流阀或单向节流阀(见12.3.5.6)的间接作用式液压杂物电梯:

1) 安全绳(见9.9.3);或

2) 悬挂装置断裂(见9.9.5)。

9.7.2 若杂物电梯井道下方有人员可进入的空间(见5.4),则直接作用式液压杂物电梯应设置下列任一装置:

a) 由限速器触发的安全钳(见9.9.2);

b) 破裂阀(见12.3.5.5);或

c) 节流阀(或单向节流阀)(见12.3.5.6)。

9.7.3 若在杂物电梯井道下方对重或平衡重区域内有人员可进入的空间(见5.4),则对重或平衡重应配置安全钳。安全钳应由下列任一装置触发:

a) 限速器(见9.9.2);

b) 安全绳(见9.9.2);或

c) 在液压驱动的情况下,悬挂装置的断裂(见9.9.5)。

9.7.4 在5.2.4.2所述情况下,至少应采取以下措施防止轿厢移动:

a) 若人员可进入轿顶,则轿厢应设置机械停止装置使其停在指定位置上。在进入轿顶之前应由胜任人员触发该装置。

b) 该装置应能:

1) 防止轿厢意外下行;且

2) 至少承受的静载荷为空载轿厢的质量加200 kg。

c) 在轿顶上或井道内每一层门旁设置符合 14.2.2 和 15.3 或 15.5.3 规定的停止装置。

9.7.5 应按 14.2.1.3 要求采取防沉降措施。

9.8 安全钳

9.8.1 总则

9.8.1.1 当达到限速器动作速度(见 9.9.2)或 9.8.1.2 规定的速度时，甚至在悬挂装置断裂情况下，安全钳(如果有)应能夹紧导轨使下行的载有额定载重量的轿厢或对重(或平衡重)制停并保持静止状态。

安全钳应与导轨匹配使用(见 10.1.1)。

9.8.1.2 当安全钳的动作由悬挂装置断裂或安全绳触发时，应假设安全钳在速度达到相应限速器的动作速度时动作。

9.8.2 触发方法

9.8.2.1 安全钳的动作应按 9.9 规定的方法触发。

9.8.2.2 不应采用电气、液压或气动操纵的装置来触发安全钳。

9.8.3 释放

9.8.3.1 安全钳动作后的释放需由胜任人员进行。

9.8.3.2 仅靠提升轿厢或对重(或平衡重)，才能使轿厢或对重(或平衡重)上的安全钳释放并自动复位。

9.8.4 结构要求

9.8.4.1 不应将安全钳的夹紧部件或钳体当作导靴使用。

9.8.4.2 如果安全钳是可调节的，则在调整后应加封记。

9.8.5 电气检查

当轿厢安全钳作用时，设置在轿厢上的一个符合 14.1.2 规定的电气装置应在安全钳动作以前或同时使杂物电梯驱动主机停转。

9.9 安全钳的触发方式

9.9.1 总则

安全钳动作时由其触发机构施加的张力不应小于以下两个值的较大者：

a) 安全钳起作用所需力的 2 倍；或

b) 300 N。

对于仅靠摩擦力来产生张力的限速器，其槽口应：

a) 经过附加的硬化处理；或

b) 有一个切口槽。

9.9.2 由限速器触发

9.9.2.1 当轿厢速度大于等于轿厢下行额定速度的 115%时，操纵轿厢安全钳的限速器应动作，但最大动作速度应小于下列规定值：

a) 额定速度不大于 0.63 m/s 时，为 0.8 m/s；

b) 额定速度大于 0.63 m/s 时，为额定速度的 125%。

9.9.2.2 对重(或平衡重)安全钳的限速器动作速度应大于 9.9.2.1 规定的轿厢安全钳的限速器的动作速度，但不应超过 10%。

9.9.2.3 限速器上应标明与安全钳动作相应的旋转方向。

9.9.2.4 限速器的驱动

9.9.2.4.1 限速器应由符合 9.9.4 规定的一根钢丝绳驱动。

9.9.2.4.2 限速器绳应由张紧轮张紧，张紧轮(或其配重)应有导向装置。

9.9.2.4.3 在安全钳作用期间，即使制动距离大于正常值，限速器绳及其附件也应保持完整无损。

9.9.2.4.4 限速器绳应易于从安全钳上取下。

9.9.2.5 响应时间

限速器动作前的响应时间应足够短，以免在安全钳动作前达到危险的速度。

9.9.2.6 可接近性

9.9.2.6.1 限速器应是可接近的，以便于检查和维护。

9.9.2.6.2 若限速器装在井道内，则应能从井道外面接近（见 5.2.2.2.2）。

9.9.2.6.3 当满足下列条件时，无需符合 9.9.2.6.2 的规定：

a) 能够从井道外用远程控制（除无线方式外）的方式来实现 9.9.2.7 规定的限速器动作，这种方式应不会造成限速器的意外动作，且未经授权的专业人员不应接近远程控制的操纵装置；

b) 能够从轿顶或从底坑接近限速器进行检查与维护；

c) 限速器动作后，提升轿厢或对重（或平衡重）能使限速器自动复位。

9.9.2.7 限速器动作的可能性

在检查或测试期间，应有可能在小于 9.9.2.1 规定的速度下通过某种安全的方式触发限速器来使安全钳动作。

9.9.2.8 限速器的可调部件在调整后应加封记。

9.9.2.9 电气检查

限速器绳断裂或过分伸长，应通过一个符合 14.1.2 规定的电气安全装置的作用，使驱动主机停止运转。

9.9.3 由安全绳触发

9.9.3.1 安全绳应符合 9.9.4 的规定。

9.9.3.2 安全绳应由重力张紧或至少由一个有导向的压缩弹簧张紧。

9.9.3.3 在安全钳起作用期间，即使制动距离大于正常值，安全绳及其附件也应保持完整无损。

9.9.3.4 安全绳的断裂或松弛应通过一个符合 14.1.2 规定的电气安全装置使驱动主机停止运转。

9.9.3.5 安全绳滑轮应与任何悬挂绳（链）的轴或滑轮组分别设置，并应具有符合 9.6.1 规定的防护装置。

9.9.4 限速器绳和安全绳

9.9.4.1 限速器绳和安全绳应为专用的钢丝绳。

9.9.4.2 钢丝绳的最小破断载荷对应于以下钢丝绳张力的安全系数不应小于 8：

a) 限速器动作时在限速器绳中所产生的张力，对于摩擦型限速器，宜考虑其摩擦系数 $\mu_{max}=0.2$；

b) 对于安全绳，使安全钳动作所需的力。

9.9.4.3 钢丝绳的公称直径不应小于 6 mm。

9.9.4.4 限速器绳轮的节圆直径与钢丝绳的公称直径之比不应小于 30。

9.9.5 悬挂装置的断裂触发

9.9.5.1 当使用弹簧触发安全钳动作时，应使用有导向的压缩弹簧。

9.9.5.2 应能从井道外试验，验证悬挂装置断裂能够触发安全钳。

10 导轨、缓冲器和极限开关

10.1 导轨的通则

10.1.1 导轨及其附件和接头应能承受所施加的载荷和力，以保证杂物电梯安全运行。

杂物电梯安全运行与导轨有关的方面为：

a) 导轨应保证轿厢与对重（或平衡重）的导向；

b) 导轨变形应限制在一定范围内，由此：

  1) 不应出现门的意外开锁；

2） 不应影响安全装置的动作；

3） 不应造成移动部件与其他部件之间的碰撞。

根据用户和供应商按照实际使用而商定的轿厢内额定载重量的分布状况（见 0.2.5），应对导轨的应力予以限制。

不应使用延伸率小于 8%的材料。

若设有安全钳（见 9.7），则导轨与安全钳应匹配使用（选择和组合），见 9.8.1.1 规定。在安全钳动作后仍应能保证导轨的可靠性。

10.1.2 导轨与导轨支架在建筑物上的固定，应能自动地或采用简单的方法调节，以对因建筑物的正常沉降或混凝土收缩的影响予以补偿。

应防止因导轨附件的转动造成导轨的松动。

10.2 轿厢、对重（或平衡重）的导向

10.2.1 轿厢、对重（或平衡重）各自应至少由两根刚性的钢质导轨导向。

10.2.2 对于额定速度大于 0.4 m/s 的杂物电梯，导轨应由冷拉钢材制成，或工作表面采用机械加工方法制成。

10.2.3 对于没有安全钳的轿厢、对重（或平衡重）导轨，可使用成型金属板材，但应采取防腐蚀措施。

10.3 轿厢和对重缓冲器或限位挡块

10.3.1 缓冲器或限位挡块应设置在轿厢和对重的行程底部极限位置。

10.3.2 在 5.4 情况下，杂物电梯应在轿厢和对重的行程底部极限位置设置缓冲器。

10.3.3 对于液压杂物电梯，当缓冲器完全压缩或当轿厢停在限位挡块上时，柱塞不应触及缸筒的底座。

10.3.4 缓冲器或限位挡块应能承受满载轿厢或对重以 115%额定速度的撞击，并且撞击后应无永久性变形。

10.4 轿厢和对重耗能型缓冲器

10.4.1 若杂物电梯采用耗能型缓冲器，则仅在缓冲器动作后回复至其正常伸长位置后，杂物电梯才能正常运行。监测缓冲器的正常复位所用的装置应是一个符合 14.1.2 规定的电气安全装置。

10.4.2 对于液压缓冲器，应便于检查其液位。

10.5 极限开关

10.5.1 电力驱动杂物电梯的极限开关

10.5.1.1 电力驱动杂物电梯应设置极限开关。

极限开关应设置在尽可能接近端站时起作用而无误动作危险的位置上。

极限开关应在轿厢或对重（如果有）接触缓冲器或限位挡块之前起作用，并在缓冲器被压缩期间或轿厢与限位挡块接触期间保持其动作状态。

10.5.1.2 极限开关的动作

10.5.1.2.1 正常的端站停止装置和极限开关应采用分别的动作装置。

10.5.1.2.2 极限开关的动作应由下述方式实现：

a） 利用与驱动主机的运动相连的一种装置；或

b） 如果没有平衡重，利用位于井道顶部和底部的轿厢；或

c） 利用处于井道顶部的轿厢和平衡重（如果有）。

10.5.1.3 极限开关的作用方法

10.5.1.3.1 极限开关应采用下列方式切断电动机和制动器的供电回路：

a） 直接通过符合 12.2.3.2.3.1 和 12.2.6 规定的强制的机械断开；

b） 通过符合 14.1.2 规定的电气安全装置。

应防止电动机向操纵制动器的电气装置馈电。

10.5.1.3.2 极限开关动作后，杂物电梯不应自动恢复运行。

10.5.2 液压杂物电梯的极限开关

10.5.2.1 与轿厢行程上端对应的柱塞的位置应设置一个极限开关。该极限开关应是符合14.1.2规定的电气安全装置，且应满足下列规定：

a) 设置在尽可能接近端站时起作用而无误动作危险的位置上；

b) 在柱塞接触到其行程终端缓冲停止(见12.3.2.3.3)之前动作。

极限开关应在柱塞与其行程终端缓冲停止接触期间保持动作状态。

10.5.2.2 极限开关的动作

10.5.2.2.1 正常的上端站停止装置和极限开关应采用分别的动作装置。

10.5.2.2.2 对于直接作用式液压杂物电梯，极限开关的动作应由下述方式实现：

a) 直接利用轿厢或柱塞的作用；或

b) 间接利用一个与轿厢连接的装置，如绳、带或链条。

对于b)，当连接装置断裂或松弛时，应借助一个符合14.1.2规定的电气安全装置使驱动主机停止运转。

10.5.2.2.3 对于间接作用式液压杂物电梯，极限开关的动作应由下述方式实现：

a) 直接利用柱塞的作用；或

b) 间接利用一个与柱塞连接的装置，如绳、带或链条。

对于b)，当连接装置断裂或松弛时，应借助一个符合14.1.2规定的电气安全装置使驱动主机停止运转。

10.5.2.3 极限开关的作用方法

当轿厢离开极限开关作用区域时，极限开关应自动闭合。

11 轿厢与面对轿厢入口的井道壁的间距

11.1 总则

在交付使用之前的检验期间，以及在杂物电梯的整个使用寿命中都应保持本标准所规定的间距。

11.2 轿厢与面对轿厢入口的井道壁的间距

在层门全开状态下，轿厢与层门或层门框架之间的间隙不应大于30 mm。

12 驱动主机

12.1 总则

每部杂物电梯应至少有一台专用的驱动主机。

12.2 电力驱动杂物电梯的驱动主机

12.2.1 轿厢、对重(或平衡重)的驱动

12.2.1.1 允许采用下列两种驱动方式：

a) 曳引式(使用曳引轮与曳引绳)；或

b) 强制式，即：

   1) 使用卷筒和钢丝绳；或

   2) 使用链轮和链条。

对强制式杂物电梯，额定速度不应大于0.63 m/s，不应使用对重，但可使用平衡重。

在计算传动部件时，应考虑对重或轿厢压在缓冲器或限位挡块上的可能性。

12.2.1.2 可采用皮带将电动机连接到机电式制动器(12.2.3.1.2)所作用的零件上。皮带不应少于2根。

12.2.2 悬臂式滑轮或链轮的使用

应采用9.6的防护装置。

12.2.3 制动系统

12.2.3.1 通则

12.2.3.1.1 杂物电梯应设置制动系统，并在出现下述情况时能自动动作：

a) 动力电源失电；

b) 控制电路电源失电。

12.2.3.1.2 制动系统应具有机-电式制动器(摩擦型)，此外，还可设置其他制动装置(如电气制动)。

12.2.3.2 机-电式制动器

12.2.3.2.1 当轿厢载有125%额定载重量并以额定速度向下运行时，制动器应能使驱动主机停止运转。

12.2.3.2.2 被制动部件应以机械方式与曳引轮或卷筒、链轮直接刚性连接。

12.2.3.2.3 正常运行时，制动器应在持续通电下保持松开状态。

12.2.3.2.3.1 切断制动器电流，至少应采用两个独立的电气装置来实现，不论这些装置与用来切断杂物电梯驱动主机电流的电气装置是否为一体。

当杂物电梯停止时，如果其中一个接触器的主触点未打开，最迟到下一次运行方向改变时，应防止杂物电梯再运行。

12.2.3.2.3.2 当杂物电梯的电动机有可能起发电机作用时，应防止该电动机向操纵制动器的电气装置馈电。

12.2.3.2.3.3 断开制动器的释放电路后，杂物电梯应无附加延迟地被有效制动。

注：使用二极管或电容器与制动器线圈两端直接连接不看作延时装置。

12.2.3.2.4 装有手动紧急操作装置(见12.2.4.1)的杂物电梯驱动主机，应能用手松开制动器并需要以一持续力保持其松开状态。

12.2.3.2.5 施加于制动闸瓦或衬垫的压力应由有导向的压缩弹簧或重铊实现。

12.2.3.2.6 禁止使用带式制动器。

12.2.3.2.7 制动衬应是不易燃的。

12.2.4 紧急操作

12.2.4.1 如果向上移动载有额定载重量的轿厢所需的操作力不大于400 N，杂物电梯驱动主机应装设手动紧急操作装置，以便借助于平滑的无辐条的盘车手轮将轿厢移动到层站。

12.2.4.1.1 对于可拆卸的盘车手轮，应放置在机房内容易接近的地方。对于同一机房内有多台杂物电梯的情况，如果盘车手轮有可能与相配的杂物电梯驱动主机搞混时，应在手轮上做适当标记。

一个符合14.1.2规定的电气安全装置最迟应在盘车手轮装上杂物电梯驱动主机时动作。

12.2.4.1.2 应能从人员可进入的机房内或人员不可进入的机房附近检查轿厢是否在开锁区域。例如，这种检查可借助于曳引绳或限速器绳上的标记。

12.2.5 速度

当电源为额定频率，电动机施以额定电压时，杂物电梯轿厢在半载向下运行至行程中段(除去加速和减速段)时的速度，不应大于额定速度的110%，宜不小于额定速度的92%。

12.2.6 停止杂物电梯驱动主机以及检查其停止状态

使用符合14.1.2规定的电气安全装置使驱动主机停止，应按下述规定进行控制。

应采用两个独立的接触器切断电源，接触器的触点应串联于电源电路中。杂物电梯停止时，如果其中一个接触器的主触点未打开，最迟到下一次运行方向改变时，应防止轿厢再运行。

12.2.7 绳或链松弛的安全装置

强制式杂物电梯应设有一个绳或链松弛的装置来动作一个符合14.1.2要求的电气安全装置。此装置和9.5.1要求的可以是同一个装置。

12.2.8 电动机运转时间限制器

12.2.8.1 曳引式杂物电梯应设有电动机运转时间限制器。在下述情况下使驱动主机停止运转并保持在停止状态：

a) 当启动杂物电梯时，曳引机不转；

b) 轿厢或对重向下运动时由于障碍物而停住，导致曳引绳在曳引轮上打滑。

12.2.8.2 电动机运转时间限制器应在不大于下列两个时间值的较小值时起作用：

a) 45 s；

b) 杂物电梯运行全程的时间再加上10 s。若运行全程的时间小于10 s，则最小值为20 s。

12.2.8.3 恢复正常运行只能通过手动复位。恢复断开的电源后，曳引机无需保持在停止位置。

12.2.9 机械部件的防护

对可能产生危险并可能接近的旋转部件，特别是下列部件，应提供有效的防护：

a) 传动轴上的键和螺钉；

b) 钢带、链条、皮带；

c) 齿轮、链轮；

d) 电动机的外伸轴；

e) 甩球式限速器。

但具有符合9.6规定的防护装置的曳引轮、盘车手轮、制动轮及任何类似的光滑圆形部件除外。

这些部件应至少部分涂成黄色。

12.3 液压杂物电梯的驱动主机、液压缸及其他液压设备

12.3.1 总则

允许采用下列两种驱动方式：

a) 直接作用式；

b) 间接作用式。

12.3.2 液压缸

12.3.2.1 缸筒和柱塞的计算

12.3.2.1.1 压力的计算

12.3.2.1.1.1 缸筒和柱塞的设计应满足以下条件：由满载压力的2.3倍形成的力的作用下，应保证相对于材料屈服强度$R_{p0.2}$的安全系数不小于1.7。

12.3.2.1.1.2 对于多级式液压缸的计算，采用因液压同步装置的作用所产生的最大压力代替满载压力。

注：计算时应考虑到在液压同步机构安装期间，由于调整不当而产生的反常的过高压力这一因素。

12.3.2.1.1.3 在进行壁厚计算时，对于缸筒壁和缸筒基座，其计算值应增加1.0 mm；对于单个液压缸或多级式液压缸的空心柱塞壁，计算值应增加0.5 mm。

12.3.2.1.1.4 计算应按照附录H进行。

12.3.2.1.2 稳定性计算

液压缸在承受压缩载荷作用时应满足以下要求：

12.3.2.1.2.1 设计时应考虑到当液压缸全部伸出且承受由满载压力1.4倍形成的力的作用时，其稳定性安全系数不应低于2。

12.3.2.1.2.2 计算应按照附录H进行。

12.3.2.1.3 拉伸应力计算

液压缸在拉伸载荷作用下的设计应满足以下条件：

在由满载压力1.4倍形成的力的作用下，应保证对于材料屈服强度为$R_{p0.2}$的安全系数不低于2。

12.3.2.2 **轿厢与柱塞(缸筒)的连接**

12.3.2.2.1 对于直接作用式液压杂物电梯,轿厢与柱塞(缸筒)之间应为挠性连接。

12.3.2.2.2 轿厢与柱塞(缸筒)之间的连接件,应能承受柱塞(缸筒)的重量和附加的动力载荷。连接方式应牢固。

12.3.2.2.3 如柱塞由两节或两节以上组成,每节之间的连接件应能承受悬挂的柱塞节段的重量和附加的动力载荷。

12.3.2.2.4 对于间接作用式液压杂物电梯,柱塞(缸筒)的端部应具有导向装置。对于拉伸作用的液压缸,不要求其端部导向,只要拉伸布置可防止柱塞承受弯曲力的作用。

12.3.2.2.5 对于间接作用式液压杂物电梯,其柱塞端部导向装置的任何部件不应在轿厢顶部之垂直投影之内。

12.3.2.3 **柱塞行程的限制**

12.3.2.3.1 应采取措施使柱塞在其最高极限位置缓冲制停,该位置应满足5.6.3.1的要求。

12.3.2.3.2 柱塞应通过缓冲停止实现在行程的极限位置制停。

12.3.2.3.3 缓冲停止

12.3.2.3.3.1 缓冲停止应符合下述要求之一:

a) 是液压缸的一部分;或

b) 由位于轿厢投影部分以外的液压缸的一个或多个外部设备组成,其合力应施加在液压缸的中心线上。

12.3.2.3.3.2 缓冲停止的设计应使得轿厢的平均减速度不超过1.0g_n,且对于间接作用式液压杂物电梯该减速度不会导致松绳或松链。

12.3.2.3.4 按12.3.2.3.2和12.3.2.3.3.1b)的要求,在液压缸内部应具有限位停止装置,防止柱塞脱出缸筒。

12.3.2.4 **保护措施**

12.3.2.4.1 若液压缸延伸到地下,则应安装在保护管中。如果延伸入其他空间,则应给予适当的保护。

以下部件亦给予同样的保护:

a) 破裂阀/节流阀;

b) 连接破裂阀/节流阀与缸筒的硬管;

c) 破裂阀/节流阀之间互相连接的硬管。

12.3.2.4.2 自液压缸端部泄漏的油液应予以收集。

12.3.2.4.3 液压缸应具有放气装置。

12.3.2.5 **多级式液压缸**

对于多级式液压缸,应符合下列附加要求:

12.3.2.5.1 在相继的多级式柱塞缸节之间应设置限位停止装置,防止柱塞脱离其相应的缸筒。

12.3.2.5.2 不具备外部导向的多级式液压缸的每一节段的支承长度应至少2倍于相应的柱塞的直径。

12.3.2.5.3 应有机械或液压的同步机构。

12.3.2.5.4 当液压缸具有液压同步机构时,如系统压力超过满载压力的20%时,应有一个电气装置防止杂物电梯正常启动运行。

12.3.2.5.5 当使用钢丝绳或链条作为同步机构时,应满足下列要求:

a) 至少有2根独立的钢丝绳或链条;

b) 符合9.6.1的规定;

c) 安全系数不小于8;

d) 当同步机构失效时，应有一个装置防止轿厢下行速度超过其下行额定速度 v_d+0.3 m/s。

12.3.3 **管路配置**

12.3.3.1 **概述**

12.3.3.1.1 承受压力的管路和附件(管接头、阀等)，如同所有液压系统部件一样，应：

a) 与所使用的液压油相适应；

b) 在设计和安装上应避免由于紧固、扭转或振动产生任何非正常应力；

c) 防止损坏，特别是由于机械原因。

12.3.3.1.2 管路和附件应适当固定并便于检查。

管路(不论硬管或软管)穿过墙或地面，应使用套管保护，套管的尺寸大小应能在必要时拆卸管路，以便进行检修。

套管内不应有管路的接头。

12.3.3.2 **硬管**

12.3.3.2.1 液压缸和单向阀或下行方向阀之间的硬管和附件在设计上应满足以下条件：在2.3倍满载压力的作用下，应保证相对于材料屈服强度 $R_{p0.2}$ 的安全系数不小于1.7。

在进行壁厚计算时，对位于液压缸和破裂阀之间的管路接头(如果有)，其计算值应增加1.0 mm，对其他硬管，其计算值应增加0.5 mm。

计算应按照附录H.1.1进行。

12.3.3.2.2 当使用多于两级的多级式液压缸和液压同步机构时，在计算位于破裂阀与单向阀或下行方向阀之间的硬管和附件时，应考虑附加1.3的安全系数。

如果在液压缸与破裂阀之间有管路和附件，其计算时所用的压力应与计算液压缸时相同。

12.3.3.3 **软管**

12.3.3.3.1 在选用液压缸与单向阀或下行方向阀之间的软管时，其相对于满载压力和破裂压力的安全系数不应小于8。

12.3.3.3.2 液压缸与单向阀或下行方向阀之间的软管及接头应能承受5倍于满载压力的压力而不被破坏，该试验由软管总成的制造商进行。

12.3.3.3.3 软管上应永久性标注以下事项：

a) 制造商名称或商标；

b) 试验压力；

c) 试验日期；

d) 允许的弯曲半径。

12.3.3.3.4 软管固定时，其弯曲半径不应小于制造商标明的弯曲半径。

12.3.4 **停止驱动主机及检查其停止状态**

驱动主机由一个符合14.1.2规定的电气安全装置的动作制停，其控制过程应符合如下要求。

12.3.4.1 向上运行

对于上行，应满足：

a) 电动机的电源应至少由两个独立的接触器切断，这两个接触器的主触点应串联于电动机供电回路中；或

b) 电动机的电源由一个接触器切断，且分流阀(符合12.3.5.4.2)的供电回路应至少由两个串联于该阀供电回路中的独立的电气装置来切断。

12.3.4.2 向下运行

对于下行，下行方向阀的供电回路应：

a) 至少由两个串联的独立的电气装置切断；或

b) 直接由一个电气安全装置切断，只要该电气装置的电气容量正确。

12.3.4.3 当液压杂物电梯停止时，若其中某一个接触器的主触点没有打开或某一个电气装置没有断开，则最迟到下一次运行方向改变时，应防止轿厢再运行。

12.3.5 液压控制及安全装置

12.3.5.1 截止阀

12.3.5.1.1 液压系统应设置截止阀。截止阀应安装在将液压缸连接到单向阀和下行方向阀的油路上。

12.3.5.1.2 截止阀应位于机房内。

12.3.5.2 单向阀

12.3.5.2.1 液压系统应设置单向阀。单向阀应安装在液压泵与截止阀之间的油路上。

12.3.5.2.2 当供油系统的压力降低至最低工作压力以下时，单向阀应能将载有额定载重量的轿厢保持在井道内的任一位置上。

12.3.5.2.3 单向阀的关闭应由来自液压缸的液体压力的作用，以及至少由一个有导向的压缩弹簧和(或)重力的作用来实现。

12.3.5.3 溢流阀

12.3.5.3.1 液压系统应设置溢流阀。溢流阀应连接到液压泵和单向阀之间的油路上。溢流阀溢出的油液应回到油箱。

12.3.5.3.2 溢流阀应调节到系统压力不大于满载压力的140%。

12.3.5.3.3 由于管路较高的内部损耗(管接头损耗、摩擦损耗)，必要时溢流阀可调节到较高的压力值，但不应大于满载压力的170%。此时，对于液压设备(包括液压缸)的计算，应采用一个虚拟的满载压力值，该值为：所选择的压力设置值除以1.4。

在进行稳定性计算时，过压系数1.4应由相应于溢流阀调高的压力设置值的系数代替。

12.3.5.4 方向阀

12.3.5.4.1 下行方向阀

下行方向阀应由电控保持开启。下行方向阀的关闭应由来自液压缸的液体压力作用以及至少每阀由一个有导向的压缩弹簧来实现。

12.3.5.4.2 上行方向阀

若驱动主机的制停由符合12.3.4.1b)规定的方法来实现，则仅分流阀用于此目的。分流阀应由电气装置关闭。分流阀的打开应由来自液压缸的液体压力作用以及至少每阀由一个有导向的压缩弹簧来实现。

12.3.5.5 破裂阀

12.3.5.5.1 按9.7.2的要求，应设置满足下述条件的破裂阀：

a) 破裂阀应能将下行的轿厢制停并保持其停止状态。破裂阀最迟当轿厢下行速度达到额定下行速度 v_d+0.3 m/s时动作；

b) 破裂阀的安装位置应便于调整与检查；

c) 破裂阀应满足以下要求之一：

  1) 与液压缸成为一个整体；
  2) 直接与液压缸法兰刚性连接；
  3) 放置在液压缸附近，用一根短硬管与液压缸相连，用焊接、法兰连接或螺纹连接均可；或
  4) 用螺纹直接连接到液压缸上。

  破裂阀端部应加工成螺纹并具有台阶，台阶应紧靠液压缸端面。

  液压缸与破裂阀之间不允许使用其他的连接型式(如压入连接或锥形连接)。

d) 应在不改变其调整状态的情况下对破裂阀进行测试。

12.3.5.5.2 破裂阀应按液压缸一样计算。

12.3.5.6 节流阀或单向节流阀

按 9.7.2 的要求，应设置节流阀或单向节流阀，并满足以下条件。

12.3.5.6.1 在液压系统严重泄漏的情况下，节流阀应防止载有额定载重量的轿厢下行时的速度大于其下行额定速度 v_d+0.3 m/s。

12.3.5.6.2 节流阀的安装位置应易于接近，便于检修。

12.3.5.6.3 节流阀应为以下型式之一：

a) 与液压缸成为一个整体；

b) 直接与液压缸法兰刚性连接；

c) 放置在液压缸附近，用一根短硬管与液压缸相连，用焊接、法兰连接或螺纹连接均可；或

d) 用螺纹直接连接到液压缸上。

节流阀端部应加工成螺纹并具有台阶，台阶应紧靠液压缸端面。

液压缸与节流阀之间不允许使用其他的连接型式(如压入连接或锥形连接)。

12.3.5.6.4 节流阀应按液压缸一样计算。

12.3.5.6.5 应在不改变其调整状态的情况下对节流阀进行测试。

12.3.5.7 滤油器

油箱和液压泵之间的回路中以及截止阀与下行方向阀之间的回路中应安装滤油器或类似装置。截止阀与下行方向阀之间的滤油器或类似装置应是可接近的，以便进行检修和保养。

12.3.6 液压系统压力检查

12.3.6.1 应装备压力表。压力表应连接到单向阀或下行方向阀与截止阀之间的油路上。

12.3.6.2 在主回路和压力表接头之间应安装压力表关闭阀。

12.3.6.3 连接压力表的部位宜加工成 M 20×1.5、M 14×1.5 或 G 1/2″的内螺纹。

12.3.7 油箱

油箱的设计和制造应满足下列要求：

a) 易于检查油箱中油液的液面高度；

b) 易于注油和排油。

12.3.8 速度

空载轿厢上行速度不应大于额定上行速度 v_m 的 10%。载有额定载重量的轿厢下行速度宜不大于额定下行速度 v_d 的 10%，以上两种情况下，速度均与液压油正常温度有关。

对于上行方向运行，假设供电电源频率为额定频率，电动机电压为设备的额定电压。

12.3.9 紧急操作

12.3.9.1 向下移动轿厢

12.3.9.1.1 液压杂物电梯机房内应具有手动的紧急下降阀，即使在失电的情况下，允许使用该阀使轿厢向下运行至平层位置。

12.3.9.1.2 此时轿厢的下行速度不应大于 0.3 m/s。

12.3.9.1.3 该阀的操作应以持续的手动揿压保持其动作。

12.3.9.1.4 该阀的操作应防止产生误动作的可能性。

12.3.9.1.5 对于有可能发生松绳或松链的间接作用式液压杂物电梯，手动操作该阀不应使柱塞产生的下降引起松绳或松链。

12.3.9.2 轿厢位置的检查

如果液压杂物电梯具有二层站以上，应有可能从机房内检查或从不可进入的机房附近检查轿厢是否在开锁区域内，其方法应与正常供电电源无关，例如：该项检查可采用液位指示器来完成。

12.3.10 液压缸上的滑轮的防护

应设置符合 9.6 规定的装置。

12.3.11 **机械部件的防护**

应设置符合 12.2.9 规定的必要的有效防护。

12.3.12 **电动机运转时间限制器**

12.3.12.1 应设有电动机运转时间限制器。当电动机的运行时间超过载有额定载重量的轿厢向上全程运行所需要的时间加上最多 60 s 时,该装置应使电动机停止并使其保持停止状态。

12.3.12.2 恢复正常运行应只能通过手动复位。在供电中断以后恢复供电时,驱动主机无需保持在停止位置。

12.3.12.3 电动机运转时间限制器不应妨碍电气防沉降系统工作(见 14.2.1.3)。

12.3.13 **间接作用式液压杂物电梯的松绳(或松链)安全装置**

如果存在松绳(或松链)危险,应设置一个符合 14.1.2 规定的电气安全装置。当松绳或松链发生时,该装置应能使驱动主机停止运行并使其保持停止状态。

12.3.14 **液压系统液压油的过热保护**

应具有温度监测装置。当液压油的温度超过其预先设置值时,该装置应使驱动主机停止并使其保持停止状态。杂物电梯应在充分冷却后才能自动恢复上行运行。

13 电气安装与电气设备

13.1 总则

13.1.1 适用范围

13.1.1.1 本标准对电气安装和电气设备组成部件的各项要求适用于:

a) 动力电路主开关及其从属电路;

b) 轿厢照明电路开关及其从属电路。

杂物电梯应视为一个整体,如同一部含有电气设备的机器一样。

注:国家有关电力供电线路的各项要求,应只适用到开关的输入端。但这些要求也适用于机房、井道和底坑的全部照明和插座电路。

13.1.1.2 本标准 13.1.1.1 中所述及的开关从属电路的要求,是依据现行国家有关电气设备的标准,同时尽可能考虑了杂物电梯的特殊要求。在采用这些标准时,注明了引用标准号。

如果没有给出确切资料,所用电气设备应符合可接受的通用安全法规。

13.1.2 在机房内,应采用防护罩壳以防止直接触电。所用外壳防护等级不应低于 IP2X。

13.1.3 电气安装的绝缘电阻

绝缘电阻应测量每个通电导体与地之间的电阻。

绝缘电阻的最小值应按照表 2 来取。

表 2

标称电压/ V	测试电压(直流)/ V	绝缘电阻/ MΩ
安全电压	250	≥0.25
≤500	500	≥0.50
>500	1 000	≥1.00

当电路中包含有电子装置时,测量时应将相线和零线连接起来。

13.1.4 对于控制电路和安全电路,导体之间或导体对地之间的直流电压平均值和交流电压有效值均不应大于 250 V。

13.1.5 零线和接地线应始终分开。

13.2 接触器、继电接触器、安全电路元件

13.2.1 接触器和继电接触器

13.2.1.1 主接触器（按 12.2.6 和 12.3.4 要求使杂物电梯驱动主机停止运转的接触器）应为 GB 14048.4 中规定的下列类型：

a) AC-3，用于交流电动机的接触器；

b) DC-3，用于直流电源的接触器。

此外，这些接触器应允许启动操作次数的 10%为点动运行。

13.2.1.2 由于承受功率的原因，需使用继电接触器去操作主接触器时，这些继电接触器应为 GB 14048.5 中规定的下列类型：

a) AC-15，用于控制交流电磁铁；

b) DC-13，用于控制直流电磁铁。

13.2.1.3 对于符合 13.2.1.1 规定的主接触器和符合 13.2.1.2 规定的继电接触器，下列 a)和 b)可认为是防止 14.1.1.1 相关故障的措施。

a) 如果动断触点（常闭触点）中的一个闭合，则全部动合触点断开；

b) 如果动合触点（常开触点）中的一个闭合，则全部动断触点断开。

13.2.2 安全电路元件

13.2.2.1 当将符合 13.2.1.2 规定的继电接触器用于安全电路时，13.2.1.3 的规定也应适用。

13.2.2.2 如果使用的继电器，其动断和动合触点，不论衔铁处于任何位置均不应同时闭合，那么按 14.1.1.1 f)规定的衔铁不完全吸合的可能性可不予考虑。

13.2.2.3 连接在电气安全装置之后的装置（如果有）应符合 14.1.2.2.3 规定的爬电距离和电气间隙（不是分断距离）的要求。

这项要求不适用于 13.2.1.1、13.2.1.2 和 13.2.2.1 规定的器件，因为这些器件满足 GB 14048.4 和 GB 14048.5 的要求。

对于印制电路板应符合附录 G 表 G.1（元件 3.6）的规定。

13.3 电动机的保护

13.3.1 直接与主电源连接的电动机应进行短路保护。

13.3.2 直接与主电源连接的电动机应采用手动复位的自动断路器（13.3.3 所述情况例外）进行过载保护，该断路器应切断电动机的所有供电。

13.3.3 当对杂物电梯电动机过载的检测是基于电动机绕组的温升时，则只有在电动机充分冷却后，断路器才能自动闭合。

13.4 主开关

13.4.1 在机房中，每台杂物电梯都应单独设置一只能切断该杂物电梯所有供电电路的主开关。该开关应具有切断杂物电梯正常使用情况下最大电流的能力。

该开关不应切断下列供电电路：

a) 轿厢照明（如果有）；

b) 驱动主机照明（如果有）；

c) 机房内（见 6.3.3）与底坑中（见 5.6.4.3）的电源插座。

13.4.2 符合 13.4.1 规定的主开关应具有稳定的断开和闭合位置，并且在断开位置时应能用挂锁或其他等效装置锁住，以确保不会出现误操作。

应能从机房入口处方便、迅速地接近主开关的操作机构。如果机房为几台杂物电梯和（或）电梯所共用，各台杂物电梯主开关的操作机构应易于识别。

如果机房有多个入口，或同一台杂物电梯有多个机房，而每一机房又有各自的一个或多个入口，则可使用一个断路器接触器，其断开应由符合 14.1.2 规定的电气安全装置控制，该装置接入断路器接触

器线圈供电回路。

断路器接触器断开后，除借助上述安全装置外，断路器接触器不应被重新闭合或不应有被重新闭合的可能。断路器接触器应与手动分断开关连用。

13.4.3　对于一组杂物电梯，当一台杂物电梯的主开关断开后，如果其部分运行回路仍然带电，这些带电回路应能在机房中被分别隔开，必要时可切断组内全部杂物电梯的电源。

13.5　电气配线

13.5.1　在杂物电梯机房和井道中，导线和电缆应依据国家有关的标准选用。同时考虑符合 13.1.1.2 的规定，除随行电缆外，其质量至少应等效于 GB/T 5023.3 和 GB/T 5013.4 的相关规定。

13.5.1.1　符合 GB/T 5023.3—2008 第 2 章[60227 IEC 01(BV)]、第 3 章[60227 IEC 02(RV)]、第 4 章[60227 IEC 05(BV)]和第 5 章[60227 IEC 06(RV)]规定的导线，只有当其被敷设于金属或塑料制成的导管(或线槽)内或以一种等效的方式保护时才能使用。

注：这些规定用来替换列在 GB 5023.1—2008 附录 A 中的规定。

13.5.1.2　机械和电气性能不低于符合 GB/T 5023.4—2008 第 2 章规定的护套电缆，可明敷在井道(或机房)墙壁上，或装在导管、线槽或类似装置内使用。

13.5.1.3　符合 GB/T 5013.4—2008 第 3 章[60245 IEC 53(YZ)] 以及 GB/T 5023.5—2008 第 5 章[60227 IEC 52(RVV)]规定的软线只有装在导管、线槽或能确保起到等效防护作用的装置中时才能使用。

符合 GB/T 5013.4—2008 第 5 章[60245 IEC 66(YCW)]规定的电缆可按 13.5.1.2 规定条件下的电缆一样使用，并可用于连接移动设备(除轿厢的随行电缆以外)或用于其易受振动的场合。

符合 GB/T 5023.6 以及 GB/T 5013.5 规定的电梯电缆，可在这些文件的限制范围内用作连接轿厢的电缆。总之，所选用的随行电缆至少应具有等效的质量。

13.5.1.4　下述情况无需按 13.5.1.1、13.5.1.2 和 13.5.1.3 的规定：

a)　除连接层门上电气安全装置外的导线或电缆，如果：
   1)　它们承受的额定输出不大于 100 VA；
   2)　两极(相)间电压，或极(相)对地之间电压正常时不大于 50 V；

b)　控制柜中或控制屏上的控制或配电装置的配线：
   1)　电气设备中不同器件间的配线；或
   2)　这些器件与连接端子间的配线。

13.5.2　导线截面积

为了保证机械强度，门电气安全装置导线的截面积不应小于 0.75 mm^2。

13.5.3　安装方法

13.5.3.1　应随电气设施提供必要的说明，以使人员懂得安装方法。

13.5.3.2　除 13.1.2 规定的外，全部电线接头、连接端子及连接器应设置于柜和盒内或为此目的而设置的屏上。

13.5.3.3　如果杂物电梯的主开关或其他开关断开后，一些连接端子仍然带电，则它们应与不带电端子明显地隔开。且当电压超过 50 V 时，对于仍带电的端子应注上适当标记。

13.5.3.4　偶然互接将导致杂物电梯危险故障的连接端子应被明显地隔开，除非其结构形式能避免这种危险。

13.5.3.5　为确保机械防护的连续性，导线和电缆的保护外皮应完全进入开关和设备的壳体或接入一个合适的封闭装置中。

注：层门和轿门的封闭框架，可视为设备壳体。但是，当由于部件运动或框架本身锋利边缘具有损伤导线和电缆的危险时，则与电气安全装置连接的导线应加以机械保护。

13.5.3.6　如果同一导管中的各导线或电缆中的各芯线，接入不同电压的电路时，则导线或电缆应具有其中最高电压下的绝缘。

13.5.4 连接器件

设置在安全电路中的连接器件和插接式装置应这样设计和布置，如果错误的连接能导致杂物电梯危险的故障时，则应保证重新插入时，绝对不会插错。

13.6 照明和插座

13.6.1 轿厢和机房照明电源(如果有)应与杂物电梯驱动主机电源分开，可通过另外的电路或通过与13.4规定的主开关供电侧相连，而获得照明电源。

13.6.2 5.6.4.3和6.3.3规定的插座电源应取自符合13.6.1要求的电路。

这些插座是：

a) 2P+PE型250 V，直接供电；或

b) 以符合GB 16895.21规定的安全电压供电。

上述插座的使用并不意味着其电源线应具有相应插座额定电流的截面积，只要导线有适当的过电流保护，其截面积可小一些。

14 电气故障的防护、控制、优先权

14.1 故障分析和电气安全装置

14.1.1 故障分析

14.1.1.1所列出的任何单一杂物电梯电气设备故障，如果在14.1.1.2和(或)附录G规定的条件下，其本身不应成为导致电梯危险故障的原因。

关于安全电路见14.1.2.3。

14.1.1.1 可能出现的故障：

a) 无电压；

b) 电压降低；

c) 导线(体)中断；

d) 对地或对金属构件的绝缘损坏；

e) 电气元件的短路或断路以及参数或功能的改变，如电阻器、电容器、晶体管、灯等；

f) 接触器或继电器的可动衔铁不吸合或吸合不完全；

g) 接触器或继电器的可动衔铁不释放；

h) 触点不断开；

i) 触点不闭合；

j) 错相。

14.1.1.2 对于符合14.1.2.2规定的安全触点，可不必考虑其触点不断开的情况。

14.1.1.3 如果电路接地或接触金属构件而造成接地，该电路中的电气安全装置应：

a) 使驱动主机立即停止运转；或

b) 在第一次正常停止运转后，防止杂物电梯驱动主机再启动。

恢复杂物电梯运行只能通过手动复位。

14.1.2 电气安全装置

14.1.2.1 通则

14.1.2.1.1 当附录A给出的电气安全装置中的某一个动作时，应按14.1.2.4的规定防止驱动主机启动，或使其立即停止运转。

电气安全装置包括：

a) 一个或几个符合14.1.2.2规定的安全触点，它直接切断12.2.6或12.3.4要求的接触器或其继电接触器的供电；或

b) 符合 14.1.2.3 规定的安全电路，包括下列一项或几项：
   1) 一个或几个符合 14.1.2.2 规定的安全触点，它不直接切断 12.2.6 或 12.3.4 要求的接触器或其继电接触器的供电；
   2) 不符合 14.1.2.2 规定的触点；
   3) 符合附录 G 规定的元件。

14.1.2.1.2 （空）

14.1.2.1.3 除本标准允许的特殊情况[见 14.2.1.2 和 14.2.1.3a)]外，电气装置不应与电气安全装置并联。

与电气安全回路上不同点的连接仅允许用来采集信息。这些连接装置应符合 14.1.2.3 对安全电路的要求。

14.1.2.1.4 内、外部电感或电容的作用不应引起电气安全装置失灵。

14.1.2.1.5 一个电气安全装置发出的信号，不应被同一电路中设置在其后的另一个电气装置发出的外来信号所改变，以免造成危险后果。

14.1.2.1.6 在含有两条或更多平行通道组成的安全电路中，一切信息，除奇偶校验所需要的信息外，应仅取自一条通道。

14.1.2.1.7 记录或延迟信号的电路，即使发生故障，也不应妨碍或明显延迟由电气安全装置作用而产生的驱动主机停机，即：停机应在与系统相适应的最短时间内发生。

14.1.2.1.8 内部电源装置的结构和布置，应防止由于开关作用而在电气安全装置的输出端出现错误信号。

14.1.2.2 安全触点

14.1.2.2.1 安全触点的动作，应由断路装置将其可靠地断开，甚至两触点熔接在一起也应断开。

安全触点的设计应尽可能减小由于部件故障而引起的短路危险。

注：当所有触点的断开元件处于断开位置时，且在有效行程内，动触点和施加驱动力的驱动机构之间无弹性元件（例如弹簧）施加作用力，即为触点获得了可靠的断开。

14.1.2.2.2 如果安全触点的保护外壳的防护等级不低于 IP4X，则安全触点应能承受 250 V 的额定绝缘电压。如果其外壳防护等级低于 IP4X，则应能承受 500 V 的额定绝缘电压。

安全触点应是 GB 14048.5 规定的下列类型：

a) AC-15，用于交流电路的安全触点；
b) DC-13，用于直流电路的安全触点。

14.1.2.2.3 如果保护外壳的防护等级不高于 IP4X，则其电气间隙不应小于 3 mm，爬电距离不应小于 4 mm，触点断开后的距离不应小于 4 mm。如果保护外壳的防护等级高于 IP4X，则其爬电距离可降至到 3 mm。

14.1.2.2.4 对于多分断点的情况，在触点断开后，触点之间的距离不应小于 2 mm。

14.1.2.2.5 导电材料的磨损，不应导致触点短路。

14.1.2.3 安全电路

14.1.2.3.1 安全电路应符合 14.1.1 有关出现故障时的规定。

14.1.2.3.2 进一步，如图 1 所示，下列要求也应满足：

14.1.2.3.2.1 如果一个故障（第一故障）与随后的另一个故障（第二故障）组合导致危险情况，那么最迟应在第一故障元件参与的下一个操作程序中使杂物电梯停止。

只要第一故障仍存在，杂物电梯的所有进一步操作都应是不可能的。

在第一故障发生后而在杂物电梯按上述操作程序停止前，发生第二故障的可能性不予考虑。

14.1.2.3.2.2 如果两个故障组合不会导致危险情况，而它们与第三故障组合就会导致危险情况时，那么最迟应在前两个故障元件中任何一个参与的下一个操作程序中使杂物电梯停止。

在杂物电梯按上述操作程序停止前发生第三故障从而导致危险情况的可能性不予考虑。

14.1.2.3.2.3 如果存在三个以上故障同时发生的可能性，则安全电路应设计成有多个通道和一个用来检查各通道的相同状态的监控电路。

如果检测到状态不同，则杂物电梯应被停止。

对于两通道的情况，最迟应在重新启动杂物电梯之前检查监控电路的功能。如果功能发生故障，则杂物电梯重新启动应是不可能的。

14.1.2.3.2.4 在恢复已被切断的动力电源时，如果在14.1.2.3.2.1～14.1.2.3.2.3规定的情况下能被强制再停梯，则杂物电梯无需保持在已停止的位置上。

14.1.2.3.2.5 在冗余型安全电路中，应采取措施，尽可能限制由于某一原因而在一个以上电路中同时出现故障的危险。

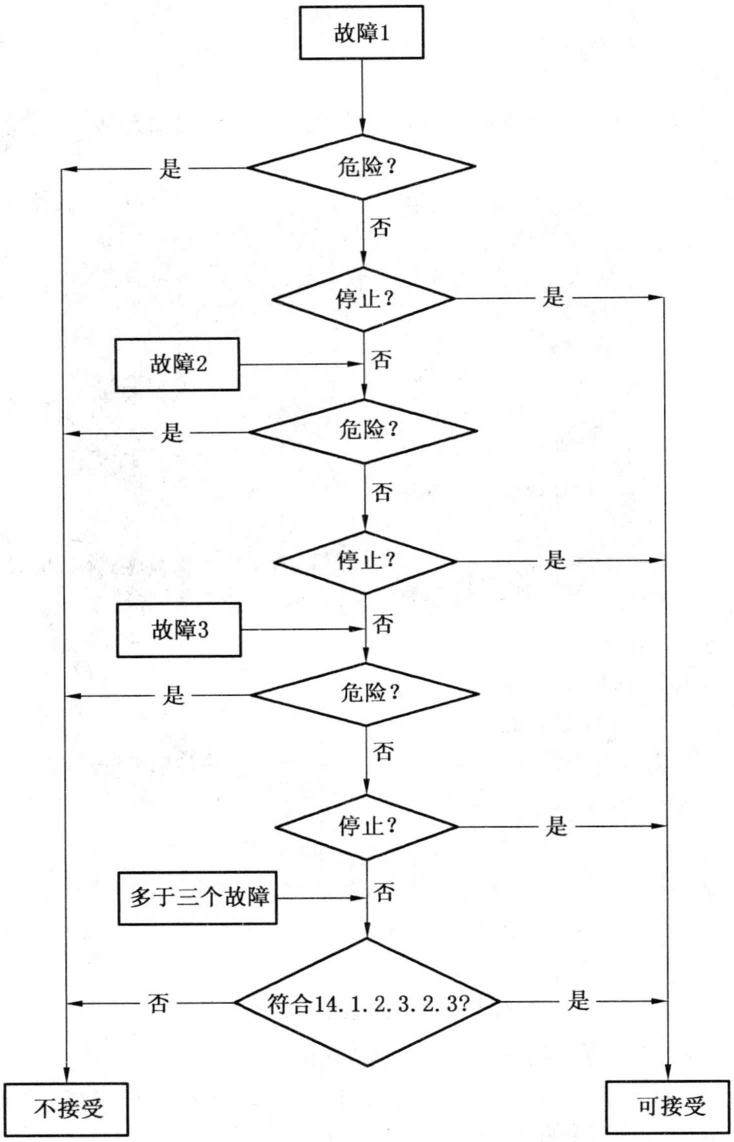

图1 安全电路评价流程图

14.1.2.4 电气安全装置的动作

当电气安全装置为保证安全而动作时，应防止驱动主机启动或立即使其停止运转。对电力驱动杂物电梯，制动器的电源也应被切断。

按照12.2.6和12.3.4的要求,电气安全装置应直接作用在控制驱动主机供电的设备上。

若由于输电功率的原因,使用了继电接触器控制驱动主机,则它们应视为直接控制驱动主机启动和停止的供电设备。

14.1.2.5 电气安全装置的操作

操作电气安全装置的部件,应能在连续正常操作产生机械应力条件下,正确地起作用。

如果操作电气安全装置的装置设置在人员容易接近的地方,则它们应这样设置:采用简单的方法不应使其失效。

注:用磁铁或桥接件不算简单方法。

对于冗余型安全电路,应采用传感元件机械的或几何的布置来确保机械故障时不应丧失其冗余性。

用于安全电路的传感元件应满足:

a) GB/T 2423.10—2008表C.2中扫频耐久试验的规定:在每一轴线方向上,20次扫频循环振动试验,振动幅值为0.35 mm或$5g_n$,频率为10 Hz~55 Hz。

b) GB/T 2423.5—1995表1中脉冲的加速度和持续时间规定:
   1) 加速度峰值294 m/s^2 或$30g_n$;
   2) 相应脉冲持续时间11 ms;且
   3) 相应速度变化率2.1 m/s,波形为半正弦波。

注:若传感元件装有冲击减振器,冲击减振器应看成是传感元件的一部分。

试验后,电气间隙和爬电距离不应小于最小允许值。

14.2 控制

14.2.1 杂物电梯运行控制

此控制应是电气控制。

14.2.1.1 正常运行控制

这种控制应借助于按钮或类似装置,如触摸控制、磁卡控制等。这些装置应置于盒中,以防止使用人员触及带电零件。

控制装置不应安装在轿厢内。

14.2.1.2 门开着情况下的平层、再平层和防沉降控制

在7.7.2.2规定的特殊情况下,具备下列条件,允许层门、轿门或载荷保护装置打开时进行轿厢的平层和再平层运行:

a) 运行只限于开锁区域(见7.7.1):
   1) 应至少由一个开关防止轿厢在开锁区域外的所有运行。该开关设置在门及锁紧电气安全装置的桥接或旁接式电路中;
   2) 该开关应是:
      ——符合14.1.2.2规定的一个安全触点;或
      ——其连接方式符合14.1.2.3对安全电路的规定;
   3) 如果开关的动作是间接利用一个与轿厢连接的装置(如绳、带或链),则连接装置的断裂或松弛,应通过一个符合14.1.2规定的电气安全装置的作用,使驱动主机停止运转;
   4) 平层运行期间,只有在已给出停站信号之后才能使门电气安全装置不起作用;

b) 运行速度应符合下列要求:
   1) 再平层速度和防沉降速度不应大于0.3 m/s;
   2) 到达开锁区域时的平层速度不应大于0.8 m/s。

14.2.1.3 液压杂物电梯电气防沉降系统

若按7.7.3.1.1规定的条件未能满足,则液压杂物电梯应配置满足下列条件的电气防沉降系统:

a) 当轿厢所在的区域处于平层位置以下最多0.05 m至开锁区域下端范围内时,无论轿门处于

任何位置，都应按上行方向给驱动主机通电。

b） 杂物电梯在上次正常运行后停止使用 15 min 内，轿厢应自动运行到最低层站停靠；

c） 应设置符合 15.2.4、15.2.5 和 15.4.5 规定的标识。

14.2.2 停止装置

14.2.2.1 杂物电梯应设置停止装置，用于停止杂物电梯并使杂物电梯包括动力驱动的门保持在非服务的状态。停止装置设置在：

a） 底坑（见 5.6.4.3）；

b） 轿顶或井道中[见 5.2.4.2 和 9.7.4c)]。

14.2.2.2 停止装置应由符合 14.1.2 规定的电气安全装置组成。停止装置应为双稳态，误动作不应使杂物电梯恢复运行。

14.2.3 优先权控制

对于手动门杂物电梯应有一种装置，在电梯停止后不小于 3 s 内，防止轿厢离开停靠层站。

15 注意、标记及操作说明

15.1 总则

所有标牌、须知、标记及操作说明应清晰易懂（必要时借助标志或符号）和具有永久性；应采用不应撕毁的耐用材料制成，并设置在明显位置；应采用中文书写（必要时可同时使用几种文字）。

15.2 额定载重量和制造商名称

15.2.1 额定载重量

在每一个层门上或其附近位置，应标示杂物电梯的额定载重量，单位为 kg。

所用的须知应为：

“……kg，禁止进入轿厢”或相应的符号。

所用字体高度不应小于：

a） 10 mm，指文字、大写字母和数字；

b） 7 mm，指小写字母。

15.2.2 制造商名称

应在轿内标出杂物电梯制造商名称和商标。

15.2.3 停止装置和控制装置

15.2.3.1 停止装置（见 14.2.2）的操作装置应是红色，并标以**“停止”**字样加以识别，还应以不会出现误操作危险的方式设置。

15.2.3.2 控制装置应有明显的、易于识别其功能的标识。对选层按钮推荐使用以下标记：－2、－1、0、1、2、3 等。

15.2.4 在层门附近应设置保证安全使用杂物电梯的须知，这些须知至少应指出：

a） 对于无轿门的杂物电梯：

1） 货物不应伸出轿厢外；

2） 可移动的货物应予以固定，确保其不触及井道壁；

b） 如果手动门和动力驱动门的关门动作需要在使用人员持续控制下实现，使用人员在使用杂物电梯之后，必须将门关闭；

c） 当装载和卸载时，仅允许手和手臂进入轿厢内。

15.2.5 若杂物电梯采用电气防沉降系统和手动门或动力驱动门，并且门的关门动作在使用人员持续控制下实现，则应在轿厢内设置以下须知：

“务必关门”

字符的高度不应小于 50 mm。

15.3 轿顶

在轿顶上，应具有下列标识：

a) 停止装置(如果有)上或其近旁应标明**“停止”**字样，并应以不会出现误操作危险的方式设置；

b) 对于人员不可进入的杂物电梯井道(见0.3.13)，若通向井道的门的尺寸超过0.30 m×0.40 m，则应设置以下警示标识：

“禁止进入”

和(或)如下标志：

c) 对人员可进入的杂物电梯井道(见0.3.13)，应设置以下须知：

“进入轿顶之前务必启动机械和电气停止装置”

15.4 机房

15.4.1 在通往机房和滑轮的门或活板门的外侧应设置至少包括下列简短字句的须知：

“杂物电梯驱动主机—危险，未经许可禁止入内”

对于活板门，应设置下列须知，以提醒活板门的使用人员：

“谨防坠落—重新关好活板门”

15.4.2 各主开关及照明开关均应设置标识以便于区分。

在主开关断开后，如果某些部分仍然保持带电(如杂物电梯之间互联及照明部分等)，则应设置须知说明此情况。

15.4.3 在杂物电梯机房内应设置详细的说明，指出杂物电梯万一发生故障时应遵循的规程，尤其应包括手动紧急操作装置和层门开锁钥匙的使用说明。

15.4.3.1 在驱动主机上靠近盘车手轮处，应明显地标出轿厢运行方向。如果手轮是不能拆卸的，则可在手轮上标出。

15.4.3.2 液压杂物电梯应在靠近手动的紧急下降阀的位置应标示以下字样的须知：

“注意—紧急下降”

15.4.4 在承重梁或吊钩上应标明最大允许载荷(见6.3.4)。

15.4.5 液压杂物电梯应在主开关上或附近区域标示以下字样：

“仅当轿厢位于最低层站时断开”

15.5 井道

15.5.1 对于人员可进入的杂物电梯井道(见0.3.13)，则应在井道外部靠近检修门或活板门的区域设置以下字样的须知：

“杂物电梯井道—危险，闲人莫入”

15.5.2 对于人员不可进入的杂物电梯井道(见0.3.13)，如果通往井道的门的尺寸超过0.30 m，则应设置以下字样的须知：

“禁止进入杂物电梯井道”

15.5.3 在井道内停止装置(如果有)上或其附近，应标明**“停止”**字样，并应以不会出现误操作危险的方式设置。

15.6 限速器

应设有铭牌，标明：

a) 限速器制造商名称；

b) 型式试验标志及其试验单位；

c) 已整定的动作速度。

15.7 底坑

15.7.1 在底坑中的停止装置(如果有)上或其附近,应标明"**停止**"字样,并应以不会出现误操作危险的方式设置。

15.7.2 对于人员不可进入的杂物电梯井道(见0.3.13),若通往井道的门的尺寸超过0.30 m,则应设置以下字样的须知:

"禁止进入杂物电梯底坑"

15.8 电气识别

接触器、继电器、熔断器及控制屏中电路的连接端子板均应依据线路图作出标记。熔断器的必要数据(如型号、参数)应标示在熔断器上或底座上或其近旁。

当使用多线连接器时,只需在连接器而不必在各导线上作出标记。

15.9 层门开锁钥匙

开锁钥匙上应附带一个小标牌,用来提醒人员注意使用此钥匙可能引起的危险,以及注意在层门关闭后应确认层门已经锁住。

15.10 门锁装置

应设有铭牌,标明:

a) 门锁装置制造商名称；

b) 型式试验标志及其试验单位(如果有,见7.7.3.1.1)。

15.11 电梯组

如果不同电梯的部件共用一个机房,则每台电梯的所有部件都应用统一的数字或字母加以区分(驱动主机、控制柜、限速器、开关等)。

为便于维护,在轿顶、底坑或其他需要的地方也应标示同样的符号。

15.12 油箱

在油箱上应设置标示液压油的特性参数和类别的铭牌。

15.13 缓冲器

应设有铭牌,标明:

a) 缓冲器制造商名称；

b) 型式试验标志及其试验单位。

15.14 安全钳

应设有铭牌,标明:

a) 安全钳制造商名称；

b) 型式试验标志及其试验单位。

15.15 破裂阀/单向节流阀

应设有铭牌,标明:

a) 破裂阀/单向节流阀制造商名称；

b) 型式试验标志及其试验单位；

c) 已调节好的触发流量。

16 检验、记录及维护

16.1 检验

16.1.1 如果申请预审核,所提供的技术文件应包括必要的资料,以便审核各部分的设计是否正确,整个工程是否符合本标准的要求。

注：对那些在杂物电梯投入使用前希望进行考察或已考察过该杂物电梯的人员，附录C可作为一种依据。

16.1.2　在杂物电梯投入使用前，应按附录D要求进行检验。

注：对未经预审核的杂物电梯，可要求提供附录C提及的全部或部分技术资料和计算内容。

16.2　记录

最迟到交付使用时，应记录杂物电梯的基本特性或编制杂物电梯档案。此记录或档案应包括：

a)　技术部分：

1)　杂物电梯交付使用的日期；

2)　杂物电梯的基本参数与预期用途；

3)　钢丝绳和(或)链条的基本参数；

4)　需要验证的部件的基本特征(见15.10)；

5)　建筑物内杂物电梯的安装平面图；

6)　电气原理图(宜使用符合GB/T 4728.1规定的符号)；

7)　液压系统图(宜使用符合GB/T 786.1规定符号)；

8)　满载压力；

9)　液压油的基本参数或类型。

电气与液压系统图可限于能够了解安全保护的范围内，缩写符号应给以解释；

b)　记有日期的检验及检修报告的副本及观察记录。

在下列情况下，这些记录或档案应保持最新的记录：

1)　杂物电梯的重大改装(见附录E)；

2)　钢丝绳或重要部件的更换；

3)　事故。

注：对于主管维修的人员和负责定期检验的人员，该记录或档案是可以得到的。

16.3　安装资料

杂物电梯的制造商应提供说明书。

16.3.1　通道与正常使用

16.3.1.1　通道

说明书应对通向杂物电梯机房门或活板门的通道进行必要的说明，特别是：

a)　安全和无阻碍的通道；

b)　梯子的使用。

注：有关梯子的使用参见附录J。

16.3.1.2　正常使用

说明书应对杂物电梯的正常使用给予必要的说明，特别是：

a)　机房门保持锁紧；

b)　装载和卸载的安全；

c)　保持通向机房和杂物电梯的通道畅通；

d)　主管人员需要介入的事情；

e)　保留的文件；

f)　紧急开锁钥匙的使用；

g)　防止儿童使用杂物电梯的措施(如果有)。

16.3.2　维护

说明书应说明：

a)　为使杂物电梯及其辅助设备能保持正常的工作状态，所需的必要的维护工作(见0.3.2)；

b） 维护安全须知。

16.3.3 检验

说明书应提供下述内容：

16.3.3.1 定期检验

杂物电梯交付使用后，为了验证其是否处于良好工作状态，应按照附录E.1对杂物电梯进行定期检验。

应给出此类检验的频率。

16.3.3.2 重大改装和事故后的检验

重大改装和事故后，应对杂物电梯进行检验，以查明是否仍符合本标准。

注：此检验可参照附录E.2的要求进行。

附　录　A
（规范性附录）
电气安全装置表

A.1　电气安全装置表

电气安全装置见表A.1。

表 A.1　电气安全装置表

条款号	所检查的装置
5.2.2.2.2	检查检修门或检修活板门的关闭位置
5.6.4.3a)	底坑停止装置（如果有）
7.7.3.1	检查层门的锁紧状况（如果有）
7.7.4.1	检查层门的关闭位置
7.7.5.2	检查无锁门扇的关闭位置（如果有）
8.5	检查确认轿门入口可移动保护装置的关闭位置
9.7.4c)	井道中的停止装置
9.8.5	超速监测
9.9.2.9	检查限速器绳的断裂或松弛
9.9.3.4	检查安全绳的断裂或松弛
10.4.1	检查缓冲器的复位
10.5.1.3.1b)	电力驱动杂物电梯的极限开关
10.5.2.1	液压杂物电梯的极限开关
10.5.2.2.2b)	检查直接作用式液压杂物电梯中极限开关动作所利用的连接装置的断裂或松弛
10.5.2.2.3b)	检查间接作用式液压杂物电梯中极限开关动作所利用的连接装置的断裂或松弛
12.2.4.1.1	检查可拆卸的盘车手轮的位置
12.2.7	检查强制式杂物电梯绳或链的松弛
12.3.13	检查间接作用式液压杂物电梯绳或链的松弛
13.4.2	主开关的控制
14.2.1.2a)2)	检查平层、再平层和防沉降控制
14.2.1.2a)3)	检查平层、再平层和防沉降控制中所采用的连接装置的断裂或松弛
14.2.2.2	停止装置

附　录　B
（规范性附录）
开锁三角形钥匙

单位为毫米

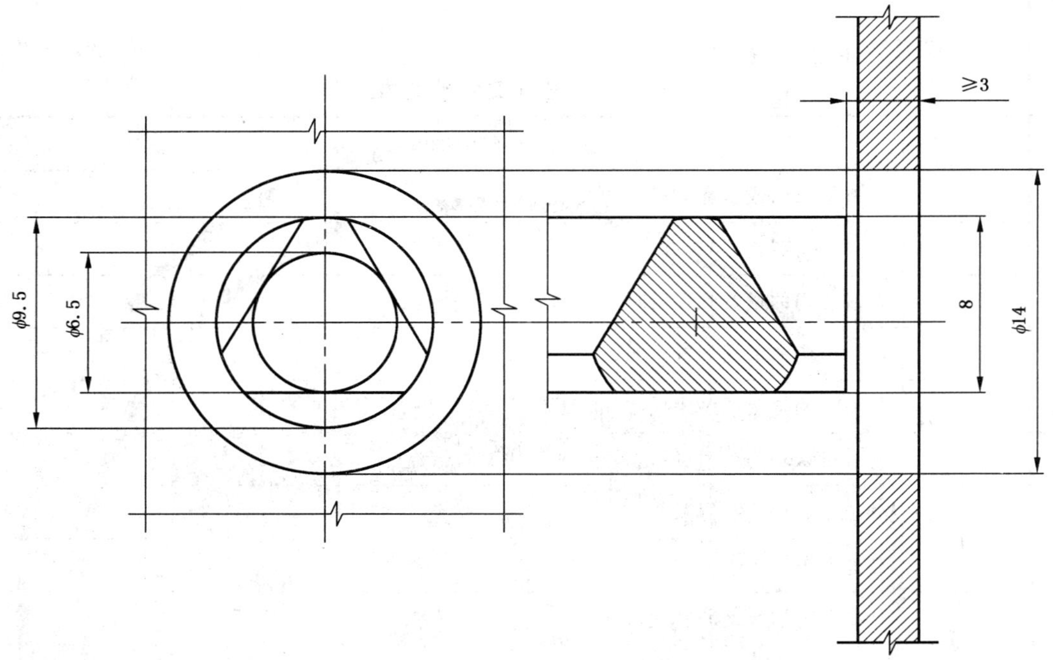

图 B.1　开锁三角形钥匙

附 录 C
（资料性附录）
技 术 文 件

C.1 引言

在申请预审核时应提交的技术文件，包括下列全部或部分资料。

C.2 概述

a) 杂物电梯安装者、所有者和(或)用户的名称和地址；
b) 杂物电梯安装地点；
c) 杂物电梯型号、额定载重量、额定速度；
d) 杂物电梯行程、服务层站数；
e) 轿厢和对重(或平衡重)的质量；
f) 进入机房的通道型式(见6.2)。

C.3 技术说明与平面图

为了了解杂物电梯安装情况所必须的平面图和截面图，包括机房、滑轮间和设备间的内容。

这些资料不必包括结构的详细资料，但是它们应包括检查其是否符合本标准所必须的资料，尤其是下列内容：

a) 井道顶部和底坑内的净空间(见5.6.1，5.6.2，5.6.3和5.6.4.2)；
b) 井道下方存在的任何人员可进入的空间(见5.4)；
c) 进入底坑的通道(见5.6.4.2)；
d) 液压缸的保护(如需要)(见12.3.2.4.1)；
e) 同一井道中安装多台杂物电梯和(或)电梯时，相邻电梯间的防护措施(见5.5)；
f) 固定件的预留孔；
g) 机房的位置和主要尺寸，以及杂物电梯驱动主机和主要部件的布置图，曳引轮或卷筒的尺寸，通风孔，对建筑物和底坑底部的反作用力；
h) 进入机房的通道(见6.2)；
i) 滑轮的位置与尺寸；
j) 机房内其他装置的位置；
k) 层门的布置及其主要尺寸(见第7章)，如果各层门都相同，相邻层门地坎间的距离已标明，且地坎与各层站的布置位置均相同，则无需标出全部层门；
l) 检修门与检修活板门的布置与尺寸(见5.2.2)；
m) 轿厢与其入口的尺寸(见8.1，8.2和8.5)；
n) 层门全开情况下轿厢与层门或门框间的间隙(见11.2)；
o) 悬挂装置的主要参数：安全系数、钢丝绳(数量、直径、结构、破断载荷)与链条(型号、结构、节距、破断载荷)；
p) 安全系数的计算；
q) 指明在5.4情况下应防止自由坠落和超速下行；
r) 限速器和(或)安全绳的主要参数：直径、结构、破断载荷、安全系数；
s) 导轨的尺寸和验算，及其摩擦面的尺寸和状况(拉制、轧制、磨削)；

t) 蓄能型缓冲器的尺寸及验算，包括其特征曲线；

u) 满载压力的验算；

v) 液压缸及其管道按附录 H 进行的验算；

w) 液压油的特性或型号。

C.4 电气原理图与液压系统图

C.4.1 电气原理图包括：

——动力电路；和

——连接电气安全装置的电路。

这些图均应清晰，并宜采用符合 GB/T 4728.1 规定的符号。

C.4.2 液压系统图。

该图应当清晰，并宜采用符合 GB/T 786.1 规定的符号。

附　录　D
（规范性附录）
交付使用前的检验

杂物电梯交付使用前的检验应包括下列项目的检查和试验。

D.1　检查

此类检查应包括验证所有项目均满足本标准的要求。

D.2　试验与验证

此类试验应包括以下内容：

a)　门锁装置（见7.7）。

b)　电气安全装置（见附录A）。

c)　悬挂装置及其附件：应校验它们的技术参数是否符合记录或档案的技术参数（见16.2）。

d)　制动系统（见12.2.3.2）：载有125%额定载重量的轿厢以额定速度下行，并在切断电动机与制动器供电的情况下进行试验。

e)　电流或功率的测量及速度的测量（见12.2.5和12.3.8）。

f)　电气接线：

1)　不同电路绝缘电阻的测量（见13.1.3）。作此项测试时，所有电子元件的连接均应断开。

2)　机房接地端与易于意外带电的不同杂物电梯部件间的电气连通性的检查。

g)　极限开关（见10.5）。

h)　曳引检查（见9.3）：

1)　在相应杂物电梯最不利的制动情况下，停车数次，进行曳引检查。每次试验，轿厢应完全停止，试验应这样进行：

——在行程上部范围内，上行，轿厢空载；

——在行程下部范围内，下行，轿厢载有125%的额定载重量。

2)　应检查：当对重压在缓冲器上时，不应向上提升空载轿厢。

3)　应检查平衡系数是否如安装者所述，这种检查可通过电流测量并结合速度测量完成。

i)　限速器：

应沿着轿厢（见9.9.2.1）或对重（或平衡重）（见9.9.2.2）下行方向检查限速器的动作速度。

j)　轿厢安全钳（见9.8）：

杂物电梯交付使用前试验的目的是检查正确的安装，正确的调整和检查整个组装件，包括轿厢安全钳、导轨及其和建筑物的连接件的坚固性。

试验是当轿厢在下行期间，轿厢载有均匀分布的额定载重量，并在下列条件下进行：

1)　对于电力驱动杂物电梯，安全钳的动作在额定速度或检修速度下进行，且驱动主机继续运转直至钢丝绳打滑或松弛；

2)　对于液压杂物电梯，下行方向阀开启。

试验结束后，应通过目测来确认未出现对杂物电梯正常使用有不利影响的损坏，必要时可更换摩擦部件。

注：为了便于试验结束后卸下轿厢内的载荷和松开安全钳，试验最好在轿厢对着层门的位置进行。

k)　对重或平衡重的安全钳（见9.8）：

杂物电梯交付使用前试验的目的是检查正确的安装，正确的调整和检查整个组装件，包括对重或平衡重、安全钳、导轨及其和建筑物的连接件的坚固性。

试验应在轿厢空载、对重或平衡重下行时进行，并应满足下列条件：

1) 对于电力驱动杂物电梯，安全钳的动作在额定速度或检修速度下进行，且驱动主机继续运转直至钢丝绳打滑或松弛；

2) 对于液压杂物电梯，上行方向阀开启。

试验结束后，应通过目测来确认未出现对杂物电梯正常使用有不利影响的损坏，必要时可更换摩擦部件。

l) 柱塞行程的限位(见 12.3.2.3)：

验证柱塞是否在缓冲作用下停止。

m) 满载压力：

测量满载压力。

n) 溢流阀(见 12.3.5.3)：

检查调整是否正确。

o) 破裂阀(见 12.3.5.5)：

系统试验：轿厢载有均匀分布的额定载重量超速下行，使破裂阀动作。利用与制造商的调整曲线进行比较，检查是否正确调整破裂阀触发速度。

p) 节流阀/单向节流阀(见 12.3.5.6)：

采用下列方法检查最大速度 v_{max} 不大于 $v_d+0.3$ m/s：

——通过测量；或

——利用公式(D.1)：

$$v_{max}=v_t\sqrt{\frac{p}{p-p_t}} \qquad \text{(D.1)}$$

式中：

p——满载压力，单位为兆帕(MPa)；

p_t——载有额定载重量的轿厢下行时所测得的压力，单位为兆帕(MPa)；如有必要，将压力损失与摩擦损失计入在内；

v_{max}——液压系统发生破裂时的最大下行速度，单位为米每秒(m/s)；

v_t——载有额定载重量的轿厢下行时所测得的速度，单位为米每秒(m/s)。

q) 压力试验：

在液压系统单向阀与液压缸(包含在内)之间施加 200% 的满载压力，持续 5 min，观察是否出现压降或泄漏情况(应考虑液压油温度变化可能产生的影响)。

在测试结束后，应通过目测来确认液压系统的完整性。

r) 沉降试验：

载有额定载重量的轿厢停靠在最高服务层站，停止 10 min，下沉不应超过 10 mm(应考虑液压油温度变化可能产生的影响)。

s) 间接作用式液压杂物电梯的紧急下降操作(见 12.3.9.1.5)：

将轿厢手动下降到一个支撑架上(或使安全钳动作)，检查确认钢丝绳或链条不会发生松弛现象。

t) 电动机运转时间限制器(见 12.3.12)：

检查时间的调整(利用模拟液压泵站运转的方法)。

u) 电气防沉降系统(见 14.2.1.3)：

轿厢载有额定载重量时进行功能试验。

附 录 E
（规范性附录）
定期检验、重大改装或事故后的检验

E.1 定期检验

定期检验的内容不应超出杂物电梯交付使用前的检验。

这些反复进行的定期检验不应造成过度的磨损或产生可能降低杂物电梯安全性能的应力，尤其是对安全钳与缓冲器部件的试验。当进行这些部件的试验时，应在轿厢空载和减低速度的情况下进行。

负责定期检验的人员应确认这些部件（在杂物电梯正常运行时，它们不动作）仍处于可动作状态。

定期检验报告副本应附在16.2规定的记录或档案中。

E.2 重大改装或事故后的检验

以下情况均宜视为重大改装：

a) 改变：
   1) 额定速度；
   2) 额定载重量；
   3) 轿厢质量；
   4) 行程。

b) 改变或更换：
   1) 门锁装置的类型（用同一种类型的门锁更换，不作为重大改装）；
   2) 控制系统；
   3) 导轨或导轨的类型；
   4) 门的类型（或增加一个或多个层门或轿门）；
   5) 驱动主机或曳引轮；
   6) 限速器；
   7) 缓冲器；
   8) 安全钳；
   9) 液压缸；
   10) 溢流阀；
   11) 破裂阀；
   12) 节流阀/单向节流阀。

这些检查与试验不宜超出杂物电梯交付使用前对其原部件所要求的检验内容。

附 录 F

（资料性附录）

杂物电梯井道壁和面向轿厢入口的层门的构造

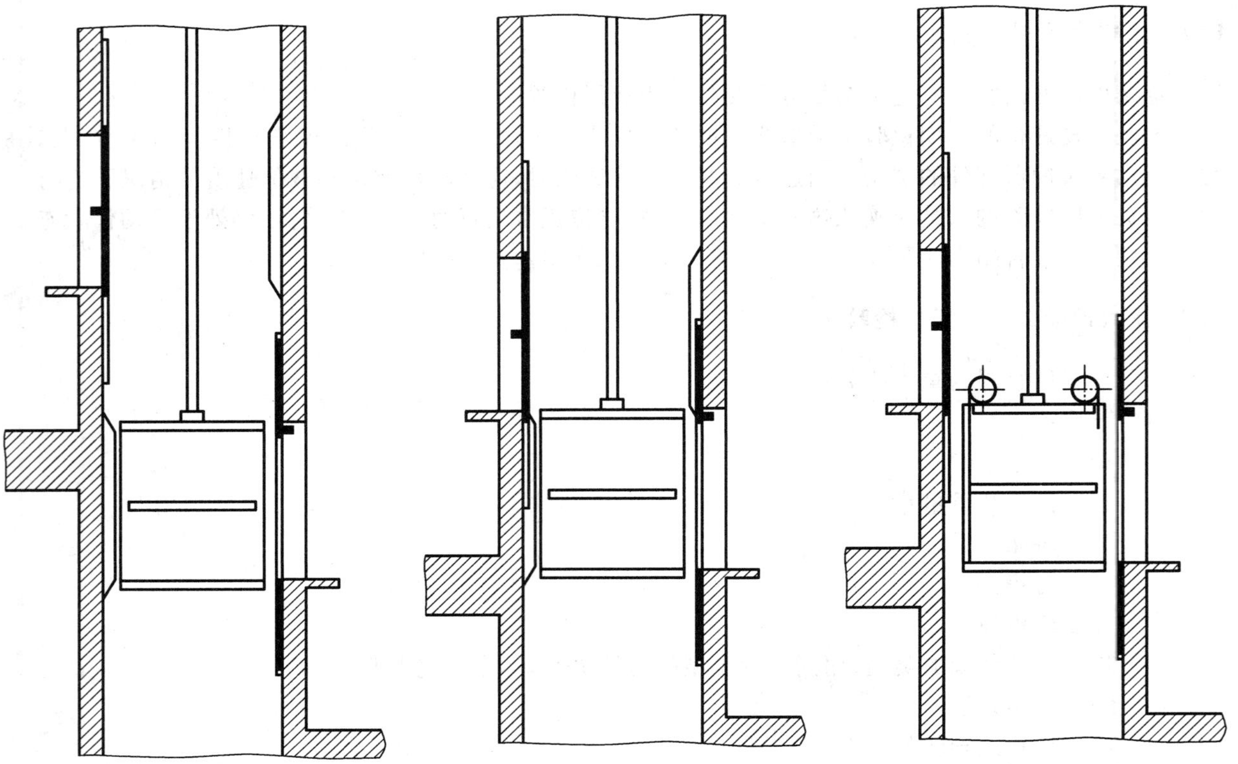

a）附加的硬护面　　　　b）护板　　　　c）轿门

注：延伸处斜面与水平面之间的夹角不应小于60°。

图 F.1　防止货物碰撞的保护措施

附　录　G
（规范性附录）
电气元件——故障排除

杂物电梯上电气设备的故障已在14.1.1.1中列出。14.1.1.1中也指出，在特定的条件下，某些故障可被排除。

故障排除仅考虑这些元件在性能、参数、温度、湿度、电压和振动的所限定的最恶劣的条件之内使用。

表G.1描述了14.1.1.1e)中提到的各种故障可被排除的条件。表G.1中：

——带“否”的栏表示该故障不能排除，即应考虑；

——没有标记的栏表示与该类故障不相关。

注：设计指南

一些公认的危险情况缘于这种可能性，即短路或与公共端（地）的连接局部断开，从而导致一个或几个安全触点的桥接，同时又组合其他的一个或几个故障。当用于控制、远程监控、报警等信号从安全回路中采集时，最好遵循以下建议。

——按表G.1中3.1和3.6的规定设计线路板和电路间距；

——将公共连接端子安排到印制电路板的安全回路中，以便当印制电路板上的公共端断路时，14.1.2.4规定中提到的接触器或继电接触器的公共端能断电；

——按GB/T 16856.1的要求，应进行按14.1.2.3规定提到的安全电路的故障分析。如果在杂物电梯安装后，电路进行了修改或增加，那么应重新进行包括新元件和原来的元件在内的故障分析；

——使用外部电阻作为输入元件的保护装置，这些装置的内部电阻应认为是不安全的；

——各元件只能按制造商规定的条件使用；

——来自电子器件的反向电压应予以考虑，在某些情况下，使用镀层分离电路能解决上述问题；

——如果杂物电梯的安装符合GB 16895.3的要求，建筑物内主电源地线和控制器接地汇流条（轨）之间断开也可不考虑。

表G.1　故障排除

元　件	可排除故障					条　件	备　注
	断路	短路	改变为更高值	改变为更低值	改变功能		
1　无源元件							
1.1　固定电阻	否	(a)	否	(a)		(a) 适用于符合国家标准的轴向的涂漆或封闭处理的电阻膜制成的薄膜电阻以及珐琅或密封的单层绕制的电阻	
1.2　可变电阻	否	否	否	否			
1.3　非线性电阻 NTC、PTC、VDR、IDR	否	否	否	否			
1.4　电容器	否	否	否	否			
1.5　电感元件 ——线圈 ——感应元件	否	否		否			

表 G.1(续)

元件	可排除故障 断路	短路	改变为更高值	改变为更低值	改变功能	条件	备注
2 半导体							
2.1 二极管、发光二极管	否	否			否		功能改变是指反向电流值的改变
2.2 稳压二极管	否	否		否	否		改变为低值是指稳压电压的改变。 功能改变是指反向电流值的改变
2.3 晶闸管、双向晶闸管、可关断晶闸管	否	否			否		功能改变是指误触发或不触发
2.4 光耦合器	否	(a)			否	(a) 可排除的条件是光耦合器符合 GB/T 15651 的要求,且绝缘电压应至少符合 GB/T 16935.1—2008 表 F.1 的要求 从交流或直流标称电压导出线对中性点的最大电压(V) / 为安装推荐的额定冲压电压(V) 类别Ⅲ 50 / 800 100 / 1 500 150 / 2 500 300 / 4 000 600 / 6 000 1 000 / 8 000	断路是指发光二极管及光敏晶体管两个基本元件之一断路。短路是指两者之间短路
2.5 混合电路	否	否	否	否	否		
2.6 集成电路	否	否	否	否	否		功能变成振荡,与门变成或门等
3 其他元件							
3.1 连接件 端子 插接件	否	(a)				(a) 连接件短路故障排除的条件是:根据 GB/T 16935.1—2008 的表 F.4,各最小值满足下列条件: ——污染等级是 3; ——材料类别是Ⅲ; ——非均匀的场。 不使用表 F.4 的“印制线路材料”栏。这些是在连接件上能找到的绝对最小值,而非间距尺寸或理论数值。当连接件的防护等级不低于 IP5X 时,爬电距离可减小到电气间隙值,如:对 250 V 的有效电压值为 3 mm	

表 G.1（续）

元件	可排除故障					条件	备注
	断路	短路	改变为更高值	改变为更低值	改变功能		
3.2 氖灯泡	否	否					
3.3 变压器	否	(a)	(b)	(b)		(a)(b) 当线圈和铁心之间的绝缘电压满足 GB 19212.1—2003 的 18.2 和 18.3 的要求，且带电体对地工作电压是表 8 上的最大可能电压	短路包括初级或次级线圈内部的短路，或初级与次级线圈之间的短路。 数值改变是指线圈内部短路导致的变压比改变
3.4 熔丝		(a)				(a) 如果熔丝规格正确且结构符合适用的国家标准，则故障可排除	短路指的是被熔断熔丝的短路
3.5 继电器	否	(a) (b)				(a) 如果满足 13.2.2.3(14.1.2.2.3) 的要求，则触点间的短路以及触点与线圈间的短路可排除； (b) 触点烧熔不应排除 然而，如果继电器结构上采用机械强制联锁触点，且根据 GB 14048.5 要求，则 13.2.1.3 的假设可采用	
3.6 印制电路板(PCB)	否	(a)				(a) 短路排除的条件： ——PCB 总体技术条件符合 GB/T 16261 的要求； ——基础的材料能符合标准 GB/T 4724 和(或)GB/T 4723 的要求； ——PCB 的结构符合上述要求，而且各最小数值根据 GB/T 16935.1—2008 的表 F.4，满足下列条件： ——污染等级是 3； ——材料类别是Ⅲ； ——非均匀的场。 不使用表 F.4 的“印制线路材料”栏。 对 250 V 的有效电压值爬电距离为 4 mm、电气间隙为 3 mm。 对于其他电压值请参考 GB/T 16935.1—2008。 如果 PCB 的防护等级不低于 IP5X，或材料有更高的质量，爬电距离可减小到电气间隙要求，如：对 250 V 的有效电压值为 3 mm。对于至少有 3 层经预浸处理的聚酯胶片或其他绝缘薄片组成的多层板，短路故障可排除(见 GB 4943)	

表 G.1（续）

元　件	可排除故障					条　件	备　注
	断路	短路	改变为更高值	改变为更低值	改变功能		
4　组装于印制电路板(PCB)上的元件的总成	否	(a)				(a) 短路故障可排除的条件是元件自身的短路可排除，而且不管是由于组装技术还是 PCB 板自身的原因，元件的组装方式不会使爬电距离和电气间隙减小到小于本表 3.1 和 3.6 列出的最小允许值	

附 录 H
（规范性附录）
柱塞、缸筒、硬管和附件的计算

H.1 抗过压计算（见 12.3.5.3.3）

H.1.1 柱塞、缸筒、硬管和附件壁厚的计算（见图 H.1）

单位为毫米

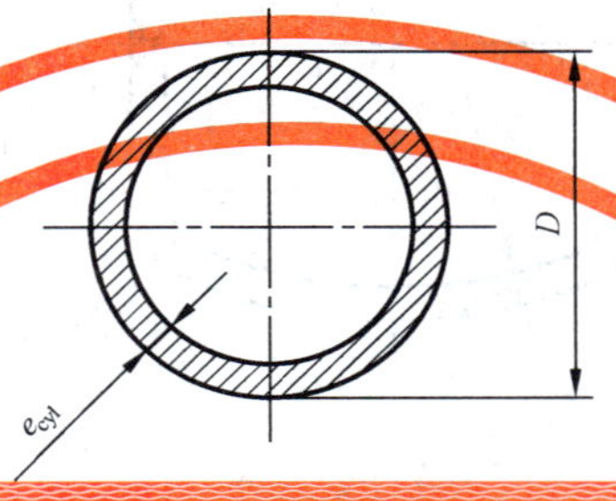

图 H.1

$$e_{cyl} \geqslant \frac{2.3 \times 1.7 \times p}{R_{p0.2}} \times \frac{D}{2} + e_0$$

式中：

e_0——缸筒的壁和基座以及位于缸筒和管路破裂阀之间的硬管（如果有）的厚度为 1.0 mm；柱塞和其他硬管的厚度为 0.5 mm；

2.3——摩擦损失系数（1.15）和压力峰值系数（2）之乘积；

1.7——屈服应力安全系数。

H.1.2 缸筒基座厚度的计算（示例）

所示的例子不排除其他可能的缸筒结构设计。

H.1.2.1 带有泄漏槽的扁平基座（见图 H.2）

单位为毫米

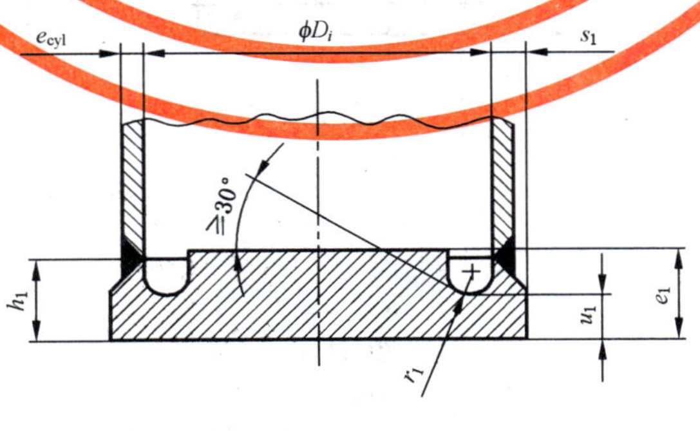

消除焊缝应力的条件：

$r_1 \geqslant 0.2s_1$ 且 $r_1 \geqslant 5$ mm；

$u_1 \geqslant 1.5s_1$；

$h_1 \geqslant u_1 + r_1$。

图 H.2

$$e_1 \geqslant 0.4D_i\sqrt{\frac{2.3\times 1.7p}{R_{p0.2}}}+e_0$$

$$u_1 \geqslant 1.3\left(\frac{D_i}{2}-r_1\right)\left(\frac{2.3\times 1.7p}{R_{p0.2}}\right)+e_0$$

H.1.2.2　曲面型基座(见图 H.3)

单位为毫米

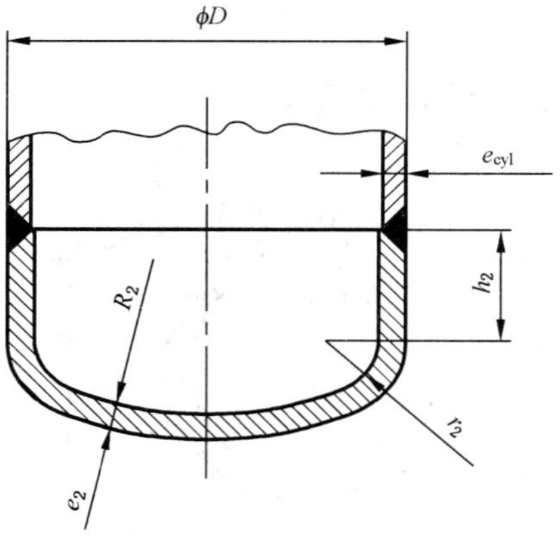

消除焊缝应力的条件：

$h_2 \geqslant 3.0e_2$；

$r_2 \geqslant 0.15D$；

$R_2 \geqslant 0.8D$；

图 H.3

$$e_2 \geqslant \frac{2.3\times 1.7p}{R_{p0.2}}\times\frac{D}{2}+e_0$$

H.1.2.3　带焊接法兰的基座(见图 H.4)

单位为毫米

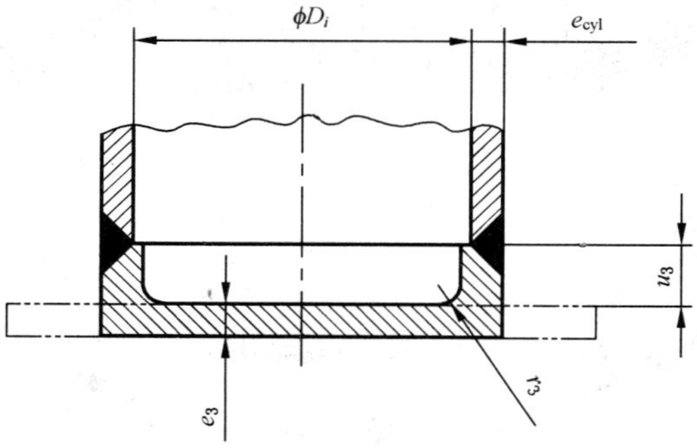

消除焊缝应力的条件：

$u_3 \geqslant e_3 + r_3$

$r_3 \geqslant \frac{e_{cyl}}{3}$ 且 $r_3 \geqslant 8$ mm

图 H.4

$$e_3 \geqslant 0.4D_i\sqrt{\frac{2.3\times 1.7p}{R_{p0.2}}}+e_0$$

H.2　液压缸的抗压弯计算

所示例子不排除其他可能的结构设计。

应对抗压弯能力最弱的部分进行压弯应力计算(见 12.3.5.3.3)。

H.2.1 单一液压缸(见图 H.5)

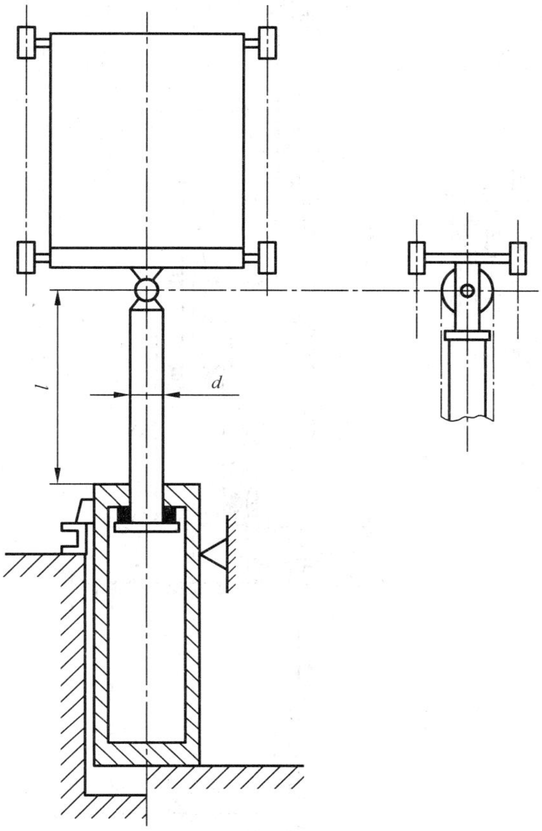

图 H.5

对于 $\lambda_n \geqslant 100$：

$$F_s \leqslant \frac{\pi^2 E J_n}{2l^2}$$

对于 $\lambda_n < 100$：

$$F_s \leqslant \frac{A_n}{2}\left[R_m - (R_m - 210)\left(\frac{\lambda_n}{100}\right)^2\right]$$

$$F_s = 1.4 g_n [c_m (P+Q) + 0.64 P_r + P_{rh}]$$

注：对于向上伸出的柱塞有效。

H.2.2 多级式无外部导向装置的液压缸柱塞的计算(见图 H.6)

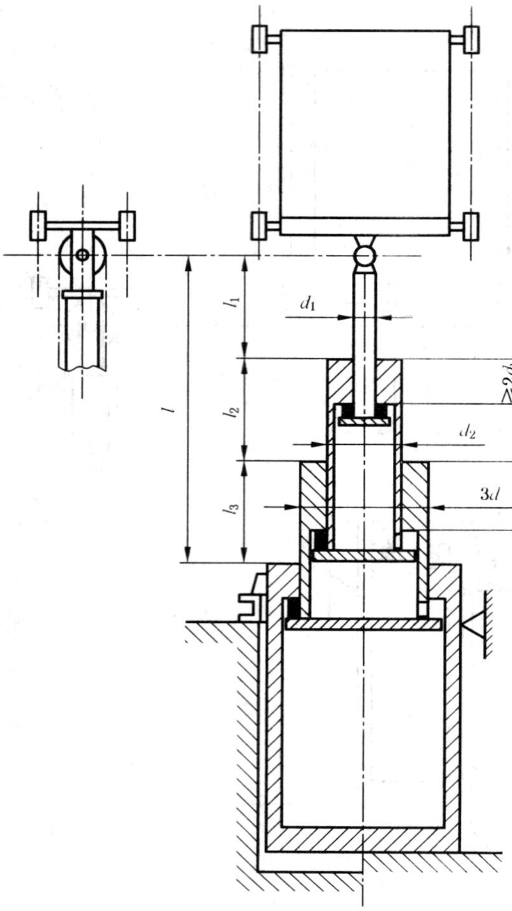

图 H.6

$l = l_1 + l_2 + l_3$ $l_1 = l_2 = l_3$ $\nu = \sqrt{\frac{J_1}{J_2}}$;($J_3 \geqslant J_2 > J_1$) (对简化计算假定:$J_3 = J_2$) 对 2 节缸筒: $\varphi = 1.25\nu - 0.2 \quad 0.22 < \nu < 0.65$ 对 3 节缸筒: $\varphi = 1.5\nu - 0.2 \quad 0.22 < \nu < 0.65$ $\varphi = 0.65\nu + 0.35 \quad 0.65 \leqslant \nu \leqslant 1$	$\lambda_e = \frac{l}{i_e}$ 其中 $i_e = \frac{d_m}{4}\sqrt{\sqrt{\varphi}\left[1+\left(\frac{d_{mi}}{d_m}\right)^2\right]}$ 对于 $\lambda_e \geqslant 100$: $F_s \leqslant \frac{\pi^2 E J_2}{2l^2}\varphi$ 对于 $\lambda_e < 100$: $F_s \leqslant \frac{A_n}{2}\left[R_m - (R_m - 210)\left(\frac{\lambda_n}{100}\right)^2\right]$

$$F_s = 1.4 g_n [c_m(P+Q) + 0.64P_r + P_{rh} + P_{rt}]$$

注:对于向上伸出的柱塞有效。

H.2.3 多级式带有外部导向装置的液压缸柱塞的计算(见图 H.7)

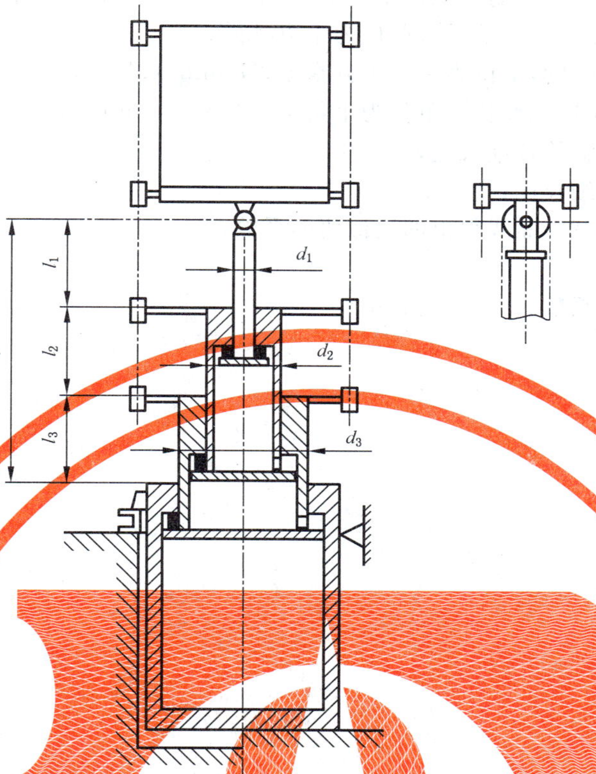

图 H.7

对于 $\lambda_n \geqslant 100$：

$$F_s \leqslant \frac{\pi^2 E J_n}{2l^2}$$

对于 $\lambda_n < 100$：

$$F_s \leqslant \frac{A_n}{2}\left[R_m - (R_m - 210)\left(\frac{\lambda_n}{100}\right)^2\right]$$

$$F_s = 1.4 g_n [c_m(P+Q) + 0.64 P_r + P_{rh} + P_{rt}]$$

注：对于向上伸出的柱塞有效。

符号：

A_n——计算的柱塞(n=1,2,3)的截面积,单位为平方毫米(mm^2)；

c_m——绕绳比；

d_m——多级式液压缸最大柱塞的外径,单位为毫米(mm)；

d_{mi}——多级式液压缸最大柱塞的内径,单位为毫米(mm)；

E——弹性模量,单位为牛每平方毫米(N/mm^2)(钢的弹性模量:$E=2.1\times10^5\ N/mm^2$)；

e_0——附加壁厚,单位为毫米(mm)；

F_s——实际施加的压弯力,单位为牛顿(N)；

g_n——标准重力加速度,9.81 m/s^2；

i_e——多级式液压缸的等效截面惯性半径,单位为毫米(mm)；

i_n——计算柱塞(n=1,2,3)的截面惯性半径,单位为毫米(mm)；

J_n——计算柱塞(n=1,2,3)的截面惯性矩,单位为四次方毫米(mm^4)；

l——承受压弯作用的柱塞的最大长度,单位为毫米(mm)；

p——满载压力,单位为兆帕(MPa)；

P——空轿厢和由轿厢支撑的零部件的质量,如部分随行电缆、补偿绳或链(如果有)等质量和,单位为千克(kg)；

P_r——计算柱塞的质量,单位为千克(kg)；

P_{rh}——柱塞端部设备(如果有)的质量,单位为千克(kg);

P_{rt}——作用在计算柱塞上的其他柱塞质量(对于多级式液压缸),单位为千克(kg);

Q——轿厢的额定载重量(质量),单位为千克(kg);

R_m——材料的抗拉强度,单位为牛每平方毫米(N/mm^2);

$R_{p0.2}$——屈服应力(非比例伸长),单位为牛每平方毫米(N/mm^2);

$\lambda_e = l/i_e$——多级式液压缸等效细长比;

$\lambda_n = l/i_n$——计算柱塞的细长比;

ν,φ——用于表达由试验曲线得出的近似值的系数;

1.4——过压系数;

2——抗压弯安全系数。

附 录 J
（资料性附录）
杂物电梯业主/使用人员须知

通向杂物电梯机房入口的装置不作为杂物电梯的组成部分，通常情况下，杂物电梯制造商不提供该部分（见 0.2.5）。本附录旨在为杂物电梯的业主/使用人员提供有关通道和用于维护的梯子方面的须知。

J.1 通向杂物电梯机房入口的装置

通向杂物电梯机房入口的装置应符合下列要求：

a） 应能提供安全和通畅的通道通向杂物电梯机房入口。

b） 永久性通道的相关要求见 GB 17888.1～GB 17888.4。

c） 如果借助于梯子进入机房，则应满足以下条件：

1） 若在通道上设置高度超过 1.50 m 的梯子，则应保证梯子与水平面之间形成 65°～75°的夹角，且不应引起滑动和翻转。

2） 梯子的净宽不应小于 0.35 m，梯级的深度不应小于 50 mm，且在使用垂直梯子时，梯级与梯子后面的墙之间的距离不应小于 0.15 m。梯级应能承受 1 500 N 的负载。梯级应防滑（例如用波纹钢板）。

3） 在梯子的顶端附近，应至少提供一个易于抓握到的扶手。

4） 梯子周围 1.50 m 的水平距离内，应能防止来自梯子上方坠落物的危险。

J.2 在梯子上进行的维护工作

如果需在梯子的梯级上进行维护工作，则应满足下列要求：

a） 梯子的倾斜度符合 J.1 规定；

b） 固定式梯子的梯级表面深度不应小于 80 mm（见 0.2.5），移动式梯子应符合 GB/T 17889.1 有关要求；

c） 检修活板门门槛在通道地面上方的高度不应大于 2.70 m；

d） 梯子的位置应在需要检验或维护的部件的前方。

参 考 文 献

[1] GB 4943—2001 信息技术设备的安全(eqv IEC 60950:1999).

[2] GB 5023.1—2008 额定电压 450/750 V 及以下聚氯乙烯绝缘电缆 第1部分:一般要求(IEC 60227-1:2007,IDT).

[3] GB/T 16856.1—2008 机器安全 风险评价 第1部分:原则(ISO 14121-1:2007,MOD).

[4] GB 17888.1—2008 机械安全 进入机器的固定设施 第1部分:进入两级平面之间的固定设施的选择(ISO 14122-1:2001,IDT).

[5] GB 17888.2—2008 机械安全 进入机器的固定设施 第2部分:工作平台与通道(ISO 14122-2:2001,IDT).

[6] GB 17888.3—2008 机械安全 进入机器的固定设施 第3部分:楼梯、阶梯与护栏(ISO 14122-3:2001,IDT).

[7] GB 17888.4—2008 机械安全 进入机器的固定设施 第4部分:固定式直梯(ISO 14122-4:2004,IDT).

[8] GB17889.1—1999 梯子 第1部分:术语、型式和功能尺寸(eqv EN 131-1:1993).

[9] EN 12015:2004 电磁兼容性 电梯、自动扶梯和自动人行道的产品系列标准 发射(Electromagnetic compatibility—Product family standard for lifts, escalators and passenger conveyors—Emission).

[10] EN 12016:2004 电磁兼容性 电梯、自动扶梯和自动人行道的产品系列标准 抗扰度(Electromagnetic compatibility—Product family standard for lifts, escalators and passenger conveyors—Immunity).

[11] EN 60068-2-29:1993 基本环境试验规程 第2-29部分:试验 试验Eb和指南:碰撞(Basic environmental testing procedures—Part 2:Tests—Test Eb and guidance:Bump).

ICS 53.020.20
J 80

中华人民共和国国家标准

GB/T 25195.1—2010/ISO 7296-1:1991

起重机 图形符号
第1部分:总则

Cranes—Graphic symbols—
Part 1:General

(ISO 7296-1:1991,IDT)

2010-09-26 发布 2011-02-01 实施

中华人民共和国国家质量监督检验检疫总局
中国国家标准化管理委员会 发布

前　　言

GB/T 25195《起重机　图形符号》分为5个部分：

——第1部分：总则；

——第2部分：流动式起重机；

——第3部分：塔式起重机；

——第4部分：臂架起重机；

——第5部分：桥式和门式起重机。

本部分为GB/T 25195的第1部分。

本部分等同采用ISO 7296-1:1991《起重机　图形符号　第1部分：总则》(英文版)，包括其修正案ISO 7296-1:1991/Amd.1:1996。

本部分等同翻译ISO 7296-1:1991。

为了便于使用，本部分作了下列编辑性修改：

——“ISO 7296的本部分”一词改为“GB/T 25195的本部分”；

——删除了ISO 7296-1:1991的前言；

——将ISO 7296-1:1991中的1.1和1.2分别改写为本部分的第1章和第2章，以下章节号做相应的顺延；

——在第3章和第4章中补充了表的编号表1～表5；

——有关修正案已编入正文中并在它们所涉及的条款的页边空白处用垂直双线标识；

——增加了中文索引。

本部分由中国机械工业联合会提出。

本部分由全国起重机标准化技术委员会(SAC/TC 227)归口。

本部分起草单位：北京起重运输机械研究所。

本部分主要起草人：刘涛。

起重机　图形符号
第1部分:总则

1　范围

GB/T 25195的本部分规定了用于起重机控制的通用图形符号(第3章)以及控制按钮和信号灯的颜色(第4章)。

图形符号分列在以下几组,由3.1、3.2和3.3给出:

——3.1用于基本运动方向和开关位置的图形符号;

——3.2用于司机控制的图形符号;

——3.3信息图形符号。

注:用于GB/T 25195的本部分的图形符号符合:ISO 3461-1:1988《设定图形符号的一般原则　第1部分:用在设备上的图形符号》、ISO 4196:1984《图形符号　箭头的用法》、ISO 7000:1989《用在设备上的图示符号　索引和对照表》和IEC 417:1973《用于设备的图形符号》。索引、综述和单页的编辑,作为它的补充部分。

2　一般要求

2.1　图形符号见3.1～3.3。

2.2　控制器上的符号应与背景有明显的反差(最好是明亮的控制符号对照暗色的背景)。

2.3　符号应位于或靠近所描述功能的控制器旁。

2.4　当需要不止一个符号时(例如:"接通"、"断开"、"向左"、"向右"),符号的相对安装位置应符合装置运动方向,并能起到提示作用。

2.5　所有符号应位于在司机工作位置处易于识别的地方。

2.6　标明操纵杆移动方向的符号可与其他符号组合使用指明操纵杆的操作。

符号也可以按所示的操作放在控制板上所希望的任意位置。

3　用于控制的图形符号

3.1　用于基本运动方向和开关位置的图形符号见表1。

表1

序号	符　号	说　明
001	 417-IEC-5022	单向运动 movement in one direction
002	 ISO 7000-1680	操纵杆双向运动[a] control lever, working movement in two directions
003	 ISO 7000-0004	顺时针回转 rotation, clockwise

表 1（续）

序号	符　　号	说　　明
004	 ISO 7000-0004	逆时针回转 rotation,counter-clockwise
005	 ISO 7000-0005	双向回转,未锁定 rotation,both directions, unlocked
006	 ISO 7000-0938	双向回转,锁定 rotation,both directions, locked
007	 ISO 7000-0927	右转 turn right
008	 ISO 7000-0927	左转 turn left
009	 ISO 7000-1681	左-右双向运动 movement in two directions:left-right
010	 417-IEC-5007	接通 on
011	 417-IEC-5008	断开 off
012	 417-IEC-5010	接通-断开 on-off

表 1（续）

序号	符　　号	说　　明
013	 417-IEC-5011	按钮开关 switching on with push-button press only
[a] 当司机室位置可能变化时，应使用基本箭头符号加上表示固定建筑物（或某些静止参考点）的附加符号。箭头方向取决于运动方向（例如：全回转起重机的运行）。		

3.2　用于司机控制的图形符号见表 2。

注：序号 14～19 尚未确定。

表 2

序号	符　　号	说　　明
020	 ISO 7000-1682	取物装置：起升 load-lifting attachment：lift
021	 ISO 7000-1683	取物装置：下降 load-lifting attachment：lower
022	 ISO 7000-1684	臂架上仰；向内变幅 derrick in；luff in
023	 ISO 7000-1685	臂架下降；向外变幅 derrick out；luff out
024	 ISO 7000-1686	伸缩臂伸出 telescopic jib(boom) extended
025	 ISO 7000-1687	伸缩臂缩回 telescopic jib(boom) retracted

表 2（续）

序号	符　　号	说　　明
026	 ISO 7000-1688	小车运行:前进-后退 crab,traversing:forward-reverse
027	 ISO 7000-1689	起重机向前运行 crane,travelling forward
028	 ISO 7000-1690	起重机向后运行 crane,travelling inreverse
029	 ISO 7000-1691	起重机运行:前进-后退[a] crane,travelling:forward-reverse
030	 ISO 7000-1692	自升式起重机:爬升 climbing crane:climb
031	 ISO 7000-1693	自升式起重机:下降 climbing crane:descend
040	 ISO 7000-1694	电磁吸盘接通 magnet, load, on
041	 ISO 7000-1695	电磁吸盘断开 magnet, load, off

表 2（续）

序号	符　　号	说　　明
042	 ISO 7000-1696	夹轨器夹紧 rail clamp engaged
043	 ISO 7000-1697	夹轨器松开 rail clamp disengaged
[a] 当司机室位置可能变化时，应使用基本箭头符号加上表示固定建筑物（或某些静止参考点）的附加符号。箭头方向取决于运动方向（例如：全回转起重机的运行）。		

3.3　信息图形符号见表 3。

注：序号 44～49 尚未确定。

表 3

序号	符　　号	说　　明
050	 ISO 7000-1364	无级可变控制：循环 control，infinitely variable：rotational
051	 417-IEC-5004	无级可变控制：线性 control，infinitely variable：linear
052	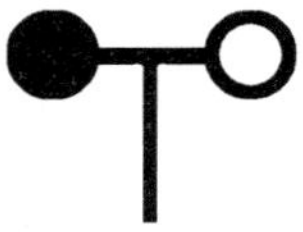 ISO 7000-1698	风速 wind speed
053	 ISO 7000-1699	风向 wind direction
054	 ISO 7000-0020	制动器闭合 brake，applied

表 3（续）

序号	符　　号	说　　明
055	 ISO 7000-0021	制动器松开 brake，released
056	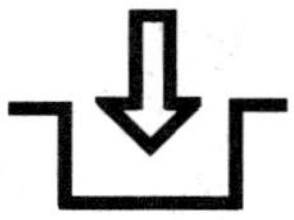 ISO 7000-0022	离合器啮合 clutch，engaged
057	 ISO 7000-0023	离合器松开 clutch，disengaged
058	 ISO 7000-0244	喇叭 horn
059	 ISO 7000-0034	温度 temperature
060	 ISO 7000-0089	通风 ventilation
061	 ISO 7000-1421	室内灯/吸顶灯 interior/dome light
062	 ISO 7000-1204	泛光灯 light，flood

表 3（续）

序号	符　　号	说　　明
063	 ISO 7000-1700	聚光灯 light, spot
064	 ISO 7000-0086	风挡刮雨器 windscreen wiper
065	 ISO 7000-0637	加热器/室内暖气 heater/interior heating
066	 ISO 7000-0027	空调器 air-conditioner
067	 ISO 7000-0635	风挡玻璃除雾器/除霜器 windscreen/windshield demister/defroster

4　控制按钮和信号灯的颜色

4.1　控制按钮颜色见表 4。

表 4

序号	颜　　色	用　　途	应用实例
4.1.1	红	紧急情况下动作 停车或断路	紧急断路 停车或断路 ——整个系统； ——一台或多台电动机
4.1.2	除红黄外的其他颜色	不受限的功能； 其他控制的操作	—

4.2　信号灯颜色见表 5。

表 5

序号	颜色	用途	应用实例
4.2.1	红	紧急情况下动作 需要立即中断的危险情况或紧急事故情况	紧急断路 起重机超载; 危险的阵风
4.2.2	黄	接近危险情况的警告	接近额定载荷; 温度升(降)到规定的极限
4.2.3	绿	安全状况,操作准备就绪	操作(或工作)准备就绪; 系统启动

参 考 文 献

[1] ISO 3461-1:1988 设定图形符号的一般原则 第1部分:用在设备上的图形符号.
[2] ISO 4196:1984 图形符号 箭头的用法.
[3] ISO 7000:1989 用在设备上的图示符号 索引和对照表.
[4] IEC 417:1973 用于设备的图形符号.

中 文 索 引

英 文 索 引

M

O

R

S

T

V

W

ICS 53.020.20
J 80

中华人民共和国国家标准

GB/T 25195.2—2010/ISO 7296-2:1996

起重机　图形符号
第2部分:流动式起重机

Cranes—Graphical symbols—Part 2:Mobile cranes

(ISO 7296-2:1996,IDT)

2010-09-26 发布　　　　2011-02-01 实施

中华人民共和国国家质量监督检验检疫总局
中国国家标准化管理委员会　发布

前　言

GB/T 25195《起重机　图形符号》分为5个部分：

——第1部分：总则；

——第2部分：流动式起重机；

——第3部分：塔式起重机；

——第4部分：臂架起重机；

——第5部分：桥式和门式起重机。

本部分为GB/T 25195的第2部分。

本部分等同采用ISO 7296-2:1996《起重机　图形符号　第2部分：流动式起重机》(英文版)。

本部分等同翻译ISO 7296-2:1996。

为了便于使用，本部分作了下列编辑性修改：

——“ISO 7296的本部分”一词改为“GB/T 25195的本部分”；

——删除了ISO 7296-2:1996的前言；

——将ISO 7296-2:1996的“附录A(资料性附录)　参考资料”并入本部分的“参考文献”；

——增加中文索引和英文索引。

本部分由中国机械工业联合会提出。

本部分由全国起重机械标准化技术委员会(SAC/TC 227)归口。

本部分起草单位：徐工集团徐州重型机械有限公司。

本部分主要起草人：陈宏健、李恩全、东权。

起重机 图形符号
第2部分:流动式起重机

1 范围

GB/T 25195的本部分规定了操纵装置和其他显示装置的图形符号。

本部分适用于按GB/T 6974.2定义的流动式起重机。

注1:本部分与GB/T 25195.1中图形符号之间的分歧将在GB/T 25195.1的下一修订版中解决。

注2:特殊型式机械与设备用图形符号可在GB/T 25195的其他部分中查到。

2 规范性引用文件

下列文件中的条款通过GB/T 25195的本部分的引用而成为本部分的条款。凡是注日期的引用文件,其随后所有的修改单(不包括勘误的内容)或修订版均不适用于本部分,然而,鼓励根据本部分达成协议的各方研究是否可使用这些文件的最新版本。凡是不注日期的引用文件,其最新版本适用于本部分。

GB/T 6974.2 起重机 术语 第2部分:流动式起重机(GB/T 6974.2—2010,ISO 4306-2:1994,IDT)

GB/T 25195.1 起重机 图形符号 第1部分:总则(GB/T 25195.1—2010,ISO 7296-1:1991,IDT)

ISO 3461-1:1988 建立图形符号的一般原则 第1部分:设备用图形符号

ISO 80416-2:2001 设备用图形符号的基本原则 箭头的形式与使用

3 术语和定义

下列术语和定义适用于GB/T 25195的本部分。

3.1

图形符号 graphical symbol

直观的易于理解的图形,采用绘制、印制或其他方法制作来传递非语言的信息。

注:为简便起见,术语"图形符号"以下简称为"符号"。

4 总则

4.1 符号应符合GB/T 25195的本部分的规定。在实际使用时,为提高符号制作的清晰度,便于操作者识别,可以对以轮廓形式表示的符号进行填充,除非对某些特殊符号另有说明。

4.2 如果基本图形要素未改变,且操作者易于识别,在某些符号复制和显示时,可以根据需要加粗符号的线条或进行其他微小修改。

4.3 为了改进符号的外观和视觉效果,或为了与使用该符号的设备相协调,在保留符号的基本特征的情况下,可对该符号的线条粗细作必要修改或对符号的边角进行修圆,见ISO 3461-1:1988中的10.2。

4.4 在实际使用时,所有符号应复制到足够大,使操作者易于看清。有关正确选择符号的指南见ISO 3461-1。应按照本部分中所示的方位使用符号,除非某些特殊符号另有说明。

4.5　多数符号都是采用模块化的方法构成，这种方法使各种符号和符号要素按一定逻辑关系组合产生一个新符号。

4.6　如果一个符号表示一台机器或其部件的侧面形状时，则应假定机器在符号图框内从右向左移动。如果一个符号表示一台机器或其部件的顶面形状时，则应假定机器在符号图框内从下向上移动。

4.7　在操纵装置和显示装置上的符号应与其背景反差明显，对大多数操纵装置，最好在暗色背景上用明亮符号。而显示装置则可根据最佳视觉效果选择在暗色背景上用明亮符号或在明亮背景上用暗色符号。当符号图形的颜色被改变时(例如：从白底黑图改为黑底白图，反之亦然)，则整个符号颜色也应改变。

4.8　符号应位于被标识的操纵装置或显示装置上或其附近。若某个操纵装置需要一个以上符号时，则这些符号应位于与该操纵装置相关的位置，使操纵装置按符号方向运动即可实现该符号所描述的功能。

4.9　符号中使用的箭头应符合 ISO 80416-2 的要求。有关符号设计的一般原则应符合 ISO 3461-1 的要求。

4.10　本部分中的符号给出了 ISO/IEC 的注册号。小于 5000 的注册号参见 ISO 7000，大于 5000 的注册号参见 IEC 417。

4.11　字母和数字可用作符号，但没有在 ISO/TC 145(国际标准化组织图形符号技术委员会)注册或没有在 ISO 7000 中规定。在本部分某些条款里，当字母和数字用在流动式起重机变速器的操纵与显示时，具有其特定含义。本部分所示的字体没有限制，也可以采用其他字体，但应注意确保清晰度。

4.12　本部分中的符号，其大小为其原始尺寸的 32%。图框标记“└”指 ISO 3461-1 中 75 mm 见方图框的四个角。图框标记不是符号的组成部分，而是用于确保所有符号显示的一致性。

4.13　ISO/TC 145 秘书处备有符号的缩微胶片。

5　颜色

5.1　用于灯光显示时下列颜色具有特定的含义：

——红色：需要立即引起注意的故障、严重故障或危险作业状态；

——黄色或淡黄色：接近危险作业状态；

——绿色：正常作业状态。

5.2　特定功能使用的颜色：

——蓝色：前照灯远光束/高光束显示；

——红色：危险警告显示；

——绿色：转向信号显示。

5.3　如果颜色用于表示加热和/或冷却系统符号，则红色应表示加热，蓝色应表示冷却。

6　基本符号

序号	符　　号	名　　称	ISO/IEC 注册号
6.1		发动机 engine	1156

序号	符　　号	名　　称	ISO/IEC 注册号
6.2	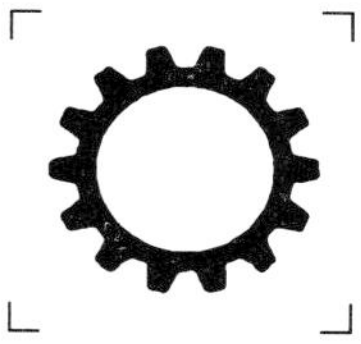	变速器 transmission	1166
6.3		液压系统 hydraulic system	1409
6.4	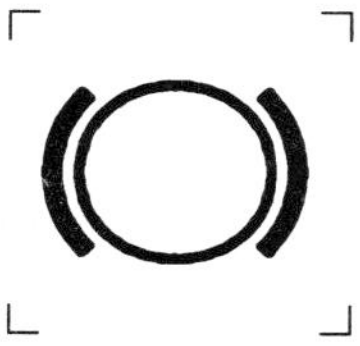	制动系统 brake system	1399
6.5		油 oil	1056
6.6	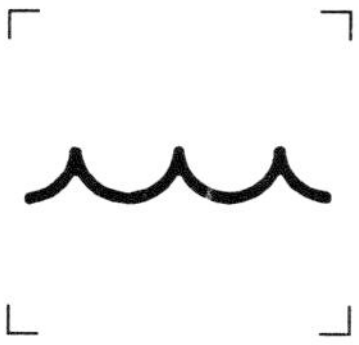	冷却液(水) coolant(water)	0536
6.7	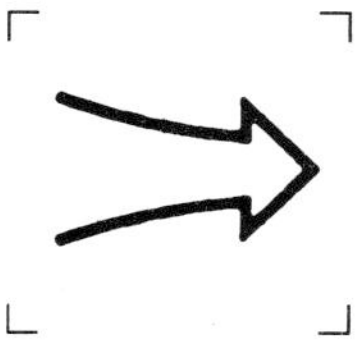	进气 intake air [只与其他符号(如:发动机)组合时才作为符号元素,在所有应用中应为轮廓线]	1604

序号	符　　号	名　　称	ISO/IEC 注册号
6.8		排气 exhaust gas [只与其他符号(如:发动机)组合时才作为符号元素,在所有应用中应是一个被填充的实体]	1605
6.9	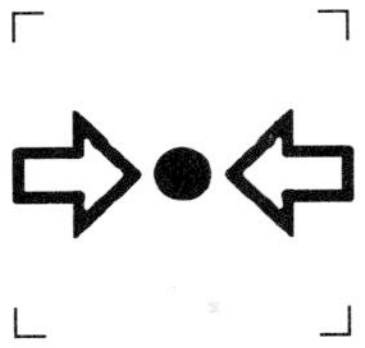	压力 pressure (在未规定压力介质的场合中所用的独立符号)	1701
6.10	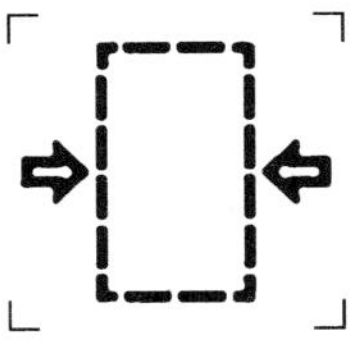	压力 pressure (对于在已规定压力介质的场合下创建的组合符号,用介质符号代替虚线长方形)	应用示例 未注册
6.11	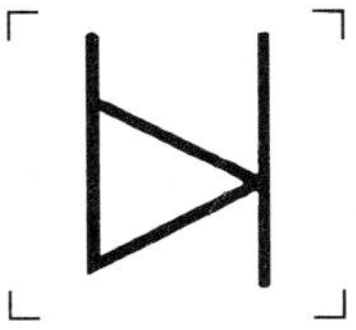	液位指示器 level indicator	0159 的应用
6.12	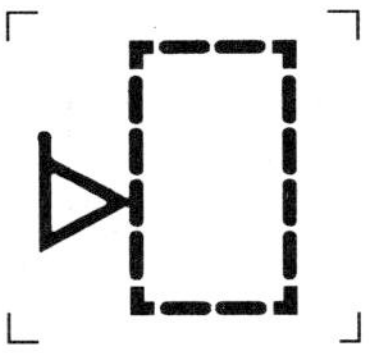	液位 liquid level (对于在已规定被测液体的场合下创建的组合符号,用液体符号代替虚线长方形)	应用示例 未注册
6.13	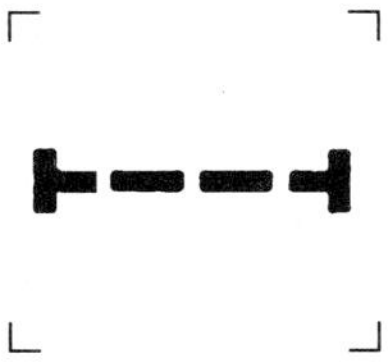	滤清器 filter	1369

序号	符　　号	名　　称	ISO/IEC 注册号
6.14		故障/失灵 failure/malfunction	1603
6.15		温度 temperature	0034
6.16	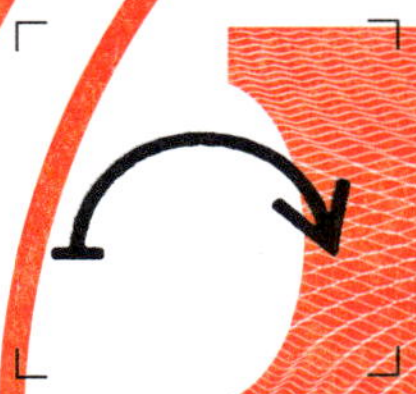	启动开关/机构 start switch/mechanism	1365

7　**通用符号**

序号	符　　号	名　　称	ISO/IEC 注册号
7.1		加/增加/正极 plus/increase/positive polarity	5005
7.2	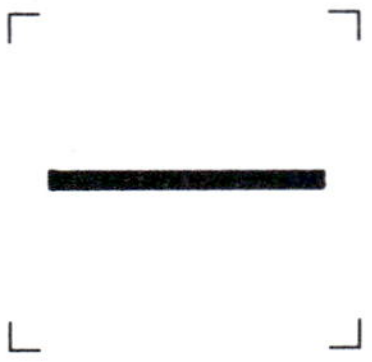	减/减少/负极 minus/decrease/negative polarity	5006
7.3		点烟器 lighter	0620

序号	符　　号	名　　称	ISO/IEC 注册号
7.4		蓄电池 battery	0247
7.5		时钟/时间开关/计时器 clock/time switch/timer	5184
7.6	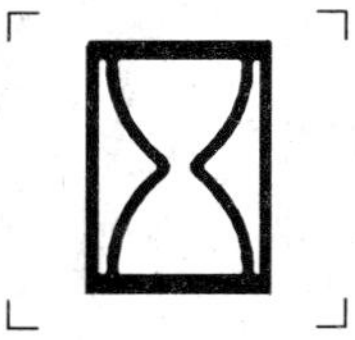	小时计/累计工作小时数 hourmeter/elapsed operating hours	1366
7.7		座椅安全带——仅指膝部带 seatbelt—lap belt only	1702
7.8	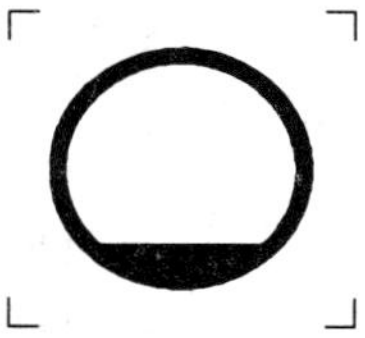	容积——空 volume—empty	1563
7.9	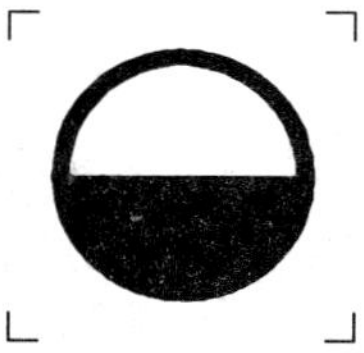	容积——半满 volume—half-full	1564

序号	符　　号	名　　称	ISO/IEC 注册号
7.10	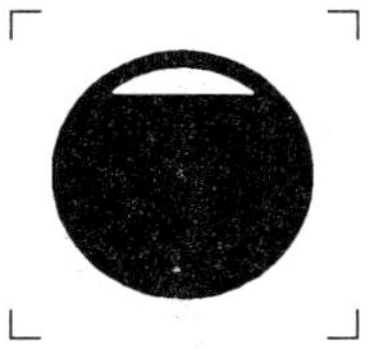	容积——满 volume—full	1565
7.11	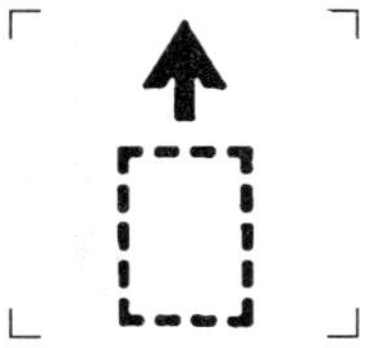	机器运行方向——前进 machine travel direction—forwards (用适当的符号代替虚线长方形,可以逆时针旋转 90°作为前进运行方向的侧视图)	应用示例未注册
7.12	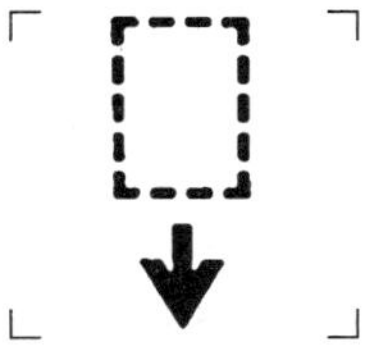	机器运行方向——后退 machine travel direction—backwards (用适当的符号代替虚线长方形,可以逆时针旋转 90°作为后退运行方向的侧视图)	应用示例未注册
7.13	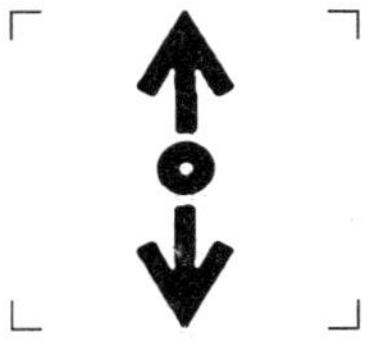	操纵杆操纵方向——双向 control lever operating direction—dual direction (在方向箭头的末端加上适当的符号)	1436
7.14		操纵杆操纵方向——多向 control lever operating direction—multiple direction (在方向箭头的末端加上适当的符号)	1703
7.15	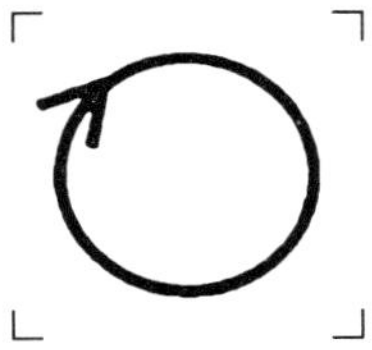	顺时针旋转 clockwise rotation	0258

序号	符　　号	名　　称	ISO/IEC 注册号
7.16	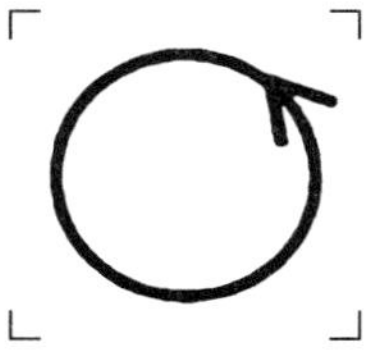	逆时针旋转 counter-clockwise rotation	0937
7.17	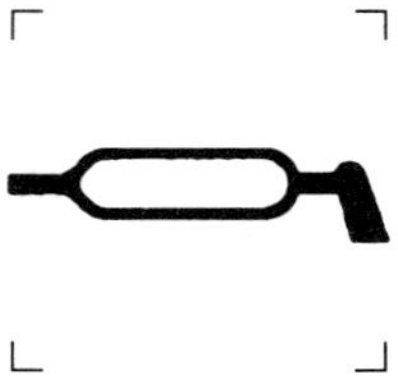	注润滑脂处 grease lubrication point	0787
7.18	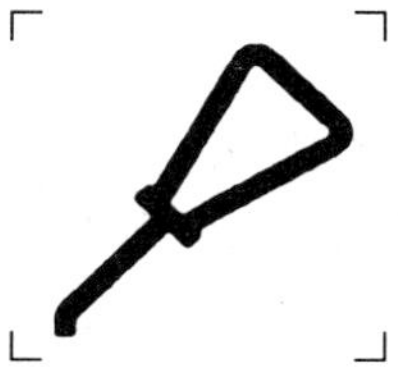	注润滑油处 oil lubrication point	0391
7.19		起吊点 lift point	1368
7.20	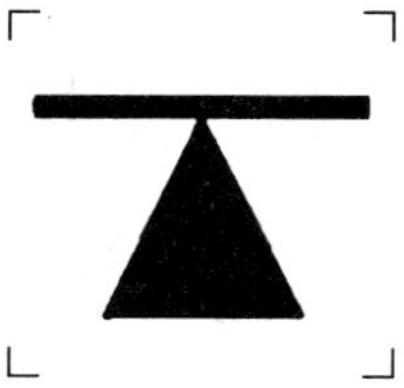	顶升点或支撑点 jack or support point	0542
7.21		阅读操作手册 read operator's manual	0790

序号	符　　号	名　　称	ISO/IEC 注册号
7.22		锁定 lock	1656

8　发动机符号

序号	符　　号	名　　称	ISO/IEC 注册号
8.1		发动机润滑油 engine lubricating oil (如果仅显示发动机润滑油油位，则该符号可用于指示油位)	1372
8.2	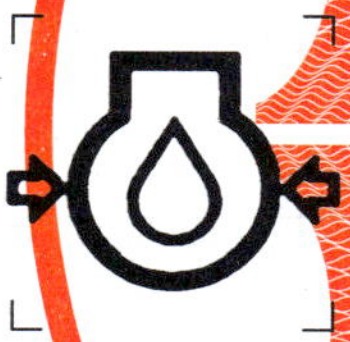	发动机润滑油——压力 engine lubricating—pressure	1374
8.3		发动机润滑油——油位 engine lubricating—level	1373
8.4		发动机润滑油——滤清器 engine lubricating—filter	1376
8.5		发动机润滑油——温度 engine lubricating—temperature	1375

序号	符　　号	名　　称	ISO/IEC 注册号
8.6		发动机冷却液 engine coolant (如果只显示发动机冷却液位,则该符号可用于指示液位)	1377
8.7		发动机冷却液——压力 engine coolant—pressure	1379
8.8		发动机冷却液——液位 engine coolant—level	1378
8.9	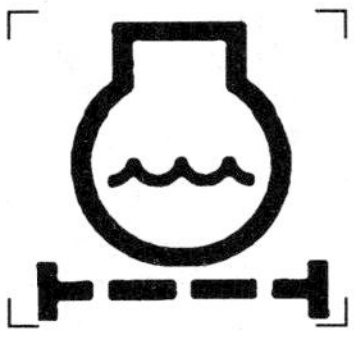	发动机冷却液——滤清器 engine coolant—filter	1562
8.10		发动机冷却液——温度 engine coolant—temperature	1380
8.11		发动机进气/助燃空气 engine intake/combustion air	1381

序号	符　　号	名　　称	ISO/IEC 注册号
8.12		发动机进气/助燃空气——压力 engine intake/combustion air—pressure	1382
8.13	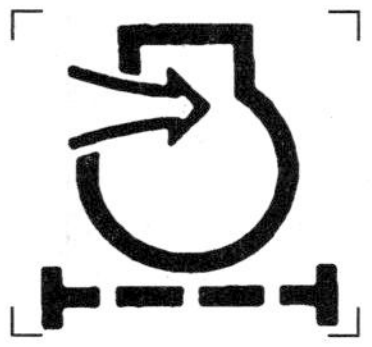	发动机进气/助燃空气——滤清器 engine intake/combustion air—filter	1170
8.14		发动机进气/助燃空气——温度 engine intake/combustion air—temperature	1383
8.15		发动机排气 engine exhaust gas	1384
8.16	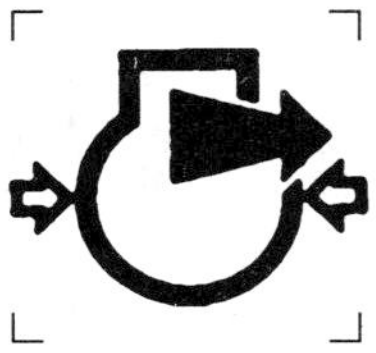	发动机排气——压力 engine exhaust gas—pressure	1385
8.17		发动机排气——温度 engine exhaust gas—temperature	1386

序号	符　　号	名　　称	ISO/IEC 注册号
8.18		发动机——启动 engine—start	1387
8.19	 	发动机——停止 engine—stop	1388
8.20		发动机——故障/失灵 engine—failure/malfunction	1371
8.21	 	发动机——转速/频率 engine—rotational speed/frequency	1389
8.22	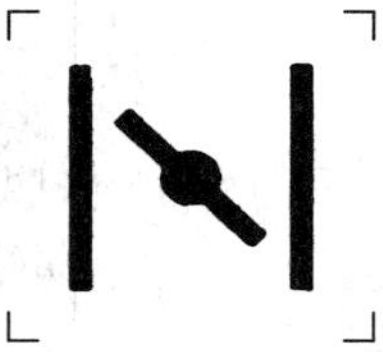	节气门 choke	0243
8.23		点火装置(辅助起动) primer(start aid)	1370

序号	符　　号	名　　称	ISO/IEC 注册号
8.24		电预热(低温辅助起动) electrical preheat(low temperature start aid)	1704
8.25		气体注入(低温辅助起动) gas injection(low temperature start aid)	1547

9 变速器符号

序号	符　　号	名　　称	ISO/IEC 注册号
9.1		变速器油 transmission oil (如果只显示变速器油位，则该符号可用于指示油位)	1397
9.2		变速器油——压力 transmission oil—pressure	1167
9.3		变速器油——油位 transmission oil—level	1398
9.4		变速器油——滤清器 transmission oil—filter	1169

序号	符　　号	名　　称	ISO/IEC 注册号
9.5		变速器油——温度 transmission oil—temperature	1168
9.6		变速器——故障/失灵 transmission—failure/malfunction	1396
9.7		离合器 clutch	1308
9.8	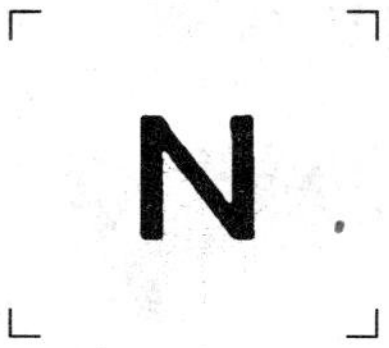	中位 neutral	用作符号的字母未注册
9.9		高速 high	用作符号的字母未注册
9.10	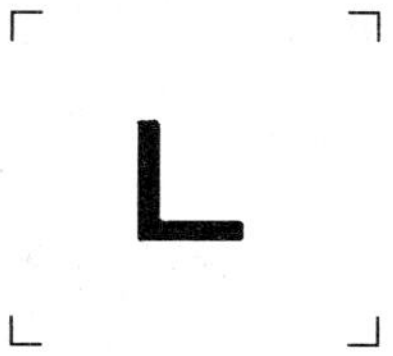	低速 low	用作符号的字母未注册

序号	符　　号	名　　称	ISO/IEC 注册号
9.11	F	前进 forward	用作符号的字母未注册
9.12	R	倒车 reverse	用作符号的字母未注册
9.13	P	停车 park	用作符号的字母未注册
9.14	1	一挡 first gear	用作符号的数字未注册
9.15	2	二挡 second gear	用作符号的数字未注册
9.16	3	三挡 third gear (根据需要使用连续数字作为另外的前进挡：如 4 用作四挡等)	用作符号的数字未注册

序号	符　　号	名　　称	ISO/IEC 注册号
9.17		倒车一挡 reverse first gear (根据需要使用连续数字作为另外的倒车挡:如 R2 用作倒车二挡等)	用作符号的字母和数字未注册

10　液压系统符号

序号	符　　号	名　　称	ISO/IEC 注册号
10.1		液压油 hydraulic oil (如果仅显示液压油油位,则该符号可用于指示油位)	1411
10.2		液压油——压力 hydraulic oil—pressure	1413
10.3		液压油——油位 hydraulic oil—level	1412
10.4		液压油——滤清器 hydraulic oil—filter	1415
10.5		液压油——温度 hydraulic oil—temperature	1414

序号	符　　号	名　　称	ISO/IEC 注册号
10.6		液压系统——故障/失灵 hydraulic system—failure/malfunction	1410

11 制动系统符号

序号	符　　号	名　　称	ISO/IEC 注册号
11.1		制动油/制动液 brake oil/fluid (如果仅显示制动油/制动液的液位，则该符号可用于指示液位)	1400
11.2		制动系统——压力 brake system—pressure	1402
11.3		制动系统——滤清器 brake system—filter	1404
11.4		制动系统——温度 brake system—temperature	1403
11.5		制动系统——故障/失灵 brake system—failure/malfunction	0239

序号	符　　号	名　　称	ISO/IEC 注册号
11.6		驻车制动器 parking brake	0238
11.7		磨损的制动衬垫 worn brake linings	1408
11.8		防抱制动系统——故障/失灵 anti-lock brake system—failure/malfunction	1407

12 燃油符号

序号	符　　号	名　　称	ISO/IEC 注册号
12.1	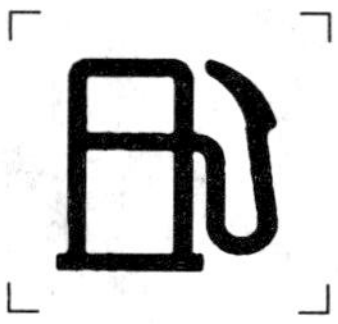	燃油 fuel (如果只显示燃油油位,则该符号可用于指示液位,燃油型号可在符号内显示)	0245
12.2		燃油——压力 fuel—pressure	1392
12.3	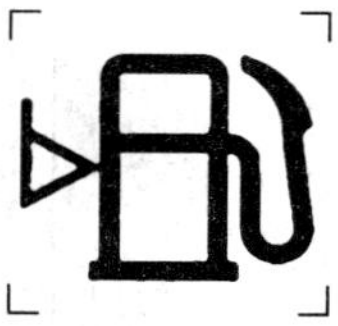	燃油——油位 fuel—level	1551

序号	符　　　号	名　　　称	ISO/IEC 注册号
12.4		燃油——滤清器 fuel—filter	1393
12.5	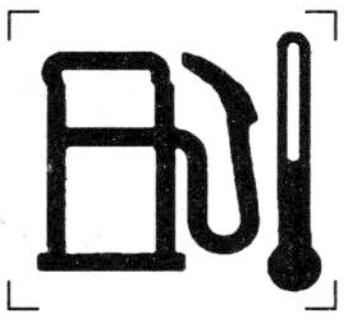	燃油——温度 fuel—temperature	1394
12.6		燃油系统——故障/失灵 fuel system—failure/malfunction	1391
12.7		燃油切断 fuel shut-off (不能作为发动机停止符号)	1395 (第二版)
12.8		柴油(压缩点火) diesel fuel(compressor-ignition)	1541

13 照明符号

序号	符　　　号	名　　　称	ISO/IEC 注册号
13.1	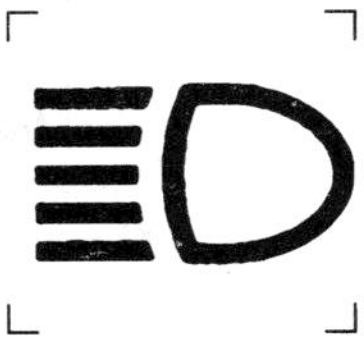	前照灯——远光束/高光束 headlights—main/high beam	0082

序号	符　　号	名　　称	ISO/IEC 注册号
13.2	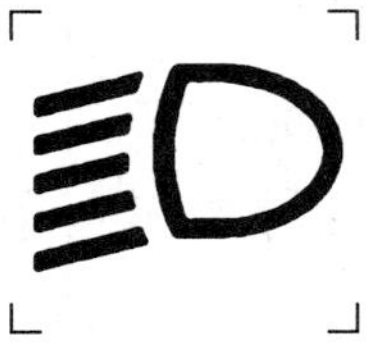	前照灯——近光束/低光束 headlights—dipped/low beam	0083
13.3		工作灯;泛光灯 worklight;floodlight	1204
13.4	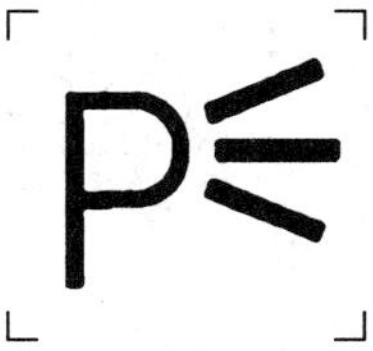	驻车灯 parking light	0240
13.5		危险警示灯 hazard warning lights	0085
13.6		标志灯 beacon	1141 (第二版)
13.7		示廓灯/位置灯 clearance/position lights	0456

序号	符　　号	名　　称	ISO/IEC 注册号
13.8	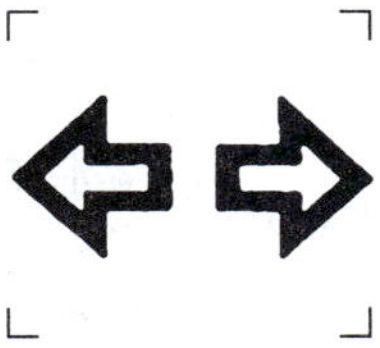	转向信号 turn signals	0084
13.9		前雾灯 front fog-lights (如果前、后雾灯共用一个开关,则应定为前雾灯的符号)	0633
13.10		后雾灯 rear fog-lights (如果前、后雾灯共用一个开关,则应定为前雾灯的符号)	0634

14 视窗符号

序号	符　　号	名　　称	ISO/IEC 注册号
14.1	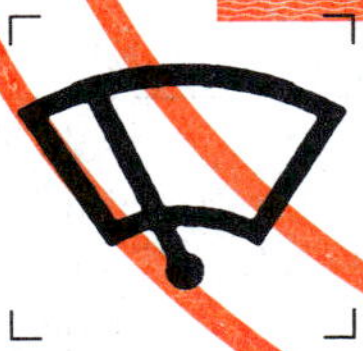	前风窗玻璃/前风挡刮水器 windscreen/windshield wiper	0086
14.2		前风窗玻璃/前风挡清洗器 windscreen/windshield washer	0088
14.3		前风窗玻璃/前风挡清洗器和刮水器 windscreen/windshield washer and wiper	0087

序号	符　　号	名　　称	ISO/IEC 注册号
14.4		前风窗玻璃/前风挡除雾器/除霜器 windscreen/windshield demister/defroster	0635
14.5		后风窗玻璃刮水器 rear window wiper	0097
14.6		后风窗玻璃清洗器 rear window washer	0099
14.7		后风窗玻璃清洗器和刮水器 rear window washer and wiper	0098
14.8		后风窗玻璃除雾器/除霜器 rear window demister/defroster	0636

15　伸缩式臂架起重机符号

序号	符　　号	名　　称	ISO/IEC 注册号
15.1		臂架——向上变幅 jib(boom)—luffing up(raise)	2220

序号	符　　号	名　　称	ISO/IEC 注册号
15.2		臂架——向下变幅 jib(boom)—luffing down(lower)	2221
15.3		载荷——起升 load—hoist	2222
15.4	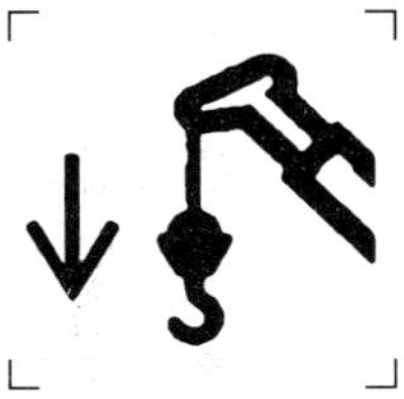	载荷——下降 load—lower	2223
15.5		伸缩——伸出 telescope—extend	2224
15.6	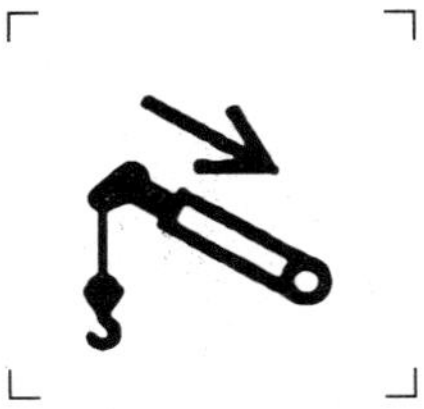	伸缩——缩回 telescope—retract	2225
15.7		臂架——向左回转 jib(boom)—slew left	2226

序号	符　　号	名　　称	ISO/IEC 注册号
15.8		臂架——向右回转 jib(boom)—slew right	2227
15.9		臂架——回转锁定 jib(boom)—slew lock	2228
15.10		臂架——回转制动 jib(boom)—slew brake	2229

16　固定长度臂架起重机符号

序号	符　　号	名　　称	ISO/IEC 注册号
16.1		臂架——向上变幅 jib(boom)—luffing up(raise)	2230
16.2		臂架——向下变幅 jib(boom)—luffing down(lower)	2231
16.3		载荷——起升 load—hoist	2232

序号	符　　号	名　　称	ISO/IEC 注册号
16.4	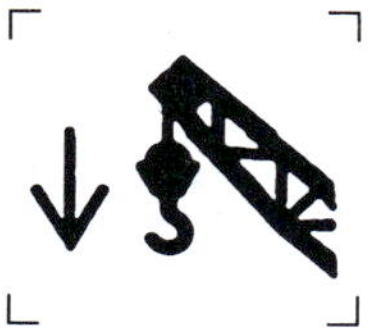	载荷——下降 load—lower	2233
16.5		臂架——向左回转 jib(boom)—slew left	2234
16.6		臂架——向右回转 jib(boom)—slew right	2235
16.7		臂架——回转锁定 jib(boom)—slew lock	2236
16.8		臂架——回转制动 jib(boom)—slew brake	2237

17　抓斗符号

序号	符　　号	名　　称	ISO/IEC 注册号
17.1		抓斗——基本符号 clamshell bucket—basic symbol	1494

序号	符　　号	名　　称	ISO/IEC 注册号
17.2		抓斗——开启 clamshell bucket—open	1495
17.3		抓斗——闭合 clamshell bucket—close	1496
17.4		抓斗——旋转 clamshell bucket—rotate	2082
17.5		抓斗——顺时针旋转 clamshell bucket—rotate clockwise	1497
17.6		抓斗——逆时针旋转 clamshell bucket—rotate counter-clockwise	1498

18　抓钳符号

序号	符　　号	名　　称	ISO/IEC 注册号
18.1		抓钳——基本符号 grapple—basic symbol	1499

序号	符　　号	名　　称	ISO/IEC 注册号
18.2	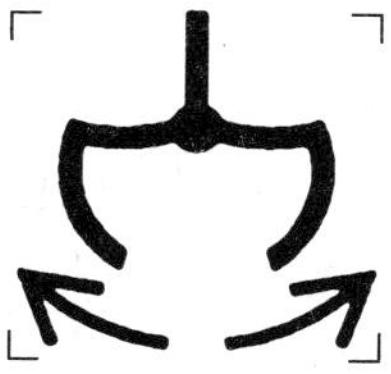	抓钳——开启 grapple—open	1500
18.3		抓钳——闭合 grapple—close	1501
18.4		抓钳——旋转 grapple—rotate	1502
18.5		抓钳——顺时针旋转 grapple—rotate clockwise	2083
18.6		抓钳——逆时针旋转 grapple—rotate counter-clockwise	2084

19 卷扬符号

序号	符　　号	名　　称	ISO/IEC 注册号
19.1	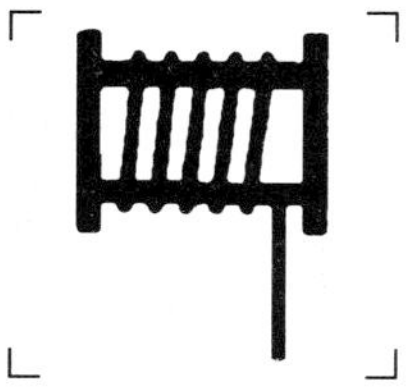	卷扬——基本符号 winch—basic symbol	1176

序号	符　　　号	名　　　称	ISO/IEC 注册号
19.2	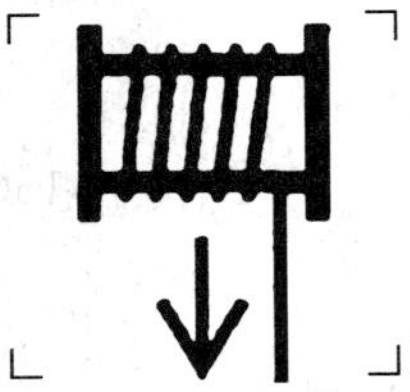	卷扬——卷出 winch—spool out	1539
19.3	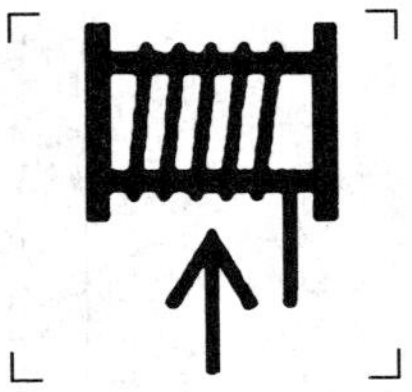	卷扬——卷入 winch—spool in	1538
19.4		卷扬——自由卷绕 winch—free spool	1540
19.5	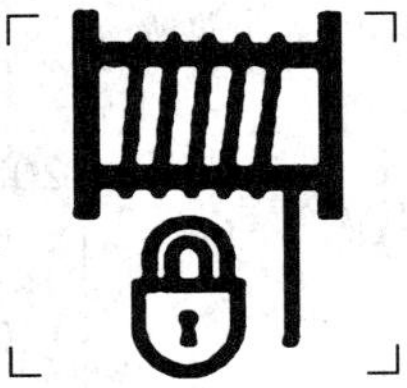	卷扬——锁定 winch—lock	2070
19.6		卷扬——制动 winch—brake	2071

20　支腿符号

序号	符　　　号	名　　　称	ISO/IEC 注册号
20.1	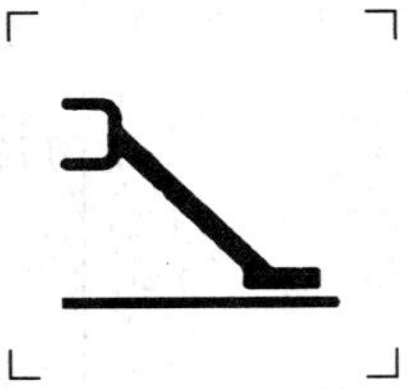	支腿——基本符号 stabilizer—basic symbol	2072

序号	符　　号	名　　称	ISO/IEC 注册号
20.2	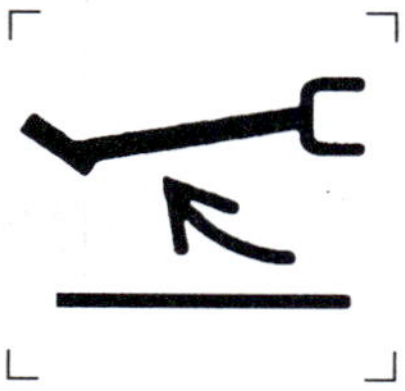	左支腿——上升/升起 left stabilizer—up/raise	2073
20.3		左支腿——下降/降低 left stabilizer—down/lower	2074
20.4		右支腿——上升/升起 right stabilizer—up/raise	1292 (第二版)
20.5		右支腿——下降/降低 right stabilizer—down/lower	1291 (第二版)
20.6		左支腿——伸出 left stabilizer—extend	2075
20.7		左支腿——缩回 left stabilizer—retract	2076

序号	符　　号	名　　称	ISO/IEC 注册号
20.8		右支腿——伸出 right stabilizer—extend	1536 (第二版)
20.9		右支腿——缩回 right stabilizer—retract	1537 (第二版)

21 外伸支腿符号

序号	符　　号	名　　称	ISO/IEC 注册号
21.1	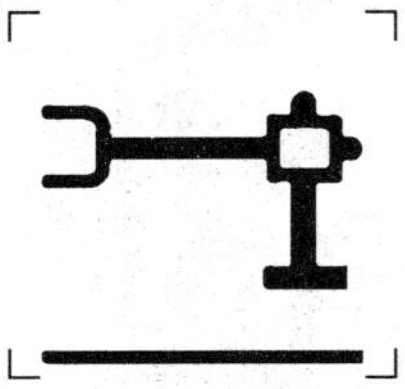	外伸支腿——基本符号 outrigger—basic symbol	2077
21.2	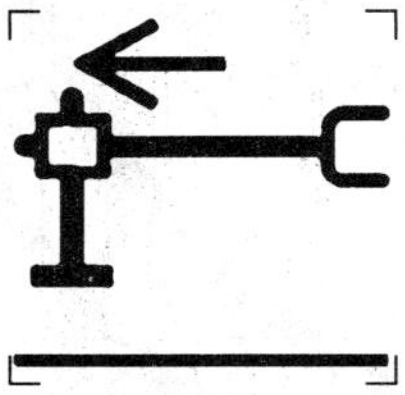	外伸支腿——左支腿梁伸出——水平伸出 outrigger—left beam out—horizontal extension only	2078
21.3	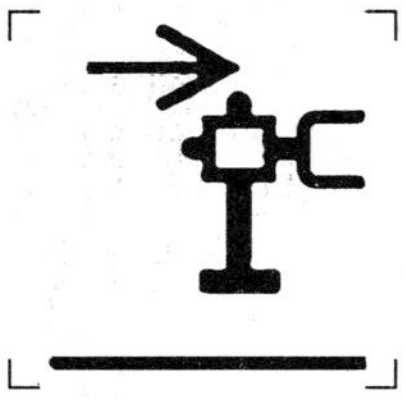	外伸支腿——左支腿梁缩回——水平缩回 outrigger—left beam in—horizontal retraction only	2079
21.4	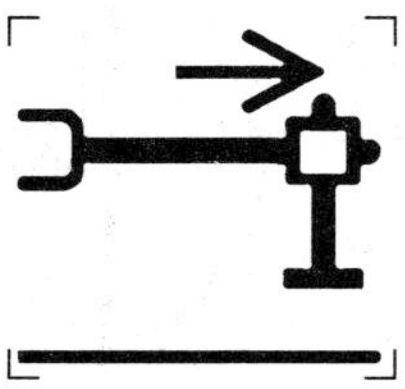	外伸支腿——右支腿梁伸出——水平伸出 outrigger—right beam out—horizontal extension only	0746 (第二版)

序号	符　　　号	名　　　称	ISO/IEC 注册号
21.5		外伸支腿——右支腿梁缩回——水平缩回 outrigger—right beam in—horizontal retraction only	0747 (第二版)
21.6	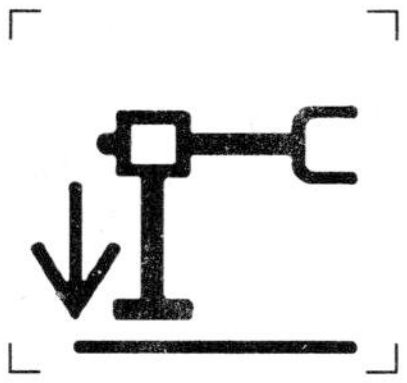	外伸支腿——左油缸下降——垂直伸出 outrigger—left jack down—vertical extension only	2080
21.7	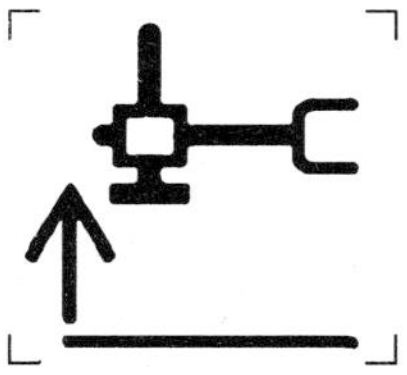	外伸支腿——左油缸上升——垂直缩回 outrigger—left jack up—vertical retraction only	2081
21.8	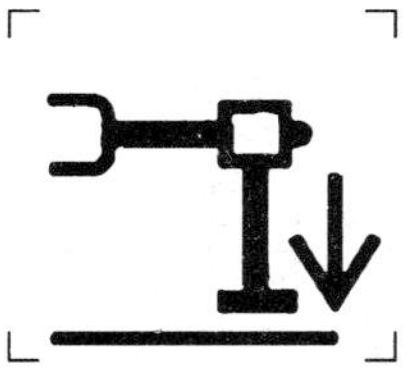	外伸支腿——右油缸下降——垂直伸出 outrigger—right jack down—vertical extension only	0750 (第二版)
21.9	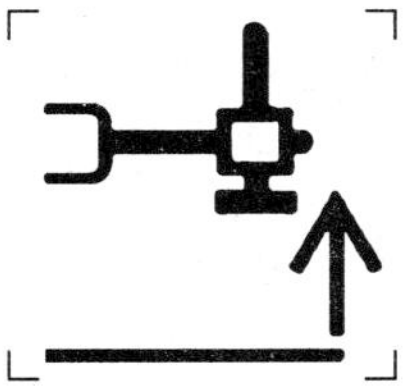	外伸支腿——右油缸上升——垂直缩回 outrigger—right jack up—vertical retraction only	0751 (第二版)

参 考 文 献

[1] ISO 7000:1989 设备用图形符号 索引和对照表.

[2] IEC 417:1973 设备用图形符号 索引、一览表、单张资料及其补充件的汇编(IEC 417A:1974、IEC 417B:1975、IEC 417C:1977、IEC 417D:1978、IEC 417E:1980、IEC 417F:1982、IEC 417G:1985、IEC 417H:1987、IEC 417J:1990、IEC 417K:1991、IEC 417L:1993).

中 文 索 引

Y

Z

英 文 索 引

A

B

C

D

E

F

G

ICS 53.020.20
J 80

中华人民共和国国家标准

GB/T 25195.3—2010/ISO 7296-3:2006

起重机　图形符号
第3部分:塔式起重机

Cranes—Graphical symbols—Part 3:Tower cranes

(ISO 7296-3:2006,IDT)

2010-09-26 发布　　2011-02-01 实施

中华人民共和国国家质量监督检验检疫总局
中国国家标准化管理委员会　发布

前　言

GB/T 25195《起重机械　图形符号》分为5个部分：

——第1部分：总则；

——第2部分：流动式起重机；

——第3部分：塔式起重机；

——第4部分：臂架起重机；

——第5部分：桥式和门式起重机。

本部分为GB/T 25195的第3部分。

本部分等同采用ISO 7296-3:2006《起重机　图形符号　第3部分：塔式起重机》(英文版)。

本部分等同翻译ISO 7296-3:2006 。

为了便于使用，本部分作了下列编辑性修改：

——"ISO 7296的本部分"一词改为"GB/T 25195的本部分"；

——删除ISO 7296-3:2006的前言和引言；

——对于ISO 7296-3:2006引用的国际标准，用已被采用为我国的标准代替对应的国际标准；

——按照GB/T 1.1的编写格式，将"范围"、"规范性引用文件"和"图形符号"加了章号；

——增加了中文索引和英文索引。

本部分的附录A为资料性附录。

本部分由中国机械工业联合会提出。

本部分由全国起重机械标准化技术委员会(SAC/TC 227)归口。

本部分起草单位：北京建筑机械化研究院、北京建研机械科技有限公司。

本部分主要起草人：孙艳秋、张海云。

起重机　图形符号
第3部分:塔式起重机

1　范围

GB/T 25195的本部分规定了在GB/T 6974.3中所定义的塔式起重机操作控制装置和其他显示装置的图形符号。

附录A列举了各种图形符号组合应用的示例。

2　规范性引用文件

下列文件中的条款通过GB/T 25195的本部分的引用而成为本部分的条款。凡是注日期的引用文件,其随后所有的修改单(不包括勘误的内容)或修订版均不适用于本部分,然而,鼓励根据本部分达成协议的各方研究是否可使用这些文件的最新版本。凡是不注日期的引用文件,其最新版本适用于本部分。

GB/T 6974.3　起重机　术语　第3部分:塔式起重机(GB/T 6974.3—2008,ISO 4306-3:2003,IDT)

3　图形符号

序号	符　号	名　称	ISO/IEC 注册号
1	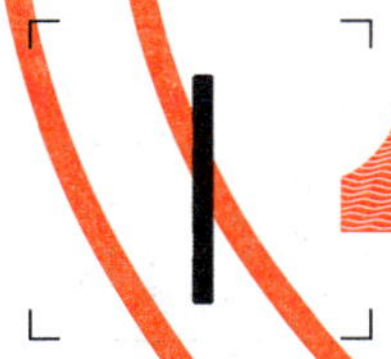	接通(电源) on (power)	IEC 60417-5007
2	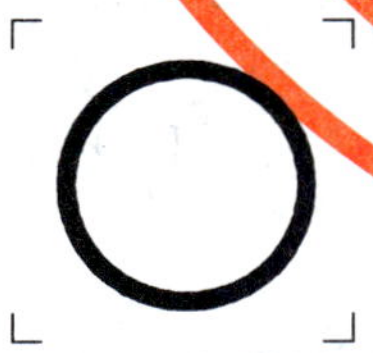	断开(电源) off (power)	IEC 60417-5009
3		接通/断开(按/按) on/off (push/push)	IEC 60417-5010
4		接通/断开(按下按钮) on/off (push button)	IEC 60417-5011

序号	符　号	名　　称	ISO/IEC 注册号
5	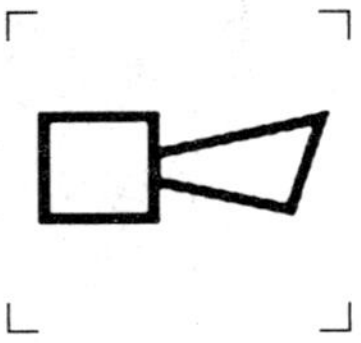	喇叭 horn	IEC 60417-5014
6		风扇 ventilator	ISO 7000-1118
7		通风扇；换气扇 ventilating fan; air-circulating fan	ISO 7000-0089
8		温度 temperature	ISO 7000-0034
9	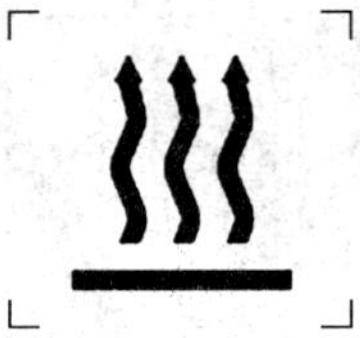	室内暖气 interior heating	ISO 7000-0637B
10		冷气 cooling	ISO 7000-0027
11		旋转标志灯 rotating beacon	ISO 7000-1141A
12		照明;灯 lighting;lamp	IEC 60417-5012

序号	符　号	名　　称	ISO/IEC 注册号
13		泛光灯 floodlight	ISO 7000-1204 (ISO 7296-1062)
14	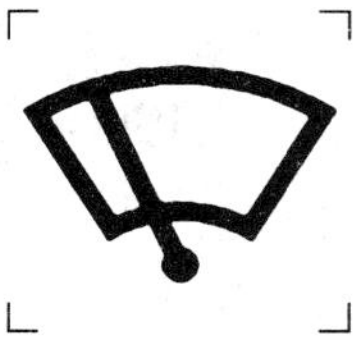	风挡刮水器 windscreen wiper	ISO 7000-0086
15		风挡清洗器 windscreen washer	ISO 7000-0088
16	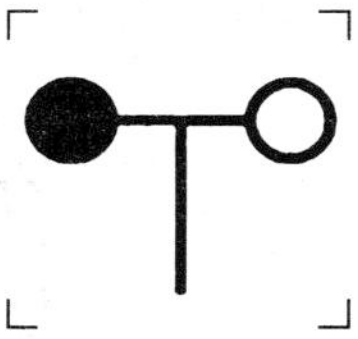	风速 wind speed	ISO 7000-1698 (ISO 7296-1052)
17	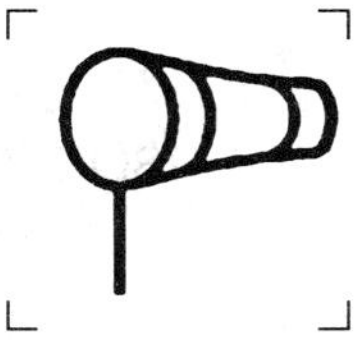	风向 wind direction	ISO 7000-1699 (ISO 7296-1053)
18	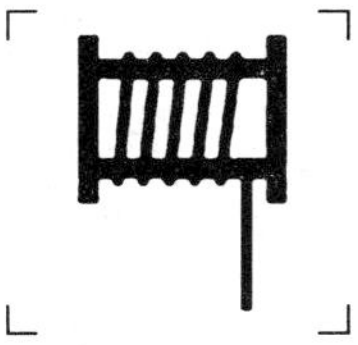	钢丝绳卷扬 rope winch	ISO 7000-1176
19	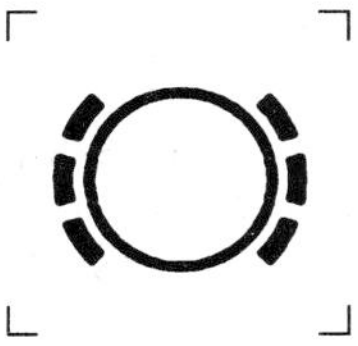	制动器衬垫磨损 brake lining wear	ISO 7000-1408
20	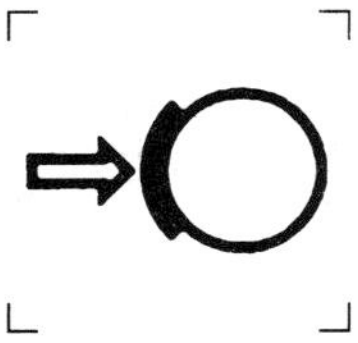	制动器制动 brake on	ISO 7000-0020

序号	符　号	名　　称	ISO/IEC 注册号
21	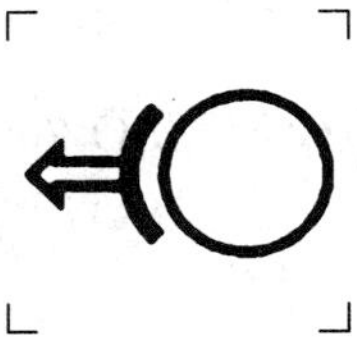	制动器不制动 brake off	ISO 7000-0021
22	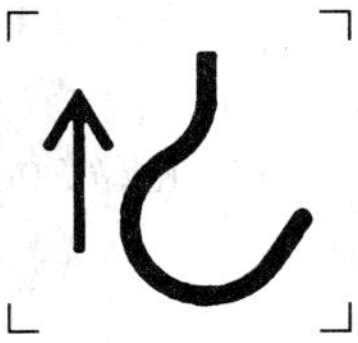	吊钩总成:起升 hook assembly:lift	ISO 7000-1682 (ISO 7296-1020)
23	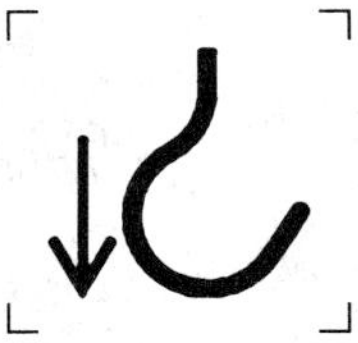	吊钩总成:下降 hook assembly: lower	ISO 7000-1683 (ISO 7296-1021)
24	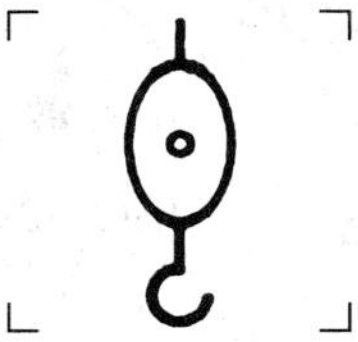	绕绳方式——单绳 rope reeve—single fall	ISO 7000-2755
25	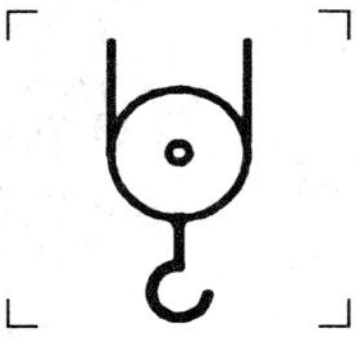	绕绳方式——双绳 rope reeve—two falls	ISO 7000-2756
26		绕绳方式——四绳 rope reeve—four falls	ISO 7000-2757
27	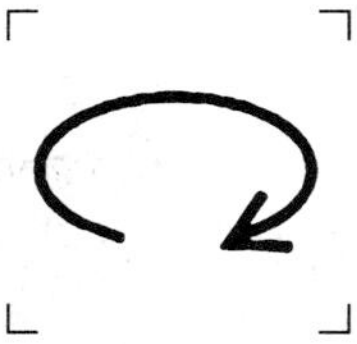	连续回转——三维表示 direction of continuous rotation—threedimensional presentation	ISO 7000-0440
28	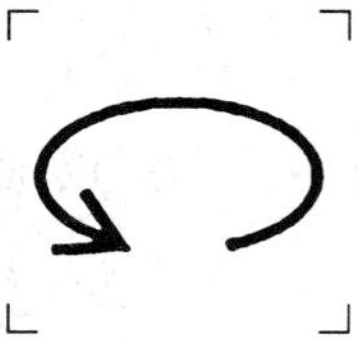	连续回转——逆时针; 反向回转——顺时针 direction of continuous rotation—anticlockwise; slewing counter—clockwise	ISO 7000-0941

序号	符　号	名　　称	ISO/IEC 注册号
29		双向自由回转(臂架风向标) slewing in both directions unlocked (jib weathervaning)	ISO 7000-2761
30	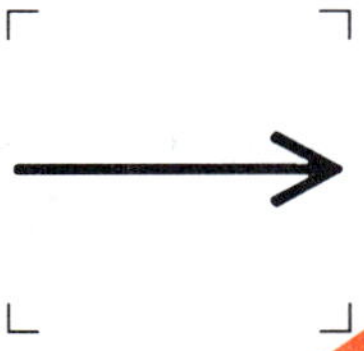	单向运动 movement in one direction	IEC 60417-5022
31		载重小车 crane trolley	ISO 7000-2758
32		上仰变幅 luff in	ISO 7000-1684
33		下俯变幅 luff out	ISO 7000-1685
34		伸缩臂伸出 telescopic boom extend	ISO 7000-1686
35		伸缩臂缩回 telescopic boom retract	ISO 7000-1687
36	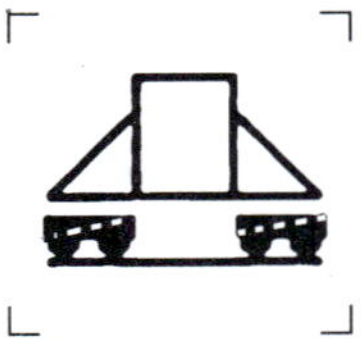	起重机基础——轨道基础 crane base—rail mounted	ISO 7000-2759

序号	符　号	名　　称	ISO/IEC 注册号
37		夹轨器夹紧 rail clamp engaged	ISO 7000-1696 (ISO 7296-1042)
38	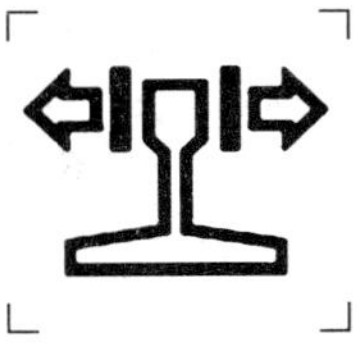	夹轨器松开 rail clamp disengaged	ISO 7000-1697 (ISO 7296-1043)
39		抓斗闭合 clamshell bucket, close	ISO 7000-1496
40	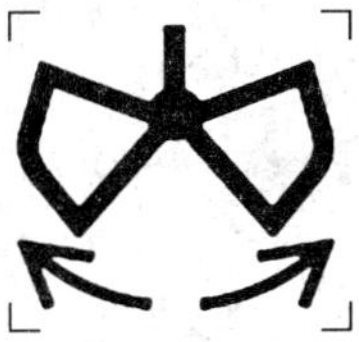	抓斗开启 clamshell bucket, open	ISO 7000-1495
41	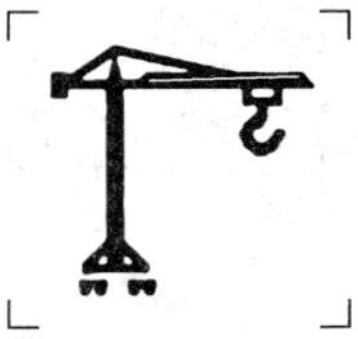	组装式塔式起重机 tower cranes assembled from component parts	ISO 7000-2762
42	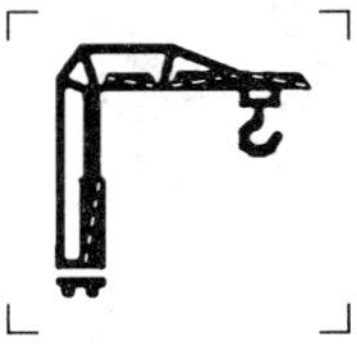	自行架设式塔式起重机 self-erecting cranes	ISO 7000-2763
43	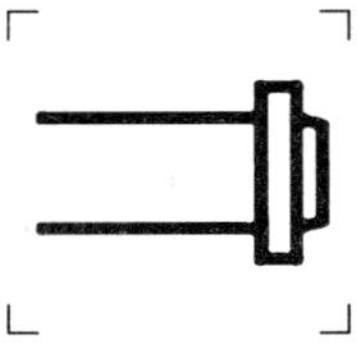	轴 spindle	ISO 7000-0267
44		危险警示 hazard warning	ISO 7000-0085

序号	符　号	名　　称	ISO/IEC 注册号
45		危险 danger	ISO 7000-0434A
46	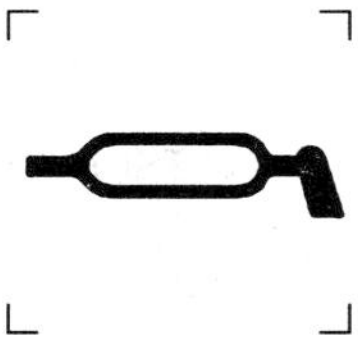	润滑脂 lubricant grease	ISO 7000-0787
47	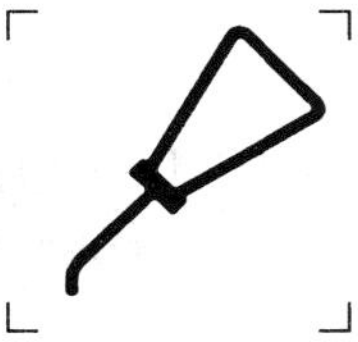	润滑油 lubricating oil	ISO 7000-0391
48	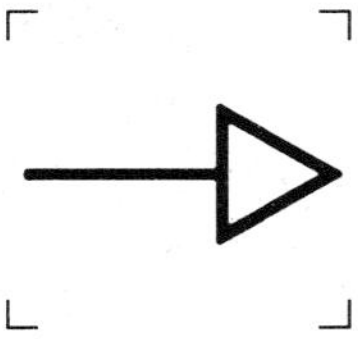	常速运动 normal run	IEC 60417-5107A
49	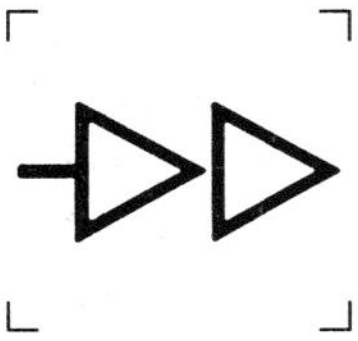	快速运动 fast run	IEC 60417-5108A
50	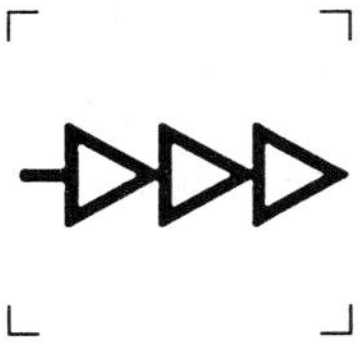	高速 fast speed	ISO 7000-0944
51	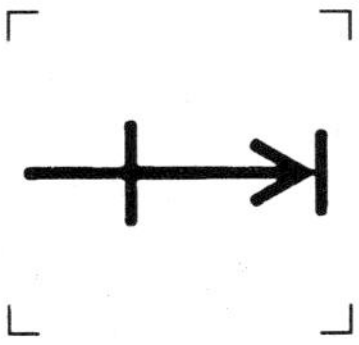	直行超程 over-travel, rectilinear	ISO 7000-0256
52	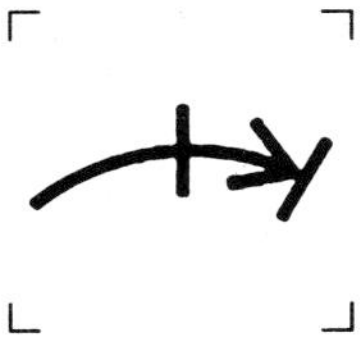	回转超程 over-travel, rotary	ISO 7000-0781

序号	符　号	名　　称	ISO/IEC 注册号
53	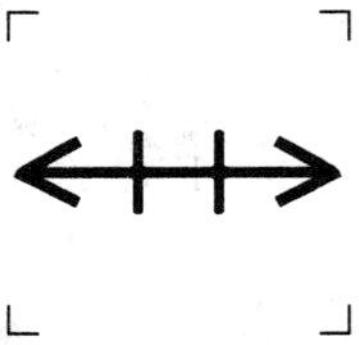	超程限制——双向 limit override—in two directions	ISO 7000-2764
54	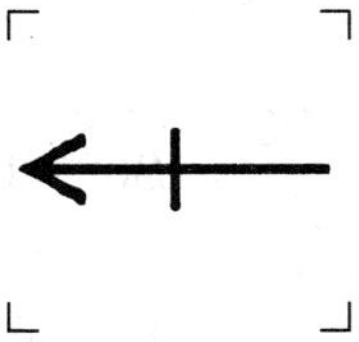	超程限制——单向 limit override—in one direction	ISO 7000-2765
55	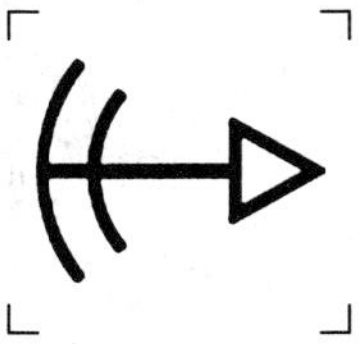	大幅减速运动;大幅减速 much reduced run; much reduced speed	ISO 7000-0528

附 录 A
（资料性附录）
图形符号组合示例

序号	符 号	名 称	ISO/IEC 注册号
1		组装式塔式起重机倾覆力矩限制器——力矩值 turning moment limiting device for tower cranes assembled from component parts—moment value	ISO 7000-2766
2		自行架设式塔式起重机倾覆力矩限制器——力矩值 turning moment limiting device for self-erecting cranes—moment value	ISO 7000-2767
3		起重量限制器——起重量 load limiting device—load value	ISO 7000-2768
4		轨道式起重机行走限位器——单向 crane base—rail mounted, travel limit device—one direction	ISO 7000-2769
5	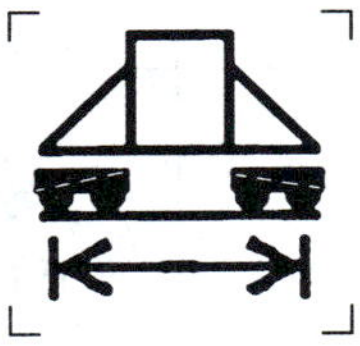	轨道式起重机行走限位器——双向 crane base—rail mounted, travel limit device—two directions	ISO 7000-2770
6	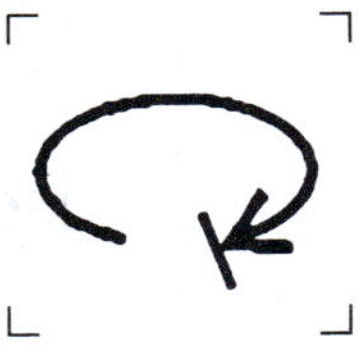	回转限位器——顺时针 slew limit device—clockwise	ISO 7000-2771

序号	符　号	名　　称	ISO/IEC 注册号
7	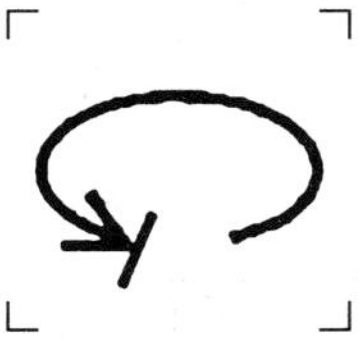	回转限位器——逆时针 slew limit device—anticlockwise	ISO 7000-2772
8	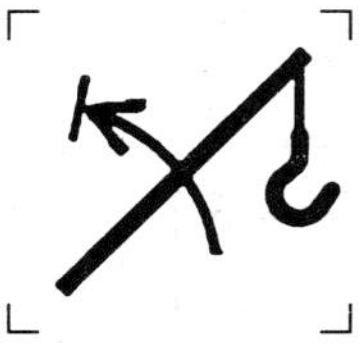	上仰限位器 upper luffing limit device	ISO 7000-2773
9	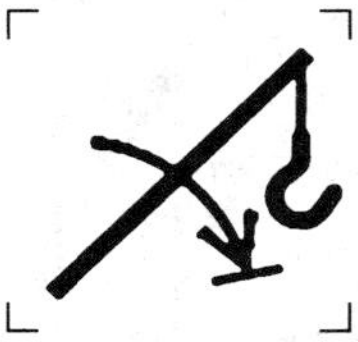	下俯限位器 lower luffing limit device	ISO 7000-2774
10	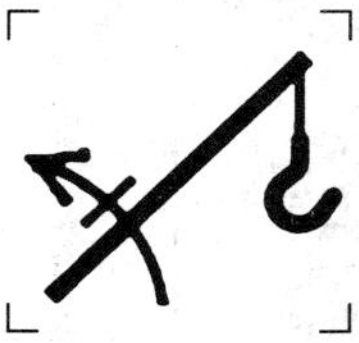	上仰超程限位器 upper luffing limit override device	ISO 7000-2775
11	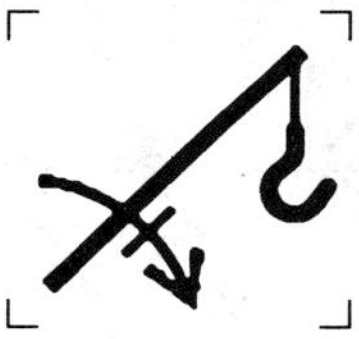	下俯超程限位器 lower luffing limit override device	ISO 7000-2776
12	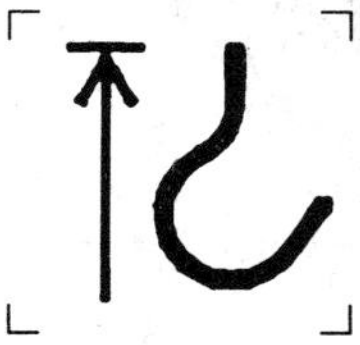	起升高度限位器 upper hoist limit device	ISO 7000-2777
13	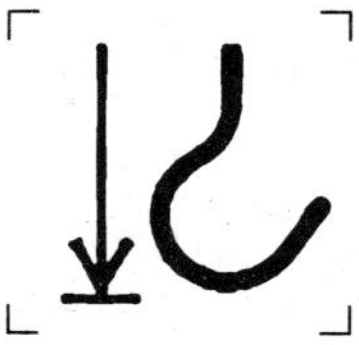	下降深度限位器 lower hoist limit device	ISO 7000-2778
14	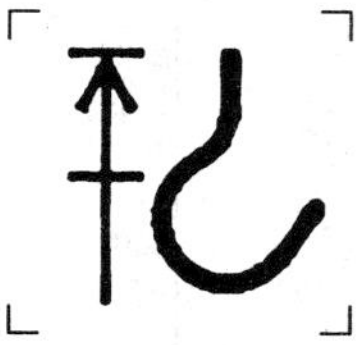	起升超程限制 upper hoist limit override	ISO 7000-2779

序号	符　号	名　　称	ISO/IEC 注册号
15		小车向后行走限位器 trolley travelling limit device—backward	ISO 7000-2780
16		小车向前行走限位器 trolley travelling limit device—forward	ISO 7000-2781
17		小车后行 trolley travelling backwards	ISO 7000-2782
18		小车前行 trolley travelling forwards	ISO 7000-2783
19	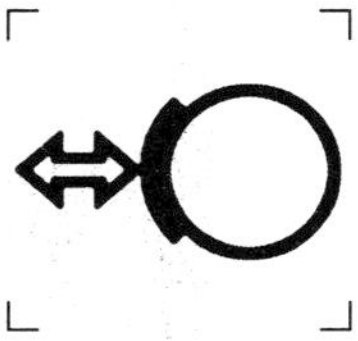	制动器制动或不制动 brake on or brake off	ISO 7000-1173

参 考 文 献

[1] ISO 7000:2004 设备用图形符号 索引和一览表(可上网获得:www. graphical-symbols. info/).

[2] ISO 7296-1:1991 起重机 图形符号 第1部分:总则[1).

[3] DIN 30600 图形符号、注册号、标记.

[4] FEM 1.003 塔式起重机 图形符号[2).

[5] IEC 60417 设备用图形符号(可上网获得:www. graphical-symbols. info/).

1) 此标准已被 GB/T 25195.1—2010 等同采用。

2) FEM 是欧洲机械搬运协会的缩写。

中文索引

英 文 索 引

A

B

C

D

F

H

I

L

M

N

O

R

S

ICS 53.020.20
J 80

中华人民共和国国家标准

GB/T 25196.1—2010/ISO 12482-1:1995

起重机　状态监控
第1部分:总则

Cranes—Condition monitoring—
Part 1:General

(ISO 12482-1:1995,IDT)

2010-09-26 发布　　2011-02-01 实施

中华人民共和国国家质量监督检验检疫总局
中国国家标准化管理委员会　发布

前　言

GB/T 25196《起重机　状态监控》分为5个部分：

——第1部分：总则

——第2部分：流动式起重机

——第3部分：塔式起重机

——第4部分：臂架起重机

——第5部分：桥式和门式起重机

本部分为GB/T 25196的第1部分。

本部分等同采用ISO 12482-1:1995《起重机　状态监控　第1部分：总则》(英文版)。

本部分等同翻译ISO 12482-1:1995。

为了便于使用，本部分作了下列编辑性修改：

——"ISO 12482的本部分"一词改为"GB/T 25196的本部分"；

——删除ISO 12482-1:1995的前言；

——用小数点"."代替作为小数点的逗号","；

——对于ISO 12482-1:1995引用的其他国际标准，用已被等同采用为我国的标准代替对应的国际标准；未等同采用为我国标准的直接引用国际标准。

本部分的附录A为规范性附录。

本部分由中国机械工业联合会提出。

本部分由全国起重机械标准化技术委员会(SAC/TC 227)归口。

本部分起草单位：大连重工·起重集团有限公司、北京起重运输机械设计研究院。

本部分主要起草人：桂佩康、李维越、何铀。

引　言

GB/T 25196 的使用者应注意:任何起重机都不可能设计并制造成无限制使用的机械。所有起重机都应在其设计约束条件内工作,因而对起重机都应进行状态监控。

起重机 状态监控
第1部分:总则

1 范围

GB/T 25196 的本部分规定了监控起重机工作状态所需作的特殊评估。目的是:

——确保起重机在预定用途下的设计约束条件得到明确认定;

——在起重机使用一段时间后并已接近这些约束条件时,规定应采取的措施用以确保新的安全使用期。

2 规范性引用文件

下列文件中的条款通过 GB/T 25196 的本部分的引用而成为本部分的条款。凡是注日期的引用文件,其随后所有的修改单(不包括勘误的内容)或修订版均不适用于本部分,然而,鼓励根据本部分达成协议的各方研究是否可使用这些文件的最新版本。凡是不注日期的引用文件,其最新版本适用于本部分。

GB/T 6974.1—2008 起重机 术语 第1部分:通用术语(ISO 4306-1:2007,IDT)

GB/T 6974.2 起重机 术语 第2部分:流动式起重机(GB/T 6974.2—2010,ISO 4306-2:1994,IDT)

GB/T 6974.3 起重机 术语 第3部分:塔式起重机(GB/T 6974.3—2008,ISO 4306-3:2003,IDT)

GB/T 20863(所有部分) 起重机械 分级[ISO 4301(所有部分)]

GB/T 20863.1—2007 起重机械 分级 第1部分:总则(ISO 4301-1:1986,Cranes and lifting appliances—Classification—Part 1:General,IDT)

GB/T 23724.1—2009 起重机 检查 第1部分:总则(ISO 9927-1:1994,IDT)

3 术语和定义

GB/T 6974.1、GB/T 6974.2 和 GB/T 6974.3 确立的以及下列术语和定义适用于 GB/T 25196 的本部分。

3.1

约束条件 constraint

根据 GB/T 20863(所有部分)的预定用途认定的用于评估的边界参数。

3.2

特殊评估(SA) special assessment (SA)

当起重机接近设计约束条件时应对该起重机所做的全面检验和评价。

3.3

大修(GO) general overhaul (GO)

在进行一次特殊评估后,根据评估报告的建议,在继续投入使用前对起重机所需采取的所有行动。

3.4

安全工作期(SWP) safe working period (SWP)

在连续两次大修之间的时间段。

3.5

系列起重葫芦 serial hoist

根据GB/T 6974.1—2008的6.7,作为一种特定起重机或特定用途而单独设计和制造的起重装置。

4 特殊评估

起重机应按GB/T 23724.1—2009规定的周期进行检查。但当起重机使用到接近其设计约束条件时,应进行一次特殊评估来监控起重机的状态。

起重机供应商应确保向起重机用户或机主提供何时和如何进行这种评估的准则(例如:起重机工作循环次数、载荷谱等)。

对所有可能影响起重机安全使用的受损零部件都应进行特殊评估,包括以下主要零部件组:

——承载结构;

——机械系统;

——液压系统;

——气力系统;

——电气系统;

——安全系统。

起重机用户或机主应切实保留确定起重机接近设计约束条件的完整记录(见第8章)。在定期检查期间(见GB/T 23724.1—2009)应检查这些记录,以保证在适当的时间进行特殊评估。

注:应考虑到各个起重机部件接近设计约束条件的时间不同(例如:起升机构会先于大车运行机构接近设计约束条件)。

5 特殊评估的责任

按供货商(见第7章)提供的资料确定的特殊评估步骤应在专业工程师(见GB/T 23724.1—2009)的监督下进行。必要时,专业工程师可以寻求特种检验专家的协助。

提交起重机用户或机主的报告中应包括特殊评估的结果以及结论、要求或建议(见第9章)。

6 用户或机主的责任

6.1 用户或机主的职责

起重机用户或机主应确保:

a) 保存起重机使用、检查和维护的记录;

b) 在适当的时间进行特殊评估;

c) 按特殊评估报告的要求在起重机继续投入使用前对起重机进行大修。

6.2 无评估准则的情况

在用户或机主没有起重机评估准则的情况下,应采用以下准则简述何时进行特殊评估:

a) 报告所述故障缺陷出现的频度增加;

b) 定期检查(见GB/T 23724.1—2009)显示起重机工作状况明显恶化。

超过下列出厂年限的起重机在任何情况下都不应再进行特殊评估:

——塔式起重机、随车起重机、流动式起重机:10年;

——所有其他起重机:20年。

7 特殊评估准则

起重机供应商应确保在提供起重机特殊评估准则时包括以下各项:

a) 适当的载荷循环次数或工作小时数;

b） 大车运行距离；

c） 载荷谱；

d） 起重机经受的异常情况(例如:环境、气候或事故)；

e） 需要精确评估的零部件和部位清单；

f） 评估方式(测试、无损检测、超声波探测等)；

g） 验收标准。

验收标准应考虑起重机的实际使用情况，因此，起重机供应商不应只将使用时间作为唯一评估准则。

确定和评估系列起重葫芦设计约束条件的规定见附录 A。

8 起重机用户或机主的记录

8.1 记录内容

起重机用户或机主应保留足以认定起重机供货商所提供的标准记录，这些记录应同时包括维护、检查、意外事件(例如:误操作导致的非正常载荷、恶劣气候条件等)、事故停机、修理和改装等内容。

8.2 无记录的情况

当没有说明起重机使用情况的完整记录时，应按 GB/T 23724.1—2009 的附录 A 作检查并根据检查结果在起重机继续使用前进行所要求的处置。

在完成上述检查后十二个月内或由执行检查的人员规定的更早的时间内进行一次特殊评估。

9 特殊评估报告

执行特殊评估的专业工程师应起草一份报告，其包括的内容如下：

a） 参加特殊评估的所有人员的姓名和资格；

b） 用于评估的认定准则；

c） 特殊评估结果；

d） 在起重机继续使用前需要实施的行动计划要求(GO)；

e） 在规定时间段内建议实施的行动；

f） 下一次评估用的准则。

注：d)和 e)应符合起重机制造商的建议。

附 录 A
（规范性附录）
系列起重葫芦评估规定

由于起重葫芦内的许多零部件在规定的检查中无法触及，因此，本附录对系列起重葫芦作出了评估规定。

A.1 用于设计约束条件的分级

为了使系列起重葫芦尽可能切合实际工况条件，根据 GB/T 20863.1，系列起重葫芦按整台机构的工作级别进行分级。

假设已知符合 GB/T 20863.1 的载荷循环次数（已知运行距离、定位、起升地面载荷等关系）和载荷谱，分级的结果是设计约束条件 D，见表 A.1。

设计约束条件是用小时数表示系列起重葫芦运行时间。

图 A.1 表示了一台符合 GB/T 25196 的本部分的系列起重葫芦的作业。

表 A.1 系列起重葫芦的设计约束条件

载荷状态	载荷谱系数 K_m	设计约束条件 D/h							
		整台机构的工作级别（见 GB/T 20863.1）							
		M1	M2	M3	M4	M5	M6	M7	M8
1——轻	0.125	800	1 600	3 200	6 300	12 500	25 000	50 000	100 000
2——中	0.25	400	800	1 600	3 200	6 300	12 500	25 000	50 000
3——重	0.50	200	400	800	1 600	3 200	6 300	12 500	25 000
4——特重	1.00	100	200	400	800	1 600	3 200	6 300	12 500

A.2 设计约束条件

制造商、供应商或进口商等向用户提供一台系列起重葫芦时，应在使用说明书中提供以小时数表示的设计约束条件 D 以及这些约束条件依据的工况。工况可以用规定机构工作级别（见 GB/T 20863.1）或载荷谱的载荷谱系数 K_m 的方法来表示。

A.4.2 和 A.4.3 给出了根据实际使用寿命与表 A.1 中的载荷状态 4（“特重”，$K_m=1$）的设计约束条件 D 进行比较的计算。

A.3 工况记录

用户或机主应按三种方式（见 A.3.1～A.3.3）中的一种（或多种）记录工况，并应对工作日志的记录和相关资料的正确性负责。在定期检查中（见 GB/T 23724.1—2009），至少每年应整理提供一次此类文件。

A.3.1 仪器记录

工况和工作时间由专用仪器记录，实际使用寿命通过对所收集数据的分析计算得出。

A.3.2 提供工作日志文件及适用的计数器

系列起重葫芦的实际载荷谱系数 K_m 和有效工作时数 t_i 的有关资料应由用户或机主提供。系列起重葫芦应装设计算有效工作时间 t_i 的计数器（计量时间或距离），同时还应装设额定起重量限制器。

A.3.3 提供工作日志文件但无计数器

系列起重葫芦的实际载荷谱系数 K_m 和有效工作时数 t_i 的有关资料由起重葫芦的用户或机主提供。

A.4 达到设计约束条件

在每次检查中，负责检查的主管人员应检查起重机是否已达到设计约束条件。依据记录方式，认定下述情况已达到设计约束条件。

A.4.1 采用仪器记录

记录仪器显示已达到设计约束条件。

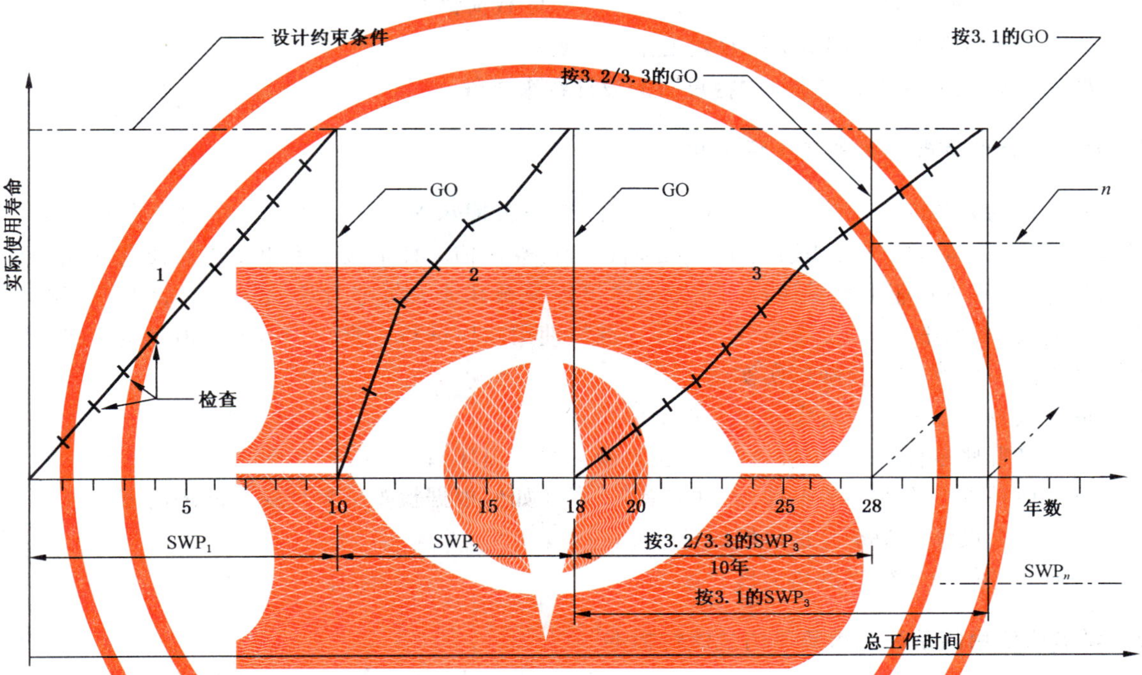

符号说明：

GO——大修；

1——符合分级的工作时段；

2——变化的工作时段(较重载荷)；

3——变化的工作时段(较轻载荷)；

n——新的设计约束条件(大修后)，它可以低于以前的设计约束条件，但应有起重机制造商的规定。

图 A.1 设计约束条件和安全工作期(SWP_S)

A.4.2 采用文件记录(带计数器)

在每次文件记录的时间段 i 之中，设计约束条件 D 的一部分 ΔD_i 已被用完。

ΔD_i 应乘以经验系数 $F_1=1.2$。

如果检查时式(A.1)成立，则表明该系列起重葫芦的设计约束条件已达到：

$$\sum_i(1.2\Delta D_i)\geqslant D \qquad \text{(A.1)}$$

式中：

$\Delta D_i=K_{mi}\cdot t_i$

ΔD_i——每一检查时间间隔 i 中，已用掉的部分使用寿命；

t_i——每一检查时间间隔 i 的有效工作小时数；

K_{mi}——每一检查时间间隔 i 中文件记录下的实际载荷谱系数；

D——表 A.1 中载荷状态 4(“特重”)的设计约束条件。

A.4.3 采用文件记录(无计数器)

由于超限时间过长且无记录,因此已用掉的部分使用寿命 ΔD_i 应乘上一个经验系数 $F_2=1.4$。如果检查时式(A.2)成立,则表明该系列起重葫芦的设计约束条件已达到:

$$\sum_i (1.4\Delta D_i) \geqslant D \qquad \cdots\cdots (A.2)$$

式中:

$\Delta D_i = K_{mi} \cdot t_i$

ΔD_i——每一检查时间间隔 i 中,已用掉的部分使用寿命;

K_{mi}——每一检查时间间隔 i 中文件记录下的实际载荷谱系数;

t_i——每一检查时间间隔 i 的有效工作小时数;

D——表 A.1 中载荷状态 4(“特重”)的设计约束条件。

A.5 达到设计约束条件后的特殊评估和大修

达到设计约束条件后,应对该系列起重葫芦进行一次特殊评估。当通过文件记录下起重葫芦工况时(带或不带计数器),应在使用后的 10 年之内进行特殊评估。评估应由起重葫芦的使用者或所有者提出,由制造商或一位专业工程师执行。制造商也可以委派其他人员进行评估。系列起重葫芦的评估后应递交评估报告(见第 9 章)。在系列起重葫芦继续使用前应进行大修(GO),大修由制造厂或制造厂委派的人员或由一位专业工程师落实实施。

制造厂或专业工程师应为大修规定如下内容:

——明确哪些零件、部件或装置应更换(即使无明显损坏);

——以何种方式检查哪些零件、部件或装置,以及如何根据检查结果更换有缺陷的零部件;

——哪些新设计限制条件是适用的;

——何时进行下一次评估和大修。

A.6 以前已使用的系列起重葫芦的过渡性标准

在 GB/T 25196 的本部分实施前已使用的系列起重葫芦的细则见 A.6.1～A.6.3 的规定。

A.6.1 设计约束条件

由制造厂、供货商或进口商等在较晚的日期给出的值应被用作设计约束条件 D。如果没有得到任何资料,并且通过与现行标准和设计值比较不能得出任何结论,设计约束条件 D 应为 50 h 并且应在 12 个月内进行一次特殊评估。

A.6.2 用户或机主的记录

根据 A.3,在整个工作期间应以文件的形式记录下各种工况,全部时间能分成几个不同工况的时间段(最好分成一些已知工况或未知工况的时间段)。在 GB/T 25196 的本部分生效后,设计约束条件的用掉部分应按 A.4 确定并在首次检查中记入工作日志。

A.6.2.1 以前工况未知的时间段

对于 GB/T 25196 的本部分实施前已在使用的系列起重葫芦,如以前的工况未被记录,为确定设计约束条件,作如下假设:

——工况的载荷谱系数为:$K_m=0.25$;

——$F=1.5$(经验系数);

——1 年按 250 个工作日计算;

——每天工作 1 h。

当式(A.3)成立时,认为系列起重葫芦的设计约束条件已达到:

$$\sum_i (1.5\Delta D_i) \geqslant D \qquad \cdots\cdots\cdots\cdots (A.3)$$

式中：

$\Delta D_i = 0.25 \times 1 \times 250 \times$ 年数

例如：根据上述假设，对于机构工作级别为 M4 的起重葫芦，在启用后 8.5 年内应计划作一次评估。

A.6.2.2 未使用系列起重葫芦的时间段

对于记录表明该系列起重葫芦没有使用的时间段，可假设载荷谱系数 $K_m = 0.125$，理论上平均工作时间为每天 0.5 h，经验系数 $F = 1.5$。

当式(A.4)成立时，认为该系列起重葫芦的设计约束条件已达到：

$$\sum_i (1.5\Delta D_i) \geqslant D \qquad \cdots\cdots\cdots\cdots (A.4)$$

式中：

$\Delta D_i = 0.125 \times 0.5 \times 250 \times$ 年数

例如：根据上述假设，对于机构工作级别为 M3 的起重葫芦，在尚未使用的情况下，出厂后 17 年内应进行一次评估。

A.6.3 特殊评估的提出

在下列情况下应按 A.5 的规定进行特殊评估：

——报告所述故障的频度增加；

——定期检查(见 GB/T 23724.1—2009)显示该系列起重葫芦的工作状况恶化；

——根据 A.4、A.6.2.1 或 A.6.2.2 设计约束条件 D 已达到。

如果没有任何来自制造商的评估资料，而设计约束条件 D 已达到或超过，该系列起重葫芦不应继续使用。

ICS 23.020.10
J 74

中华人民共和国国家标准

GB/T 25197—2010

静置常压焊接热塑性塑料储罐（槽）

Welded static non-pressurized thermoplastic tanks

2010-09-26 发布　　2011-02-01 实施

中华人民共和国国家质量监督检验检疫总局
中国国家标准化管理委员会　发布

前　言

本标准与 EN 12573:2000《静置常压焊接热塑性塑料储罐(槽)》(英文版)的一致性程度为非等效。

本标准的第 4 章根据 EN 12573-1:2000《静置常压焊接热塑性塑料储罐(槽)　第 1 部分:总则》(英文版)重新起草。

本标准的第 6 章根据 EN 12573-2:2000《静置常压焊接热塑性塑料储罐(槽)　第 2 部分:圆柱形立式储罐设计》(英文版)重新起草。

本标准的第 7 章根据 EN 12573-3:2000《静置常压焊接热塑性塑料储罐(槽)　第 3 部分:单壁矩形储槽》(英文版)重新起草。

本标准的第 8 章根据 EN 12573-4:2000《静置常压焊接热塑性塑料储罐(槽)　第 4 部分:法兰及其连接的设计》(英文版)重新起草。

本标准的附录 C 为规范性附录,附录 A、附录 B、附录 D、附录 E、附录 F 和附录 G 为资料性附录。

本标准由全国锅炉压力容器标准化技术委员会(SAC/TC 262)提出并归口。

本标准负责起草单位:阿丽贝(鞍山)塑料防腐设备有限公司。

本标准参加起草单位:辽宁科技大学、得利满水处理系统(北京)有限公司、天津硫酸厂、鞍钢股份有限公司、浙江佰通防腐设备有限公司、鞍山市宏图防腐工程技术有限公司。

本标准主要起草人:关玉华、张树义、方世杰、韩玉林、宁继龙、叶伯通、张奎海、李秀芳、王孝恒、赵百镇。

静置常压焊接热塑性塑料储罐(槽)

1 范围

1.1 本标准规定了静置常压焊接热塑性塑料储罐(槽)的总则、圆柱形立式储罐设计、单壁矩形储槽设计、法兰及其连接的设计。本标准还规定了静置常压焊接热塑性塑料储罐(槽)[以下简称储罐(槽)]的材料、制造、检验、标志、包装、运输和安装。

1.2 本标准适用于下列热塑性材料制造的储罐(槽),储罐(槽)容积范围为0.45 m^3～80 m^3:

a) 聚乙烯(PE);

b) 聚丙烯(PP);

c) 聚氯乙烯(PVC);

d) 聚偏二氟乙烯(PVDF)。

1.3 本标准计算时除考虑正常使用中液体静压力外,还考虑了因流体输送而引起的附加压力,附加压力限度为:

a) 上限值:+0.000 5 MPa;

b) 下限值:−0.000 3 MPa。

1.4 本标准所适用材料的使用温度范围为:

a) 聚乙烯:−30 ℃～45 ℃;

b) 聚丙烯:−10 ℃～80 ℃;

c) 聚氯乙烯:−10 ℃～60 ℃;

d) 聚偏二氟乙烯:−20 ℃～110 ℃。

1.5 本标准第6章未考虑风雪载荷的影响。

1.6 本标准第6章适用的罐体可由挤出缠绕成型、挤出成型或板材弯曲焊接成型。

1.7 本标准第7章适用的储槽可以采用与主体同种材料或其他材料制成的加强筋。

1.8 本标准第7章的计算以平板理论为基础,有关的薄膜理论在附录A中说明。

2 规范性引用文件

下列文件中的条款通过本标准的引用而成为本标准的条款。凡是注日期的引用文件,其随后所有的修改单(不包括勘误的内容)或修订版均不适用于本标准,然而,鼓励根据本标准达成协议的各方研究是否可使用这些文件的最新版本。凡是不注日期的引用文件,其最新版本适用于本标准。

GB/T 1033.1 塑料 非泡沫塑料密度的测定 第1部分:浸渍法、液体比重瓶法和滴定法(GB/T 1633.1—2008,ISO 1183-1:2004,IDT)

GB/T 1040.2 塑料 拉伸性能的测定 第2部分:模塑和挤塑塑料的试验条件(GB/T 1042.2—2006,ISO 5272:1993,IDT)

GB/T 1043.1 塑料 简支梁冲击性能的测定 第1部分:非仪器化冲击试验(GB/T 1043.1—2008,ISO 179-1:2000,IDT)

GB/T 1633 热塑性塑料软化点(维卡)试验方法(GB/T 1633—2000,idt ISO 306:1994)

GB/T 1844.1 塑料 符号和缩略语 第1部分:基础聚合物及其特征性能(GB/T 1844.1—2008,ISO 1043-1:2001,IDT)

GB/T 2035 塑料术语及其定义(GB/T 2035—2008,ISO 472:1999,IDT)

GB/T 3682 热塑性塑料熔体质量流动速率和熔体体积流动速率的测定

GB/T 22789.1 硬质聚氯乙烯板材 分类、尺寸和性能 第1部分：厚度1 mm以上板材(GB/T 22789.1—2008,ISO 11833-1:2007,IDT)

GB/T 13663 给水用聚乙烯管材

GB/T 18742.1 冷热水用聚丙烯管道系统 第1部分：总则

GB/T 19278 热塑性塑料管材、管件及阀门 通用术语及其定义

HG 20593 板式平焊钢制管法兰

3 术语和定义

GB/T 2035、GB/T 1844.1、GB/T 19278、GB/T 13663、GB/T 18742.1确定的以及下列术语和定义适用于本标准。

3.1

注满盛载量 brimful capacity

通过注入口到溢流口处的储罐盛水总量。

3.2

有效容积 maximum filling capacity

注满盛载量的95%。

3.3

常压 non-pressurized

液体静压力与附加压力之和，附加压力范围为＋0.000 5 MPa～－0.000 3 MPa。

3.4

槽壁 skin

储槽的基本结构件。

3.5

加强筋 stiffener

水平或竖直的附在槽体外表面的部分。

3.6

区格 panel

槽壁各加强筋之间的区域。

3.7

U形加强筋 U-frame

贯通储槽底部和侧壁的"U"型加强筋。

4 总则

4.1 概要

依据本标准设计储罐(槽)时应明确储罐(槽)使用条件。储罐(槽)使用条件参见附录B。

4.2 安全系数

储罐(槽)安全等级按设计安全系数的大小分为4个等级：

a) 2.0级(设计安全系数为2.0)；

b) 1.7级(设计安全系数为1.7)；

c) 1.5级(设计安全系数为1.5)；

d) 1.3级(设计安全系数为1.3)。

4.3 相容性

依据附录C的规定确定罐(槽)体材料与盛装物的相容性。

4.4 设计寿命

4.4.1 储罐(槽)的设计寿命为10～25年。

4.4.2 保护罐设计寿命为1年。

4.5 安全泄放口

对于密闭储罐(槽)应开设安全泄放口,安全泄放口的直径应为最大进料或排料口直径的1.3倍。

4.6 人孔

对于容积不小于2.0 m^3、且直径不小于1.2 m的密闭式储罐,应开设直径不小于500 mm的人孔。

4.7 焊接装配

焊接装配的设计参见附录D。

5 材料

5.1 制造储罐(槽)原材料应有产品质量合格证明及检验报告,各项检验结果应符合相关标准的规定。

5.2 挤出缠绕罐体的原材料应采用管道级树脂,技术要求见表1。

表1 原材料技术要求

物理性能	材质		试验方法
	聚丙烯(PP)	聚乙烯(PE)	
密度/(g/cm^3)	0.90～0.92	0.941～0.965	GB/T 1033.1
熔体流动速率/(g/10 min)	≤0.5	≤0.2	GB/T 3682
拉伸屈服强度/MPa	≥20	≥20	GB/T 1040.2
拉伸屈服伸长率/%	≥8	≥8	
简支梁缺口冲击强度(23 ℃)/(kJ/m^2)	≥8	≥20	GB/T 1043.1
维卡软化点/℃	≥135	≥120	GB/T 1633

5.3 板材的技术要求见表2。

表2 板材技术要求

物理性能	材质				试验方法
	聚丙烯(PP)	聚乙烯(PE)	聚氯乙烯(PVC)	聚偏二氟乙烯(PVDF)	
密度/(g/cm^3)	0.91～0.93	0.941～0.965	符合GB/T 22789.1	1.75～1.79	GB/T 1033.1
拉伸屈服强度/MPa	≥20	≥20		≥40	GB/T 1040.2
拉伸屈服伸长率/%	≥8	≥8		≥5	
简支梁缺口冲击强度(23 ℃)/(kJ/m^2)	≥10	≥20		≥19.6	GB/T 1043.1
维卡软化点/℃	≥135	≥120		—	GB/T 1633

5.4 热风挤出焊和热风焊的焊条必须与母材相同材质、相同型号,规格尺寸依据各制造厂加工条件自行确定。

6 圆柱形立式储罐设计

6.1 符号及缩写

a——焊缝厚度,mm;

b——管口补强环宽度,mm;

C_1——载荷增加系数;

C_2——材料系数；
C_3——双层罐体设计参数；
C——焊接影响系数，等于 $C_1 \times C_2$；
d——罐体内径，mm；
d_A——接管外径，mm；
$E_{c(al.)St.}$——稳定设计条件下（温度、应力、时间、介质、安全系数）材料的许用蠕变模量，MPa，见附录 C；
f_1——长期焊接系数；
g——重力加速度，m/s^2（9.81 m/s^2）；
g_d——面积重量，MPa；
h_F——液面高度，mm；
$h_{F(i)}$——（变壁厚罐体）第 i 段厚度的底部至液面高度，mm；
h_Z——罐体总高度，mm；
h_{ZF}——（变壁厚罐体）下段高度，mm；
l_m——稳定性计算中段罐体等效高度，mm；
l_o——稳定性计算上段罐体等效高度，mm；
l_u——稳定性计算下段罐体等效高度，mm；
p_e——外部附加压力，MPa；
p_i——内部附加压力，MPa；
p_{stat}——罐底承受的液体静压力，MPa；
$p_{stat(i)}$——第 i 段底部承受的液体静压力，MPa；
S——安全系数（见第 4 章）；
T_A——环境温度，℃；
T_D——罐盖温度，℃；
T_M——介质温度，℃；
t——罐体计算厚度，mm；
t_B——罐底厚度，mm；
t_D——罐盖厚度，mm；
t_m——稳定计算时中段罐体厚度，mm；
t_o——稳定计算时上段罐体厚度，mm；
t_u——稳定计算时下段罐体厚度，mm；
t_u^*——应力计算时下段罐体厚度，mm；
$t_{Z(i)}$——（变壁厚罐体）第 i 段厚度，mm；
t_{ZF}——单层壁罐体下段厚度，mm；
t_{ZN}——考虑了开孔补强的计算厚度，mm；
t_{ZF}'——多层壁罐体下段总厚度，mm；
t_{ZO}'——多层壁罐体外层厚度，mm；
t_{ZI}'——多层壁罐体内层厚度，mm；
V——有效容积，mm^3；
V_A——削弱系数；
α——罐盖倾斜角度，(°)；
ε——相对变形率，%；
λ——屈曲系数；
ρ——热塑性材料密度，g/cm^3；
ρ_F——盛装介质密度，g/cm^3；

$\sigma_{al.}$——设计条件下许用应力，MPa，见附录 C。

储罐的主要尺寸见图 1～图 4。

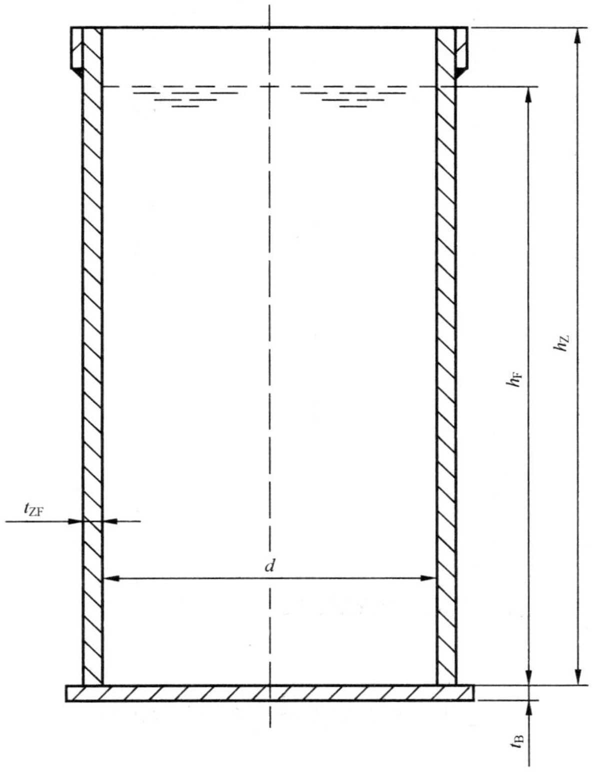

图 1 平底开口罐，等壁厚罐体

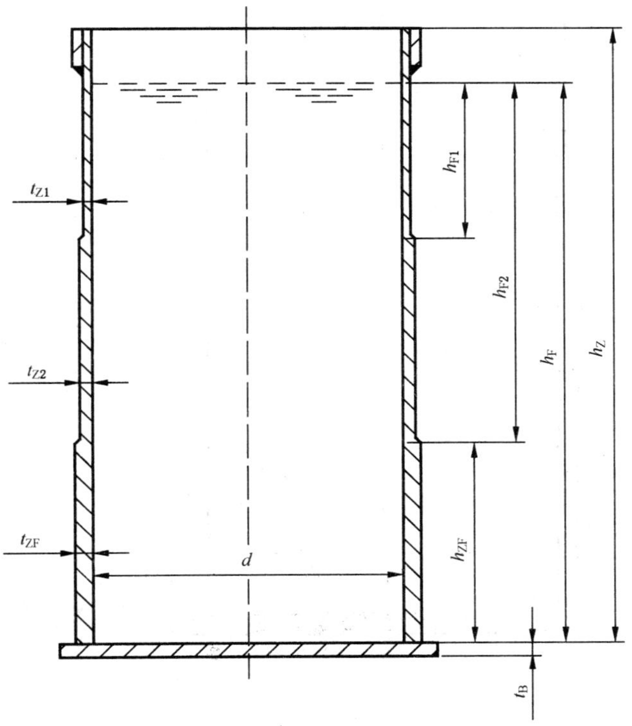

图 2 平底开口罐，变壁厚罐体(3 阶)

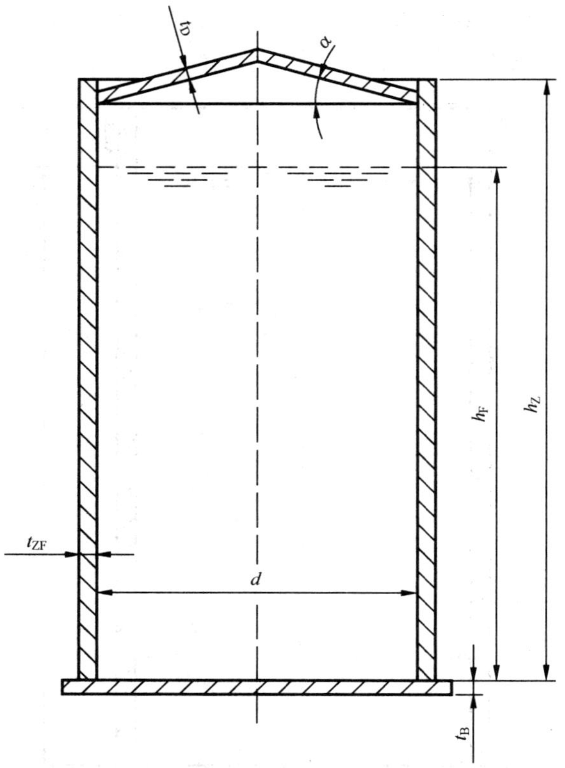

图 3　平底锥盖储罐，等壁厚罐体

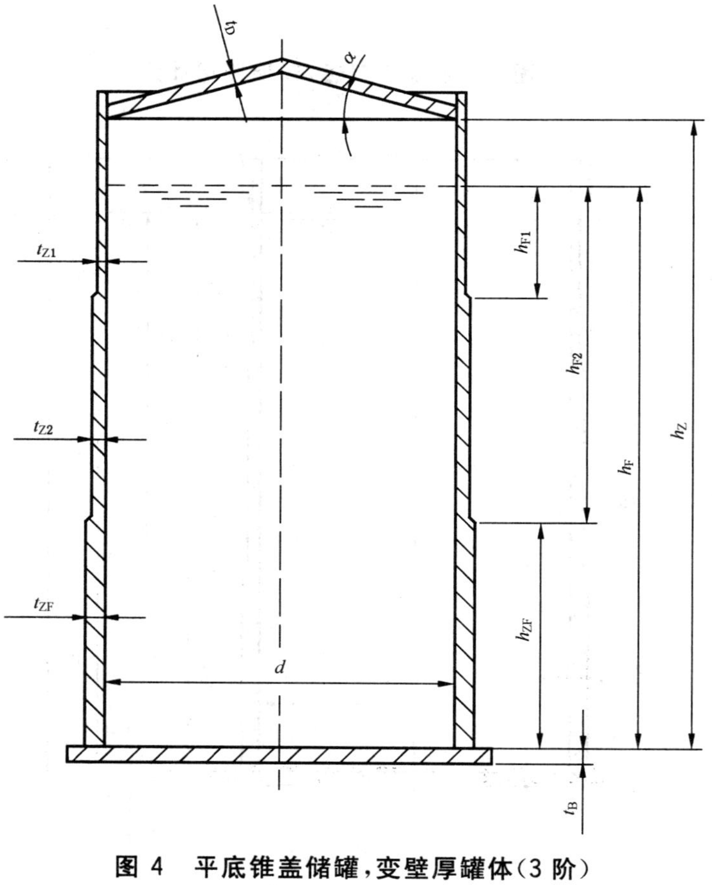

图 4　平底锥盖储罐，变壁厚罐体(3 阶)

6.2 温度

储罐的实际工作温度是确定储罐尺寸的重要因素。

应根据储罐内装介质的平均温度 T_M 设计罐壁和罐底，罐盖设计依据储罐内温度与储罐外温度的平均值，储罐内气体温度假定为 T_M，在室内安装时环境温度 T_A 假设为 20 ℃。图 5 为温度区示意图。

罐盖温度按式(1)计算：

$$T_D = (T_M + T_A)/2 \qquad \cdots\cdots(1)$$

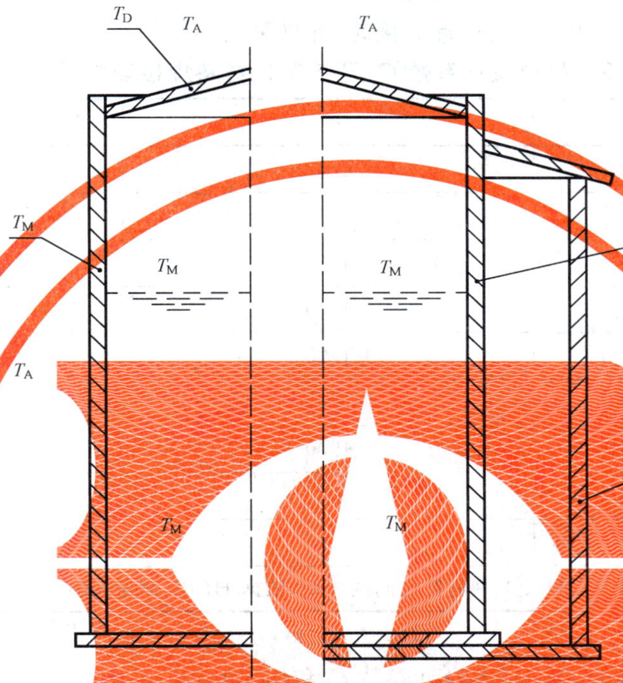

图 5 实际温度的确定

6.3 罐体尺寸

6.3.1 总则

本标准设计方法既适用于单层壁罐体(见 6.3.2.1)，也适用于多层壁罐体(见 6.3.2.2)。

罐壁厚度应由工作介质引起的环向拉应力及液体对罐壁底部的静压力确定，罐壁最小厚度为 4 mm。

用板材制作罐体时，按附录 C 计算 $\sigma_{al.}$ 时应选用相应的长期焊接系数，用挤出缠绕法制作罐体时，计算 $\sigma_{al.}$ 时的长期焊接系数取 1。

罐壁设计的先决条件是其底部圆度符合式(2)：

$$u = \frac{2(d_{max} - d_{min})}{d_{max} + d_{min}} \times 100\% \leqslant 0.5\% \qquad \cdots\cdots(2)$$

式中：

u——圆度，%；

d_{max}——内径最大值，单位为毫米(mm)；

d_{min}——内径最小值，单位为毫米(mm)。

6.3.2 下段罐体

6.3.2.1 单层壁罐体

罐壁下段最小厚度按式(3)计算：

$$t_{ZF} = \frac{C(p_{stat} + p_i)d}{2\sigma_{al.}} \qquad \cdots\cdots(3)$$

式中：

$p_{stat} = \rho_F \times g \times h_F \times 10^{-6}$；

$p_i = 0.000\ 5$ MPa。

罐壁下段最小高度应按式(4)计算：

$$h_{ZF} \geqslant 1.4\sqrt{d \times t_{ZF}} \qquad \cdots\cdots(4)$$

罐底与罐壁连接的焊接影响系数 C，取决于载荷增加系数 C_1 与材料系数 C_2，如表 3 所示。

只有在焊缝厚度 $a \geqslant 0.7t_B$、长期焊接系数 $f_1 \geqslant 0.6$ 的情况下，采用角焊缝时 $C_1 = 1.2$。容积小于或等于 1 m^3、壁厚小于或等于 10 mm 的储罐焊接时，允许采用热风焊。

表 3 材料设计系数 C_2 及热塑性材料焊接影响系数 C

材　料	C_2	$C = C_1 \times C_2$
HDPE	1.00	1.20
PP-H(均聚)	1.17	1.40
PP-B(嵌段共聚)	1.08	1.30
PP-R(无规共聚)	1.00	1.20
PVC-NI(标准冲击强度 PVC-U)	1.25	1.50
PVC-RI(较高冲击强度)	1.08	1.30
PVC-HI(高冲击强度)	1.00	1.20
PVC-C(氯化的)	1.33	1.60
PVDF	1.17	1.40
注：C_2 反映了松弛断裂特征与蠕变断裂特征之间的关系，依据 HDPE 测定，其他材料参考该值。		

6.3.2.2 多层壁罐体

多层壁罐体按 6.3.2.1 计算时引入设计参数 C_3 和如下假设：

a) 只有 2 层罐壁，见图 6；

b) 两层罐壁完全接触；

c) 焊接方式如图 7 所示；

d) 两层罐壁的材料特征参数相同；

e) 外层罐壁厚度是内层罐壁厚度的 0.5～1 倍。

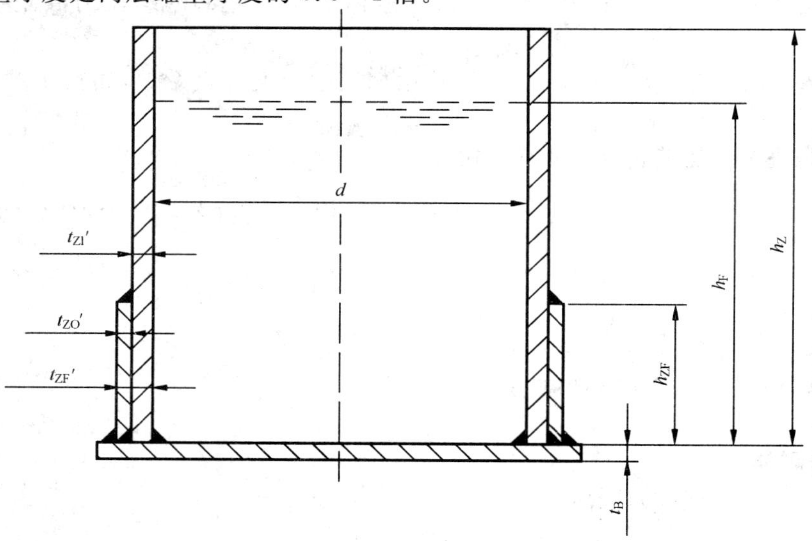

图 6 两层罐壁的储罐

采用图 7 所示的焊接方式时，$C_3=1.25$。

两层罐壁的总厚度按式(5)计算：

$$t_{ZF}'=C_3 t_{ZF} \qquad \cdots\cdots(5)$$

外层罐壁的最小高度按式(6)计算：

$$h_{ZF}\geqslant 1.4\sqrt{dt_{ZF}} \qquad \cdots\cdots(6)$$

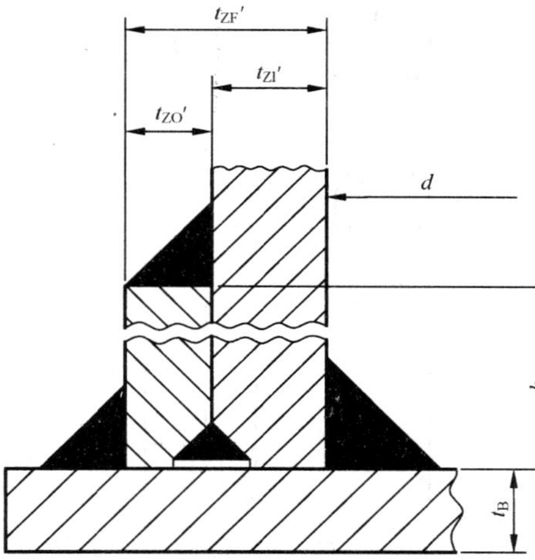

a)

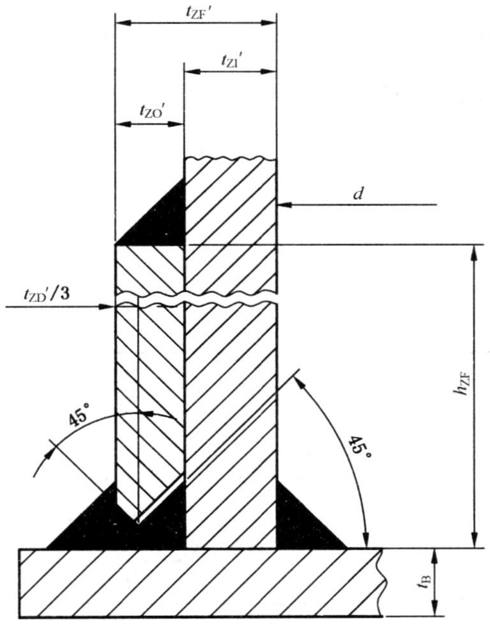

b)

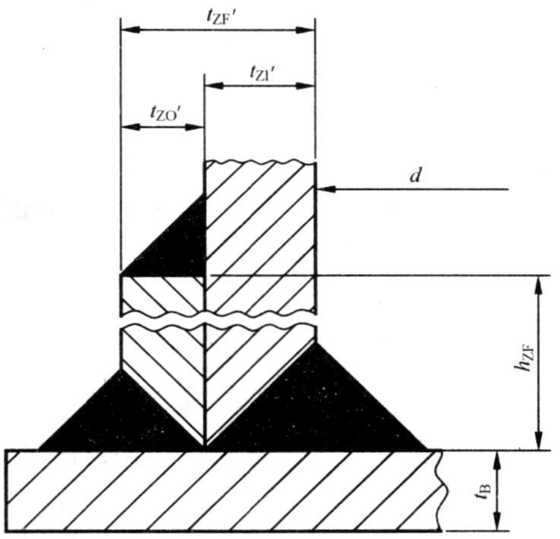

c)

图 7　多层壁罐体的焊接

6.3.3　其他段罐体

其他段罐壁的最小厚度 $t_{Z(i)}$（i 为从 1 至 n）取 a)和 b)计算结果的较大值。

如果在罐体最上段安装加强带，其厚度应为该处罐壁厚度的 0.6～1 倍，宽度不小于 100 mm。

a)　依据强度计算厚度

最小厚度 $t_{Z(i)}$ 按式(7)计算：

$$t_{Z(i)}=\frac{(p_{\text{stat}(i)}+p_{\text{i}})d}{2\sigma_{\text{al.}}} \qquad \cdots\cdots(7)$$

式中：

$p_{stat(i)}=\rho_F g h_{F(i)}\times 10^{-6}$。

b) 依据稳定性计算厚度

此方法要求形成等效罐体，见图8，采用式(8)～式(10)及表4。

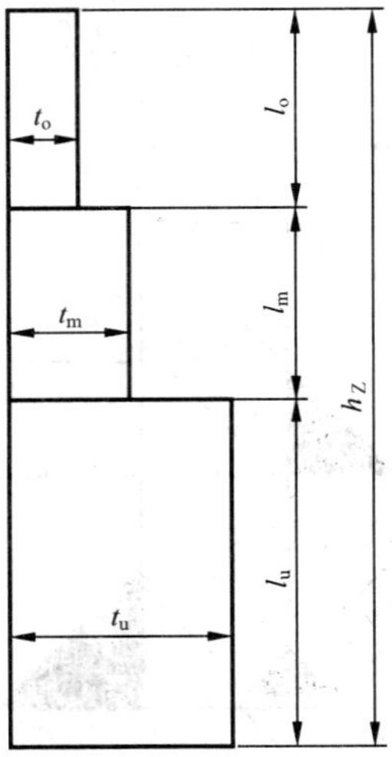

图8 等效罐体

罐体中段最小厚度 t_m 按式(8)计算：

$$t_m=0.8\left(\frac{p_e h_z}{E_{c(al.)St}d}\right)^{0.4}\times d \qquad (8)$$

依据环向拉应力计算罐体下段等效壁厚的最小值，按式(9)计算：

$$t_u=\frac{\rho_F g h_F\times 10^6+p_i}{2\sigma_{al.}}\times d \qquad (9)$$

屈曲系数 λ 根据式(10)计算：

$$\lambda=\frac{t_m}{2t_u^*}=\frac{l_o}{h_z} \qquad (10)$$

表4 罐体3段之间的尺寸比较

	$\lambda\leqslant 1/3$	$1/3<\lambda<1/2$	$1/2\leqslant\lambda$
l_o	$\lambda\times h_z$	$\lambda\times h_z$	—
t_o	$t_m(1+5\lambda)/4$	$2\lambda\times t_m$	t_m
l_m	l_o	$(h_Z-l_o)/2$	—
l_u	h_z-2l_o	l_m	—
t_u	$2t_m-t_o$	$2t_m-t_o$	t_m

表4中的罐体厚度为最小值，上段高度不应大于表4的规定值。

6.3.4 板材焊接罐体

在环境温度下，板材相对变形率($\varepsilon=t/d\times100\%$)未超出表5规定时，弯曲残余应力忽略不计。

表5 相对变形率

材　质	相对变形率 ε/%
HDPE	1.0
PP-H	0.5
PP-B	0.75

表 5（续）

材　　质	相对变形率 ε/%
PP-R	1.0
PVDF	0.5
PVC-NI(PVC-U)	0.15
PVC-RI	0.2
PVC-HI	0.2

如果相对变形率 ε 超过表 5 给定值或没有对应值，必须在加热条件下弯曲板材。加热温度由制造厂根据材质、板厚、直径等不同情况自行确定。

6.4 罐底厚度

高密度聚乙烯 HDPE 和聚丙烯 PP 的罐底厚度按图 9 确定。

使用图 9 设计时罐底须完全支撑且厚度不大于 30 mm。

PVC 与 PVDF 罐底厚度应不小于 $0.8t_{ZF}$。

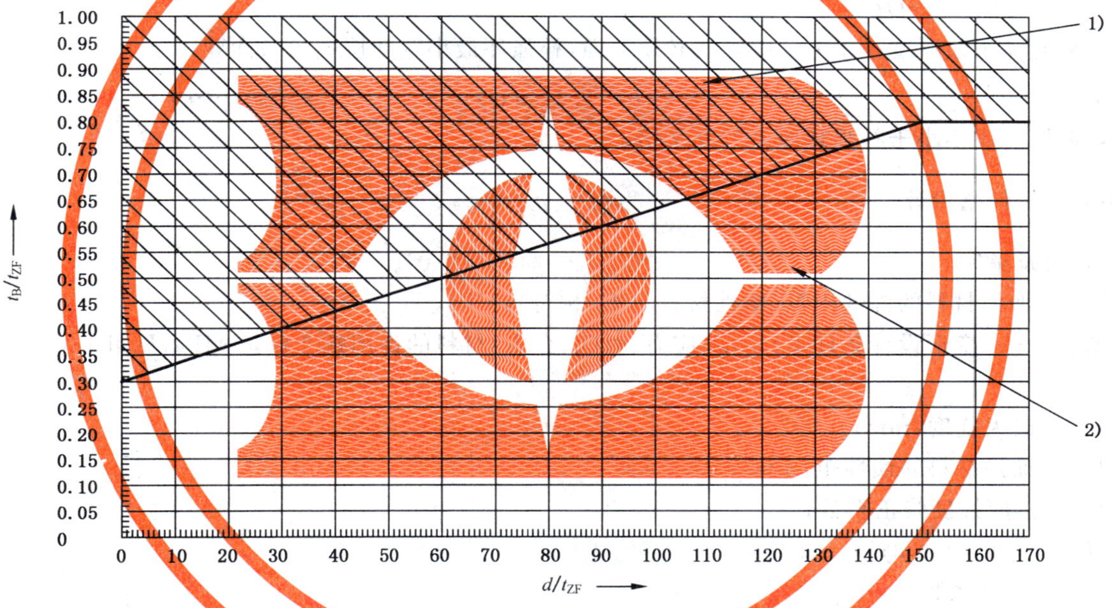

1)——有效区域；

2)——无效区域。

图 9　HDPE 和 PP 罐底厚度与罐体底部厚度比值

6.5 罐盖尺寸

罐盖斜角不应小于 $\alpha=10°$。

在设计温度为 $T_D=20$ ℃时，锥形盖的最小厚度见表 6，该参数没有考虑其他载荷。

表 6　在设计温度为 $T_D=20$ ℃时，锥形盖的最小厚度　　单位为毫米

材　料	直径										
	≤600	≤800	≤1 500	≤1 800	≤1 900	≤2 700	≤2 900	≤3 100	≤3 500	≤4 000	≤4 200
HDPE	5	6	8	10	10	12	15	15	15	20	20
PP	5	6	8	10	10	12	12	15	15	15	20
PVDF	5	6	8	10	10	—					
PVC	5	6	8	8	10						

其他温度下，锥形盖最小厚度按式(11)计算：

$$t_{\mathrm{D}} \geqslant \left(\frac{g_{\mathrm{d}}+p_{\mathrm{e}}}{1.3E_{\mathrm{c(al.)St.}}}\right)^{0.4} d \quad \cdots\cdots(11)$$

式中：

$g_{\mathrm{d}}=\dfrac{\rho g t_{\mathrm{D}}\times 10^{-6}}{\cos\alpha}$。

6.6 管口补强

管口通常安装在罐盖上，接管壁厚不应小于 SDR11(PN 1.0)的标准管材壁厚。

当管口安装在罐体上时，管口外壁距所在段边缘距离宜大于 100 mm。

只有直径小于 300 mm 的管口，可安装在下段罐体上。此时，罐体下段厚度按式(12)计算：

$$t_{\mathrm{ZN}}=t/V_{\mathrm{A}} \quad \cdots\cdots(12)$$

式中：

$V_{\mathrm{A}}=\dfrac{1}{1+\dfrac{d_{\mathrm{A}}}{2\sqrt{(d+t)t}}}$。

如果罐体下段厚度小于 t_{ZN}，接管处必须补强，补强环最小宽度按式(13)计算：

$$b=1.4\sqrt{d_{\mathrm{A}}t_{\mathrm{ZN}}} \quad \cdots\cdots(13)$$

焊缝厚度应不小于补强环厚度的 0.7 倍。

7 单壁矩形储槽设计

7.1 符号及缩写

E——加强材料的弹性模量(塑性材料与 E_{c} 相符)，MPa；

$E_{\mathrm{c(al.)D}}$——变形设计条件下(温度、应力、时间、介质)材料的许用蠕变模量 MPa，见附录 C；

F——力，N；

f——最大挠度，mm；

J——加强材料的惯性矩，mm^4；

k——槽壁挠度修正系数；

M——弯矩，Nmm；

N——刚性系数；

p——储槽底部最大静压力，MPa；

p_{D}——罐盖均布载荷，MPa；

p_{m}——计算槽壁厚度时静压力平均值，MPa；

p_{n}——计算加强筋时压力平均值，MPa；

t——槽壁或槽盖厚度，mm；

W——槽口加强筋的抗弯模量，mm^3；

x——储槽长度，或竖向加强筋之间的距离，mm；

x'——竖向加强筋之间的计算长度，mm；

y——储槽高度或水平加强筋之间的距离，mm；

y'——水平加强筋之间的计算高度，mm；

z——储槽或槽盖的宽度，mm；

$\alpha_1 \sim \alpha_5$——变形系数；

$\beta_1 \sim \beta_5$——应力系数；

$\sigma_{\mathrm{al.}}$——设计条件下的许用应力，MPa，见附录 C。

7.2 设计计算总则

本章的计算方法仅适用于图10～图14储槽的设计。

焊接应位于弯矩小的部位，弯矩分布见图15～图17。

注：设计时应考虑槽壁和外部加强结构之间的热膨胀差异。

最大挠度应不大于相应槽壁厚度的1/2，即：$f \leqslant 0.5t$。

有关储槽的构造详图参见附录E。

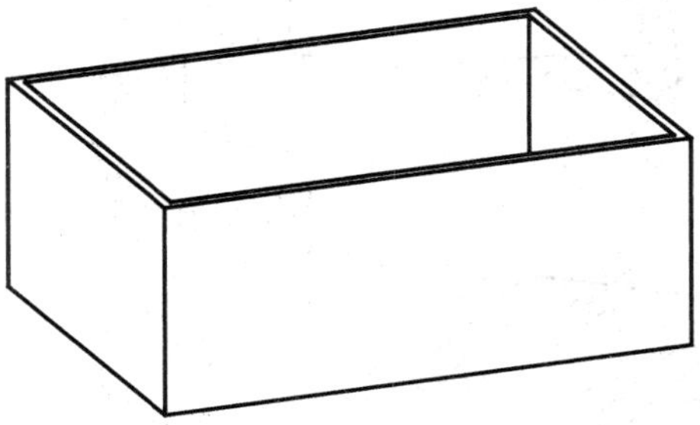

图10　无筋储槽

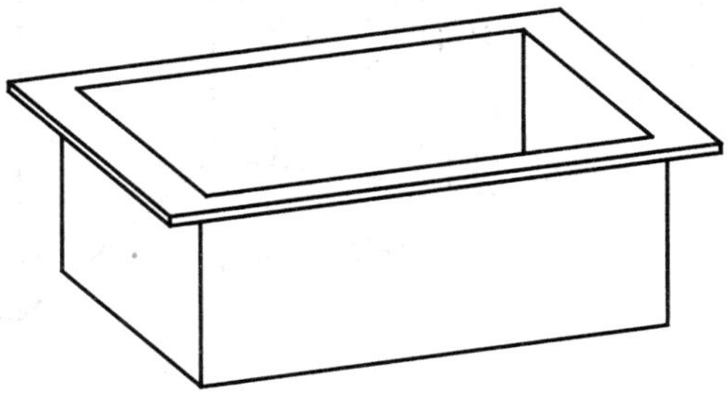

图11　带槽口加强筋的储槽

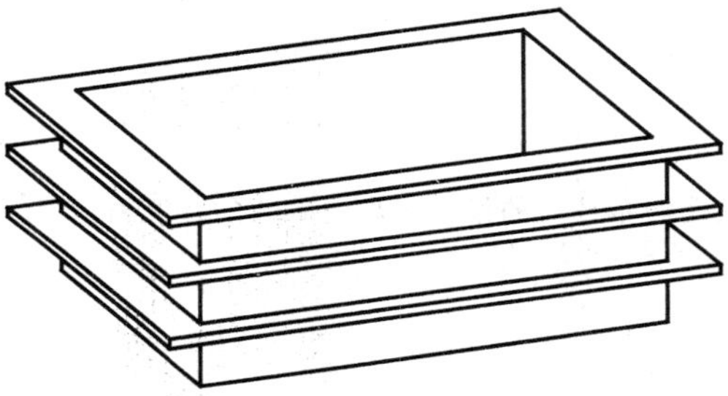

图12　带水平加强筋储槽

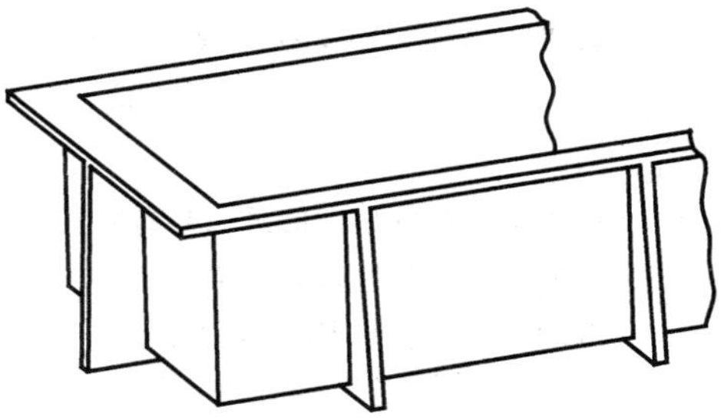

图13　带U型加强筋储槽

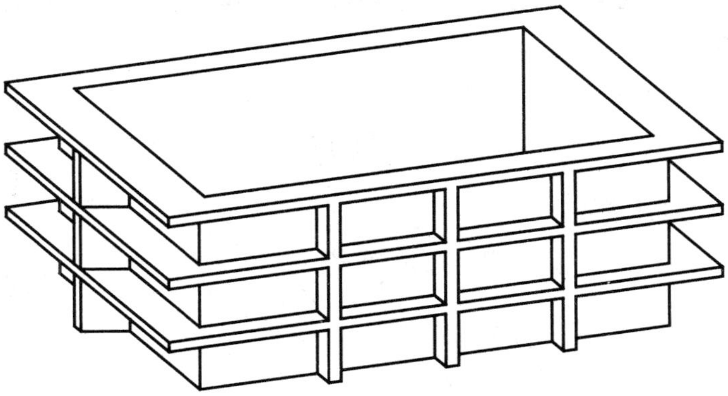

图14　带水平和竖直加强筋储槽

7.3 均匀刚性支撑的无筋储槽

7.3.1　槽壁最小厚度的计算依据储槽长度 x 及高度 y 的比值，见图15。槽底厚度应不小于槽壁厚度的0.8倍。

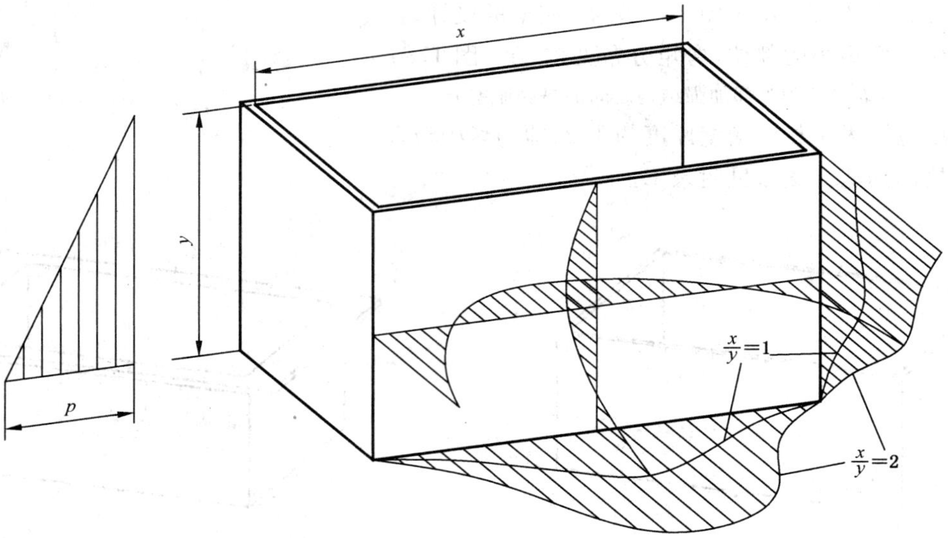

图 15 无筋储槽的弯矩分布图

7.3.2 长高比 $x/y<0.5$

槽壁最小厚度按式(14)计算：

$$t=\sqrt{\frac{px^2}{2.5\sigma_{al.}}} \quad \cdots\cdots(14)$$

注 1：用于计算槽壁厚度的式(14)是将槽壁假定为两端固结、受均布载荷的梁。分母中系数的计算值为 2，参考测试值，该系数提高到 2.5。

槽壁的最大挠度按式(15)计算：

$$f=\frac{px^4}{32kE_{c(al.)D}t^3} \quad \cdots\cdots(15)$$

修正系数 k，在 1($x/y\approx0.1$)和 2($x/y\approx0.5$)之间内插取值。

注 2：用于计算挠度的式(15)是将槽壁假定为两端固结、受均布载荷的梁，分母系数为 32，基于平板理论的公式更精确，如果 $x/y\approx0.5$，导出的系数为 68。因此引入了修正系数 k，它主要取决于 x/y 的值。

7.3.3 长高比 $0.5\leqslant x/y\leqslant4$

槽壁最小厚度按式(16)计算：

$$t=\sqrt{\beta_1\frac{py^2}{\sigma_{al.}}} \quad \cdots\cdots(16)$$

槽壁最大挠度按式(17)计算：

$$f=\frac{\alpha_1 py^4}{E_{c(al.)D}t^3} \quad \cdots\cdots(17)$$

α_1、β_1 值见表 7。

7.3.4 长高比 $x/y>4$

槽壁最小厚度按式(18)计算：

$$t=\sqrt{\frac{py^2}{\sigma_{al.}}} \quad \cdots\cdots(18)$$

槽壁最大挠度按式(19)计算：

$$f=\frac{py^4}{2.5E_{c(al.)D}t^3} \quad \cdots\cdots(19)$$

注：此时槽壁假定为受三角形载荷的悬臂梁。

7.4 均匀刚性支撑带槽口加强筋储槽

7.4.1 槽壁厚度的计算

7.4.1.1 计算槽壁最小厚度时，假定槽口加强筋构成固端支撑，见图 16。槽底厚度应不小于槽壁厚度的 0.8 倍。

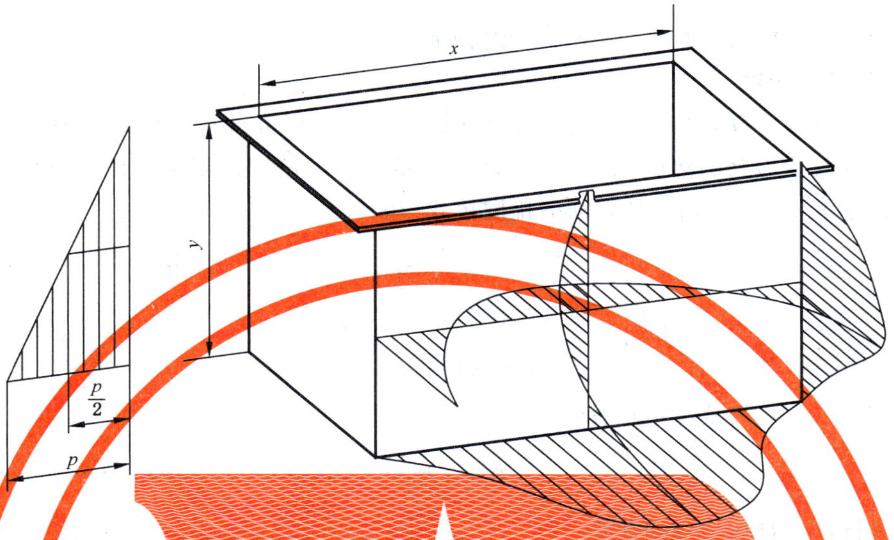

$p/2$=平均静压值

图 16 带槽口加强筋储槽的弯矩分布图

7.4.1.2 长高比 $x/y<0.5$

槽壁最小厚度按式(20)计算：

$$t=\sqrt{\frac{px^2}{3\sigma_{al.}}} \quad \cdots\cdots\cdots\cdots\cdots\cdots\cdots\cdots\cdots\cdots(20)$$

注 1：用于计算槽壁厚度的式(20)是将槽壁假定为两端固结、受均布载荷的梁，分母系数为 2，参考测试值，该系数提高到 3。

槽壁最大挠度按式(21)计算：

$$f=\frac{px^4}{32kE_{c(al.)D}t^3} \quad \cdots\cdots\cdots\cdots\cdots\cdots\cdots\cdots\cdots\cdots(21)$$

修正系数 k，在 1($x/y\approx0.1$)和 2($x/y\approx0.5$)之间内插取值。

注 2：用于计算挠度的式(15)是将槽壁假定为两端固结、受均布载荷的梁，分母系数为 32，基于平板理论的公式更精确，如果 $x/y\approx0.5$，导出的系数为 68。因此引入了修正系数 k，它主要取决于 x/y 的值。

7.4.1.3 长高比 $0.5\leqslant x/y\leqslant2$

槽壁最小厚度按式(22)计算：

$$t=\sqrt{\frac{\beta_2 py^2}{\sigma_{al.}}} \quad \cdots\cdots\cdots\cdots\cdots\cdots\cdots\cdots\cdots\cdots(22)$$

槽壁最大挠度按式(23)计算：

$$f=\frac{\alpha_2 py^4}{E_{c(al.)D}t^3} \quad \cdots\cdots\cdots\cdots\cdots\cdots\cdots\cdots\cdots\cdots(23)$$

α_2、β_2 值见表 7。

7.4.1.4 长高比 $x/y>2$

槽壁最小厚度按式(24)计算：

$$t=\sqrt{\frac{py^2}{2.5\sigma_{\text{al.}}}} \qquad (24)$$

槽壁最大挠度按式(25)计算：

$$f=\frac{py^4}{35E_{\text{c(al.)D}}t^3} \qquad (25)$$

注：此时槽壁假定为受三角形载荷一端固结、一端简支的梁。

7.4.2 槽口加强筋的计算

槽口加强筋挠度的计算，取受均布载荷的简支梁（$f=5/384$）和固端梁（$f=1/384$）挠度的平均值。槽口加强筋承担的载荷为该侧槽壁载荷的1/5。该加强筋作为槽壁的固定支撑，所以挠度不应大于长度和高度二者较小值的1%。槽口加强筋的挠度按式(26)计算：

$$f=\frac{pyx^4}{1\,280EJ} \qquad (26)$$

注：$p/1\,280$ 源于公式：$\frac{p}{2\times 5}\times\frac{\left(\frac{5}{384}+\frac{1}{384}\right)}{2}=\frac{p}{10}\times\frac{1}{128}$。

槽口加强筋最大弯矩按式(27)计算：

$$M=\frac{pyx^2}{100} \qquad (27)$$

槽口加强筋抗弯模量按式(28)计算：

$$W=\frac{pyx^2}{100\sigma_{\text{al.}}} \qquad (28)$$

当将此挠度应用于设计计算时，槽口加强筋惯性矩按式(29)计算：

$$J=\frac{pyx^4}{1\,280Ef} \qquad (29)$$

注：槽口加强筋的弯矩，假定是两端简支和两端固结的中间态。

$$M=\frac{Fx}{10}$$

假定槽壁是底部固结，槽口加强筋处简支，因此，槽口加强筋的载荷为槽壁载荷的1/5。

$$F=\frac{1}{5}\ \frac{pxy}{2}$$

当 p 为储槽底压力时，可以推导出以下公式：

$$M=\frac{pyx^2}{100}$$

挠度也采取同样的步骤，见式(26)。

7.5 均匀刚性支撑带水平加强筋的储槽

7.5.1 本设计原则上用于大型储槽。储槽厚度应依据每个区格分别计算。区格的高度可以通过上述方法确定，尽可能与槽壁的厚度相匹配。另外，区格的高度可以设定，以使每个加强筋受力均衡。加强筋的重量可忽略不计。

槽底厚度应与槽壁厚度相近。

7.5.2 最小槽壁厚度的计算

7.5.2.1 每个区格依据其位置及长高比确定计算方法，高度 y 由区格高度 y_n（$n=1,2,3\cdots$）替代。

7.5.2.2 上端区格的计算

依据7.4.1所示的公式计算此区格时，用区格下部压力作为区格的侧压力计算。

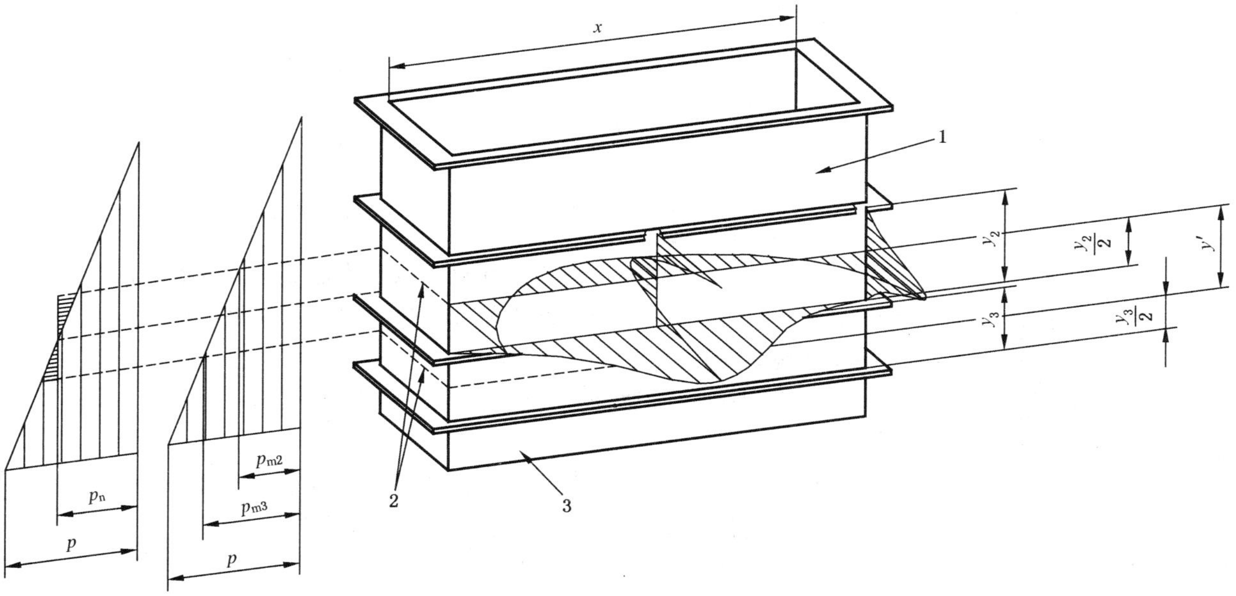

1——上端区格；

2——中间区格；

3——底部区格。

图 17　带水平加强筋储槽的弯矩分布图

7.5.2.3　中间及底部区格的计算

7.5.2.3.1　计算时压力值依据图 17 确定。

7.5.2.3.2　长高比 $x/y<0.5$

使用 7.4.1.2 的公式计算。

7.5.2.3.3　长高比 $0.5\leqslant x/y\leqslant 2$

槽壁最小厚度按式(30)计算：

$$t=\sqrt{\frac{\beta_3 p_m y^2}{\sigma_{al.}}} \qquad (30)$$

槽壁最大挠度按式(31)计算，α_3 和 β_3 值见表 7：

$$f=\frac{\alpha_3 p_m y^4}{E_{c(al.)D} t^3} \qquad (31)$$

7.5.2.3.4　长高比 $x/y>2$

槽壁最小厚度按式(32)计算：

$$t=\sqrt{\frac{p_m y^2}{2\sigma_{al.}}} \qquad (32)$$

槽壁最大挠度按式(33)计算：

$$f=\frac{p_m y^4}{32E_{c(al.)D} t^3} \qquad (33)$$

注：此公式假定槽壁受均布载荷。

7.5.3　水平加强筋的计算

加强筋假定为简支梁和固端梁的中间状态，该假定前提是节点接头处连接良好。相应的静压力 p_n($n=1,2,3\cdots$)由图 17 所示计算单元确定(上、下两区格中点压力之和的 1/2)。加强筋尺寸依据其挠度确定，挠度不得超过底部区格高度的1％，以适用于储槽底部的焊接。槽口加强筋以外的加强筋按式(34)～式(36)计算：

$$f=\frac{p_n y' x^4}{128EJ} \quad \cdots\cdots(34)$$

$$M=\frac{p_n y' x^2}{10} \quad \cdots\cdots(35)$$

$$W=\frac{p_n y' x^2}{10\sigma_{al.}} \quad \cdots\cdots(36)$$

式(34)～式(36)是确定加强筋断面尺寸的依据。断面尺寸也可以由供需双方协商确定。

槽口加强筋按7.4.2计算。靠近槽口加强筋的中间加强筋处的压力由上部区格高度 y_1 确定。

7.6 均匀刚性支撑带水平和竖直加强筋储槽

7.6.1 槽壁最小厚度、槽底厚度的计算及水平加强筋的设计，按7.5中公式计算。

7.6.2 竖直加强筋的计算

本章设计方法的基础是，槽口加强筋受均布载荷，支撑介于简支梁和固端梁之间，其挠度为中间值。为了使其更接近于固端支撑，槽口加强筋最大挠度不得大于上端区格短边长度的1％。

由于槽口加强筋用于竖直加强筋的支撑，计算总长度取图18中 x' 的1/2。

竖直加强筋的设计按式(37)～式(39)计算：

$$f=\frac{p x' y^4}{255EJ} \quad \cdots\cdots(37)$$

$$M=\frac{p x' y^2}{17.5} \quad \cdots\cdots(38)$$

$$W=\frac{p x' y^2}{17.5\sigma_{al.}} \quad \cdots\cdots(39)$$

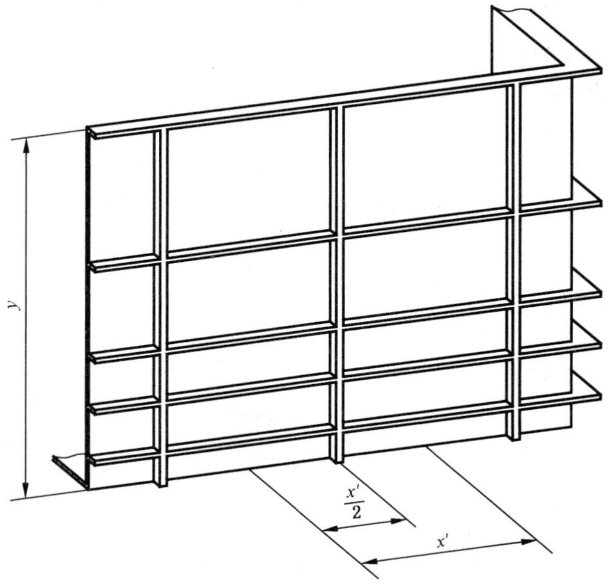

图18 带有水平和竖直加强筋的储槽

7.7 带有U型加强筋储槽

7.7.1 此结构形式适用于槽体狭长、不宜采用水平加强筋的储槽，如图19所示。

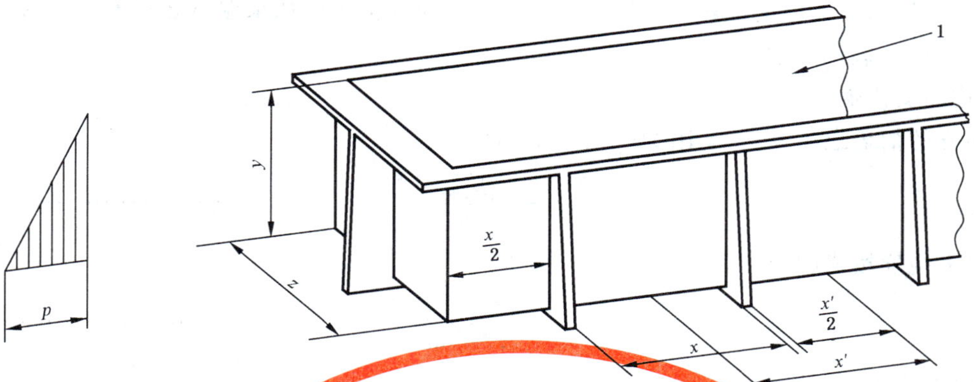

1——槽壁为热塑性塑料板材。

注：弯矩分布如图 16 所示。

图 19 带有 U 形加强筋储槽

7.7.2 槽壁最小厚度的计算

按 7.4.1 中的公式计算。

7.7.3 槽底厚度确定

7.7.3.1 长宽比 $x/z<0.5$

槽底最小厚度按式(40)计算：

$$t=\sqrt{\frac{px^2}{3\sigma_{al.}}} \quad\cdots\cdots(40)$$

槽底最大挠度按式(41)计算：

$$f=\frac{px^4}{16kE_{c(al.)D}t^3} \quad\cdots\cdots(41)$$

修正系数 k，在 1($x/y\approx0.1$)和 2($x/y\approx0.5$)之间内插取值。

7.7.3.2 长宽比 $0.5\leqslant x/z\leqslant2$

槽底最小厚度按式(42)计算：

$$t=\sqrt{\frac{\beta_3 pz^2}{\sigma_{al.}}} \quad\cdots\cdots(42)$$

槽底最大挠度按式(43)计算：

$$f=\frac{\alpha_3 pz^4}{E_{c(al.)D}t^3} \quad\cdots\cdots(43)$$

7.7.3.3 长宽比 $x/z>2$

槽底最小厚度按式(44)计算：

$$t=\sqrt{\frac{pz^2}{2\sigma_{al.}}} \quad\cdots\cdots(44)$$

槽底最大挠度按式(45)计算：

$$f=\frac{pz^4}{32E_{c(al.)D}t^3} \quad\cdots\cdots(45)$$

7.7.4 U 型加强筋的计算

设计 U 型加强筋时，可将其看成由两侧竖直部分和底部横梁部分构成。两侧竖直部分假定为下端固定受三角形载荷的悬臂梁，底部横梁部分受力相当于槽底压力。

7.8 槽盖的计算

7.8.1 设计时依据平板理论计算。首先设计不带加强筋的槽盖。如果温度超过 60 ℃，须在槽盖上安装加强筋。字母 x 表示长边。

7.8.2 四边简支槽盖

四边简支的槽盖最小厚度（见图 20）按式(46)计算：

$$t=\sqrt{\frac{\beta_5 p_D x^2}{\sigma_{al.}}} \quad \cdots\cdots(46)$$

槽盖最大挠度按式(47)计算：

$$f=\frac{\alpha_5 p_D x^4}{E_{c(al.)D} t^3} \quad \cdots\cdots(47)$$

α_5、β_5 值见表 7。

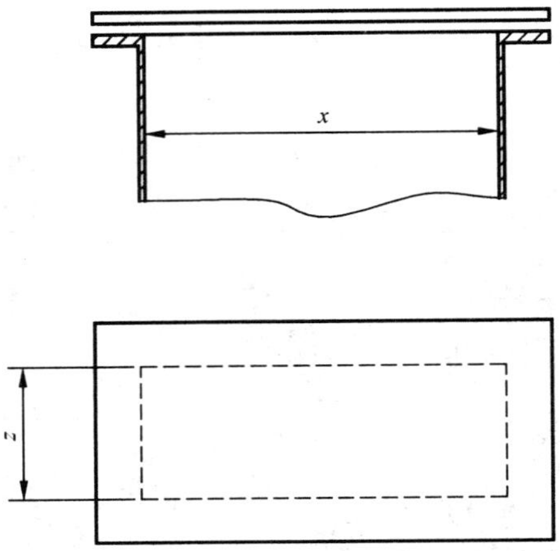

图 20 槽盖参考尺寸

7.8.3 **固结槽盖**

7.8.3.1 图 21 及图 22 所示的参考尺寸用于计算受内部和外部压力作用的槽盖。

7.8.3.2 长宽比 $1 \leqslant x/z \leqslant 2$

槽盖最小厚度按式(48)计算：

$$t=\sqrt{\frac{\beta_3 p_D x^2}{\sigma_{al.}}} \quad \cdots\cdots(48)$$

槽盖最大挠度按式(49)计算：

$$f=\frac{\alpha_3 p_D x^4}{E_{c(al.)D} t^3} \quad \cdots\cdots(49)$$

7.8.3.3 长宽比 $x/z > 2$

槽盖最小厚度按式(50)计算：

$$t=\sqrt{\frac{p_D x^2}{2\sigma_{al.}}} \quad \cdots\cdots(50)$$

槽盖最大挠度按式(51)计算：

$$f=\frac{p_D x^4}{32 E_{c(al.)D} t^3} \quad \cdots\cdots(51)$$

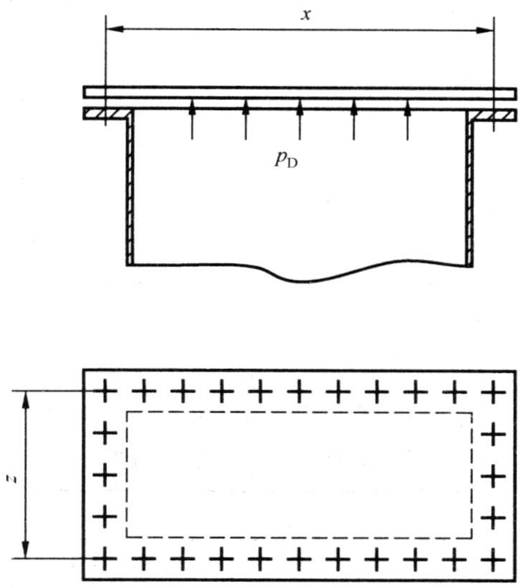

图 21　受内压作用的槽盖参考尺寸

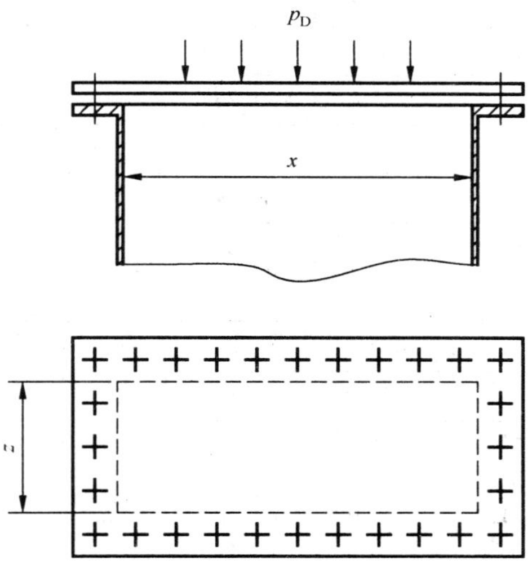

图 22　受外压作用的槽盖参考尺寸

7.8.4　带加强筋槽盖

7.8.4.1　槽盖厚度及挠度的计算

按 7.8.3.2 和 7.8.3.3 所示的公式计算。

7.8.4.2　槽盖加强筋的尺寸确定

带加强筋槽盖的抗弯模量 W(见图 23)按式(52)计算：

$$W=\frac{x^2 z p_D}{8\sigma_{al.}} \qquad (52)$$

当依据挠度进行设计计算时,加强筋板的惯性矩按式(53)计算：

$$J=\frac{5 p_D z x^4}{384 E f} \qquad (53)$$

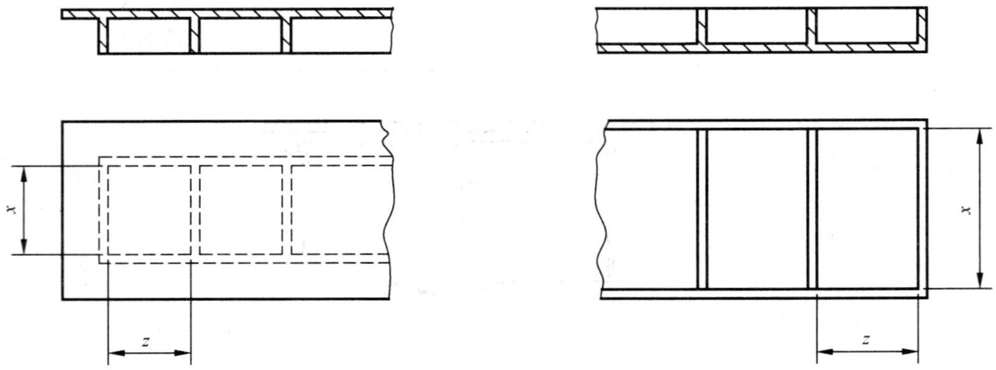

图 23 带加强筋槽盖的参考尺寸

表 7 变形系数 **α** 及应力系数 **β**

x/y 或 x/z	α_1	β_1	α_2	β_2	α_3	β_3	α_5	β_5
0.5	0.000 9	0.09	0.000 92	0.074	0.001 9	0.13	—	—
0.6	0.002 0	0.10	0.002 0	0.097	0.003 7	0.17	—	—
0.7	0.003 5	0.12	0.003 2	0.12	0.006 1	0.22	—	—
0.8	0.005 5	0.15	0.004 9	0.15	0.009 0	0.26	—	—
0.9	0.007 5	0.18	0.006 8	0.18	0.012	0.29	—	—
1.0	0.011	0.21	0.008 8	0.21	0.015	0.31	0.045	0.29
1.2	0.017	0.27	0.013	0.26	0.021	0.39	0.063	0.38
1.4	0.028	0.33	0.017	0.31	0.025	0.44	0.078	0.45
1.6	0.046	0.43	0.020	0.34	0.028	0.47	0.09	0.52
1.8	0.061	0.45	0.022	0.35	0.029	0.49	0.10	0.57
2.0	0.082	0.50	0.024	0.36	0.031	0.50	0.11	0.61
2.5	0.138	0.64	0.025 8	0.37	0.031	0.50	0.13	0.68
3.0	0.194	0.74	0.026 0	0.37	0.031	0.50	0.14	0.71
4.0	0.259	0.87	0.026 4	0.38	0.031	0.50	0.14	0.74
∞	0.4	1.0	0.029	0.4	0.031	0.50	0.14	0.75
注：使用线性内插法来确定中间值。								

8 法兰及其连接的设计

8.1 符号及缩写

A_1——比强度作用影响的换算系数，见附录 C；

A_{2k}——介质影响的换算系数，见附录 C；

a——焊缝厚度，mm；

b——双倍法兰盘有效宽度，mm；

b_D——垫圈宽度，mm；

C_1——焊接工艺常数；

C——腐蚀裕量，mm；

d_D——垫片的平均直径，mm；

d_K——螺栓根径，mm；

d_L——螺栓孔直径，mm；

d'_L——减小的螺栓孔径，mm；

d_a——法兰的外径，mm；

d_i——法兰管的内径，mm；

d_t——法兰螺栓孔中心直径，mm；

d_1——松套法兰内径，mm；

d_2——法兰与松套法兰环接触环面的平均直径，mm；

d_3——$d_1+2\times$法兰倒角半径，mm，见图 40；

f_1——焊接坡口深度，mm；

h_D——垫片厚度，mm；

h_F——法兰厚度，mm；

K——设计温度及设计寿命条件下的蠕变强度，MPa，见附录 C；

K'——试验条件下(温度及时间)的蠕变强度，MPa；

K_D——垫片材料的变形阻力，MPa；

K_{F1}——压紧垫环材料(金属)的许用屈服应力，MPa；

K_{Schr}——螺栓材料的许用屈服应力，MPa；

k_o——垫片在安装条件下的特征值，mm；

k_1——垫片在使用条件下的特征值，mm；

L_a——法兰颈高度，mm；

l——螺栓受力的杠杆臂，mm；

n——螺栓数量；

P_{DV}——安装受力，N；

p_{F1}——表面压力，MPa；

P_{SB}——使用条件下的螺栓受力，N；

P'_{SB}——试验压力下的螺栓受力，N；

P_{SO}——安装条件下的螺栓受力，N；

p——操作压力，0.1 MPa；

p'——试验压力，0.1 MPa；

S——安全系数，见第 4 章；

S_M——金属在使用条件下的安全系数；

S'_M——金属在测试及安装条件下的安全系数；

t——罐体的壁厚，mm；

ν——阻尼系数；

W_1，W_2，W_3——法兰的抗弯模量，mm^3；

y_1，y_2——作用于 O 形圈的受力臂，mm；

α——倒角，(°)。

8.2 设计

8.2.1 总则

图 24～图 27 为各种法兰示意图。

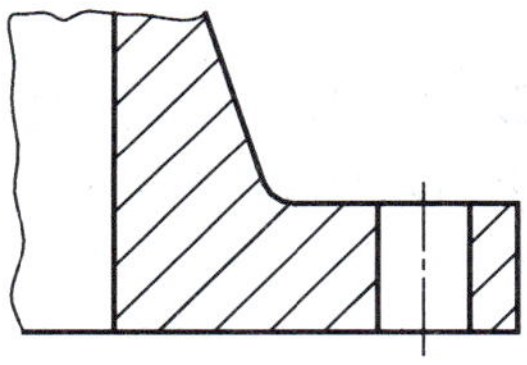

图 24　模塑整体平面法兰

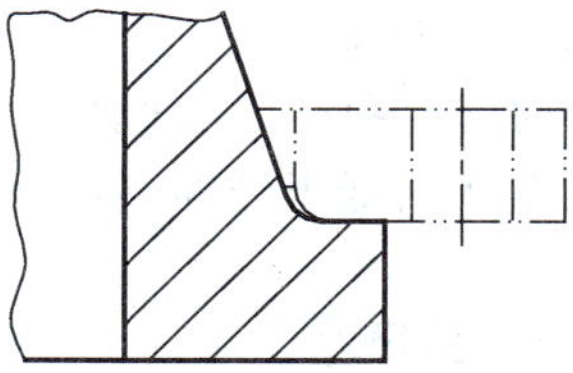

图 25　模塑整体松套法兰

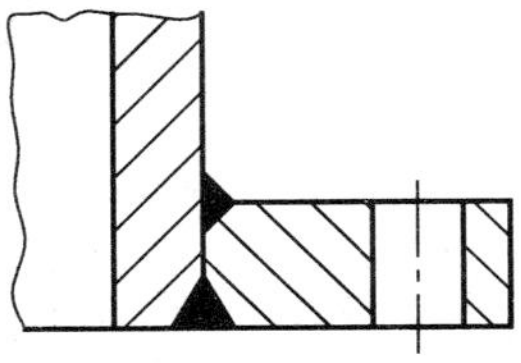

图 26 镶焊平面法兰

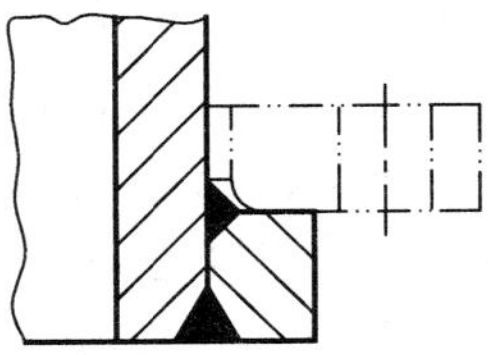

图 27 镶焊松套法兰

所有法兰在设计时,均应采用整体垫片或 O 形垫圈,见图 28～图 33。

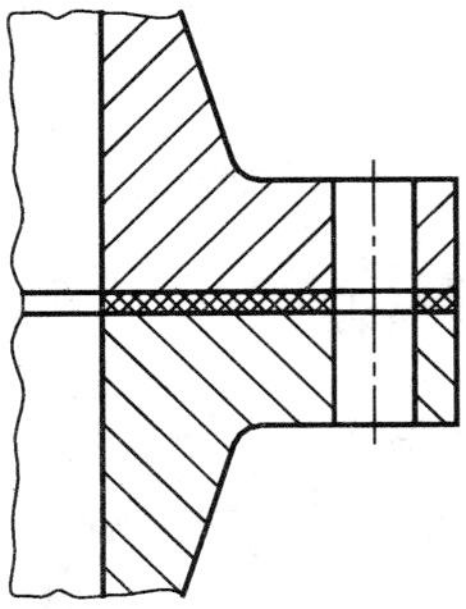

图 28 带整体垫片的平面法兰

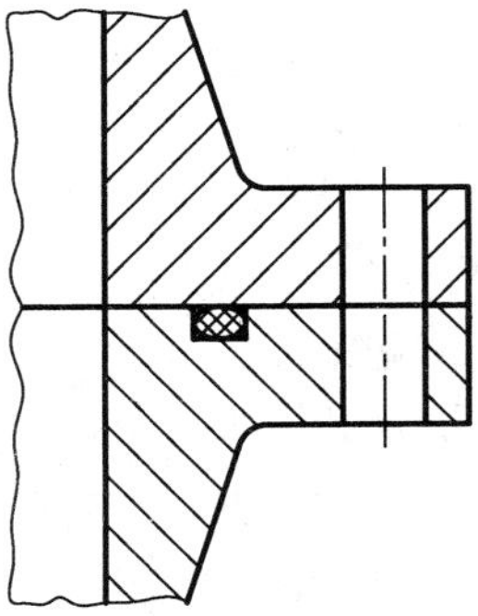

图 29 带 O 形垫圈的平面法兰

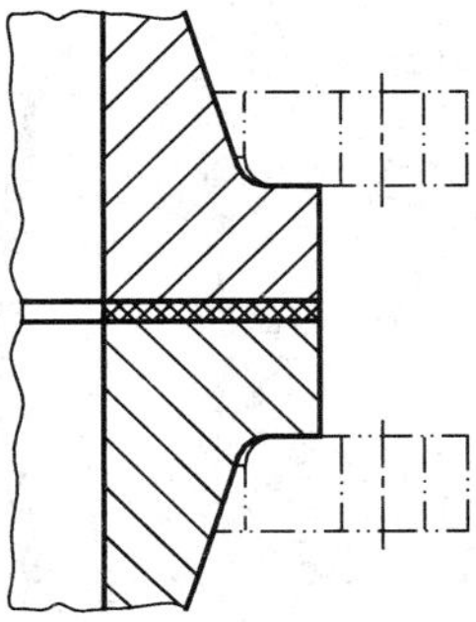

图 30 带整体垫片的松套法兰

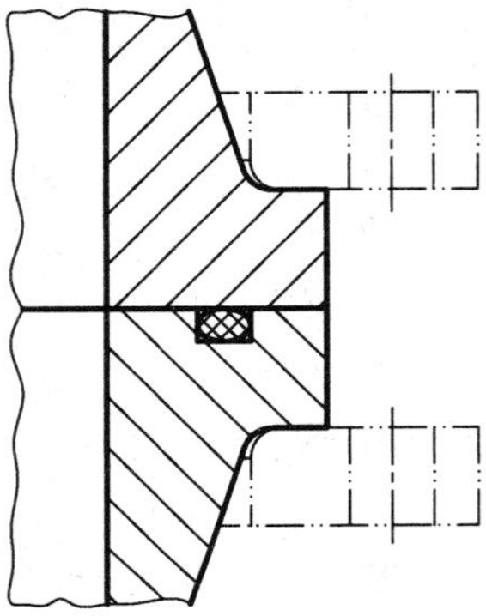

图 31 带 O 形垫圈的松套法兰

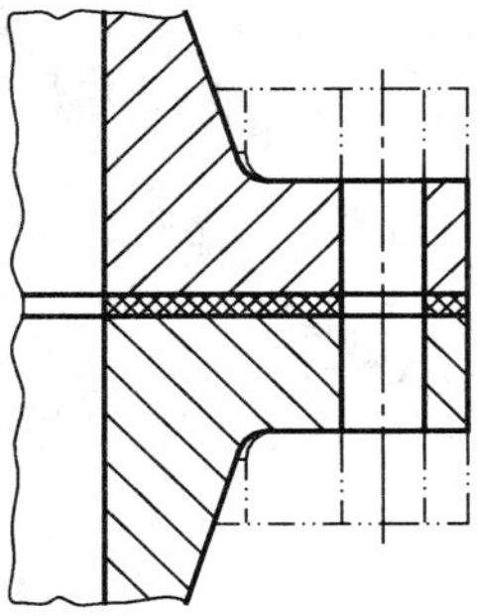

图 32 平面法兰及压紧金属垫环

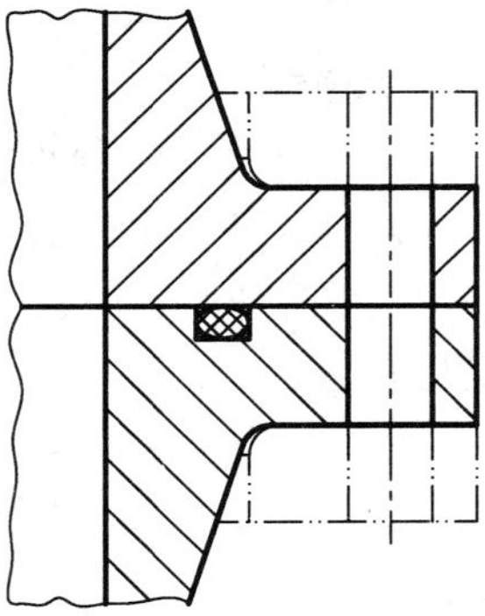

图 33 平面法兰及压紧金属垫环

8.2.2 设计原理

为保证密封性螺栓数量应尽可能多些,螺栓数量不应少于 4 个,塑料法兰上的螺栓间隔不宜超过 $5d_L$ 且不宜大于 80 mm。

压力小时,法兰计算厚度会很薄,为避免法兰因螺栓受力而变形,法兰厚度不宜小于 10 mm。

储罐侧壁法兰低于液面高度时,宜采用压紧垫环(如玻璃钢或钢制),见图 32 及图 33。

注:在选择垫片材料时,应考虑材料的耐热性及耐化学腐蚀性,宜使用软质垫片。

8.2.3 法兰连接尺寸

法兰连接尺寸应符合 HG 20593 标准,如有特殊要求应在设计图样中注明。

8.3 螺栓性能指标的计算

8.3.1 钢制螺栓根径取按式(54)和式(55)计算的较大值。

a) 使用条件下：

$$d_k = z\sqrt{\frac{P_{SB}}{K_{Schr}n}} + C \qquad (54)$$

b) 安装条件下：

$$d_k = z\sqrt{\frac{P_{SO}}{K_{Schr}n}} + C \qquad (55)$$

式中：

z——1.75；

C——3 mm。

式(54)和式(55)中未考虑热膨胀等效应。

8.3.2 使用整体垫片时螺栓受力的计算

8.3.2.1 使用条件

螺栓在使用条件下的受力按式(56)计算。

$$P_{SB} = \frac{p}{10}\left(\frac{\pi d_D^2}{4} + 3.8 d_D k_1\right) \qquad (56)$$

8.3.2.2 安装条件

螺栓在安装条件下的受力按式(57)计算。

$$P_{SO} = P_{DV} = \pi d_D k_0 K_D \qquad (57)$$

如果 $P_{SO} > P_{SB}$，那么 P_{SO}将依据式(58)计算。

$$P_{SO} = 0.2P_{DV} + 0.8\sqrt{P_{SB}P_{DV}} \qquad (58)$$

垫片参数 k_1及 $k_o \times K_D$见表 8。

8.3.3 使用 O 形垫圈时螺栓受力的计算

8.3.3.1 带 O 形垫圈的法兰

在使用条件下带 O 形垫圈法兰上的螺栓受力见图 34，按式(59)计算。

$$P_{SB} = \frac{p\pi d_D^2}{40} \times \frac{y_1}{y_2} \qquad (59)$$

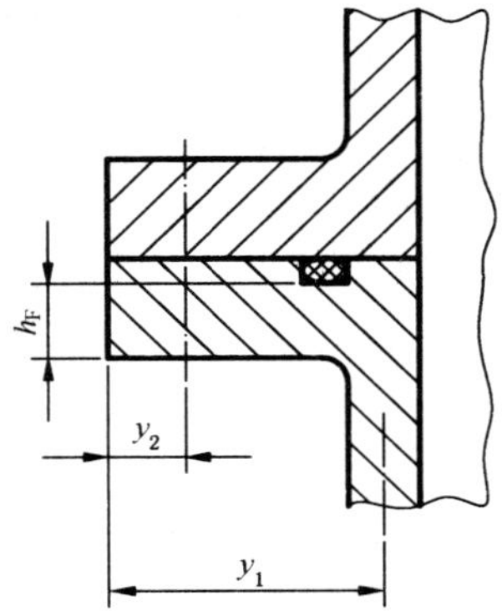

图 34 带 O 形垫圈法兰

8.3.3.2 带 O 形垫圈的松套法兰

在使用条件下，带 O 形垫圈的松套法兰的螺栓受力见图 35，按式(60)计算。

$$P_{SB} = \frac{p\pi d_D^2}{40} \qquad (60)$$

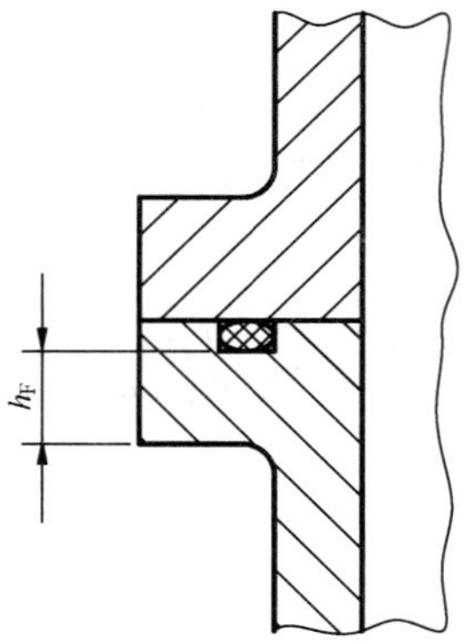

图 35　带 O 形垫圈的松套法兰

表 8　用于液体、气体及蒸汽的垫片参数

垫片型式[a]		材质	垫片参数[b]			
			用于液体		用于气体及蒸汽	
带孔	不带孔		$k_o \cdot K_D$ N/mm	k_1 mm	$k_o \cdot K_D$ N/mm	k_1 mm
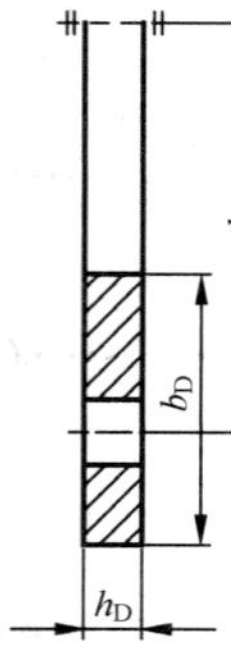	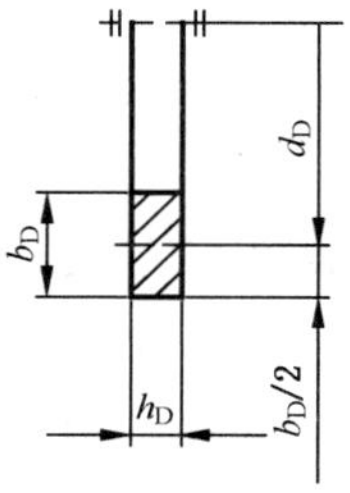	橡胶	$1b_D$	$0.5b_D$	$2b_D$	$0.5b_D$
		聚四氟乙烯	$20b_D$	$1.1b_D$	$25b_D$	$1.1b_D$

[a] 法兰整体垫片的有效宽度为 $0.5b_D$。

[b] 垫片材质硬度应低于法兰材质硬度。

8.4　法兰厚度计算

8.4.1　抗弯模量计算

法兰的设计由所要求的最大的法兰抗弯模量决定。

使用条件下法兰抗弯模量按式(61)计算。

$$W_1 = \frac{P_{SB} A_1 A_{2K} S_l}{K} \quad \cdots\cdots (61)$$

测试条件下法兰抗弯模量按式(62)计算。

$$W_2 = \frac{P'_{SB} A_1 S_l}{K'} \quad \cdots\cdots (62)$$

安装条件下 W_3 不受影响，K、K'、A_1、A_{2K} 及 S 见附录 C。

8.4.2　带整体垫片或 O 形垫圈的模塑整体平面法兰及镶焊平面法兰

使用及测试条件下螺栓受力臂，见图 36 及图 37，按式(63)计算。

$$l = \frac{d_t - d_i - t}{2} \quad \cdots\cdots (63)$$

安装条件下螺栓受力臂为 0。

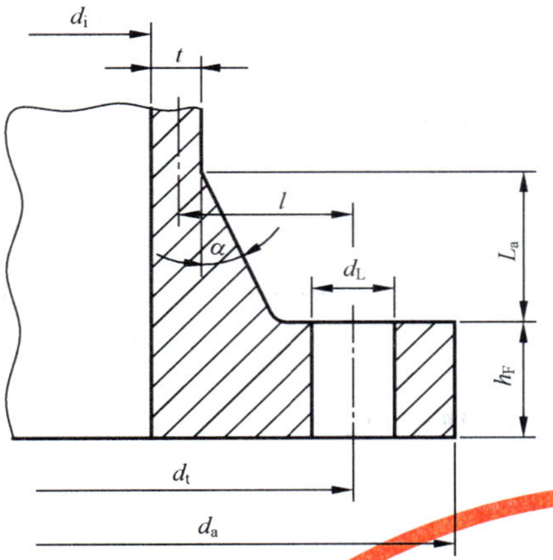

图 36 模塑整体平面法兰(垫片未显示)

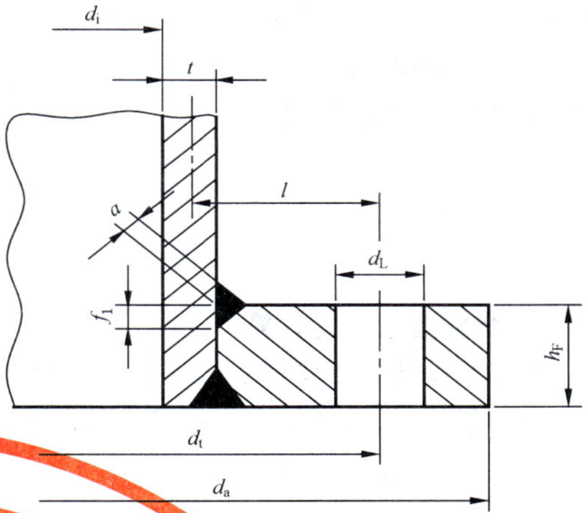

图 37 镶焊平面法兰(垫片未显示)

法兰厚度按式(64)计算。

$$h_F = C\sqrt{\frac{C_1 W}{d_t \pi - d_L n}} \qquad \cdots\cdots (64)$$

式中:

W——取 W_1 和 W_2 的较大值;

C、C_1——模塑整体平面法兰:$C=0.9$、$C_1=2$;

镶焊平面法兰:$C=1.1$、$C_1=3$。

8.4.3 带整体垫片或O形垫圈的模塑整体松套法兰及镶焊松套法兰

使用及测试条件下螺栓受力臂,见图38及图39,按式(65)计算。

$$l = \frac{d_2 - d_i - t}{2} \qquad \cdots\cdots (65)$$

安装条件下螺栓受力臂为0。

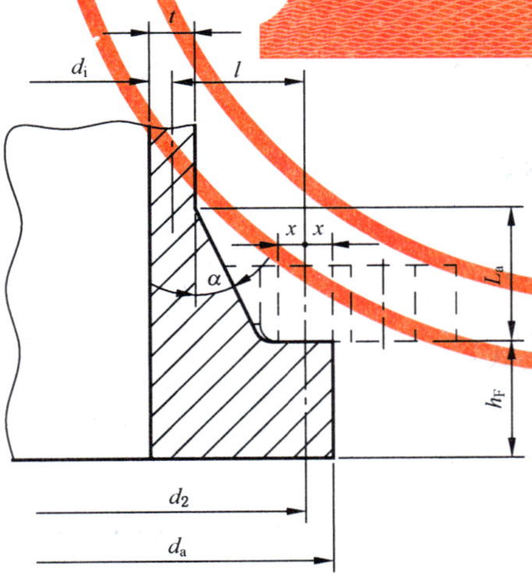

图 38 模塑整体松套法兰(垫片未显示)

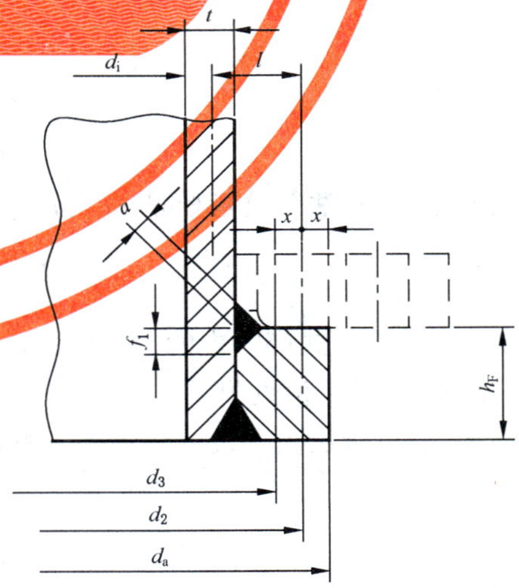

图 39 镶焊松套法兰(垫片未显示)

法兰厚度按式(66)计算。

$$h_F = C\sqrt{\frac{C_1 W}{d_2 \pi}} \qquad \cdots\cdots (66)$$

式中:

W——取 W_1 和 W_2 的较大值。

C、C_1——模塑整体管法兰：$C=0.9$、$C_1=2$；

镶焊管法兰：$C=1.1$、$C_1=3$。

锁紧环与管法兰之间的表面压力按式(67)及式(68)进行计算及估定。

$$p_{F1}=\frac{1.27P_{SB}}{(d_a^2-d_3^2)}\leqslant K \qquad (67)$$

$$p_{F1}=\frac{1.27P_{SO}}{(d_a^2-d_3^2)}\leqslant K \qquad (68)$$

8.5 金属松套法兰的计算

法兰的设计由所要求法兰抗弯模量的最大值 W_1、W_2 和 W_3 决定，见图 40。

使用条件下，法兰抗弯模量 W_1 按式(69)计算。

$$W_1=\frac{P_{SB}S_M}{K_{F1}}l \qquad (69)$$

测试条件下，法兰抗弯模量 W_2 按式(70)计算。

$$W_2=\frac{P'_{SB}S'_M}{K_{F1}}l \qquad (70)$$

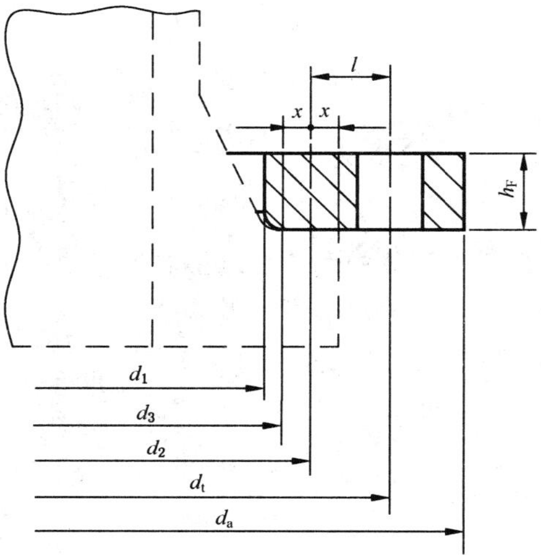

图 40　金属松套法兰

安装条件下，法兰抗弯模量 W_3 按式(71)计算。

$$W_3=\frac{P_{SO}\times S'_M}{K_{F1}}\times l \qquad (71)$$

如 $P_{SO}>P_{SB}$，式(69)中的 P_{SB}值可由 P_{SO}替代，则不需要式(71)。

K_{F1}、S_M及 S_M' 值见附录 F。

使用条件、测试条件及安装条件下螺栓受力臂，按式(72)计算。

$$l=\frac{d_t-d_2}{2} \qquad (72)$$

法兰厚度按式(73)计算。

$$h_F=\sqrt{1.27\frac{W}{b}} \qquad (73)$$

式中：

W——取 W_1、W_2 和 W_3 中的最大值，并且 $b=d_a-d_1-2d'_L$；

d'_L——按式(74)计算。

$$d'_L=Vd_L \qquad (74)$$

在此 V 值根据图 41 所示的曲线确定。

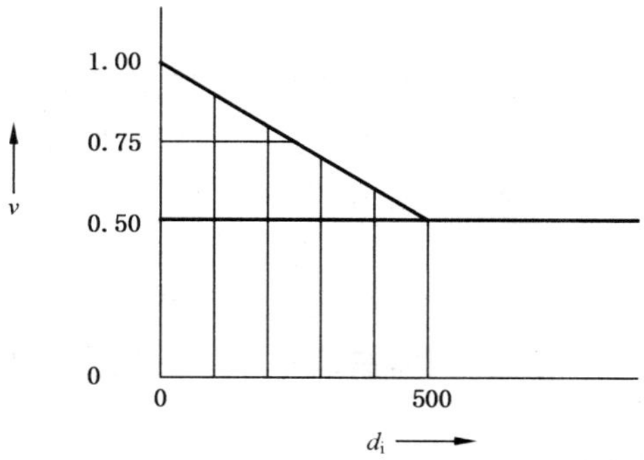

图 41　螺栓孔的递减直径

9　制造、检验、标志、包装、运输和安装

9.1　制造

9.1.1　储罐的制造应符合本标准及设计图样要求。

9.1.2　储罐制造厂应对焊工进行培训和考核，实际考核时应达到焊缝均匀、表面光滑、短期焊接系数不低于表 C.2 的要求。焊接应由经考核合格的焊工承担，焊接时应遵守焊接工艺规程。

9.1.3　焊接宜在环境温度为 10 ℃～30 ℃的室内进行；在雨、雪及刮风的环境下施焊，应采取有效防护措施。

9.1.4　焊缝结构及形式参见附录 D。

9.1.5　焊缝对口错边量不应大于最小对接板厚度的 10%，且不大于 2 mm。

9.1.6　筒节长度一般取板幅宽度为宜，最短筒节不宜小于 500 mm。

9.1.7　筒节间纵向焊缝应错开，错开间距不宜小于 200 mm。

9.1.8　接管法兰开孔宜避开罐体的纵环焊缝。

9.1.9　法兰面应垂直于接管或罐体的主轴中心线。接管法兰应保证法兰面的水平或垂直（如有特殊要求应按图样规定），其偏差均不得超过法兰外径的 1%（法兰外径小于 100 mm 时，按 100 mm 计算），且不大于 3 mm。

9.1.10　法兰的螺栓孔应与罐体主轴线或铅垂线跨中布置，见图 42。有特殊要求时应在设计图样上注明。

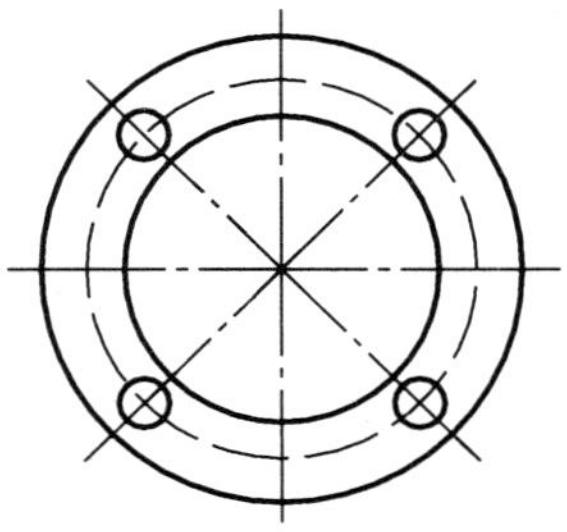

图 42　接管法兰安装

9.2　检验

9.2.1　所有用于制造储罐的材料均应具有质量合格证明及检验报告，各项指标均应符合本标准及相关国家标准的要求。

9.2.2　所有用于制造储罐的材料有以下情况之一的，应当进行复验：

a)　设计图样要求复验的；

b) 用户要求复验的；

c) 材料质量证明书中有缺项的；

d) 制造单位不能确定材料真实性或对材料的性能和成分有怀疑或有疑问的。

9.2.3 下料时应留有足够的加工余量，下料后尺寸应符合图样要求。

9.2.4 焊接坡口尺寸和角焊缝高度应符合工艺要求，对接焊缝错边量符合本标准要求。

9.2.5 检查焊缝外观，焊缝表面应光滑、均匀，无裂纹、无咬边及边缘不饱满现象。

9.2.6 储罐制成后规格尺寸符合图样要求，整体美观、焊缝均匀。

9.2.7 盛水试验，将储罐内盛满水，静置 24 h，储罐不应发生变形和泄漏，如用户需要进行耐压试验，试验压力及合格指标由设计图样规定。

9.2.8 挤出缠绕成型罐体的物理性能应满足表 1 规定，测试时从筒体开孔切割料块上取样。

9.3 标志

标牌应固定在储罐醒目且便于观察的位置上，标牌的固定不得削弱储罐强度，标示的内容应包括：

a) 产品名称；

b) 产品编号；

c) 制造单位名称；

d) 材质；

e) 有效容积；

f) 工作温度；

g) 制造日期；

h) 设备净重；

i) 产品标准编号。

9.4 随机文件

9.4.1 储罐出厂时随机文件中应包括产品合格证、安装使用说明书和竣工图。

9.4.2 安装使用说明书中应至少包括：

a) 适用范围；

b) 吊装和运输注意事项；

c) 保管注意事项；

d) 安装使用要求。

9.5 包装、装车、运输和安装

储罐的包装、装车、运输及安装参见附录 G。

附 录 A
（资料性附录）
特 殊 情 况

A.1 非均匀支撑储槽

非均匀支撑储槽通常是放置在支架上，储槽底部计算按 7.7.3 进行计算。

A.2 平板理论设计方法的适用范围

A.2.1 总则

较大面积的塑料板材不设加强筋时刚性较差，当板材挠度大于板厚的一半时，相当一部分载荷由薄膜张力分担。各种情况的适用范围由刚性系数 N 决定（见图 A.1），N 的计算见式（A.1）。

$$N=\frac{py^4}{E_{c(al.)D}t^4} \quad \cdots\cdots\cdots\cdots (A.1)$$

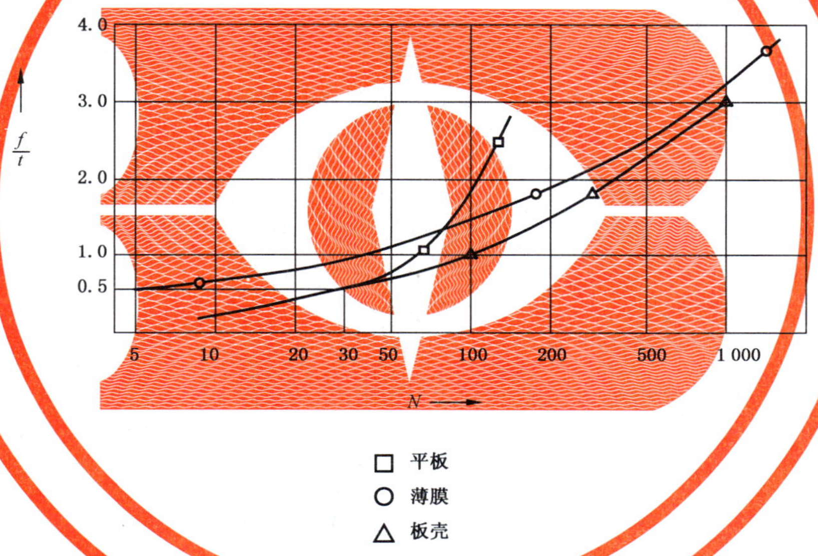

图 A.1 平板理论及薄膜理论的适用范围

A.2.2 刚性系数 $N \leqslant 30$

公式见 7.4 和 7.7.3。

A.2.3 刚性系数 $N > 30$

可应用板壳理论计算，尤其当长高比接近于 1 时，$\alpha_4=0.32$ 及 $\beta_4=0.24$，最小壁厚按式（A.2）计算。

$$t=\sqrt{A^2+B}-A \quad \cdots\cdots\cdots\cdots (A.2)$$

式中：

$$A=\frac{\beta_3}{2\beta_4}\times y\sqrt{\frac{\sigma_{al.}}{E_{c(al.)D}}};$$

$$B=\frac{py^2\beta_3}{\sigma_{al.}}。$$

侧壁最大挠度按式（A.3）计算：

$$f=\sqrt[3]{C+\sqrt{C^2+D}} \quad \cdots\cdots\cdots\cdots (A.3)$$

式中：

$C=\frac{\alpha_4^3}{2}\times\frac{py^4}{E_{c(al.)D}t}$；

$D=\frac{\alpha_4^9t^6}{27\alpha_3^3}$。

A.2.4 刚性系数 $N>1\ 000$

在 N 值非常高的情况下，应依据薄膜原理建立计算公式。（当 $x/y=1$ 对于 $N=1\ 000$ 与 $N>30$ 两种情况进行比较，其误差约为 6%）。

最小壁厚按式(A.4)计算：

$$t=\beta_4 py\sqrt{\frac{E_{c(al.)D}}{\sigma_{al.}^3}} \qquad \cdots\cdots(A.4)$$

侧壁最大的挠度应依据式(A.5)计算：

$$f=\alpha_4\sqrt[3]{\frac{y^4p}{tE_{c(al.)D}}} \qquad \cdots\cdots(A.5)$$

α_3 及 β_3 的值应源自于表 7 所示，α_4 及 β_4 所示的值依据 A.2.3 所述。

附　录　B
（资料性附录）
静置常压焊接热塑性塑料储罐(槽)使用条件

静置常压焊接热塑性塑料储罐(槽)使用条件应由制造商、最终使用者或其他业界职能人员填写。

B.1　储罐类型和尺寸

a)　圆柱形　□　；

b)　内径＿＿＿＿＿ mm、高度＿＿＿＿＿ mm；

c)　矩形　□　；

d)　长×宽×高＿＿＿＿＿(mm×mm×mm)；

e)　有效容积＿＿＿＿＿(m^3)。

B.2　使用条件

a)　储罐安全等级＿＿＿＿＿＿；

b)　设计寿命(最低 10 年)：
　　10 年 □　　25 年 □　　其他 □　年　；

c)　使用时的环境温度范围＿＿＿＿＿(℃)；

d)　工作温度＿＿＿＿＿＿(℃)；

e)　使用期间温度变化曲线＿＿＿＿＿＿(℃和时间)；

f)　储罐安装在：　室内 □　　室外 □　；

g)　附加压力情况。

B.3　内盛介质

a)　密度＿＿＿＿＿＿(g/cm^3)；

b)　详细组份填于表 B.1；

c)　准备使用的溶剂清单；

d)　准备使用的洗涤剂清单。

表 B.1

序号	介质/组份	浓度/%	占总数的百分比/%
1			
2			
3			
4			

B.4　附属设备

详细列出与储罐组合使用的附属设备名称，如：搅拌器、料斗、空气搅拌器等。

注 1：储罐的设计寿命是指用于确定储罐尺寸(如：罐壁厚度)及许用应力时选用的使用期限。它不指担保期。担保期应当由客户和储罐制造商商定。

注 2：储罐内盛介质的性质变化时，要求使用者征求制造方或其他有关机构的意见。

附　录　C
（规范性附录）
焊接的热塑性塑料结构的特征值——
应用于热塑性塑料设备设计的许用应力及蠕变模量的测定

C.1　总则

本附录规定了聚乙烯(PE)、聚丙烯(PP)、聚氯乙烯(PVC)及聚偏二氟乙烯(PVDF)材料焊接的储罐(槽)的设计所必须的特征值的确定办法。该数据用于静置载荷。

C.7 列出了这些材料的最小性能值。如果材料的性能低于 C.7 所列的最小值，则禁止使用。

C.2　符号及缩写

K——设计温度及设计寿命下的蠕变强度，MPa；

S——安全系数；

A_1——比强度影响的换算系数；

A_{2k}——受介质影响的换算系数；

A_{2E}——弹性模量受介质影响所考虑的换算系数；

E_c——设计条件(温度、应力、时间)下材料的蠕变模量，MPa；

$E_{c(al.)St.}$——稳定设计条件下(温度、应力、时间、介质、安全系数)材料的许用蠕变模量，MPa；

$E_{c(al.)D}$——变形设计条件下(温度、应力、时间、介质)材料的许用蠕变模量，MPa；

T——设计温度，℃；

f_s——短期焊接系数；

f_1——长期焊接系数；

$\sigma_{al.}$——设计条件下许用应力，MPa；

σ——主应力，MPa。

C.3　许用应力及模量的测定

构件的设计计算基于长期应用，取决于载荷的特性，通常有 3 种形式：

a)　应力；

b)　变形(例如：挠度)；

c)　稳定性(例如：短期或长期丧失稳定性)；

应力的设计计算应参照蠕变强度，多数情况存在多轴应力，最大主应力不应超过许用蠕变强度。

许用值由材料对应的换算系数、焊接系数、安全系数导出。

在变形及稳定性方面，关键设计参数为蠕变模量。可由蠕变模量时间-温度-应力变化图查出。如果发生稳定性问题，应考虑选择合适的安全系数。

C.3.1　依据强度进行的设计计算

许用应力与材料的蠕变强度、换算系数、焊接系数及安全系数有关。

$$\sigma_{al.} = \frac{K f_1}{A_1 A_{2K} S} \quad \cdots\cdots(C.1)$$

作为设计基础的蠕变强度 K 可以通过 C.7.1 图表中的工作时间-工作温度曲线上查出。

C.3.2 依据稳定性及变形进行的设计

热塑性塑料在应用中,用蠕变模量(E_c)代替理论力学中的弹性模量。蠕变模量取决于时间、应力及温度,同时也取决于介质(尤其是有溶胀效应的介质)。对于所用材料的蠕变模量可通过其相应的蠕变模量曲线查出(图 C.13～图 C.27)。

蠕变模量应用于:

a) 在稳定性的计算中:

$$E_{c(al.)St.} = \frac{E_c}{A_{2E} \times S} \qquad \cdots\cdots (C.2)$$

b) 变形的计算中:

$$E_{c(al.)D} = \frac{E_c}{A_{2E}} \qquad \cdots\cdots (C.3)$$

C.4 换算系数

C.4.1 换算系数 A_2

C.4.1.1 换算系数 A_{2K}

换算系数 A_{2K} 量化了工作介质对热塑性塑料材料蠕变强度的影响。

C.7.3 的表 C.4 中包括常用化学介质的换算系数。表中未涉及的其他介质,可参考与其性能相似的介质的换算系数。

C.4.1.2 换算系数 A_{2E}

除能引起溶胀的介质外,换算系数 $A_{2E}=1$。

对于能引起溶胀的介质(见表 C.4 中表的脚注 g),A_{2E} 将通过适宜的试验进行测定。

C.4.2 换算系数 A_1

换算系数 A_1 考虑了材料的强度随温度而变化,因此该系数由冲击强度值导出。换算系数 A_1 的取值见表 C.1。

表 C.1 换算系数 A_1

材料	工作温度/℃			
	−10	20	40	60
HDPE 高密度	1.2	1	1	1
PP-H 均聚物	1.8	1.3	1	1
PP-B 嵌段共聚物	1.2	1	1	1
PP-R 无规共聚物	1.2	1	1	1
PVC-NI 标准冲击强度 PVC-U	1.8	1.6	1.4	1.1
PVC-RI 较高冲击强度(PVC-U)	1.6	1.3	1	1
PVC-C 氯化的	1.9	1.8	1.6	1.2
PVDF-H 均聚物	1.6	1.4	1.2	1

C.5 焊接系数

几种材料的焊接系数(f_s 及 f_l)见表 C.2 所示。

该数值是在全面控制的焊接工艺中测得的，并且该作业应由经考试合格的、有资格的人员操作。

短期系数适用于载荷作用时间不超过 1 h，因此只有长期系数应用于构件的设计计算，有关其他材料或连接工艺的系数值要分别确定。

表 C.2 短期(f_s)及长期(f_l)焊接系数

工艺	材料					
		HDPE	PP[a]	PVC-U[b]	PVC-C	PVDF
热熔对焊	f_s	0.9	0.9	0.9	0.8	0.9
	f_l	0.8	0.8	0.6	0.6	0.6
热风挤出焊接	f_s	0.8	0.8	—	—	—
	f_l	0.6	0.6	—	—	—
热风焊接	f_s	0.8	0.8	0.8	0.7	0.8
	f_l	0.4	0.4	0.4	0.4	0.4

[a] PP-H，PP-B，PP-R；

[b] PVC-NI，PCV-RI。

C.6 安全系数

安全系数 S 表示构件按要求使用时，在设计寿命的任何时间内，材料蠕变强度的安全性会得到保证。

依据容器及设备所具有的潜在危险规定了两种载荷工况下的安全系数，见表 C.3，设计人员应根据每个特定工况选择合适的安全系数。

应用中可取中间值。

表 C.3 安全系数

载荷形式	S
载荷情况 1： 室温及恒定静载荷。如遇故障不可能对人、物及环境造成危险。	1.3
载荷情况 2： 变载荷(如温度、装料高度变化)。如遇故障可能对人、物及环境造成危险。	2.0

有关稳定性的计算，见 C.3.2，安全系数取 2。

C.7 蠕变强度图表、蠕变模量图表及换算系数

C.7.1 蠕变强度图表(图C.1～图C.12)

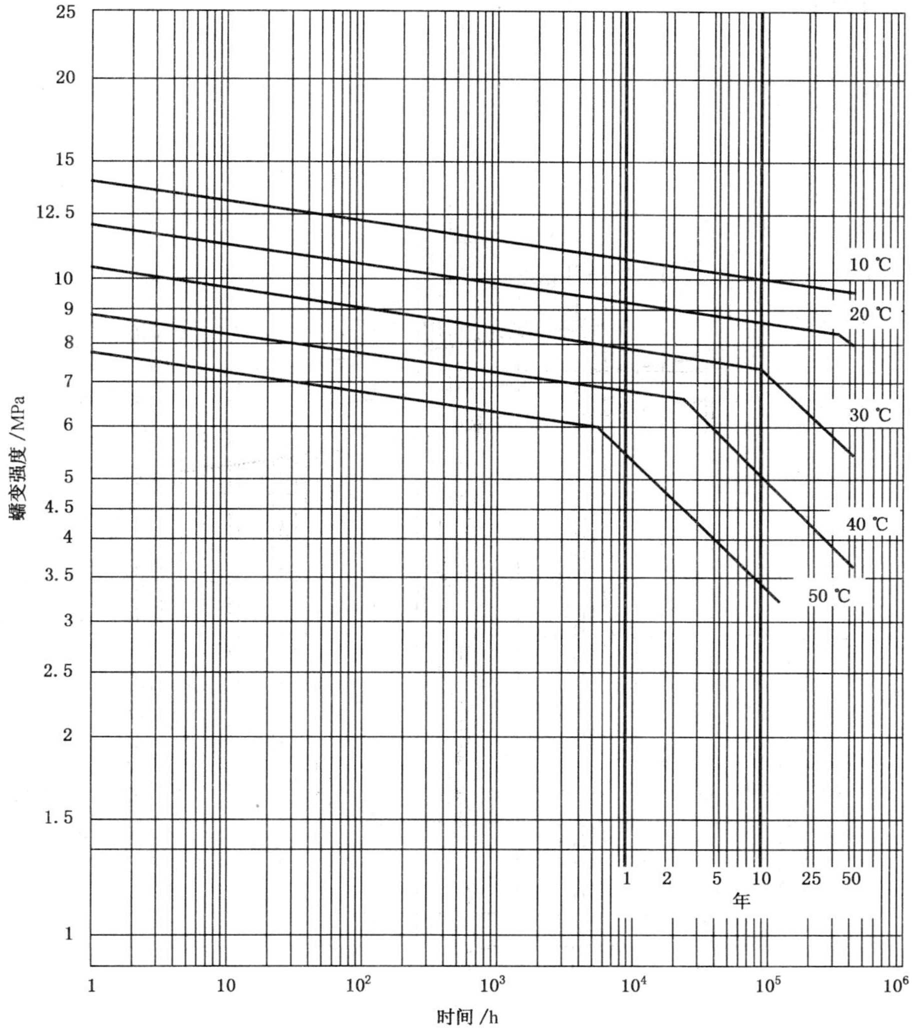

图C.1 高密度聚乙烯管材的蠕变强度(HDPE)

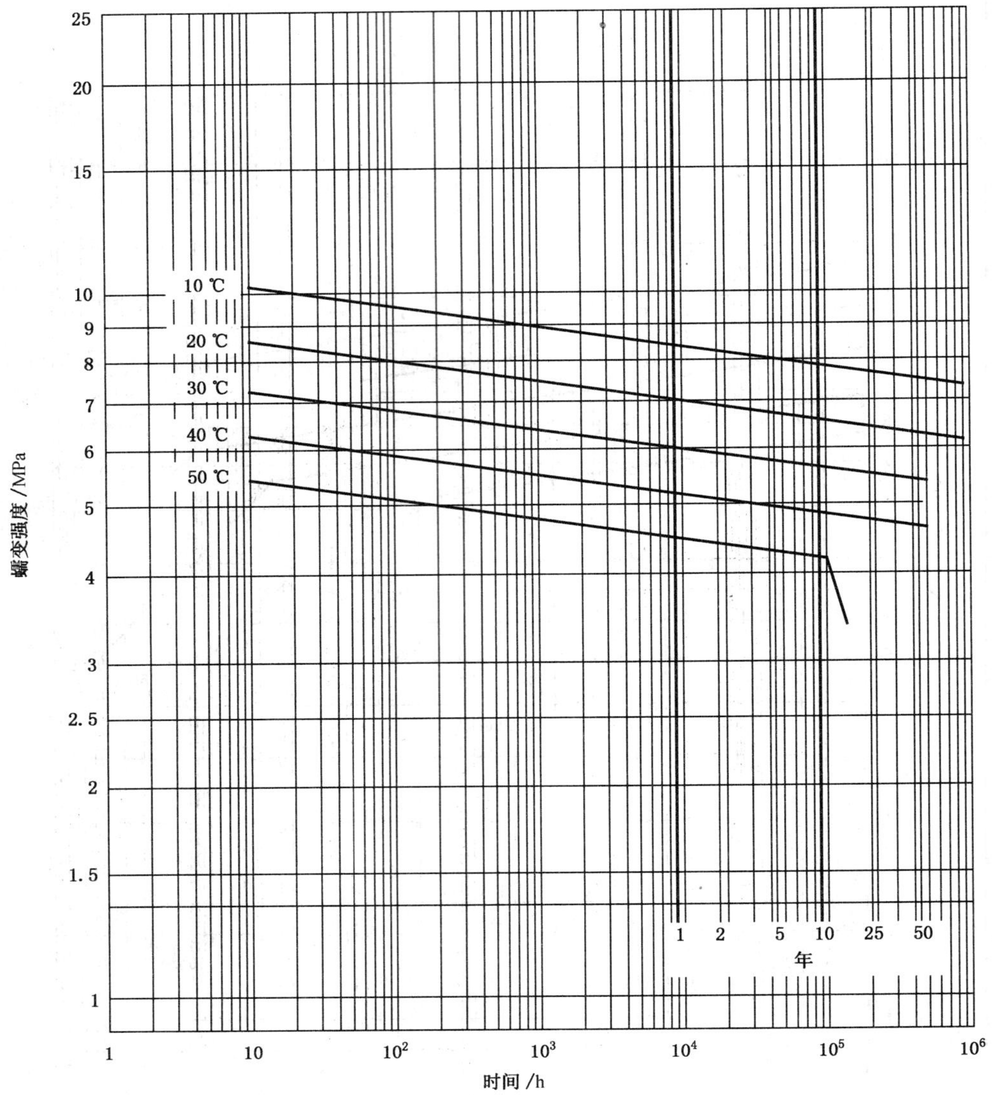

图 C.2 聚乙烯管材的蠕变强度(PE 63)

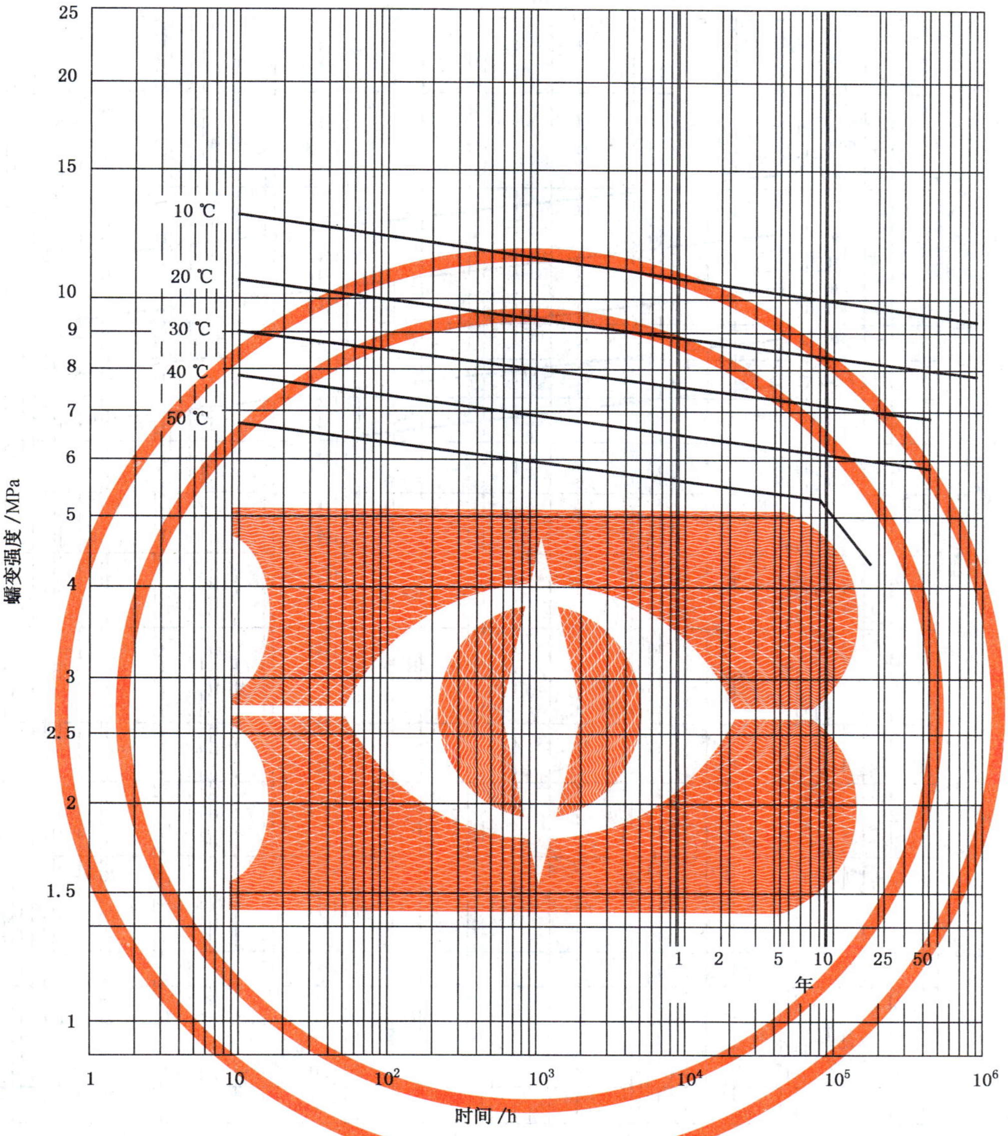

图 C.3 聚乙烯管材的蠕变强度(PE 80)

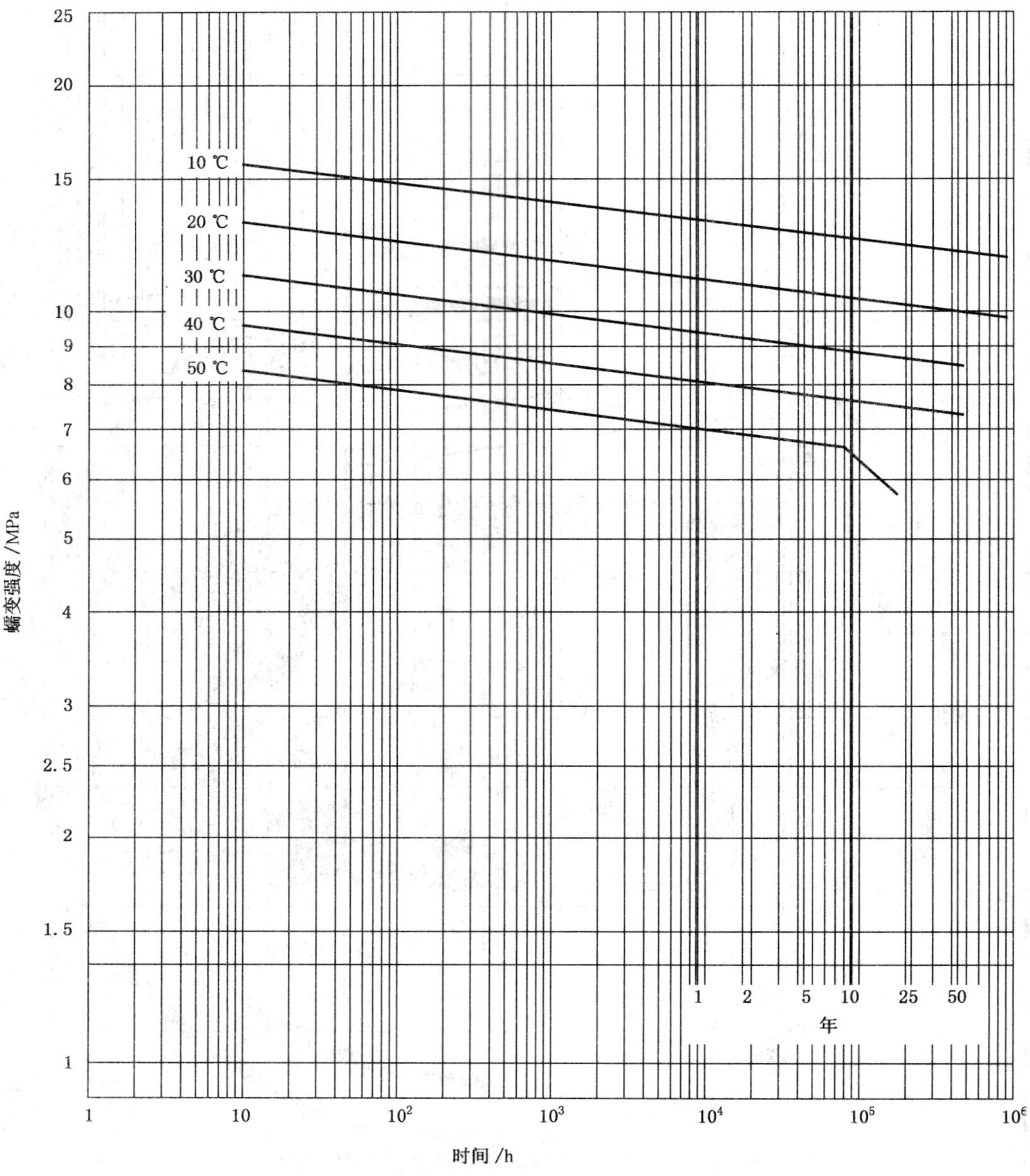

图 C.4 聚乙烯管材的蠕变强度(PE 100)

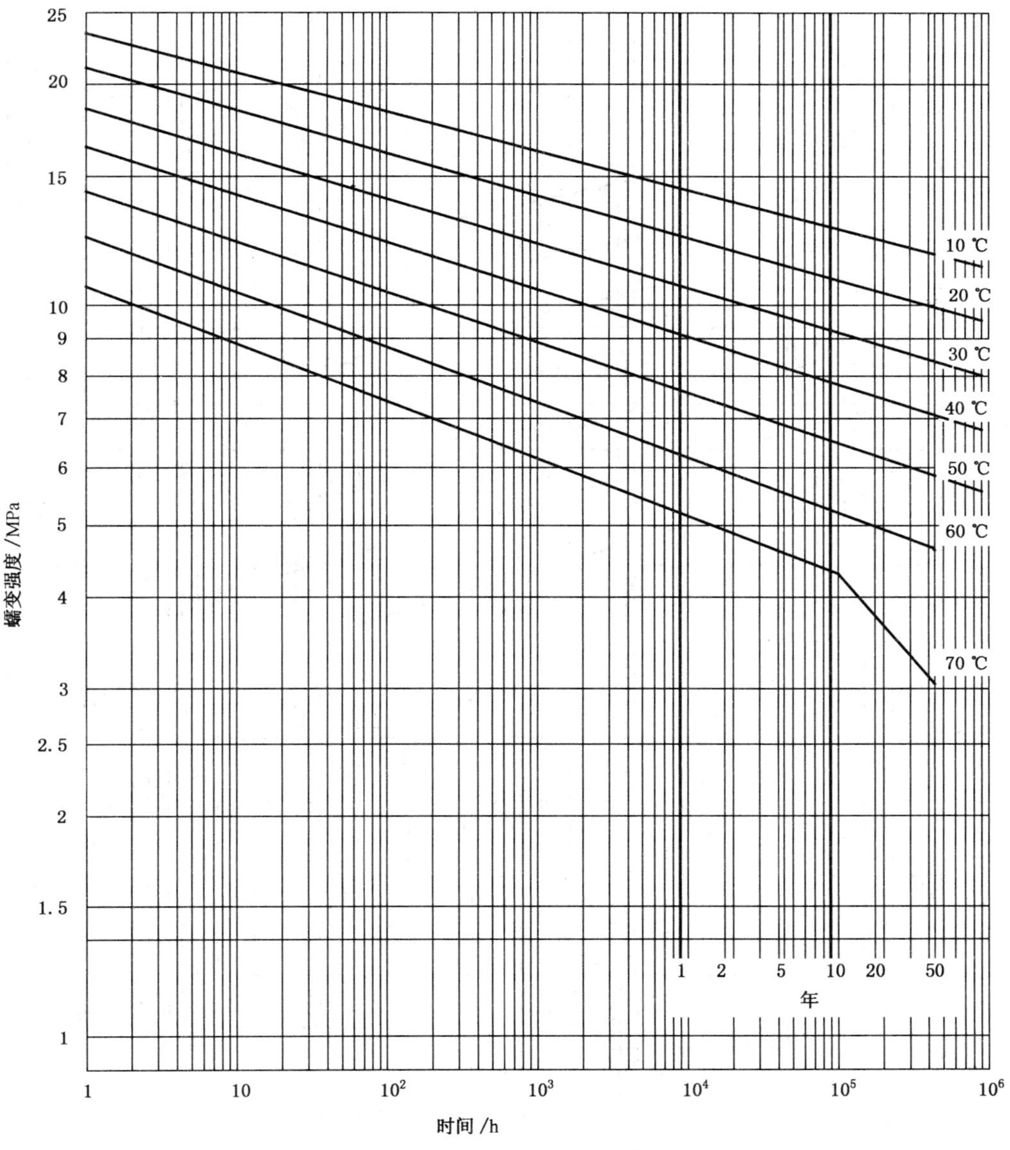

图 C.5 聚丙烯管材的蠕变强度(PP-H)

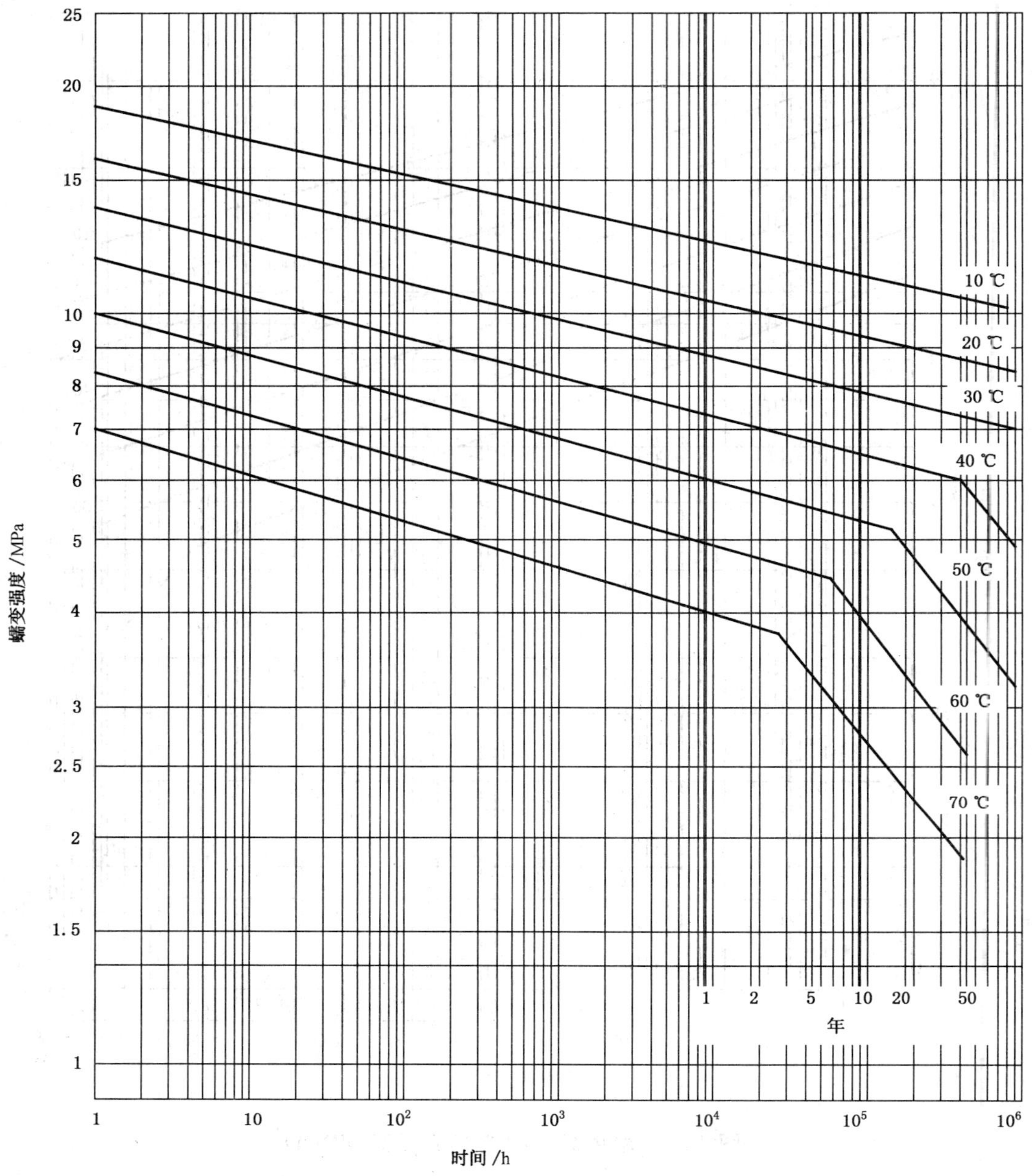

图 C.6 聚丙烯管材的蠕变强度(PP-B)

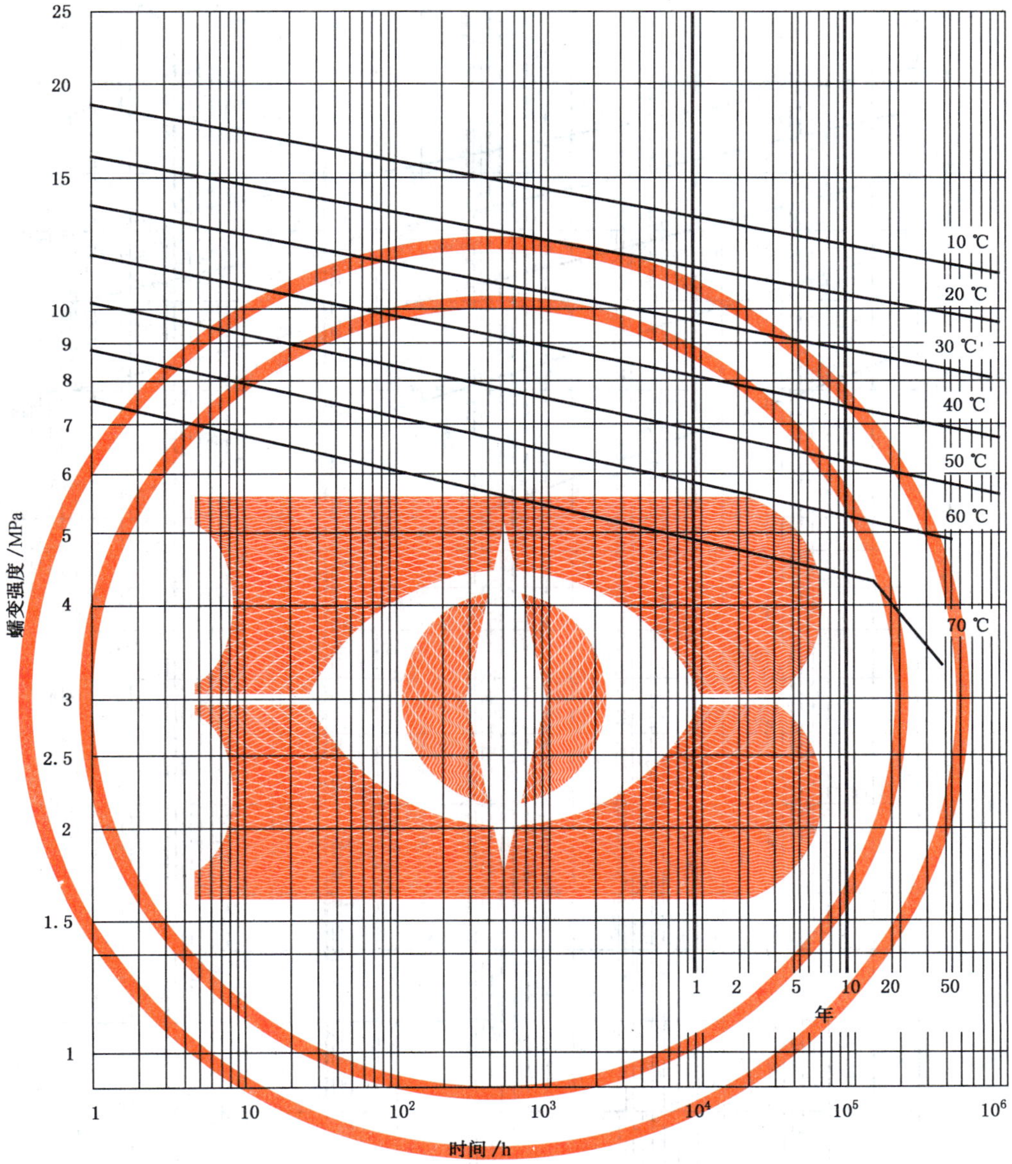

图 C.7　聚丙烯管材的蠕变强度(PP-R)

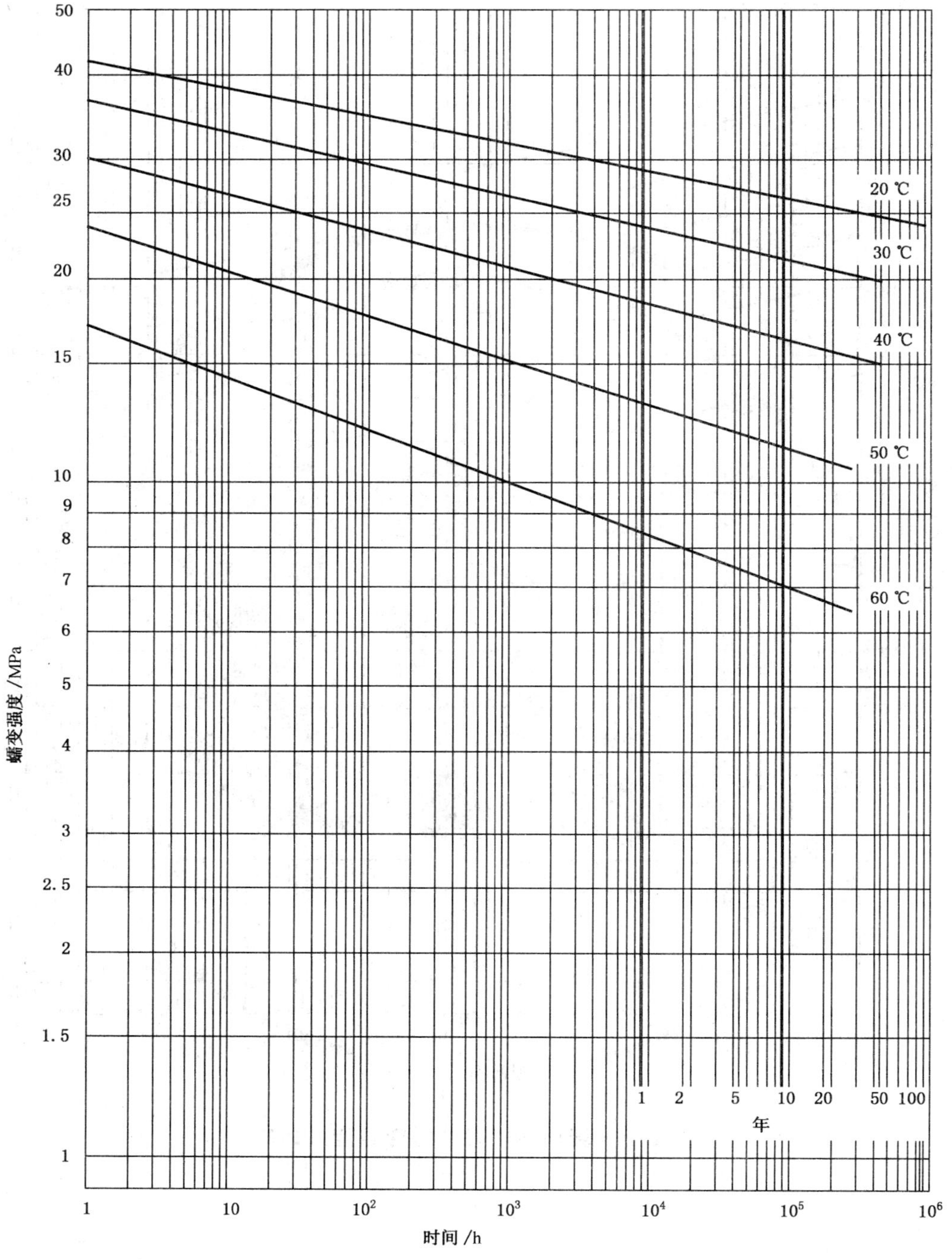

图 C.8 未增塑的标准冲击强度的聚氯乙烯管材的蠕变强度(PVC-NI、PVC-U)

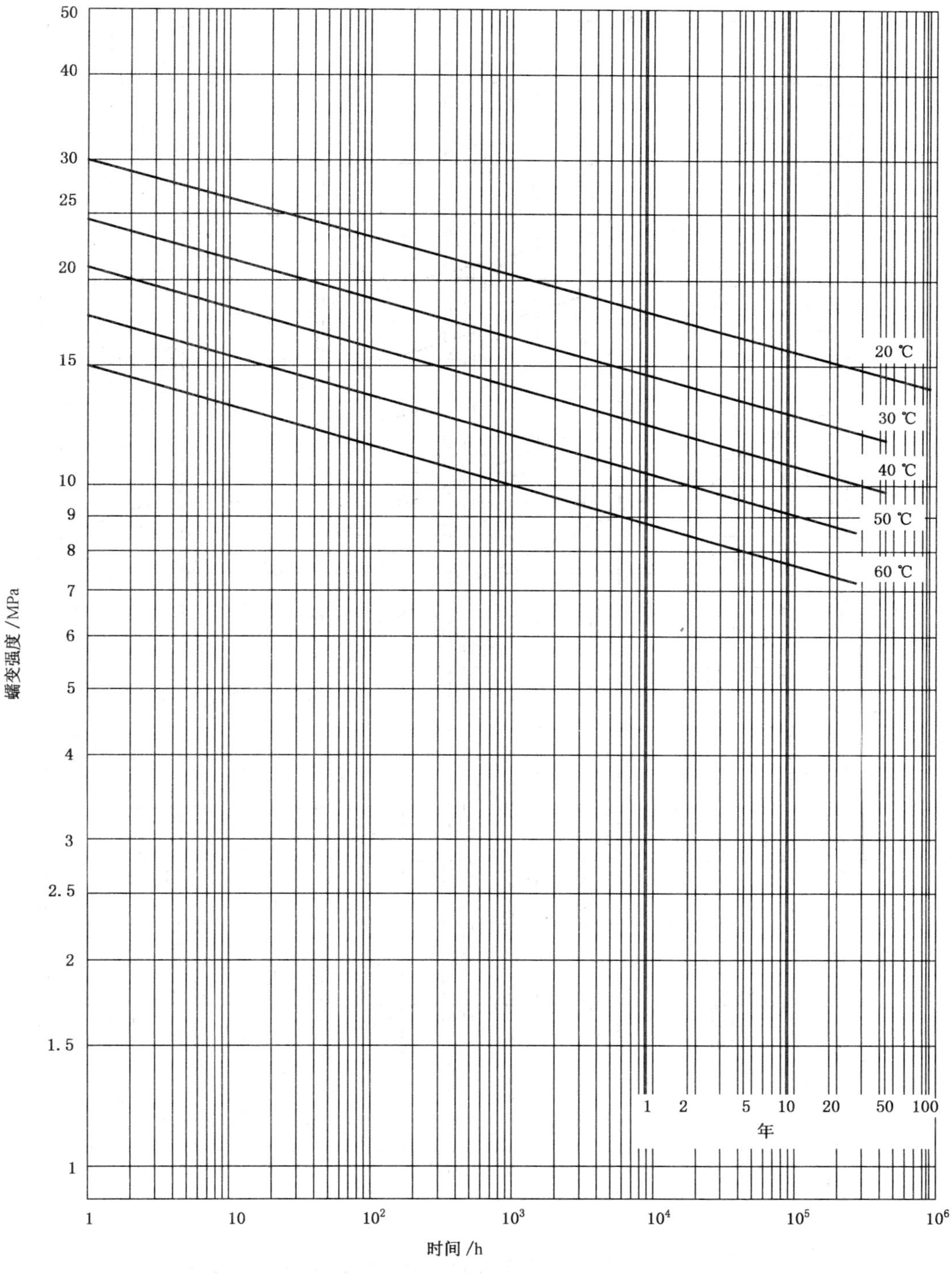

图 C.9 未增塑的改性抗冲击聚氯乙烯(PVC-RI)管材的蠕变强度
形式 1:以氯丙烯为主,混有氯乙烯均聚物和接枝共聚物

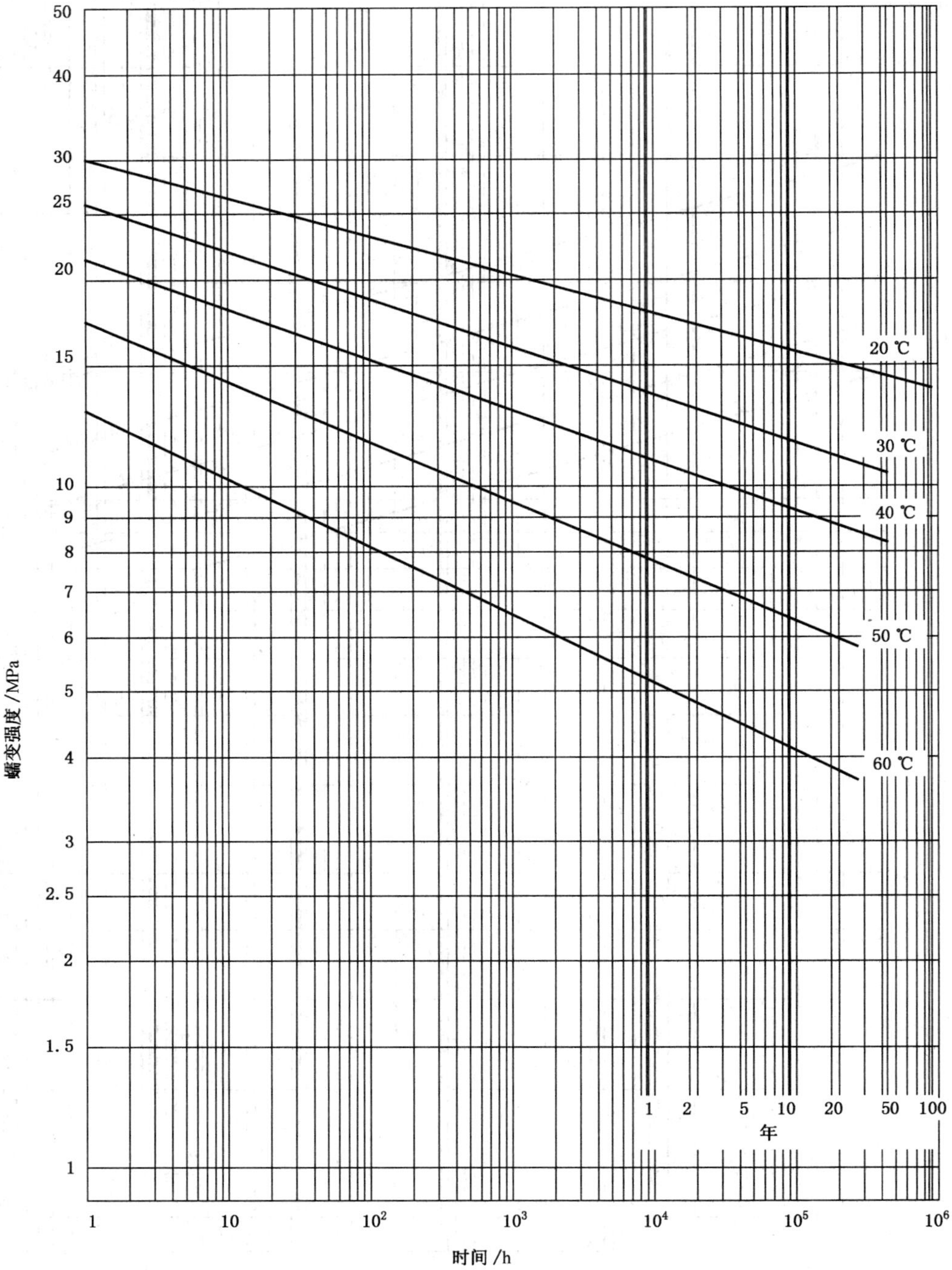

图 C.10 未增塑的改性抗冲击聚氯乙烯(PVC-RI)管材的蠕变强度
形式 2:均聚氯乙烯与氯化聚乙烯混合物

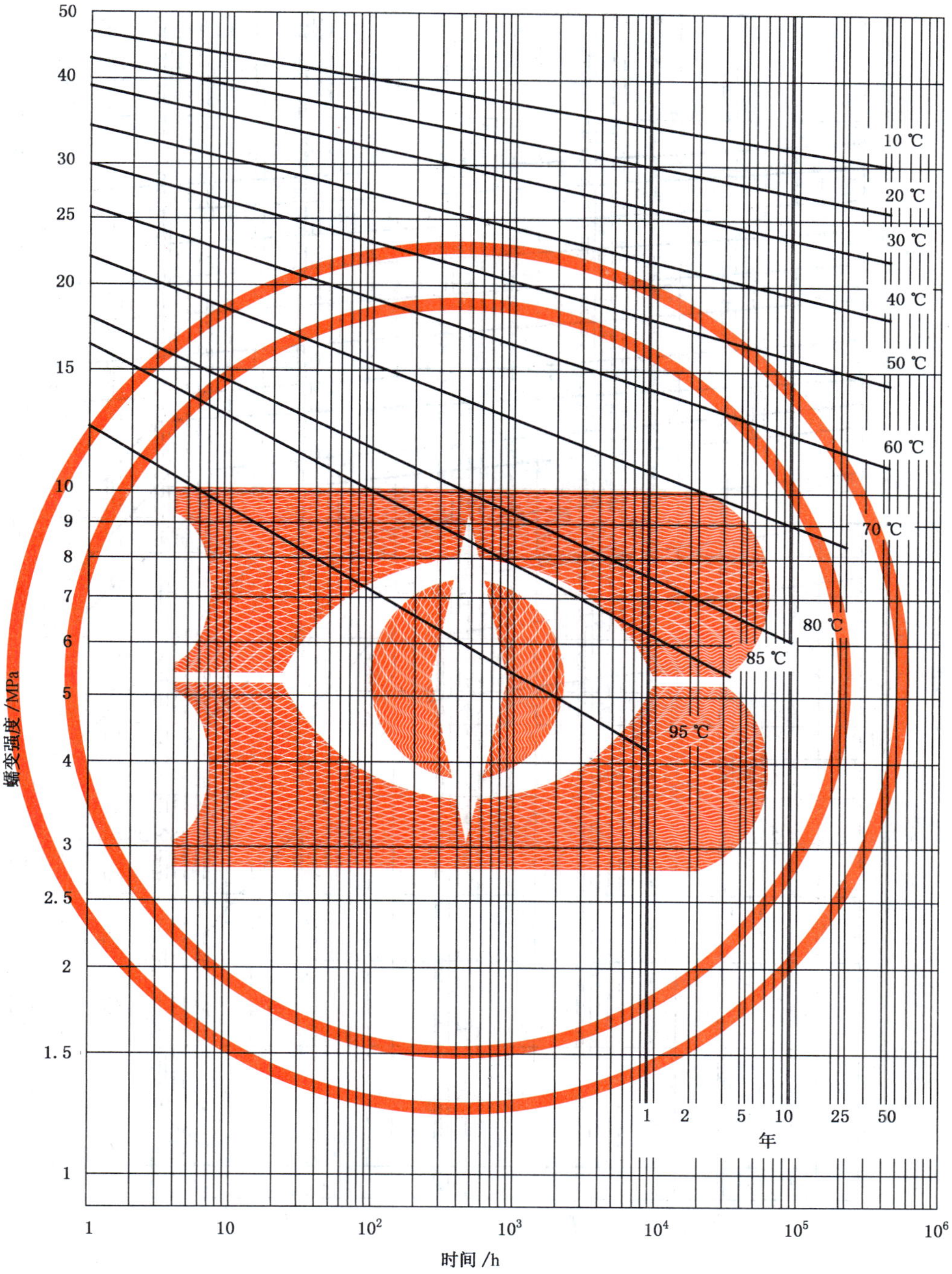

图 C.11　氯化聚氯乙烯管材的蠕变强度(PVC-C)

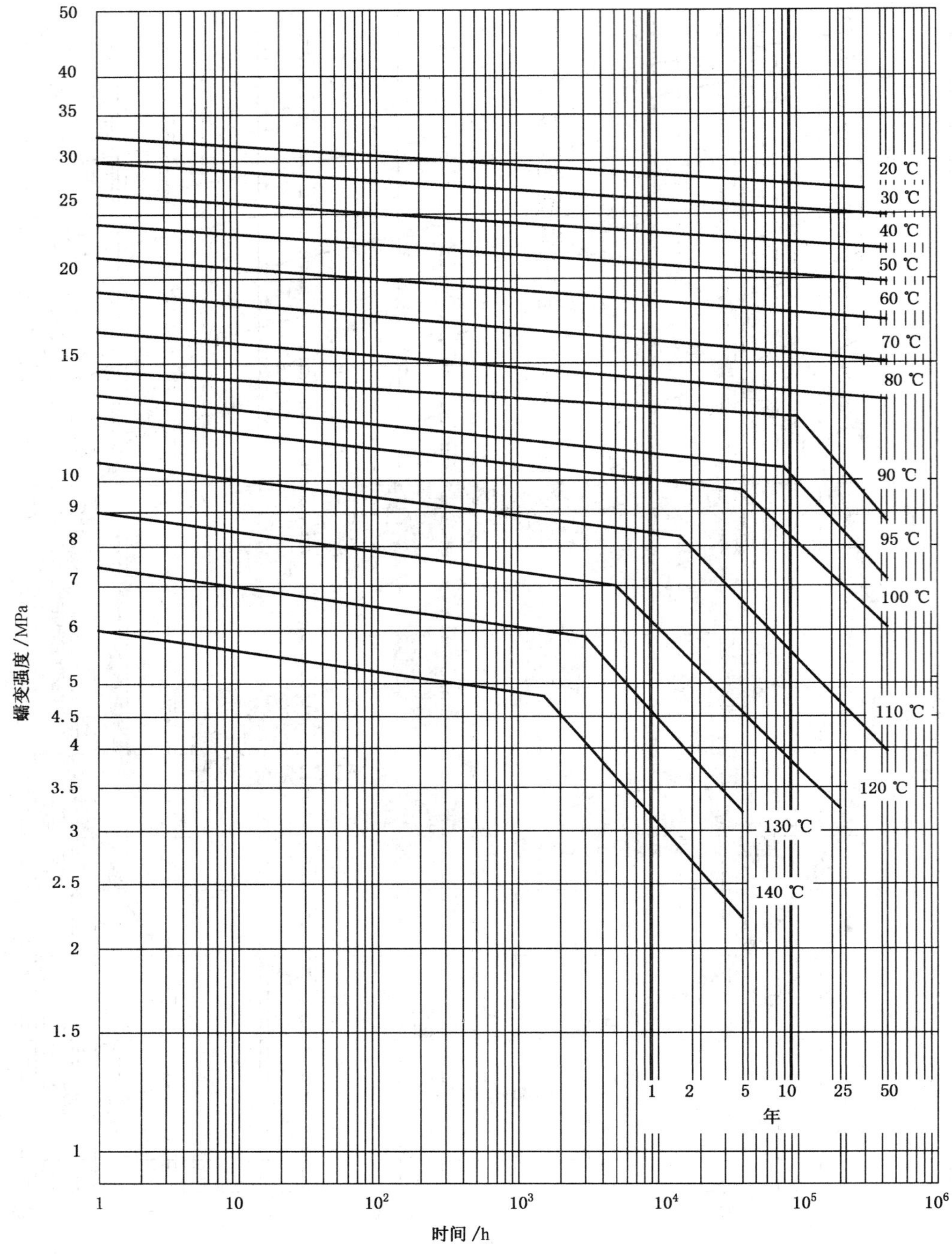

图 C.12 聚偏二氟乙烯管材的蠕变强度(PVDF)

C.7.2 蠕变模量图表(图 C.13～图 C.27)

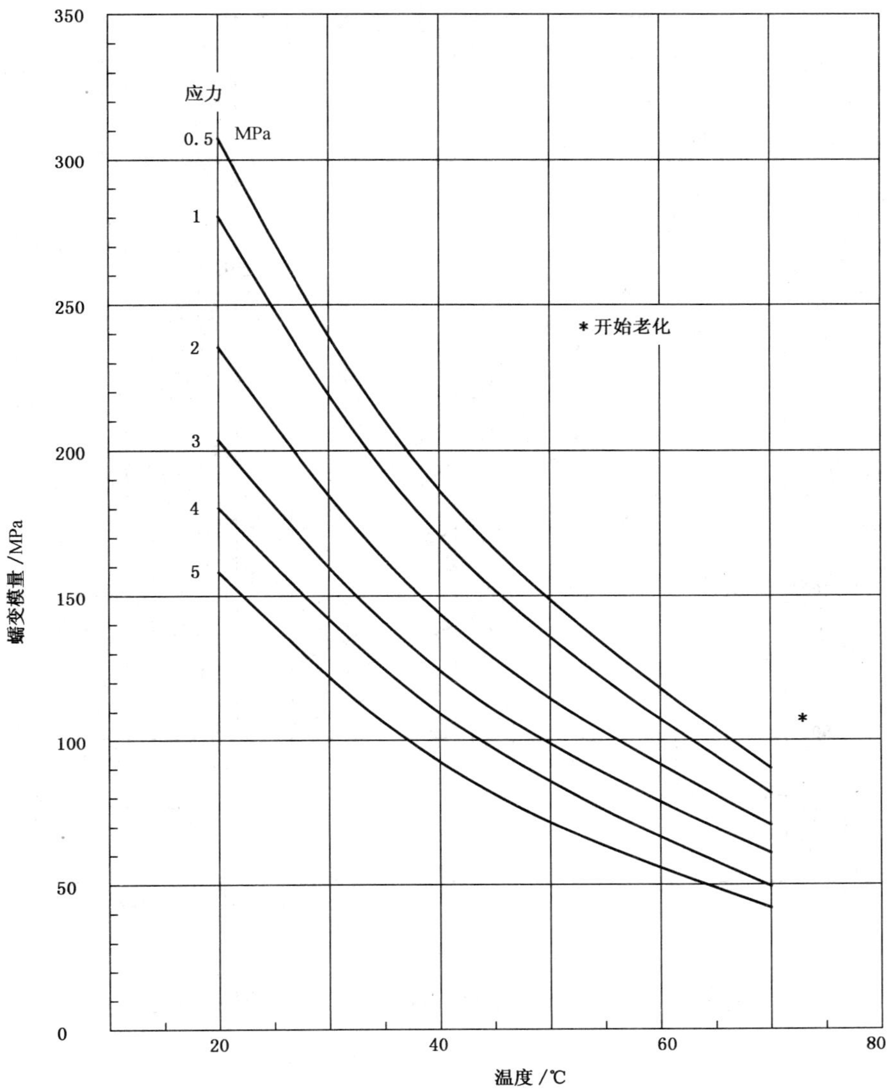

图 C.13 高密度聚乙烯(HDPE)1 年的蠕变模量

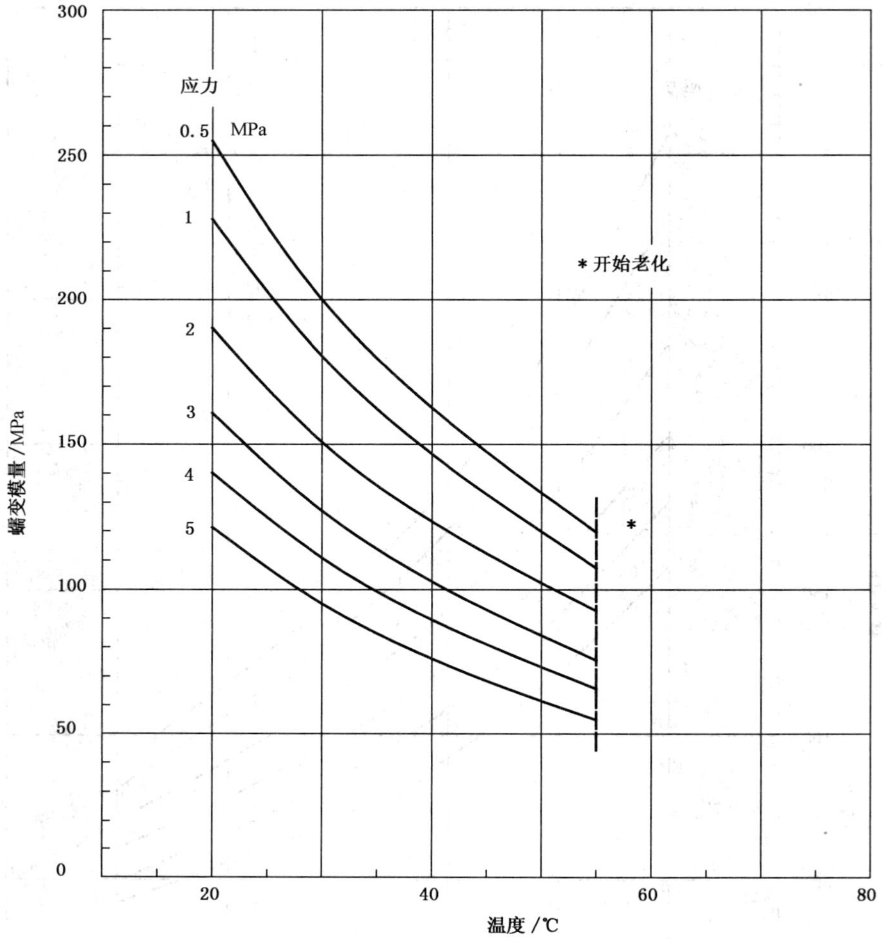

图 C.14　高密度聚乙烯(HDPE)10 年的蠕变模量

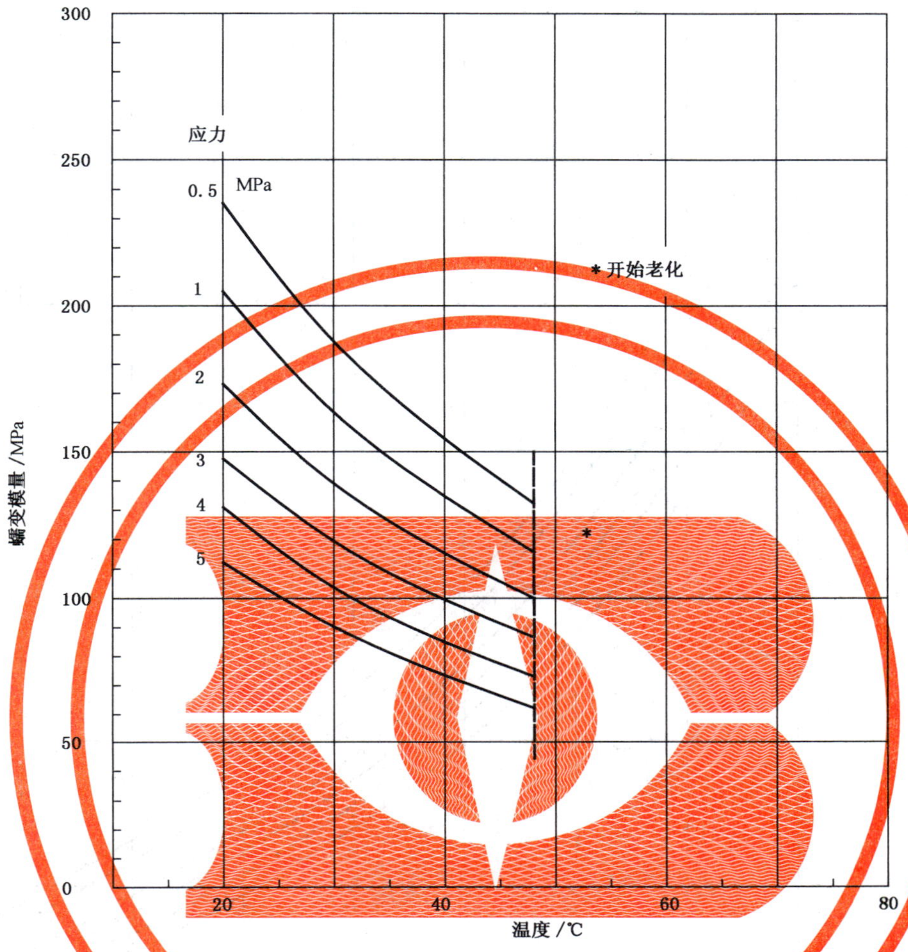

图 C.15 高密度聚乙烯(HDPE)25 年的蠕变模量

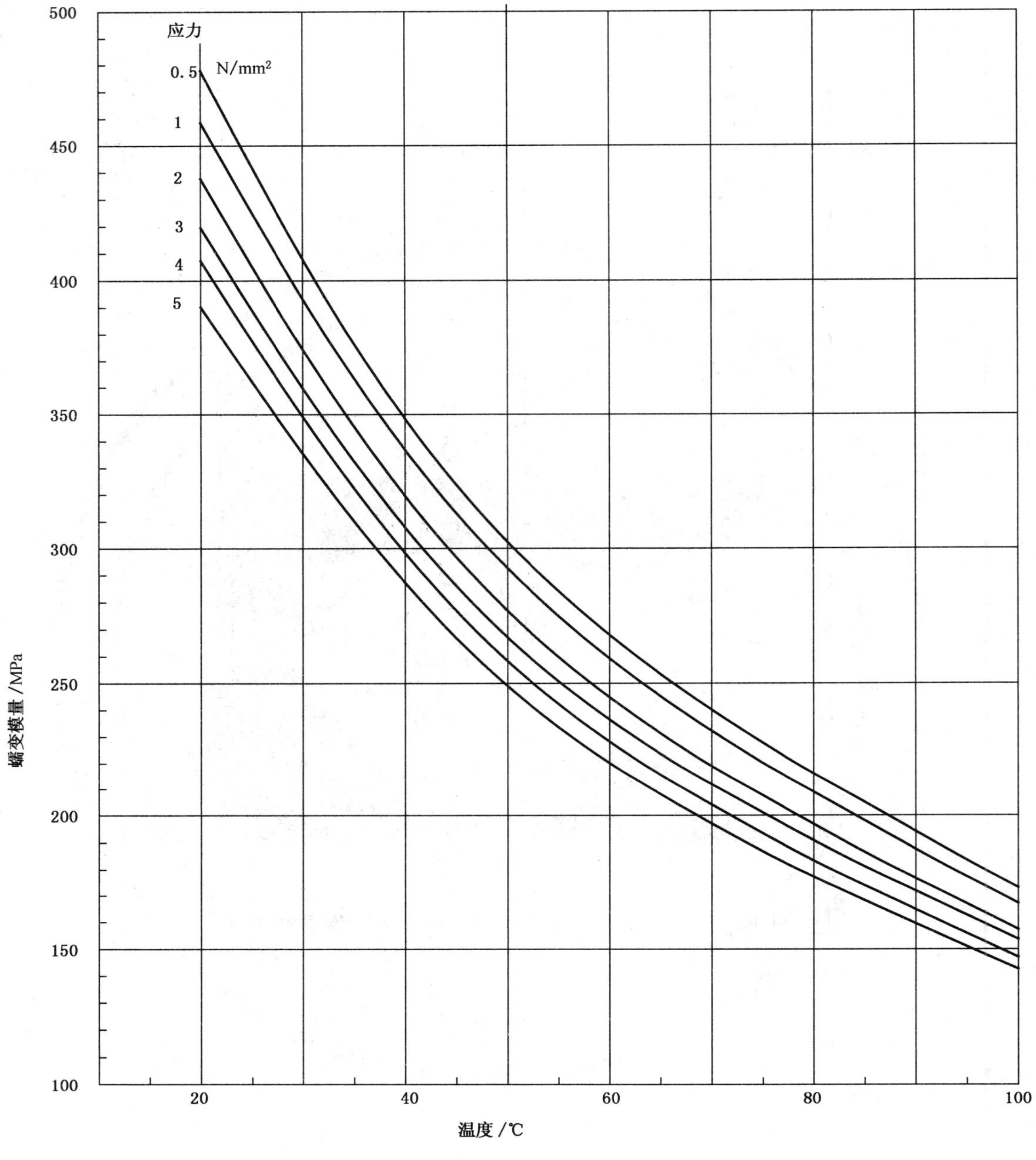

图 C.16　聚丙烯(PP-H)1 年的蠕变模量

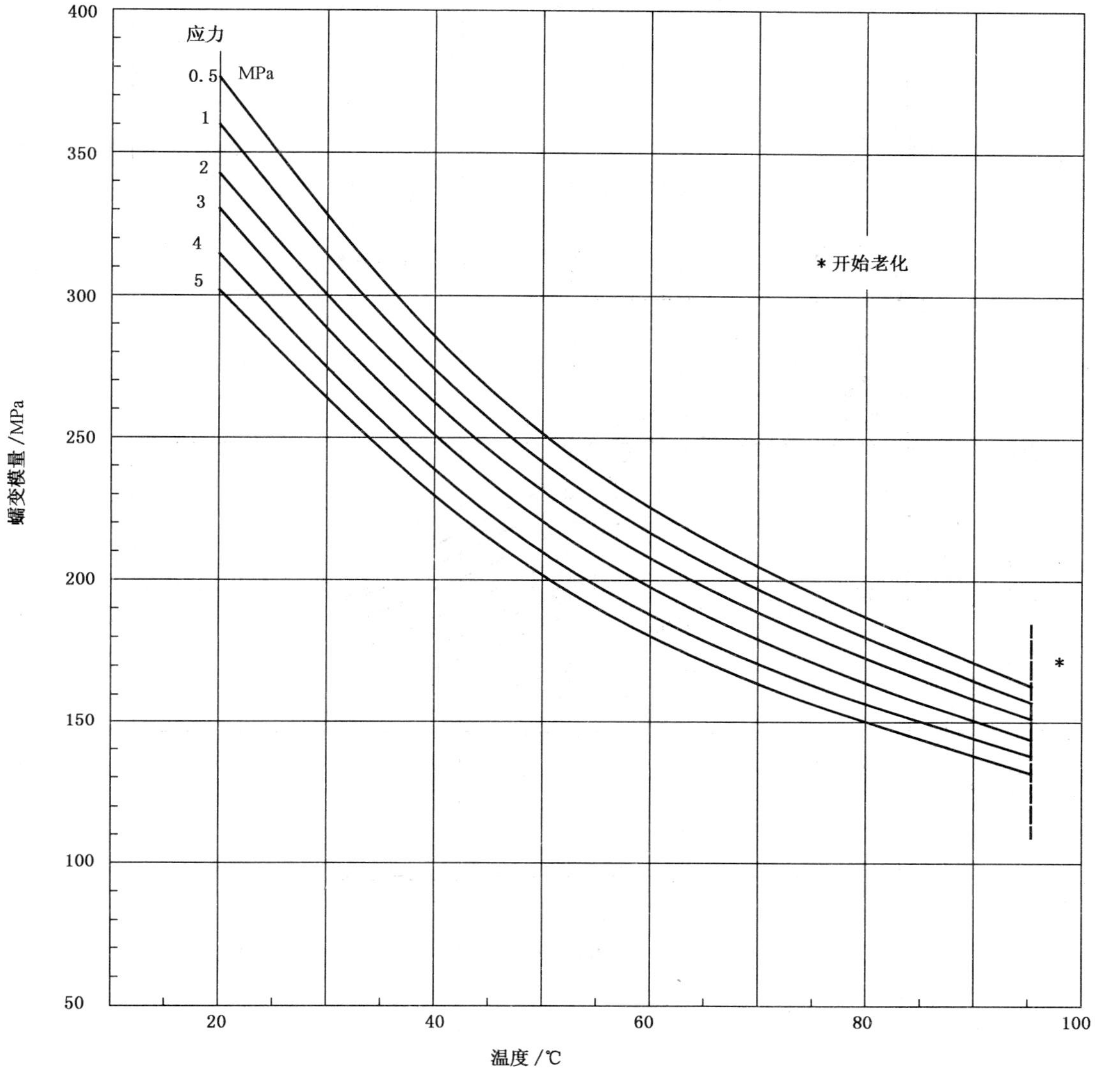

图 C.17　聚丙烯(PP-H)10 年的蠕变模量

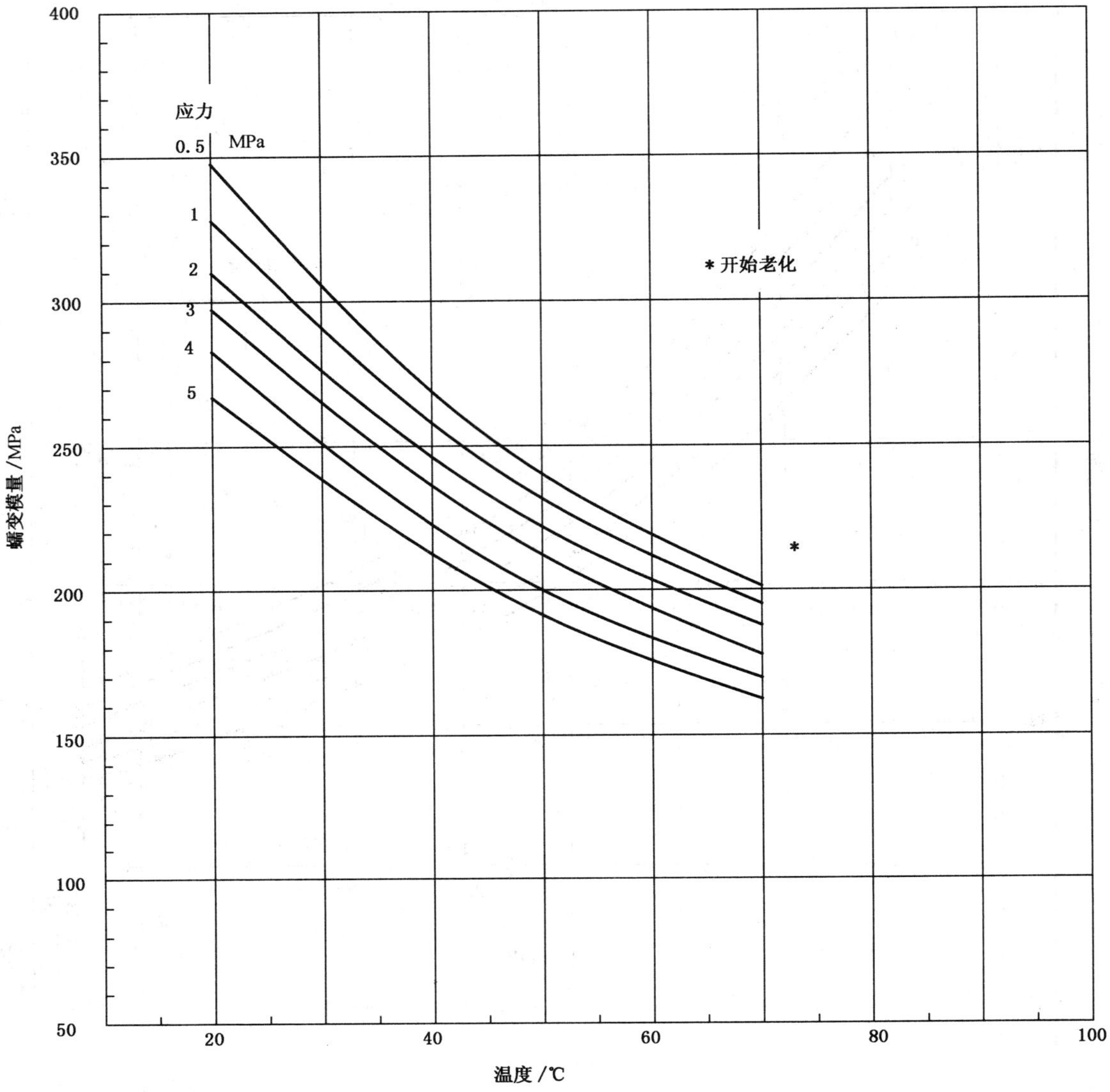

图 C.18 聚丙烯(PP-H)25 年的蠕变模量

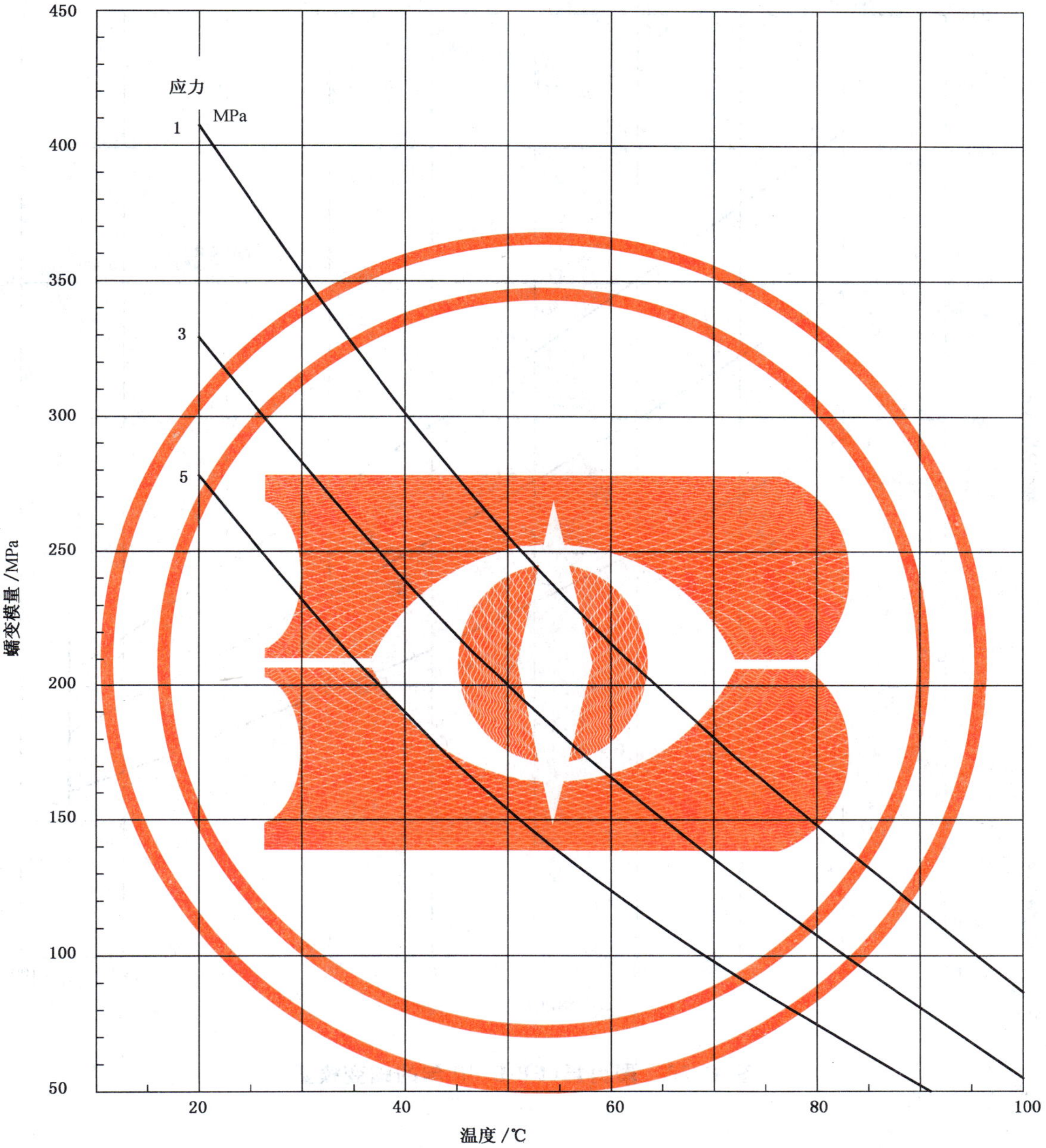

图 C.19 聚丙烯(PP-B)1年的蠕变模量

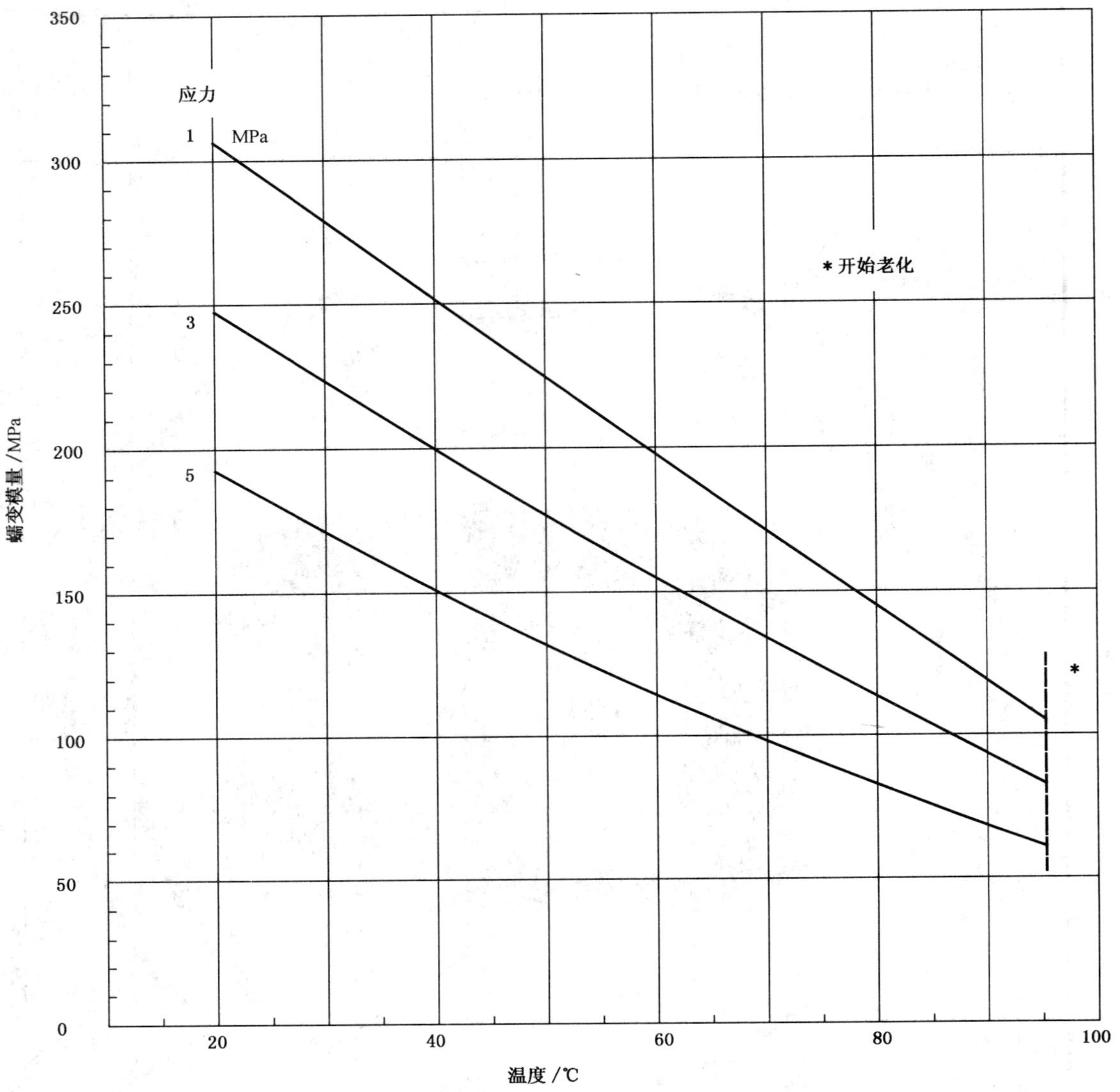

图 C.20 聚丙烯(PP-B)10 年的蠕变模量

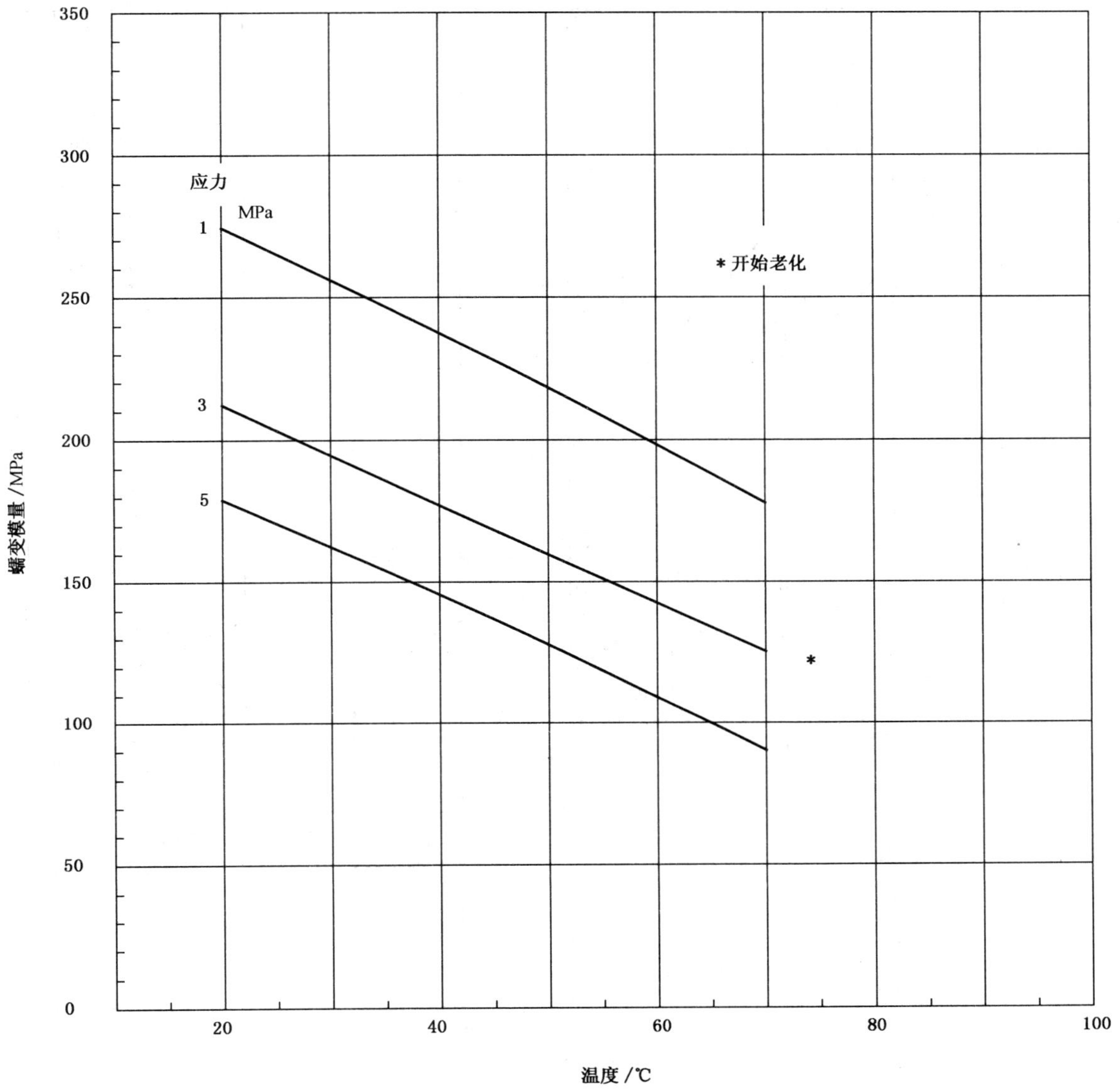

图 C.21 聚丙烯(PP-B)25 年的蠕变模量

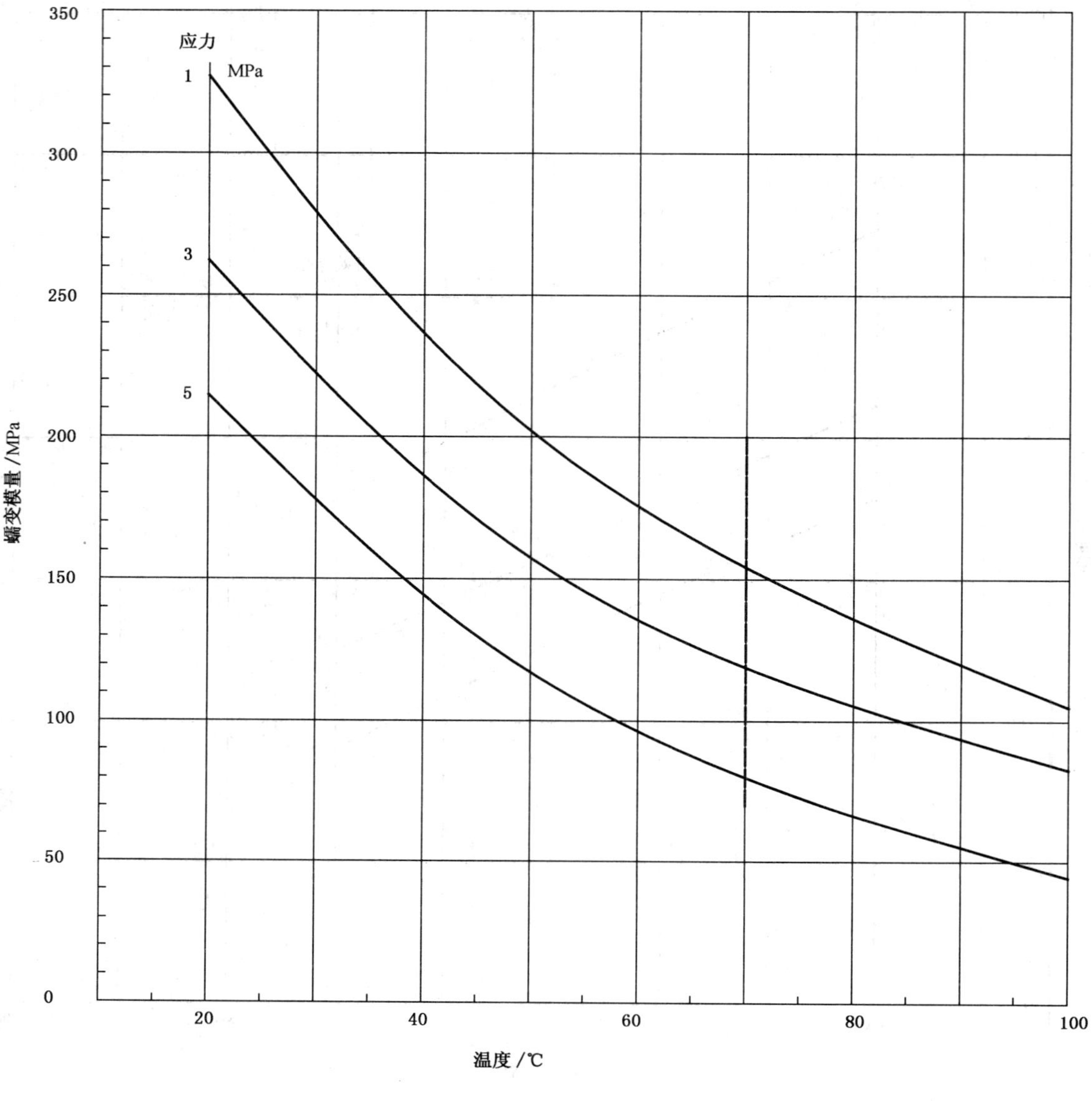

图 C.22 聚丙烯(PP-R)1年的蠕变模量

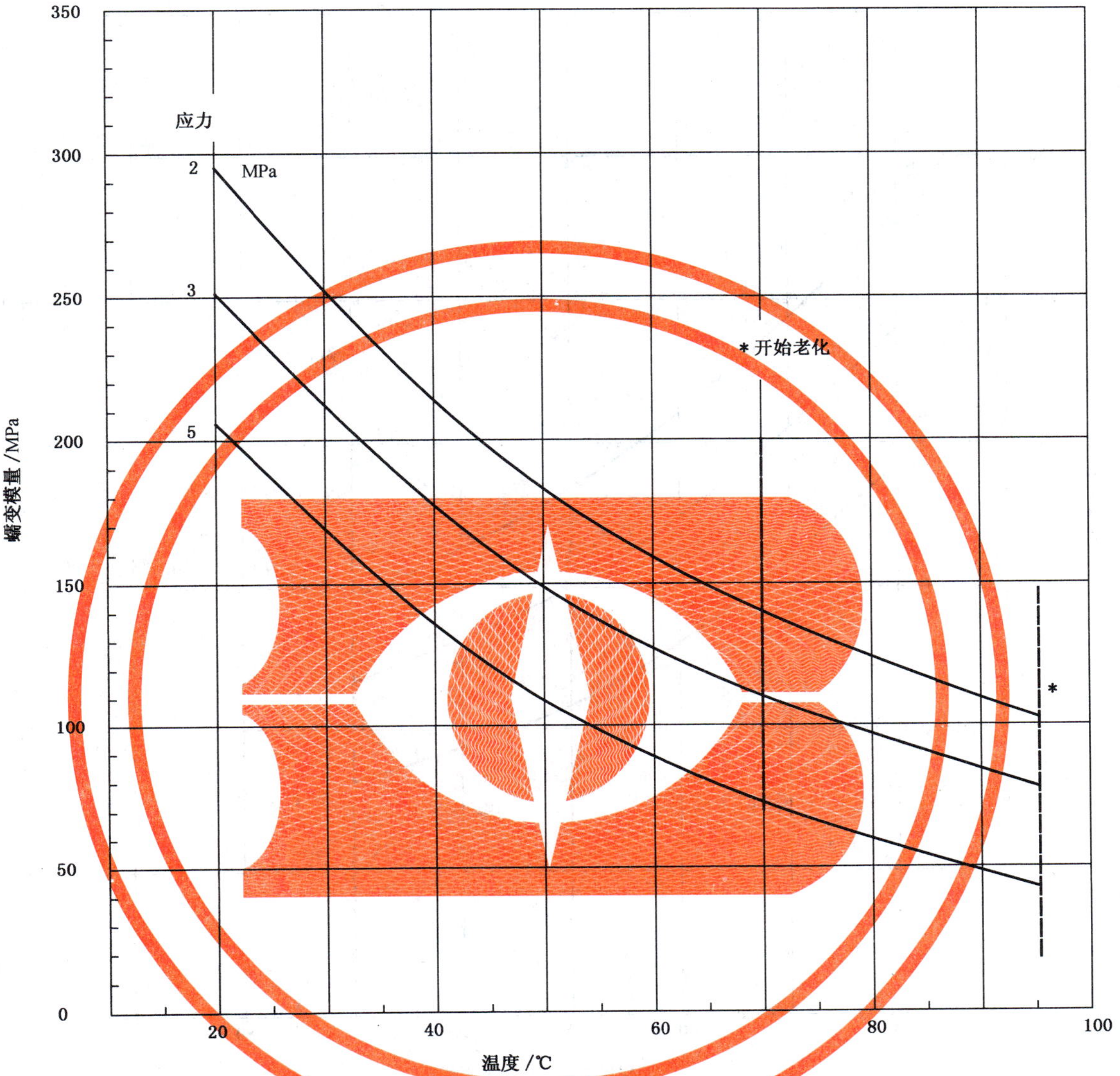

图 C.23 聚丙烯(PP-R)10 年的蠕变模量

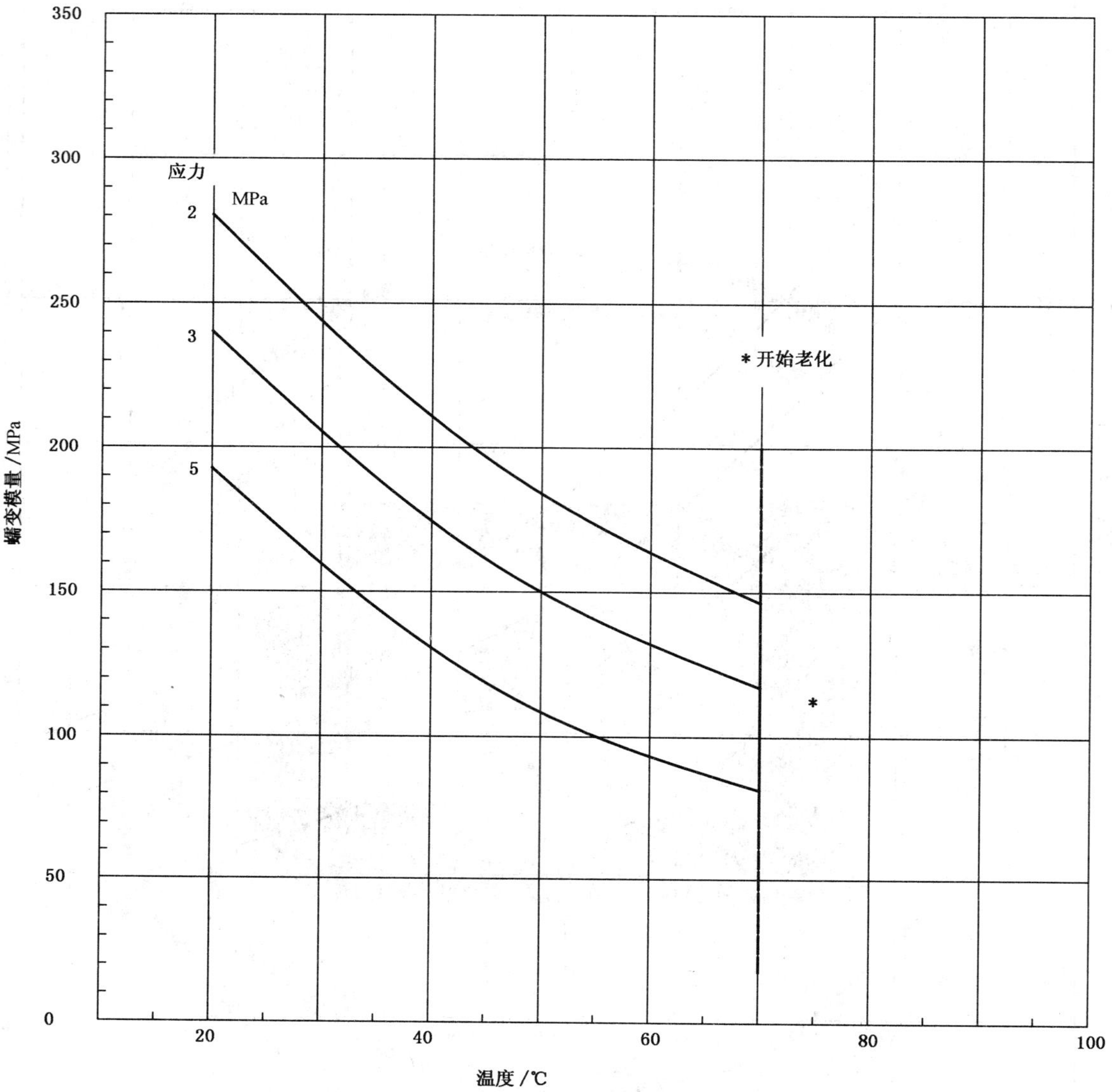

图 C.24 聚丙烯(PP-R)25 年的蠕变模量

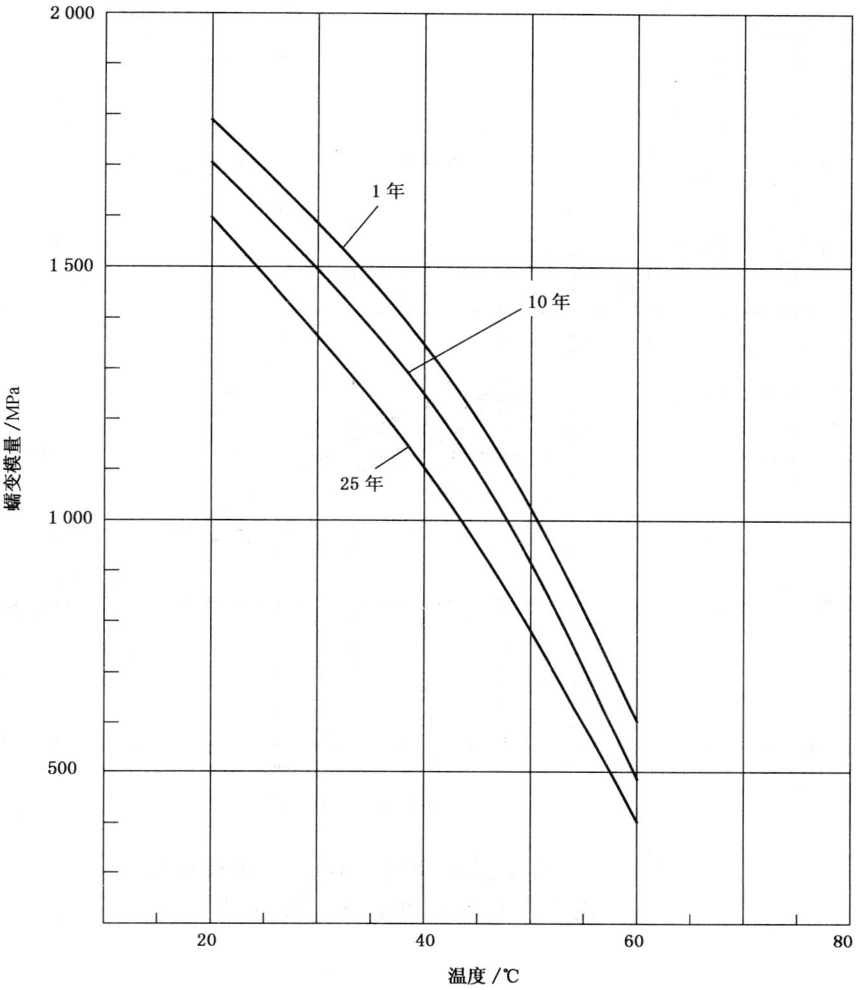

图 C.25　未增塑聚氯乙烯(PVC-NI)材质的蠕变模量
应力范围 σ=2.5 MPa～10 MPa

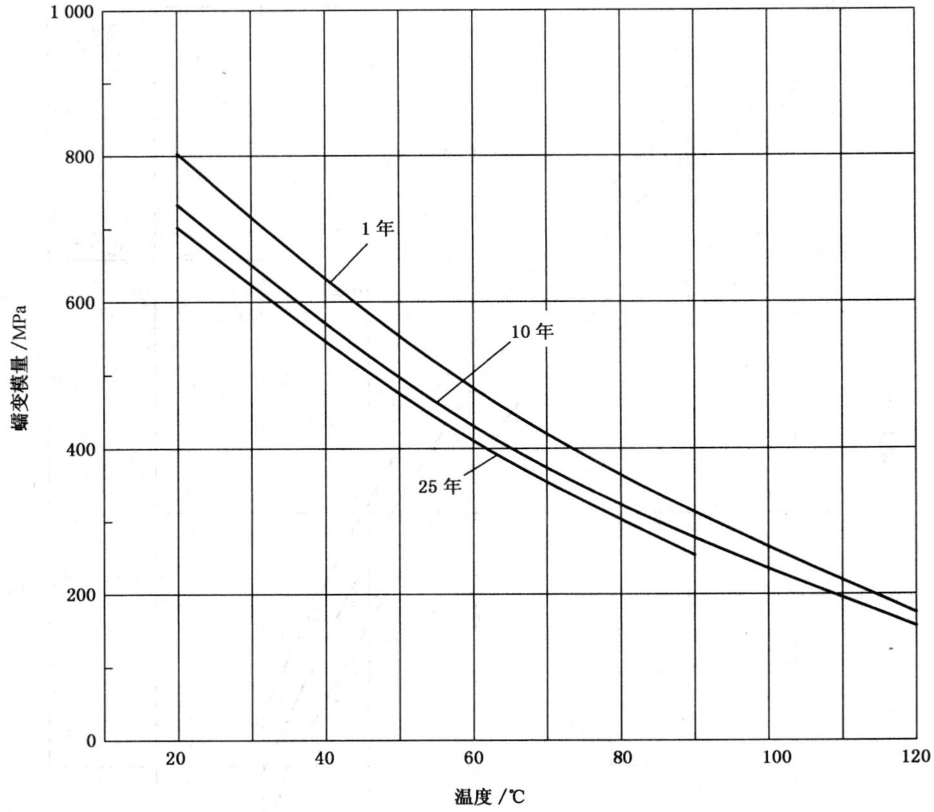

图 C.26 聚偏二氟乙烯(PVDF-H)材质的蠕变模量

应力范围 σ=2 MPa～5 MPa

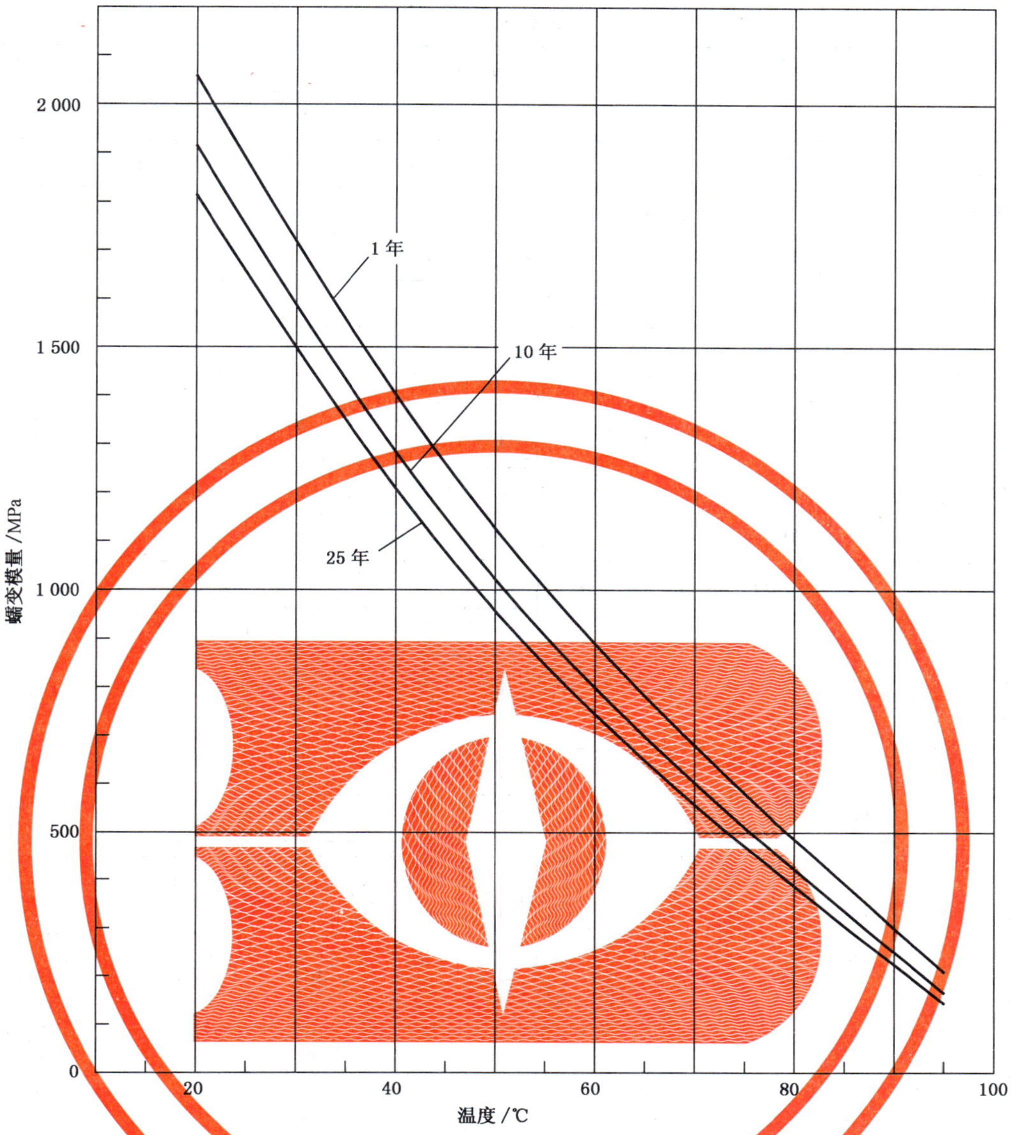

图 C.27　氯化聚氯乙烯(PVC-C)材质的蠕变模量
应力范围 σ=5 MPa～20 MPa

C.7.3　介质影响的换算系数 A_{2K}

表 C.4　介质影响的换算系数 A_{2K}

介　质	化学式	[a]	浓度[b] %	HDPE		PP				PVC-NI		
				20 ℃	40 ℃	20 ℃	40 ℃	60 ℃	80 ℃	20 ℃	40 ℃	60 ℃
乙酸,醋酸[g]	CH_3COOH	O	60	1.85[f]	1.72[f]							
			98	8.33[f]	8.33[f]							
乙酰乙酸甲酯[甲酯]	$CH_3COCH_2COOCH_3$	O	100									
乙酰乙酸乙酯[乙酯][g]	$CH_3COCH_2COOC_2H_5$	O	100									

表 C.4(续)

介　质	化学式	[a]	浓度[b] %	HDPE		PP				PVC-NI		
				20 ℃	40 ℃	20 ℃	40 ℃	60 ℃	80 ℃	20 ℃	40 ℃	60 ℃
空气	O_2/N_2	I	100	1	1	1	1	1	1	1	1	1
烯烃溶液[d]		M	100									
Ⅰ价Ⅲ价硫酸铝[e]		I	≤S	1	1	1	1	1		1	1	1
氯化铝[e]	$AlCl_3$	I	≤S	1	1	1	1	1		1	1	1
硫酸铝钾[e]	$KAl(SO_4)_2$	I	>10							1	1	1
硫酸铝[e]	$Al_2(SO_4)_3$	I	≤S	1	1	1	1	1		1	1	1
氨,气体[e]	NH_3	I	TP	1	1	1	1	1		1	1	1
氨,液体[e]	NH_3	I	TP	1	1	1						
氨水[e]	NH_4OH	I	≤S	1	1	1	1	1		1	1	1
醋酸铵[e]	CH_3COONH_4	M	≤S	1	1	1	1	1				
溴化铵[e]	NH_4Br	I	≤S	1	1	1	1	1		1	1	1
碳酸铵[e]	$(NH_4)_2CO_3$	I	≤S	1	1	1	1	1		1	1	1
氯化铵[e]	NH_4Cl	I	≤S	1	1	1	1	1		1	1	1
氟化铵[e]	NH_4F	I	>10	1	1	1	1	1		1	1	1
碳酸氢铵[e]	$(NH_4)HCO_3$	I	≤S	1	1	1	1	1		1	1	1
硝酸铵[e]	NH_4NO_3	I	≤S	1	1	1	1	1	1	1	1	1
磷酸铵[e]	$NH_4H_2PO_4$	I	≤S	1	1	1	1	1	1	1	1	1
硫酸铵[e]	$(NH_4)_2SO_4$	I	≤S	1	1	1	1	1	1	1	1	1
硫化铵[e]	$(NH_4)_2S$	I	≤S	1	1	1	1	1		1	1	1
防冻剂[e]		M	100									
			50									
苹果汁[e]		O	C	1	1	1	1	1	1	1	1	1
碳酸钡[e]	$BaCO_3$	I	≤S	1	1	1	1	1		1	1	1
氯化钡[e]	$BaCl_2$	I	≤S	1	1	1	1	1		1	1	1
氢氧化钡[e]	$Ba(OH)_2$	I	≤S	1	1	1	1	1	1	1	1	1
硝酸钡[e]	$Ba(NO_3)_2$	I	≤S	1	1	1	1	1		1	1	1
钡盐[e]		IM	≤S	1	1	1	1	1	1	1	1	1
硫酸钡[e]	$BaSO_4$	I	≤S	1	1	1	1	1		1	1	1
硫化钡[e]	BaS	I	≤S	1	1	1	1	1		1	1	1
蓄电池酸[e]	H_2SO_4	I	≤51	1	1	1	1	1		1	1	1
啤酒[e]		O	C	1	1	1	1	1	1	1	1	1
苯磺酸[e]		O	40							1	1	1
汽油(苯)[g]	C_5H_{12} 到 $C_{12}H_{26}$	O	100	1.1[f]	1.1[f]							
粗苯(不纯苯)[g]	C_6H_6	O	100	1[f]	1[f]							

表 C.4（续）

介　质	化学式	[a]	浓度[b] %	HDPE		PP				PVC-NI		
				20 ℃	40 ℃	20 ℃	40 ℃	60 ℃	80 ℃	20 ℃	40 ℃	60 ℃
硼酸[e]		I	TP							1	1	1
任何品种的白兰地酒[e]		O	C	1	1	1	1	1		1	1	1
丁二酸[e]		O	TP							1	1	1
酪乳（白脱奶）[e]		O	C	1	1	1	1	1	1	1	1	1
氯化镉[e]	$CdCl_2$	I	≤S	1	1	1	1	1		1	1	1
氰化镉[e]	$Cd(CN)_2$	I	≤S	1	1	1	1	1		1	1	1
硫酸镉[e]	$CdSO_4$	I	≤S	1	1	1	1	1		1	1	1
乙酸钙[e]	$(CH_3COO)_2Ca$	M	≤S	1	1	1	1	1		1	1	1
溴化钙[e]	$CaBr_2$	I	≤S	1	1	1	1	1		1	1	1
碳酸钙[e]	$CaCO_3$	I	≤S	1	1	1	1	1	1	1	1	1
氯化钙[e]	$CaCl_2$	I	≤S	1	1	1	1	1	1	1	1	1
氟化钙[e]	CaF_2	I	≤S	1	1	1	1	1		1	1	1
氢氧化钙[e]	$Ca(OH)_2$	I	≤S	1	1	1	1	1		1	1	1
硝酸钙[e]	$Ca(NO_3)_2$	I	≤S	1	1	1	1	1		1	1	1
硫酸钙[e]	$CaSO_4$	I	≤S	1	1	1	1	1		1	1	1
硫化钙	CaS	I	≤S	1	1	1	1			1	1	1
亚硫酸钙[e]	$CaSO_3$	I	≤S	1	11	1	1	1		1	1	1
二氧化碳，气体[e]	CO_2	I	任何	1	1	1	1	1		1	1	1
四氯化碳[g]	CCl_4	O	100	1.85	1.67							
酪蛋白（酪素）[e]			TP							1	1	1
苛性碱（钠）溶液	NaOH	I	30						1.43	1	1	1
			40							1	1	
			50		1.1		1.1			1	1	1
氯水	$Cl_2 \cdot H_2O$	I	任何	1.4	1.4	1.4	1.4			1	1	
氯仿（三氯甲烷）[g]	$CHCl_3$	O	100									
铬酸	H_2CrO_4	I	10	2.04	1.89							
			20	9.1	5							
铬酸＋硫酸	$H_2Cr_2O_4+H_2SO_4+H_2O$	I	100									
铬矾[e]		I	≤S							1	1	1
苹果酒		O	C	1	1	1	1	1		1	1	1
柠檬酸[e]	$(CO_2H)CH_2CO_2H$	O	≤10	1	1	1	1	1	1	1	1	1
食盐溶液	NaCl		≤S	1	1	1	1	1	1	1	1	1

表 C.4(续)

介　质	化学式	[a]	浓度[b] %	HDPE		PP				PVC-NI		
				20 ℃	40 ℃	20 ℃	40 ℃	60 ℃	80 ℃	20 ℃	40 ℃	60 ℃
硝酸铜	$Cu(NO_3)_2$		≤S	1	1	1	1			1	1	1
二氯化铜[e]	$CuCl_2$		≤S	1	1	1	1	1		1	1	1
硫酸铜[e]	$CuSO_4$		≤S	1	1	1	1	1		1	1	1
癸烷(十碳烷)[g]	$C_{10}H_{22}$	O	100									
洗涤剂(各种的)		M										
葡萄糖[e]		O	≤20	1	1	1	1	1		1	1	1
二氯乙烯[g]	$CH_2=CCl_2$	O	100									
二乙基戊三胺醋酸(例如:氨羧配合剂C)		O	100	1.4	1.4	1.4	1.4					
硫酸二甲酯	$(CH_3)_2SO_4$	O	100									
消毒剂		M	100									
纤维素厂排出的污水	[d]	M	100									
纤维素厂排出的污水	碱性[d]	M	100									
	酸性[d]											
乳制品加工厂排出的污水[c]		M	100									
人造纤维厂排出的污水[c]		M	100									
乙胺[g]	$CH_3CH_2NH_2$	O	100									
乙二胺四醋酸盐(四乙酸盐)酸		O	C	1.4	1.4	1.4	1.4					
二氯化乙烯(乙撑二氯)[g]	$C_2H_4Cl_2$	O	100									
乙二醇[g]	$CH_2OH \cdot CH_2OH$	O	TP		1.1		1.1			1	1	1
脂肪酸		O	TP							1	1	1
氯化铁及氯化亚铁[e]	$FeCl_2$ $FeCl_3$	I	≤S	1	1	1	1	1		1	1	1
氯磺酸亚铁	$Fe_3(ClSO_4)_2$	I	≤S		1.1		1.1			1	1	1
硫酸亚铁[e]	$FeSO_4$	I	≤S		1.2		1.2			1	1	1
四氟硼酸	HBF_4	I	≤50	1.4	1.4	1.4	1.4					
甲醛	CH_2O	O	40		1.61							
甲酸(蚁酸)	HCOOH	O	≤60	1	1	1.4	1.4			1	1	
			≤85	1.4								

表 C.4（续）

介　质	化学式	a	浓度[b] %	HDPE		PP				PVC-NI		
				20 ℃	40 ℃	20 ℃	40 ℃	60 ℃	80 ℃	20 ℃	40 ℃	60 ℃
果糖[e]		O	>10	1	1	1	1	1	1	1	1	1
果汁及果汁饮料[e]		O	C	1	1	1	1	1	1	1	1	1
燃料油[g]		O	100									
乙醇酸(羟基乙酸)[e]		O	30		1.1		1.1			1	1	1
葡萄糖(水质的)[e]		I	≤20	1	1	1	1	1	1	1	1	1
己醇[g]	$C_6H_{13}OH$	O	100									
普通氨水[e]	NH_4OH	I	≤S	1	1	1	1	1		1	1	1
液压机液体[g]		O	100									
水合肼	$N_2H_4 \cdot H_2O$	O	≤24	1	1	1	1			1	1	
盐酸	HCl	I	20							1	1	1
			30						1.75	1	1	1
			≤37		1.2		1.2			1	1	1
氢氟酸	HF	I	≤75	1.4	1.4	1.4	1.4					
水凝胶乳液	(pH 值=9.5)		100									
过氧化氢(双氧水)[e]	H_2O_2	I	≤70							1	1	
硫化氢		I	TP							1	1	1
羟乙基化氨(羟基乙二胺)三醋酸(例如：氨羧配合剂 D)		O	C	1.4	1.4	1.4	1.4					
硫酸羟氨[e]	$(NH_2OH)_2 \cdot H_2SO_4$	I	≤12	1	1		1	1	1	1	1	1
氯化硫酸铁	$FeClSO_4$	I	≤S	1	1	1	1			1	1	1
乳酸[e]		O	C							1	1	1
醋酸铅(乙酸铅)[e]	$Pb(CH_3COO)_2$	I	≤S			1	1	1		1	1	1
硝酸铅[e]	$Pb(NO_3)_2$	I	≤S							1	1	1
硫酸铅[e]	$PbSO_4$	I	≤S	1	1	1	1.1			1	1	1
液体肥料			C	1	1	1	1					
硫酸锂[e]	Li_2SO_4	I	≤S							1	1	1
碳酸镁[e]	$MgCO_3$	I	≤S	1	1	1	1	1		1	1	1
氯化镁[e]	$MgCl_2$	I	≤S	1	1	1	1	1	1	1	1	1
碳酸氢镁	$MgHCO_3$	I	≤S	1	1	1	1	1		1	1	1

表 C.4（续）

介 质	化学式	[a]	浓度[b] %	HDPE		PP				PVC-NI		
				20 ℃	40 ℃	20 ℃	40 ℃	60 ℃	80 ℃	20 ℃	40 ℃	60 ℃
镁盐[e]		IM	≤S	1	1	1	1	1		1	1	1
硫酸镁[e]	$MgSO_4$	I	≤S	1	1.1	1	1	1	1	1	1	1
肥料盐[e]		I	≤S	1	1	1	1	1		1	1	1
氯化汞	$HgCl_2$	I	≤S	1	1	1	1			1	1	1
硝酸汞	$Hg(NO_3)_2$	I	S	1	1	1	1			1	1	1.1
汞盐[e]		IM	≤S	1	1	1	1	1		1	1	1
硫酸汞	$HgSO_4$	I	≤S	1	1	1	1			1	1	
甲醇[g]	CH_3OH	O	100							1	1	1
二氯甲烷[g]	CH_2Cl_2	O	100	1.09	1.08							
牛奶[e]		O	C	1	1	1	1	1	1	1	1	1
矿质水[e]		I	C	1	1	1	1	1	1	1	1	1
天然气	主要成分 CH_4	O	100							1	1	1
天然气凝析油[g]		O	100									
硫酸镍[e]	$NiSO_4$	I	≤S		1.1		1.1			1	1	1
硝酸镍	$Ni(NO_3)_2$	I	≤S		1.1	1	1			1	1	1
氯化镍[e]	$NiCl_2$	I	≤S	1	1	1	1	1		1	1	1
烟酸(尼克酸)[e]		O	TP							1	1	1
硝酸	HNO_3	I	15						1.67			
			≤30							1	1	1
			50						3.13	1.2	1.2	1.2
			53									
			65									
氟硝酸(硝酸＋氢氟酸)	HNO_3+HF	I	15＋4						2			
亚硝基醋酸(氨羧配合剂 A)		I	C			1.4	1.4					
辛醇[g]	$C_8H_{17}OH$	O	100		1							
油酸[e]		O	TP							1	1	1
橄榄油[e,g]		O	C		1.1		1.1			1	1	1
草酸(乙二酸)[e]		O	≤S							1	1	1
氧	O_2	I	100							1	1	1
棕榈油[g]		O	C							1	1	1
花生油[g]		O	100									
磷酸盐[e]		I	≤S	1	1	1	1	1		1	1	1

表 C.4（续）

介　质	化学式	[a]	浓度[b] %	HDPE		PP				PVC-NI		
				20 ℃	40 ℃	20 ℃	40 ℃	60 ℃	80 ℃	20 ℃	40 ℃	60 ℃
磷酸	H_3PO_4	I	≤30							1	1	1
			75						1.43			
			≤95		1.2		1.2		1.43		1.1	
照相药品		I	C	1	1	1	1			1	1	
多硫化物（聚硫化物）	Me_2S	I	100			1	1	1		1	1	1
硼酸钾[e]	K_3BO_3	I	≤S	1	1	1	1	1		1	1	1
溴酸钾（液态）[e]	$KBrO_3$	I	≤10	1	1	1	1	1		1	1	1
溴化钾	KBr	I	≤S	1	1	1	1			1	1	
碳酸钾[e]	K_2CO_3	I	≤S	1	1	1	1	1		1	1	1
氯酸钾[e]	$KClO_3$	I	≤S	1	1	1	1	1		1	1	1
氯化钾[e]	KCl	I	≤S	1	1	1	1	1		1	1	1
氰化钾[e]	KCN	I	>10	1	1	1	1	1		1	1	1
氟化钾[e]	KF	I	≤S	1	1	1	1	1		1	1	1
铁氰化钾 亚铁氰化钾[e]	$K_4[Fe(CN)_6]$ $K_3[Fe(CN)_6]$	I	≤S	1	1	1	1	1		1	1	1
碳酸氢钾[e]	$KHCO_3$	I	≤S	1	1	1	1	1		1	1	1
苛性钾（氢氧化钾）[e]	KOH	I	≤50	1	1	1	1	1			1	1
次氯酸钾	KOCl	I	≤12.5	1.9	1.9	1.9	1.9					
碘化钾（磺化钾）[e]	KI	I	≤S	1	1	1	1	1		1	1	1
硝酸钾[e]	KNO_3	I	≤S	1	1.1	1	1.1			1	1	1
过二硫酸钾[e]	$K_2S_2O_8$	I	≤S							1	1	1
磷酸钾[e]	K_3PO_4	I	≤S	1	1	1	1	1		1	1	1
硫酸钾[e]	K_2SO_4	I	≤S	1	1.1	1	1.1			1	1	1
海水[e]		I	C	1	1	1	1	1	1	1	1	1
硝酸银[e]	$AgNO_3$	I	≤S	1	1	1	1	1		1	1	1
银盐[e]		M	≤S	1	1	1	1	1		1	1	1
硫酸铝钠[e]	$NaAl(SO_4)_2$	I	>10							1	1	1
碳酸钠（纯碱）	Na_2CO_3	I	≤50	1	1	1	1	1		1	1	1
乙酸钠[e]	CH_3COONa	M	≤S	1	1	1	1	1	1	1	1	1
亚硫酸氢钠[e]	$NaHSO_3$	I	≤S							1	1	1
溴化钠[e]	NaBr	I	≤S	1	1	1	1	1		1	1	1

表 C.4（续）

介　质	化学式	a	浓度[b] %	HDPE		PP				PVC-NI		
				20 ℃	40 ℃	20 ℃	40 ℃	60 ℃	80 ℃	20 ℃	40 ℃	60 ℃
碳酸钠、纯碱（液态）[e]	Na_2CO_3	I	≤50	1	1	1	1	1		1	1	1
氯酸钠[e]	$NaClO_3$	I	≤S	1	1	1	1	1		1	1	1
氯化钠（食盐）[e]	$NaCl$	I	≤S	1	1	1	1	1	1	1	1	1
亚氯酸钠	$NaClO_2$	I	≤S	1.4	1.4	1.4	1.4			1.2	1.2	
铬酸钠	$Na_2Cr_2O_7$	I	≤S	1	1	1	1			1	1	
氰化钠[e]	$NaCN$	I	≤S		1.1		1.1			1	1	1
亚二硫酸钠[e]	$Na_2S_2O_5$	I	≤S							1	1	1
碳酸氢钠[e]	$NaHCO_3$	I	≤S	1	1	1	1	1	1	1	1	1
硫酸氢钠[e]	$NaHSO_4$	I	≤S	1	1	1	1	1		1	1	1
亚硫酸氢钠[e]	$NaHSO_3$	I	>10	1	1	1	1	1		1	1	1
硝酸钠[e]	$NaNO_3$	I	≤S	1	1	1	1	1		1	1	1
亚硝酸钠[e]	$NaNO_2$	I	≤S	1	1	1	1	1		1	1	1
高硼酸钠（过硼酸钠）[e]		I	≤S							1	1	1
磷酸钠[e]	Na_3PO_4	I	≤S	1	1	1	1	1	1	1	1	1
硅酸钠[e]	（水玻璃）	I	>10	1	1	1	1	1		1	1	1
硫酸钠[e]	Na_2SO_4	I	≤S	1	1	1	1	1		1	1	1
硫化钠[e]	Na_2S	I	≤S	1	1	1	1	1		1	1	1
亚硫酸钠（液态）[e]	Na_2SO_3	I	≤40	1	1	1	1	1	1	1	1	1
四硼酸钠[e]	$Na_2B_4O_7$	I	≤S	1	1	1	1	1		1	1	1
硫代硫酸钠[e]	$Na_2S_2O_3$	I	≤S	1	1	1	1	1		1	1	1
氯化锡[e]	$SnCl_4$	I	≤S	1	1	1	1	1		1	1	1
氯化亚锡（二氯化锡）[e]	$SnCl_2$	I	≤S	1	1	1	1	1		1	1	1
淀粉[e]		O	任何	1	1	1	1	1		1	1	1
十八酸（硬脂酸）[e]		O	TP							1	1	1
糖浆[e]		O	C	1	1	1	1	1		1	1	1
硫酸	H_2SO_4	I	40							1	1	1
			78		1.4		1.4		1.67	1	1	1
			85							1	1	
			90							1	1	
			95							1	1.1	1.2
			98	10	5.56							

表 C.4（续）

介 质	化学式	a	浓度[b] %	HDPE		PP				PVC-NI		
				20 ℃	40 ℃	20 ℃	40 ℃	60 ℃	80 ℃	20 ℃	40 ℃	60 ℃
酒石酸（二羟丁二酸）[e]		O	≤10	1	1	1	1	1		1	1	1
甲苯[g]	$C_6H_5CH_3$	O	100	1.05								
变压器油[g]		O	100	1	1							
甘油三醋酸酯[g]	（甘油醋酸酯）	O	100							1	1	1
三氯氟甲烷[g]	CCl_3F	O	100	1	1.12							
1.3.5 三甲基苯[g]	$C_6H_3(CH_3)_3$	O	100									
不分馏油[g]		O	100									
尿素[e]	$CO(NH_2)_2$	O	≤S	1	1	1	1	1		1	1	1
尿肥[e]			C	1	1	1	1	1		1	1	1
植物油[g]		O	TP		1.1	1	1			1	1	
醋（醋酸）[e]		O	C	1	1	1	1	1	1	1	1	1
水	H_2O	I	100	1	1	1	1	1	1	1	1	1
内含湿润剂的水		M	2									
葡萄酒[e]		M	C	1	1	1	1	1		1	1	1
酵母（酒母）[e]		O	任何	1	1	1	1	1		1	1	1
氯化锌	$ZnCl_2$	I	≤S	1	1	1	1			1	1	1
硝酸锌	$Zn(NO_3)_2$	I	≤S	1	1	1	1			1	1	1
锌盐[e]		IM	≤S	1	1	1	1	1		1	1	1
硫酸锌[e]	$ZnSO_4$	I	≤S		1.1		1.1			1	1	1

[a] I：无机物质；
O：有机物；
M：有机及无机混合物。

[b] S：饱合的液体溶液（在 20 ℃）；
TP：工艺上的纯净介质；
C：商用合成物或自然态物质。

[c] 不能排放到其他排水道。

[d] 88.25 份的水、10 份高氯酸钠、1 份氢氧化钠、0.25 份苯胺、0.25 份一氯化苯、0.25 份甲苯二胺。

[e] 依据多年的实际经验，$A_2=1$。

[f] 只适用于应力小于或等于 2 MPa 的情况。

[g] 介质引起溶胀。

附 录 D
（资料性附录）
焊接装配的设计

D.1 符号及缩写

a——焊缝厚度，mm；

d——储罐内径，mm；

f_1——焊接坡口深度，mm；

f_2——带坡口角焊缝厚度，mm；

h——加强筋高度，mm；

l_G——双面焊时焊缝之间的间隙，mm；

t——罐壁厚度，mm；

t_B——罐底厚度，mm；

t_D——罐盖厚度，mm；

$t_{Z(i)}$——变壁厚罐体第 i 段厚度，mm；

t_1——构件厚度，mm；

α——坡口角度，(°)。

D.2 焊接基本原理

焊缝尺寸按如下原则确定：如果是起支撑作用的焊缝，要保证所有焊缝断面都焊合在一起；如果是堆焊，要保证焊肉截面能满足受力要求。应优先选用对焊。

焊合处底材的正反两面都要焊接。只能单面焊接时，要保证能充分焊透，防止另一面出现缝隙。

不同厚度的部件焊接时，要采取措施，如在厚料上打坡口，以保证焊缝上各点受力均衡。

应避免焊缝重叠。在容器受力处不允许焊缝交叉。

焊接的形式、尺寸及焊接材料的尺寸均为焊接方法的重要参数，应在工艺中确定，确定时要考虑到焊接的后续处理。

受力焊缝应可以进行测试。如被其他组件覆盖，要在组件焊接前测试，或在设计时考虑到焊缝的测试环节。

D.3 焊接设计

未注明的焊接均为热风挤出焊接，详细说明见图 D.1～D.13。坡口角度 α 应在 45°～60°之间。

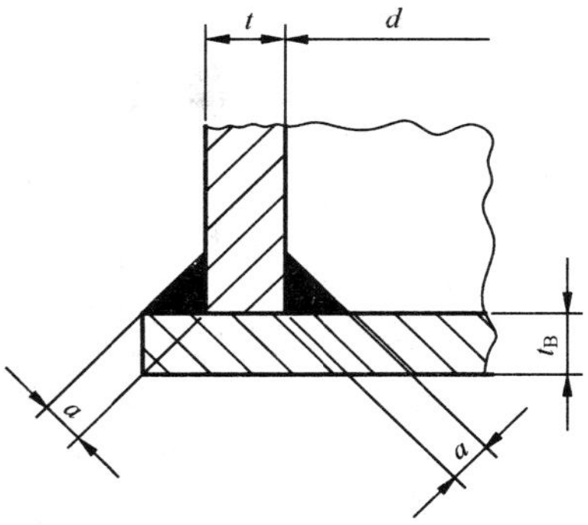

应用：双面焊接立式储罐

条件：$a=0.7t_B$

焊缝剖面不建议采用凸面

图 D.1　壁底之间的焊缝

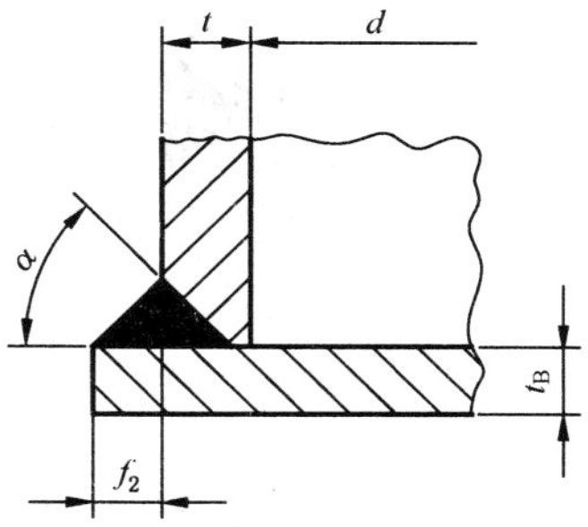

应用：单面焊接立式储罐

条件：$t \leqslant 10$ mm

$f_2 \geqslant 0.5t$

图 D.2　壁底之间的焊缝

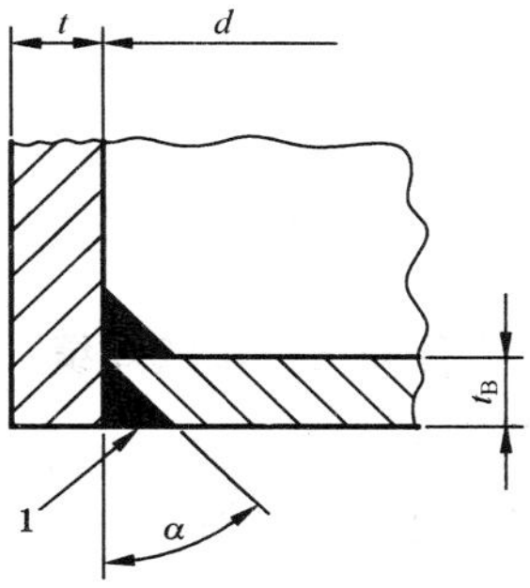

1——处理平整

应用：双面焊接立式罐

图 D.3　壁底之间的焊缝

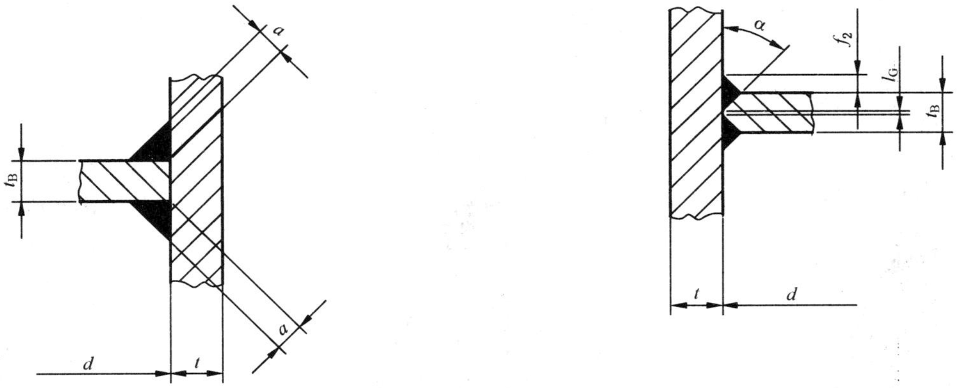

a)　　b)

应用：倾斜底或中间底立式储罐，双面焊接

条件：a)　$a=0.7\sim0.8\ t_B$

b)　$l_G \leqslant 0.1\ t_B$

$f_2 \geqslant 0.3\ t_B$

图 D.4　罐壁与底或罐壁与中间底之间的焊缝

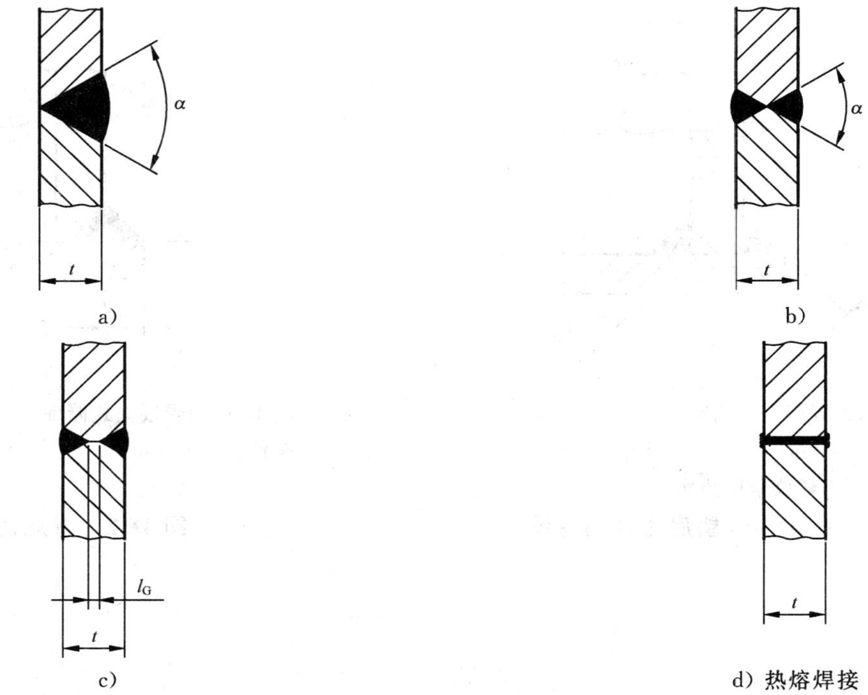

应用：等壁厚立式储罐

条件：$l_G = 0.1\ t$

图 D.5　罐壁焊缝

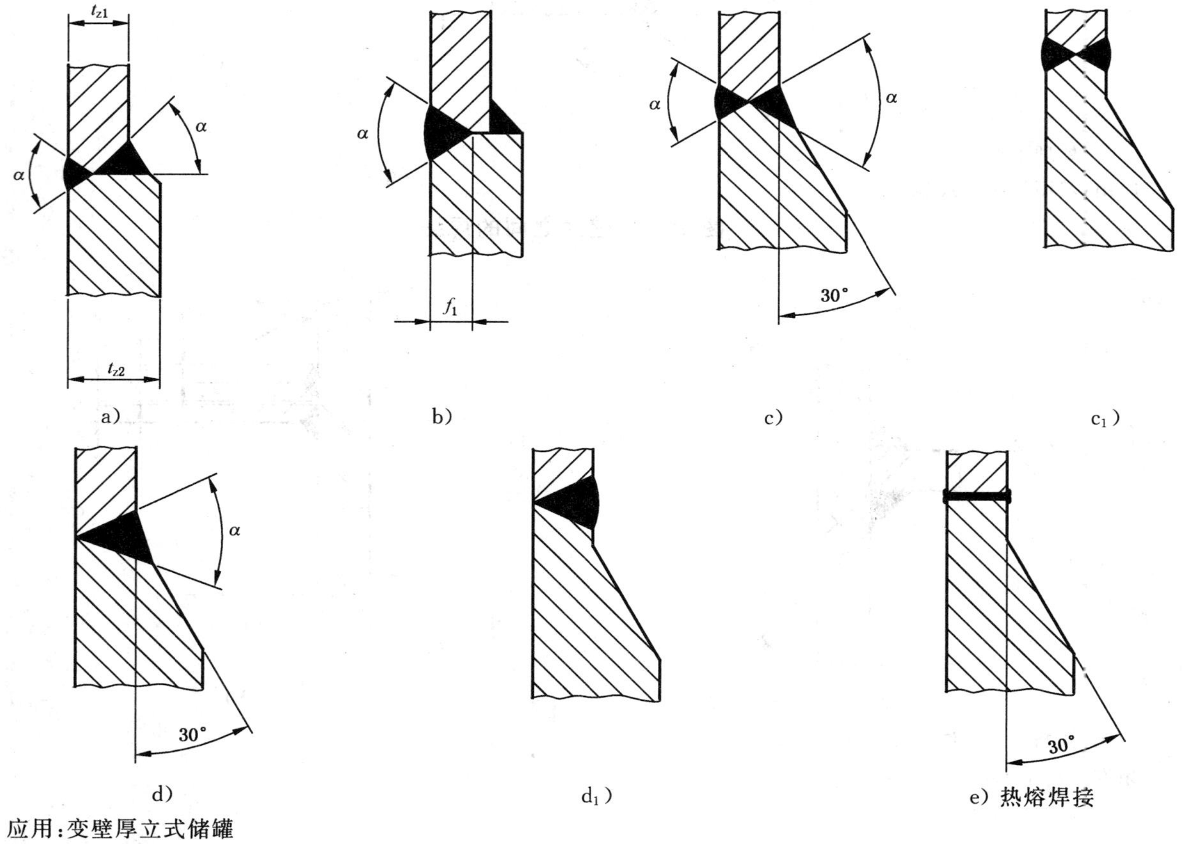

应用：变壁厚立式储罐

条件：$f_1 = 0.7\ t_{z1}$；$t_{z1}/t_{z2} \geqslant 0.5$

图 D.6　罐壁焊缝

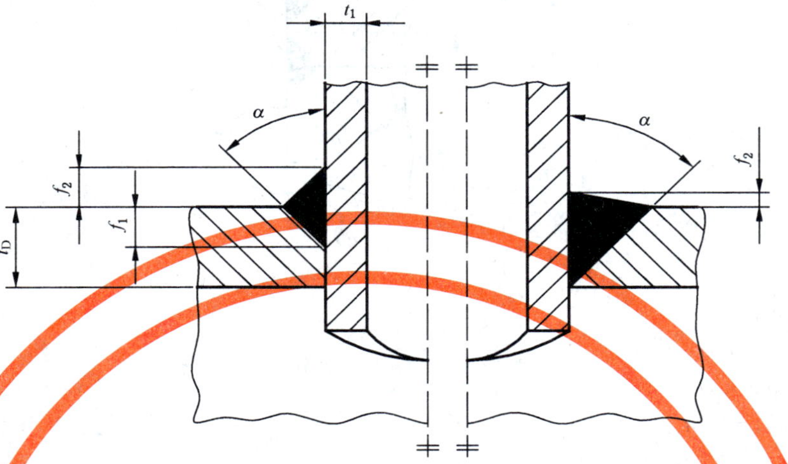

a)　　　　　　　　　　　　　b)

应用：只能单面焊接的储罐

条件：a)　$t_D < t_1$：$f_1 = 0.5t_D$；$f_2 = 0.5t_D$

　　　　　$t_1 < t_D$：$f_1 = 0.5t_1$；$f_2 = 0.5t_1$

　　　b)　$t_D \leqslant 15$ mm：$f_2 = 0.2t_D$

图 D.7　管口与罐盖之间的焊缝

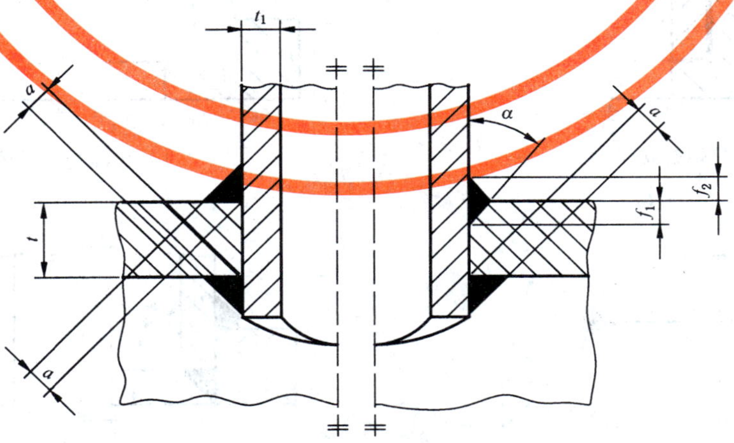

a)　　　　　　　　　　　　　b)

图 D.8　管口与罐壁之间的焊缝

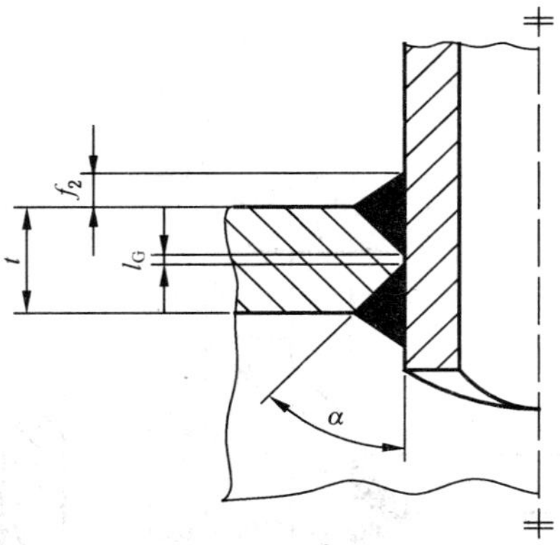

c)

应用:双面焊接储罐

条件:a) $t_1>t$:$a=0.7t$

$t>t_1$:$a=0.7t_1$

b) $t>t_1$:$f_1=0.5t_1$

$f_2=0.5t_1$

$a=0.7t_1$

$t_1>t$:$f_1=0.5t$

$f_2=0.5t$

$a=0.7t$

c) $f_2=0.3t$

$l_G=0.1t$

图 D.8(续)

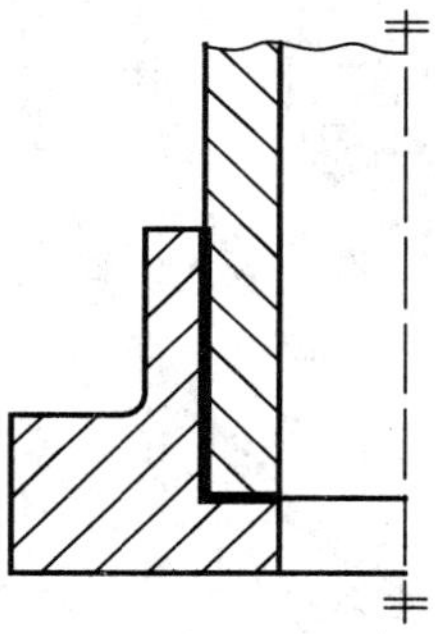

a) 热熔焊接

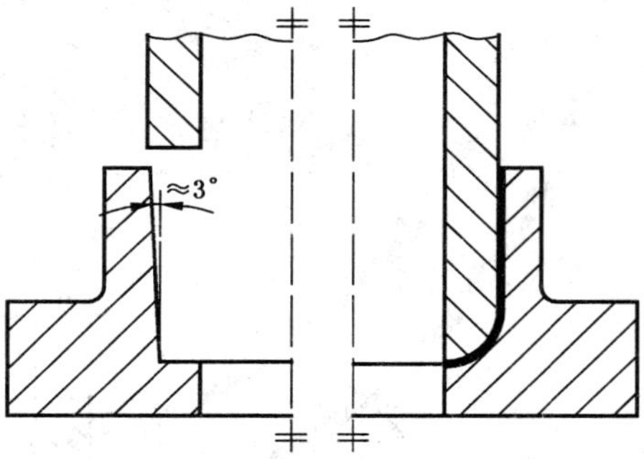

b) 旋转摩擦焊接

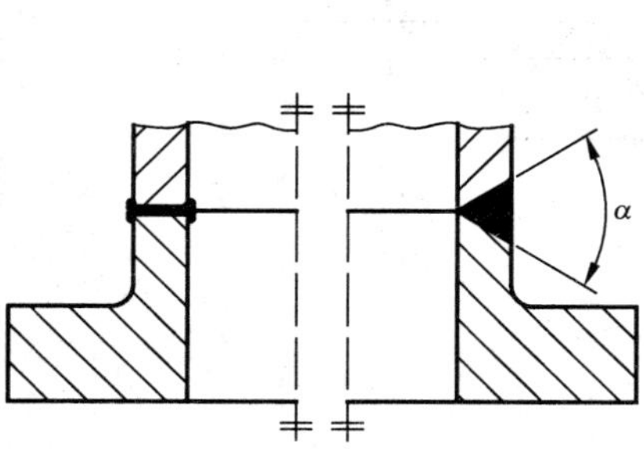

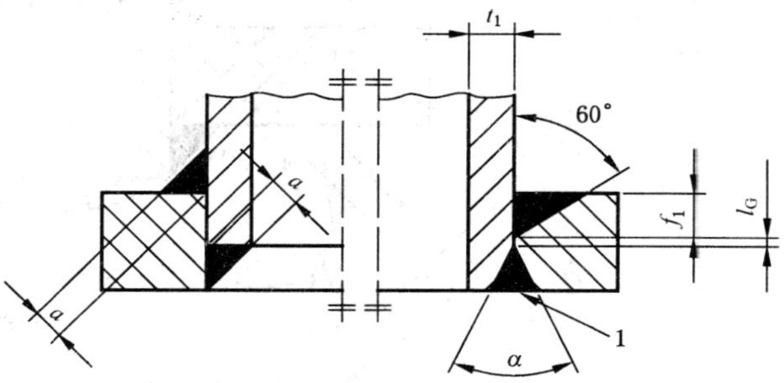

1——处理平整

c) 热熔焊接　　d) 热风焊接或热风挤出焊接　　e) 热风焊接或热风挤出焊接　　f) 热风焊接或热风挤出焊接

图 D.9　法兰盘和法兰管之间的焊缝

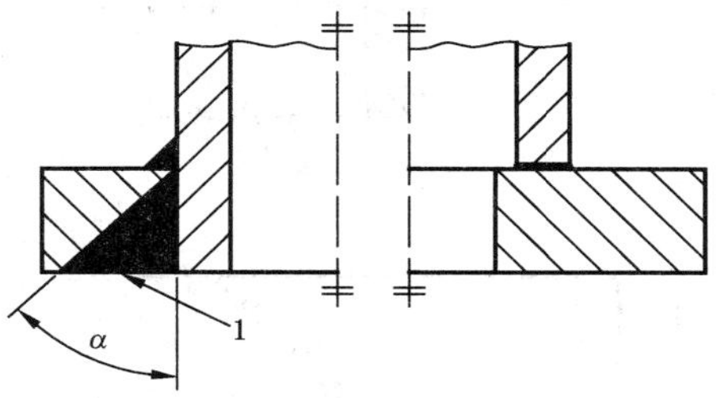

1——处理平整

g）热风焊接或热风挤出焊接　　h）热熔焊接

应用：法兰盘和法兰管的连接

条件：$a=0.7t_1$；$f_1=t_1$；$l_G=0.1t_1$

图 D.9（续）

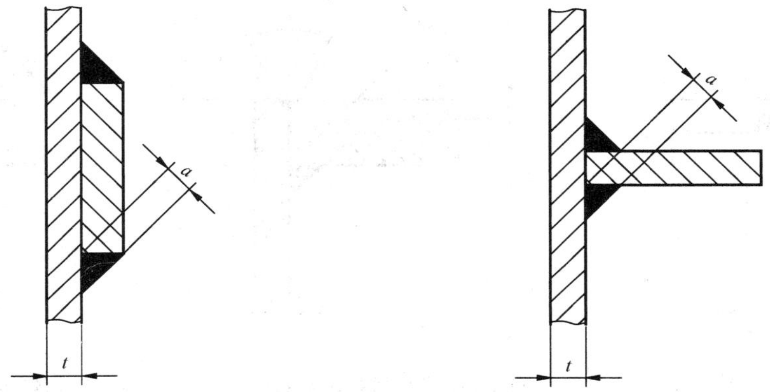

应用：平面和曲面

条件：$a=0.7t$

图 D.10　加强筋与罐壁之间的焊缝

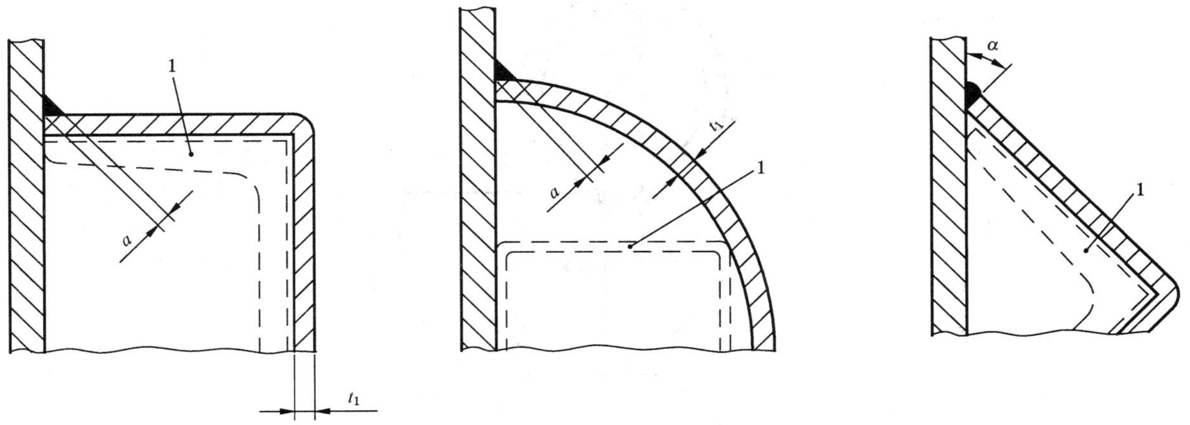

1——钢架

应用：带钢芯及不带钢芯的平面和曲面焊缝

条件：$a=0.7t_1$

图 D.11　矩形储槽壁及加强筋之间的焊接

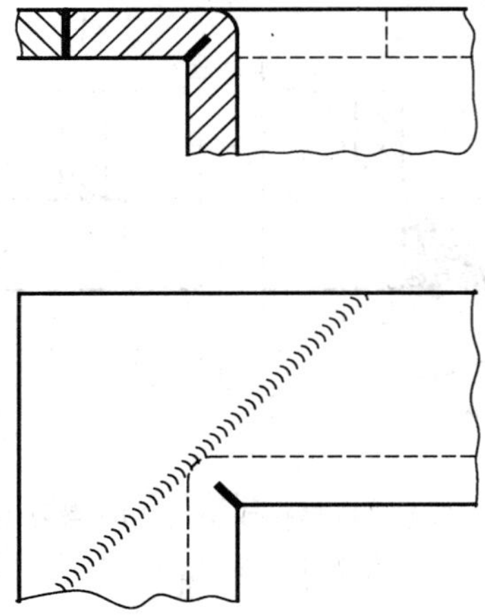

a) 热熔焊接

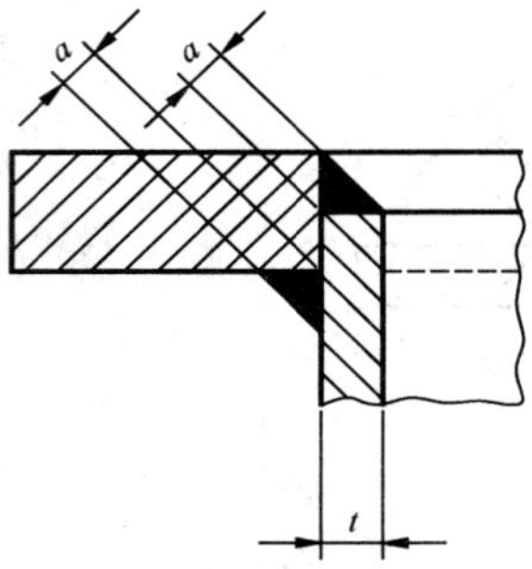

b) 热风焊接或热风挤出焊接

条件：$a \geqslant 0.7t$

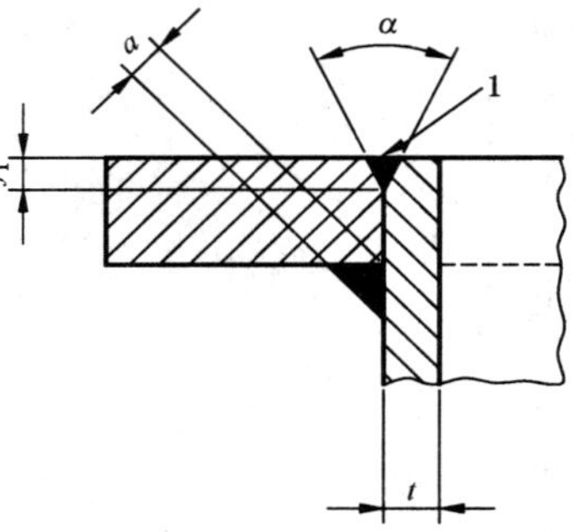

c) 热风焊接或热风挤出焊接

1——如有必要，则要处理

条件：$a \geqslant 0.7t$；$f_1 \geqslant 0.7t$

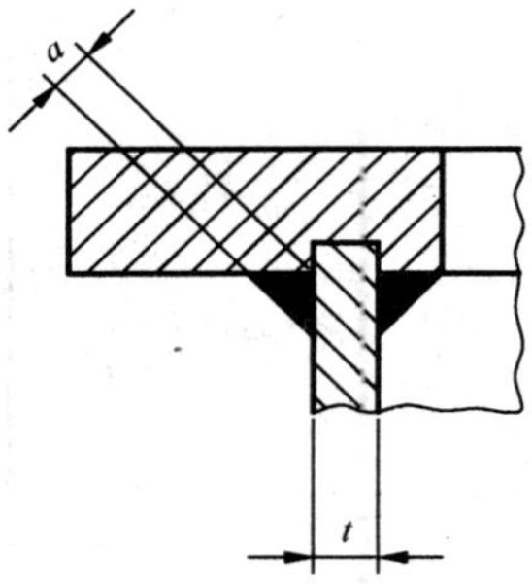

d) 热风焊接或热风挤出焊接

条件：$a \geqslant 0.7t$

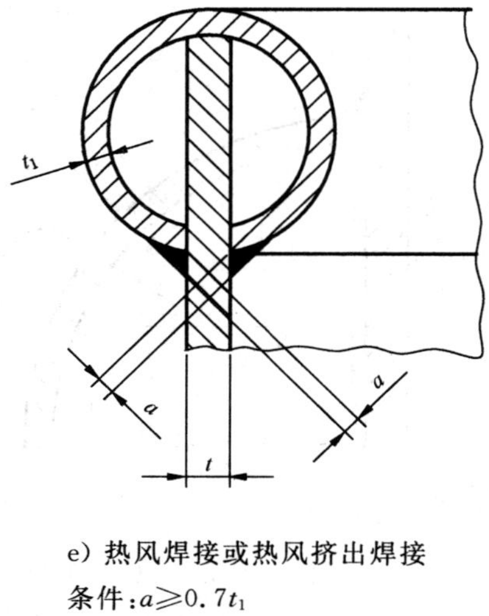

e) 热风焊接或热风挤出焊接

条件：$a \geqslant 0.7t_1$

应用：平面和曲面

图 D.12 端部加强筋及罐壁之间的焊缝

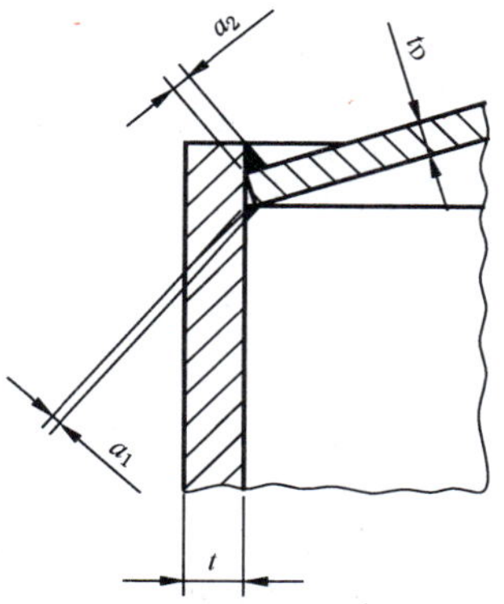

a)

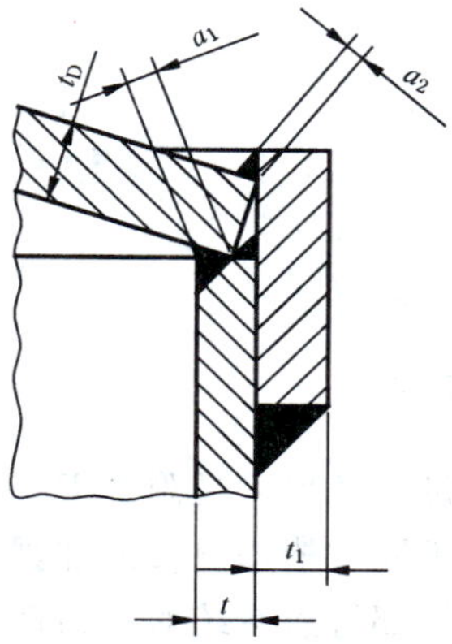

b)

条件：$a_2=0.5t_D$

$a_1=0.2t_D$

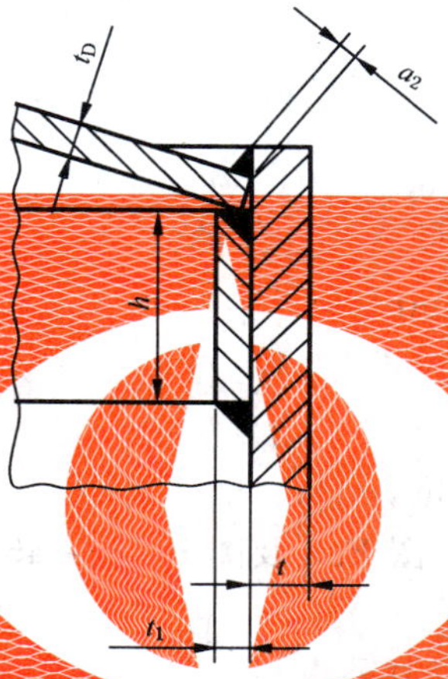

c)

条件：$t_1=t_D$

$h=5t_D$

图 D.13　其他焊缝

附　录　E
（资料性附录）
单壁矩形储槽的结构设计

E.1　设计原则

焊缝的设计及尺寸见附录 D。

当选用不同于槽壁材质的加强筋时，设计时应考虑热膨胀之间的差异。

安装或外部管道系统对管口产生的应力应通过使用补偿器或合理的管道布置及安装来避免。

E.2　符号及缩写

a——焊缝厚度，mm；

d——U 形剖面的深度，mm；

f_1——焊缝坡口深度，mm；

f_2——带坡口角焊缝厚度，mm；

h——加强筋的宽度，mm；

l——过渡边缘与焊缝之间的距离，mm；

R——构件半径，mm；

t_n——构件厚度，mm；

U——槽底超出槽壁以外部分的长度，mm；

α——焊接坡口角度，(°)（见图 E.2、图 E.3 及图 E.9，在 45°～90°之间）。

E.3　设计样板

E.3.1　槽口加强筋

槽口加强筋见图 E.1～图 E.9。

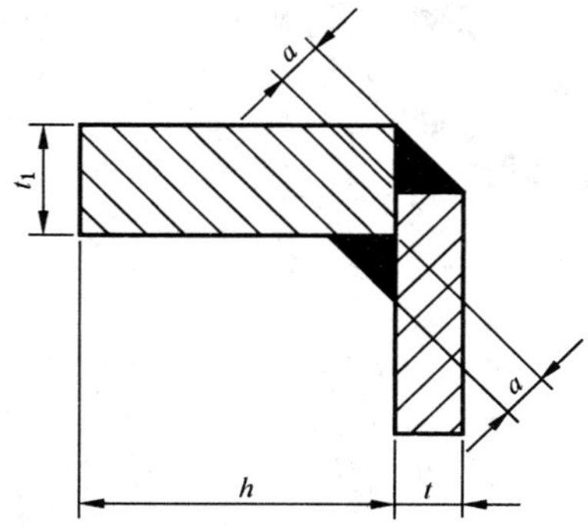

$t_1 > t$

$a = 0.7 \times t$

$h/t_1 \leqslant 8$

图 E.1　角焊接的连接

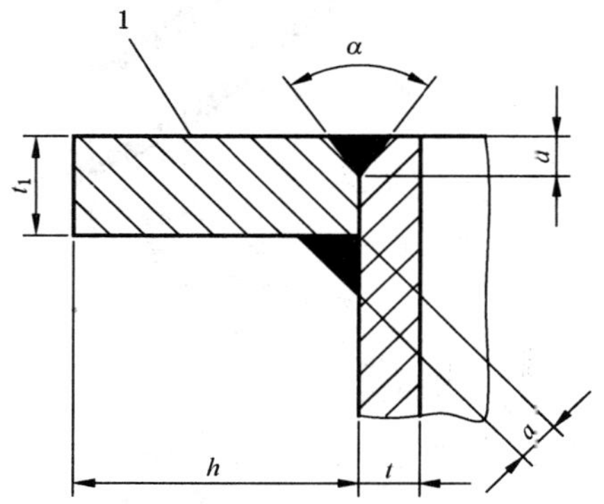

$t_1 > t$

$a = 0.7 \times t$

$h/t_1 \leqslant 8$

1——处理平整。

图 E.2　角焊及单面 V 形坡口焊接的连接

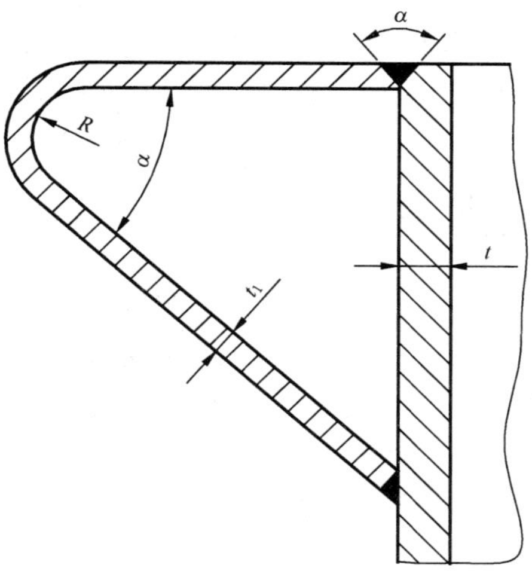

$t_1 < t$

$R \leqslant 2 \times t_1$,但不小于 10 mm。

图 E.3 三角形部分剖面

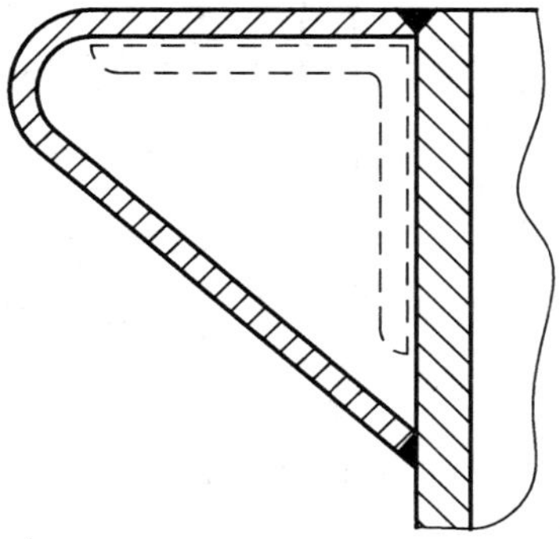

图 E.4 三角形截面,带角钢构架

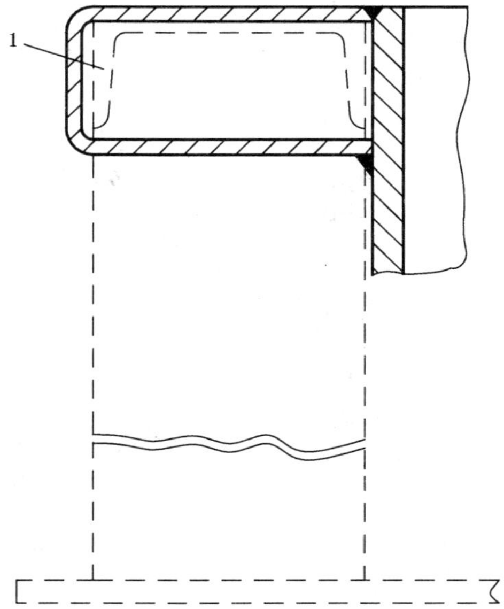

1——型钢

用于支撑结构,可使用各种截面型材。

如果型材重量过大可垂直支撑。

图 E.5 矩形截面、带槽钢构架

E.3.2 水平中间加强筋

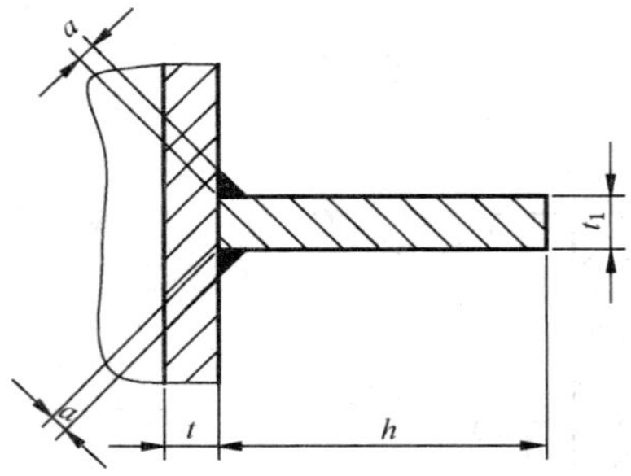

$t_1 \geqslant t$

$a = 0.7 \times t$

$h/t_1 \leqslant 8$

图 E.6 平板

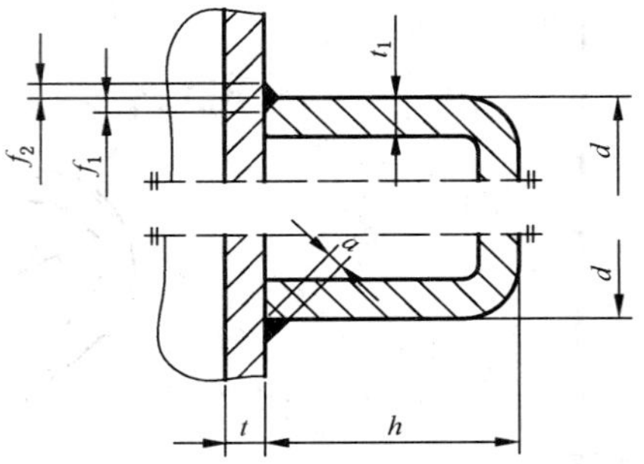

$h/t_1 \leqslant 12$

$f_2 = 0.7 \times t_1$

$f_1 = 0.5 \times t_1$

$a = 0.7 \times t_1$

$d \leqslant h$

图 E.7 U形截面

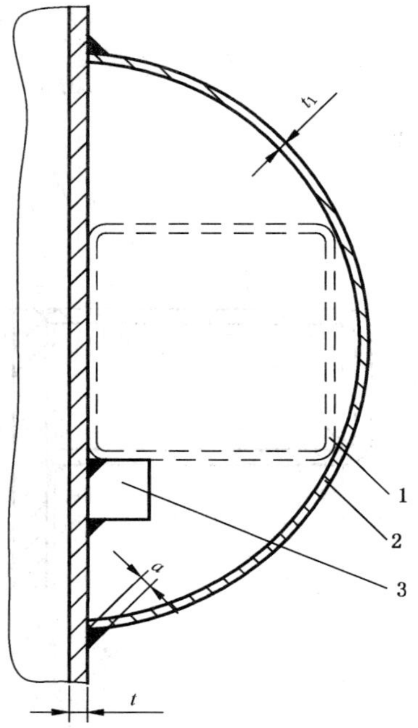

1——方钢管；

2——半圆管；

3——支撑。

$t_1 < t$

$a = 0.7 \times t_1$

支撑长度约 100 mm，

间距约为 1 000 mm。

图 E.8 半圆截面带方钢管构架

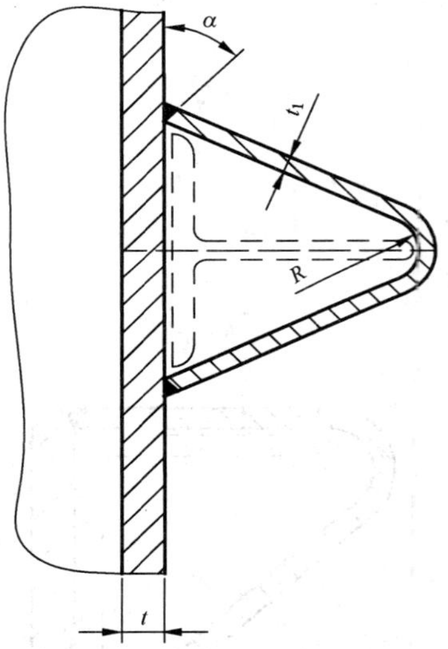

$t_1 < t$

$R \leqslant 2 \times t_1$，但不小于 10 mm。

图 E.9 带T形钢构架

E.3.3 侧壁和槽底的连接

侧壁和槽底的连接见图 E.10、图 E.11。

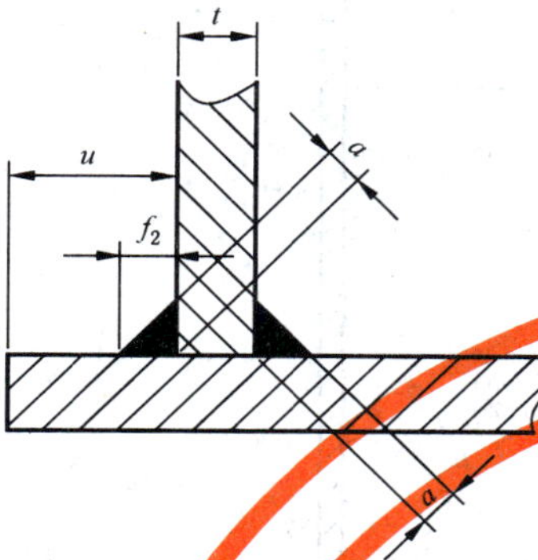

$f_2 < u \leqslant f_2 + 10$ mm 依据焊接工艺

$a = 0.7 \times t$

图 E.10　双面角焊的 T 形连接

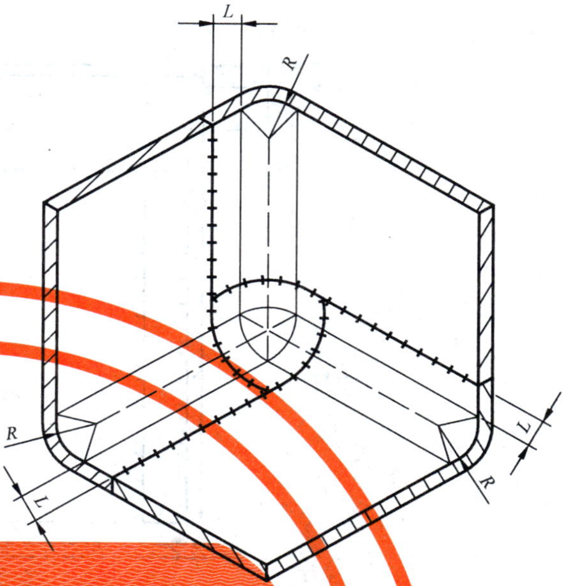

$L \geqslant 50$ mm；$R \geqslant 50$ mm

图 E.11　壁和底之间的圆角过渡

E.3.4　立式储槽的拐角

立式储槽的拐角见图 E.12。

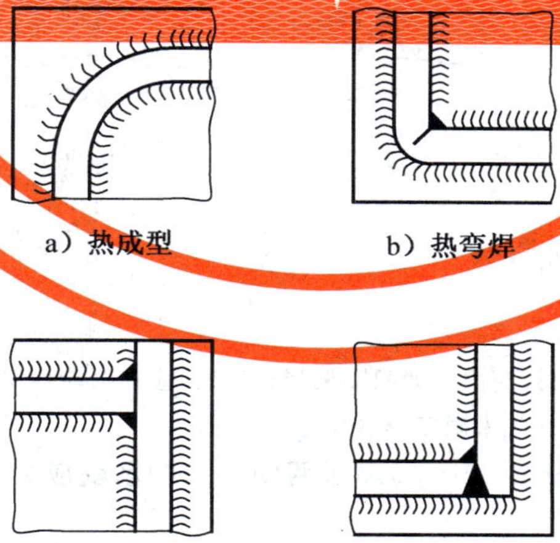

a）热成型　　b）热弯焊

c）双面角焊的 T 形连接　　d）角焊接及单面 V 形焊接

注：通常使用 a)和 b)两种形式，当槽壁有足够的刚度时，也可选用 c)和 d)。

图 E.12　不同形式的角部构造

E.3.5　间隔板

间隔板见图 E.13、图 E.14。

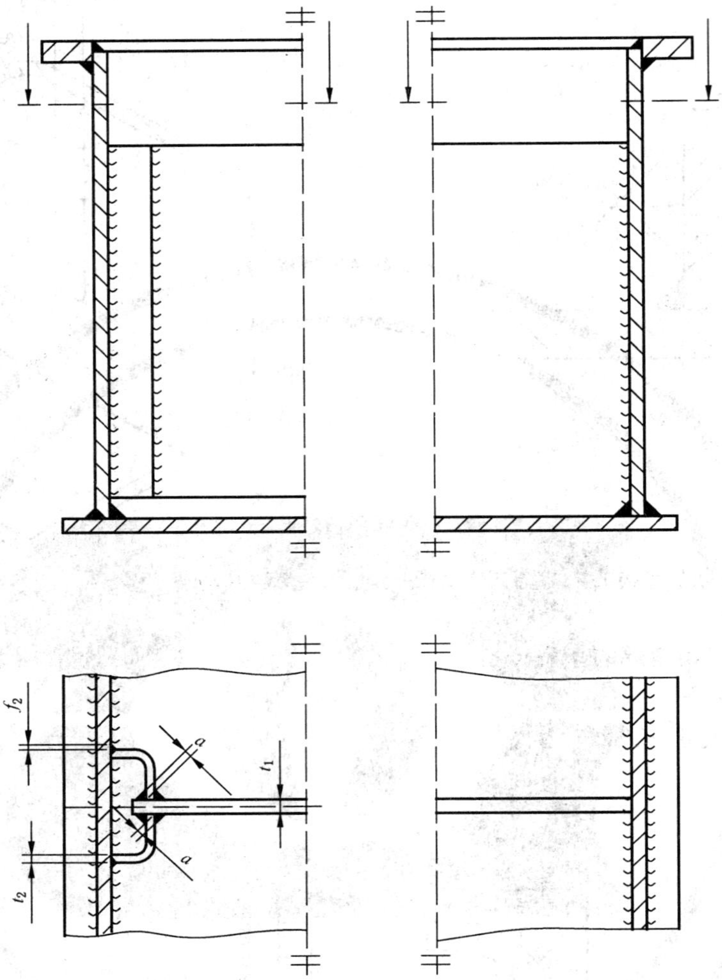

a)　　　　b)

$t_2 \leqslant t_1$

$a = 0.5 \times t_2$

$f_2 = 0.5 \times t_2$

a)　间隔板带有调节装置以降低焊接应力。如间隔板焊在槽底，应在两端均安装调节装置。

b)　间隔板也能起到拉撑的作用，据此来确定焊缝尺寸。

图 E.13　间隔板两侧均匀的承受应力

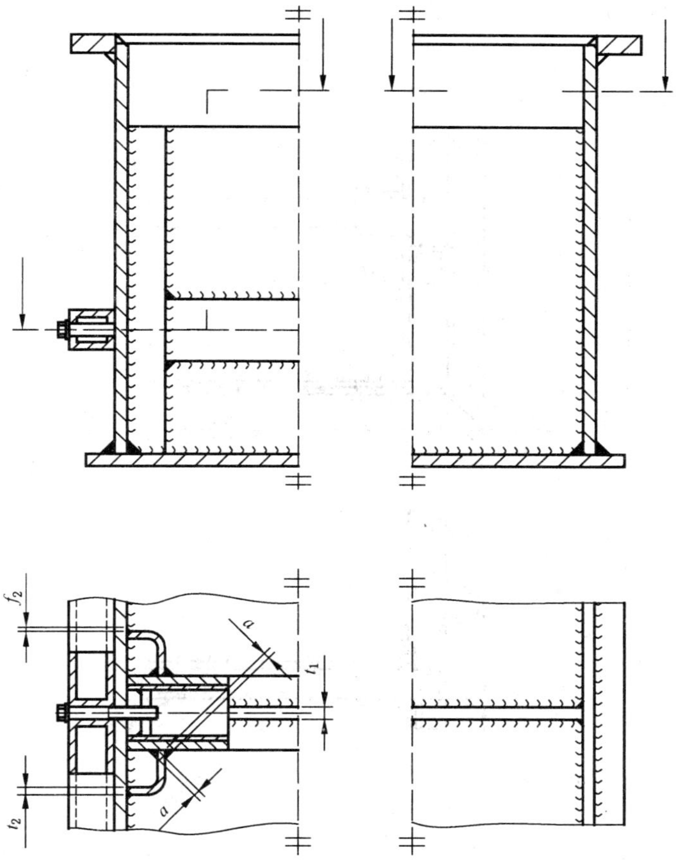

a)　　　　　　b)

$t_2 \leqslant t_1$；$a=0.5\times t_2$；$f_2=0.5\times t_2$；

焊接的详细情况见图 E.13。

a)　间隔板的钢增强结构也起到拉撑的作用，水平中间加强筋的强度计算因此简化。

b)　间隔板也能起到拉撑的作用，据此来确定焊缝尺寸。

图 E.14　间隔板一侧承受应力

E.3.6　安装设计方案

可吸收加强筋与槽壁间膨胀差异的构造见图 E.15。相互独立的纵梁及端梁的构造见图 E.16。

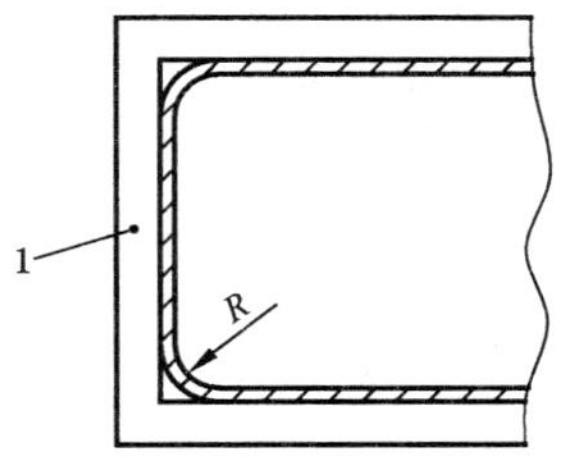

1——钢架。

槽壁与加强筋间的膨胀差异由角吸收。

$R\geqslant 50$ mm

图 E.15　可以吸收膨胀差异的构造

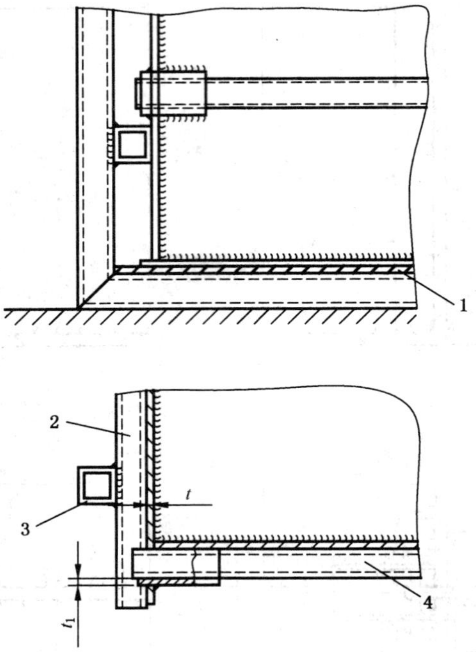

储槽可在钢构架内纵向滑动

$t=t_1$

1——连续支撑，如木材；

2——纵梁；

3——轭；

4——端梁。

图 E.16 相互独立的纵梁及端梁

E.3.7 储槽管口构造

储槽管口构造见图 E.17～图 E.22。DN≤50 的管口要求以筋板或锥环形式加强，如图 E.17 及图 E.18 所示。

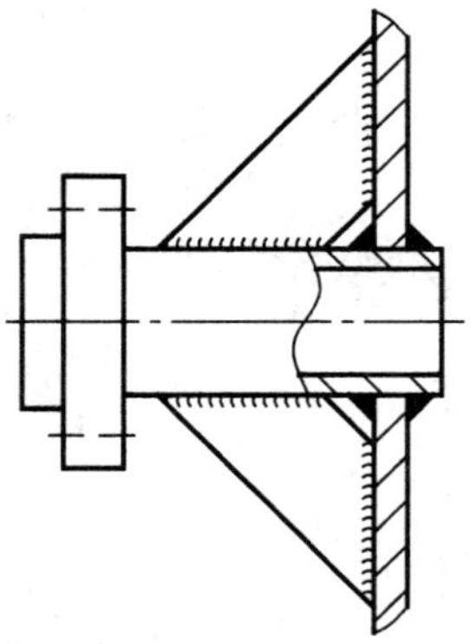

图 E.17 带加强筋的管口

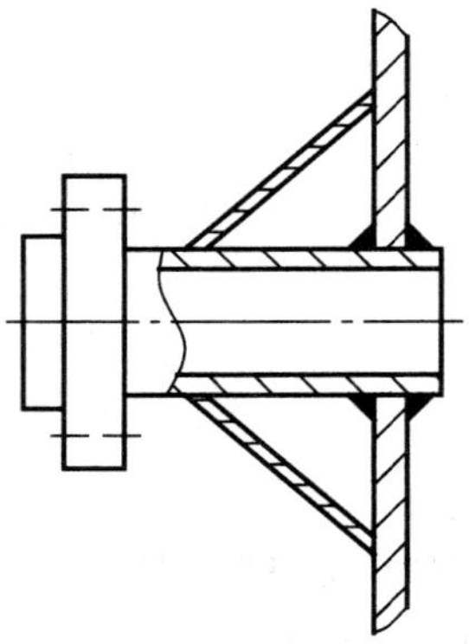

图 E.18 带锥形环加强的管口

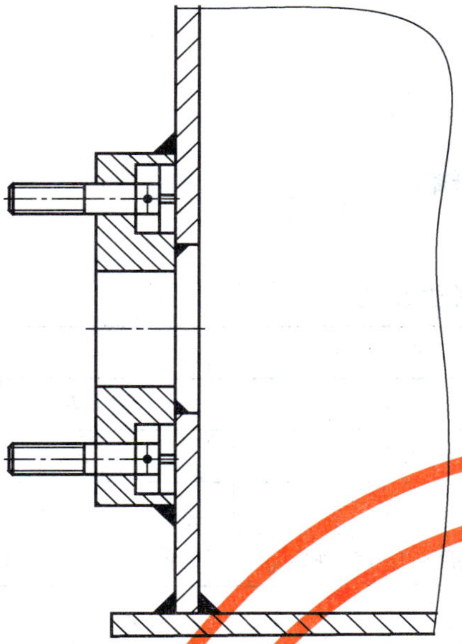

注：这种法兰结构中，螺栓应当固定以防止旋转；

1） 将螺栓头热压进板的背面(钻一个直径等于六角头对边距离的孔)；

2） 将钢丝环穿过螺栓头；

3） 焊有柱螺栓的完整的金属环。

图 E.19 盲法兰

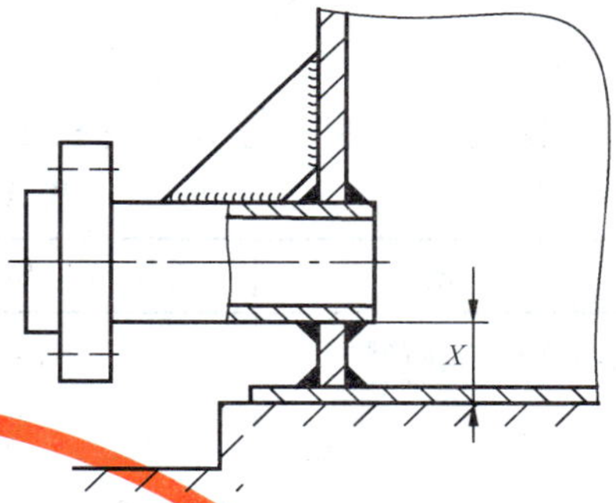

“X”为最小焊接工艺距离。

图 E.20 临近底部的管口

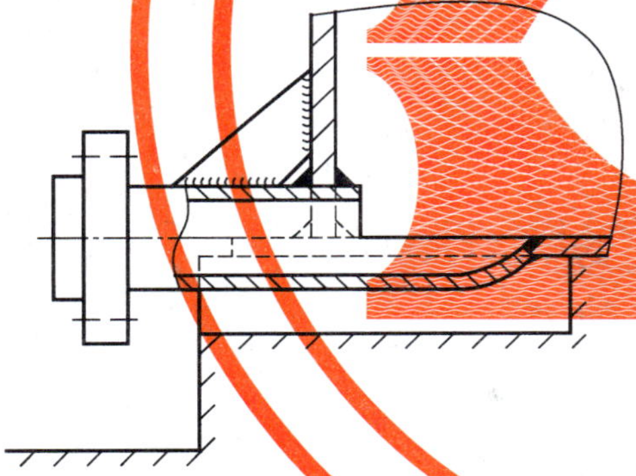

图 E.21 储槽底部侧面排空管口构造

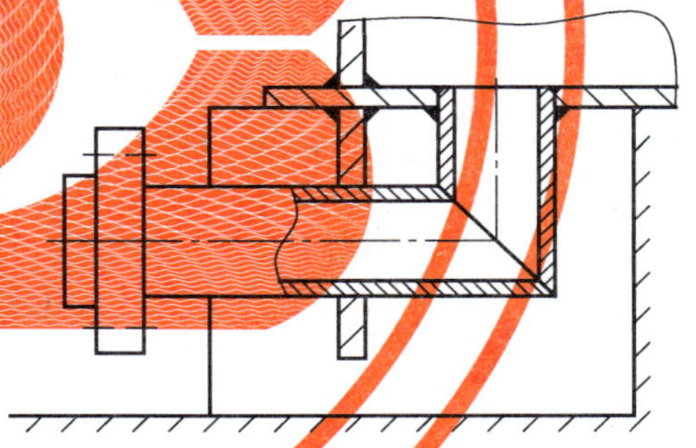

图 E.22 储槽底部的排空管口构造

附 录 F
（资料性附录）
金属松套法兰材质参数

F.1 金属松套法兰材料参数见表 F.1。

表 F.1 金属松套法兰材质参数

材 质	S_M	S'_M	K_{F1}
轧制钢及锻制钢	2	2.5	R_{el}
铸钢	2	2.5	$R_{P0.2}$
球墨铸铁	2	2.5	$R_{P0.1}$
注：R_{el}为下屈服强度；$R_{P0.2}$为规定非比例延伸率为 0.2%时的强度；$R_{P0.1}$为规定非比例延伸率为 0.1%时的强度。			

附 录 G
（资料性附录）
静置常压焊接热塑性塑料储罐（槽）的包装、装车、运输和安装

G.1 概要

本附录阐述了储罐吊装方法。

G.2 在运输期间储罐的保护和支撑

容积不大于 6 m^3 的储罐宜包装后放在底托上，用叉车装车，容积大于 6 m^3 的储罐一般不包装。

管口可用盲板封住，但是至少应有一个管口敞开通风。

储罐不宜在环境温度低于 5 ℃的情况下装车或运输。

G.3 装车

为防止运输过程中损坏储罐，运输工具的表面应平整，且不应有带尖锐棱边的物体存在。

吊装时将帆布吊带在距储罐上方 1/3 处缠绕勒紧，禁止使用钢丝绳或铁链。在吊装过程中，储罐上的附件不能受力，帆布吊带应勒紧。

一般情况下，运输小储罐时，宜采用立式，而且应以适当的方式用绳索紧固好，防止储罐水平或垂直移动。要求使用绳子或扁宽带子固定，禁止使用钢丝绳或铁链。

一般情况下，大储罐运输宜采用卧置，储罐由直立状态放倒时要谨慎，防止损坏储罐。操作时要求使用绳子或帆布吊带。禁止使用金属缆绳或铁链。

G.4 运输

储罐正确装车并紧固好后，建议如下操作：

a） 给负责运输的司机一份该附录的复印件；

b） 避免装运储罐的车辆在不平整的地面上高速行驶，防止振动损坏储罐；

c） 注意应满足国家允许的装运宽度和高度的要求。

G.5 卸车

储罐运抵安装工地卸车前，建议由客户代表对储罐进行检查，确认储罐在运输过程中没有遭到损坏。

卸车顺序与装车顺序相反，在储罐装车时所采取的所有建议同样适用于卸车。

G.6 安装

储罐安装地点应平整，并具有足够的承重能力，禁止将储罐置于沙地及松软地面。需要时应专门设计建造基础。

在室外安装的储罐，当高度超过 10 m 或长径比超过 5 的设备应考虑风载荷。

G.7 管道

储罐与管道连接时，必须注意以下几点：

a） 必须给储罐和管道留出膨胀的间隙，避免产生安装应力；

b） 确保管道与储罐之间的接头对正，避免产生附加应力，注意法兰螺栓是否正确连接；

c) 所有阀门和出入储罐的管道都应有合适的支撑；

d) 能够产生振动的附属设备(如泵、搅拌设备等)宜安装适宜的减震装置。

G.8 有关人员应了解的内容

有关人员应在储罐交货后卸车前了解以下内容：

a) 卸车时使用适当的设备；

b) 不要将储罐从运输车辆上滚下来；

c) 不要在管件连接处提起储罐；

d) 准备一个平整结实的基础就位储罐。

ICS 23.020.30
J 74

中华人民共和国国家标准

GB/T 25198—2010

压力容器封头

Heads for pressure vessels

2010-09-26 发布　　　　2011-02-01 实施

中华人民共和国国家质量监督检验检疫总局
中国国家标准化管理委员会　发布

前　言

本标准的所有附录均为资料性附录。

本标准由全国锅炉压力容器标准化技术委员会(SAC/TC 262)提出并归口。

本标准主要起草单位:合肥通用机械研究院、宜兴北海封头有限公司、杭州杭氧封头有限公司、大连顶金通用设备制造有限公司。

本标准起草人:李景辰、张义军、王冰、李天林、刘国富、姚佐权、顾才生。

压力容器封头

1 范围

1.1 本标准规定了钢制以及铝、钛、铜、镍及镍合金制压力容器用封头的制造、检验与验收要求，以及常用的封头型式与基本参数。

1.2 本标准适用于整板、拼板采用冲压、旋压、卷制以及分瓣成形的压力容器用半球形、椭圆形、碟形、球冠形、平底形和锥形封头。

1.3 常压容器及其他承压设备用封头的制造、检验与验收要求亦可参照本标准执行。

2 规范性引用文件

下列文件中的条款通过本标准的引用而成为本标准的条款。凡是注日期的引用文件，其随后所有的修改单(不包括勘误的内容)或修订版均不适用于本标准，然而，鼓励根据本标准达成协议的各方研究是否可使用这些文件的最新版本。凡是不注日期的引用文件，其最新版本适用于本标准。

GB 150 钢制压力容器(含修改单)

GB 12337 钢制球形储罐

JB/T 4711 压力容器涂敷与运输包装

JB/T 4730.2 承压设备无损检测 第2部分：射线检测

JB/T 4730.3 承压设备无损检测 第3部分：超声检测

JB/T 4730.4 承压设备无损检测 第4部分：磁粉检测

JB/T 4730.5 承压设备无损检测 第5部分：渗透检测

JB 4732 钢制压力容器——分析设计标准

JB/T 4734 铝制焊接容器

JB/T 4745 钛制焊接容器

JB/T 4755 铜制压力容器

JB/T 4756 镍及镍合金制压力容器

3 符号说明

A——封头内表面积，m^2；

C_1——材料厚度负偏差，按相应材料标准选取，mm；

DN——封头公称直径(按表1及表2的规定)，mm；

D_i——半球形、椭圆形、碟形、球冠形和平底形封头内直径或锥形封头大端内直径，mm；

D_o——椭圆形、碟形、球冠形封头外直径，mm；

D_{is}——锥形封头小端内直径，mm；

H——半球形、球冠形、平底形封头及以内径为基准椭圆形、碟形封头总深度，mm；

H_o——锥形封头及以外径为基准椭圆形、碟形封头总高度，mm；

H'——锥形封头至锥顶总高度，mm；

h——半球形、椭圆形、碟形、平底形和锥形封头直边高度，mm；

W——封头质量，kg；

R_i——半球形封头内半径、球冠形封头以及以内径为基准碟形封头球面部分内半径，mm；

R_o——以外径为基准碟形封头球面部分外半径，mm；

r_i——平底形封头、以内径为基准碟形封头过渡段转角半径以及锥形封头大端过渡段转角半径，mm；

r_s——锥形封头小端过渡段转角半径，mm；

r_o——以外径为基准碟形封头过渡段转角外半径，mm；

V——封头容积，m^3；

α——锥形封头半顶角，(°)；

δ_n——封头名义厚度，mm；

δ_s——封头材料厚度，即制作封头时材料的投料厚度，亦即材料质量证明书中的规格厚度，mm；

δ_{min}——封头最小成形厚度，即设计要求的成品封头最小厚度，mm；

δ'_{min}——封头成品最小厚度，即成品封头实测厚度的最小值，mm。

4 型式参数及标记

4.1 常用封头的名称、断面形状、类型代号及型式参数关系见表 1 和表 2。表 1 和表 2 中类型代号的最后一个字母 A 或 B，分别代表以内径为基准或以外径为基准。表 2 所示锥形封头类型代号中括号里标注的数字为设计要求的锥形封头半顶角角度。

4.2 除表 1 所列类型的碟形封头外，还有如下常用的碟形封头：$R_i=0.8D_i$、$r_i=0.154D_i$；$R_i=0.833D_i$、$r_i=0.154D_i$；$R_i=1.0D_i$、$r_i=0.15D_i$；$R_i=1.0D_i$、$r_i=0.06D_i$；$R_i=0.9D_i$、$r_i=0.17D_i$等等。上述碟形封头尺寸、内表面积、容积、质量以及总深度的计算，可参照附录 A 提供的方法进行。

4.3 封头标记

4.3.1 封头设计标记按如下规定：

①②×③(④)—⑤⑥

其中：

①——按表 1 与表 2 规定的封头类型代号；

②——数字，为封头公称直径，mm；

③——数字，为封头名义厚度 δ_n，mm；

④——数字，为设计图样上标注的封头最小成形厚度 δ_{min}，mm；

⑤——封头的材料牌号；

⑥——标准号：GB/T 25198。

示例 1：

公称直径 2 400 mm、封头名义厚度 20 mm、封头最小成形厚度 18.2 mm、$R_i=1.0D_i$、$r_i=0.10D_i$、材质为 Q345R 的以内径为基准碟形封头标记如下：

THA 2400×20(18.2)—Q345R GB/T 25198

示例 2：

公称直径 325 mm、封头名义厚度 12 mm、封头最小成形厚度 10.4 mm、材质为 Q345R 以外径为基准的椭圆形封头标记如下：

EHB 325×12(10.4)—Q345R GB/T 25198

示例 3：

大端直径 2 400 mm、小端直径 1 000 mm、锥半角 60°、封头名义厚度 14 mm、封头最小成形厚度 11.6 mm、材质为 Q235B 的锥形封头标记如下：

CHA(60)2400/1000×14(11.6)—Q235B GB/T 25198

4.3.2 封头成品标记按如下规定：

①②×③(④)—⑤⑥

①——按表 1 与表 2 规定的封头类型代号；

②——数字，为封头公称直径，mm；

③——数字，为封头材料厚度 δ_s，mm；

④——数字，封头成品最小厚度，即成品封头实测厚度最小值 δ'_{min}，mm；

⑤——封头的材料牌号；

⑥——标准号：GB/T 25198。

封头成品标记应记录在封头的交货技术文件中。

4.4　表 1 所列各类型封头的尺寸、内表面积、容积、质量以及总高度（总深度）分别见附录 B～附录 G。

表 1　半球形、椭圆形、碟形和球冠形封头的断面形状、类型及型式参数表

名　称		断　面　形　状	类型代号	型式参数关系
半球形封头[a]		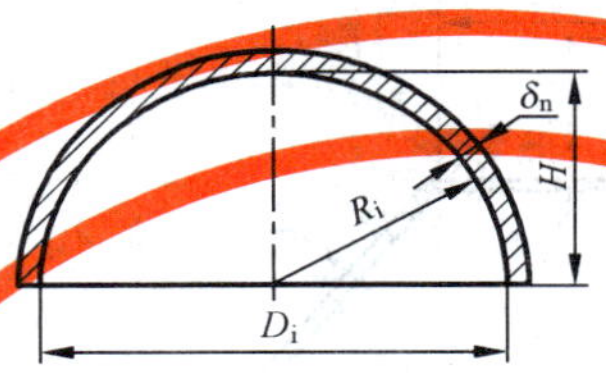	HHA	$D_i=2R_i$ $DN=D_i$
椭圆形封头	以内径为基准	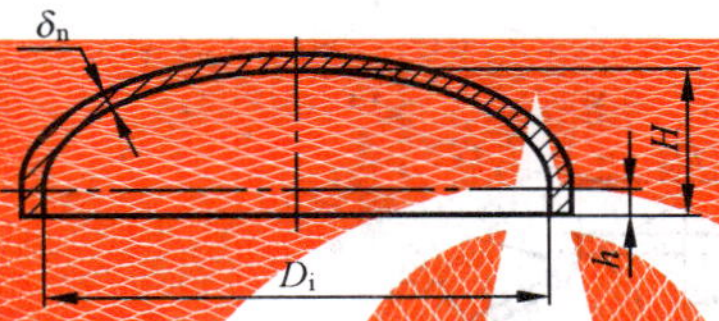	EHA	$\frac{D_i}{2(H-h)}=2$ $DN=D_i$
椭圆形封头	以外径为基准	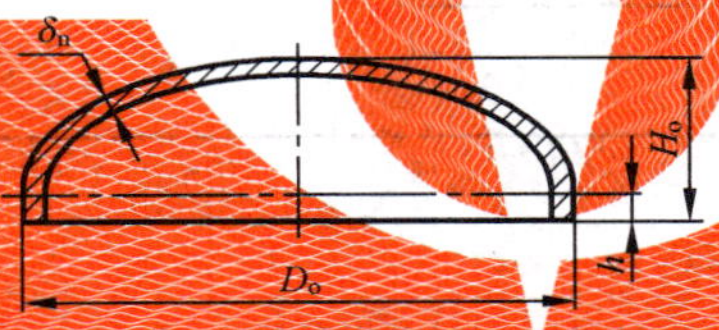	EHB	$\frac{D_o}{2(H_o-h)}=2$ $DN=D_o$
碟形封头	以内径为基准	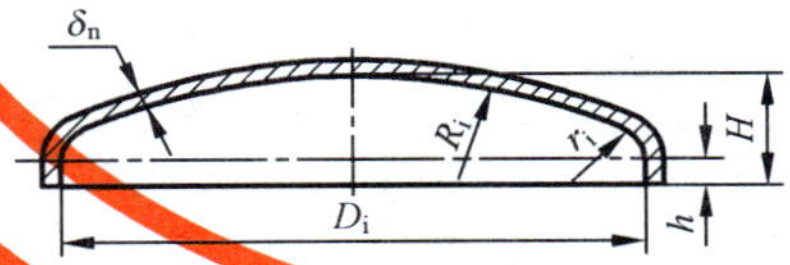	THA	$R_i=1.0D_i$ $r_i=0.10D_i$ $DN=D_i$
碟形封头	以外径为基准	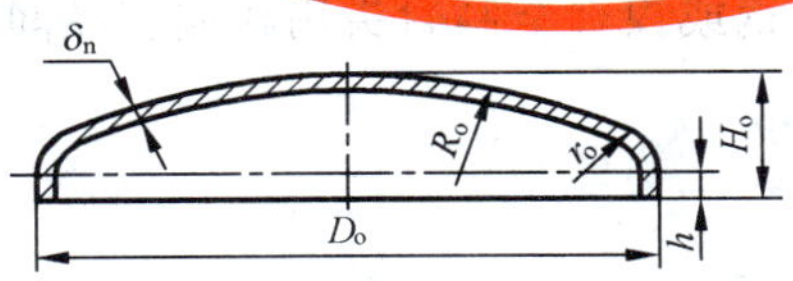	THB	$R_o=1.0D_o$ $r_o=0.10D_o$ $DN=D_o$
球冠形封头		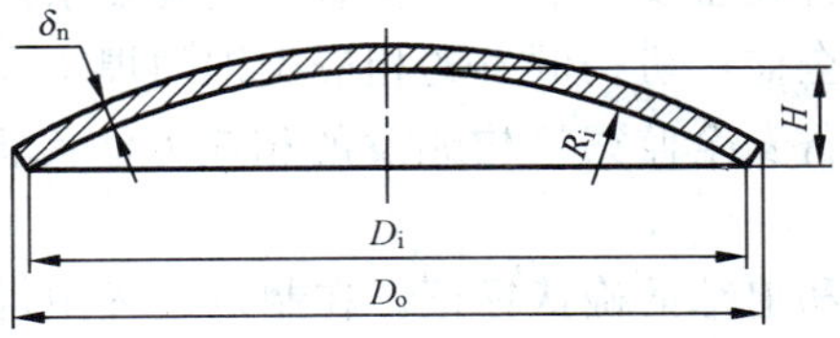	SDH	$R_i=1.0D_i$ $DN=D_o$

a　半球形封头三种型式：不带直边的半球（$H=R_i$）、带直边的半球（$H=R_i+h$）和准半球（接近半球 $H<R_i$）。

表 2 平底形、锥形封头的断面形状、类型及型式参数表

名 称	断面形状	类型代号	型式参数关系
平底形封头	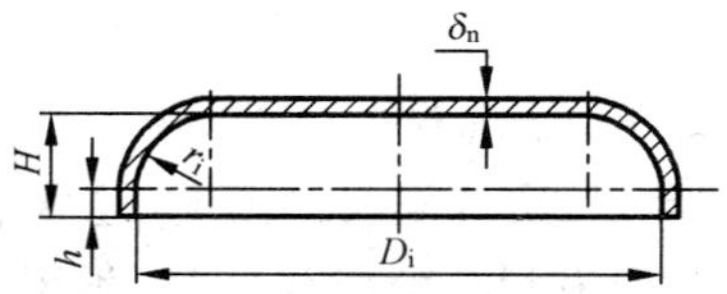	FHA	$r_i \geqslant 3\delta_n$ $H = r_i + h$ $DN = D_i$
锥形封头	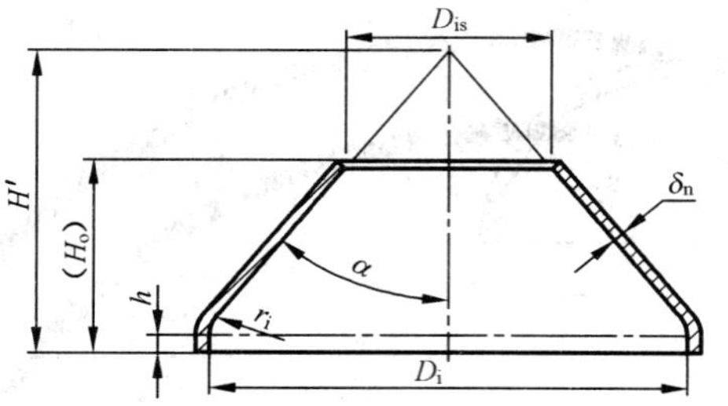	CHA(30)	$r_i \geqslant 0.10D_i$ 且 $r_i \geqslant 3\delta_n$ $\alpha = 30°$ DN 以 D_i/D_{is} 表示
		CHA(45)	$r_i \geqslant 0.10D_i$ 且 $r_i \geqslant 3\delta_n$ $\alpha = 45°$ DN 以 D_i/D_{is} 表示
	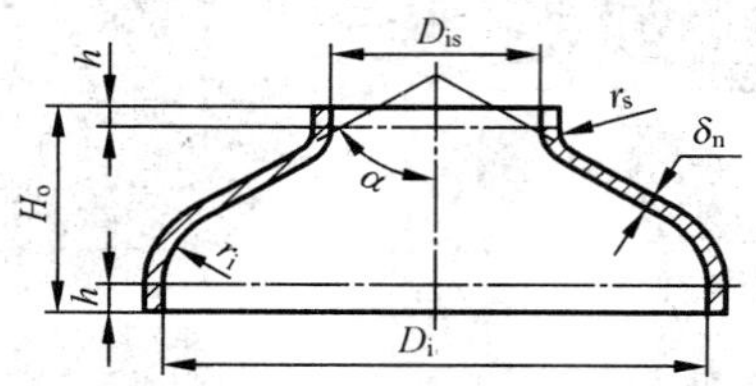	CHA(60)	$r_i \geqslant 0.10D_i$ 且 $r_i \geqslant 3\delta_n$ $r_s \geqslant 0.05D_{is}$ 且 $r_s \geqslant 3\delta_n$ $\alpha = 60°$ DN 以 D_i/D_{is} 表示

5 材料

5.1 制造封头的材料，除应分别符合如下标准的有关规定外，还应符合图样或订货技术协议的要求：

a) 钢制封头按 GB 150 或 JB 4732；

b) 铝制封头按 JB/T 4734；

c) 钛制封头按 JB/T 4745；

d) 铜制封头按 JB/T 4755；

e) 镍及镍合金制封头按 JB/T 4756。

5.2 对于采用来料加工的方式加工的封头，封头材料的质量应由封头订货单位保证。

5.3 对有晶间腐蚀敏感性检验要求的不锈钢或镍合金制封头用材应有晶间腐蚀敏感性检验合格证明。

6 制造、检验与验收

6.1 总则

6.1.1 封头的制造、检验与验收除应符合本标准规定外，还应符合图样或订货技术协议要求。

6.1.2 封头制造单位应建立健全符合特种设备安全监察机构有关法规要求的质量保证体系。

6.1.3 封头的焊接应由持有特种设备安全监察机构颁发的相应类别的焊工合格证书的人员担任。

6.1.4 封头的无损检测应由持有特种设备安全监察机构颁发的相应方法无损检测人员资格证书的人员担任。

6.1.5 凡制造封头的材料应有用以检验和追踪的确认标记。在制造过程中，如原有确认标记被裁掉或材料分成几块，应于切割前完成标记的移植。确认标记的表达方式由封头制造单位规定且满足 6.1.6 和 6.1.7 的要求。

6.1.6 对于不锈钢及复合钢板制封头，铝、钛、铜、镍及镍合金制封头以及复合材料制封头，不得在其耐蚀面采用硬印作为材料的确认标记和焊工标志。

钛材及钛钢复合板的标记、标志还应符合 JB/T 4745 的有关规定。

6.1.7 对于钢制低温压力容器用封头及需要进行疲劳分析设计的封头，不得采用硬印作为材料的确认标记和焊工标志。

6.2 坯料制备

6.2.1 封头的毛坯厚度应考虑工艺减薄量，以确保封头成形后的实测成品最小厚度符合 6.3.13 的规定。

6.2.2 坯料制备及后续制造中应避免材料表面的机械损伤。对于尖锐伤痕以及材料防腐表面的局部伤痕、刻槽等缺陷应予修磨，修磨范围的斜度至少为 1∶3。修磨的深度及焊补要求，依设计方法和材料的不同，分别按 6.2.2.1～6.2.2.4 的规定。

6.2.2.1 对于镍及镍合金制封头、铜制封头以及按 GB 150 设计的钢制封头，修磨深度应不大于材料厚度 δ_s 的 5%，且不大于 2 mm，否则应予以焊补。对于复合板，其修磨深度不得大于覆层厚度的 30%，且不大于 1 mm，否则应予以焊补。

6.2.2.2 对于按 JB 4732 设计的钢制封头，其修磨后的厚度应不小于设计厚度，否则应予以焊补。对于复合板，其修磨深度不得大于覆层厚度的 30%，且不大于 1 mm，否则应予以焊补。

6.2.2.3 对于铝制、钛制封头，其修磨深度应不大于该部位铝材（或钛材）厚度 δ_s 的 5%，且不大于 2 mm，否则应予以焊补。

6.2.2.4 焊补后，应根据相应标准规定对补焊部位进行必要的检查。

6.2.3 坡口表面要求

依材料的不同，其坡口表面应分别满足 6.2.3.1～6.2.3.4 的要求。

6.2.3.1 钢材坡口表面要求

a) 坡口表面不得有裂纹、分层、夹杂等缺陷；
b) 标准抗拉强度下限值 R_m＞540 MPa 的钢材及 Cr-Mo 低合金钢材经火焰切割的坡口表面，应用砂轮打磨平滑，并应对加工表面进行磁粉或渗透检测。

6.2.3.2 铝材坡口表面要求

a) 一般应采用机械方法加工坡口，厚度较大时也允许采用等离子、电弧或其他不会损伤铝材性能和影响焊接质量的切割方法。坡口采用热切割法制备后需采用机械方法去除氧化层；
b) 坡口表面不应有裂纹、分层、夹杂及影响焊接质量的其他缺陷。

6.2.3.3 钛材坡口表面要求

a) 在钛材上划线应尽量采用金属铅笔，只有在以后加工中能去除的部分才允许打冲眼。钛钢复合板应在基层钢板上划线；
b) 一般应采取机械方法加工坡口，厚度较大时也允许采用火焰切割、等离子切割。当采用热切割加工坡口时，应避免火花溅落在钛材表面，切割后需采用机械方法去除污染层。钛钢复合板在用机械切割时应将钢基层朝下，注意防止分层；
c) 坡口表面不应有裂纹、分层、夹杂及影响焊接质量的其他缺陷。

6.2.3.4 铜材、镍及镍合金坡口表面要求

a) 一般应采用机械加工或水下等离子、超高压水切割等方法加工坡口。当采用热切割时，切割后需采用机械方法去除污染层；
b) 坡口表面不应有分层、折叠、裂纹、撕裂等缺陷。

6.2.4 先拼板后成形的封头，拼板的对口错边量 b（见图 1）不应大于材料厚度 δ_s 的 10%，且不大于 1.5 mm。拼接复合钢板的对口错边量 b（见图 2）不得大于覆层厚度的 30%，且不大于 1.0 mm。

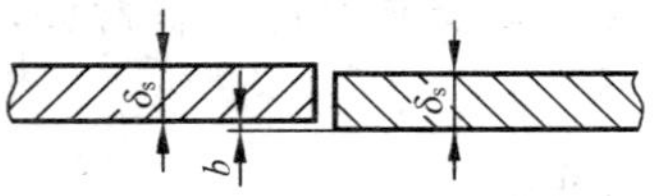

图 1　拼板对口错边量

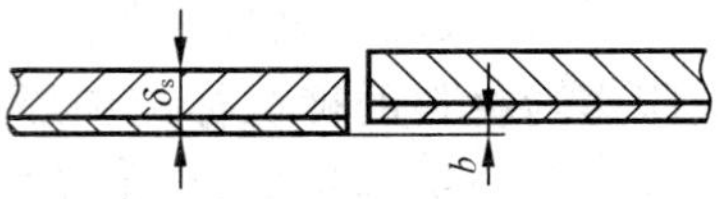

图 2　拼接复合钢板对口错边量

6.2.5　焊接材料、焊接方法、施焊环境、被焊工件及坡口的清洁度要求、焊接工艺评定报告、焊接工艺规程、施焊记录与焊工识别标志的保存期要求，依设计方法与材料的不同，应符合相应标准的规定。

6.2.6　先拼板后成形的凸形封头内表面拼焊焊缝，以及影响成形质量的外表面拼焊焊缝，在成形前应将焊缝余高打磨至与母材齐平。

锥形封头成形前应将过渡部分内外表面的焊缝余高打磨至与母材齐平。

6.2.7　对于未打磨焊缝余高的要求，应符合相应标准的规定。

6.2.8　封头焊接接头表面不得有裂纹、咬边、气孔、弧坑和飞溅物。

6.2.9　应对钛制封头所有焊接接头在焊接完工原始状态的表面颜色进行检验，并按表 3 的规定判断是否合格与进行处理。

表 3　钛封头焊缝和热影响区表面颜色的规定

焊接接头表面颜色	氩气保护情况	合格判断	处理方法
银白色	良好	合格	不用其他处理
金黄色(致密)	尚好	合格	可不用处理
蓝色	稍差	不合格	去除蓝色
紫色	较差	不合格	去除紫色，去不掉处应返修
灰色或暗灰色	差	不合格	返修
灰白色	很差	不合格	返修
黄色粉状物	极差	不合格	返修

6.2.10　封头焊接接头返修的要求，应符合相应标准的规定。

6.2.11　坯料割圆后，应对周边影响封头成形质量的缺陷进行修磨消除。

6.3　封头成形

6.3.1　依据封头的类型、规格、材质，可采用整板或拼板经冷冲压、热冲压、冷旋压、热旋压、冷卷、热卷等方法成形；也可分瓣成形后再组焊成封头。

6.3.1.1　封头加热炉的炉内气氛应呈中性或弱氧化性，加热的火焰不宜与工件直接接触。

6.3.1.2　铝封头热成形时，加热温度一般不宜超过 420 ℃。当工件温度降至 300 ℃以下时，不宜继续热成形。

6.3.1.3　钛封头应尽量采用热成形，如成形温度低于 300 ℃，冷成形后应尽量采用热校形。

钛封头的热成形分为低温热成形(工件加热温度约为 300 ℃～400 ℃)和高温热成形(工件加热温度可提高到约 650 ℃，但不应超过 800 ℃)。冷成形后的热校形温度可为 100 ℃～350 ℃。

热成形温度在 600 ℃以上时，工件表面应采用耐高温涂料或其他防护措施以防止表面氧化污染；热成形温度为 500 ℃～600 ℃时，由制造单位依具体情况确定是否需表面高温防护。必要时应留有清除表面氧化层的裕量。

6.3.1.4　不锈钢、铜封头、镍及镍合金封头热成形时，宜采用电热炉加热，也可采用燃气炉、燃油炉加热，但不应采用焦炭或煤加热炉加热。

6.3.1.5　对于热成形的镍及镍合金封头，当采用燃气炉加热时，燃气中的硫含量应低于 0.57 g/m^3；当采用燃油炉加热时，燃油中的硫含量应低于 0.5%。加热前应去除工件上所有含硫的油、油污、油漆、铅笔标记、润滑剂等。

6.3.2 由成形的瓣片和顶圆板拼接制成的封头(见图3)以及先拼板后成形的封头,封头上各种不相交的拼接焊缝中心线间的距离,至少应为封头材料厚度 δ_s 的3倍,且不小于100 mm。

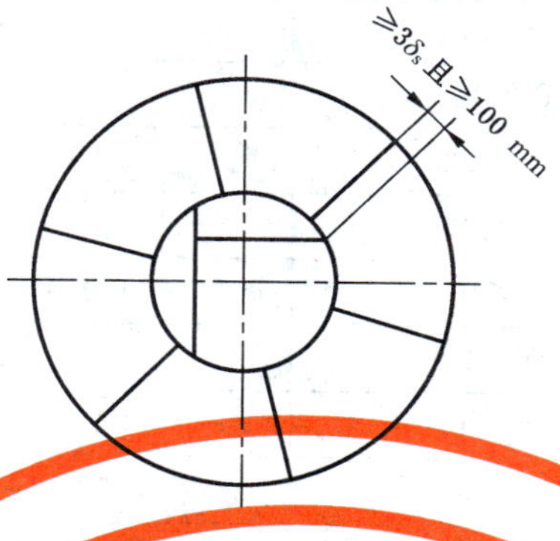

图3 由成形瓣片和顶圆板制封头的拼接焊缝布置图

6.3.3 成形封头的端部应切边,作为尺寸形状检测的测量基准,不允许毛边交货。当端部需加工坡口时,坡口的形状与尺寸由供需双方在订货技术协议中确定。

6.3.4 椭圆形、碟形、平底形和锥形封头的直边倾斜度确定方法见图4,倾斜度以符合表4为合格。测量封头直边倾斜度时,不应计入直边部分增厚量。增厚量计算按式(1):

增厚量=成形后直边实测厚度-封头材料厚度 ……………………(1)

注:封头切边后,在封头端面直径方向拉一根钢丝或放一直尺,用直角尺的一直角边与拉紧的钢丝或直尺重合,另一直角边与封头接触,在直边部位测量直角尺与封头间的最大距离即为封头的直边倾斜度。

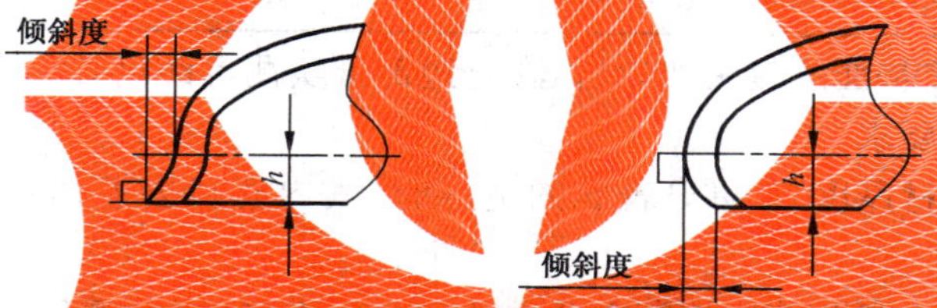

图4 封头直边倾斜度

表4 椭圆形、碟形、平底形和锥形封头的直边倾斜度

单位为毫米

直边高度 h	倾斜度	
	向外	向内
25	≤1.5	≤1.0
40	≤2.5	≤1.5

6.3.5 封头与筒体对接以外圆周长还是以内直径为基准,由供需双方订货技术协议确定。

6.3.5.1 以外圆周长为对接基准的封头切边后,在直边部分端部用卷尺实测外圆周长,外圆周长公差应符合表5的要求。外圆周长的设计值按 $\pi \times D_o$ 或 $\pi(2\delta_s + D_i)$ 计算,其中 π 取3.141 6。

当公称直径DN或钢材厚度 δ_s 超出表5的范围时,其外圆周长公差由供需双方在订货技术协议中确定。

表5 封头成形后外圆周长公差或内直径公差

单位为毫米

公称直径DN	钢材厚度 δ_s	外圆周长公差	内直径公差
300≤DN<600	$2\leq\delta_s<4$	-4~+4	-1.5~+1.5
	$4\leq\delta_s<6$	-6~+6	-2~+2
	$6\leq\delta_s<16$	-9~+9	-3~+3
	$16\leq\delta_s\leq22$	-12~+12	-4~+4

表 5（续） 单位为毫米

公称直径 DN	钢材厚度 δ_s	外圆周长公差	内直径公差
600≤DN<1 000	4≤δ_s<6	−6～+6	−2～+2
	6≤δ_s<10	−9～+9	−3～+3
	10≤δ_s<22	−9～+12	−3～+4
	22≤δ_s≤40	−12～+18	−5～+6
1 000≤DN<1 600	6≤δ_s<10	−9～+9	−3～+3
	10≤δ_s<22	−9～+12	−3～+4
	22≤δ_s<40	−12～+18	−4～+6
	40≤δ_s≤60	−15～+18	−5～+6
1 600≤DN<3 000	6≤δ_s<10	−9～+9	−3～+3
	10≤δ_s<22	−9～+12	−3～+4
	22≤δ_s≤60	−15～+18	−5～+6
3 000≤DN<4 000	10≤δ_s<22	−9～+12	−3～+4
	22≤δ_s≤60	−15～+18	−5～+6
4 000≤DN<5 000	12≤δ_s<22	−9～+12	−3～+4
	22≤δ_s≤60	−15～+18	−5～+6
5 000≤DN≤6 000	16≤δ_s≤60	−15～+18	−5～+6

6.3.5.2 以内直径为对接基准的封头切边后，在直边部分实测等距离分布的 4 个内直径，取其平均值。内直径公差应符合表 5 的要求。

当公称直径 DN 或钢材厚度 δ_s 超出表 5 的范围时，其内直径公差由供需双方在订货技术协议中确定。

6.3.6 封头切边后，在直边部分实测等距离分布的 4 个内直径，以实测最大值与最小值之差作为封头的圆度。封头的圆度应不大于 0.5%DN，且不大于 25 mm；当 δ_s/DN<0.005，且 δ_s<12 mm 时，封头的圆度应不大于 0.8%DN，且不大于 25 mm。

当公称直径 DN>6 000 mm 或钢材厚度 δ_s>60 mm 时，封头的圆度公差由供需双方在订货技术协议中确定。

6.3.7 封头切边后，在封头端面任意两直径位置上放置直尺或拉紧钢丝，在直尺或钢丝交叉处垂直测量封头总深度或封头总高度，其公差为（−0.2%～0.6%）DN。

6.3.8 整板成形及先拼板后成形的凸形封头，成形后按封头标准断面形状线向内缩进一定尺寸（视封头大小而定，以不影响测量形状公差为宜）作为间隙样板轮廓线，如图 5 所示。检查时应使样板垂直于待测表面。半球形、椭圆形、碟形、球冠形封头内表面的形状公差应符合以下要求：样板与封头内表面间的最大间隙：外凸不得大于 1.25% D_i；内凹不得大于 0.625% D_i。

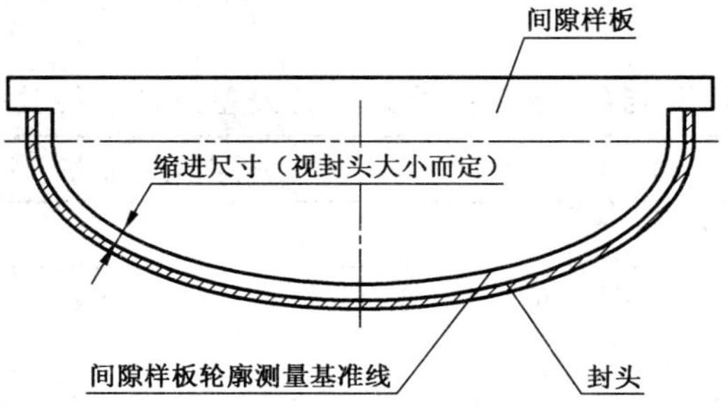

图 5 整板成形或先拼焊后成形凸形封头断面形状公差间隙样板检查图

6.3.9 碟形封头、锥形封头和平底形封头过渡段转角半径分别不得小于表1或表2以及图样规定值。

6.3.10 封头的直边部分不得存在纵向皱折。封头切边后，用直尺测量半球形、椭圆形、碟形、平底形与锥形封头的直边高度，当封头公称直径 DN≤2 000 mm 时，直边高度 h 为 25 mm；当封头公称直径 DN＞2 000 mm 时，直边高度 h 为 40 mm，直边高度公差为（$-5\%\sim10\%$）h。

6.3.11 平底形封头的平面度可由供需双方约定。

6.3.12 分瓣成形后组焊的封头，其顶圆板与瓣片的形状、尺寸应符合下列要求：

a) 半球形、球冠形封头的顶圆板与瓣片形状尺寸要求应符合 GB 12337 的相关规定。

b) 其他型式的封头的顶圆板与瓣片形状尺寸要求由供需双方约定。

c) 瓣片表面不允许存在裂纹、气泡、结疤、折叠和夹杂等缺陷，也不得有分层。

d) 分瓣组焊的要求：

1) 组焊的错边量 b：对于钢制压力容器，不得大于其相应压力容器建造规范对 A 类焊接接头的错边量要求；对于铝、钛、铜、镍及镍合金制压力容器，不得大于其相应标准对 B 类焊接接头的错边量要求。

拼接复合钢板的对口错边量 b 不应大于覆层厚度的 30%，且不大于 1.0 mm。

2) 组焊后焊接接头棱角 E：用弦长等于 $1/6D_i$，且不小于 300 mm 内样板或外样板检查，其 E 值不得大于（$\frac{\delta_s}{10}+2$）mm，且不大于 4 mm，检查时应使焊接接头在其样板中间部位。

3) 分瓣成形的封头可由封头制造厂组焊，也可由具有相应资格的单位完成组焊。组焊后的封头形状、尺寸等要求，由供需双方在订货技术协议中确定。

6.3.13 根据制造工艺确定封头的投料厚度，以确保封头的成品最小厚度 δ'_{min} 不小于设计要求的最小成形厚度 δ_{min}。

封头成形后，应检测封头的成品厚度。具体测厚部位与数量，依封头的形状与规格，可由供需双方订货技术协议确定，但封头上易发生工艺减薄的部位（封头顶部和转角过渡部位等）以及直边部位为必测部位。

6.3.14 封头成形前按 6.2.6 打磨的拼焊焊缝表面，在封头成形后符合下列全部条件时，可低于相邻母材表面：

a) 焊缝部位实测的最小厚度，应符合 6.3.13 的规定；

b) 焊缝表面不得低于母材表面 0.5 mm。

6.4 热处理

6.4.1 热处理的一般要求

6.4.1.1 封头热处理时，热处理炉的炉内气氛应符合 6.3.1.1 的要求。

6.4.1.2 不锈钢封头、铜封头、镍及镍合金封头热处理时，热处理炉的种类应符合 6.3.1.4 的要求。

镍及镍合金封头热处理时，加热介质中含硫量的要求以及工件表面清洁度的要求应符合 6.3.1.5 的规定。

6.4.1.3 对需热处理的封头，根据供需双方的约定，可由封头制造单位或容器制造单位进行。

6.4.2 焊后热处理

6.4.2.1 钢制封头的焊后消除应力热处理

需进行焊后消除应力热处理的条件、焊后消除应力热处理的方法与操作，根据封头所采用的设计标准，应分别符合 GB 150 或 JB 4732 的相应规定。

6.4.2.2 除图样另有规定外，铝制、钛制、铜制封头一般不要求进行焊后消除应力热处理。

当铜制封头在规定的介质条件下可能产生应力腐蚀开裂时，应按图样规定进行退火处理或消除应力退火处理。

6.4.2.3 除下述情况外，如图样未做规定，镍及镍合金制封头一般不要求进行焊后消除应力热处理：

a) NS111、NS112、N08811(或其相应牌号)制封头，当设计温度高于538 ℃且需提高耐晶间腐蚀性能时，应于焊后按图样规定进行固溶处理或稳定化处理。处理操作规范按JB/T 4756的有关要求；

b) 镍钼合金制封头，如需提高耐晶间腐蚀性能时，应于焊后按图样规定进行固溶处理。处理的操作规范及检验合格指标按JB/T 4756的有关要求。

6.4.2.4 焊后热处理应在焊接工作全部结束并检验合格后进行。

6.4.3 钢制封头改善材料力学性能热处理，应根据设计技术文件要求所制定的热处理工艺进行。母材的热处理试板与封头同炉热处理。对热成形的封头，母材的热处理试板还应与封头有相同的加热工艺。

当钢板供货与使用的热处理状态一致时，则热成形封头在热成形过程中不得破坏供货时的热处理状态，否则应重新热处理。

对供货与使用热处理状态均为正火的钢制封头，若其热成形的终止温度不低于材料的正火最低温度，热成形后可不再进行正火处理。

6.4.4 封头热成形后的热处理

6.4.4.1 铝制封头热成形后，如图样要求进行退火处理，退火处理的加热温度按JB/T 4734的有关规定。当封头热成形的终压温度超过350 ℃并随后空冷时，可免于单独进行退火处理。

铝镁硅合金制封头热成形后如要求固溶时效状态的性能，应进行固溶时效处理。

6.4.4.2 钛制封头热成形(指热成形温度大于或等于300 ℃)后是否应退火处理由图样确定。当热成形的终压温度超过550 ℃并随后空冷时，可免于单独进行退火处理。

退火处理的操作规范按JB/T 4745的有关要求。

6.4.4.3 除非图样另有规定，铜制封头热成形后可不进行退火处理。

对于要求退火处理的铜制封头，当封头热成形的终压温度超过650 ℃时，可免于单独进行退火处理。

6.4.4.4 含铬或(和)钼的镍合金封头在400 ℃以上热成形时，如有耐晶间腐蚀要求，应进行固溶处理。纯镍及镍铜合金热成形的封头，如有耐应力腐蚀要求时，应进行退火处理。上述热处理操作规范，应符合JB/T 4756的有关要求。

6.4.5 封头冷成形后的热处理

6.4.5.1 整板成形及先拼板后成形的钢制半球形、椭圆形、碟形封头以及平底形封头，应于冷成形后进行热处理。

除图样另有规定，冷成形的奥氏体不锈钢制半球形、椭圆形、碟形封头以及平底形封头，成形后可不进行热处理。

6.4.5.2 铝镁合金及铝镁硅合金制椭圆形、碟形、锥形封头冷成形后符合表6条件时应进行热处理。热处理规范应符合JB/T 4734的有关要求。铝镁合金及铝镁硅合金制平底形封头冷成形后是否应进行热处理，由供需双方订货技术协议确定。

表6 铝封头冷成形后应进行热处理的条件

封头名称	封头类型代号	封头名义厚度 ≥
椭圆形封头	EHA、EHB	1.2%DN
碟形封头	THA、THB	0.7%DN
锥形封头	CHA(45)	1%DN
	CHA(60)	0.7%DN

6.4.5.3 钛制椭圆形、碟形、锥形封头冷成形(指成形温度低于300 ℃)后，符合表7条件时应进行退火处理。退火处理操作应符合JB/T 4745的有关要求。钛制平底形封头冷成形(指成形温度低于300 ℃)后是否应进行热处理，由供需双方订货技术协议确定。

表 7 钛制封头冷成形后应进行热处理的条件

封头名称	封头类型代号	封头名义厚度 ≥	
		TA1、TA2、TA9	TA3、TA10
椭圆形封头	EHA、EHB	1.2%DN	0.85%DN
碟形封头	THA、THB	0.7%DN	0.5%DN
锥形封头	CHA(45)	1%DN	0.7%DN
	CHA(60)	0.7%DN	0.5%DN

6.4.5.4 黄铜(H96 除外)制椭圆形、碟形、锥形封头，冷成形后应进行消除应力退火处理。消除应力退火处理的操作应符合 JB/T 4755 的有关规定。

黄铜、青铜与白铜等铜合金制椭圆形、碟形、锥形封头，冷成形后如符合表 8 条件时应进行退火处理。退火处理的操作应符合 JB/T 4755 的有关规定。黄铜、青铜与白铜等铜合金制平底形封头冷成形后是否应进行热处理，由供需双方订货技术协议确定。

表 8 铜合金封头冷成形后进行退火处理的条件

封头名称	封头类型代号	封头名义厚度 ≥
椭圆形封头	EHA、EHB	1.2%DN
碟形封头	THA、THB	0.7%DN
锥形封头	CHA(45)	1%DN
	CHA(60)	0.7%DN

当冷成形的黄铜制封头已进行退火处理，则可不再进行消除应力退火处理。

6.4.5.5 冷成形的镍及镍合金制椭圆形、碟形封头及平底形封头，当变形的纤维伸长率超过下列 a)～f)时应进行热处理：纯镍及镍铜合金进行退火处理，含铬或(和)钼的镍合金进行固溶处理。热处理操作应符合 JB/T 4756 的有关规定。

a) 纯镍成形后需焊接 5%

b) 纯镍成形后不焊接 10%

c) N10001、N10665(及相应牌号) 7%

d) N10629、N10675 10%

e) N06617、N08800、N08810、N08811(及相应牌号)
设计温度大于 675 ℃ 10%

f) 其他镍合金 15%

其中，纤维伸长率按式(2)计算：

$$纤维伸长率(\%)=\frac{75\times 板材厚度}{成形截面的最小半径} \quad \cdots\cdots(2)$$

注：对于标准椭圆形封头，当计算纤维伸长率时，成形截面的最小半径为 0.172 7D_i。

6.5 无损检测

6.5.1 先拼板后成形的半球形、椭圆形、碟形、球冠形封头和平底形封头，以及分瓣成形后组焊封头中先拼板后成形的顶圆板成形后其拼接焊接接头，应采用图样或订货技术协议规定的方法，按 JB/T 4730.2～4730.3 进行 100%射线或超声检测(铜制、镍及镍合金制封头应进行射线检测)，合格级别应符合图样或订货技术协议规定。

6.5.2 锥形封头以及分瓣成形后组焊的半球形、椭圆形、碟形、球冠形封头和平底形封头的 A、B 类焊接接头，应分别按相应标准的有关规定，采用图样或订货技术协议规定的方法，按 JB/T 4730.2～4730.3 进行 100%或局部射线或超声检测(铜制、镍及镍合金制封头应进行射线检测)，其合格级别应符合图样或订货技术协议规定。当采用局部无损检测时，焊缝交叉部位以及平底形、锥形封头的过渡段转角部位必须全部检测，其检测长度可计入局部检测长度之内。

6.5.3 凡符合下列条件之一的钢制封头，应采用图样或订货技术协议规定的方法，按 JB/T 4730.4～4730.5 进行磁粉或渗透检测，检测结果Ⅰ级为合格：

a) 封头堆焊表面；
b) 复合钢板制封头的复合层焊接接头；
c) 标准抗拉强度下限值 R_m＞540 MPa 的钢板及 Cr-Mo 低合金钢板制封头经火焰切割的坡口表面以及该封头的缺陷修磨或焊补处的表面；
d) 标准抗拉强度下限值 R_m＞540 MPa 的钢板及 Cr-Mo 低合金钢板制旋压封头，其拼焊焊接接头的内、外表面。

6.5.4 凡符合下列条件之一的铝制、钛制、铜制、镍及镍合金制封头，应按 JB/T 4730.5 对其焊接接头表面进行渗透检测，检测结果Ⅰ级为合格：

a) 焊补焊缝表面；
b) 卡具、拉筋等临时固定连接焊缝拆除后的焊痕表面。

7 出厂质量证明文件

封头出厂质量证明文件可由封头制造企业自行制定，但应符合相关法规和标准的规定。本标准的附录 H 提供了“封头产品合格证及封头部件数据报告”的样式。

8 油漆、包装与运输

封头的涂敷与运输包装按 JB/T 4711 的有关规定，且应符合用户要求。

对于不能整体运输的已成形的各类封头，允许成形后在适当位置切割分别运输，重新焊接装配后，其质量应符合本标准的各项有关要求。

附 录 A
（资料性附录）
封头内表面积、容积、质量以及总高度（总深度）的计算公式

A.1 附录 B～附录 G 给出了本标准正文中表 1 所列型式封头内表面积、容积、质量以及总高度（总深度）的计算结果，供使用者参照选用。对超出附录 B～附录 G 范围的封头（如公称直径大于 6 000 mm 的封头），使用者可参照本节所示的相应计算方法自行计算。此外，本附录还给出了表 2 所列型式封头内表面积、容积、质量以及总高度（总深度）的计算公式，供使用者参照选用。

A.2 在附录 B～附录 F 中各类封头计算时其直边高度 h 均按如下原则确定：当封头公称直径 DN≤2 000 mm 时，h 为 25 mm；DN＞2 000 mm 时，h 为 40 mm。

A.3 由于封头材料种类很多，密度也各不相同，本标准附录 B～附录 G 所列封头质量是以密度为 7.85 t/m^3 碳钢为基准计算而得，不同材料（密度不同）的封头质量应分别进行计算。为了方便计算，常见材料密度在附录 I 中列出，供使用者参照选用。

A.4 本附录的计算结果均为理论净值。

A.5 以下列出本标准表 1 和表 2 中所列型式封头的内表面积、容积、质量以及总高度（总深度）的计算公式，所使用的符号意义同标准正文。符号 ρ 为封头材质密度（t/m^3）。

(1) 球形封头（HHA）

① 内表面积（mm^2）：

$$A=\frac{1}{2}\pi D_i^2\pm\pi D_i h \qquad \text{(A.1)}$$

② 容积（mm^3）：

$$V=\frac{1}{12}\pi D_i^3\pm\frac{1}{4}\pi D_i^2 h \qquad \text{(A.2)}$$

③ 质量（kg）：

$$W=\rho\pi\left\{\left[\frac{1}{12}(D_i+2\delta_n)^3\pm\frac{1}{4}(D_i+2\delta_n)^2 h\right]-\left[\frac{1}{12}D_i^3\pm\frac{1}{4}D_i^2 h\right]\right\}\times10^{-6} \qquad \text{(A.3)}$$

④ 总深度（mm）：

$$H=\frac{D_i}{2}\pm h \qquad \text{(A.4)}$$

注：上列各式中的“±”号取法为：当为带直边的半球，计算时取正号；当为准半球时，计算时取负号，此时为近似计算值；当为不带直边的半球，h 为零。

(2) 椭圆形封头（EHA）

设 a、b 分别为封头内壁椭圆的长和短半轴，则有：

$$A=\pi a\left\{a+\frac{b}{\sqrt{\left(\frac{a}{b}\right)^2-1}}\ln\left[\frac{a}{b}+\sqrt{\left(\frac{a}{b}\right)^2-1}\right]\right\}+2\pi ah \qquad \text{(A.5)}$$

$$V=\frac{2}{3}\pi a^2 b+\pi a^2 h \qquad \text{(A.6)}$$

$$W=\rho\pi\left\{\left[\frac{2}{3}(a+\delta_n)^2(b+\delta_n)+(a+\delta_n)^2 h\right]-\left[\frac{2}{3}a^2 b+a^2 h\right]\right\}\times10^{-6} \qquad \text{(A.7)}$$

对于标准椭圆封头，有：$a=D_i/2$，$a=2b$，于是：

① 内表面积（mm^2）：

$$A=\frac{1}{4}\left[1+\frac{\sqrt{3}}{6}\ln(2+\sqrt{3})\right]\pi D_i^2+\pi D_i h=0.345\pi D_i^2+\pi D_i h \qquad \text{(A.8)}$$

② 容积(mm^3)：

$$V=\frac{\pi}{24}D_i^3+\frac{\pi}{4}D_i^2h \quad \text{(A.9)}$$

③ 质量(kg)：

$$W=\rho\pi\delta_n\left[\frac{D_i^2}{3}+\frac{5}{6}D_i\delta_n+\frac{2}{3}\delta_n^2+(D_i+\delta_n)h\right]\times10^{-6} \quad \text{(A.10)}$$

④ 总深度(mm)：

$$H=\frac{D_i}{4}+h \quad \text{(A.11)}$$

(3) 椭圆形封头(EHB)

设 a、b 分别为封头外壁椭圆的长和短半轴。

如果 a 以($a-\delta_n$)、b 以($b-\delta_n$)分别代入式(A.5)、式(A.6)、式(A.7)，即得：

① 内表面积(mm^2)：

$$A=\pi(a-\delta_n)\left\{(a-\delta_n)+\frac{b-\delta_n}{\sqrt{\left(\frac{a-\delta_n}{b-\delta_n}\right)^2-1}}\ln\left[\frac{a-\delta_n}{b-\delta_n}+\sqrt{\left(\frac{a-\delta_n}{b-\delta_n}\right)^2-1}\right]\right\}+2\pi(a-\delta_n)h \quad \text{(A.12)}$$

② 容积(mm^3)：

$$V=\frac{2}{3}\pi(a-\delta_n)^2(b-\delta_n)+\pi(a-\delta_n)^2h \quad \text{(A.13)}$$

③ 质量(kg)：

$$W=\rho\pi\left\{\left[\frac{2}{3}a^2b+a^2h\right]-\left[\frac{2}{3}(a-\delta_n)^2(b-\delta_n)+(a-\delta_n)^2h\right]\right\}\times10^{-6} \quad \text{(A.14)}$$

对于标准椭圆封头，将 $a=D_o/2$，$a=2b$，代入各式即得 EHB 封头内表面积、容积和质量。

④ 总高度(mm)：

$$H_o=\frac{D_o}{4}+h \quad \text{(A.15)}$$

(4) 碟形封头(THA)

设：$\theta=\arccos\dfrac{\frac{D_i}{2}-r_i}{R_i-r_i}$，($\theta$ 为弧度)

为表达方便，引入下列各式：

$$C_1=\frac{\sin\theta}{4}$$

$$C_2=\frac{\sin\theta\cos\theta+\theta}{2}-\sin\theta$$

$$C_3=2\sin\theta-\frac{\sin^3\theta}{3}-\sin\theta\cos\theta-\theta$$

$$C_4=\frac{(2+\sin\theta)(1-\sin\theta)^2}{3}$$

① 内表面积(mm^2)：

$$A=2\pi\left[D_ir_i\times\frac{\theta}{2}+r_i^2(\sin\theta-\theta)+R_i^2(1-\sin\theta)+\frac{D_i}{2}h\right] \quad \text{(A.16)}$$

② 容积(mm^3)：

$$V=\pi\left(C_1D_i^2r_i+C_2D_ir_i^2+C_3r_i^3+C_4R_i^3+\frac{D_i^2}{4}\times h\right) \quad \text{(A.17)}$$

③ 质量(kg):

式(A.17)中以($r_i+\delta_n$)代 r_i,以($D_i+2\delta_n$)代 D_i、以($R_i+\delta_n$)代 R_i,即得设外壁所包体积为 V_o,则封头质量为:

$$W=\rho(V_o-V)\times10^{-6} \quad \cdots\cdots(A.18)$$

④ 总深度(mm):

$$H=(1-\sin\theta)R_i+r_i\sin\theta+h \quad \cdots\cdots(A.19)$$

(5) 碟形封头(THB)

设:$\theta=\arccos\dfrac{\dfrac{D_o}{2}-r_o}{R_o-r_o}$,($\theta$ 为弧度)

① 内表面积(mm^2):

$$A=2\pi\left[(D_o-2\delta_n)(r_o-\delta_n)\times\frac{\theta}{2}+(r_o-\delta_n)^2(\sin\theta-\theta)+(R_o-\delta_n)^2(1-\sin\theta)+\frac{D_o-2\delta_n}{2}h\right] \quad \cdots\cdots(A.20)$$

② 容积(mm^3):

$$V=\pi\left[C_1(D_o-2\delta_n)^2(r_o-\delta_n)+C_2(D_o-2\delta_n)(r_o-\delta_n)^2+C_3(r_o-\delta_n)^3+C_4(R_o-\delta_n)^3+\frac{(D_o-2\delta_n)^2}{4}h\right] \quad \cdots\cdots(A.21)$$

③ 质量(kg):

另有:

$$V_o=\pi\left[C_1D_o^2r_o+C_2D_or_o^2+C_3r_o^3+C_4R_o^3+\frac{D_o^2}{4}h\right] \quad \cdots\cdots(A.22)$$

$$W=\rho(V_o-V)\times10^{-6} \quad \cdots\cdots(A.23)$$

④ 总高度(mm):

$$H_o=(1-\sin\theta)R_o+r_o\sin\theta+h \quad \cdots\cdots(A.24)$$

(6) 球冠形封头(SDH)

① 内表面积(mm^2):

$$A=2\pi D_oh \quad \cdots\cdots(A.25)$$

其中:$h=D_o-\sqrt{D_o^2-\left(\dfrac{D_o-\delta_n}{2}\right)^2}$

② 容积(mm^3):

$$V=\pi h^2\left(D_o-\frac{h}{3}\right) \quad \cdots\cdots(A.26)$$

③ 质量(kg):

球冠形封头中面面积 S_z:

$$S_z=2\pi\left(D_o+\frac{\delta_n}{2}\right)h_z \quad \cdots\cdots(A.27)$$

其中:$h_z=\left(D_o+\dfrac{\delta_n}{2}\right)-\sqrt{\left(D_o+\dfrac{\delta_n}{2}\right)^2-\left(\dfrac{D_o}{2}-\dfrac{\delta_n}{4}\right)^2}$

$$W=\rho\times S_z\times\delta_n\times10^{-6} \quad \cdots\cdots(A.28)$$

④ 总深度(mm):

$$H=\left(1-\frac{\sqrt{3}}{2}\right)(D_o-\delta_n) \quad \cdots\cdots(A.29)$$

(7) 平底形封头(FHA)

① 内表面积(mm^2)：

$$A=\pi\left[\frac{\pi}{2}D_i r_i-(\pi-2)r_i^2\right]+\pi D_i h+\pi\left(\frac{D_i}{2}-r_i\right)^2 \quad \cdots\cdots\cdots\cdots(\text{A.30})$$

② 体积(mm^3)：

$$V=\pi\left[\frac{1}{4}D_i^2 r_i+\left(\frac{\pi}{4}-1\right)D_i r_i^2+\left(\frac{5}{3}-\frac{\pi}{2}\right)r_i^3\right]+\frac{1}{4}\pi D_i^2 h \quad \cdots\cdots\cdots\cdots(\text{A.31})$$

以 $r_i+\delta$ 代 r_i，$D_i+2\delta$ 代 D_i 即得 V_o。

③ 质量(kg)：

$$W=\rho(V_o-V)\times 10^{-6} \quad \cdots\cdots\cdots\cdots(\text{A.32})$$

④ 总深度(mm)：

$$H=r_i+h \quad \cdots\cdots\cdots\cdots(\text{A.33})$$

(8) 锥形封头 CHA(30)、CHA(45)

设：θ 是 α 的弧度。

注：此处计算忽略了锥体小端几何变化。

① 内表面积(mm^2)：

$$A=2\pi\left[D_i r_i\times\frac{\theta}{2}+r_i^2(\sin\theta-\theta)\right]+\frac{\pi}{4\sin\theta}\{[D_i-2(1-\cos\theta)r_i]^2-D_{is}^2\}+\pi D_i h \quad \cdots\cdots\cdots\cdots(\text{A.34})$$

② 容积(mm^3)：

$$V=\pi\left(C_1 D_i^2 r_i+C_2 D_i r_i^2+C_3 r_i^3+\frac{D_i^2}{4}\times h\right)+\frac{\pi}{24\tan\theta}\{[D_i-2(1-\cos\theta)r_i]^3-D_{is}^3\} \quad \cdots\cdots\cdots\cdots(\text{A.35})$$

③ 质量(kg)：

$$V_o=\pi\left[C_1(D_i+2\delta_n)^2(r_i+\delta_n)+C_2(D_i+2\delta_n)(r_i+\delta_n)^2+C_3(r_i+\delta_n)^3+\frac{(D_i+2\delta_n)^2}{4}h\right]+\frac{\pi}{24\tan\theta}\{[D_i-2(1-\cos\theta)r_i+2\delta\cos\theta]^3-[D_{is}+2\delta\cos\theta]^3\}+\frac{1}{4}\pi(D_i+2\delta_n)^2 h \quad \cdots\cdots\cdots\cdots(\text{A.36})$$

$$W=\rho(V_o-V)\times 10^{-6} \quad \cdots\cdots\cdots\cdots(\text{A.37})$$

④ 总高度(mm)：

$$H_o=\frac{1}{\tan\theta}\left\{\left[\frac{D_i}{2}-(1-\cos\theta)r_i\right]-\frac{D_{is}}{2}\right\}+(r_i+\delta_n)\sin\theta+h \quad \cdots\cdots\cdots\cdots(\text{A.38})$$

(9) 锥形封头 CHA(60)

设：θ 是 α 的弧度。

大端小弧：

大端内壁小弧段内表面积为 A_1；大端内壁小弧段所包围的体积为 V_1；大端外壁小弧段所包围的体积为 V'_1

$$A_1=2\pi\left[D_i r_i\times\frac{\theta}{2}+r_i^2(\sin\theta-\theta)\right] \quad \cdots\cdots\cdots\cdots(\text{A.39})$$

$$V_1=\pi(C_1 D_i^2 r_i+C_2 D_i r_i^2+C_3 r_i^3) \quad \cdots\cdots\cdots\cdots(\text{A.40})$$

以 $r_i+\delta$ 代 r_i，$D_i+2\delta$ 代 D_i 即得 V'_1：

$$V'_1=\pi[C_1(D_i+2\delta_n)^2(r_i+\delta_n)+C_2(D_i+2\delta_n)(r_i+\delta_n)^2+C_3(r_i+\delta_n)^3] \quad \cdots(\text{A.41})$$

锥体：

锥体内壁表面积为 A_2；锥体内壁锥体所包围的体积为 V_2；锥体外壁锥体所包围的体积为 V'_2

$$A_2=\frac{\pi}{4\sin\theta}\{[D_i-2(1-\cos\theta)r_i]^2-[D_{is}+2(1-\cos\theta)(r_s+\delta)]^2\} \quad \cdots\cdots(A.42)$$

$$V_2=\frac{\pi}{24\tan\theta}\{[D_i-2(1-\cos\theta)r_i]^3-[D_{is}+2(1-\cos\theta)(r_s+\delta)]^3\} \quad \cdots\cdots(A.43)$$

$$V'_2=\frac{\pi}{24\tan\theta}\{[D_i-2(1-\cos\theta)r_i+2\delta\cos\theta]^3-[D_{is}+2(1-\cos\theta)r_s+2\delta]^3\} \quad \cdots(A.44)$$

小端圆弧：

小端内壁小弧段内表面积为 A_3；小端内壁小弧段所包围的体积为 V_3；小端外壁小弧段所包围的体积为 V'_3

$$A_3=2\pi\left[D_{is}(r_s+\delta)\times\frac{\theta}{2}-(r_s+\delta)^2(\sin\theta-\theta)\right] \quad \cdots\cdots(A.45)$$

$$V_3=\pi[C_1D_{is}^2(r_s+\delta)-C_2D_{is}(r_s+\delta)^2+C_3(r_s+\delta)^3] \quad \cdots\cdots(A.46)$$

$$V_3=\pi[C_1D_{is}^2r_s-C_2D_{is}r_s^2+C_3r_s^3]-\pi[D_{is}r_s\delta\sin\theta+(2\sin\theta-\sin\theta\cos\theta-\theta)r_s^2\delta+r_s\delta^2\sin\theta] \quad \cdots\cdots(A.47)$$

大端直边段：

大端直边段的内表面积、内壁容积、外壁容积分别以 A_4、V_4、V'_4 表示。

$$A_4=\pi D_ih \quad \cdots\cdots(A.48)$$

$$V_4=\frac{1}{4}\pi D_i^2h \quad \cdots\cdots(A.49)$$

$$V'_4=\frac{1}{4}\pi(D_i+2\delta_n)^2h \quad \cdots\cdots(A.50)$$

小端直边段：

小端直边段的内表面积、内壁容积、外壁容积分别以 A_5、V_5、V'_5 表示。

$$A_5=\pi D_{is}h \quad \cdots\cdots(A.51)$$

$$V_5=\frac{1}{4}\pi D_{is}^2h \quad \cdots\cdots(A.52)$$

$$V'_5=\frac{1}{4}\pi(D_{is}+2\delta)^2h \quad \cdots\cdots(A.53)$$

① 内表面积(mm^2)：

$$A=A_1+A_2+A_3+A_4+A_5 \quad \cdots\cdots(A.54)$$

② 容积(mm^3)：

$$V=V_1+V_2+V_3+V_4+V_5 \quad \cdots\cdots(A.55)$$

③ 质量(kg)：

外壁所包围的总体积设为 V_o，

$$V_o=V'_1+V'_2+V'_3+V'_4+V'_5 \quad \cdots\cdots(A.56)$$

则有：

$$W=\rho(V_o-V)\times10^{-6} \quad \cdots\cdots(A.57)$$

④ 总高度(mm)：

$$H_o=\frac{1}{\tan\theta}\left\{\left[\frac{D_i}{2}-(1-\cos\theta)r_i\right]-\left[\frac{D_{is}}{2}+(1-\cos\theta)(r_s+\delta_n)\right]\right\}+(r_i+r_s+\delta_n)\sin\theta+2h \quad \cdots\cdots(A.58)$$

附 录 B
（资料性附录）
HHA 球形封头型式参数

B.1 HHA 球形封头的总深度、内表面积、容积见表 B.1，封头质量见表 B.2。

表 B.1 HHA 球形封头总深度、内表面积、容积

序号	公称直径 DN/mm	总深度 H/mm	内表面积 A/m^2	容积 V/m^3	序号	公称直径 DN/mm	总深度 H/mm	内表面积 A/m^2	容积 V/m^3
1	300	175	0.164 9	0.008 8	34	2 900	1 490	13.574 8	6.649 2
2	350	200	0.219 9	0.013 6	35	3 000	1 540	14.514 2	7.351 3
3	400	225	0.282 7	0.019 9	36	3 100	1 590	15.484 9	8.101 2
4	450	250	0.353 4	0.027 8	37	3 200	1 640	16.487 1	8.900 3
5	500	275	0.432 0	0.037 6	38	3 300	1 690	17.520 7	9.750 4
6	550	300	0.518 4	0.049 5	39	3 400	1 740	18.585 7	10.652 9
7	600	325	0.612 6	0.063 6	40	3 500	1 790	19.682 1	11.609 5
8	650	350	0.714 7	0.080 2	41	3 600	1 840	20.809 9	12.621 7
9	700	375	0.824 7	0.099 4	42	3 700	1 890	21.969 2	13.691 0
10	750	400	0.942 5	0.121 5	43	3 800	1 940	23.159 8	14.819 1
11	800	425	1.068 1	0.146 6	44	3 900	1 990	24.381 9	16.007 5
12	850	450	1.201 7	0.175 0	45	4 000	2 040	25.635 4	17.257 8
13	900	475	1.343 0	0.206 8	46	4 100	2 090	26.920 3	18.571 6
14	950	500	1.492 3	0.242 2	47	4 200	2 140	28.236 6	19.950 4
15	1 000	525	1.649 3	0.281 4	48	4 300	2 190	29.584 4	21.395 8
16	1 100	575	1.987 1	0.372 2	49	4 400	2 240	30.963 5	22.909 3
17	1 200	625	2.356 2	0.480 7	50	4 500	2 290	32.374 1	24.492 6
18	1 300	675	2.756 7	0.608 4	51	4 600	2 340	33.816 1	26.147 3
19	1 400	725	3.188 7	0.756 9	52	4 700	2 390	35.289 5	27.874 8
20	1 500	775	3.652 1	0.927 8	53	4 800	2 440	36.794 3	29.676 7
21	1 600	825	4.146 9	1.122 6	54	4 900	2 490	38.330 6	31.554 7
22	1 700	875	4.673 1	1.343 0	55	5 000	2 540	39.898 2	33.510 3
23	1 800	925	5.230 8	1.590 4	56	5 100	2 590	41.497 3	35.545 1
24	1 900	975	5.819 8	1.866 6	57	5 200	2 640	43.127 8	37.660 6
25	2 000	1 025	6.440 3	2.172 9	58	5 300	2 690	44.789 7	39.858 4
26	2 100	1 090	7.191 1	2.563 1	59	5 400	2 740	46.483 0	42.140 1
27	2 200	1 140	7.879 1	2.939 7	60	5 500	2 790	48.207 7	44.507 2
28	2 300	1 190	8.598 5	3.351 5	61	5 600	2 840	49.963 9	46.961 4
29	2 400	1 240	9.349 4	3.800 1	62	5 700	2 890	51.751 5	49.504 1
30	2 500	1 290	10.131 6	4.287 0	63	5 800	2 940	53.570 4	52.137 0
31	2 600	1 340	10.945 3	4.813 8	64	5 900	2 990	55.420 8	54.861 7
32	2 700	1 390	11.790 4	5.382 0	65	6 000	3 040	57.302 6	57.679 6
33	2 800	1 440	12.666 9	5.993 3	—	—	—	—	—

表 B.2 HHA 球形封头质量

单位为千克

序号	公称直径 DN/mm	封头名义厚度 δ_n/mm																	
		2	3	4	5	6	8	10	12	14	16	18	20	22	24	26	28	30	32
1	300	2.6	4.0	5.3	6.7	8.1	10.9	13.8	16.7	19.7	22.8								
2	350	3.5	5.3	7.1	8.9	10.7	14.4	18.2	22.1	26.0	30.1								
3	400	4.5	6.8	9.0	11.4	13.7	18.4	23.3	28.2	33.2	38.3								
4	450	5.6	8.4	11.3	14.2	17.1	23.0	28.9	35.0	41.2	47.5								
5	500		10.3	13.8	17.3	20.8	28.0	35.2	42.6	50.1	57.6								
6	550		12.3	16.5	20.7	24.9	33.5	42.1	50.9	59.8	68.8								
7	600		14.6	19.5	24.4	29.4	39.5	49.6	60.0	70.4	81.0								
8	650		17.0	22.7	28.5	34.3	46.0	57.8	69.8	81.9	94.1	106.5	119.0	131.7	144.5	157.4	170.5	183.7	197.1
9	700		19.6	26.2	32.8	39.5	52.9	66.5	80.3	94.2	108.2	122.4	136.8	151.2	165.9	180.7	195.6	210.7	226.0
10	750		22.4	29.9	37.5	45.1	60.4	75.9	91.6	107.4	123.3	139.5	155.7	172.2	188.8	205.6	222.5	239.6	256.9
11	800		25.3	33.9	42.4	51.0	68.4	85.9	103.6	121.4	139.4	157.6	176.0	194.5	213.2	232.1	251.1	270.3	289.7
12	850		28.5	38.1	47.7	57.4	76.9	96.5	116.3	136.3	156.5	176.9	197.4	218.1	239.0	260.1	281.4	302.9	324.5
13	900		31.8	42.5	53.3	64.1	85.8	107.7	129.8	152.1	174.6	197.3	220.1	243.2	266.4	289.8	313.4	337.3	361.3
14	950		35.4	47.2	59.2	71.2	95.3	119.6	144.1	168.8	193.7	218.7	244.0	269.5	295.2	321.1	347.2	373.5	400.0
15	1 000		39.1	52.2	65.4	78.6	105.2	132.0	159.0	186.3	213.7	241.3	269.2	297.2	325.5	354.0	382.7	411.6	440.7
16	1 100			62.8	78.7	94.6	126.6	158.8	191.2	223.9	256.7	289.9	323.2	356.8	390.6	424.6	458.9	493.4	528.1
17	1 200			74.5	93.2	112.1	149.9	188.0	226.3	264.9	303.7	342.8	382.1	421.7	461.5	501.6	541.9	582.5	623.4
18	1 300			87.1	109.0	131.0	175.2	219.7	264.4	309.4	354.7	400.2	446.0	492.1	538.4	585.0	631.9	679.1	726.5
19	1 400			100.7	126.0	151.5	202.5	253.8	305.5	357.4	409.6	462.0	514.8	567.9	621.2	674.9	728.8	783.0	837.5
20	1 500			115.3	144.3	173.4	231.8	290.5	349.5	408.8	468.4	528.3	588.6	649.1	709.9	771.1	832.6	894.4	956.5
21	1 600			130.9	163.8	196.8	263.0	329.6	396.4	463.6	531.2	599.0	667.2	735.7	804.6	873.8	943.3	1 013.1	1 083.3
22	1 700			147.4	184.5	221.6	296.2	371.1	446.4	522.0	597.9	674.2	750.8	827.8	905.1	982.8	1 060.9	1 139.3	1 218.0

表 B.2(续)

单位为千克

序号	公称直径 DN/mm	封头名义厚度 δ_n/mm															
		2	3	4	5	6	8	10	12	14	16	18	20	22	24	26	28	30	32
23	1 800				206.4	248.0	331.4	415.1	499.2	583.7	668.6	753.8	839.4	925.3	1 011.6	1 098.3	1 185.4	1 272.8	1 360.6
24	1 900				229.6	275.8	368.5	461.6	555.1	648.9	743.2	837.8	932.8	1 028.2	1 124.0	1 220.2	1 316.8	1 413.7	1 511.1
25	2 000				254.0	305.1	407.7	510.6	613.9	717.6	821.7	926.3	1 031.2	1 136.6	1 242.3	1 348.5	1 455.1	1 562.1	1 669.5
26	2 100				283.6	340.6	455.0	569.8	685.0	800.7	916.8	1 033.3	1 150.2	1 267.6	1 385.4	1 503.7	1 622.3	1 741.4	1 861.0
27	2 200				310.6	373.1	498.4	624.1	750.2	876.8	1 003.8	1 131.3	1 259.2	1 387.6	1 516.5	1 645.8	1 775.5	1 905.7	2 036.3
28	2 300				338.9	407.1	543.7	680.8	818.3	956.3	1 094.8	1 233.8	1 373.2	1 513.1	1 653.4	1 794.3	1 935.6	2 077.3	2 219.6
29	2 400				368.5	442.5	591.0	740.0	889.4	1 039.3	1 189.8	1 340.7	1 492.1	1 643.9	1 796.3	1 949.2	2 102.5	2 256.4	2 410.7
30	2 500				399.2	479.5	640.3	801.6	963.4	1 125.8	1 288.6	1 452.0	1 615.9	1 780.2	1 945.1	2 110.5	2 276.4	2 442.8	2 609.7
31	2 600				431.2	517.9	691.5	865.7	1 040.5	1 215.7	1 391.5	1 567.8	1 744.6	1 921.9	2 099.8	2 278.2	2 457.2	2 636.7	2 816.7
32	2 700				464.5	557.8	744.8	932.3	1 120.4	1 309.1	1 498.2	1 688.0	1 878.3	2 069.1	2 260.5	2 452.4	2 644.9	2 837.9	3 031.5
33	2 800				498.9	599.1	800.0	1 001.4	1 203.3	1 405.9	1 609.0	1 812.6	2 016.9	2 221.6	2 427.0	2 632.9	2 839.5	3 046.5	3 254.2
34	2 900				534.6	642.0	857.1	1 072.9	1 289.2	1 506.1	1 723.6	1 941.7	2 160.4	2 379.6	2 599.5	2 819.9	3 041.0	3 262.6	3 484.8
35	3 000				571.6	686.3	916.3	1 146.9	1 378.1	1 609.8	1 842.2	2 075.2	2 308.8	2 543.1	2 777.9	3 013.3	3 249.4	3 486.0	3 723.3
36	3 100					732.1	977.4	1 223.3	1 469.9	1 717.0	1 964.8	2 213.2	2 462.2	2 711.9	2 962.2	3 213.1	3 464.7	3 716.8	3 969.6
37	3 200					779.4	1 040.5	1 302.2	1 564.6	1 827.6	2 091.3	2 355.6	2 620.6	2 886.2	3 152.4	3 419.3	3 686.9	3 955.1	4 223.9
38	3 300					828.2	1 105.6	1 383.6	1 662.3	1 941.7	2 221.7	2 502.5	2 783.8	3 065.9	3 348.6	3 631.9	3 916.0	4 200.7	4 486.1
39	3 400					878.4	1 172.6	1 467.5	1 763.0	2 059.2	2 356.1	2 653.7	2 952.0	3 251.0	3 550.6	3 851.0	4 152.0	4 453.7	4 756.1
40	3 500					930.2	1 241.6	1 553.8	1 866.7	2 180.2	2 494.5	2 809.5	3 125.1	3 441.5	3 758.6	4 076.4	4 394.9	4 714.1	5 034.1
41	3 600					983.4	1 312.6	1 642.6	1 973.2	2 304.6	2 636.8	2 969.6	3 303.2	3 637.5	3 972.5	4 308.3	4 644.8	4 982.0	5 319.9
42	3 700					1 038.1	1 385.6	1 733.8	2 082.8	2 432.5	2 783.0	3 134.2	3 486.2	3 838.9	4 192.3	4 546.5	4 901.5	5 257.2	5 613.6
43	3 800					1 094.2	1 460.5	1 827.5	2 195.3	2 563.9	2 933.2	3 303.3	3 674.1	4 045.7	4 418.1	4 791.2	5 165.1	5 539.8	5 915.3
44	3 900					1 151.9	1 537.4	1 923.7	2 310.8	2 698.7	3 087.3	3 476.7	3 867.0	4 258.0	4 649.7	5 042.3	5 435.7	5 829.8	6 224.8

表 B.2（续）

单位为千克

序号	公称直径 DN/mm	封头名义厚度 δ_n/mm																	
		2	3	4	5	6	8	10	12	14	16	18	20	22	24	26	28	30	32
45	4 000					1 211.0	1 616.3	2 022.4	2 429.2	2 836.9	3 245.4	3 654.7	4 064.7	4 475.6	4 887.3	5 299.8	5 713.1	6 127.2	6 542.2
46	4 100					1 271.6	1 697.1	2 123.5	2 550.6	2 978.6	3 407.4	3 837.0	4 267.5	4 698.7	5 130.8	5 563.7	5 997.5	6 432.1	6 867.5
47	4 200					1 333.7	1 780.0	2 227.0	2 675.0	3 123.7	3 573.4	4 023.8	4 475.1	4 927.3	5 380.2	5 834.1	6 288.8	6 744.3	7 200.7
48	4 300					1 397.3	1 864.8	2 333.1	2 802.3	3 272.3	3 743.3	4 215.0	4 687.7	5 161.2	5 635.6	6 110.8	6 586.9	7 063.9	7 541.7
49	4 400					1 462.3	1 951.5	2 441.6	2 932.6	3 424.4	3 917.1	4 410.7	4 905.2	5 400.6	5 896.8	6 394.0	6 892.0	7 390.9	7 890.7
50	4 500					1 528.9	2 040.3	2 552.6	3 065.8	3 579.9	4 094.9	4 610.8	5 127.7	5 645.4	6 164.0	6 683.5	7 204.0	7 725.3	8 247.6
51	4 600					1 596.9	2 131.0	2 666.0	3 202.0	3 738.9	4 276.7	4 815.4	5 355.0	5 895.6	6 437.1	6 979.5	7 522.9	8 067.1	8 612.3
52	4 700					1 666.3	2 223.7	2 781.9	3 341.1	3 901.3	4 462.4	5 024.4	5 587.3	6 151.3	6 716.1	7 281.9	7 848.6	8 416.3	8 985.0
53	4 800					1 737.3	2 318.3	2 900.3	3 483.2	4 067.1	4 652.0	5 237.8	5 824.6	6 412.3	7 001.0	7 590.7	8 181.3	8 772.9	9 365.5
54	4 900					1 809.8	2 415.0	3 021.1	3 628.3	4 236.5	4 845.6	5 455.7	6 066.8	6 678.8	7 291.9	7 905.9	8 520.9	9 136.9	9 753.9
55	5 000					1 883.7	2 513.6	3 144.5	3 776.3	4 409.2	5 043.1	5 678.0	6 313.9	6 950.8	7 588.6	8 227.5	8 867.4	9 508.3	10 150.3
56	5 100					1 959.1	2 614.2	3 270.2	3 927.3	4 585.4	5 244.6	5 904.7	6 565.9	7 228.1	7 891.3	8 555.6	9 220.8	9 887.1	10 554.5
57	5 200					2 036.0	2 716.7	3 398.5	4 081.3	4 765.1	5 450.0	6 135.9	6 822.9	7 510.9	8 199.9	8 890.0	9 581.2	10 273.3	10 966.6
58	5 300					2 114.3	2 821.2	3 529.2	4 238.2	4 948.2	5 659.4	6 371.5	7 084.8	7 799.1	8 514.5	9 230.9	9 948.4	10 666.9	11 386.6
59	5 400					2 194.2	2 927.7	3 662.3	4 398.0	5 134.8	5 872.7	6 611.6	7 351.6	8 092.7	8 834.9	9 578.2	10 322.5	11 067.9	11 814.4
60	5 500					2 275.5	3 036.2	3 798.0	4 560.9	5 324.9	6 089.9	6 856.1	7 623.4	8 391.8	9 161.3	9 931.8	10 703.5	11 476.3	12 250.2
61	5 600					2 358.3	3 146.6	3 936.1	4 726.7	5 518.3	6 311.1	7 105.1	7 900.1	8 696.3	9 493.5	10 291.9	11 091.5	11 892.1	12 693.9
62	5 700					2 442.6	3 259.1	4 076.7	4 895.4	5 715.3	6 536.3	7 358.4	8 181.7	9 006.2	9 831.7	10 658.5	11 486.3	12 315.3	13 145.5
63	5 800					2 528.4	3 373.4	4 219.7	5 067.1	5 915.7	6 765.4	7 616.3	8 468.3	9 321.5	10 175.9	11 031.4	11 888.1	12 745.9	13 604.9
64	5 900					2 615.6	3 489.8	4 365.2	5 241.8	6 119.5	6 998.4	7 878.5	8 759.8	9 642.3	10 525.9	11 410.7	12 296.7	13 183.9	14 072.3
65	6 000					2 704.3	3 608.1	4 513.2	5 419.4	6 326.8	7 235.4	8 145.2	9 056.2	9 968.4	10 881.8	11 796.5	12 712.3	13 629.3	14 547.5

附　录　C
（资料性附录）
EHA 椭圆形封头型式参数

C.1　EHA 椭圆形封头的总深度、内表面积、容积见表 C.1，封头质量见表 C.2。

表 C.1　EHA 椭圆形封头总深度、内表面积、容积

序号	公称直径 DN/mm	总深度 H/mm	内表面积 A/m^2	容积 V/m^3	序号	公称直径 DN/mm	总深度 H/mm	内表面积 A/m^2	容积 V/m^3
1	300	100	0.121 1	0.005 3	34	2 900	765	9.480 7	3.456 7
2	350	113	0.160 3	0.008 0	35	3 000	790	10.132 9	3.817 0
3	400	125	0.204 9	0.011 5	36	3 100	815	10.806 7	4.201 5
4	450	138	0.254 8	0.015 9	37	3 200	840	11.502 1	4.611 0
5	500	150	0.310 3	0.021 3	38	3 300	865	12.219 3	5.046 3
6	550	163	0.371 1	0.027 7	39	3 400	890	12.958 1	5.508 0
7	600	175	0.437 4	0.035 3	40	3 500	915	13.718 6	5.997 2
8	650	188	0.509 0	0.044 2	41	3 600	940	14.500 8	6.514 4
9	700	200	0.586 1	0.054 5	42	3 700	965	15.304 7	7.060 5
10	750	213	0.668 6	0.066 3	43	3 800	990	16.130 3	7.636 4
11	800	225	0.756 6	0.079 6	44	3 900	1 015	16.977 5	8.242 7
12	850	238	0.849 9	0.094 6	45	4 000	1 040	17.846 4	8.880 2
13	900	250	0.948 7	0.111 3	46	4 100	1 065	18.737 0	9.549 8
14	950	263	1.052 9	0.130 0	47	4 200	1 090	19.649 3	10.252 3
15	1 000	275	1.162 5	0.150 5	48	4 300	1 115	20.583 2	10.988 3
16	1 100	300	1.398 0	0.198 0	49	4 400	1 140	21.538 9	11.758 8
17	1 200	325	1.655 2	0.254 5	50	4 500	1 165	22.516 2	12.564 4
18	1 300	350	1.934 0	0.320 8	51	4 600	1 190	23.515 2	13.406 0
19	1 400	375	2.234 6	0.397 7	52	4 700	1 215	24.535 9	14.284 4
20	1 500	400	2.556 8	0.486 0	53	4 800	1 240	25.578 2	15.200 3
21	1 600	425	2.900 7	0.586 4	54	4 900	1 265	26.642 2	16.154 5
22	1 700	450	3.266 2	0.699 9	55	5 000	1 290	27.728 0	17.147 9
23	1 800	475	3.653 5	0.827 0	56	5 100	1 315	28.835 3	18.181 1
24	1 900	500	4.062 4	0.968 7	57	5 200	1 340	29.964 4	19.255 0
25	2 000	525	4.493 0	1.125 7	58	5 300	1 365	31.115 2	20.370 4
26	2 100	565	5.044 3	1.350 8	59	5 400	1 390	32.287 6	21.528 1
27	2 200	590	5.522 9	1.545 9	60	5 500	1 415	33.481 7	22.728 8
28	2 300	615	6.023 3	1.758 8	61	5 600	1 440	34.697 5	23.973 3
29	2 400	640	6.545 3	1.990 5	62	5 700	1 465	35.935 0	25.262 4
30	2 500	665	7.089 1	2.241 7	63	5 800	1 490	37.194 1	26.596 9
31	2 600	690	7.654 5	2.513 1	64	5 900	1 515	38.474 9	27.977 6
32	2 700	715	8.241 5	2.805 5	65	6 000	1 540	39.777 5	29.405 3
33	2 800	740	8.850 3	3.119 8	—	—	—	—	—

表 C.2　EHA 椭圆形封头质量

单位为千克

序号	公称直径 DN/mm	封头名义厚度 δ_n/mm																
		2	3	4	5	6	8	10	12	14	16	18	20	22	24	26	28	30	32
1	300	1.9	2.8	3.8	4.8	5.8	7.8	9.9	12.1	14.3									
2	350	2.5	3.7	5.0	6.3	7.6	10.3	13.0	15.8	18.7	21.6								
3	400	3.2	4.8	6.4	8.0	9.7	13.1	16.5	20.0	23.6	27.3								
4	450	3.9	5.9	7.9	10.0	12.0	16.2	20.4	24.8	29.2	33.7								
5	500	4.8	7.2	9.6	12.1	14.6	19.6	24.7	30.0	35.3	40.7								
6	550	5.7	8.6	11.5	14.4	17.4	23.4	29.5	35.7	41.9	48.3								
7	600	6.7	10.1	13.5	17.0	20.4	27.5	34.6	41.8	49.2	56.7								
8	650	7.8	11.7	15.7	19.7	23.8	31.9	40.2	48.5	57.0	65.6	74.4	83.2	92.2					
9	700	9.0	13.5	18.1	22.7	27.3	36.6	46.1	55.7	65.4	75.3	85.2	95.3	105.5					
10	750	10.2	15.4	20.6	25.8	31.1	41.7	52.5	63.4	74.4	85.6	96.8	108.3	119.8					
11	800	11.6	17.4	23.3	29.2	35.1	47.1	59.3	71.5	83.9	96.5	109.2	122.0	135.0	148.2	161.4	174.9		
12	850		19.6	26.1	32.8	39.4	52.9	66.5	80.2	94.1	108.1	122.3	136.6	151.1	165.8	180.6	195.5		
13	900		21.8	29.2	36.5	44.0	58.9	74.1	89.3	104.8	120.4	136.1	152.0	168.1	184.4	200.8	217.3		
14	950		24.2	32.3	40.5	48.8	65.3	82.1	99.0	116.1	133.3	150.7	168.3	186.0	203.9	222.0	240.3		
15	1 000		26.7	35.7	44.7	53.8	72.1	90.5	109.1	127.9	146.9	166.0	185.3	204.8	224.5	244.4	264.4	284.6	305.0
16	1 100		32.1	42.9	53.7	64.6	86.5	108.6	130.9	153.3	176.0	198.9	221.9	245.2	268.6	292.2	316.1	340.1	364.3
17	1 200		38.0	50.7	63.5	76.4	102.2	128.3	154.6	181.1	207.8	234.7	261.8	289.1	316.6	344.4	372.3	400.5	428.9
18	1 300		44.3	59.2	74.2	89.2	119.3	149.7	180.3	211.1	242.2	273.4	304.9	336.7	368.6	400.8	433.2	465.9	498.7
19	1 400		51.2	68.4	85.6	102.9	137.7	172.7	208.0	243.5	279.2	315.2	351.4	387.9	424.6	461.5	498.7	536.2	573.8
20	1 500		58.5	78.2	97.9	117.7	157.4	197.4	237.6	278.1	318.9	359.9	401.1	442.7	484.4	526.5	568.8	611.4	654.2
21	1 600		66.4	88.7	111.0	133.4	178.4	223.7	269.2	315.0	361.1	407.5	454.1	501.1	548.3	595.7	643.5	691.5	739.8
22	1 700		74.7	99.8	124.9	150.1	200.7	251.6	302.8	354.3	406.1	458.1	510.5	563.1	616.0	669.3	722.8	776.6	830.7

表 C.2（续）

单位为千克

序号	公称直径 DN/mm	封头名义厚度 δ_n/mm																
		2	3	4	5	6	8	10	12	14	16	18	20	22	24	26	28	30	32
23	1 800		83.6	111.6	139.7	167.8	224.4	281.2	338.4	395.8	453.6	511.7	570.1	628.7	687.8	747.1	806.7	866.6	926.9
24	1 900			124.0	155.2	186.5	249.3	312.5	375.9	439.7	503.8	568.2	632.9	698.0	763.4	829.1	895.2	961.6	1 028.3
25	2 000			137.1	171.6	206.2	275.6	345.3	415.4	485.8	556.6	627.7	699.1	770.9	843.0	915.5	988.3	1 061.4	1 134.9
26	2 100			154.0	192.7	231.5	309.4	387.7	466.3	545.2	624.6	704.2	784.3	864.7	945.4	1 026.6	1 108.0	1 189.9	1 272.1
27	2 200			168.6	210.9	253.4	338.6	424.2	510.2	596.5	683.2	770.3	857.8	945.6	1 033.8	1 122.4	1 211.4	1 300.7	1 390.5
28	2 300			183.8	230.0	276.3	369.1	462.4	556.0	650.1	744.5	839.3	934.5	1 030.1	1 126.1	1 222.5	1 319.3	1 416.5	1 514.1
29	2 400				249.8	300.1	401.0	502.2	603.9	706.0	808.4	911.3	1 014.6	1 118.3	1 222.4	1 327.0	1 431.9	1 537.3	1 643.0
30	2 500				270.5	325.0	434.1	543.7	653.7	764.1	875.0	986.3	1 098.0	1 210.1	1 322.7	1 435.6	1 549.1	1 662.9	1 777.2
31	2 600					350.8	468.6	586.8	705.5	824.6	944.2	1 064.2	1 184.6	1 305.5	1 426.8	1 548.6	1 670.8	1 793.5	1 916.6
32	2 700					377.6	504.3	631.6	759.3	887.4	1 016.0	1 145.0	1 274.5	1 404.5	1 534.9	1 665.8	1 797.2	1 929.0	2 061.3
33	2 800					405.4	541.4	678.0	815.0	952.5	1 090.4	1 228.9	1 367.8	1 507.1	1 647.0	1 787.3	1 928.2	2 069.4	2 211.2
34	2 900					434.2	579.8	726.0	872.7	1 019.9	1 167.5	1 315.6	1 464.3	1 613.4	1 763.0	1 913.1	2 063.7	2 214.8	2 366.4
35	3 000					463.9	619.6	775.7	932.4	1 089.5	1 247.2	1 405.4	1 564.1	1 723.3	1 883.0	2 043.2	2 203.9	2 365.1	2 526.9
36	3 100						660.6	827.1	994.0	1 161.5	1 329.5	1 498.1	1 667.2	1 836.7	2 006.9	2 177.5	2 348.7	2 520.4	2 692.6
37	3 200						703.0	880.0	1 057.7	1 235.8	1 414.5	1 593.7	1 773.5	1 953.8	2 134.7	2 316.1	2 498.1	2 680.6	2 863.6
38	3 300						746.6	934.7	1 123.3	1 312.4	1 502.1	1 692.4	1 883.2	2 074.6	2 266.5	2 459.0	2 652.0	2 845.7	3 039.8
39	3 400						791.6	990.9	1 190.8	1 391.3	1 592.3	1 793.9	1 996.1	2 198.9	2 402.2	2 606.1	2 810.6	3 015.7	3 221.4
40	3 500						837.9	1 048.8	1 260.4	1 472.5	1 685.2	1 898.5	2 112.4	2 326.8	2 541.9	2 757.6	2 973.8	3 190.7	3 408.1
41	3 600						885.5	1 108.4	1 331.9	1 556.0	1 780.7	2 006.0	2 231.9	2 458.4	2 685.5	2 913.3	3 141.6	3 370.6	3 600.2
42	3 700							1 169.6	1 405.4	1 641.8	1 878.8	2 116.4	2 354.7	2 593.6	2 833.1	3 073.3	3 314.0	3 555.4	3 797.4
43	3 800							1 232.5	1 480.8	1 729.9	1 979.6	2 229.9	2 480.8	2 732.4	2 984.6	3 237.5	3 491.0	3 745.2	4 000.0
44	3 900							1 296.9	1 558.3	1 820.3	2 082.9	2 346.2	2 610.2	2 874.8	3 140.1	3 406.0	3 672.6	3 939.9	4 207.8

表 C.2（续）

单位为千克

序号	公称直径 DN/mm	封头名义厚度 δ_n/mm																	
		2	3	4	5	6	8	10	12	14	16	18	20	22	24	26	28	30	32
45	4 000							1 363.1	1 637.7	1 913.0	2 188.9	2 465.6	2 742.9	3 020.9	3 299.5	3 578.8	3 858.9	4 139.5	4 420.9
46	4 100							1 430.9	1 719.1	2 008.0	2 297.6	2 587.9	2 878.9	3 170.5	3 462.9	3 755.9	4 049.7	4 344.1	4 639.2
47	4 200							1 500.3	1 802.4	2 105.3	2 408.9	2 713.1	3 018.1	3 323.8	3 630.2	3 937.3	4 245.1	4 553.6	4 862.8
48	4 300								1 887.8	2 204.9	2 522.8	2 841.3	3 160.7	3 480.7	3 801.4	4 122.9	4 445.1	4 768.0	5 091.7
49	4 400								1 975.1	2 306.8	2 639.3	2 972.5	3 306.5	3 641.2	3 976.6	4 312.8	4 649.7	4 987.4	5 325.8
50	4 500								2 064.3	2 411.0	2 758.5	3 106.7	3 455.6	3 805.3	4 155.8	4 507.0	4 859.0	5 211.7	5 565.2
51	4 600								2 155.6	2 517.5	2 880.3	3 243.7	3 608.0	3 973.0	4 338.9	4 705.4	5 072.8	5 440.9	5 809.8
52	4 700								2 248.8	2 626.4	3 004.7	3 383.8	3 763.7	4 144.4	4 525.9	4 908.2	5 291.2	5 675.1	6 059.7
53	4 800								2 344.0	2 737.5	3 131.7	3 526.8	3 922.7	4 319.4	4 716.9	5 115.2	5 514.3	5 914.2	6 314.9
54	4 900								2 441.2	2 850.9	3 261.4	3 672.8	4 085.0	4 498.0	4 911.8	5 326.4	5 741.9	6 158.2	6 575.3
55	5 000								2 540.3	2 966.6	3 393.7	3 821.7	4 250.5	4 680.2	5 110.7	5 542.0	5 974.2	6 407.2	6 841.0
56	5 100								2 641.4	3 084.6	3 528.7	3 973.6	4 419.4	4 866.0	5 313.5	5 761.8	6 211.0	6 661.0	7 112.0
57	5 200								2 744.5	3 205.0	3 666.3	4 128.5	4 591.5	5 055.4	5 520.2	5 985.9	6 452.5	6 919.9	7 388.2
58	5 300								2 849.6	3 327.6	3 806.5	4 286.3	4 766.9	5 248.5	5 730.9	6 214.3	6 698.5	7 183.6	7 669.6
59	5 400								2 956.6	3 452.5	3 949.3	4 447.0	4 945.7	5 445.2	5 945.6	6 446.9	6 949.2	7 452.3	7 956.4
60	5 500								3 065.6	3 579.7	4 094.8	4 610.8	5 127.7	5 645.5	6 164.2	6 683.9	7 204.4	7 725.9	8 248.4
61	5 600								3 176.6	3 709.3	4 242.9	4 777.4	5 312.9	5 849.4	6 386.7	6 925.1	7 464.3	8 004.5	8 545.6
62	5 700								3 289.5	3 841.1	4 393.6	4 947.1	5 501.5	6 056.9	6 613.2	7 170.5	7 728.8	8 288.0	8 848.1
63	5 800								3 404.4	3 975.2	4 547.0	5 119.7	5 693.4	6 268.0	6 843.7	7 420.3	7 997.8	8 576.4	9 155.9
64	5 900								3 521.3	4 111.7	4 703.0	5 295.3	5 888.5	6 482.8	7 078.1	7 674.3	8 271.5	8 869.7	9 468.9
65	6 000								3 640.2	4 250.4	4 861.6	5 473.8	6 087.0	6 701.2	7 316.4	7 932.6	8 549.8	9 168.0	9 787.2

附　录　D
（资料性附录）
EHB 椭圆形封头型式参数

D.1　EHB 椭圆形封头的总高度、内表面积、容积和质量见表 D.1。

表 D.1　EHB 椭圆形封头总深度、内表面积、容积和质量

序号	公称直径 DN/mm	总高度 H/mm	名义厚度 δ_n/mm	内表面积 A/m²	容积 V/m³	质量/kg
1	159	65	4	0.036 1	0.000 9	1.162 3
2			5	0.035 1	0.000 8	1.434 2
3			6	0.034 2	0.000 8	1.698 8
4			8	0.032 4	0.000 7	2.206 6
5	219	80	5	0.062 9	0.002 0	2.520 5
6			6	0.061 6	0.001 9	2.995 0
7			8	0.059 2	0.001 8	3.915 2
8	273	93	6	0.093 0	0.003 6	4.465 3
9			8	0.090 0	0.003 4	5.857 7
10			10	0.087 1	0.003 2	7.203 5
11			12	0.084 2	0.003 0	8.503 5
12	325	106	6	0.129 2	0.005 8	6.152 9
13			8	0.125 6	0.005 5	8.090 8
14			10	0.122 2	0.005 3	9.973 5
15			12	0.118 8	0.005 1	11.801 8
16	377	119	8	0.167 1	0.008 4	10.679 5
17			10	0.163 1	0.008 1	13.188 1
18			12	0.159 2	0.007 8	15.633 6
19			14	0.155 3	0.007 5	18.017 0
20	426	132	8	0.211 6	0.012 0	13.444 4
21			10	0.207 1	0.011 6	16.624 0
22			12	0.202 6	0.011 2	19.732 6
23			14	0.198 2	0.010 8	22.770 9

附　录　E
（资料性附录）
THA 碟形封头型式参数

E.1　THA 碟形封头的总深度、内表面积、容积见表 E.1，封头质量见表 E.2。

表 E.1　THA 碟形封头总深度、内表面积、容积

序号	公称直径 DN/mm	总深度 H/mm	内表面积 A/m^2	容积 V/m^3	序号	公称直径 DN/mm	总深度 H/mm	内表面积 A/m^2	容积 V/m^3
1	300	83	0.112 7	0.004 4	34	2 900	602	8.690 2	2.677 9
2	350	93	0.148 8	0.006 6	35	3 000	621	9.286 9	2.954 8
3	400	103	0.189 8	0.009 5	36	3 100	641	9.903 3	3.250 2
4	450	112	0.235 8	0.013 0	37	3 200	660	10.539 6	3.564 6
5	500	122	0.286 8	0.017 3	38	3 300	679	11.195 6	3.898 7
6	550	132	0.342 7	0.022 4	39	3 400	699	11.871 5	4.252 9
7	600	141	0.403 5	0.028 4	40	3 500	718	12.567 2	4.628 0
8	650	151	0.469 3	0.035 5	41	3 600	738	13.282 6	5.024 5
9	700	161	0.540 1	0.043 6	42	3 700	757	14.017 9	5.443 0
10	750	170	0.615 8	0.052 8	43	3 800	776	14.772 9	5.884 1
11	800	180	0.696 4	0.063 2	44	3 900	796	15.547 8	6.348 4
12	850	190	0.782 0	0.075 0	45	4 000	815	16.342 4	6.836 5
13	900	199	0.872 6	0.088 1	46	4 100	834	17.156 9	7.348 9
14	950	209	0.968 1	0.102 6	47	4 200	854	17.991 2	7.886 4
15	1 000	219	1.068 5	0.118 6	48	4 300	873	18.845 2	8.449 4
16	1 100	238	1.284 3	0.155 5	49	4 400	893	19.719 1	9.038 5
17	1 200	258	1.519 8	0.199 3	50	4 500	912	20.612 7	9.654 4
18	1 300	277	1.775 2	0.250 6	51	4 600	931	21.526 2	10.297 7
19	1 400	296	2.050 3	0.310 0	52	4 700	951	22.459 4	10.968 9
20	1 500	316	2.345 3	0.378 2	53	4 800	970	23.412 5	11.668 7
21	1 600	335	2.660 0	0.455 6	54	4 900	989	24.385 3	12.397 5
22	1 700	354	2.994 6	0.543 0	55	5 000	1 009	25.378 0	13.156 1
23	1 800	374	3.348 9	0.640 8	56	5 100	1 028	26.390 4	13.945 1
24	1 900	393	3.723 1	0.749 7	57	5 200	1 048	27.422 7	14.764 9
25	2 000	413	4.117 0	0.870 3	58	5 300	1 067	28.474 8	15.616 2
26	2 100	447	4.629 7	1.055 1	59	5 400	1 086	29.546 6	16.499 7
27	2 200	466	5.068 0	1.205 8	60	5 500	1 106	30.638 3	17.415 8
28	2 300	486	5.526 1	1.370 3	61	5 600	1 125	31.749 7	18.365 2
29	2 400	505	6.003 9	1.549 1	62	5 700	1 145	32.881 0	19.348 5
30	2 500	524	6.501 6	1.742 7	63	5 800	1 164	34.032 0	20.366 3
31	2 600	544	7.019 0	1.951 8	64	5 900	1 183	35.202 9	21.419 1
32	2 700	563	7.556 3	2.177 0	65	6 000	1 203	36.393 5	22.507 6
33	2 800	583	8.113 4	2.418 8	—	—	—	—	—

表 E.2 THA 碟形封头质量

单位为千克

序号	公称直径 DN/mm	封头名义厚度 δ_n/mm																	
		2	3	4	5	6	8	10	12	14	16	18	20	22	24	26	28	30	32
1	300	1.8	2.7	3.6	4.6	5.6	7.5	9.5	11.6	13.8									
2	350	2.4	3.6	4.8	6.0	7.3	9.8	12.5	15.2	17.9	20.7								
3	400	3.0	4.5	6.1	7.7	9.3	12.5	15.8	19.2	22.6	26.2								
4	450	3.7	5.6	7.6	9.5	11.5	15.4	19.5	23.7	27.9	32.2								
5	500	4.5	6.9	9.2	11.5	13.9	18.7	23.6	28.6	33.7	38.9								
6	550	5.4	8.2	11.0	13.7	16.6	22.3	28.1	34.0	40.0	46.2								
7	600	6.4	9.6	12.9	16.2	19.5	26.2	33.0	39.9	46.9	54.1								
8	650	7.4	11.2	15.0	18.8	22.6	30.4	38.3	46.2	54.4	62.6	70.9	79.4	88.0					
9	700	8.5	12.9	17.2	21.6	26.0	34.9	43.9	53.1	62.3	71.7	81.3	90.9	100.7					
10	750	9.7	14.6	19.6	24.6	29.6	39.7	50.0	60.3	70.9	81.5	92.3	103.2	114.3					
11	800	11.0	16.6	22.1	27.8	33.4	44.8	56.4	68.1	79.9	91.9	104.0	116.3	128.7	141.2	153.9	166.8		
12	850	12.4	18.6	24.8	31.1	37.5	50.3	63.2	76.3	89.5	102.9	116.4	130.1	144.0	158.0	172.1	186.4		
13	900		20.7	27.7	34.7	41.8	56.0	70.4	85.0	99.7	114.5	129.6	144.8	160.1	175.6	191.3	207.1		
14	950		23.0	30.7	38.5	46.3	62.1	78.0	94.1	110.4	126.8	143.4	160.2	177.1	194.2	211.5	228.9		
15	1 000		25.4	33.9	42.5	51.1	68.5	86.0	103.7	121.6	139.7	157.9	176.3	194.9	213.7	232.7	251.8		
16	1 100		30.5	40.7	51.0	61.3	82.1	103.1	124.3	145.7	167.3	189.1	211.0	233.2	255.5	278.1	300.8	323.8	346.9
17	1 200		36.0	48.1	60.3	72.5	97.1	121.8	146.8	172.0	197.4	223.0	248.8	274.9	301.1	327.5	354.2	381.1	408.2
18	1 300		42.1	56.2	70.4	84.6	113.2	142.1	171.2	200.5	230.0	259.8	289.7	320.0	350.4	381.0	411.9	443.0	474.4
19	1 400		48.5	64.9	81.2	97.6	130.6	163.9	197.4	231.1	265.1	299.3	333.8	368.5	403.4	438.6	474.0	509.7	545.6
20	1 500		55.5	74.1	92.8	111.6	149.3	187.3	225.5	263.9	302.7	341.7	380.9	420.4	460.2	500.2	540.5	581.0	621.8
21	1 600		62.9	84.1	105.2	126.5	169.2	212.2	255.4	298.9	342.7	386.8	431.1	475.7	520.6	565.8	611.2	657.0	703.0
22	1 700		70.8	94.6	118.4	142.3	190.3	238.6	287.2	336.1	385.3	434.7	484.5	534.5	584.8	635.5	686.4	737.6	789.1

表 E.2(续)

单位为千克

序号	公称直径 DN/mm	封头名义厚度 δ_n/mm																
		2	3	4	5	6	8	10	12	14	16	18	20	22	24	26	28	30	32
23	1 800			105.8	132.4	159.1	212.7	266.7	320.9	375.4	430.3	485.5	540.9	596.7	652.8	709.2	765.9	822.9	880.2
24	1 900			117.5	147.1	176.8	236.4	296.2	356.4	417.0	477.8	539.0	600.5	662.3	724.5	786.9	849.7	912.9	976.3
25	2 000			129.9	162.6	195.4	261.2	327.4	393.8	460.7	527.8	595.3	663.2	731.3	799.9	868.7	937.9	1 007.5	1 077.4
26	2 100			146.1	182.8	219.7	293.6	367.9	442.5	517.5	592.8	668.6	744.6	821.1	897.8	975.0	1 052.5	1 130.4	1 208.6
27	2 200			159.9	200.1	240.4	321.2	402.5	484.1	566.1	648.4	731.1	814.3	897.7	981.6	1 065.8	1 150.5	1 235.5	1 320.8
28	2 300				218.1	262.0	350.1	438.6	527.5	616.8	706.5	796.5	887.0	977.8	1 069.1	1 160.7	1 252.7	1 345.2	1 438.0
29	2 400				236.9	284.6	380.3	476.3	572.8	669.7	767.0	864.7	962.8	1 061.4	1 160.3	1 259.6	1 359.4	1 459.6	1 560.1
30	2 500				256.5	308.1	411.7	515.6	620.0	724.8	830.0	935.7	1 041.8	1 148.3	1 255.2	1 362.6	1 470.4	1 578.6	1 687.3
31	2 600				276.9	332.6	444.3	556.4	669.0	782.1	895.6	1 009.5	1 123.8	1 238.6	1 353.9	1 469.6	1 585.7	1 702.3	1 819.3
32	2 700				298.0	357.9	478.2	598.8	719.9	841.5	963.6	1 086.1	1 209.0	1 332.4	1 456.3	1 580.6	1 705.4	1 830.7	1 956.4
33	2 800				319.9	384.2	513.3	642.8	772.7	903.2	1 034.1	1 165.4	1 297.3	1 429.6	1 562.4	1 695.7	1 829.5	1 963.7	2 098.4
34	2 900				342.6	411.5	549.6	688.2	827.4	967.0	1 107.0	1 247.6	1 388.7	1 530.2	1 672.3	1 814.8	1 957.9	2 101.4	2 245.4
35	3 000				366.1	439.7	587.2	735.3	883.9	1 032.9	1 182.5	1 332.6	1 483.2	1 634.3	1 785.9	1 938.0	2 090.6	2 243.8	2 397.4
36	3 100				390.3	468.8	626.1	783.9	942.2	1 101.1	1 260.5	1 420.4	1 580.8	1 741.7	1 903.2	2 065.2	2 227.7	2 390.8	2 554.4
37	3 200				415.3	498.8	666.2	834.0	1 002.5	1 171.4	1 340.9	1 510.9	1 681.5	1 852.6	2 024.3	2 196.5	2 369.2	2 542.5	2 716.3
38	3 300					529.8	707.5	885.7	1 064.5	1 243.9	1 423.8	1 604.3	1 785.3	1 966.9	2 149.0	2 331.7	2 515.0	2 698.8	2 883.2
39	3 400						750.1	939.0	1 128.5	1 318.6	1 509.2	1 700.5	1 892.2	2 084.6	2 277.6	2 471.1	2 665.2	2 859.8	3 055.1
40	3 500						793.9	993.8	1 194.3	1 395.4	1 597.1	1 799.4	2 002.3	2 205.7	2 409.8	2 614.4	2 819.7	3 025.5	3 231.9
41	3 600						838.9	1 050.2	1 262.0	1 474.5	1 687.5	1 901.2	2 115.4	2 330.3	2 545.8	2 761.9	2 978.5	3 195.8	3 413.8
42	3 700						885.3	1 108.1	1 331.6	1 555.7	1 780.4	2 005.7	2 231.7	2 458.3	2 685.5	2 913.3	3 141.8	3 370.8	3 600.5
43	3 800						932.8	1 167.6	1 403.0	1 639.1	1 875.8	2 113.1	2 351.1	2 589.7	2 828.9	3 068.8	3 309.3	3 550.5	3 792.3
44	3 900							1 228.6	1 476.3	1 724.6	1 973.6	2 223.2	2 473.5	2 724.5	2 976.1	3 228.3	3 481.2	3 734.8	3 989.1

表 E.2（续）

单位为千克

序号	公称直径 DN/mm	封头名义厚度 δ_n/mm																
		2	3	4	5	6	8	10	12	14	16	18	20	22	24	26	28	30	32
45	4 000							1 291.2	1 551.4	1 812.4	2 073.9	2 336.2	2 599.1	2 862.7	3 127.0	3 391.9	3 657.5	3 923.8	4 190.8
46	4 100							1 355.3	1 628.5	1 902.3	2 176.8	2 451.9	2 727.8	3 004.3	3 281.6	3 559.5	3 838.1	4 117.5	4 397.5
47	4 200							1 421.0	1 707.3	1 994.4	2 282.1	2 570.5	2 859.6	3 149.4	3 439.9	3 731.2	4 023.1	4 315.8	4 609.1
48	4 300							1 488.3	1 788.1	2 088.6	2 389.9	2 691.8	2 994.5	3 297.9	3 602.0	3 906.9	4 212.5	4 518.8	4 825.8
49	4 400							1 557.1	1 870.7	2 185.1	2 500.1	2 816.0	3 132.5	3 449.8	3 767.8	4 086.6	4 406.1	4 726.4	5 047.4
50	4 500							1 627.4	1 955.2	2 283.7	2 612.9	2 942.9	3 273.6	3 605.1	3 937.4	4 270.4	4 604.2	4 938.7	5 274.0
51	4 600								2 041.5	2 384.5	2 728.2	3 072.6	3 417.9	3 763.9	4 110.7	4 458.2	4 806.6	5 155.7	5 505.5
52	4 700								2 129.7	2 487.4	2 845.9	3 205.2	3 565.2	3 926.1	4 287.7	4 650.1	5 013.3	5 377.3	5 742.1
53	4 800								2 219.8	2 592.6	2 966.1	3 340.5	3 715.7	4 091.6	4 468.4	4 846.0	5 224.4	5 603.6	5 983.6
54	4 900								2 311.7	2 699.9	3 088.8	3 478.6	3 869.2	4 260.6	4 652.9	5 045.9	5 439.8	5 834.5	6 230.1
55	5 000								2 405.5	2 809.4	3 214.0	3 619.6	4 025.9	4 433.1	4 841.1	5 249.9	5 659.6	6 070.1	6 481.5
56	5 100								2 501.2	2 921.1	3 341.7	3 763.3	4 185.7	4 608.9	5 033.0	5 458.0	5 883.8	6 310.4	6 737.9
57	5 200								2 598.7	3 034.9	3 471.9	3 909.8	4 348.6	4 788.2	5 228.7	5 670.0	6 112.3	6 555.4	6 999.3
58	5 300								2 698.1	3 150.9	3 604.6	4 059.1	4 514.5	4 970.9	5 428.1	5 886.1	6 345.1	6 805.0	7 265.7
59	5 400								2 799.4	3 269.1	3 739.7	4 211.2	4 683.6	5 157.0	5 631.2	6 106.3	6 582.3	7 059.2	7 537.1
60	5 500								2 902.5	3 389.5	3 877.4	4 366.1	4 855.9	5 346.5	5 838.0	6 330.5	6 823.9	7 318.2	7 813.4
61	5 600								3 007.5	3 512.0	4 017.5	4 523.9	5 031.2	5 539.4	6 048.6	6 558.7	7 069.8	7 581.8	8 094.7
62	5 700								3 114.4	3 636.8	4 160.1	4 684.4	5 209.6	5 735.8	6 262.9	6 791.0	7 320.0	7 850.0	8 381.0
63	5 800								3 223.1	3 763.7	4 305.2	4 847.7	5 391.1	5 935.6	6 480.9	7 027.3	7 574.6	8 122.9	8 672.2
64	5 900								3 333.7	3 892.8	4 452.8	5 013.8	5 575.8	6 138.8	6 702.7	7 267.7	7 833.6	8 400.5	8 968.4
65	6 000								3 446.2	4 024.0	4 602.8	5 182.7	5 763.5	6 345.4	6 928.2	7 512.1	8 096.9	8 682.8	9 269.6

附　录　F
（资料性附录）
THB 碟形封头型式参数

F.1　THB碟形封头的总高度、内表面积、容积和质量见表F.1。

表 F.1　THB碟形封头总高度、内表面积、容积和质量

序号	公称直径 DN/mm	总高度 H/mm	A V W	封头名义厚度 δ_n/mm																	
				2	3	4	5	6	8	10	12	14	16	18	20	22	24	26	28	30	32
1	300	83	A	0.110 3	0.108 5	0.106 8	0.105 0	0.103 3	0.099 9	0.096 6	0.093 3	0.090 1									
			V	0.004 2	0.004 1	0.004 0	0.003 9	0.003 8	0.003 6	0.003 4	0.003 2	0.003 0									
			W	1.7	2.6	3.4	4.3	5.1	6.7	8.2	9.7	11.1									
2	350	93	A	0.146 3	0.144 2	0.142 2	0.140 2	0.138 2	0.134 2	0.130 4	0.126 5	0.122 8	0.119 1								
			V	0.006 4	0.006 2	0.006 1	0.005 9	0.005 8	0.005 5	0.005 3	0.005 0	0.004 8	0.004 5								
			W	2.3	3.4	4.5	5.6	6.7	8.9	10.9	12.9	14.9	16.8								
3	400	103	A	0.187 3	0.185 0	0.182 7	0.180 4	0.178 1	0.173 6	0.169 2	0.164 8	0.160 5	0.156 2								
			V	0.009 1	0.008 9	0.008 7	0.008 6	0.008 4	0.008 0	0.007 7	0.007 4	0.007 0	0.006 7								
			W	2.9	4.4	5.8	7.2	8.6	11.4	14.0	16.6	19.2	21.6								
4	450	112	A	0.233 3	0.230 7	0.228 1	0.225 6	0.223 0	0.218 0	0.213 0	0.208 1	0.203 2	0.198 4								
			V	0.012 5	0.012 3	0.012 1	0.011 8	0.011 6	0.011 2	0.010 8	0.010 3	0.009 9	0.009 5								
			W	3.7	5.5	7.2	9.0	10.8	14.2	17.5	20.8	24.0	27.2								
5	500	122	A	0.284 3	0.281 5	0.278 6	0.275 8	0.273 0	0.267 4	0.261 8	0.256 4	0.251 0	0.245 6								
			V	0.016 7	0.016 4	0.016 2	0.015 9	0.015 6	0.015 1	0.014 5	0.014 0	0.013 5	0.013 0								
			W	4.5	6.7	8.8	11.0	13.1	17.3	21.4	25.5	29.4	33.3								

表 F.1（续）

序号	公称直径 DN/mm	总高度 H/mm	A V W	封头名义厚度 δ_n/mm																	
				2	3	4	5	6	8	10	12	14	16	18	20	22	24	26	28	30	32
6	550	132	A	0.340 4	0.337 2	0.334 1	0.331 0	0.327 9	0.321 8	0.315 7	0.309 7	0.303 7	0.297 8								
			V	0.021 7	0.021 4	0.021 1	0.020 7	0.020 4	0.019 8	0.019 1	0.018 5	0.017 9	0.017 3								
			W	5.3	8.0	10.6	13.2	15.7	20.8	25.7	30.6	35.4	40.1								
7	600	141	A	0.401 4	0.398 0	0.394 6	0.391 2	0.387 9	0.381 2	0.374 6	0.368 0	0.361 5	0.355 0								
			V	0.027 6	0.027 2	0.026 9	0.026 5	0.026 1	0.025 3	0.024 6	0.023 8	0.023 1	0.022 4								
			W	6.3	9.4	12.5	15.5	18.5	24.5	30.4	36.2	41.9	47.4								
8	650	151	A	0.467 5	0.463 8	0.460 2	0.456 5	0.452 9	0.445 6	0.438 4	0.431 3	0.424 3	0.417 3	0.410 3	0.403 5						
			V	0.034 5	0.034 1	0.033 6	0.033 2	0.032 7	0.031 8	0.031 0	0.030 1	0.029 2	0.028 4	0.027 6	0.026 8						
			W	7.3	10.9	14.5	18.1	21.6	28.6	35.5	42.2	48.9	55.4	61.9	68.2						
9	700	161	A	0.538 6	0.534 7	0.530 7	0.526 8	0.522 9	0.515 1	0.507 4	0.499 7	0.492 1	0.484 5	0.477 0	0.469 6						
			V	0.042 5	0.042 0	0.041 4	0.040 9	0.040 4	0.039 4	0.038 4	0.037 4	0.036 4	0.035 4	0.034 5	0.033 5						
			W	8.4	12.6	16.7	20.8	24.9	33.0	40.9	48.7	56.5	64.1	71.6	78.9						
10	750	170	A	0.614 8	0.610 5	0.606 3	0.602 1	0.597 9	0.589 6	0.581 3	0.573 1	0.564 9	0.556 8	0.548 8	0.540 8	0.532 9					
			V	0.051 6	0.051 0	0.050 4	0.049 8	0.049 2	0.048 0	0.046 8	0.045 7	0.044 6	0.043 5	0.042 4	0.041 3	0.040 2					
			W	9.6	14.4	19.1	23.8	28.4	37.7	46.8	55.7	64.6	73.3	81.9	90.4	98.8					
11	800	180	A	0.695 9	0.691 4	0.686 9	0.682 4	0.677 9	0.669 0	0.660 2	0.651 4	0.642 7	0.634 1	0.625 5	0.617 0	0.608 5	0.600 1	0.591 8	0.583 5		
			V	0.061 9	0.061 2	0.060 5	0.059 8	0.059 1	0.057 8	0.056 5	0.055 2	0.053 9	0.052 6	0.051 4	0.050 2	0.048 9	0.047 7	0.046 6	0.045 4		
			W	10.9	16.2	21.6	26.9	32.2	42.7	53.0	63.2	73.2	83.2	93.0	102.7	112.2	121.6	130.9	140.1		
12	850	190	A	0.782 0	0.777 3	0.772 5	0.767 7	0.763 0	0.753 5	0.744 2	0.734 9	0.725 6	0.716 4	0.707 3	0.698 2	0.689 2	0.680 2	0.671 4	0.662 5		
			V	0.073 4	0.072 6	0.071 9	0.071 1	0.070 4	0.068 9	0.067 4	0.065 9	0.064 5	0.063 0	0.061 6	0.060 2	0.058 8	0.057 5	0.056 1	0.054 8		
			W	12.2	18.3	24.3	30.2	36.2	48.0	59.6	71.1	82.5	93.7	104.7	115.7	126.5	137.2	147.7	158.1		

表 F.1（续）

序号	公称直径 DN/mm	总高度 H/mm	A V W	封头名义厚度 δ_n/mm																
				2	3	4	5	6	8	10	12	14	16	18	20	22	24	26	28	30	32
13	900	199	A		0.868 1	0.863 1	0.858 1	0.853 1	0.843 1	0.833 1	0.823 3	0.813 5	0.803 7	0.794 0	0.784 4	0.774 9	0.765 4	0.755 9	0.746 6		
			V		0.085 5	0.084 6	0.083 7	0.082 9	0.081 2	0.079 6	0.077 9	0.076 3	0.074 7	0.073 1	0.071 6	0.070 0	0.068 5	0.067 0	0.065 5		
			W		20.4	27.1	33.8	40.4	53.6	66.6	79.5	92.2	104.8	117.2	129.5	141.6	153.6	165.5	177.2		
14	950	209	A		0.964 1	0.958 7	0.953 4	0.948 1	0.937 6	0.927 1	0.916 7	0.906 4	0.896 1	0.885 8	0.875 7	0.865 6	0.855 5	0.845 5	0.835 6		
			V		0.099 7	0.098 7	0.097 8	0.096 9	0.095 0	0.093 1	0.091 3	0.089 5	0.087 7	0.086 0	0.084 2	0.082 5	0.080 8	0.079 1	0.077 4		
			W		22.6	30.1	37.5	44.9	59.5	74.0	88.3	102.5	116.5	130.4	144.1	157.6	171.0	184.3	197.4		
15	1 000	219	A		1.065 0	1.059 4	1.053 8	1.048 2	1.037 2	1.026 1	1.015 2	1.004 3	0.993 4	0.982 6	0.971 9	0.961 3	0.950 7	0.940 1	0.929 7		
			V		0.115 4	0.114 4	0.113 3	0.112 3	0.110 2	0.108 2	0.106 2	0.104 2	0.102 2	0.100 2	0.098 3	0.096 4	0.094 5	0.092 6	0.090 7		
			W		25.0	33.2	41.4	49.6	65.8	81.8	97.6	113.3	128.9	144.2	159.4	174.5	189.4	204.1	218.7		
16	1 100	238	A		1.281 9	1.275 7	1.269 6	1.263 5	1.251 3	1.239 2	1.227 1	1.215 1	1.203 2	1.191 3	1.179 5	1.167 7	1.156 0	1.144 4	1.132 8	1.121 3	1.109 9
			V		0.151 7	0.150 4	0.149 1	0.147 9	0.145 4	0.142 9	0.140 5	0.138 1	0.135 7	0.133 3	0.131 0	0.128 6	0.126 3	0.124 0	0.121 8	0.119 6	0.117 3
			W		30.0	40.0	49.8	59.7	79.2	98.5	117.7	136.6	155.4	174.1	192.5	210.8	228.8	246.7	264.5	282.0	299.4
17	1 200	258	A		1.518 9	1.512 2	1.505 5	1.498 8	1.485 5	1.472 3	1.459 2	1.446 1	1.433 0	1.420 0	1.407 1	1.394 3	1.381 5	1.368 7	1.356 1	1.343 5	1.330 9
			V		0.194 8	0.193 3	0.191 8	0.190 3	0.187 3	0.184 4	0.181 5	0.178 6	0.175 8	0.173 0	0.170 2	0.167 4	0.164 6	0.161 9	0.159 2	0.156 5	0.153 9
			W		35.6	47.3	59.0	70.7	93.8	116.8	139.6	162.1	184.5	206.7	228.7	250.4	272.0	293.4	314.6	335.7	356.5
18	1 300	277	A		1.775 9	1.768 7	1.761 4	1.754 2	1.739 8	1.725 5	1.711 3	1.697 1	1.682 9	1.668 8	1.654 8	1.640 9	1.627 0	1.613 2	1.599 4	1.585 7	1.572 0
			V		0.245 3	0.243 6	0.241 8	0.240 1	0.236 6	0.233 2	0.229 8	0.226 4	0.223 1	0.219 8	0.216 5	0.213 2	0.210 0	0.206 8	0.203 6	0.200 4	0.197 3
			W		41.6	55.3	69.0	82.6	109.7	136.6	163.3	189.8	216.0	242.1	267.9	293.5	319.0	344.2	369.2	393.9	418.5
19	1 400	296	A		2.053 0	2.045 2	2.037 4	2.029 7	2.014 2	1.998 8	1.983 4	1.968 1	1.952 9	1.937 7	1.922 6	1.907 5	1.892 6	1.877 6	1.862 8	1.847 9	1.833 2
			V		0.303 9	0.301 9	0.299 9	0.297 9	0.293 9	0.289 9	0.286 0	0.282 1	0.278 2	0.274 3	0.270 5	0.266 7	0.263 0	0.259 2	0.255 5	0.251 8	0.248 2
			W		48.0	63.9	79.7	95.5	126.9	158.0	188.9	219.6	250.1	280.3	310.3	340.1	369.6	398.9	428.0	456.9	485.5

表 F.1（续）

序号	公称直径DN/mm	总高度H/mm	A V W	封头名义厚度 δ_n/mm																
				2	3	4	5	6	8	10	12	14	16	18	20	22	24	26	28	30	32
20	1 500	316	A		2.350 2	2.341 8	2.333 5	2.325 2	2.308 6	2.292 1	2.275 6	2.259 3	2.242 9	2.226 6	2.210 4	2.194 3	2.178 2	2.162 2	2.146 2	2.130 3	2.114 4
			V		0.371 2	0.368 9	0.366 6	0.364 3	0.359 7	0.355 1	0.350 6	0.346 1	0.341 7	0.337 3	0.332 9	0.328 5	0.324 2	0.319 9	0.315 6	0.311 4	0.307 2
			W		54.9	73.1	91.3	109.3	145.3	181.0	216.4	251.6	286.6	321.3	355.8	390.0	424.0	457.7	491.3	524.5	557.5
21	1 600	335	A		2.667 4	2.658 5	2.649 6	2.640 8	2.623 1	2.605 5	2.587 9	2.570 4	2.553 0	2.535 6	2.518 3	2.501 1	2.483 9	2.466 8	2.449 7	2.432 7	2.415 8
			V		0.447 7	0.445 1	0.442 4	0.439 8	0.434 6	0.429 5	0.424 3	0.419 2	0.414 2	0.409 1	0.404 1	0.399 1	0.394 2	0.389 3	0.384 4	0.379 6	0.374 8
			W		62.3	83.0	103.6	124.1	164.9	205.5	245.8	285.8	325.6	365.1	404.4	443.4	482.1	520.6	558.8	596.8	634.5
22	1 700	354	A		3.004 7	2.995 3	2.985 9	2.976 4	2.957 7	2.939 0	2.920 3	2.901 7	2.883 2	2.864 7	2.846 3	2.828 0	2.809 7	2.791 4	2.773 3	2.755 2	2.737 1
			V		0.534 0	0.531 1	0.528 1	0.525 2	0.519 3	0.513 5	0.507 7	0.501 9	0.496 2	0.490 5	0.484 9	0.479 2	0.473 7	0.468 1	0.462 6	0.457 1	0.451 7
			W		70.2	93.5	116.7	139.8	185.8	231.5	277.0	322.2	367.1	411.7	456.1	500.2	544.0	587.5	630.8	673.7	716.4
23	1 800	374	A			3.352 1	3.342 1	3.332 2	3.312 3	3.292 5	3.272 7	3.253 0	3.233 4	3.213 8	3.194 3	3.174 9	3.155 5	3.136 2	3.116 9	3.097 7	3.078 6
			V			0.627 5	0.624 2	0.620 9	0.614 3	0.607 8	0.601 3	0.594 8	0.588 4	0.582 0	0.575 7	0.569 4	0.563 1	0.556 9	0.550 7	0.544 6	0.538 4
			W			104.6	130.5	156.4	207.9	259.2	310.1	360.7	411.1	461.1	510.9	560.4	609.5	658.4	707.0	755.3	803.4
24	1 900	393	A			3.729 0	3.718 5	3.708 0	3.687 0	3.666 1	3.645 2	3.624 4	3.603 7	3.583 0	3.562 4	3.541 9	3.521 4	3.501 0	3.480 6	3.460 3	3.440 1
			V			0.734 9	0.731 2	0.727 5	0.720 2	0.713 0	0.705 7	0.698 5	0.691 4	0.684 3	0.677 2	0.670 2	0.663 2	0.656 3	0.649 4	0.642 5	0.635 6
			W			116.3	145.1	173.9	231.3	288.3	345.0	401.5	457.6	513.3	568.8	624.0	678.9	733.4	787.7	841.6	895.2
25	2 000	413	A			4.125 9	4.114 9	4.103 8	4.081 7	4.059 7	4.037 8	4.015 9	3.994 1	3.972 3	3.950 6	3.929 0	3.907 4	3.885 9	3.864 4	3.843 0	3.821 7
			V			0.853 9	0.849 8	0.845 8	0.837 7	0.829 6	0.821 6	0.813 7	0.805 7	0.797 9	0.790 0	0.782 2	0.774 5	0.766 8	0.759 1	0.751 5	0.743 9
			W			128.6	160.6	192.4	255.9	319.0	381.9	444.3	506.5	568.3	629.9	691.0	751.9	812.4	872.6	932.5	992.1
26	2 100	447	A			4.641 5	4.629 8	4.618 1	4.594 8	4.571 5	4.548 2	4.525 1	4.502 0	4.478 9	4.455 9	4.433 0	4.410 1	4.387 3	4.364 6	4.341 9	4.319 2
			V			1.036 6	1.032 1	1.027 5	1.018 4	1.009 3	1.000 3	0.991 3	0.982 4	0.973 5	0.964 7	0.955 9	0.947 2	0.938 5	0.929 8	0.921 2	0.912 6
			W			144.7	180.6	216.5	287.9	359.0	429.8	500.2	570.3	640.0	709.4	778.4	847.1	915.4	983.4	1 051.1	1 118.4

表 F.1（续）

序号	公称直径 DN/mm	总高度 H/mm	A V W	封头名义厚度 δ_n/mm																	
				2	3	4	5	6	8	10	12	14	16	18	20	22	24	26	28	30	32
27	2 200	466	A			5.083 3	5.071 1	5.058 8	5.034 4	5.010 0	4.985 6	4.961 4	4.937 2	4.913 0	4.888 9	4.864 9	4.840 9	4.817 0	4.793 2	4.769 4	4.745 7
			V			1.185 7	1.180 6	1.175 6	1.165 7	1.155 7	1.145 9	1.136 0	1.126 3	1.116 5	1.106 8	1.097 2	1.087 6	1.078 0	1.068 5	1.059 0	1.049 6
			W			158.4	197.8	237.0	315.3	393.2	470.8	548.0	624.8	701.3	777.4	853.1	928.5	1 003.5	1 078.2	1 152.5	1 226.4
28	2 300	486	A				5.532 4	5.519 6	5.494 0	5.468 5	5.443 1	5.417 7	5.392 4	5.367 2	5.342 0	5.316 9	5.291 8	5.266 8	5.241 9	5.217 0	5.192 2
			V				1.342 8	1.337 4	1.326 5	1.315 7	1.304 9	1.294 1	1.283 5	1.272 8	1.262 2	1.251 7	1.241 2	1.230 7	1.220 3	1.210 0	1.199 7
			W				215.7	258.5	344.0	429.0	513.6	597.9	681.8	765.3	848.5	931.2	1 013.6	1 095.6	1 177.2	1 258.5	1 339.4
29	2 400	505	A				6.013 8	6.000 4	5.973 8	5.947 2	5.920 7	5.894 2	5.867 8	5.841 4	5.815 1	5.788 9	5.762 8	5.736 7	5.710 6	5.684 6	5.658 7
			V				1.519 2	1.513 3	1.501 4	1.489 7	1.477 9	1.466 3	1.454 6	1.443 1	1.431 5	1.420 0	1.408 6	1.397 2	1.385 9	1.374 6	1.363 4
			W				234.4	281.0	373.8	466.3	558.4	650.0	741.3	832.2	922.7	1 012.8	1 102.4	1 191.7	1 280.7	1 369.2	1 457.3
30	2 500	524	A				6.515 2	6.501 3	6.473 6	6.445 9	6.418 3	6.390 7	6.363 2	6.335 7	6.308 4	6.281 0	6.253 8	6.226 6	6.199 4	6.172 3	6.145 3
			V				1.710 4	1.703 9	1.691 1	1.678 3	1.665 6	1.653 0	1.640 4	1.627 8	1.615 3	1.602 9	1.590 5	1.578 1	1.565 8	1.553 6	1.541 4
			W				253.9	304.3	405.0	505.2	605.0	704.3	803.3	901.8	1 000.0	1 097.7	1 195.0	1 291.9	1 388.4	1 484.5	1 580.2
31	2 600	544	A				7.036 7	7.022 3	6.993 4	6.964 7	6.935 9	6.907 3	6.878 7	6.850 1	6.821 6	6.793 2	6.764 9	6.736 6	6.708 3	6.680 1	6.652 0
			V				1.916 9	1.909 9	1.896 1	1.882 3	1.868 6	1.854 9	1.841 3	1.827 7	1.814 2	1.800 7	1.787 3	1.773 9	1.760 6	1.747 4	1.734 2
			W				274.1	328.6	437.3	545.6	653.4	760.8	867.8	974.3	1 080.4	1 186.1	1 291.3	1 396.2	1 500.6	1 604.5	1 708.1
32	2 700	563	A				7.578 3	7.563 3	7.533 4	7.503 5	7.473 7	7.443 9	7.414 2	7.384 6	7.355 0	7.325 5	7.296 0	7.266 6	7.237 3	7.208 0	7.178 8
			V				2.139 4	2.131 9	2.117 0	2.102 1	2.087 3	2.072 6	2.057 9	2.043 3	2.028 7	2.014 2	1.999 7	1.985 3	1.971 0	1.956 7	1.942 5
			W				295.2	353.9	470.9	587.5	703.7	819.4	934.7	1 049.5	1 163.9	1 277.9	1 391.4	1 504.4	1 617.0	1 729.2	1 841.0
33	2 800	583	A				8.140 0	8.124 4	8.093 4	8.062 4	8.031 5	8.000 6	7.969 8	7.939 1	7.908 4	7.877 8	7.847 2	7.816 7	7.786 3	7.755 9	7.725 6
			V				2.378 4	2.370 4	2.354 4	2.338 4	2.322 5	2.306 7	2.290 9	2.275 2	2.259 5	2.243 9	2.228 3	2.212 8	2.197 4	2.182 0	2.166 7
			W				317.0	380.0	505.8	631.1	755.9	880.3	1 004.2	1 127.6	1 250.6	1 373.1	1 495.1	1 616.7	1 737.9	1 858.6	1 978.8

表 F.1（续）

序号	公称直径 DN/mm	总高度 H/mm	A V W	封头名义厚度 δ_n/mm																	
				2	3	4	5	6	8	10	12	14	16	18	20	22	24	26	28	30	32
34	2 900	602	A				8.721 7	8.705 6	8.673 5	8.641 4	8.609 3	8.577 4	8.545 5	8.513 6	8.481 9	8.450 2	8.418 5	8.386 9	8.355 4	8.323 9	8.292 5
			V				2.634 6	2.626 0	2.608 9	2.591 8	2.574 7	2.557 7	2.540 8	2.523 9	2.507 1	2.490 4	2.473 7	2.457 1	2.440 6	2.424 1	2.407 6
			W				339.6	407.1	541.9	676.2	809.9	943.2	1 076.1	1 208.4	1 340.3	1 471.7	1 602.6	1 733.1	1 863.1	1 992.6	2 121.6
35	3 000	621	A				9.323 5	9.306 8	9.273 6	9.240 4	9.207 3	9.174 2	9.141 2	9.108 3	9.075 4	9.042 6	9.009 8	8.977 1	8.944 5	8.911 9	8.879 4
			V				2.908 6	2.899 4	2.881 0	2.862 8	2.844 5	2.826 4	2.808 3	2.790 2	2.772 3	2.754 3	2.736 5	2.718 7	2.701 0	2.683 3	2.665 7
			W				362.9	435.2	579.2	722.8	865.8	1 008.4	1 150.5	1 292.1	1 433.2	1 573.8	1 713.9	1 853.5	1 992.6	2 131.2	2 269.4
36	3 100	641	A				9.945 3	9.928 1	9.893 8	9.859 5	9.825 3	9.791 1	9.757 0	9.723 0	9.689 0	9.655 1	9.621 3	9.587 5	9.553 7	9.520 1	9.486 5
			V				3.200 9	3.191 1	3.171 5	3.152 0	3.132 5	3.113 2	3.093 8	3.074 6	3.055 4	3.036 3	3.017 2	2.998 2	2.979 3	2.960 4	2.941 7
			W				387.1	464.1	617.8	771.0	923.6	1 075.8	1 227.4	1 378.5	1 529.1	1 679.2	1 828.8	1 977.9	2 126.5	2 274.6	2 422.1
37	3 200	660	A				10.587 2	10.569 5	10.534 1	10.498 7	10.463 4	10.428 1	10.392 9	10.357 8	10.322 7	10.287 7	10.252 7	10.217 8	10.183 0	10.148 2	10.113 5
			V				3.512 1	3.501 7	3.480 8	3.460 1	3.439 4	3.418 7	3.398 1	3.377 6	3.357 2	3.336 8	3.316 5	3.296 3	3.276 1	3.256 0	3.236 0
			W				412.0	494.0	657.6	820.7	983.3	1 145.3	1 306.8	1 467.8	1 628.2	1 788.1	1 947.5	2 106.4	2 264.7	2 422.6	2 579.9
38	3 300	679	A					11.230 9	11.194 4	11.157 9	11.121 5	11.085 1	11.048 9	11.012 6	10.976 4	10.940 3	10.904 3	10.868 3	10.832 4	10.796 5	10.760 7
			V					3.831 8	3.809 7	3.787 6	3.765 6	3.743 6	3.721 8	3.700 0	3.678 2	3.656 6	3.635 0	3.613 4	3.592 0	3.570 6	3.549 3
			W					524.8	698.7	872.0	1 044.8	1 217.0	1 388.7	1 559.8	1 730.4	1 900.4	2 069.9	2 238.9	2 407.3	2 575.2	2 742.6
39	3 400	699	A						11.874 8	11.837 2	11.799 7	11.762 3	11.724 9	11.687 5	11.650 3	11.613 0	11.575 9	11.538 8	11.501 8	11.464 8	11.427 9
			V						4.158 5	4.135 1	4.111 8	4.088 5	4.065 3	4.042 1	4.019 1	3.996 1	3.973 2	3.950 3	3.927 5	3.904 8	3.882 2
			W						741.0	924.9	1 108.1	1 290.9	1 473.0	1 654.6	1 835.7	2 016.2	2 196.1	2 375.5	2 554.3	2 732.5	2 910.2
40	3 500	718	A						12.575 3	12.536 6	12.498 0	12.459 4	12.420 9	12.382 5	12.344 1	12.305 8	12.267 6	12.229 4	12.191 3	12.153 2	12.115 2
			V						4.528 1	4.503 3	4.478 5	4.453 9	4.429 3	4.404 8	4.380 4	4.356 0	4.331 7	4.307 5	4.283 4	4.259 3	4.235 3
			W						784.6	979.3	1 173.4	1 366.9	1 559.9	1 752.3	1 944.1	2 135.3	2 326.0	2 516.1	2 705.6	2 894.5	3 082.9

表 F.1（续）

序号	公称直径 DN/mm	总高度 H/mm	A V W	封头名义厚度 δ_n/mm																	
				2	3	4	5	6	8	10	12	14	16	18	20	22	24	26	28	30	32
41	3 600	738	A						13.295 8	13.256 0	13.216 3	13.176 7	13.137 1	13.097 5	13.058 1	13.018 7	12.979 3	12.940 0	12.900 8	12.861 7	12.822 6
			V						4.918 9	4.892 6	4.866 5	4.840 4	4.814 4	4.788 5	4.762 7	4.736 9	4.711 2	4.685 6	4.660 0	4.634 6	4.609 2
			W						829.4	1 035.2	1 240.5	1 445.1	1 649.2	1 852.7	2 055.6	2 257.9	2 459.6	2 660.7	2 861.2	3 061.2	3 260.5
42	3 700	757	A						14.036 4	13.995 5	13.954 7	13.914 0	13.873 3	13.832 7	13.792 1	13.751 6	13.711 1	13.670 8	13.630 4	13.590 2	13.550 0
			V						5.331 5	5.303 8	5.276 2	5.248 7	5.221 2	5.193 8	5.166 6	5.139 3	5.112 2	5.085 1	5.058 1	5.031 2	5.004 4
			W						875.4	1 092.7	1 309.4	1 525.5	1 741.0	1 955.9	2 170.2	2 383.9	2 596.9	2 809.4	3 021.2	3 232.5	3 443.1
43	3 800	776	A						14.797 1	14.755 1	14.713 2	14.671 3	14.629 6	14.587 8	14.546 2	14.504 6	14.463 0	14.421 5	14.380 1	14.338 8	14.297 5
			V						5.766 6	5.737 4	5.708 3	5.679 3	5.650 3	5.621 4	5.592 7	5.563 9	5.535 3	5.506 8	5.478 3	5.449 9	5.421 6
			W						922.7	1 151.8	1 380.3	1 608.1	1 835.3	2 061.9	2 287.9	2 513.3	2 738.0	2 962.1	3 185.6	3 408.4	3 630.7
44	3 900	796	A							15.534 7	15.491 7	15.448 8	15.405 9	15.363 1	15.320 3	15.277 6	15.235 0	15.192 4	15.149 9	15.107 4	15.065 0
			V							6.194 0	6.163 3	6.132 7	6.102 3	6.071 9	6.041 6	6.011 3	5.981 2	5.951 1	5.921 1	5.891 2	5.861 4
			W							1 212.4	1 453.0	1 692.9	1 932.1	2 170.8	2 408.7	2 646.1	2 882.8	3 118.9	3 354.3	3 589.1	3 823.2
45	4 000	815	A							16.334 4	16.290 3	16.246 3	16.202 3	16.158 4	16.114 5	16.070 7	16.027 0	15.983 3	15.939 7	15.896 1	15.852 6
			V							6.674 1	6.641 9	6.609 8	6.577 7	6.545 7	6.513 8	6.482 0	6.450 3	6.418 7	6.387 1	6.355 7	6.324 3
			W							1 274.6	1 527.5	1 779.8	2 031.4	2 282.4	2 532.7	2 782.3	3 031.3	3 279.7	3 527.3	3 774.4	4 020.7
46	4 100	834	A							17.154 2	17.109 0	17.063 9	17.018 8	16.973 8	16.928 8	16.883 9	16.839 1	16.794 3	16.749 6	16.704 9	16.660 3
			V							7.178 4	7.144 6	7.110 9	7.077 2	7.043 6	7.010 1	6.976 7	6.943 4	6.910 1	6.877 0	6.843 9	6.810 9
			W							1 338.3	1 604.0	1 868.9	2 133.2	2 396.8	2 659.7	2 922.0	3 183.6	3 444.5	3 704.7	3 964.3	4 223.2
47	4 200	854	A							17.994 0	17.947 7	17.901 5	17.855 3	17.809 2	17.763 1	17.717 1	17.671 2	17.625 3	17.579 5	17.533 8	17.488 1
			V							7.707 6	7.672 1	7.636 7	7.601 3	7.566 1	7.531 0	7.495 9	7.460 9	7.426 1	7.391 3	7.356 6	7.321 9
			W							1 403.6	1 682.2	1 960.2	2 237.5	2 514.0	2 789.9	3 065.1	3 339.6	3 613.4	3 886.5	4 158.9	4 430.7

表 F.1（续）

序号	公称直径 DN/mm	总高度 H/mm	A V W	封头名义厚度 δ_n/mm																	
				2	3	4	5	6	8	10	12	14	16	18	20	22	24	26	28	30	32
48	4 300	873	A							18.853 9	18.806 5	18.759 2	18.711 9	18.664 7	18.617 5	18.570 4	18.523 4	18.476 4	18.429 5	18.382 7	18.335 9
			V							8.262 1	8.224 9	8.187 8	8.150 7	8.113 8	8.077 0	8.040 3	8.003 6	7.967 0	7.930 6	7.894 2	7.857 9
			W							1 470.4	1 762.4	2 053.7	2 344.2	2 634.0	2 923.2	3 211.6	3 499.3	3 786.3	4 072.6	4 358.2	4 643.1
49	4 400	893	A							19.733 9	19.685 4	19.637 0	19.588 6	19.540 3	19.492 0	19.443 8	19.395 7	19.347 6	19.299 6	19.251 7	19.203 8
			V							8.842 5	8.803 6	8.764 7	8.726 0	8.687 3	8.648 8	8.610 3	8.571 9	8.533 7	8.495 5	8.457 4	8.419 4
			W							1 538.8	1 844.4	2 149.3	2 453.4	2 756.8	3 059.5	3 361.5	3 662.8	3 963.3	4 263.1	4 562.2	4 860.6
50	4 500	912	A							20.633 9	20.584 3	20.534 8	20.485 3	20.435 9	20.386 6	20.337 3	20.288 0	20.238 9	20.189 8	20.140 7	20.091 7
			V							9.449 5	9.408 8	9.368 2	9.327 7	9.287 3	9.246 9	9.206 7	9.166 6	9.126 5	9.086 6	9.046 7	9.006 9
			W							1 608.8	1 928.3	2 247.1	2 565.1	2 882.5	3 199.0	3 514.8	3 829.9	4 144.3	4 457.9	4 770.8	5 082.9
51	4 600	931	A								21.503 3	21.452 7	21.402 1	21.351 6	21.301 2	21.250 8	21.200 4	21.150 2	21.100 0	21.049 8	20.999 7
			V								10.041 1	9.998 7	9.956 4	9.914 2	9.872 0	9.830 0	9.788 1	9.746 2	9.704 5	9.662 8	9.621 2
			W								2 014.1	2 347.1	2 679.4	3 010.9	3 341.6	3 671.6	4 000.8	4 329.3	4 657.1	4 984.1	5 310.3
52	4 700	951	A								22.442 4	22.390 7	22.339 0	22.287 4	22.235 8	22.184 4	22.132 9	22.081 6	22.030 3	21.979 0	21.927 8
			V								10.701 2	10.656 9	10.612 7	10.568 7	10.524 7	10.480 8	10.437 0	10.393 3	10.349 7	10.306 2	10.262 9
			W								2 101.7	2 449.3	2 796.0	3 142.1	3 487.3	3 831.8	4 175.5	4 518.4	4 860.6	5 202.0	5 542.6
53	4 800	970	A								23.401 5	23.348 7	23.295 9	23.243 2	23.190 6	23.138 0	23.085 5	23.033 0	22.980 6	22.928 3	22.876 0
			V								11.389 5	11.343 4	11.297 3	11.251 3	11.205 5	11.159 7	11.114 0	11.068 5	11.023 0	10.977 6	10.932 4
			W								2 191.2	2 553.6	2 915.2	3 276.1	3 636.1	3 995.4	4 353.9	4 711.6	5 068.5	5 424.6	5 779.9
54	4 900	989	A								24.380 7	24.326 8	24.272 9	24.219 1	24.165 4	24.111 7	24.058 1	24.004 5	23.951 0	23.897 6	23.844 2
			V								12.106 8	12.058 7	12.010 7	11.962 8	11.915 0	11.867 3	11.819 7	11.772 2	11.724 8	11.677 6	11.630 4
			W								2 282.5	2 660.1	3 036.9	3 412.9	3 788.0	4 162.4	4 536.0	4 908.7	5 280.7	5 651.9	6 022.2

表 F.1(续)

序号	公称直径 DN/mm	总高度 H/mm	A V W	封头名义厚度 δ_n/mm																		
				2	3	4	5	6	8	10	12	14	16	18	20	22	24	26	28	30	32
55	5 000	1 009	A								25.380 0	25.325 0	25.270 0	25.215 1	25.160 3	25.105 5	25.050 8	24.996 1	24.941 5	24.887 0	24.832 5
			V								12.853 5	12.803 4	12.753 5	12.703 6	12.653 8	12.604 2	12.554 6	12.505 2	12.455 9	12.406 6	12.357 5
			W								2 375.7	2 768.8	3 161.0	3 552.5	3 943.1	4 332.8	4 721.8	5 109.9	5 497.3	5 883.8	6 269.5
56	5 100	1 028	A								26.399 3	26.343 2	26.287 2	26.231 2	26.175 2	26.119 3	26.063 5	26.007 7	25.952 0	25.896 4	25.840 8
			V								13.630 3	13.578 2	13.526 3	13.474 4	13.422 6	13.371 0	13.319 4	13.268 0	13.216 6	13.165 4	13.114 3
			W								2 470.8	2 879.7	3 287.7	3 694.9	4 101.2	4 506.7	4 911.4	5 315.2	5 718.2	6 120.4	6 521.7
57	5 200	1 048	A								27.438 8	27.381 5	27.324 4	27.267 3	27.210 2	27.153 2	27.096 3	27.039 5	26.982 7	26.925 9	26.869 2
			V								14.437 8	14.383 7	14.329 6	14.275 7	14.221 9	14.168 2	14.114 6	14.061 1	14.007 8	13.954 5	13.901 3
			W								2 567.7	2 992.7	3 416.8	3 840.0	4 262.4	4 684.0	5 104.7	5 524.5	5 943.5	6 361.6	6 778.9
58	5 300	1 067	A								28.498 2	28.439 9	28.381 6	28.323 4	28.265 3	28.207 2	28.149 2	28.091 2	28.033 3	27.975 5	27.917 7
			V								15.276 5	15.220 3	15.164 2	15.108 2	15.052 3	14.996 5	14.940 9	14.885 3	14.829 8	14.774 5	14.719 3
			W								2 666.6	3 107.9	3 548.4	3 988.0	4 426.8	4 864.7	5 301.7	5 737.8	6 173.1	6 607.5	7 041.1
59	5 400	1 086	A								29.577 8	29.518 3	29.459 0	29.399 7	29.340 4	29.281 3	29.222 1	29.163 1	29.104 1	29.045 1	28.986 3
			V								16.147 2	16.088 8	16.030 6	15.972 4	15.914 4	15.856 5	15.798 7	15.741 0	15.683 5	15.626 0	15.568 7
			W								2 767.2	3 225.3	3 682.5	4 138.8	4 594.3	5 048.8	5 502.4	5 955.2	6 407.1	6 858.1	7 308.2
60	5 500	1 106	A								30.677 4	30.616 8	30.556 4	30.496 0	30.435 6	30.375 4	30.315 1	30.255 0	30.194 9	30.134 9	30.074 9
			V								17.050 2	16.989 7	16.929 3	16.869 0	16.808 8	16.748 8	16.688 8	16.629 0	16.569 2	16.509 6	16.450 1
			W								2 869.8	3 344.9	3 819.1	4 292.4	4 764.8	5 236.3	5 706.9	6 176.6	6 645.4	7 113.3	7 580.3
61	5 600	1 125	A								31.797 0	31.735 4	31.673 8	31.612 3	31.550 9	31.489 5	31.428 2	31.367 0	31.305 8	31.244 6	31.183 6
			V								17.986 3	17.923 6	17.861 0	17.798 5	17.736 1	17.673 8	17.611 7	17.549 7	17.487 7	17.425 9	17.364 3
			W								2 974.2	3 466.6	3 958.2	4 448.8	4 938.5	5 427.3	5 915.1	6 402.1	6 888.1	7 373.2	7 857.4

表 F.1(续)

序号	公称直径 DN/mm	总高度 H/mm	A V W	封头名义厚度 δ_n/mm																	
				2	3	4	5	6	8	10	12	14	16	18	20	22	24	26	28	30	32
62	5 700	1 145	A								32.936 8	32.874 0	32.811 4	32.748 8	32.686 3	32.623 8	32.561 4	32.499 0	32.436 7	32.374 5	32.312 3
			V								18.956 1	18.891 1	18.826 3	18.761 5	18.696 9	18.632 4	18.568 0	18.503 7	18.439 6	18.375 5	18.311 6
			W								3 080.4	3 590.6	4 099.7	4 608.0	5 115.3	5 621.7	6 127.1	6 631.6	7 135.2	7 637.8	8 139.5
63	5 800	1 164	A								34.096 6	34.032 7	33.969 0	33.905 3	33.841 7	33.778 1	33.714 6	33.651 1	33.587 7	33.524 4	33.461 1
			V								19.960 1	19.892 8	19.825 7	19.758 6	19.691 7	19.625 0	19.558 3	19.491 7	19.425 3	19.359 0	19.292 8
			W								3 188.6	3 716.7	4 243.8	4 770.0	5 295.2	5 819.5	6 342.8	6 865.1	7 386.6	7 907.0	8 426.6
64	5 900	1 183	A								35.276 4	35.211 5	35.146 7	35.081 9	35.017 1	34.952 5	34.887 9	34.823 3	34.758 8	34.694 4	34.630 0
			V								20.998 9	20.929 3	20.859 8	20.790 5	20.721 3	20.652 2	20.583 2	20.514 3	20.445 6	20.377 0	20.308 5
			W								3 298.6	3 844.9	4 390.3	4 934.7	5 478.2	6 020.7	6 562.2	7 102.7	7 642.3	8 180.9	8 718.6
65	6 000	1 203	A								36.476 4	36.410 3	36.344 4	36.278 5	36.212 7	36.146 9	36.081 2	36.015 5	35.950 0	35.884 4	35.819 0
			V								22.073 2	22.001 2	21.929 4	21.857 7	21.786 1	21.714 6	21.643 3	21.572 0	21.501 0	21.430 0	21.359 1
			W								3 410.4	3 975.4	4 539.3	5 102.3	5 664.3	6 225.3	6 785.3	7 344.4	7 902.4	8 459.5	9 015.6

注：内表面积以 A 表示，单位为 m^2；容积以 V 表示，单位为 m^3；质量以 W 表示，单位为 kg。

附　录　G
（资料性附录）
SDH 球冠形封头型式参数

G.1　SDH 球冠形封头的总深度、内表面积、容积和质量见表 G.1。

表 G.1　SDH 球冠形封头总深度、内表面积、容积和质量

序号	公称直径 DN/mm	名义厚度 δ_n/mm	总深度 H/mm	内表面积 A/m^2	容积 V/m^3	质量 W/kg
1	300	2	40	0.074 7	0.001 4	1.180 3
2		3	39	0.074 1	0.001 4	1.763 7
3		4	39	0.073 6	0.001 4	2.342 5
4		5	39	0.073 1	0.001 4	2.916 9
5		6	38	0.072 5	0.001 3	3.486 8
6	350	2	46	0.101 9	0.002 3	1.608 3
7		3	46	0.101 2	0.002 2	2.404 5
8		4	46	0.100 6	0.002 2	3.195 5
9		5	45	0.100 0	0.002 2	3.981 2
10		6	45	0.099 4	0.002 1	4.761 6
11	400	2	53	0.133 2	0.003 4	2.102 4
12		3	53	0.132 5	0.003 3	3.144 5
13		4	52	0.131 8	0.003 3	4.180 6
14		5	52	0.131 1	0.003 3	5.210 6
15		6	52	0.130 4	0.003 2	6.234 7
16		8	51	0.129 0	0.003 2	8.265 0
17	450	3	59	0.168 0	0.004 8	3.983 6
18		4	59	0.167 2	0.004 7	5.297 8
19		5	59	0.166 4	0.004 7	6.605 3
20		6	59	0.165 6	0.004 6	7.906 0
21		8	58	0.164 0	0.004 6	10.487 3
22	500	3	66	0.207 7	0.006 6	4.921 8
23		4	66	0.206 8	0.006 5	6.547 2
24		5	66	0.205 9	0.006 5	8.165 2
25		6	65	0.205 0	0.006 4	9.775 6
26		8	65	0.203 3	0.006 3	12.973 9
27		10	64	0.201 5	0.006 2	16.142 5

表 G.1（续）

序号	公称直径 DN/mm	名义厚度 δ_n/mm	总深度 H/mm	内表面积 A/m²	容积 V/m³	质量 W/kg
28	550	3	73	0.251 7	0.008 8	5.959 1
29		4	73	0.250 7	0.008 7	7.928 8
30		5	72	0.249 7	0.008 6	9.890 2
31		6	72	0.248 7	0.008 6	11.843 4
32		8	71	0.246 7	0.008 4	15.724 9
33		10	71	0.244 8	0.008 3	19.573 6
34	600	3	80	0.299 8	0.011 4	7.095 6
35		4	79	0.298 7	0.011 3	9.442 6
36		5	79	0.297 6	0.011 2	11.780 5
37		6	79	0.296 6	0.011 2	14.109 4
38		8	78	0.294 4	0.011 0	18.740 2
39		10	78	0.292 3	0.010 8	23.335 1
40	650	3	86	0.352 1	0.014 5	8.331 1
41		4	86	0.351 0	0.014 4	11.088 5
42		5	86	0.349 8	0.014 3	13.836 0
43		6	85	0.348 6	0.014 2	16.573 7
44		8	85	0.346 3	0.014 0	22.019 8
45		10	84	0.344 0	0.013 9	27.426 9
46	700	3	93	0.408 7	0.018 1	9.665 8
47		4	93	0.407 4	0.018 0	12.866 5
48		5	92	0.406 2	0.017 9	16.056 6
49		6	92	0.404 9	0.017 8	19.236 2
50		8	91	0.402 4	0.017 6	25.563 7
51		10	91	0.399 9	0.017 4	31.849 2
52	750	4	99	0.468 1	0.022 2	14.776 8
53		5	99	0.466 7	0.022 1	18.442 5
54		6	99	0.465 4	0.022 0	22.096 9
55		8	98	0.462 7	0.021 7	29.371 9
56		10	98	0.460 0	0.021 5	36.601 9
57	800	4	106	0.533 0	0.027 0	16.819 1
58		5	106	0.531 5	0.026 9	20.993 6
59		6	105	0.530 1	0.026 7	25.155 9
60		8	105	0.527 2	0.026 4	33.444 5
61		10	104	0.524 4	0.026 2	41.685 0
62		12	104	0.521 5	0.025 9	49.877 5
63		14	103	0.518 7	0.025 6	58.022 4
64		16	103	0.515 8	0.025 3	66.119 8

表 G.1（续）

序号	公称直径 DN/mm	名义厚度 δ_n/mm	总深度 H/mm	内表面积 A/m^2	容积 V/m^3	质量 W/kg
65	850	4	113	0.602 0	0.032 4	18.993 7
66		5	112	0.600 5	0.032 3	23.709 9
67		6	112	0.599 0	0.032 1	28.413 2
68		8	112	0.595 9	0.031 8	37.781 4
69		10	111	0.592 9	0.031 5	47.098 4
70		12	110	0.589 9	0.031 2	56.364 6
71		14	110	0.586 8	0.030 9	65.579 9
72		16	109	0.583 8	0.030 5	74.744 7
73	900	4	119	0.675 3	0.038 5	21.300 4
74		5	119	0.673 7	0.038 4	26.591 3
75		6	119	0.672 1	0.038 2	31.868 7
76		8	118	0.668 9	0.037 8	42.382 6
77		10	118	0.665 6	0.037 5	52.842 3
78		12	117	0.662 4	0.037 1	63.248 0
79		14	117	0.659 2	0.036 8	73.600 0
80		16	116	0.656 0	0.036 4	83.898 3
81	950	4	126	0.752 8	0.045 4	23.739 3
82		5	126	0.751 1	0.045 2	29.638 0
83		6	126	0.749 4	0.045 0	35.522 4
84		8	125	0.746 0	0.044 6	47.248 1
85		10	124	0.742 6	0.044 2	58.916 6
86		12	124	0.739 2	0.043 8	70.528 0
87		14	123	0.735 8	0.043 4	82.082 6
88		16	123	0.732 5	0.043 0	93.580 5
89	1 000	4	133	0.834 6	0.053 0	26.310 3
90		5	133	0.832 7	0.052 7	32.849 9
91		6	132	0.830 9	0.052 5	39.374 4
92		8	132	0.827 4	0.052 1	52.377 9
93		10	131	0.823 8	0.051 6	65.321 3
94		12	131	0.820 2	0.051 2	78.204 5
95		14	130	0.816 6	0.050 8	91.027 8
96		16	129	0.813 1	0.050 3	103.791 4
97	1 100	5	146	1.008 6	0.070 3	39.769 2
98		6	146	1.006 6	0.070 1	47.673 0
99		8	145	1.002 7	0.069 5	63.430 6

表 G.1（续）

序号	公称直径 DN/mm	名义厚度 δ_n/mm	总深度 H/mm	内表面积 A/m^2	容积 V/m^3	质量 W/kg
100	1 100	10	145	0.998 7	0.069 0	79.121 8
101		12	144	0.994 8	0.068 5	94.746 8
102		14	143	0.990 9	0.067 9	110.305 9
103		16	143	0.986 9	0.067 4	125.799 1
104	1 200	5	159	1.201 3	0.091 5	47.349 4
105		6	159	1.199 2	0.091 1	56.764 6
106		8	158	1.194 8	0.090 5	75.540 6
107		10	158	1.190 5	0.089 9	94.244 0
108		12	157	1.186 2	0.089 2	112.875 2
109		14	157	1.181 9	0.088 6	131.434 2
110		16	156	1.177 7	0.088 0	149.921 3
111	1 300	5	173	1.410 9	0.116 5	55.590 4
112		6	172	1.408 5	0.116 1	66.649 2
113		8	172	1.403 8	0.115 3	88.707 8
114		10	171	1.399 2	0.114 6	110.687 8
115		12	171	1.394 5	0.113 8	132.589 3
116		14	170	1.389 8	0.113 1	154.412 8
117		16	170	1.385 2	0.112 3	176.158 1
118		18	169	1.380 6	0.111 6	197.825 6
119		20	168	1.375 9	0.110 9	219.415 4
120		22	168	1.371 3	0.110 2	240.927 8
121		24	167	1.366 7	0.109 4	262.362 9
122	1 400	5	186	1.637 2	0.145 6	64.492 1
123		6	186	1.634 7	0.145 2	77.326 7
124		8	185	1.629 7	0.144 3	102.932 3
125		10	185	1.624 6	0.143 4	128.453 1
126		12	184	1.619 6	0.142 6	153.889 5
127		14	184	1.614 6	0.141 7	179.241 6
128		16	183	1.609 6	0.140 8	204.509 4
129		18	182	1.604 6	0.140 0	229.693 5
130		20	182	1.599 6	0.139 1	254.793 7
131		22	181	1.594 6	0.138 3	279.810 2
132		24	181	1.589 7	0.137 5	304.743 6
133	1 500	5	200	1.880 4	0.179 3	74.054 7
134		6	199	1.877 7	0.178 8	88.797 2

表 G.1(续)

序号	公称直径 DN/mm	名义厚度 δ_n/mm	总深度 H/mm	内表面积 A/m²	容积 V/m³	质量 W/kg
135	1 500	8	199	1.872 3	0.177 8	118.214 1
136		10	198	1.866 9	0.176 8	147.540 2
137		12	198	1.861 5	0.175 8	176.775 5
138		14	197	1.856 2	0.174 8	205.920 6
139		16	196	1.850 8	0.173 8	234.975 3
140		18	196	1.845 4	0.172 8	263.940 2
141		20	195	1.840 1	0.171 8	292.815 0
142		22	195	1.834 7	0.170 9	321.600 3
143		24	194	1.829 4	0.169 9	350.296 1
144	1 600	5	213	2.140 5	0.217 8	84.278 1
145		6	213	2.137 6	0.217 2	101.060 7
146		8	212	2.131 8	0.216 1	134.553 2
147		10	211	2.126 1	0.214 9	167.948 7
148		12	211	2.120 3	0.213 8	201.247 6
149		14	210	2.114 6	0.212 6	234.450 0
150		16	210	2.108 9	0.211 5	267.555 9
151		18	209	2.103 1	0.210 4	300.565 8
152		20	209	2.097 4	0.209 3	333.479 7
153		22	208	2.091 7	0.208 2	366.297 8
154		24	208	2.086 0	0.207 1	399.020 4
155	1 700	6	226	2.414 3	0.260 8	114.117 1
156		8	225	2.408 2	0.259 5	151.949 5
157		10	225	2.402 1	0.258 2	189.678 9
158		12	224	2.395 9	0.256 9	227.305 5
159		14	224	2.389 8	0.255 6	264.829 4
160		16	223	2.383 7	0.254 3	302.250 9
161		18	223	2.377 7	0.253 1	339.570 2
162		20	222	2.371 6	0.251 8	376.787 5
163		22	221	2.365 5	0.250 6	413.902 7
164		24	221	2.359 5	0.249 3	450.916 4
165		26	220	2.353 4	0.248 1	487.828 5
166		28	220	2.347 4	0.246 8	524.639 3
167		30	219	2.341 3	0.245 6	561.348 9
168		32	219	2.335 3	0.244 3	597.957 9
169	1 800	6	239	2.707 8	0.309 8	127.966 5
170		8	239	2.701 3	0.308 3	170.403 2
171		10	238	2.694 9	0.306 9	212.730 7

表 G.1(续)

序号	公称直径 DN/mm	名义厚度 δ_n/mm	总深度 H/mm	内表面积 A/m^2	容积 V/m^3	质量 W/kg
172	1 800	12	238	2.688 4	0.305 5	254.949 3
173		14	237	2.681 9	0.304 0	297.059 2
174		16	237	2.675 5	0.302 6	339.060 5
175		18	236	2.669 0	0.301 2	380.953 6
176		20	235	2.662 6	0.299 8	422.738 6
177		22	235	2.656 1	0.298 3	464.415 3
178		24	234	2.649 7	0.296 9	505.984 3
179		26	234	2.643 3	0.295 5	547.445 9
180		28	233	2.636 9	0.294 1	588.799 9
181		30	233	2.630 5	0.292 7	630.046 6
182		32	232	2.624 1	0.291 4	671.186 3
183	1 900	6	253	3.018 2	0.364 6	142.608 9
184		8	252	3.011 4	0.363 0	189.914 1
185		10	252	3.004 5	0.361 4	237.104 2
186		12	251	2.997 7	0.359 8	284.179 2
187		14	251	2.990 8	0.358 2	331.139 4
188		16	250	2.984 0	0.356 6	377.984 9
189		18	249	2.977 2	0.355 0	424.715 8
190		20	249	2.970 4	0.353 4	471.332 6
191		22	248	2.963 6	0.351 8	517.835 4
192		24	248	2.956 8	0.350 3	564.224 2
193		26	247	2.950 1	0.348 7	610.499 5
194		28	247	2.943 3	0.347 1	656.661 1
195		30	246	2.936 5	0.345 6	702.709 2
196		32	245	2.929 8	0.344 0	748.644 5
197	2 000	6	266	3.345 4	0.425 6	158.044 2
198		8	266	3.338 2	0.423 8	210.482 4
199		10	265	3.331 0	0.422 0	262.799 2
200		12	264	3.323 8	0.420 2	314.994 8
201		14	264	3.316 6	0.418 4	367.069 5
202		16	263	3.309 4	0.416 6	419.023 6
203		18	263	3.302 2	0.414 9	470.857 0
204		20	262	3.295 1	0.413 1	522.570 1
205		22	262	3.287 9	0.411 4	574.163 0
206		24	261	3.280 8	0.409 6	625.636 0

表 G.1（续）

序号	公称直径 DN/mm	名义厚度 δ_n/mm	总深度 H/mm	内表面积 A/m^2	容积 V/m^3	质量 W/kg
207	2 000	26	261	3.273 6	0.407 9	676.988 9
208		28	260	3.266 5	0.406 2	728.222 5
209		30	259	3.259 4	0.404 4	779.336 3
210		32	259	3.252 3	0.402 7	830.331 2
211	2 100	8	279	3.681 9	0.490 9	232.107 8
212		10	278	3.674 3	0.489 0	289.815 8
213		12	278	3.666 7	0.487 0	347.396 5
214		14	277	3.659 2	0.485 1	404.850 1
215		16	277	3.651 6	0.483 1	462.177 0
216		18	276	3.644 1	0.481 2	519.377 1
217		20	276	3.636 6	0.479 2	576.450 7
218		22	275	3.629 1	0.477 3	633.398 3
219		24	274	3.621 6	0.475 4	690.219 6
220		26	274	3.614 1	0.473 4	746.914 7
221		28	273	3.606 6	0.471 5	803.484 5
222		30	273	3.599 1	0.469 6	859.928 8
223		32	272	3.591 6	0.467 7	916.247 4
224	2 200	8	292	4.042 4	0.564 9	254.790 6
225		10	292	4.034 5	0.562 7	318.153 9
226		12	291	4.026 5	0.560 6	381.384 1
227		14	291	4.018 6	0.558 4	444.481 0
228		16	290	4.010 7	0.556 3	507.444 9
229		18	290	4.002 8	0.554 1	570.276 0
230		20	289	3.994 9	0.552 0	632.974 7
231		22	288	3.987 0	0.549 9	695.540 8
232		24	288	3.979 2	0.547 8	757.974 8
233		26	287	3.971 3	0.545 6	820.276 9
234		28	287	3.963 5	0.543 5	882.447 1
235		30	286	3.955 6	0.541 4	944.485 4
236		32	286	3.947 8	0.539 3	1 006.393 0
237	2 300	8	306	4.419 8	0.645 9	278.530 7
238		10	305	4.411 5	0.643 5	347.813 8
239		12	305	4.403 2	0.641 2	416.957 5
240		14	304	4.394 9	0.638 8	485.961 9
241		16	304	4.386 6	0.636 5	554.827 3

表 G.1(续)

序号	公称直径 DN/mm	名义厚度 δ_n/mm	总深度 H/mm	内表面积 A/m^2	容积 V/m^3	质量 W/kg
242	2 300	18	303	4.378 4	0.634 1	623.553 8
243		20	302	4.370 1	0.631 8	692.141 8
244		22	302	4.361 9	0.629 5	760.590 9
245		24	301	4.353 6	0.627 2	828.902 2
246		26	301	4.345 4	0.624 8	897.075 0
247		28	300	4.337 2	0.622 5	965.110 0
248		30	300	4.329 0	0.620 2	1 033.007 0
249		32	299	4.320 8	0.617 9	1 100.767 0
250	2 400	8	319	4.813 9	0.734 3	303.328 2
251		10	319	4.805 3	0.731 7	378,795 2
252		12	318	4.796 6	0.729 2	454.117 1
253		14	318	4.788 0	0.726 6	529.293 0
254		16	317	4.779 4	0.724 0	604.324 5
255		18	316	4.770 7	0.721 5	679.210 6
256		20	316	4.762 1	0.719 0	753.952 1
257		22	315	4.753 5	0.716 4	828.548 9
258		24	315	4.744 9	0.713 9	903.001 3
259		26	314	4.736 3	0.711 4	977.309 3
260		28	314	4.727 8	0.708 8	1 051.474 0
261		30	313	4.719 2	0.706 3	1 125.493 0
262		32	312	4.710 6	0.703 8	1 199.370 0
263	2 500	8	333	5.225 0	0.830 5	329.182 8
264		10	332	5.215 9	0.827 7	411.098 3
265		12	331	5.206 9	0.824 9	492.862 4
266		14	331	5.197 9	0.822 1	574.474 8
267		16	330	5.188 9	0.819 3	655.936 2
268		18	330	5.179 9	0.816 5	737.246 3
269		20	329	5.171 0	0.813 8	818.405 2
270		22	329	5.162 0	0.811 0	899.413 6
271		24	328	5.153 0	0.808 3	980.271 9
272		26	327	5.144 1	0.805 5	1 060.980 0
273		28	327	5.135 2	0.802 8	1 141.538 0
274		30	326	5.126 2	0.800 1	1 221.945 0
275		32	326	5.117 3	0.797 3	1 302.203 0

表 G.1（续）

序号	公称直径 DN/mm	名义厚度 δ_n/mm	总深度 H/mm	内表面积 A/m^2	容积 V/m^3	质量 W/kg
276	2 600	8	346	5.652 8	0.934 6	356.094 7
277		10	345	5.643 4	0.931 6	444.723 1
278		12	345	5.634 1	0.928 6	533.193 5
279		14	344	5.624 7	0.925 6	621.506 3
280		16	344	5.615 3	0.922 6	709.662 5
281		18	343	5.606 0	0.919 6	797.660 7
282		20	343	5.596 6	0.916 6	885.502 3
283		22	342	5.587 3	0.913 6	973.187 0
284		24	341	5.578 0	0.910 6	1 060.715 0
285		26	341	5.568 7	0.907 6	1 148.086 0
286		28	340	5.559 4	0.904 7	1 235.302 0
287		30	340	5.550 1	0.901 7	1 322.361 0
288		32	339	5.540 8	0.898 8	1 409.265 0
289	2 700	8	359	6.097 5	1.047 2	384.063 8
290		10	359	6.087 8	1.043 9	479.669 0
291		12	358	6.078 0	1.040 7	575.110 6
292		14	358	6.068 3	1.037 4	670.388 4
293		16	357	6.058 6	1.034 2	765.503 2
294		18	357	6.048 9	1.030 9	860.453 9
295		20	356	6.039 2	1.027 7	955.241 9
296		22	355	6.029 5	1.024 5	1 049.867 0
297		24	355	6.019 8	1.021 3	1 144.330 0
298		26	354	6.010 1	1.018 1	1 238.630 0
299		28	354	6.000 4	1.014 9	1 332.767 0
300		30	353	5.990 8	1.011 7	1 426.742 0
301		32	353	5.981 1	1.008 5	1 520.556 0
302	2 800	8	373	6.559 1	1.168 4	413.090 5
303		10	372	6.548 9	1.164 9	515.936 9
304		12	372	6.538 8	1.161 4	618.614 0
305		14	371	6.528 7	1.157 9	721.120 7
306		16	371	6.518 7	1.154 4	823.458 3
307		18	370	6.508 6	1.150 9	925.626 4
308		20	369	6.498 5	1.147 4	1 027.625 0
309		22	369	6.488 5	1.144 0	1 129.455 0
310		24	368	6.478 4	1.140 5	1 231.116 0

表 G.1(续)

序号	公称直径 DN/mm	名义厚度 δ_n/mm	总深度 H/mm	内表面积 A/m^2	容积 V/m^3	质量 W/kg
311	2 800	26	368	6.468 4	1.137 1	1 332.609 0
312		28	367	6.458 4	1.133 6	1 433.933 0
313		30	367	6.448 3	1.130 2	1 535.088 0
314		32	366	6.438 3	1.126 8	1 636.075 0
315	2 900	8	386	7.037 4	1.298 7	443.174 2
316		10	386	7.027 0	1.294 9	553.526 4
317		12	385	7.016 5	1.291 1	663.702 8
318		14	384	7.006 0	1.287 4	773.703 2
319		16	384	6.995 6	1.283 6	883.528 4
320		18	383	6.985 1	1.279 9	993.177 6
321		20	383	6.974 7	1.276 2	1 102.651 0
322		22	382	6.964 3	1.272 4	1 211.951 0
323		24	382	6.953 9	1.268 7	1 321.075 0
324		26	381	6.943 5	1.265 0	1 430.023 0
325		28	380	6.933 1	1.261 3	1 538.798 0
326		30	380	6.922 7	1.257 6	1 647.398 0
327		32	379	6.912 3	1.254 0	1 755.825 0
328	3 000	8	400	7.532 6	1.438 3	474.315 1
329		10	399	7.521 8	1.434 2	592.437 7
330		12	398	7.511 0	1.430 2	710.377 8
331		14	398	7.500 1	1.426 2	828.135 8
332		16	397	7.489 3	1.422 2	945.712 5
333		18	397	7.478 5	1.418 1	1 063.108 0
334		20	396	7.467 7	1.414 2	1 180.321 0
335		22	396	7.457 0	1.410 2	1 297.353 0
336		24	395	7.446 2	1.406 2	1 414.204 0
337		26	394	7.435 4	1.402 2	1 530.875 0
338		28	394	7.424 7	1.398 3	1 647.365 0
339		30	393	7.413 9	1.394 3	1 763.674 0
340		32	393	7.403 2	1.390 4	1 879.803 0

附　录　H
（资料性附录）
封头产品合格证及封头部件数据报告

表 H.1　封头产品合格证

制造单位			
制造许可证编号		材料来源	
订货单位		订货编号	
产品编号		设计标记[类型代号　DN×δ_n(δ_{min})]	
材料牌号		成品标记[类型代号　DN×δ_s(δ'_{min})]	
制造标准		封头技术文件号或图号	
封头出厂状况	□ 整体出厂　□ 整体成形后分割出厂　□ 分瓣出厂		
制造完工日期			
该封头经质量检验，符合本标准以及设计图样和订货技术协议的要求。			
检验员签章： 年　月　日			
质量保证工程师签章： 年　月　日			
单位法定代表人签章： 年　月　日			
质量检验专用章：			

表 H.2 封头部件数据报告

1. 封头制造单位名称/制造许可证编号：________________

2. 封头制造单位地址：________________

3. 订货单位名称/地址：________________

4. 压力容器制造单位名称/地址：________________

5. 封头特性：

产品编号		设计标记[类型代号 DN×δ_n(δ_{min})]			
材料牌号		成品标记[类型代号 DN×δ_s(δ'_{min})]			
制造标准		容器类别		技术文件或图号	

6. 制造完成日期________________

7. 成形方法：________________

8. 材料复验：________________，报告编号：________________

8. 热处理：________________，报告编号：________________

9. 冲击试验：冲击试验温度：________℃，报告编号：________

10. 焊接接头无损检测：

无损检测项目	射线检测	超声检测	磁粉检测	渗透检测
检测标准				
合格比例				
合格级别				
报告编号				

11. 封头外观及形状尺寸检验记录：(单位：mm)

序号	项目		标准值	实测值				
				1	2	3	4	5
1	材料入库编号							
2	外圆周长							
3	□内径 或 □外径	最小值						
4		最大值						
5		平均值						
6	圆度公差							
7	成品最小厚度							
8	总深度(总高度)							
9	形状公差							
10	直边倾斜度							
11	直边高度							
12	焊缝余高							
13	焊缝表面质量							

表 H.2（续）

12. 其他需要说明的事项：____

____

13. 数据报告的签发：

产品制造单位		监督检验单位	
制造单位名称(章)		监督检验单位名称(章)	
制造许可证编号		检验人员资格证编号	
质量保证工程师签字		检验人员签字	
签发日期		签发日期	

附 录 I
（资料性附录）
常见材料的密度表

I.1 常见材料的密度见表 I.1。

表 I.1 常见材料的密度表

单位为吨每立方米

序号	材料名称(牌号)		密度
1	碳钢		7.85
2	不锈钢	1Cr18Ni9	7.92
		1Cr18Ni9Ti	7.90
		00Cr18Ni14Mo2Cu2	8.03
		0Cr18Ni11Ti	8.00
		0Cr18Ni12Mo2Ti	7.90
		1Cr18Ni11Si4AlTi	7.51
		0Cr18Ni12Mo2Ti	7.90
		1Cr19Ni9	8.00
		0Cr18Ni9	8.00
		00Cr19Ni11	7.90
		0Cr13	7.76
		1Cr13	7.75
		2Cr13	7.75
		3Cr13	7.74
		4Cr13	7.76
		00Cr17Ni14Mo2	7.96
		0Cr17Ti	7.70
		0Cr17Mn13Mo2N	7.80
		0Cr17Ni12Mo2	8.00
3	铜	二号、三号纯铜(T2、T3)	8.94
		二号无氧铜(TU2)	8.94
		一号脱氧铜(TP1)	8.94
		二号脱氧铜(TP2)	8.94
		96 黄铜(H96)	8.85
		80 黄铜(H80)	8.65
		68 黄铜(H68)	8.50
		62 黄铜(H62)	8.43
		59-1 铅黄铜(HPb59-1)	8.50
		77-2 铝黄铜(HAl77-2)	8.33
3	铜	70-1 锡黄铜(HSn70-1)	8.53
		62-1 锡黄铜(HSn62-1)	8.45
		85A 加砷黄铜(H85A)	8.65
		68A 加砷黄铜(H68A)	8.50
		5 铝青铜(QAl5)	8.17
		9-4 铝青铜(QAl9-4)	7.58
		3-1 硅青铜(QSi3-1)	8.40
		19 普通白铜(B19)	8.94
		10-1-1 铁白铜(BFe10-1-1)	8.94
		30-1-1 铁白铜(BFe30-1-1)	8.94
		10-3 铝青铜(ZCuAl10Fe3)	7.50
		5-5-5 锡青铜(ZCuSn5Pb5Zn5)	8.80
		10-10 铅青铜(ZCuPb10Sn10)	8.90
4	钛	工业纯钛(TA1,TA2,TA3,TA4)	4.51
		TA9	4.51
		TA10	4.52～4.54
5	铝	1060、1200、5456 等	2.71
		2014、2024	2.80
		3003	2.74
		5052、6063	2.68
		5083、5086、5154	2.66
6[a]	镍	N6,N7(N02200)	8.89
		N5(N02201)	8.89
		NCu30(N04400)	8.83
		(N04405)	8.83
		(N06002)	8.23
		(N06007)	8.31
		(N06022)	8.69
		(N06030)	8.22

表 I.1（续）

单位为吨每立方米

序号	材料名称(牌号)		密度	序号	材料名称(牌号)		密度
6[a]	镍	(N06045)	8.00	6[a]	镍	NS111(N08800)	8.03
		(N06059)	8.60			NS112(N08810)	8.03
		(N06200)	8.50			(N08811)	8.03
		(N06230)	8.97			NS142(N08825)	8.10
		NS335(N06455)	8.64			(N08904)	8.00
		NS312(N06600)	8.30			(N09825)	8.11
		(N06617)	8.42			NS321(N10001)	9.24
		NS336(N06625)	8.44			(N10003)	8.86
		(N06686)	8.73			NS334(N10276)	8.87
		NS315(N06690)	8.11			(N10629)	9.22
		(N06975)	8.17			NS322(N10665)	9.22
		(N06985)	8.31			(N10675)	9.22
		NS143(N08020)	8.05			(N12160)	8.08
		(N08028)	8.00			(R20033)	8.10
		(N08031)	8.10			(R30556)	8.23
		(N08320)	8.05			(R31233)	8.48
		(N08367)	8.06				

a 序号 6 括号中的数字是美国的统一数字代号。

附 录 J
（资料性附录）
封头成形厚度减薄率

J.1 封头成形厚度减薄率见表 J.1。

表 J.1 封头成形减薄率

公称直径 DN/mm	钢材厚度 δ_s/mm	厚度减薄率/%	
		THA 和 THB 型	EHA 和 EHB 型
300≤DN<600	6≤δ_s<8	12	13
	8≤δ_s<12	11	12
	12≤δ_s<16	10	12
600≤DN<1 000	6≤δ_s<8	12	13
	8≤δ_s<12	11	12
	12≤δ_s<22	10	12
1 000≤DN<1 500	6≤δ_s<8	13	14
	8≤δ_s<12	11	13
	12≤δ_s<24	11	12
	24≤δ_s<60	10	12
1 500≤DN<2 000	6≤δ_s<12	13	14
	12≤δ_s<24	12	13
	24≤δ_s<60	11	12
2 000≤DN<3 000	6≤δ_s<12	13	15
	12≤δ_s<20	12	13
	20≤δ_s<34	12	13
	34≤δ_s<60	11	12
3 000≤DN<4 000	10≤δ_s<24	13	15
	24≤δ_s<34	12	13
	34≤δ_s<50	12	13
	50≤δ_s<60	12	13
4 000≤DN<5 000	12≤δ_s<24	14	16
	24≤δ_s<34	13	14
	34≤δ_s<50	12	13
	50≤δ_s<60	11	12
5 000≤DN≤6 000	18≤δ_s<24	14	16
	24≤δ_s<34	13	15
	34≤δ_s<50	12	13
	50≤δ_s<60	12	13

附 录 K
（资料性附录）
封头订货技术条件

K.1 在封头订货技术协议中采购方应明确规定所需封头的全部资料。这些资料包括但不限于下列内容：

a） 封头规格（名称、类型代号、公称直径、名义厚度、最小成形厚度），可用封头设计标记的形式注明；

b） 考虑封头成型工艺等减薄时封头加工的投料厚度 δ_s 应在订货技术协议中约定；

c） 封头与筒体对接的基准为外圆周长或内直径，应在双方订货技术协议中确定；

d） 如果直边高度与本标准中 6.3.10 规定不同时，应在订货技术协议中注明；

e） 封头材料及复验要求；

f） 制造及验收的执行标准；

g） 应提供相应封头的设计图纸（必要时）；

h） 热处理的要求；

i） 无损检测的要求；

j） 晶间腐蚀的要求（必要时）；

k） 压力容器的类别；

l） 对于分瓣制作的封头，应约定交货状态（整体、分瓣、预组对等）以及验收技术要求；

m） 对于平底形封头，应约定制作及验收技术要求（如平面度）；

n） 标识要求（本标准中 6.1.5、6.1.6、6.1.7）；

o） 油漆、包装与运输要求（本标准中第 8 章）；

p） 其他订货要求（如抛光、酸洗等）。

K.2 本标准中未规定的其他封头的类型及型式参数的标注，可参照本标准的标注方法，由封头制造厂自行确定。

K.3 不同于本标准中的以及超过表 4、表 5 范围（如倾斜度、外圆周长公差、内直径公差等）的要求，应在订货技术协议中约定。

ICS 75.160.20
E 31

中华人民共和国国家标准

GB/T 25199—2010

生物柴油调合燃料(B5)

Biodiesel fuel blend (B5)

2010-09-26 发布　　　　2011-02-01 实施

中华人民共和国国家质量监督检验检疫总局
中国国家标准化管理委员会　发布

前　言

本标准的附录A为规范性附录,附录B为资料性附录。

本标准由全国石油产品和润滑剂标准化技术委员会(SAC/TC 280)提出。

本标准由全国石油产品和润滑剂标准化技术委员会石油燃料和润滑剂分技术委员会(SAC/TC 280/SC 1)归口。

本标准起草单位:中国石油化工股份有限公司石油化工科学研究院、中粮集团有限公司。

本标准主要起草人:蔺建民、张永光、岳国君、黄印玉、王利、李率。

本标准为首次发布。

生物柴油调合燃料(B5)

警告:如果不遵守适当的防范措施,本标准所属产品在生产、贮运和使用等过程中可能存在危险。本标准无意对与本产品有关的所有安全问题提出建议。用户在使用本标准之前,有责任建立适当的安全和防范措施,并确定相关规章限制的适用性。

1 范围

本标准规定了由生物柴油和石油柴油调合的生物柴油调合燃料(B5)的术语和定义、分类和标记、要求和试验方法、检验规则及标志、包装、运输和贮存及安全。

本标准所属产品适用于压燃式发动机。

2 规范性引用文件

下列文件中的条款通过本标准的引用而成为本标准的条款。凡是注日期的引用文件,其随后所有的修改单(不包括勘误的内容)或修订版均不适用于本标准,然而,鼓励根据本标准达成协议的各方研究是否可使用这些文件的最新版本。凡是不注日期的引用文件,其最新版本适用于本标准。

GB 252 轻柴油

GB/T 261 闪点的测定 宾斯基-马丁闭口杯法(GB/T 261—2008,ISO 2719:2002,MOD)

GB/T 264 石油产品酸值测定法

GB/T 265 石油产品运动粘度测定法和动力粘度计算法

GB/T 268 石油产品残炭测定法(康氏法)(GB/T 268—1987,neq ISO 6615:1983)

GB/T 380 石油产品硫含量测定法(燃灯法)

GB/T 386 柴油着火性质测定法(十六烷值法)

GB/T 508 石油产品灰分测定法(GB/T 508—1985(1991),neq ISO 6245:1982)

GB/T 510 石油产品凝点测定法

GB/T 511 石油产品和添加剂机械杂质测定法(重量法)

GB/T 1884 原油和液体石油产品密度实验室测定法(密度计法)(GB/T 1884—2000,eqv ISO 3675:1998)

GB/T 1885 石油计量表(GB/T 1885—1998,eqv ISO 91-2:1991)

GB/T 2540 石油产品密度测定方法(比重瓶法)

GB/T 4756 石油液体手工取样法(GB/T 4756—1998,eqv ISO 3170:1988)

GB/T 5096 石油产品铜片腐蚀试验法

GB/T 6536 石油产品蒸馏测定法

GB/T 7304 石油产品和润滑剂酸值测定法(电位滴定法)

GB/T 11140 石油产品硫含量的测定 波长色散X射线荧光光谱法

GB 12268 危险货物品名表

GB/T 12700 石油产品和烃类化合物硫含量测定法(Wickbold燃烧法)(GB/T 12700—1990,eqv ISO 4260:1987)

GB/T 17040 石油和石油产品硫含量的测定 能量色散X射线荧光光谱法

GB/T 17144 石油产品残炭测定法(微量法)(GB/T 17144—1997,eqv ISO 10370:1993)

GB 19147 车用柴油

GB/T 20828 柴油机燃料调合用生物柴油(BD100)

GB/T 23801　中间馏分油中脂肪酸甲酯含量的测定　红外光谱法

SH 0164　石油产品包装、贮运及交货验收规则

SH/T 0175　馏分燃料油氧化安定性测定法(加速法)

SH/T 0246　轻质石油产品中水含量测定法(电量法)

SH/T 0248　柴油和民用取暖油冷滤点测定法

SH/T 0253　轻质石油产品中总硫含量测定法(电量法)

SH/T 0604　原油和石油产品密度测定法(U 型振动管法)(SH/T 0604—2000,eqv ISO 12185:1996)

SH/T 0606　中间馏分烃类组成测定法(质谱法)

SH/T 0689　轻质烃及发动机燃料和其它油品的总硫含量测定法(紫外荧光法)

SH/T 0765　柴油润滑性评定法(高频往复试验机法)(SH/T 0765—2005,ISO 12156-1:1997,MOD)

SH/T 0806　中间馏分芳烃含量的测定 示差折光检测器高效液相色谱法

ASTM D7371　柴油燃料中生物柴油(脂肪酸甲酯)含量的测定　中红外光谱法(FTIR-ATR-PLS 法)

3　术语和定义

下列术语和定义适用于本标准。

3.1

生物柴油　biodiesel

由动植物油脂与醇(例如甲醇或乙醇)经酯交换反应制得的脂肪酸单烷基酯,最典型的为脂肪酸甲酯(FAME),以 BD100 表示。

注:生物柴油(BD100)应满足 GB/T 20828 的技术要求。

3.2

石油柴油　petrodiesel

由石油制取的,或加有添加剂的用于压燃式发动机的烃类液体燃料。

4　分类和标记

4.1　产品分类

4.1.1　**类别**:本标准所属产品按用途分为 B5 轻柴油和 B5 车用柴油两个类别。B5 轻柴油是 2%～5%(体积分数)生物柴油(BD100)与 95%～98%(体积分数)石油柴油的调合燃料,适用于 GB 252 所适用的压燃式发动机;B5 车用柴油是 2%～5%(体积分数)生物柴油(BD100)与 95%～98%(体积分数)石油柴油的调合燃料,适用于 GB 19147 所适用的压燃式发动机。

4.1.2　**牌号**:B5 轻柴油按凝点分为 4 个牌号,B5 车用柴油按凝点分为 3 个牌号(无 10 号)。

10 号:适用于风险率为 10%的最低气温在 12 ℃以上的地区使用;

5 号:适用于风险率为 10%的最低气温在 8 ℃以上的地区使用;

0 号:适用于风险率为 10%的最低气温在 4 ℃以上的地区使用;

－10 号:适用于风险率为 10%的最低气温在－5 ℃以上的地区使用。

注:可参见附录 B《各地区风险率为 10%的最低气温》,使用不同牌号的生物柴油调合燃料(B5)。

4.2　产品标记

本产品标记为:[产品类别]　[产品牌号]　[标准号]

标记示例:

－10 号 B5 轻柴油标记为:B5 轻柴油　－10 号　GB/T 25199

5 要求和试验方法

5.1 B5 轻柴油的技术要求和试验方法见表 1。

5.2 B5 车用柴油的技术要求和试验方法见表 2。

表 1 B5 轻柴油技术要求和试验方法

项目		质量指标				试验方法
		10 号	5 号	0 号	-10 号	
氧化安定性，总不溶物/(mg/100 mL)	不大于	2.5				SH/T 0175
硫含量(质量分数)/%	不大于	0.15				GB/T 380[a]
酸值(以 KOH 计)/(mg/g)	不大于	0.09				GB/T 7304[b]
10%蒸余物残炭[c](质量分数)/%	不大于	0.3				GB/T 17144
灰分(质量分数)/%	不大于	0.01				GB/T 508
铜片腐蚀(50 ℃,3 h)/级	不大于	1				GB/T 5096
水含量(质量分数)/%	不大于	0.035				SH/T 0246
机械杂质		无				GB/T 511[d]
运动黏度(20 ℃)/(mm^2/s)		3.0～8.0				GB/T 265
闪点(闭口)/℃	不低于	55				GB/T 261
冷滤点/℃	不高于	12	8	4	-5	SH/T 0248
凝点/℃	不高于	10	5	0	-10	GB/T 510
十六烷值	不小于	45[e]				GB/T 386
密度(20 ℃)/(kg/m^3)		报告				GB/T 1884 GB/T 1885[f]
馏程： 50%回收温度/℃ 90%回收温度/℃ 95%回收温度/℃	 不高于 不高于 不高于	 300 355 365				GB/T 6536
生物柴油(脂肪酸甲酯，FAME)含量(体积分数)/%		2～5				GB/T 23801[g]

a 可用 GB/T 11140、GB/T 17040 、SH/T 0253 和 SH/T 0689 方法测定，结果有争议时，以 GB/T 380 方法为准。

b 可用 GB/T 264 方法测定，结果有争议时，以 GB/T 7304 方法为准。

c 若柴油中含有硝酸酯型十六烷值改进剂，10%蒸余物残炭的测定，应用不加硝酸酯的基础燃料进行。柴油中是否含有硝酸酯型十六烷值改进剂的检验方法见附录 A。可用 GB/T 268 方法测定，结果有争议时，以 GB/T 17144 方法为准。

d 可用目测法，即将试样注入 100 mL 玻璃量筒中，在室温(20 ℃±5 ℃)下观察，应当透明，没有悬浮和沉降的机械杂质。结果有争议时，按 GB/T 511 方法测定。

e 由中间基或环烷基原油生产的石油柴油调合的 B5 轻柴油十六烷值允许不小于 40(有特殊要求时，由供需双方确定)。

f 可用 SH/T 0604、GB/T 2540 方法测定，结果有争议时，以 GB/T 1884 和 GB/T 1885 方法为准。

g 可用 ASTM D7371 方法测定，结果有争议时，以 GB/T 23801 方法为准。

表 2 B5 车用柴油技术要求和试验方法

项目		质量指标			试验方法
		5 号	0 号	−10 号	
氧化安定性,总不溶物/(mg/100 mL)	不大于	2.5			SH/T 0175
硫含量(质量分数)/%	不大于	0.035			SH/T 0689[a]
酸值(以 KOH 计)/(mg/g)	不大于	0.09			GB/T 7304[b]
10%蒸余物残炭[c](质量分数)/%	不大于	0.3			GB/T 17144
灰分(质量分数)/%	不大于	0.01			GB/T 508
铜片腐蚀(50 ℃,3 h)/级	不大于	1			GB/T 5096
水含量(质量分数)/%	不大于	0.035			SH/T 0246
机械杂质		无			GB/T 511[d]
运动黏度(20 ℃)/(mm^2/s)		3.0~8.0			GB/T 265
闪点(闭口)/℃	不低于	55			GB/T 261
冷滤点/℃	不高于	8	4	−5	SH/T 0248
凝点/℃	不高于	5	0	−10	GB/T 510
十六烷值	不小于	49			GB/T 386
密度(20 ℃)/(kg/m^3)		810~850			GB/T 1884 GB/T 1885[e]
馏程: 50%回收温度/℃ 90%回收温度/℃ 95%回收温度/℃	 不高于 不高于 不高于	 300 355 365			GB/T 6536
润滑性(HFRR),磨痕直径(60 ℃)/μm	不大于	460			SH/T 0765
生物柴油(脂肪酸甲酯,FAME)含量(体积分数)/%		2~5			GB/T 23801[f]
多环芳烃(质量分数)/%	不大于	11			SH/T 0606[g]

[a] 可用 GB/T 380、GB/T 11140、GB/T 17040 和 SH/T 0253 方法测定,结果有争议时,以 SH/T 0689 方法为准。

[b] 可用 GB/T 264 方法测定,结果有争议时,以 GB/T 7304 方法为准。

[c] 若柴油中含有硝酸酯型十六烷值改进剂,10%蒸余物残炭的测定,应用不加硝酸酯的基础燃料进行。柴油中是否含有硝酸酯型十六烷值改进剂的检验方法见附录 A。可用 GB/T 268 方法测定,结果有争议时,以 GB/T 17144 方法为准。

[d] 可用目测法,即将试样注入 100 mL 玻璃量筒中,在室温(20 ℃±5 ℃)下观察,应当透明,没有悬浮和沉降的机械杂质。结果有争议时,按 GB/T 511 方法测定。

[e] 也可采用 SH/T 0604、GB/T 2540 方法测定,结果有争议时,以 GB/T 1884 和 GB/T 1885 方法为准。

[f] 可用 ASTM D7371 方法测定,结果有争议时,以 GB/T 23801 方法为准。

[g] 可用 SH/T 0806 方法测定,结果有争议时,以 SH/T 0606 方法为准。

6 检验规则

6.1 检验分类与检验项目

本产品检验分为出厂检验和型式检验。

6.1.1 出厂检验

出厂批次检验项目：硫含量、酸值、铜片腐蚀、水含量、机械杂质、运动黏度、闪点（闭口）、凝点、冷滤点、馏程、密度、生物柴油（脂肪酸甲酯）含量。

出厂周期检验项目：氧化安定性、10％蒸余物残炭、灰分、十六烷值、多环芳烃含量、润滑性，每月检测一次。

6.1.2 型式检验

型式检验项目为第5章表1或表2规定的所有检验项目。

在下列情况下进行型式检验：

a) 原油或生物柴油原料油脂性质发生变化、加工工艺条件改变，调合比例变化及检修后开工情况；

b) 出厂批次检验或出厂周期检验结果与上次型式检验结果有较大差异时。

6.2 组批

在原材料、工艺不变的条件下，产品每生产一罐或一釜为一批。

6.3 取样

取样按GB/T 4756进行，取4 L作为检验和留样用。

6.4 判定规则

出厂检验的结果全部符合本标准表1或者表2的技术要求时，则判定该批产品合格。

6.5 复验规则

如果出厂检验结果中有不符合表1或表2的技术要求的规定时，按GB/T 4756的规定自同批产品中重新抽取双倍量样品，对不合格项目进行复验，复检结果如仍有一项不符合本标准规定的技术要求时，则判定该批产品为不合格。

7 标志、包装、运输和贮存

标志、包装、运输、贮存及交货验收按SH 0164进行。

8 安全

根据GB 12268，生物柴油调合燃料（B5）属于易燃液体，其涉及的安全问题应符合相关法律、法规和标准的规定。

附 录 A
（规范性附录）
柴油中硝酸酯型十六烷值改进剂的检验

A.1 范围

本方法适用于检验柴油中使用的硝酸酯型十六烷值改进剂。本方法可作为测定残炭前使用的定性筛选方法。

A.2 方法概要

柴油试样在氢氧化钾-正丁醇混合物中皂化，用玻璃纤维滤纸过滤，留在滤纸上的物质干燥后用二苯胺试剂处理。二苯胺被硝酸盐氧化成深蓝色醌型化合物。生成的蓝色或蓝黑色斑点显示有硝酸酯型十六烷值改进剂。无颜色变化可确定没有十六烷值改进剂。

A.3 仪器或设备

A.3.1 反应瓶：容量 30 mL 广口瓶，带螺帽盖，盖内侧有锡或塑料衬里。

A.3.2 玻璃纤维滤纸：直径 37 mm。

A.3.3 移液管：容量 10 mL，带吸球。

A.3.4 量筒：10 mL 和 25 mL。

A.3.5 吸滤瓶：适合与 60 mL 玻璃烧结过滤器连接。

A.3.6 玻璃烧结过滤器：容量 60 mL。

A.3.7 烘箱：适用于在 110 ℃干燥玻璃纤维滤纸。

A.4 试剂

在本检验过程中所用试剂均为分析纯试剂。

A.4.1 氢氧化钾。

A.4.2 正丁醇。

A.4.3 硫酸。

A.4.4 二苯胺溶液（1 g/100 mL 溶液）。

配制：用 0.250 g 二苯胺溶解在 25 mL 硫酸中。

A.4.5 甲苯。

警告：甲苯为有毒可燃物，应避免吸入其蒸气，并避免与皮肤接触。

A.5 试验步骤

A.5.1 用 6.5 g 氢氧化钾与 100 mL 正丁醇混合，加热使氢氧化钾溶解，待溶液冷却后用玻璃纤维滤纸过滤混合物，即得到皂化混合物。

A.5.2 用移液管把 10 mL 试样注入反应瓶，加入 5 mL 甲苯，再加入 10 mL 皂化混合物。

警告：不应当用口吸移液管，因为检验中存在有毒物质。

A.5.3 用螺帽盖牢固地盖在反应瓶上，混合内盛物后，放在 110 ℃烘箱中保持 4 h。

A.5.4 从烘箱中取出的反应瓶冷却到 25 ℃±3 ℃。

A.5.5 将反应瓶中的内盛物在装有玻璃纤维滤纸的玻璃烧结过滤器内过滤。

A.5.6 用 2.5 mL 甲苯洗涤反应瓶，并转移到玻璃烧结过滤器内过滤。

A.5.7 小心取出玻璃纤维滤纸，放在 110 ℃烘箱中干燥 15 min。

A.5.8 取出玻璃纤维滤纸，冷却到 25 ℃±3 ℃。

A.5.9 向滤纸中央滴入 3 滴二苯胺溶液，观察是否形成蓝色或蓝黑色。

A.6 报告

如果出现蓝色，应报告有硝酸酯型十六烷值改进剂。含有 0.5%(体积分数)硝酸酯型十六烷值改进剂的柴油参比试样会使整个试剂部位呈现深蓝色至蓝黑色。而仅含 0.1%(体积分数)硝酸酯型十六烷值改进剂的柴油参比试样会使试剂部位的外缘呈现蓝色环。

如果出现上述的蓝色、深蓝色或蓝黑色，则试样为阳性反应。残炭的测定必须用不加硝酸酯型十六烷值改进剂的基础燃料进行。

附　录　B
（资料性附录）
各地区风险率为10%的最低气温

B.1　各地区风险率为10%的最低气温是从中央气象局资料室编写的《石油产品标准的气温资料》中摘录编制的。它是由我国152个气象台、站，从1961年至1980年逐日自最高（低）气温记录分析得出的。某月风险率为10%的最低气温值，表示该月中最低气温低于该值的概率为0.1，或者说该月中最低气温高于该值的概率为0.9。

B.2　推荐风险率为10%的最低气温用来估计使用地区的最低操作温度，这对柴油机在低温操作时的正常设备防寒、燃油系统的设计、柴油的生产、供销及使用提供可靠的气温数据。

表B.1　各地区风险率为10%的最低气温表　　℃

	一月份	二月份	三月份	四月份	五月份	六月份	七月份	八月份	九月份	十月份	十一月份	十二月份
河北省	−14	−13	−5	1	8	14	19	17	9	1	−6	−12
山西省	−17	−16	−8	−1	5	11	15	13	6	−2	−9	−16
内蒙古自治区	−43	−42	−35	−21	−7	−1	4	1	−8	−19	−32	−41
黑龙江省	−44	−42	−35	−20	−6	1	7	4	−6	−20	−35	−43
吉林省	−29	−27	−17	−6	1	8	14	12	2	−6	−17	−26
辽宁省	−23	−21	−12	−1	6	12	18	15	6	−2	−12	−20
山东省	−12	−12	−5	2	8	14	19	18	11	4	−4	−10
江苏省	−10	−9	−3	3	11	15	20	20	12	5	−2	−8
安徽省	−7	−7	−1	5	12	18	20	20	14	7	0	−6
浙江省	−4	−3	1	6	13	17	22	21	15	8	2	−3
江西省	−2	−2	3	9	15	20	23	23	18	12	4	0
福建省	−4	−2	3	8	14	18	21	20	15	8	1	−3
台湾省[a]	3	0	2	8	10	16	19	19	13	10	1	2
广东省	1	2	7	12	18	21	23	23	20	13	7	2
海南省	9	10	15	19	22	24	24	23	23	19	15	12
广西壮族自治区	3	3	8	12	18	21	23	23	19	15	9	4
湖南省	−2	−2	3	9	14	18	22	21	16	10	1	−1
湖北省	−6	−4	0	6	12	17	21	20	14	8	1	−4
河南省	−10	−9	−2	4	10	15	20	18	11	4	−3	−8
四川省	−21	−17	−11	−7	−2	1	2	1	0	−7	−14	−19
贵州省	−6	−6	−1	3	7	9	12	11	8	4	−1	−4
云南省	−9	−8	−6	−3	1	5	7	7	5	−1	−5	−8
西藏自治区	−29	−25	−21	−15	−9	−3	−1	0	−6	−14	−22	−29
新疆维吾尔族自治区	−40	−38	−28	−12	−5	−2	0	−2	−6	−14	−25	−34

表 B.1（续）

℃

	一月份	二月份	三月份	四月份	五月份	六月份	七月份	八月份	九月份	十月份	十一月份	十二月份
青海省	−33	−30	−25	−18	−10	−6	−3	−4	−6	−16	−28	−33
甘肃省	−23	−23	−16	−9	−1	3	5	5	0	−8	−16	−22
陕西省	−17	−15	−6	−1	5	10	15	12	6	−1	−9	−15
宁夏回族自治区	−21	−20	−10	−4	2	6	9	8	3	−4	−12	−19

[a] 台湾省所列的温度是绝对最低气温，即风险率为0%的最低气温。

ICS 13.220.10
C 84

中华人民共和国国家标准

GB 25200—2010

干粉枪

Powder nozzle

2010-09-26 发布 2011-03-01 实施

中华人民共和国国家质量监督检验检疫总局
中国国家标准化管理委员会 发布

前　　言

本标准的第5章为强制性的，其余为推荐性的。

本标准的附录A是规范性附录。

本标准由中华人民共和国公安部提出。

本标准由全国消防标准化技术委员会消防车泵分技术委员会(SAC/TC 113/SC 4)归口。

本标准起草单位：公安部上海消防研究所。

本标准主要起草人：戎军、金韡、池巧灵、李芙萍、王怡、朱赟。

干　粉　枪

1　范围

本标准规定了干粉枪的术语和定义、分类与型号、性能要求、试验方法、检验规则、标志、包装、贮存、运输和使用说明书等要求。

本标准适用于以干粉为喷射介质的各类干粉枪。

2　规范性引用文件

下列文件中的条款通过本标准的引用而成为本标准的条款。凡是注日期的引用文件，其随后所有的修改单(不包括勘误的内容)或修订版均不适用于本标准，然而，鼓励根据本标准达成协议的各方研究是否可使用这些文件的最新版本。凡是不注日期的引用文件，其最新版本适用于本标准。

GB/T 3864　工业氮

GB 4066.1　干粉灭火剂　第1部分：BC干粉灭火剂(GB 4066.1—2004，ISO 7202：1987，NEQ)

GB 4066.2　干粉灭火剂　第2部分：ABC干粉灭火剂(GB 4066.2—2004，ISO 7202：1987，NEQ)

GB 8181—2005　消防水枪

GB 12514.1　消防接口　第1部分：消防接口通用技术条件

GB 12514.2　消防接口　第2部分：内扣式消防接口型式和基本参数

GB 12514.3　消防接口　第3部分：卡式消防接口型式和基本参数

GB 12514.4　消防接口　第4部分：螺纹式消防接口型式和基本参数

3　术语和定义

下列术语和定义适用于本标准。

3.1

干粉枪　powder nozzle

一种由单人或多人携带和操作的以干粉作为灭火剂的喷射管枪。

3.2

有效喷射时间　effective discharge time

干粉枪自规定的最大工作压力时开始喷射，至降到规定的最低工作压力时的时间。

3.3

有效喷射率　effective discharge rate

在有效喷射时间内，喷出的单位时间干粉质量。

3.4

有效射程　effective range

干粉枪在喷射轴线上喷射干粉，受粉盘中干粉质量最大的一排至枪口端中心在地面的垂直投影点之间的距离。

4　分类与型号

4.1　分类

按操作结构不同可分为：

a)　杆式手柄开关干粉枪；

b) 弓形手柄开关干粉枪;

c) 扳机式开关干粉枪。

4.2 型号

干粉枪的型号组成:

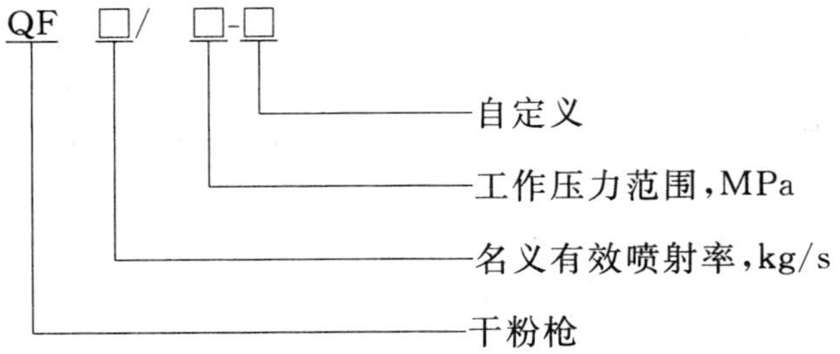

示例:名义有效喷射率为 3 kg/s,工作压力范围为 0.6 MPa~0.8 MPa 的干粉枪其型号为:QF3/0.6~0.8。

5 性能要求

5.1 外观要求

5.1.1 钣金件、冲压件表面应无重皮、明显机械损伤与凹凸不平等缺陷。

5.1.2 焊接件焊缝应均匀,无裂纹、烧穿、咬边等缺陷。

5.1.3 锻铸件表面应无重皮、结疤、缩孔、缩松等缺陷。

5.1.4 压铸件表面应无流痕、缺料、裂缝、起泡、脱皮等缺陷。

5.1.5 镀层和涂层应色泽均匀,无剥落、气泡、划伤等缺陷。

5.2 基本性能参数

干粉枪的基本性能参数应符合表 1 的规定。

表 1 干粉枪的性能参数

名义有效喷射率/(kg/s)	实际有效喷射率 E/(kg/s)	工作压力范围/MPa	有效射程/m
0.5	0.5≤E<1	规定的最小/最大工作压力	≥3
1	1≤E<2		≥5
2	2≤E<3		≥6
3	3≤E<4		≥8
4	4≤E<5		≥10
5	5≤E<8		≥11
8	8≤E<10		≥12

5.3 材料

与干粉直接接触的零部件应采用铜、不锈钢等耐腐蚀性的材料制造。

5.4 密封性能

干粉枪按 6.4 进行密封性能试验,试验压力为最大工作压力的 1.1 倍,保持 5 min,各连接部位和开关处应无气漏现象。

5.5 耐水压强度性能

干粉枪按 6.5 进行耐水压强度性能试验,试验压力为最大工作压力的 1.5 倍,保持 5 min,枪体和开关不应有冒汗、裂纹及永久变形等现象。

5.6 跌落性能

干粉枪按 6.6 进行跌落性能试验,应无损坏松动,并能正常操作。

5.7 耐腐蚀性能

干粉枪按6.7进行耐腐蚀性能试验，试验后干粉枪应无明显的腐蚀损坏，并能正常操作。

5.8 耐喷射冲击性能

干粉枪按6.8进行耐喷射冲击性能试验，在最大工作压力1.1倍的压力下连续喷射3 min，应无松动、结构损坏。

5.9 操作结构要求

5.9.1 对于杆式手柄开关的干粉枪，杆式手柄指向干粉枪出口是"开"，杆式手柄垂直干粉枪轴线是"关"，并且在这两个位置有限位功能。

5.9.2 对于弓形手柄开关的干粉枪，弓形手柄指向干粉枪进口是"开"，弓形手柄指向干粉枪出口是"关"，并且在这两个位置有限位功能。

5.9.3 对于扳机式开关的干粉枪，手握紧是"开"，手放松是"关"。

5.9.4 干粉枪的操作力矩不应大于15 N·m。

5.10 接口要求

接口型式和尺寸应符合GB 12514.1、GB 12514.2、GB 12514.3和GB 12514.4的规定，并与定型时选用的接口型式和尺寸一致。

5.11 非金属件性能要求

采用非金属件的枪筒，其材料应符合相应国家标准的要求。

6 试验方法

6.1 外观检查

采用目测。

6.2 基本性能试验

6.2.1 试验场地、驱动气体和干粉

试验场地应平坦，试验时风速小于2 m/s，气温在5 ℃～35 ℃范围内。

喷射用驱动气体应采用氮气，氮气应符合GB/T 3864的规定。喷射用干粉应符合GB 4066.1和GB 4066.2的规定。根据干粉枪的名义有效喷射率选择适宜的驱动气体和干粉量。

以水平放置的干粉枪枪口中心作铅垂线与地面的交点为原点；顺风方向布置受粉盘，在有效射程基准值的80%～120%范围内每隔0.5 m～1 m放置1个，各受粉盘与原点联成一条直线；在联线的左、右平行地各布置2行，各行间距为0.5 m～1 m，呈互相垂直的网格布置。受粉盘为正方形，其规格应一致。边长为300 mm～400 mm，高为30 mm～40 mm。

6.2.2 有效喷射时间和有效射程的测定

将干粉枪置于喷射架上，调整好枪轴线与水平线的夹角至0°±1°，调整枪出口端中心至地面的高度为1 m。干粉枪进口压力到规定的最大工作压力后，喷射干粉并开始计时，待干粉枪进口压力降到规定的最低工作压力时停止喷射干粉，记录有效喷射时间。

分别称出各受粉盘中干粉的质量，计算每排5个受粉盘内干粉质量之和，质量最大的一排至原点的距离即为干粉有效射程。

6.2.3 有效喷射率测定

按式(1)计算有效喷射率：

$$E=\frac{Q_0-Q_e}{T} \qquad \cdots\cdots(1)$$

式中：

E——有效喷射率，单位为千克每秒(kg/s)；

Q_0——干粉装填量，单位为千克(kg)；

Q_e——剩余干粉质量，单位为千克(kg)；

T——有效喷射时间，单位为秒(s)。

6.3 材料检查

采用目测和查看材质报告的方法。

6.4 密封性能试验

将干粉枪的进口端安装在试验管网上，关闭开关。将干粉枪浸没在+5 ℃～+55 ℃的清水中，水面应高于干粉枪顶端 50 mm 以上，然后用气加压，压力从零开始以不超过 0.1 MPa/s 的速率升压到最大工作压力的 1.1 倍，保持 5 min，并注意观察。

6.5 耐水压强度性能试验

将干粉枪的进口端安装在试验管网上，先排除管网和枪体中的空气使管网和枪体充满水，关闭开关，然后加压，压力从零开始以不超过 0.1 MPa/s 的速率升压到最大工作压力的 1.5 倍，保持 5 min。

打开开关泄压后，用闷盖或其他工具堵塞其余出口端，排除管网和枪体中的空气使管网和枪体充满水，然后加压，压力从零开始以不超过 0.1 MPa/s 的速率升压到最大工作压力的 1.5 倍，保持 5 min。

6.6 跌落性能试验

按 GB 8181—2005 中 6.8 进行跌落性能试验。

6.7 耐腐蚀性能试验

按 GB 8181—2005 中 6.9 进行耐腐蚀性能试验。

6.8 耐喷射冲击性能试验

将干粉枪安装在试验管网上，调节进口压力为规定的试验压力，连续喷射 3 min。

6.9 操作结构试验

6.9.1 操作结构检查

检查干粉枪操作结构。

6.9.2 操作力矩测定

将干粉枪置于试验装置上，关闭干粉枪上的开关，对干粉枪加压至额定喷射压力，用三等标准测力计测量干粉枪开关从关闭状态至全开状态的最大操作力矩。

6.10 接口检查

采用目测和查看定型检验报告的方法。

6.11 非金属件性能检查

采用目测和查看材质报告的方法。

7 检验规则

7.1 型式检验

7.1.1 凡属下列情况之一，应进行型式检验：

a) 新产品鉴定；

b) 正式生产后，原材料、工艺、设计有较大变动时；

c) 停产一年后恢复生产或正常生产满三年时；

d) 国家质量监督机构提出进行型式检验要求时。

7.1.2 型式检验的内容为本标准规定的全部项目，检验结果均应达到标准规定。

7.1.3 型式检验的试验样品数量为 3 支，试验程序应符合附录 A 的规定。

7.2 出厂检验

7.2.1 出厂前应进行出厂检验。

7.2.2 出厂检验按 5.1、5.2、5.3、5.4、5.5 的规定进行，其结果均应符合本标准的规定。

8 标志、包装、贮存、运输和使用说明书

8.1 标志

8.1.1 应在明显位置设置清晰永久性标志铭牌，至少应标示：产品名称、型号规格、产品编号、执行标准代号、制造商名称或注册商标、出厂日期等。

8.1.2 包装箱表面应印有产品名称、型号规格、数量、包装箱外部尺寸、毛重、制造商名称、地址和联系电话。

8.2 包装

产品的包装应保证在正常运输中不损坏和散包，并符合用户需要和运输部门的规定。

8.3 贮存

贮存库房要通风、干燥、清洁。

8.4 运输

运输时要轻装轻卸，不应抛掷，防止碰撞，避免雨淋、曝晒及染色。

8.5 使用说明书

产品应附有中文使用说明书，其内容应包括基本参数、执行产品标准号、维护保养、操作程序及注意事项。

附　录　A
（规范性附录）
干粉枪试验程序

A.1　试验项目编号

干粉枪试验项目编号见表 A.1。

表 A.1　试验项目编号

试验项目编号	试验项目	试验方法条款号
1	外观检查	6.1
2	基本性能试验	6.2
3	材料检查	6.3
4	密封性能试验	6.4
5	耐水压强度性能试验	6.5
6	跌落性能试验	6.6
7	耐腐蚀性能试验	6.7
8	耐喷射冲击性能试验	6.8
9	操作结构试验	6.9
10	接口检查	6.10
11	非金属件性能检查	6.11

A.2　试验程序

干粉枪试验程序见图 A.1。

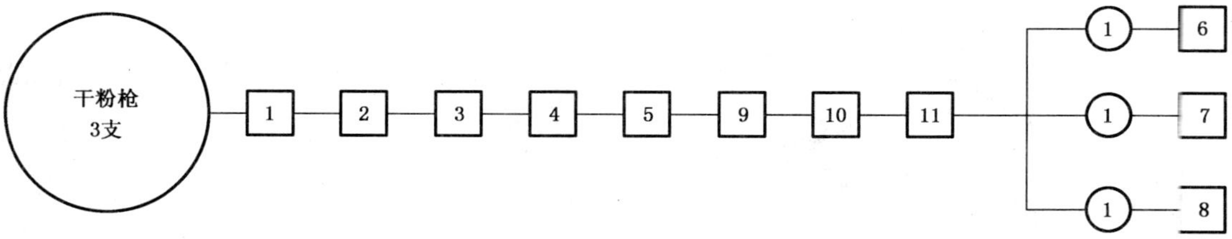

注 1：方框中的数字为试验项目编号。

注 2：圆图中的数字为试验所需样品数量。

图 A.1　干粉枪试验程序

ICS 13.220.20
C 82

中华人民共和国国家标准

GB 25201—2010

建筑消防设施的维护管理

Maintenance management for building fire equipments

2010-09-26 发布　　2011-03-01 实施

中华人民共和国国家质量监督检验检疫总局
中国国家标准化管理委员会　发布

前　言

本标准的4.2～4.6、5.2、6.1、7.1、第8章、第9章、第10章为强制性的，其余为推荐性的。

本标准的附录A～附录E均为规范性附录。

本标准由中华人民共和国公安部提出。

本标准由全国消防标准化技术委员会消防管理分技术委员会(SAC/TC 113/SC 9)归口。

本标准起草单位：公安部消防局、江苏省公安厅消防局。

本标准主要起草人：李淑惠、刘激扬、丁余平、周广连、廖平、冯婧钰、李锦成、陈秉安、张先来、张梅红、郭玲玲、刘喜娟、唐卫君、王宗存。

引　言

建筑消防设施按照国家有关法律法规和国家工程建设消防技术标准设置，是探测火灾发生、及时控制和扑救初起火灾的重要保障。对建筑消防设施实施维护管理，确保其完好有效，是建筑物产权、管理和使用单位的法定职责。为引导和规范建筑消防设施的维护管理工作，确保建筑消防设施完好有效，依据国家现行法律法规和消防技术标准，制定本标准。

建筑消防设施的维护管理

1 范围

本标准规定了建筑消防设施维护管理的内容、方法和要求。

本标准适用于在用建筑消防设施的维护管理。

2 规范性引用文件

下列文件中的条款通过本标准的引用而成为本标准的条款。凡是注日期的引用文件，其随后所有的修改单(不包括勘误的内容)或修订版均不适用于本标准，然而，鼓励根据本标准达成协议的各方研究是否可使用这些文件的最新版本。凡是不注日期的引用文件，其最新版本适用于本标准。

GB/T 14107 消防基本术语 第二部分

GA 503 建筑消防设施检测技术规程

GA 767 消防控制室通用技术要求

3 术语和定义

GB/T 14107 中确定的以及下列术语和定义适用于本标准。

3.1

巡查 exterior inspection

对建筑消防设施直观属性的检查。

3.2

检测 test

依照相关标准，对各类建筑消防设施的功能进行测试性的检查。

4 总则

4.1 建筑消防设施的维护管理包括值班、巡查、检测、维修、保养、建档等工作。

4.2 建筑物的产权单位或受其委托管理建筑消防设施的单位，应明确建筑消防设施的维护管理归口部门、管理人员及其工作职责，建立建筑消防设施值班、巡查、检测、维修、保养、建档等制度，确保建筑消防设施正常运行。

4.3 同一建筑物有两个以上产权、使用单位的，应明确建筑消防设施的维护管理责任，对建筑消防设施实行统一管理，并以合同方式约定各自的权利义务。委托物业等单位统一管理的，物业等单位应严格按合同约定履行建筑消防设施维护管理职责，建立建筑消防设施值班、巡查、检测、维修、保养、建档等制度，确保管理区域内的建筑消防设施正常运行。

4.4 建筑消防设施维护管理单位应与消防设备生产厂家、消防设施施工安装企业等有维修、保养能力的单位签订消防设施维修、保养合同。维护管理单位自身有维修、保养能力的，应明确维修、保养职能部门和人员。

4.5 建筑消防设施投入使用后，应处于正常工作状态。建筑消防设施的电源开关、管道阀门，均应处于正常运行位置，并标示开、关状态；对需要保持常开或常闭状态的阀门，应采取铅封、标识等限位措施；对具有信号反馈功能的阀门，其状态信号应反馈到消防控制室；消防设施及其相关设备电气控制柜具有控制方式转换装置的，其所处控制方式宜反馈至消防控制室。

4.6 不应擅自关停消防设施。值班、巡查、检测时发现故障，应及时组织修复。因故障维修等原因需要暂时停用消防系统的，应有确保消防安全的有效措施，并经单位消防安全责任人批准。

4.7 城市消防远程监控系统联网用户，应按规定协议向监控中心发送建筑消防设施运行状态信息和消防安全管理信息。

5 值班

5.1 设有建筑消防设施的单位应根据消防设施操作使用要求制定操作规程，明确操作人员。

负责消防设施操作的人员应通过消防行业特有工种职业技能鉴定，持有初级技能以上等级的职业资格证书，能熟练操作消防设施。消防控制室、具有消防配电功能的配电室、消防水泵房、防排烟机房等重要的消防设施操作控制场所，应根据工作、生产、经营特点建立值班制度，确保火灾情况下有人能按操作规程及时、正确操作建筑消防设施。

单位制定灭火和应急疏散预案以及组织预案演练时，应将建筑消防设施的操作内容纳入其中，对操作过程中发现的问题应及时纠正。

5.2 消防控制室值班时间和人员应符合以下要求：

a) 实行每日 24 h 值班制度。值班人员应通过消防行业特有工种职业技能鉴定，持有初级技能以上等级的职业资格证书。

b) 每班工作时间应不大于 8 h，每班人员应不少于 2 人。值班人员对火灾报警控制器进行日检查、接班、交班时，应填写《消防控制室值班记录表》(见表 A.1)的相关内容。值班期间每 2 h 记录一次消防控制室内消防设备的运行情况，及时记录消防控制室内消防设备的火警或故障情况。

c) 正常工作状态下，不应将自动喷水灭火系统、防烟排烟系统和联动控制的防火卷帘等防火分隔设施设置在手动控制状态。其他消防设施及其相关设备如设置在手动状态时，应有在火灾情况下迅速将手动控制转换为自动控制的可靠措施。

5.3 消防控制室值班人员接到报警信号后，应按下列程序进行处理：

a) 接到火灾报警信息后，应以最快方式确认。

b) 确认属于误报时，查找误报原因并填写《建筑消防设施故障维修记录表》(见表 B.1)。

c) 火灾确认后，立即将火灾报警联动控制开关转入自动状态(处于自动状态的除外)，同时拨打“119”火警电话报警。

d) 立即启动单位内部灭火和应急疏散预案，同时报告单位消防安全责任人。单位消防安全责任人接到报告后应立即赶赴现场。

5.4 消防控制室的安全管理信息、控制及显示要求应满足 GA 767 的规定。

6 巡查

6.1 一般要求

6.1.1 建筑消防设施的巡查应由归口管理消防设施的部门或单位实施，按照工作、生产、经营的实际情况，将巡查的职责落实到相关工作岗位。

6.1.2 从事建筑消防设施巡查的人员，应通过消防行业特有工种职业技能鉴定，持有初级技能以上等级的职业资格证书。

6.1.3 建筑消防设施巡查应明确各类建筑消防设施的巡查部位、频次和内容。巡查时应填写《建筑消防设施巡查记录表》(见表 C.1)。巡查时发现故障，应按第 8 章要求处理。

6.1.4 建筑消防设施巡查频次应满足下列要求：

a) 公共娱乐场所营业时，应结合公共娱乐场每 2 h 巡查一次的要求，视情况将建筑消防设施的巡查部分或全部纳入其中，但全部建筑消防设施应保证每日至少巡查一次；

b) 消防安全重点单位，每日巡查一次；

c) 其他单位，每周至少巡查一次。

6.2 巡查内容

6.2.1 消防供配电设施的巡查内容见表 C.1 中“消防供配电设施”部分。

6.2.2 火灾自动报警系统的巡查内容见表 C.1 中“火灾自动报警系统”部分。

6.2.3 电气火灾监控系统的巡查内容见表 C.1 中“电气火灾监控系统”部分。

6.2.4 可燃气体探测报警系统的巡查内容见表 C.1 中“可燃气体探测报警系统”部分。

6.2.5 消防供水设施的巡查内容见表 C.1 中“消防供水设施”部分。

6.2.6 消火栓(消防炮)灭火系统的巡查内容见表 C.1 中“消火栓(消防炮)灭火系统”部分。

6.2.7 自动喷水灭火系统的巡查内容见表 C.1 中“自动喷水灭火系统”部分。

6.2.8 泡沫灭火系统的巡查内容见表 C.1 中“泡沫灭火系统”部分。

6.2.9 气体灭火系统的巡查内容见表 C.1 中“气体灭火系统”部分。

6.2.10 防烟、排烟系统的巡查内容见表 C.1 中“防烟、排烟系统”部分。

6.2.11 应急照明和疏散指示标志的巡查内容见表 C.1 中“应急照明和疏散指示标志”部分。

6.2.12 应急广播系统的巡查内容见表 C.1 中“应急广播系统”部分。

6.2.13 消防专用电话的巡查内容见表 C.1 中“消防专用电话”部分。

6.2.14 防火分隔设施的巡查内容见表 C.1 中“防火分隔设施”部分。

6.2.15 消防电梯的巡查内容见表 C.1 中“消防电梯”部分。

6.2.16 细水雾灭火系统的巡查内容见表 C.1 中“细水雾灭火系统”部分。

6.2.17 干粉灭火系统的巡查内容见表 C.1 中“干粉灭火系统”部分。

6.2.18 灭火器的巡查内容见表 C.1 中“灭火器”部分。

6.2.19 其他需要巡查的内容见表 C.1 中“其他巡查内容”部分。单位也可根据实际情况，参考表 C.1 的样式，自行制定有关消防安全巡查记录表。

7 检测

7.1 一般要求

7.1.1 建筑消防设施应每年至少检测一次，检测对象包括全部系统设备、组件等。设有自动消防系统的宾馆、饭店、商场、市场、公共娱乐场所等人员密集场所、易燃易爆单位以及其他一类高层公共建筑等消防安全重点单位，应自系统投入运行后每一年底前，将年度检测记录报当地公安机关消防机构备案。在重大节日、重大活动前或者期间，应根据当地公安机关消防机构的要求对建筑消防设施进行检测。

7.1.2 从事建筑消防设施检测的人员，应当通过消防行业特有工种职业技能鉴定，持有高级技能以上等级职业资格证书。

7.1.3 建筑消防设施检测应按 GA 503 的要求进行，并如实填写《建筑消防设施检测记录表》(见表 D.1)的相关内容。

7.2 检测内容

7.2.1 消防供配电设施的检测内容见表 D.1 中“消防供电配电设施”部分。

7.2.2 火灾自动报警系统的检测内容见表 D.1 中“火灾自动报警系统”部分。

7.2.3 消防供水设施的检测内容见表 D.1 中“消防供水设施”部分。

7.2.4 消火栓(消防炮)灭火系统的检测内容见表 D.1 中“消火栓(消防炮)灭火系统”部分。

7.2.5 自动喷水灭火系统的检测内容见表 D.1 中“自动喷水灭火系统”部分。

7.2.6 泡沫灭火系统的检测内容见表 D.1 中“泡沫灭火系统”部分。

7.2.7 气体灭火系统的检测内容见表 D.1 中“气体灭火系统”部分。

7.2.8 防烟系统的检测内容见表 D.1 中“机械加压送风系统”部分。

7.2.9 排烟系统的检测内容见表D.1中“机械排烟系统”部分。

7.2.10 应急照明系统的检测内容见表D.1中“应急照明系统”部分。

7.2.11 应急广播系统的检测内容见表D.1中“应急广播系统”部分。

7.2.12 消防专用电话的检测内容见表D.1中“消防专用电话”部分。

7.2.13 防火分隔设施的检测内容见表D.1中“防火分隔”部分。

7.2.14 消防电梯的检测内容见表D.1中“消防电梯”部分。

7.2.15 细水雾灭火系统的检测内容见表D.1中“细水雾灭火系统”部分。

7.2.16 干粉灭火系统的检测内容见表D.1中“干粉灭火系统”部分。

7.2.17 灭火器的检测内容见表D.1中“灭火器”部分。

7.2.18 其他需要检测的内容见表D.1中“其他设施”部分。从事检测工作的单位也可根据实际情况，参考表D.1的样式，自行制定有关消防安全检测记录表。

8 维修

8.1 从事建筑消防设施维修的人员，应当通过消防行业特有工种职业技能鉴定，持有技师以上等级职业资格证书。

8.2 值班、巡查、检测、灭火演练中发现建筑消防设施存在问题和故障的，相关人员应填写《建筑消防设施故障维修记录表》(见表B.1)，并向单位消防安全管理人报告。

8.3 单位消防安全管理人对建筑消防设施存在的问题和故障，应立即通知维修人员进行维修。维修期间，应采取确保消防安全的有效措施。故障排除后应进行相应功能试验并经单位消防安全管理人检查确认。维修情况应记入《建筑消防设施故障维修记录表》(见表B.1)。

9 保养

9.1 一般规定

9.1.1 建筑消防设施维护保养应制定计划，列明消防设施的名称、维护保养的内容和周期(见表E.1)。

9.1.2 从事建筑消防设施保养的人员，应通过消防行业特有工种职业技能鉴定，持有高级技能以上等级职业资格证书。

9.1.3 凡依法需要计量检定的建筑消防设施所用称重、测压、测流量等计量仪器仪表以及泄压阀、安全阀等，应按有关规定进行定期校验并提供有效证明文件。单位应储备一定数量的建筑消防设施易损件或与有关产品厂家、供应商签订相关合同，以保证供应。

9.1.4 实施建筑消防设施的维护保养时，应填写《建筑消防设施维护保养记录表》(见表E.2)并进行相应功能试验。

9.2 保养内容

9.2.1 对易污染、易腐蚀生锈的消防设备、管道、阀门应定期清洁、除锈、注润滑剂。

9.2.2 点型感烟火灾探测器应根据产品说明书的要求定期清洗、标定；产品说明书没有明确要求的，应每二年清洗、标定一次。可燃气体探测器应根据产品说明书的要求定期进行标定。火灾探测器、可燃气体探测器的标定应由生产企业或具备资质的检测机构承担。承担标定的单位应出具标定记录。

9.2.3 储存灭火剂和驱动气体的压力容器应按有关气瓶安全监察规程的要求定期进行试验、标识。

9.2.4 泡沫、干粉等灭火剂应按产品说明书委托有资质单位进行包括灭火性能在内的测试。

9.2.5 以蓄电池作为后备电源的消防设备，应按照产品说明书的要求定期对蓄电池进行维护。

9.2.6 其他类型的消防设备应按照产品说明书的要求定期进行维护保养。

9.2.7 对于使用周期超过产品说明书标识寿命的易损件、消防设备，以及经检查测试已不能正常使用的火灾探测器、压力容器、灭火剂等产品设备应及时更换。

10 档案

10.1 内容

建筑消防设施档案应包含建筑消防设施基本情况和动态管理情况。基本情况包括建筑消防设施的验收文件和产品、系统使用说明书、系统调试记录、建筑消防设施平面布置图、建筑消防设施系统图等原始技术资料。动态管理情况包括建筑消防设施的值班记录、巡查记录、检测记录、故障维修记录以及维护保养计划表、维护保养记录、自动消防控制室值班人员基本情况档案及培训记录。

10.2 保存期限

10.2.1 建筑消防设施的原始技术资料应长期保存。

10.2.2 《消防控制室值班记录表》(见表 A.1)和《建筑消防设施巡查记录表》(见表 C.1)的存档时间不应少于一年。

10.2.3 《建筑消防设施检测记录表》(见表 D.1)、《建筑消防设施故障维修记录表》(见表 B.1)、《建筑消防设施维护保养计划表》(见表 E.1)、《建筑消防设施维护保养记录表》(见表 E.2)的存档时间不应少于五年。

附 录 A
（规范性附录）
消防控制室值班记录表

消防控制室值班记录表见表 A.1。

表 A.1 消防控制室值班记录表

序号：____________________

<table>
<tr><td colspan="7">火灾报警控制器运行情况</td><td rowspan="3">报警、故障部位、原因及处理情况</td><td colspan="5">控制室内其他消防系统运行情况</td><td rowspan="3">报警、故障部位、原因及处理情况</td><td colspan="6">值班情况</td></tr>
<tr><td rowspan="2">正常</td><td rowspan="2">故障</td><td colspan="2">火警</td><td rowspan="2">故障报警</td><td rowspan="2">监管报警</td><td rowspan="2">漏报</td><td rowspan="2">消防系统及其相关设备名称</td><td colspan="2">控制状态</td><td colspan="2">运行状态</td><td>值班员</td><td></td><td>值班员</td><td></td><td>值班员</td><td></td></tr>
<tr><td>火警</td><td>误报</td><td>自动</td><td>手动</td><td>正常</td><td>故障</td><td>时段</td><td>～</td><td>时段</td><td>～</td><td>时段</td><td>～</td></tr>
<tr><td colspan="14"></td><td colspan="6">时间记录</td></tr>
<tr><td></td><td></td><td></td><td></td><td></td><td></td><td></td><td></td><td></td><td></td><td></td><td></td><td></td><td></td><td colspan="2"></td><td colspan="2"></td><td colspan="2"></td></tr>
<tr><td></td><td></td><td></td><td></td><td></td><td></td><td></td><td></td><td></td><td></td><td></td><td></td><td></td><td></td><td colspan="2"></td><td colspan="2"></td><td colspan="2"></td></tr>
<tr><td></td><td></td><td></td><td></td><td></td><td></td><td></td><td></td><td></td><td></td><td></td><td></td><td></td><td></td><td colspan="2"></td><td colspan="2"></td><td colspan="2"></td></tr>
<tr><td colspan="2" rowspan="6">火灾报警控制器日检查情况记录</td><td colspan="2" rowspan="2">火灾报警控制器型号</td><td colspan="10">检查内容</td><td colspan="2" rowspan="2">检查时间</td><td rowspan="2">检查人</td><td colspan="3" rowspan="2">故障及处理情况</td></tr>
<tr><td colspan="2">自检</td><td colspan="2">消音</td><td colspan="2">复位</td><td colspan="2">主电源</td><td colspan="2">备用电源</td></tr>
<tr><td colspan="2"></td><td colspan="2"></td><td colspan="2"></td><td colspan="2"></td><td colspan="2"></td><td colspan="2"></td><td colspan="2"></td><td></td><td colspan="3"></td></tr>
<tr><td colspan="2"></td><td colspan="2"></td><td colspan="2"></td><td colspan="2"></td><td colspan="2"></td><td colspan="2"></td><td colspan="2"></td><td></td><td colspan="3"></td></tr>
<tr><td colspan="2"></td><td colspan="2"></td><td colspan="2"></td><td colspan="2"></td><td colspan="2"></td><td colspan="2"></td><td colspan="2"></td><td></td><td colspan="3"></td></tr>
<tr><td colspan="2"></td><td colspan="2"></td><td colspan="2"></td><td colspan="2"></td><td colspan="2"></td><td colspan="2"></td><td colspan="2"></td><td></td><td colspan="3"></td></tr>
<tr><td colspan="20">对发现的问题应及时处理，当场不能处置的要填报《建筑消防设施故障维修记录表》（见表 B.1），将处理记录表序号填入“故障及处理情况”栏。
注 1：交接班时，接班人员对火灾报警控制器进行日检查后，如实填写火灾报警控制器日检查情况记录；值班期间按规定时限、异常情况出现时间如实填写运行情况栏内相应内容，填写时，在对应项目栏中打“√”；存在问题或故障的，在报警、故障部位、原因及处理情况栏中填写详细信息。
注 2：本表为样表，使用单位可根据火灾报警控制器数量、其他消防系统及相关设备数量及值班时段制表。</td></tr>
</table>

消防安全责任人或消防安全管理人（签字）：

附　录　B
（规范性附录）
建筑消防设施故障维修记录表

建筑消防设施故障维修记录表见表 B.1。

表 B.1　建筑消防设施故障维修记录表

序号：

故障情况				故障维修情况						故障排除确认
发现时间	发现人签名	故障部位	故障情况描述	是否停用系统	是否报消防部门备案	安全保护措施	维修时间	维修人员（单位）	维修方法	

注 1：“故障情况”由值班、巡查、检测、灭火演练时的当事者如实填写。

注 2：“故障维修情况”中因维修故障需要停用系统的由单位消防安全责任人在“是否停用系统”栏签字；停用系统超过 24 h 的，单位消防安全责任人在“是否报消防部门备案”及“安全保护措施”栏如实填写；其他信息由维护人员（单位）如实填写。

注 3：“故障排除情况”由单位消防安全管理人在确认故障排除后如实填写并签字。

注 4：本表为样表，单位可根据建筑消防设施实际情况制表。

附　录　C
（规范性附录）
建筑消防设施巡查记录表

建筑消防设施巡查记录表见表 C.1。

表 C.1　建筑消防设施巡查记录表

序号：

巡查项目	巡　查　内　容	巡　查　情　况					
		部位	数量	正常	故障及处理		
					故障描述	当场处理情况	报修情况
消防供配电设施	消防电源主电源、备用电源工作状态						
	发电机启动装置外观及工作状态、发电机燃料储量、储油间环境						
	消防配电房、UPS 电池室、发电机房环境						
	消防设备末端配电箱切换装置工作状态						
火灾自动报警系统	火灾探测器、手动报警按钮、信号输入模块、输出模块外观及运行状态						
	火灾报警控制器、火灾显示盘、CRT 图形显示器运行状况						
	消防联动控制器外观及运行状况						
	火灾报警装置外观						
	建筑消防设施远程监控、信息显示、信息传输装置外观及运行状况						
	系统接地装置外观						
	消防控制室工作环境						
电气火灾监控系统	电气火灾监控探测器的外观及工作状态						
	报警主机外观及运行状态						
可燃气体探测报警系统	可燃气体探测器的外观及工作状态						
	报警主机外观及运行状态						

表 C.1（续）

序号：

巡查项目	巡　查　内　容	巡　查　情　况					
		部位	数量	正常	故障及处理		
					故障描述	当场处理情况	报修情况
消防供水设施	消防水池、消防水箱外观，液位显示装置外观及运行状况，天然水源水位、水量、水质情况，进户管外观						
	消防水泵及控制柜工作状态						
	稳压泵、增压泵、气压水罐及控制柜工作状态						
	水泵接合器外观、标识						
	系统减压、泄压装置、测试装置、压力表等外观及运行状况						
	管网控制阀门启闭状态						
	泵房照明、排水等工作环境						
消火栓（消防炮）灭火系统	室内消火栓、消防卷盘外观及配件完整情况						
	屋顶试验消火栓外观及配件完整情况、压力显示装置外观及状态显示						
	室外消火栓外观、地下消火栓标识、栓井环境						
	消防炮、炮塔、现场火灾探测控制装置、回旋装置等外观及周边环境						
	启泵按钮外观						
自动喷水灭火系统	喷头外观及距周边障碍物或保护对象的距离						
	报警阀组外观、试验阀门状况、排水设施状况、压力显示值						
	充气设备及控制装置、排气设备及控制装置、火灾探测传动及现场手动控制装置外观及运行状况						
	楼层或区域末端试验阀门处压力值及现场环境，系统末端试验装置外观及现场环境						

表 C.1（续）

序号：

巡查项目	巡查内容	巡查情况					
		部位	数量	正常	故障及处理		
					故障描述	当场处理情况	报修情况
泡沫灭火系统	泡沫喷头外观及距周边障碍物或保护对象距离						
	泡沫消火栓、泡沫炮、泡沫产生器、泡沫比例混合器外观						
	泡沫液贮罐外观及罐间环境，泡沫液有效期及储存量						
	控制阀门外观、标识，管道外观、标识						
	火灾探测传动控制、现场手动控制装置外观、运行状况						
	泡沫泵及控制柜外观及运行状况						
	冷却水系统的巡查内容可参考 6.2.7						
气体灭火系统	气体灭火控制器外观、工作状态						
	储瓶间环境，气体瓶组或储罐外观，检漏装置外观、运行状况						
	容器阀、选择阀、驱动装置等组件外观						
	紧急启/停按钮外观，喷嘴外观、防护区状况						
	预制灭火装置外观、设置位置、控制装置外观及运行状况						
	放气指示灯及警报器外观						
	低压二氧化碳系统制冷装置、控制装置、安全阀等组件外观、运行状况						
防烟、排烟系统	送风阀外观						
	送风机及控制柜外观及工作状态						
	挡烟垂壁及其控制装置外观及工作状况、排烟阀及其控制装置外观						
	电动排烟窗、自然排烟设施外观						
	排烟机及控制柜外观及工作状况						
	送风、排烟机房环境						

表 C.1（续）

序号：

巡查项目	巡查内容	巡查情况					
		部位	数量	正常	故障及处理		
					故障描述	当场处理情况	报修情况
应急照明和疏散指示标志	应急灯具外观、工作状态						
	疏散指示标志外观、工作状态						
	集中供电型应急照明灯具、疏散指示标志灯外观、工作状况，集中电源工作状态						
	字母型应急照明灯具、疏散指示标志灯外观、工作状态						
应急广播系统	扬声器外观						
	功放、卡座、分配盘外观及工作状态						
消防专用电话	消防电话主机外观、工作状况						
	分机电话外观，电话插孔外观，插孔电话机外观						
防火分隔设施	防火窗外观及固定情况						
	防火门外观及配件完整性，防火门启闭状况及周围环境						
	电动型防火门控制装置外观及工作状态						
	防火卷帘外观及配件完整性，防火卷帘控制装置外观及工作状况						
	防火墙外观、防火阀外观及工作状况						
	防火封堵外观						
消防电梯	紧急按钮外观，轿箱内电话外观						
	电梯井排水设施外观及工作状况						
	消防电梯工作状况						
细水雾灭火系统	灭火控制器工作状态						
	储气瓶和储水瓶（或储水罐）外观、工作环境						
	高压泵组、稳压泵外观及工作状态，末端试水装置压力值（闭式系统）						

表 C.1(续)

序号:

巡查项目	巡 查 内 容	巡 查 情 况					
		部位	数量	正常	故障及处理		
					故障描述	当场处理情况	报修情况
细水雾灭火系统	紧急启/停按钮、释放指示灯、报警器、喷头、分区控制阀等组件外观						
	防护区状况						
干粉灭火系统	灭火控制器工作状态						
	设备储存间环境、驱动气瓶和灭火剂储存装置外观						
	选择阀、驱动装置等组件外观						
	紧急启/停按钮、放气指示灯、警报器、喷嘴外观						
	防护区状况						
灭火器	灭火器外观						
	灭火器数量						
	灭火器压力表、维修标示						
	设置位置状况						
其他巡查内容	消防车道、疏散楼梯、疏散走道畅通情况,逃生自救设施配置及完好情况,消防安全标示使用情况,用火用电管理情况等						
巡查人(签名)		年 月 日					
消防安全责任人或消防安全管理人(签名)		年 月 日					
备注							

对发现的问题和故障应及时处理,当场不能处置的要填报《建筑消防设施故障维修记录表》(见表 B.1)。

注 1:情况正常的,在“正常”栏中打“√”;存在问题或故障的,在“故障及处理”栏中填写相应内容。

注 2:本表为样表,单位可根据建筑消防设施实际情况和巡查时间段分系统、分部位制表。

附　录　D
（规范性附录）
建筑消防设施检测记录表

建筑消防设施检测记录表见表 D.1。

表 D.1　建筑消防设施检测记录表

检测项目		检测内容	实测记录	故障记录及处理		
				故障描述	当场处理情况	报修情况
消防供电配电	消防配电柜(箱)	试验主、备电切换功能;消防电源主、备电源供电能力测试				
	自备发电机组	试验发电机自动、手动启动功能,试验发电机启动电源充、放电功能				
	应急电源	试验应急电源充、放电功能				
	储油设施	核对储油量				
	联动试验	试验非消防电源的联动切断功能				
火灾自动报警系统	火灾探测器	试验报警功能				
	手动报警按钮	试验报警功能				
	监管装置	试验监管装置报警功能,屏蔽信息显示功能				
	警报装置	试验警报功能				
	报警控制器	试验火警报警、故障报警、火警优先、打印机打印、自检、消音等功能,火灾显示盘和 CRT 显示器的报警、显示功能				
	消防联动控制器	试验联动控制器及控制模块的手动、自动联动控制功能,试验控制器显示功能,试验电源部分主、备电源切换功能,备用电源充、放电功能				
	远程监控系统	试验信息传输装置显示、传输功能,试验监控主机信息显示、告警受理、派单、接单、远程开锁等功能,试验电源部分主、备电源切换,备用电源充、放电功能				

表 D.1（续）

检测项目		检测内容	实测记录	故障记录及处理		
				故障描述	当场处理情况	报修情况
消防供水设施	消防水池	核对储水量、自动进水阀进水功能，液位检测装置报警功能				
	消防水箱	核对储水量、自动进水阀进水功能、模拟消防水箱出水，测试消防水箱供水能力、液位检测装置报警功能				
	稳（增）压泵及气压水罐	模拟系统渗漏，测试稳压泵、增压泵及气压水罐稳压、增压能力，自动启泵、停泵及联动启动主泵的压力工况，主、备泵切换功能				
	消防水泵及控制柜	试验手动/自动启泵功能和主、备泵切换功能，利用测试装置测试消防泵供水时的流量和压力				
	水泵接合器	利用消防车或机动泵测试其供水能力				
	阀门	试验控制阀门启闭功能、减压装置减压功能				
消火栓（消防炮）灭火系统	室内消火栓	试验屋顶消火栓出水压力、静压及水质，测试室内消火栓静压				
	消防水喉	射水试验				
	室外消火栓	试验室外消火栓出水及静压				
	消防炮	试验消防炮手动、遥控操作功能，试验手动按钮启泵功能、消防炮出水功能				
	启泵按钮	试验远距离启泵功能及信号指示功能				
	联动控制功能	自动方式下，分别利用远距离启泵按钮、消防联动控制盘控制按钮启动消防水泵，测试最不利点消火栓、消防炮出水压力及流量；具有火灾探测控制功能的消防炮系统，应模拟自动启动				

表 D.1（续）

检测项目		检测内容	实测记录	故障记录及处理		
				故障描述	当场处理情况	报修情况
自动喷水灭火系统	报警阀组	试验报警阀组试验排放阀排水功能，压力开关、水力警铃报警功能				
	末端试水装置	试验末端放水测试工作压力、水流指示器、压力开关动作信号、水质情况，楼层末端试验阀功能试验				
	水流指示器	核对反馈信号				
	探测、控制装置	测试火灾探测传动装置的火灾探测及控制功能、手动控制装置控制功能				
	充、排气装置	测试充气、排气装置充、排气功能				
	联动控制功能	在系统末端放水或排气，进行系统联动功能试验，测试水流指示器、压力开关、水力警铃报警功能；具有火灾探测传动控制功能应模拟系统自动启动				
泡沫灭火系统	泡沫液储罐	核对泡沫液有效期和储存量				
	泡沫栓、泡沫喷头、泡沫产生器	试验出水或出泡沫功能				
	泡沫泵	手动/自动启动及主、备泵切换功能；阀门启闭功能及信号反馈功能				
	联动控制功能	具有火灾探测传动控制装置的泡沫灭火系统，应结合泡沫灭火剂到期更换进行系统自动启动，测试泡沫消火栓、泡沫喷头、泡沫产生器出泡沫功能，泡沫比例混合器混合配比功能，泡沫泵、水泵供泡沫液、供水能力				
	自吸液泡沫消火栓、移动泡沫产生装置、喷淋冷却系统	测试吸液出泡沫功能；喷淋冷却系统检测内容同 7.2.5				

表 D.1（续）

检测项目		检测内容	实测记录	故障记录及处理		
				故障描述	当场处理情况	报修情况
气体灭火系统	瓶组与储罐	核对灭火剂储存量主、备瓶组切换试验				
	检漏装置	测试称重、检漏报警功能				
	紧急启/停功能	测试紧急启动/停止按钮的紧急功能				
	启动装置、选择阀	测试启动装置、选择阀手动启动功能				
	联动控制功能	以自动方式进行模拟喷气试验，检验系统报警、联动功能				
	通风换气设备	测试通风换气功能				
	备用瓶切换	测试主、备瓶组切换功能				
机械加压送风系统	送风口	测试手动/自动开启功能				
	送风机	测试手动/自动启动、停止功能				
	送风量、风速、风压	测试最大负荷状态下，系统送风量、风速、风压				
	联动控制功能	通过报警联动，检查防火阀、送风自动开启和启动功能				
机械排烟系统	自然排烟设施	测试自然排烟窗的开启面积、开启方式				
	排烟阀、电动排烟窗、电动挡烟垂壁、排烟防火阀	测试排烟阀、电动排烟窗手动/自动开启功能，测试挡烟垂壁的释放功能，测试排烟防火阀的动作性能				
	排烟风机	测试手动/自动启动、排烟防火阀联动停止功能				
	排烟风量、风速	测试最大负荷状态下，系统排烟风量、风速				
	联动控制功能	通过报警联动，检查电动挡烟垂壁、电动排烟阀、电动排烟窗的功能，检查排烟风机的性能				
应急照明系统		切断正常供电，测量应急灯具照度、电源切换、充电、放电功能；测试应急电源供电时间；通过报警联动，检查应急灯具自动投入功能				

表 D.1（续）

检测项目		检测内容	实测记录	故障记录及处理		
				故障描述	当场处理情况	报修情况
应急广播系统	扬声器	测试音量、音质				
	功放、卡座、分配盘	测试卡座的播音、录音功能，测试功放的扩音功能，测试分配盘的选层广播功能，测试合用广播系统应急强制切换功能，测试主、备扩音机切换功能				
	联动控制功能	通过报警联动，检查合用广播系统应急强制切换功能、扬声器播音质量及音量，卡座录音功能，分配盘分区及选层广播功能				
消防专用电话		测试消防电话主机与电话分机、插孔电话之间通话质量；电话主机录音功能；拨打“119”功能				
防火分隔	防火门	试验非电动防火门的启闭功能及密封性能，测试电动防火门自动、现场释放功能及信号反馈功能，通过报警联动，检查电动防火门释放功能、喷水冷却装置的联动启动功能				
	防火卷帘	试验防火卷帘的手动、机械应急和自动控制功能、信号反馈功能、封闭性能，通过报警联动，检查防火卷帘门自动释放功能及喷水冷却装置的联动启动功能，测试有延时功能的防火卷帘的延时时间、声光指示				
	电动防火阀	通过报警联动，检查电动防火阀的关闭功能及密封性				
消防电梯		测试首层按钮控制电梯回首层功能、消防电梯应急操作功能、电梯轿箱内消防电话通话质量、电梯井排水设备排水功能，通过报警联动，检查电梯自动迫降功能				
细水雾灭火系统		测试储瓶式细水雾灭火系统启动装置的启动性能、减压装置减压性能、喷头喷雾性能				
		测试泵式细水雾灭火系统手动/自动启、停泵功能，主、备泵切换功能，喷头喷雾性能				

表 D.1（续）

检　测　项　目	检　测　内　容	实测记录	故障记录及处理		
			故障描述	当场处理情况	报修情况
细水雾灭火系统	测试分区控制阀的手动/自动控制功能，具有火灾探测控制系统的，应模拟自动控制功能				
	通过报警联动，检验开式细水雾灭火系统联动控制功能，进行模拟喷放细水雾试验				
	通过末端放水，测试闭式细水雾灭火系统联动功能，测试水流指示器报警功能，压力开关报警功能				
干粉灭火系统	测试驱动气瓶压力和干粉储存量；通过报警联动，模拟干粉喷放试验，检验系统功能				
灭火器	核对选型、压力和有效期对同批次的灭火器随机抽取一定数量进行灭火、喷射等性能试验				
其他设施	逃生自救设施性能				
检测人(签名)： 等级证书编号：　　　年　月　日		检测结论： 检测单位(盖章)：　　　年　月　日			
消防安全责任人或消防安全管理人(签名)：　　　年　月　日					

检测项目应满足设计资料、国家工程建设消防技术规范等的要求。对发现的问题应及时处理，当场不能处置的要填报《建筑消防设施故障维修记录表》(见表 B.1)。

注 1：存在问题或故障的，在“故障及处理”栏中填写相应内容。

注 2：本表为样表，单位可根据建筑消防设施实际情况分系统制表，参与系统检测的人员均应在检测人一栏如实填写个人基本信息。

附 录 E
（规范性附录）
建筑消防设施维护保养表

建筑消防设施维护保养计划表见表 E.1，建筑消防设施维护保养记录表见表 E.2。

表 E.1 建筑消防设施维护保养计划表

序号：　　　　　　日期：

序号	检查保养项目		保养内容	周期
1	消防水泵	外观清洁	擦洗，除污	一个月
		泵中心轴	长期不用时，定期盘动	半个月
		主回路控制回路	测试，检查，紧固	半年
		水泵	检查或更换盘根填料	半年
		机械润滑	加 0 号黄油	三个月
2	管道		补漏，除锈，刷漆	半年
	阀门		加或更换盘根，补漏，除锈，刷漆，润滑	半年

消防泵、喷淋泵、送风机、排烟机应定期试验。

注 1：保养内容、周期，可根据设施、设备使用说明书、国家有关标准、安装场所环境等综合确定。

注 2：本表为样表，单位可根据建筑消防设施的类别，分别制表，如消火栓系统维护保养计划表、自动喷水灭火系统维护保养计划表、气体灭火系统维护保养计划表等。

消防安全责任人或消防安全管理人（签字）：　　　　制订人：　　　　审核人：

表 E.2　建筑消防设施维护保养记录表

序号：　　　　　　　　日期：

设 备 名 称	消 防 泵	设备参数	
		额定功率	
保 养 项 目	保养完成情况		
擦洗，除污			
长期不用时，定期盘动			
测试，检查，紧固			
检查或更换盘根填料			
加 0 号黄油			
备注：			
保养作业完成后，保养人员或单位应如实填写保养完成情况，并作相应功能试验，遇有故障应及时填写《建筑消防设施故障维修记录表》(见表 B.1)。 注：本表为样表，单位可根据制定的建筑消防设施维护保养计划表确定的保养内容分别制表。			

消防安全责任人或消防安全管理人(签字)：　　　　保养人：　　　　审核人：

参 考 文 献

[1] 中华人民共和国消防法.
[2] 机关、团体、企业、事业单位消防安全管理规定(公安部令第61号).
[3] 消防监督检查规定(公安部令第107号).
[4] GB 15630 消防安全标志设置要求.
[5] GB 50166 火灾自动报警系统施工及验收规范.
[6] GB 50261 自动喷水灭火系统施工及验收规范.
[7] GB 50263 气体灭火系统施工及验收规范.
[8] GB 50281 泡沫灭火系统施工及验收规范.
[9] GA 95 灭火器维修与报废规程.
[10] GA 502 消防监督技术装备配备.

ICS 13.220.10
C 84

中华人民共和国国家标准

GB 25202—2010

泡　沫　枪

Foam nozzle

2010-09-26 发布　　2011-03-01 实施

中华人民共和国国家质量监督检验检疫总局
中国国家标准化管理委员会　发布

前　　言

本标准的第5章为强制性的，其余为推荐性的。

本标准的附录A是规范性附录。

本标准由中华人民共和国公安部提出。

本标准由全国消防标准化技术委员会消防车泵分技术委员会(SAC/TC 113/SC 4)归口。

本标准起草单位：公安部上海消防研究所。

本标准主要起草人：戎军、金韡、徐学军、严洪、王怡、朱赟。

泡　沫　枪

1　范围

本标准规定了泡沫枪的术语和定义、分类与型号、性能要求、试验方法、检验规则、标志、包装、贮存、运输和使用说明书等要求。

本标准适用于以泡沫混合液为喷射介质的各类泡沫枪，不适用于压缩空气泡沫系统中所用的泡沫枪。

2　规范性引用文件

下列文件中的条款通过本标准的引用而成为本标准的条款。凡是注日期的引用文件，其随后所有的修改单(不包括勘误的内容)或修订版均不适用于本标准，然而，鼓励根据本标准达成协议的各方研究是否可使用这些文件的最新版本。凡是不注日期的引用文件，其最新版本适用于本标准。

GB 8181—2005　消防水枪

GB 12514.1　消防接口　第1部分：消防接口通用技术条件

GB 12514.2　消防接口　第2部分：内扣式消防接口型式和基本参数

GB 12514.3　消防接口　第3部分：卡式消防接口型式和基本参数

GB 12514.4　消防接口　第4部分：螺纹式消防接口型式和基本参数

GB 15308　泡沫灭火剂(GB 15308—2006，ISO 7203-1：1995，ISO 7203-2：1995，ISO 7203-3：1999，NEQ)

GB 19156—2003　消防炮通用技术条件(DIN 14366：1984，NEQ)

GB 20031—2005　泡沫灭火系统及部件通用技术条件

3　术语和定义

下列术语和定义适用于本标准。

3.1

泡沫枪　foam nozzle

一种由单人或多人携带和操作的以泡沫混合液作为灭火剂的喷射管枪。

3.2

射程　range

泡沫枪在喷射泡沫液连续洒落的最远点至枪口端中心在地面的垂直投影点之间的距离的90%。

4　分类与型号

4.1　分类

按发泡倍数和结构型式不同可分为：

a)　低倍数泡沫枪；

b)　中倍数泡沫枪；

c)　低倍数-中倍数联用泡沫枪。

4.2　型号

泡沫枪的型号组成：

QP □ □/□ Z-□

- 自定义 —— □（最后一位）
- 自吸(非自吸省略) —— Z
- 额定工作压力,MPa —— □（斜线后）
- 混合液额定流量,L/s —— □（第二位）
- 特征代号(中倍数 Z,联用 L,低倍数省略) —— □（第一位）
- 泡沫枪 —— QP

示例:混合液额定流量为 4 L/s,额定工作压力为 0.7 MPa 的自吸低倍数泡沫枪其型号为:QP4/0.7Z。

5 性能要求

5.1 外观要求

5.1.1 钣金件、冲压件表面应无重皮、明显机械损伤与凹凸不平等缺陷。

5.1.2 焊接件焊缝应均匀,无裂纹、烧穿、咬边等缺陷。

5.1.3 锻铸件表面应无重皮和结疤,缩孔、缩松等缺陷。

5.1.4 压铸件表面应无流痕、缺料、裂缝、起泡、脱皮等缺陷。

5.1.5 镀层和涂层应色泽均匀,无剥落、气泡、划伤等缺陷。

5.2 基本性能参数

低倍数泡沫枪的基本性能参数应符合表 1 的规定。中倍数泡沫枪的基本性能参数应符合表 2 的规定。低倍数-中倍数联用泡沫枪的基本性能参数应分别符合表 1 和表 2 的规定。

表 1 低倍数泡沫枪的性能参数

混合液额定流量/(L/s)	额定工作压力上限/MPa	发泡倍数/N(20 ℃时)	25%析液时间(20 ℃时)/min	射程/m	流量允差/%	混合比/%
4	0.8	5≤N<20	≥2	≥18	±8	3～4 或 6～7 或制造商公布值
8				≥24		
16				≥28		

表 2 中倍数泡沫枪的性能参数

混合液额定流量/(L/s)	额定工作压力上限/MPa	发泡倍数/N	50%析液时间/min	射程/m	流量允差/%	混合比/%
4	0.8	20≤N≤200 且不低于制造商公布值	≥5	≥3.5	±8	3～4 或 6～7 或制造商公布值
8				≥4.5		
16				≥5.5		

5.3 材料

与泡沫液或泡沫混合液直接接触的零部件应采用铜、不锈钢等耐腐蚀性的材料制造。

5.4 密封性能

泡沫枪按 6.4 进行密封性能试验,试验压力为 0.88 MPa,保持 5 min,各连接部位应无渗漏现象。

5.5 耐水压强度性能

泡沫枪按 6.4 进行耐水压强度性能试验,试验压力为 1.20 MPa,保持 5 min,枪体不应有冒汗、裂纹及永久变形等现象。

5.6 跌落性能

泡沫枪按 6.5 进行跌落性能试验,应无损坏松动,并能正常操作。

5.7 耐腐蚀性能

泡沫枪按6.6进行耐腐蚀性能试验，试验后枪体应无明显的腐蚀损坏，并能正常工作。

5.8 耐喷射冲击性能

泡沫枪按6.7进行耐喷射冲击性能试验，在0.88 MPa压力下连续喷射10 min，应无松动、结构损坏。

5.9 自吸式泡沫枪的要求

自吸式泡沫枪在吸液管路上应设有防止倒流的装置，装置应能可靠工作。

5.10 联用泡沫枪的要求

低倍数-中倍数联用泡沫枪，应明确标示出各倍数切换的位置，切换应可靠。

5.11 接口要求

接口型式和尺寸应符合GB 12514.1、GB 12514.2、GB 12514.3和GB 12514.4的规定，并与定型时选用的接口型式和尺寸一致。

5.12 非金属件性能要求

采用非金属件的枪筒，其材料应符合相应国家标准的要求。

6 试验方法

6.1 外观检查

采用目测。

6.2 基本性能试验

6.2.1 试验场地和所用泡沫液

试验场地应平坦，试验时风速小于2 m/s。

喷射用泡沫液应符合GB 15308的规定。

6.2.2 射程和混合比测定

将泡沫枪置于喷射架上，调整好枪轴线与水平线的夹角（仰角）至30°±1°，调整枪出口端中心至地面的高度为1 m，顺风测量。调整进口压力达到额定工作压力，至少连续稳定喷射30 s，测量射程，同时按GB 19156—2003中7.9进行混合比的测定。

6.2.3 流量测定

进口压力在额定工作压力下，用流量计直接进行流量测定。

6.2.4 低倍数泡沫枪的发泡倍数和25%析液时间测定

进口压力在额定工作压力下，按GB 19156—2003中7.10进行发泡倍数和25%析液时间的测定。

6.2.5 中倍数泡沫枪的发泡倍数和50%析液时间测定

进口压力在额定工作压力下，按GB 20031—2005中6.20进行发泡倍数和50%析液时间的测定。

6.3 材料检查

采用目测和查看材质报告的方法。

6.4 密封性能、耐水压强度性能试验

将泡沫枪的进口端安装在试验管网上，用闷盖或其他工具堵塞其余出口端，排除管网和枪体中的空气使管网和枪体充满水，然后加压，压力从零开始以不超过0.1 MPa/s的速率分别升压到0.88 MPa和1.20 MPa，各保持5 min。

6.5 跌落性能试验

按GB 8181—2005中6.8进行跌落性能试验。

6.6 耐腐蚀性能试验

按GB 8181—2005中6.9进行耐腐蚀性能试验。

6.7 耐喷射冲击性能试验

将泡沫枪置于喷射架上，调节进口压力为0.88 MPa，连续喷射10 min。

6.8 自吸式泡沫枪检查

将自吸管插入泡沫液中，检查有无防止倒流的装置并观察有无倒流的情况。

6.9 联用泡沫枪的检查

查看各倍数切换的标示位置并切换工作情况。

6.10 接口检查

采用目测和查看定型检验报告的方法。

6.11 非金属件性能检查

采用目测和查看材质报告的方法。

7 检验规则

7.1 型式检验

7.1.1 凡属下列情况之一，应进行型式检验：

a) 新产品鉴定；

b) 正式生产后，原材料、工艺、设计有较大变动时；

c) 停产一年后恢复生产或正常生产满三年时；

d) 国家质量监督机构提出进行型式检验要求时。

7.1.2 型式检验的内容为本标准规定的全部项目，检验结果均应达到标准规定。

7.1.3 型式检验的试验样品数量为3支，试验程序应符合附录A的规定。

7.2 出厂检验

7.2.1 出厂前应进行出厂检验。

7.2.2 出厂检验按5.1、5.2、5.3、5.4、5.5的规定进行，其结果均应符合本标准的规定。

8 标志、包装、贮存、运输和使用说明书

8.1 标志

8.1.1 应在明显位置上设置清晰永久性标志铭牌，至少应标示：产品名称、型号规格、适用混合比的公布值、产品编号、执行标准代号、制造商名称或注册商标、出厂日期等内容。

8.1.2 包装箱表面应印有产品名称、规格、数量、包装箱外部尺寸、毛重、制造商名称、地址和联系电话。

8.2 包装

产品的包装应保证在正常运输中不损坏和散包，并符合用户需要和运输部门的规定。

8.3 贮存

贮存库房要通风、干燥、清洁。

8.4 运输

运输时要轻装轻卸，不应抛掷，防止碰撞，避免雨淋、曝晒及染色。

8.5 使用说明书

产品应附有中文使用说明书，其内容应包括基本参数、执行产品标准号、维护保养、操作程序及注意事项。

附 录 A
（规范性附录）
泡沫枪试验程序

A.1 试验项目编号

泡沫枪试验项目编号见表 A.1。

表 A.1 试验项目编号

试验项目编号	试验项目	试验方法条款号
1	外观检查	6.1
2	基本性能试验	6.2
3	材料检查	6.3
4	密封性能试验	6.4
5	耐水压强度性能试验	6.4
6	跌落性能试验	6.5
7	耐腐蚀性能试验	6.6
8	耐喷射冲击性能试验	6.7
9	自吸式泡沫枪检查	6.8
10	联用泡沫枪的检查	6.9
11	接口检查	6.10
12	非金属件性能检查	6.11

A.2 试验程序

泡沫枪试验程序见图 A.1。

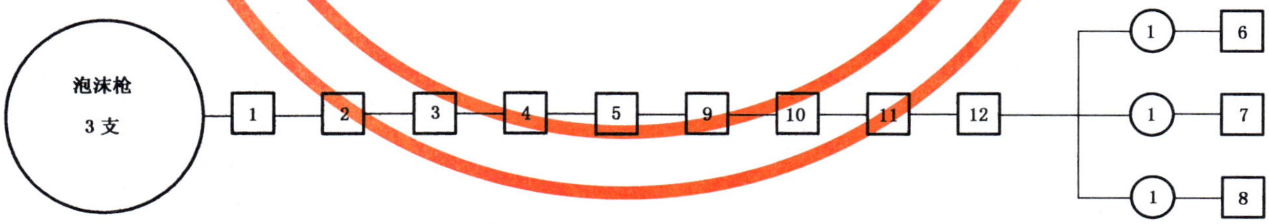

注 1：方框中的数字为试验项目编号。

注 2：圆图中的数字为试验所需样品数量。

图 A.1 泡沫枪试验程序

ICS 13.220.20
C 82

中华人民共和国国家标准

GB 25203—2010

消防监督技术装备配备

Technical equipments for fire supervision

2010-09-26 发布　　　　2011-03-01 实施

中华人民共和国国家质量监督检验检疫总局
中国国家标准化管理委员会　发布

前　言

本标准的4.3、第5章、第6章为强制性的，其余为推荐性的。

本标准由中华人民共和国公安部提出。

本标准由全国消防标准化技术委员会消防管理分技术委员会(SAC/TC 113/SC 9)归口。

本标准起草单位：公安部消防局、黑龙江省公安厅消防局、公安部天津消防研究所、北京市公安局消防局。

本标准主要起草人：李淑惠、刘激扬、刘伟、鲁志宝、梁国福、敖铭翰、于尔伶、李锦成、安冰、李军、陈秉安、张梅红、胡锐、唐卫君、韩巍、张莹、郭玲玲、王刚、伍林、胡安雄。

引　言

公安机关消防机构和公安派出所依法履行消防监督职责，是社会发展和经济建设的重要安全保障。为加强公安机关消防机构和公安派出所消防监督技术装备配备，提高消防监督水平，规范执法行为，确保消防监督工作的科学性和准确性，制定本标准。

消防监督技术装备配备

1 范围

本标准规定了公安机关消防机构和具有消防监督职责的公安派出所消防监督技术装备的配备级别、类别、配备原则、配备要求和维护管理等内容。

本标准适用于各级公安机关消防机构和具有消防监督职责的公安派出所的消防监督技术装备配备。具有法定消防监督职责的公安机关参照执行。法人和其他组织的消防安全管理部门可根据需要参照执行。

2 规范性引用文件

下列文件中的条款通过本标准的引用而成为本标准的条款。凡是注日期的引用文件，其随后所有的修改单(不包括勘误的内容)或修订版均不适用于本标准，然而，鼓励根据本标准达成协议的各方研究是否可使用这些文件的最新版本。凡是不注日期的引用文件，其最新版本适用于本标准。

GB/T 5907　消防基本术语　第一部分

GB/T 6223　自吸过滤式防微粒口罩

3 术语和定义

GB/T 5907 中确立的以及下列术语和定义适用于本标准。

3.1

消防监督技术装备　technical equipments for fire supervision

用于建设工程消防验收和竣工验收检查、消防监督检查、火灾事故调查、消防宣传教育业务的技术装备的总称。

3.2

消防安全教育专用车　special vehicle for fire safety education

用于对社会进行消防安全常识和逃生自救技能的宣传教育和培训的专用车辆，具有知识宣传、模拟体验和声像演示等功能。

4 总则

4.1 配备级别

消防监督技术装备配备级别分为一、二、三、四、五级。

4.2 装备类别

消防监督技术装备分为以下七类：

a)　办公、通信和信息处理类装备；

b)　建筑消防设施检测类装备；

c)　消防安全检测类装备；

d)　消防产品现场检测类装备；

e)　火灾现场勘查类装备；

f)　消防宣传教育类装备；

g)　个人防护类装备。

4.3 配备原则

4.3.1 直辖市、省会市、副省级市公安机关消防机构的防火监督部门配备级别不应低于一级。

4.3.2 省、自治区公安机关消防机构的防火监督部门，编制员额400人以上的地级市公安机关消防机构的防火监督部门配备级别不应低于二级。

4.3.3 直辖市所属区、县公安机关消防机构，编制员额200人～400人的地级市公安机关消防机构防火监督部门，编制员额250人以上的地、州、盟公安机关消防机构防火监督部门配备级别不应低于三级。

4.3.4 编制员额不足200人的地级市公安机关消防机构的防火监督部门，编制员额不足250人的地、州、盟公安机关消防机构的防火监督部门，其他区、县、旗公安机关消防机构配备级别不应低于四级。

4.3.5 公安派出所配备级别不应低于五级，并按照以下分类进行配备：

a) 城市公安派出所，包括直辖市、省会市、副省级市、地级市和县级市的派出所；

b) 县镇公安派出所；

c) 农村公安派出所。

4.3.6 本标准规定的应配装备是每个配备级别和装备种类的最低配备要求。

4.3.7 本标准规定的可配装备应根据实际情况配备，可配装备数量中包含应配装备。

4.3.8 装备的配置应保障公安消防机构的内设职能部门能够独立开展消防监督业务。

4.3.9 装备购置应遵循相互配套、操作简便、易于携带的原则，宜采用车载型装备。

5 配备要求

5.1 办公、通信和信息处理类装备

此类装备的配备应适应消防行政审批信息公开、电子政务和消防监督规范化的要求。装备配备的种类和数量应满足表1的要求。

表1 办公、通信和信息处理装备配备要求

序号	装备名称	单位	配备数量		备注
			应配	可配	
1	台式计算机	套	每人1套	每人1套	配备DVD刻录光驱
2	打印机	台	每个职能部门1台	每个职能部门1台	
3	扫描仪	台	每个职能部门1台	每个职能部门1台	光学分辨率不低于：(4 800×9 600)dpi；扫描幅面不低于：A4；色彩位数：48 bit；扫描速度不低于：14.000
4	复印机	台	按一、二、三、四、五级配备的1台	按一、二、三、四、五级配备的1台	复印比例：25%～400%；最大复印尺寸不低于A3
5	传真机	台	每个职能部门1台	每个职能部门1台	A4普通纸
6	数字投影仪	套	按一、二、三级配备的1套	按一、二、三、四级配备的1套	投影机亮度不低于3 000 lm；标准分辨率不低于1 024×768；对比度不低于2 200∶1
7	笔记本电脑	台	按一、二、三、四级配备的每人1台	按一、二、三、四、五级配备的每人1台	每台电脑配1个移动硬盘
8	PDA掌上电脑	台	按一、二、三、四级配备的每人1台	按一、二、三、四、五级配备的每人1台	流畅运行消防信息管理软件，具备语音、摄像、多媒体播放、GPS定位功能，并可集成IC卡、条码、电子标签识别，打印等功能

表 1（续）

序号	装备名称	单位	配备数量		备注
			应配	可配	
9	对讲机	对	一级配备 5 对 二级配备 4 对 三级配备 2 对 四级配备 1 对	一级配备 8 对 二级配备 6 对 三级配备 3 对 四级配备 2 对	最大通话距离不小于 3 km；供电时间不低于 3 h
10	视频播放设备	套	每个职能部门 1 套	每个职能部门 1 套	包括电视机、播放机等
11	照相机	架	每个职能部门 1 架	每个职能部门 2 架	不含宣传、火灾事故调查专用装备
12	录音机	台	每个职能部门 1 台	每个职能部门 1 台	
13	摄像机	台	按一、二、三级配备的 1 台	按一、二、三、四、五级配备的 1 台	不含消防宣传专用装备
14	数据存储设备	台	按一、二、三级配备的 1 台	按一、二、三、四级配备的 1 台	数据存储容量不低于 1.0 TB
15	多媒体触摸屏查询系统	台	按一、二、三、四级配备的 1 台	按一、二、三、四级配备的 1 台	显示器分辨率不低于：1 024×768；电阻屏分辨率不低于：1 000×720；电阻屏透光率：100％
16	无线演示控制器	个	按一、二、三级配备的 1 个	按一、二、三、四级配备的 1 个	有效遥控距离不小于 15 m；可调激光功率集成激光指点器随身携带，即插即用支持 WINDOWS98/2000/ME/XP/vista 各种系统
17	档案专用打印机	台	按一、二、三级配备的 1 台	按一、二、三、四、五级配备的 1 台	A3 大幅面打印（支持长 1.2 m 的横幅打印）；打印速度不低于 35 页/min；打印分辨率（1 200×1 200）dpi
18	档案密集柜	套	每个职能部门 1 套	每个职能部门 1 套	不低于 30 年档案存放量
19	档案车	台	每个职能部门 1 台	每个职能部门 1 台	便于在狭窄的通道中推行
20	档案梯	具	每个职能部门 1 具	每个职能部门 1 具	便于移动
21	信访工作数字监控系统	套	按一、二级配备的 1 套	按一、二、三、四级配备的 1 套	具备监视、录像、回放、控制、备份功能
注：本表中职能部门是指省级公安机关消防机构防火监督部门所属处，地市级公安机关消防机构防火监督部门所属科，区、县消防处、科、大队，公安派出所。					

5.2 消防监督专用设备

5.2.1 一、二、三级配备要求

5.2.1.1 建筑消防设施检测装备

此类装备用于建设工程消防验收、竣工验收检查和消防监督检查业务。装备配备的种类和数量应满足表 2 的要求。

表2 建筑消防设施检测装备配备要求

序号	装备名称	单位	配备数量						备注
			一级		二级		三级		
			应配	可配	应配	可配	应配	可配	
1	数字照度计	个	4	6	3	4	1	2	测量范围不小于2 000 lx;分辨率不小于0.01 lx;具有数据保持和读数锁定功能
2	数字声级计	个	4	6	3	4	1	2	测量范围:30 dB～130 dB;精度:±1.5 dB;取样率:2次/s
3	数字风速计	台	4	6	3	4	1	2	范围:0 m/s～45.0 m/s;精度:±3%;具有LCD背光及数据保持功能
4	数字微压计	个	2	4	1	2	1	1	测量范围:0 Pa～3 000 Pa;精度:±3%;具有清零功能,并配有检测软管
5	消火栓测压接头	套	4	6	3	4	2	3	动压静压测量,压力表测量范围0 MPa～1.6 MPa,精度1.5级
6	点型感烟探测器功能试验器	个	4	6	3	4	2	3	检测杆高度不小于2.5 m,加配聚烟罩,内置电源线,连续工作时间不低于2 h
7	点型感温探测器功能试验器	个	3	5	2	3	1	2	检测杆高度不小于2.5 m,内置电源线,连续工作时间不低于2 h
8	线型光束感烟探测器滤光片	套	1	2	1	2	—	1	减光值分别为0.9 dB和10.0 dB各一片,具备手持功能
9	火焰探测器功能试验器	套	1	2	1	2	—	1	红外线波长≥850 nm,紫外线波长≤280 nm。检测杆高度不小于2.5 m
10	接地电阻测量仪	个	3	5	2	3	1	2	数字式,测量范围:0 Ω～1 000 Ω;精度:±2%
11	绝缘电阻测量仪	个	3	5	2	3	1	2	测量范围:1 MΩ～2 000 MΩ;精度:±2%
12	数字万用表	个	4	6	3	4	2	3	可测量交直流电压、电流、电阻、电容等
13	钳型电流表	个	4	6	3	4	2	3	测量范围0 A～200 A
14	泡沫称重电子秤	个	1	2	1	2	—	1	测量范围不小于30 kg
15	垂直度测定仪	个	2	4	1	2	1	1	垂直线不小于6 m,可在金属,混凝土,木材等材质上使用
16	数字温湿度计	个	2	4	1	2	1	1	环境温湿度检测
17	多功能坡度测量仪	个	2	4	1	2	1	1	可测量水平度和坡度
18	激光测距仪	个	2	2	1	2	1	1	激光式,测量范围不小于60 m,精度3 mm
19	超声波流量计	个	—	1	—	1	—	—	测量管径:0 mm～700 mm,精度±1%
20	超声波泄漏检测仪	个	—	1	—	1	—	—	声波极限:25 kHz～45 kHz,灵敏度调节范围:可调至50 dB,显示:LED发光管及耳机

表 2（续）

序号	装备名称	单位	配备数量						备注
			一级		二级		三级		
			应配	可配	应配	可配	应配	可配	
21	磁性测厚仪	个	1	2	—	1	—	1	磁涡流式，测量厚度：0 mm～15 mm
22	测厚仪	个	1	2	—	1	—	1	最小分辨率：1 mm；量程 50 mm
23	消防设施检测专用车	辆	1	2	1	2	1	1	装载本表要求的检测设备
注：其他常用计时、长度测量、五金工具、光源、火源、电源等装备，按照实际需要配备。“—”表示可不配备。									

5.2.1.2 **大型群众性活动消防安全检查装备**

此类装备用于大型群众性活动消防安全检查业务。装备配备的种类和数量应满足表 3 的要求。

表 3 大型群众性活动消防安全检查装备配备要求

序号	装备名称	单位	配备数量						备注
			一级		二级		三级		
			应配	可配	应配	可配	应配	可配	
1	漏电电流检测仪	台	2	3	1	2	1	1	测量范围：0 A～2 A；精度：0.1 mA
2	红外测温仪	个	2	3	1	2	1	1	测量范围：−30 ℃～+800 ℃；精度：±2%
3	激光测距仪	个	2	3	1	2	1	1	测量范围不小于 60 m；精度：3 mm
4	便携式可燃气体检测仪	台	2	3	1	2	1	1	可检测一氧化碳、氢气、氨气、液化石油气、甲烷等可燃气体浓度，液晶显示，并发出声光报警，同时具备防爆功能
5	防爆型静电电压表	个	—	1	—	1	—	—	测量范围：0 kV～40 kV；精度：±20 V
6	红外热像仪	台	—	1	—	1	—	—	非制冷焦平面型，温度范围不小于 350 ℃，具备图像捕捉功能，精度：±0.5 ℃
注：“—”表示可不配备。									

5.2.1.3 **消防产品现场检测类装备**

此类装备用于消防产品现场检测业务。装备配备的种类和数量应满足表 4 的要求。

表 4 消防产品现场检测类装备配备要求

序号	装备名称	单位	配备数量						备注
			一级		二级		三级		
			应配	可配	应配	可配	应配	可配	
1	点型感烟探测器功能试验器	个	4	6	3	4	2	3	检测杆高度不小于 2.5 m，加配聚烟罩，内置电源线，连续工作时间不低于 2 h
2	点型感温探测器功能试验器	个	3	5	2	3	1	2	检测杆高度不小于 2.5 m，内置电源线，连续工作时间不低于 2 h
3	线型光束感烟探测器滤光片	片	3	4	2	3	1	1	减光值分别为 0.9 dB 和 10.0 dB 各一片，具备手持功能

表 4（续）

序号	装备名称	单位	配备数量						备　　注
			一级		二级		三级		
			应配	可配	应配	可配	应配	可配	
4	试验气体	组	3	4	2	3	1	1	甲烷的浓度为 50%LEL； 丙烷的浓度为 50%LEL； 氢气的浓度为 50%LEL； 一氧化碳的浓度为 500×10^{-6}（体积分数）
5	数字声级计	个	3	4	2	3	1	1	测量范围：30 dB～130 dB，精度：±1.5 dB，取样率：2 次/s
6	数字照度计	个	3	4	2	3	1	1	测量范围不小于 2 000 lx，分辨率不小于 0.01 lx，具有数据保持和读数锁定功能
7	数字万用表	台	3	4	2	3	1	1	可测量交直流电压、电流、电阻、电容等
8	超声波流量计	个	3	4	2	3	1	1	测量管径：0 mm～700 mm，精度：±1%
9	电子秤	台	2	3	1	2	1	1	最小分辨率：10 g；量程不小于 30 kg
10	破拆工具	组	2	3	1	2	1	1	可破拆木质和钢质防火门
11	衡器	个	3	4	2	3	1	1	最小分辨率：0.5 kg；量程不小于 100 kg
12	塞尺	个	2	3	1	2	1	1	尺寸：1 mm
13	测力计	个	2	3	1	2	1	1	最小分辨率：2 N；量程大于 100 N
14	测厚仪	个	2	3	1	2	1	1	最小分辨率：1 mm；量程 50 mm
15	磁性测厚仪	个	2	3	1	2	1	1	磁涡流式，测量厚度：0 mm～15 mm
16	专用燃气喷枪	支	2	3	1	2	1	1	火焰温度≥1 350 ℃；燃气：丁烷；持续使用时间：200 min
17	金属网	个	3	4	2	3	1	1	
注：其他常用计时、长度测量、五金工具、光源、火源、电源等装备，按照实际需要配备。									

5.2.1.4　火灾现场勘查类装备

此类装备用于火灾事故现场清理、提取物证和现场分析鉴定等工作。装备配备的种类和数量应满足表 5 的要求。

表 5　火灾现场勘查装备配备要求

序号	装备名称	单位	配备数量						备　　注
			一级		二级		三级		
			应配	可配	应配	可配	应配	可配	
1	便携式气相色谱仪	台	—	1	—	1	—	—	检测油类和有机溶剂
2	便携式红外光谱仪	台	—	1	—	1	—	—	检测油类和有机溶剂
3	微量易燃液体探测仪	台	2	3	2	2	1	1	充电式，可测量汽油、煤油、柴油及各种有机溶剂的蒸汽浓度，灵敏度：50×10^{-6}，检测范围：0×10^{-6}～$19\ 990\times10^{-6}$，LCD 显示，声光报警

表 5（续）

序号	装备名称	单位	配备数量						备　　注
			一级		二级		三级		
			应配	可配	应配	可配	应配	可配	
4	可燃气体探测仪	台	4	6	3	5	2	3	充电式，可检测一氧化碳、氢气、氨气、液化石油气、甲烷等可燃气体浓度，液晶显示，并发出声光报警，同时具备防爆功能
5	可燃气体检测管	盒	10	20	10	15	5	10	可检汽油、煤油、柴油等易燃液体蒸汽，两种检测浓度，加配采样器
6	薄层色谱分析装置	套	1	2	1	2	1	1	展开板不少于 2 种，显色方式不少于 3 种，并配有使用指南
7	炭化深度测定仪	台	4	6	3	5	2	3	金属手持，弹簧联动，精度 1 mm
8	金属硬度检验仪	台	2	2	1	2	1	1	测量范围：HLD(170～960)，液晶显示，带有打印存储功能
9	混凝土强度测定仪	台	4	6	3	5	2	3	标称动能：0.735 J
10	数字温度计	台	2	3	1	2	1	2	测量范围：0 ℃～750 ℃，精度：±1%，加配杆式和表面式探头
11	望远镜	个	2	3	1	2	1	2	倍率不低于 7×35
12	现场勘查灯	台	4	6	3	5	2	3	最大射程不低于 500 m，最高连续工作时间不低于 3 h
13	碘钨灯	台	4	6	3	5	2	3	有手持、固定支架和连接线，功率 1 000 W 以上
14	剩磁仪	台	4	6	3	5	2	3	量程：0 mT～100 mT，分辨率：0.1 mT，LCD 显示
15	寻线器	台	3	2	2	2	1	1	具有液晶显示和声光报警功能
16	万用表	台	2	4	2	3	1	2	可测量交直流电压、直流电流、电阻等
17	接地电阻测量仪	台	1	2	1	2	1	1	数字式，测量范围：0 Ω～1 000 Ω，精度 0.1 Ω
18	绝缘电阻测试仪	台	2	3	1	2	1	1	测量范围：1 MΩ～2 000 MΩ，准确度：±(4%+2)
19	防爆静电电压表	台	1	2	1	2	1	1	测量范围：0 kV～40 kV，绝对误差<20
20	便携式金相显微镜	套	1	2	1	2	1	1	放大倍数 0 倍～800 倍，具有偏光功能，四孔物镜，300 万像素，可连接电脑，最低倍率不低于 50，要配有载物台及卤素灯，同时还要配有抛光、预磨装置及试验材料试剂等装置
21	体视显微镜	台	1	2	1	2	1	1	倒置式双目镜，目镜 10X/20 mm、物镜 4X/58 mm
22	非金属超声波探伤仪	台	1	2	1	2	1	1	工作频率：10 kHz～200 kHz，10 kHz～1 MHz，五挡扫描宽度，发射电压：200 V、500 V、1 000 V
23	移动硬盘	个	2	3	2	2	1	2	存储容量不小于 320 GB
24	录音笔	个	2	3	2	2	1	1	录音时间不低于 70 h
25	数码照相机	套	2	3	2	2	1	1	像素不低于 800 万，带广角、微距功能
26	数码摄像机	套	1	2	1	2	1	1	硬盘式

表 5（续）

序号	装备名称	单位	配备数量						备注
			一级		二级		三级		
			应配	可配	应配	可配	应配	可配	
27	现场勘查工具箱	套	4	6	3	5	2	3	包括清理、破拆、物证标识、照明、绘图、记录、测量、警戒，样品提取等工具
28	火灾现场物证提取装置	套	4	6	3	5	2	3	满足气、固、液三类物证提取，固体样品要求有碳片提取装置，气体样品要求有气泵
29	激光测距仪	台	4	6	3	5	2	3	激光式、测量范围不小于 60 m，精度 3 mm
30	物证存放柜	套	1	2	1	2	1	1	存放火灾现场提取物证
31	火场助燃剂显色装置	箱	1	2	1	2	1	1	通过显色剂颜色变化判定助燃剂成分
32	火灾痕迹演示系统	套	1	2	1	1	1	1	演示各种火灾痕迹的特征和形成规律
33	火灾调查知识查询系统	套	1	2	1	1	1	1	液晶显示：可查询火灾调查方法，化危品、电气、燃料特性等多种参数
34	火灾现场勘查专用车	辆	1	2	1	2	1	1	火场勘查专用，设置专用标识

注：其他常用计时、长度测量、五金工具、光源、火源、电源、物证袋等装备，按照实际需要配备。“—”表示可不配备。

5.2.1.5 消防宣传教育类装备

此类装备用于消防宣传业务，配合社会媒体进行消防宣传报导，对社会进行消防知识教育和培训。装备配备的种类和数量应满足表 6 的要求。

表 6 消防宣传教育装备配备要求

序号	装备名称	单位	配备数量						备注
			一级		二级		三级		
			应配	可配	应配	可配	应配	可配	
1	数字电视摄像机	台	2	3	1	2	1	1	感光器像素 200 万以上 光学变焦 15 倍以上，数字变焦 180 倍以上，并配备无线采访传声器、三脚架、录像带、电池
2	电视新闻灯具	套	2	3	1	2	1	1	符合摄像照明要求
3	数字采访录音笔	台	1	2	1	2	1	1	录音时间不少于 70 h
4	照相机	套	3	6	2	4	2	3	光学相机宜选用高速连拍不少于 10 张/s，45 点区域自动对焦，最高快门速度 1/8 000 s，镜头为：EF 28 mm～105 mm、F/3.5～4.5；数码相机宜选用 1 000 万像素以上，机身类型为单反
5	消防新闻采访专用车	辆	1	2	1	2	1	1	装载本表要求的新闻采访设备
6	消防知识查询台	套	1	2	1	2	1	1	液晶显示；具备查询各类消防常识、消防法规功能
7	119 报警体验系统	套	1	2	1	1	1	1	具备模拟 119 报警系统功能

表 6（续）

序号	装备名称	单位	配备数量						备注
			一级		二级		三级		
			应配	可配	应配	可配	应配	可配	
8	电器火灾演示系统	套	1	2	1	1	—	1	具备模拟电器火灾的演示功能
9	消防自动喷淋演示系统	套	1	2	1	1	—	1	具备模拟自动喷淋演示功能
10	厨房火灾灭火演示系统	套	1	2	1	1	1	1	具备模拟厨房火灾灭火功能
11	多媒体播放系统	套	1	2	1	1	1	1	投影或液晶显示；调音、音频放大功能；影碟播放，PPT、FLASH 等演示功能
12	高亮度 LED 宣传屏	套	1	2	1	1	—	—	用于消防安全教育专用车，醒目、清晰，具备汉字滚动显示功能
13	逃生充气帐篷	套	1	2	1	2	1	1	具备体验模拟火场逃生的功能，帐篷内应设置疏散指示标志和烟雾发生系统
14	发电机	台	1	2	1	1	1	1	发电量满足消防宣传教育专用车内所有设备要求
15	车载 UPS 电源及电源控制柜	套	1	2	1	1	1	1	满足消防宣传教育专用车内设备供电要求
16	消防安全教育专用车	辆	1	2	1	1	1	1	装载本表要求的消防安全教育设备，并设置消防宣传教育标识
	注：“—”表示可不配备。								

5.2.2 四级装备配备

四级装备配备的种类和数量应满足表 7 的要求。

表 7 四级装备配备要求

序号	装备名称	单位	配备数量		备注
			应配	可配	
1	数字照度计	个	1	2	测量范围不小于 2 000 lx，准确度：±5%，具有数据保持和读数锁定功能
2	数字声级计	个	1	2	测量范围：30 dB～130 dB，准确度：±1.5 dB，取样率：2 次/s
3	激光测距仪	个	1	2	测量范围不小于 60 m，精度不大于 3 mm
4	数字风速计	台	1	2	范围：0 m/s～45 m/s，精度：±3%，具有 LCD 背光及数据保持功能
5	数字微压计	个	1	1	测量范围：0 Pa～3 000 Pa，精度：±3%，有清零功能，配有检测软管
6	消火栓测压接头	套	2	2	动压静压测量，压力表测量范围 0 MPa～1.6 MPa，精度：1.5 级
7	点型感烟探测器功能试验器	个	1	2	检测杆高度不小于 2.5 m，加配聚烟罩，内置电源线，连续工作时间不低于 2 h

表 7（续）

序号	装备名称	单位	配备数量		备　　注
			应配	可配	
8	点型感温探测器功能试验器	个	1	2	检测杆高度不小于 2.5 m，内置电源线，连续工作时间不低于 2 h
9	线型光束感烟探测器滤光片	套	—	1	减光值分别为 0.9 dB 和 10.0 dB 各一片，具备手持功能
10	接地电阻测量仪	个	1	2	数字式，测量范围：0 Ω～1 000 Ω，精度：±2％
11	绝缘电阻测量仪	个	1	2	测量范围：1 MΩ～2 000 MΩ，准确度：±4％
12	数字万用表	个	2	3	可测量交直流电压、直流电流、电阻、电容
13	钳型电流表	个	1	2	测量范围：0 A～200 A
14	泡沫称重电子秤	个	—	1	测量范围不小于 30 kg
15	垂直度测定仪	个	1	1	垂直线不小于 6 m，可在金属，混凝土，木材等材质上使用
16	数字温湿度计	个	1	1	环境温湿度检测
17	多功能坡度测量仪	个	1	1	可测量水平度和坡度
18	漏电电流检测仪	台	—	1	测量范围 0 A～2 A，精度 0.1 mA
19	红外测温仪	个	—	1	测量范围：－30 ℃～＋800 ℃，精度：±2％
20	便携式可燃气体检测仪	台	1	1	可检测一氧化碳、氢气、氨气、液化石油气、甲烷等可燃气体浓度，并发出声光报警，同时具备防爆功能
21	易燃液体探测仪	台	—	1	可测量汽油、煤油、柴油及各种有机溶剂的蒸汽。气敏半导体元件，灵敏度：50×10^{-6}，检测范围：0×10^{-6}～$19\ 990\times10^{-6}$，LCD 显示，声光报警
22	可燃气体检测管	盒	2	6	分辨率不大于 30 mg/m^3，加配采样器
23	炭化深度测定仪	台	1	2	金属手持，弹簧联动，精度 1 mm
24	回弹仪	台	1	2	标称动能：0.735 J
25	数字温度计	台	1	1	测量范围：0 ℃～750 ℃，精度：±1％，加配杆式和表面式探头
26	望远镜	个	1	1	倍率不低于 7×35
27	现场勘查灯	只	2	3	防爆、防水，最大射程不低于 500 m，最高连续工作时间不低于 3 h
28	碘钨灯	只	2	3	有手持、固定支架和连接线，功率 1 000 W 以上
29	剩磁仪	台	1	2	量程：0 mT～100 mT，分辨率：0.1 mT，LCD 显示
30	寻线器	台	1	2	具有液晶显示和声光报警功能
31	静电电压表	台	1	2	测量范围：0 kV～40 kV，绝对误差＜20％
32	体视显微镜	台	1	2	倒置式双目镜，目镜 10X/20 mm、物镜 4X/58 mm
33	移动硬盘	个	1	2	存储容量不低于 320 GB
34	录音笔	个	1	2	录音时间不低于 70 h
35	数码照相机	架	1	1	像素不低于 800 万，具有广角和微距功能
36	数码摄像机	台	1	1	硬盘式
37	现场勘查工具箱	套	1	1	包括清理、破拆、物证标识、照明、绘图、记录、测量、警戒，样品提取等工具

表 7（续）

序号	装备名称	单位	配备数量		备注
			应配	可配	
38	现场物证取样箱	套	1	1	满足气、固、液三类样品物证提取，固体样品要求有碳片提取装置，气体样品要求有气泵
39	物证存放柜	箱	1	2	可以存放火灾现场物证
40	火灾痕迹演示系统	套	1	1	通过光盘资料和计算机对各种痕迹特征和形成规律进行演示，帮助火调人员提高对痕迹的识别和运用
41	火灾调查知识查询系统	套	1	1	液晶显示：包括各种火灾调查方法，化危品、电气、燃料特性等多种参数的查询
42	消防设施检测、火灾现场勘查专用车	辆	1	2	用于消防监督检查、消防设施检测和火灾现场勘查
43	多媒体播放系统	套	1	2	投影或液晶显示；调音、音频放大功能；影碟播放，PPT、FLASH等演示功能
44	调音台	台	1	1	8输入通道，2单声道+3立体声
45	音频功率放大器	台	1	1	功率350 W/300 W，配置标准音箱
46	消防安全教育专用车	辆	—	1	装载本表要求的消防安全教育设备；设有消防宣传教育标识
注：其他常用计时、长度测量、五金工具、光源、火源、电源、物证袋等装备，按照实际需要配备。“—”表示可不配备。					

5.2.3 五级装备配备

五级装备配备的种类和数量应满足表8的要求。

表 8 五级装备配备要求

序号	装备名称	单位	配备数量						备注
			城市公安派出所		县镇公安派出所		农村公安派出所		
			应配	可配	应配	可配	应配	可配	
1	数字照度计	个	—	1	—	1	—	—	测量范围不小于2 000 lx，分辨率不小于0.01 lx，具有数据保持和读数锁定功能
2	激光测距仪	个	1	1	—	1	—	—	测量范围不小于60 m，精度不大于3 mm
3	消火栓测压接头	套	1	1	—	1	—	1	动压静压测量，压力表测量范围0 MPa～1.6 MPa，精度1.5级
4	数字万用表	个	1	2	1	1	—	1	可测量交直流电压、直流电流、电阻、电容等
5	数字温湿度计	个	1	1	1	1	1	1	环境温湿度检测
6	便携式可燃气体检测仪	台	1	1	—	—	—	—	可检测一氧化碳、氢气、氨气、液化石油气、甲烷等可燃气体浓度，并发出声光报警，同时具备防爆功能
7	望远镜	个	1	1	1	1	1	1	倍率不低于7倍；通光孔径不低于35 mm
8	现场勘查灯	只	2	3	2	2	1	1	防爆、防水，最大射程不低于500 m，最高连续工作时间不低于7 h
9	强光手电	个	2	3	1	1	1	1	警用充电式，LED冷光源，加配固定装置可随身携带

表 8（续）

序号	装备名称	单位	配备数量						备注
			城市公安派出所		县镇公安派出所		农村公安派出所		
			应配	可配	应配	可配	应配	可配	
10	录音笔	个	1	2	1	1	—	1	录音时间不低于 70 h
11	数码照相机	架	1	1	1	1	1	1	像素不低于 800 万，具有广角和微距功能
12	数码摄像机	台	1	1	1	1	1	1	硬盘式
13	现场勘察工具箱	套	1	1	1	1	—	1	包括清理、破拆、物证标识、照明、绘图、记录、测量、警戒，样品提取等工具
14	现场物证取样箱	套	1	1	1	1	—	1	满足气、固、液三类样品物证提取，固体样品要求有碳片提取装置，气体样品要求有气泵
15	物证保存柜	箱	1	2	1	2	1	1	存放火灾现场物证
16	多媒体播放系统	套	1	2	1	1	0	1	投影或液晶显示；调音、音频放大功能；影碟播放，PPT、FLASH 等演示功能
17	调音台	台	1	1	—	1	—	1	8 输入通道，2 单声道＋3 立体声
18	音频功率放大器	台	1	1	—	1	—	1	功率 350 W/300 W，配置标准音箱
19	消防安全教育专用车	辆	—	1	—	—	—	—	装载本表消防安全教育设备；设有消防宣传教育标识
注：其他常用计时、长度测量、五金工具、光源、火源、电源、物证袋等装备，按照实际需要配备。“—”表示可不配备。									

5.3 个人防护类装备

此类装备用于建筑工程消防验收、消防监督检查和火灾事故调查等人员的个人防护。装备应结合本标准规定的专用车辆配备，种类和数量应满足表 9 的要求。

表 9 个人防护装备配备要求

序号	装备名称	单位	配备数量		备注
			应配	可配	
1	火场勘查头盔	顶/车	4	6	具有明确火场勘查标识
2	消防手套	付/车	4	6	新闻采访、安全教育专用车辆可不配
3	消防胶靴	双/车	4	6	新闻采访、安全教育专用车辆可不配
4	防毒面具	套/车	2	4	仅火场勘查专用车配备。具有防刺、防止外力、防止电击及热辐射功能
5	毒性气体探测仪	台/车	1	2	仅火场勘查专用车配备，要求配备复合型检测器
6	火场勘查服	套/人	火灾事故调查人员每人 1 套		应注明“火场勘查”字样
7	火场勘查鞋	双/人	火灾事故调查人员每人 1 双		要求纯皮制，防水、防砸、防刺、防止外力、防止电击及热辐射功能，且具有火场勘查标识
8	个人剂量报警仪	台/车	1	2	仅火场勘查专用车配备
9	急救药箱	只/车	每车 1 只		仅火场勘查专用车配备，应配有现场急救器械及药品

表 9（续）

序号	装备名称	单位	配备数量		备注
			应配	可配	
10	防护眼镜	只/车	4	6	具有防红外线、紫外线、强光和冲击功能
11	防静电工作服	套/车	2	4	仅消防设施检测专用车配备，并满足外层具有阻燃性能，内层具有隔热、防水、防静电、透气等功能
12	强光手电	只/车	4	6	消防设施检测专用车、火场勘查专用车配备；警用充电式，LED 冷光源，加配固定装置可随身携带
13	口罩	只/车	4	6	符合 GB/T 6223 的规定

6 装备的管理与维护

6.1 各级公安消防机构应建立消防监督技术装备使用管理制度，明确专人管理、维护和保养。

6.2 装备的使用人员，应熟悉装备和系统的性能、技术指标及有关标准，并接受相应的培训，遵守操作规程。

6.3 所有设备和系统的技术资料、图纸、说明书、技术改造设计图、维修和计量检定记录应存档备查。

6.4 凡依法需要计量检定的装备，应进行定期计量检定，以保证装备的可靠性。

参 考 文 献

［1］ 中华人民共和国消防法.
［2］ 建设工程消防监督管理规定(公安部令第106号).
［3］ 消防监督检查规定(公安部令第107号).
［4］ 火灾事故调查规定(公安部令第108号).
［5］ GB 50016 建筑设计防火规范.
［6］ GB 50045 高层民用建筑设计防火规范.
［7］ GB 50054 低压配电设计规范.
［8］ GB 50058 爆炸和火灾危险环境电力装置设计规范.
［9］ GB 50166 火灾自动报警系统施工及验收规范.
［10］ GB 50261 自动喷水灭火系统施工及验收规范.
［11］ GB 50263 气体灭火系统施工及验收规范.
［12］ GB 50281 泡沫灭火系统施工及验收规范.
［13］ GA 588 消防产品现场检查判定规则.
［14］ JGJ 16 民用建筑电气设计规范.

ICS 13.220.10
C 84

中华人民共和国国家标准

GB 25204—2010

自动跟踪定位射流灭火系统

Auto tracking and targeting jet suppression system

2010-09-26 发布　　2011-03-01 实施

中华人民共和国国家质量监督检验检疫总局
中国国家标准化管理委员会　发布

前　言

本标准的第5章为强制性的，其余为推荐性的。

本标准的附录A是规范性附录。

本标准由中华人民共和国公安部提出。

本标准由全国消防标准化技术委员会消防车泵分技术委员会(SAC/TC 113/SC 4)归口。

本标准起草单位:公安部上海消防研究所。

本标准主要起草人:戎军、万明、金韡、闵永林、薛林、王怡、张燕、李建中、徐琰、王丽晶、俞颖飞、颜日明、顾胜康。

自动跟踪定位射流灭火系统

1 范围

本标准规定了自动跟踪定位射流灭火系统(以下简称系统)的定义、分类与型号、性能要求、试验方法、检验规则、标志、包装、贮存、运输和使用说明书等要求。

本标准适用于以水或泡沫混合液为喷射介质的,利用红外线、数字图像或其他火灾探测组件进行早期火灾的自动定位,并运用自动控制技术来实现灭火的各种自动跟踪定位射流灭火系统。

2 规范性引用文件

下列文件中的条款通过本标准的引用而成为本标准的条款。凡是注日期的引用文件,其随后所有的修改单(不包括勘误的内容)或修订版均不适用于本标准,然而,鼓励根据本标准达成协议的各方研究是否可使用这些文件的最新版本。凡是不注日期的引用文件,其最新版本适用于本标准。

GB/T 2423.1—2008 电工电子产品环境试验 第2部分:试验方法 试验A:低温(IEC 60068-2-1:2007,IDT)

GB/T 2423.2—2008 电工电子产品环境试验 第2部分:试验方法 试验B:高温(IEC 60068-2-2:2007,IDT)

GB/T 2423.3—2006 电工电子产品环境试验 第2部分:试验方法 试验Cab:恒定湿热试验(IEC 60068-2-78:2001,IDT)

GB/T 2423.10—2008 电工电子产品环境试验 第2部分:试验方法 试验Fc:振动(正弦)(IEC 60068-2-6:1995,IDT)

GB 4351.1—2005 手提式灭火器 第1部分:性能和结构要求(ISO 7165:1999,NEQ)

3 术语和定义

下列术语和定义适用于本标准。

3.1

自动跟踪定位射流灭火系统 auto tracking and targeting jet suppression system

利用红外线、数字图像或其他火灾探测组件对火、温度等的探测进行早期火灾的自动跟踪定位,并运用自动控制方式来实现灭火的各种室内外固定射流灭火系统。系统由带探测组件及自动控制部分的灭火装置和消防供液部分组成。灭火装置分为自动跟踪定位消防炮灭火装置(以下简称自动消防炮灭火装置)和自动跟踪定位射流灭火装置(以下简称自动射流灭火装置)。

3.2

定位时间 targeting time

试验火开始燃烧至系统开始射流的时间。

3.3

射流半径 jet radius

灭火装置至最远喷射落点水平投影的长度,或是最大喷洒保护范围的地平面圆形投影的半径。

3.4

最大保护半径 maximum protection radius

灭火装置至最远喷射落点水平投影的长度的90%,或是有效喷洒保护范围的地平面圆形投影的半径。

3.5

监控半径　monitory radius

灭火装置的探测组件至能有效探测的试验火的中心点水平投影的长度。

3.6

工作压力　working pressure

灭火装置额定的出口压力。

4　分类与型号

4.1　分类

4.1.1　按流量大小可分为：

a)　额定流量大于16 L/s，自动消防炮灭火装置；

b)　额定流量不大于16 L/s，自动射流灭火装置。

4.1.2　对于自动射流灭火装置，按射流方式可分为：

a)　射流方式为喷射的，喷射型自动射流灭火装置；

b)　射流方式为喷洒的，喷洒型自动射流灭火装置。

4.2　型号

灭火装置的型号组成：

ZDM □ □/□ □ □

- 自定义
- 射流介质，“S”表示水、“P”表示泡沫/水
- 额定流量，L/s
- 额定喷射压力，MPa
- 射流方式，“S”表示喷射型、“P”表示喷洒型
- 自动跟踪定位射流灭火装置

示例1：额定喷射压力为0.25 MPa，额定流量为5 L/s，射流方式为喷洒型，射流介质为水的自动射流灭火装置其型号为：ZDMP0.25/5S；

示例2：额定喷射压力为1.0 MPa，额定流量为30 L/s，射流方式为喷射型，射流介质为泡沫/水的自动消防炮灭火装置其型号为：ZDMS1.0/30P。

5　性能要求

5.1　外观、结构、水平回转角和俯仰回转角

灭火装置外表应无腐蚀、起泡、剥落现象，无明显划痕等机械损伤，紧固部位无松动，其回转机构启动和停止灵活，安全可靠。水平回转角应不小于180°，最小俯角应不大于－90°，最大仰角应不小于＋30°。

5.2　性能参数

灭火装置的性能参数应符合表1的规定。

5.3　高低温性能

灭火装置应按6.3和6.4进行高低温试验。试验期间，灭火装置不应产生启动和射流等误动作；试验后，灭火装置不应有破坏涂覆和腐蚀现象。

表 1 灭火装置的性能参数

<table>
<tr><th>额定流量/(L/s)</th><th>流量允差</th><th>额定工作压力上限/MPa</th><th>射流半径/m</th><th>最大保护半径/m</th><th>监控半径/m</th><th>定位时间/s</th><th>最小和最大安装高度/m</th></tr>
<tr><td>1.5</td><td rowspan="3">±8%</td><td rowspan="3">0.8</td><td rowspan="3">≥公布值</td><td rowspan="3">公布值</td><td rowspan="3">≥公布值</td><td rowspan="3">≤30</td><td rowspan="3">最小/最大公布值</td></tr>
<tr><td>2</td></tr>
<tr><td>2.5</td></tr>
<tr><td>5</td><td rowspan="10">±8%</td><td rowspan="5">0.8</td><td rowspan="13">≥公布值</td><td rowspan="13">公布值</td><td rowspan="13">≥公布值</td><td rowspan="5">≤30</td><td rowspan="13">最小/最大公布值</td></tr>
<tr><td>8</td></tr>
<tr><td>10</td></tr>
<tr><td>13</td></tr>
<tr><td>16</td></tr>
<tr><td>20</td><td rowspan="5">1.0</td><td rowspan="8">≤60</td></tr>
<tr><td>25</td></tr>
<tr><td>30</td></tr>
<tr><td>40</td></tr>
<tr><td>50</td></tr>
<tr><td>60</td><td rowspan="3">±6%</td><td rowspan="3">1.2</td></tr>
<tr><td>70</td></tr>
<tr><td>80</td></tr>
</table>

5.4 耐湿热性能

灭火装置应按 6.5 进行恒定湿热试验。试验期间，灭火装置不应产生启动和射流等误动作；试验后，灭火装置不应有破坏涂覆和腐蚀现象，并能正常启动和射流。

5.5 绝缘电阻

灭火装置应按 6.6 进行绝缘电阻的试验。灭火装置的外部带电端子与机壳之间的绝缘电阻，应大于 20 MΩ。

5.6 介电强度

灭火装置应按 6.7 进行介电强度的试验，应能承受频率为 50 Hz、电压 1 500 V、历时 1 min 的耐压试验，不应发生击穿或闪络现象。

5.7 抗环境光线干扰性能

灭火装置应按 6.8 进行环境光线干扰试验。试验期间，灭火装置不应产生启动和射流等误动作。

5.8 电压波动适应能力

灭火装置应按 6.9 进行电压波动适应能力试验，在额定电压的－10%～＋10%的范围内，应能正常启动和工作。

5.9 抗振动性能

灭火装置应按 6.10 进行抗振动性能试验。试验后，灭火装置不应产生脱落、裂纹及明显变形，并能正常使用。

5.10 灭火性能

灭火装置应按 6.11 进行灭火性能试验。灭火装置从自动射流开始，自动消防炮灭火装置、喷射型自动射流灭火装置 3 min 内应扑灭 1A 灭火级别，喷洒型自动射流灭火装置 6 min 内应扑灭 1A 灭火级别。

5.11 自动控制的要求

5.11.1 智能探测定位与联动决策管理要求

灭火装置应具备智能探测定位与联动决策管理的功能，并能正常使用。

5.11.2 火警自动通讯系统

灭火装置应具备与火灾自动报警系统和其他各种联动控制设备自动通讯的功能。当灭火装置完成自动跟踪定位时，应能发出声光报警，并能向火灾自动报警系统和其他联动控制设备传送报警和控制信号。

5.11.3 联动控制及显示要求

灭火装置应有联动控制及监视显示系统。联动控制应具备自动控制和手动控制功能。

5.12 系统的消防供液的要求

系统(储罐式供液除外)应至少配有消防泵组、管路和阀门、泡沫比例混合装置与泡沫液罐(必要时)及相应的消防附件，并能自动射流灭火。

5.13 系统的后备电源供配要求

系统应按6.12进行后备电源的试验，系统应至少设有两路电源接线口，两路电源能自动(手动)切换供电。其中一路电源应为不间断电源。用于监视状态时，不间断电源的适用时间不应小于8 h；用于工作状态时，其适用时间不应小于1 h。

5.14 系统的现场档案视频记录要求

系统应具备现场不小于24 h档案视频记录的功能(可以和其他视频监控系统联用)。

5.15 系统运行的可靠性能

系统应按6.13进行运行的可靠性能试验，经历连续10次点火触发启动试验，应能对试验火完成启动、自动跟踪定位、自动射流灭火。

6 试验方法

6.1 外观、结构、水平回转角和俯仰回转角

采用目测的方法及用角度仪检查灭火装置的俯仰回转角及水平回转角，结果应符合5.1的要求。

6.2 性能试验

6.2.1 额定压力、流量、最大保护半径、射流半径、监控半径的测量

将灭火装置固定在最小安装高度，在试验管路上安装准确度不低于±1%的流量计和准确度不低于1.6级、量程为(0～2.5)MPa的压力表。

用人工控制操纵喷嘴成水平状态。开启灭火装置让其喷射，保持在额定工作压力；然后在额定压力下喷射，约1 min后，用准确度为±1 cm卷尺测量其最远端痕迹至喷嘴正下方投影之间的距离，即为射流半径，射流半径的90%(取整)即为最大保护半径。

点燃试验火，用准确度为±1 cm卷尺测量系统的探测组件能有效探测的试验火的中心点水平投影的长度，即为监控半径。

流量可以用标定的流量计直接测量，也可以根据灭火装置的流量选择适宜的计量罐的容积，待达到额定压力并稳定后，转向计量罐内喷射，喷射时间不少于30 s，立即移开，然后测出计量罐内水的体积或质量，经计算求得灭火装置的流量。

试验结果均应符合表1的要求。

6.2.2 定位时间的测量

将灭火装置分别固定在最小安装高度及最大安装高度，在测得的最大保护半径处，用试验火诱发系统启动定位动作并对准目标射流。用准确度不低于±0.1 s的电子秒表测量从试验火开始燃烧至灭火装置开始射流的时间，即为定位时间。测量结果应符合表1的规定。试验火是在直径570 mm的油盘(高为70 mm)内加入30 mm高的清水，再加入500 mL的车用汽油，点燃油盘的汽油开始燃烧。

6.3 高温试验

按GB/T 2423.2—2008进行试验，将系统接通电源使其处于正常监视状态，将灭火装置放入，以不

大于0.5 ℃/min的升温速率，使温度升至+55 ℃±2 ℃，在此条件下保持2 h，取出灭火装置，在室温条件下放置1 h后应能满足5.3的要求。

6.4 低温试验

按GB/T 2423.1—2008进行试验，将系统接通电源使其处于监视状态，将灭火装置放入，以不大于0.5 ℃/min的降温速率将温度降到−10 ℃±3 ℃，在此条件下稳定2 h(灭火装置在试验箱不应有结冰现象)。取出灭火装置，在温度为+15 ℃～+20 ℃、相对湿度不大于70%的环境中恢复1 h～2 h后应能满足5.3的要求。

6.5 恒定湿热试验

按GB/T 2423.3—2006进行试验，灭火装置经温度+40 ℃±2 ℃、相对湿度85%、历时48 h的试验，取出灭火装置，在室温条件下放置1 h～2 h后应符合5.4要求，并能正常工作。

6.6 绝缘电阻

采用兆欧表在有绝缘要求的外部带电端子与机壳之间施加500 V±50 V直流电压，持续60 s。测量其电阻值。检验结果应符合5.5的要求。

6.7 介电强度试验

采用耐压测试仪在带电回路与金属外壳(或地)之间，施加1 500 V，频率为50 Hz，历时1 min的耐压试验。检验结果应符合5.6的要求。

6.8 抗环境光线干扰性能试验

在室内无其他光源的条件下，将系统接通电源，使其处于监视状态，用4只40 W白炽灯组(组成边长为40 cm的正方形)和4只40 W日光灯组(间距20 cm组成纵向排列)作为模拟干扰源，在距灭火装置的探头中心水平2 m处对灭火装置的探头进行干扰性照射，每次照射1 s，间隔1 s，两种干扰源各进行10次，检验结果应符合5.7的要求。

6.9 电压波动适应能力试验

用调压器、电工仪表，将电源电压分别调到额定电压的±10%，检验结果应符合5.8的要求。

6.10 抗振动性能试验

6.10.1 试验方法按GB/T 2423.10—2008的规定进行，试验时灭火装置应处于非工作状态，试验条件应符合如下规定：

a) 频率循环范围：10 Hz～150 Hz～10 Hz；

b) 振幅(单振幅)：0.19 mm；

c) 扫描速率：1倍频程/min；

d) 振动方向：*XYZ*三个方向；

e) 扫频次数：2次的扫频循环。

6.10.2 根据振动响应的结果，分别按以下三种情况试验，每种试验均应在试样的*XYZ*三个方向依次进行：

a) 未发现共振频率时，在150 Hz的频率上进行振幅为0.19 mm、时间为10 min的定频振动试验；

b) 若发现共振频率不超过4个时，在每一个共振点上进行设定振幅为0.19 mm、时间为10 min的共振试验；

c) 若发现共振频率超过4个时，在10 Hz～150 Hz～10 Hz的频率循环范围内，进行振幅为0.19 mm、扫频速率为1倍频率/min的共振试验，振动时间为每个方向1 h。

试验结果应符合5.9的要求。

6.11 灭火试验

6.11.1 自动消防炮灭火装置、喷射型自动射流灭火装置

在最小安装高度及最大安装高度处分别将1A级别的火试模型放置在灭火装置的最大保护半径内侧处，在火试模型预燃阶段应使系统处于非跟踪定位状态。预燃结束，恢复灭火装置的跟踪定位状态进行自动定位灭火。试验结果应符合5.10的要求。

火试模型、试验条件、试验步骤等应符合GB 4351.1—2005中7.2的规定。

6.11.2 喷洒型自动射流灭火装置

在最小安装高度及最大安装高度处分别将1A级别的火试模型放置在4个灭火装置组成的正方形（边长为最大保护半径）的正下方，在火试模型预燃阶段应使灭火装置处于非跟踪定位状态。预燃结束，恢复灭火装置的跟踪定位状态进行自动定位灭火。试验结果应符合5.10的要求。

火试模型、试验条件、试验步骤等应符合GB 4351.1—2005中7.2的规定。

6.12 系统的后备电源供配试验

给系统送入两路电源，检查其供电切换功能。给系统送入一路不间断电源，记录系统分别在监视状态和工作状态下的连续运行时间。试验结果应符合5.13的要求。

6.13 系统运行的可靠性能试验

将灭火装置固定在最小安装高度，在规定的最大保护半径处，用试验火诱发系统启动跟踪定位动作并对准目标射流灭火，以此为一次成功的试验。如此重复10次，每次间歇5 min，试验结果应符合5.15的要求。

7 检验规则

7.1 型式检验

7.1.1 凡属下列情况之一，应进行型式检验：

a) 新产品鉴定；

b) 正式生产后，原材料、工艺、设计有较大变动时；

c) 停产一年后恢复生产或正常生产满二年时；

d) 国家质量监督机构提出进行型式检验要求时。

7.1.2 型式检验的内容为本标准规定的全部项目，检验结果均应达到标准规定。

7.1.3 型式检验的试验样品数量为3套，试验程序应符合附录A的规定。

7.2 出厂检验

7.2.1 出厂前应进行出厂检验。

7.2.2 出厂检验按5.1、5.2、5.3、5.4、5.5、5.6、5.7、5.8、5.9、5.13、5.15的规定进行，其结果均应符合本标准的规定。

8 标志、包装、贮存、运输和使用说明书

8.1 标志

8.1.1 产品铭牌应有生产厂名和商标、产品名称、型号规格、执行标准代号、产品编号、工作压力、流量、射流半径、最大保护半径、监控半径、最小和最大安装高度等内容。

8.1.2 包装箱表面应印有产品名称、规格、数量、包装箱外部尺寸、毛重、生产厂名、厂址和联系电话。

8.2 包装

产品的包装应保证在正常运输中不损坏和散包，并符合用户需要和运输部门的规定。

8.3 贮存

贮存库房要通风、干燥、清洁，不应重压。

8.4 运输

运输时要轻装轻卸，严禁抛掷，防止碰撞，避免雨淋、曝晒及染色。

8.5 使用说明书

产品应附有使用说明书，其内容应包括基本参数、执行产品标准号、维护保养、操作程序及注意事项。

附 录 A
（规范性附录）
自动跟踪定位射流灭火系统试验程序

A.1 试验项目编号

自动跟踪定位射流灭火系统试验项目编号见表 A.1。

表 A.1 试验项目编号

试验项目编号	试验项目	试验方法条款号
1	外观、结构、水平回转角和俯仰回转角	6.1
2	性能试验	6.2
3	高温试验	6.3
4	低温试验	6.4
5	恒定湿热试验	6.5
6	绝缘电阻	6.6
7	介电强度试验	6.7
8	抗环境光线干扰性能试验	6.8
9	电压波动适应能力试验	6.9
10	抗振动性能试验	6.10
11	灭火试验	6.11
12	系统的后备电源供配试验	6.12
13	系统运行的可靠性能试验	6.13

A.2 试验程序

自动跟踪定位射流灭火系统试验程序见图 A.1。

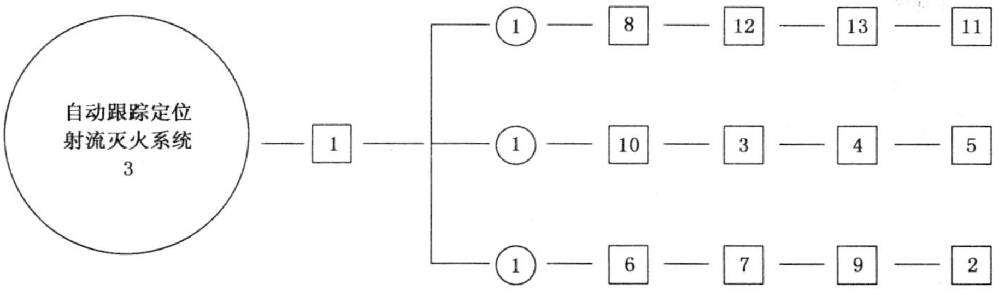

注 1：方框中的数字为试验项目编号。

注 2：圆图中的数字为试验所需样品数量。

图 A.1 自动跟踪定位射流灭火系统试验程序

ICS 13.220.20
C 84

中华人民共和国国家标准

GB/T 25205—2010

雨淋喷头

Deluge sprinkler

2010-09-26 发布

2011-02-01 实施

中华人民共和国国家质量监督检验检疫总局
中国国家标准化管理委员会 发布

前　言

本标准的附录A、附录B为规范性附录。

本标准由中华人民共和国公安部提出。

本标准由全国消防标准化技术委员会第二分技术委员会(SAC/TC 113/SC 2)归口。

本标准负责起草单位:公安部天津消防研究所。

本标准参加起草单位:辽阳天河消防自动设备制造有限公司。

本标准主要起草人:张强、张桂芳、王舒艳、李毅、啜凤英、盛彦锋、刘连喜、赵永顺、马建明、陈泽民、卢政强、甘晓虹、张维顶。

雨 淋 喷 头

1 范围

本标准规定了雨淋喷头的术语和定义、分类、型号编制、要求、试验方法、检验规则、标志、使用说明书、包装、运输、贮存等。

本标准适用于大空间场所或露天堆场用的雨淋喷头。

2 规范性引用文件

下列文件中的条款通过本标准的引用而成为本标准的条款。凡是注日期的引用文件，其随后所有的修改单(不包括勘误的内容)或修订版均不适用于本标准，然而，鼓励根据本标准达成协议的各方研究是否可使用这些文件的最新版本。凡是不注日期的引用文件，其最新版本适用于本标准。

GB/T 7306.1 55°密封管螺纹 第1部分：圆柱内螺纹与圆锥外螺纹(GB/T 7306.1—2000，eqv ISO 7-1:1994)

GB/T 7306.2 55°密封管螺纹 第2部分：圆锥内螺纹与圆锥外螺纹(GB/T 7306.2—2000，eqv ISO 7-1:1994)

GB 12791 点型紫外火焰探测器

GB 15631 特种火灾探测器

GB/T 17626.2 电磁兼容 试验和测量技术 静电放电抗扰度试验(GB/T 17626.2—2006，IEC 61000-4-2:2001，IDT)

GB/T 17626.3 电磁兼容 试验和测量技术 射频电磁场辐射抗扰度试验(GB/T 17626.3—2006，IEC 61000-4-3:2002，IDT)

GB/T 17626.4 电磁兼容 试验和测量技术 电快速瞬变脉冲群抗扰度试验(GB/T 17626.4—2008，IEC 61000-4-4:2004，IDT)

GB/T 17626.5 电磁兼容 试验和测量技术 浪涌(冲击)抗扰度试验(GB/T 17626.5—2008，IEC 61000-4-5:2005，IDT)

GB/T 17626.6 电磁兼容 试验和测量技术 射频场感应的传导骚扰抗扰度(GB/T 17626.6—2008，IEC 61000-4-6:2006，IDT)

GA 61 固定灭火系统驱动、控制装置通用技术条件

3 术语和定义

下列术语和定义适用于本标准。

3.1

雨淋喷头 deluge sprinkler

用于大空间场所或露天堆场，能够将水喷洒成雨滴状，均匀分布在保护区域内的大流量喷头。

3.2

探测型雨淋喷头 detective deluge sprinkler

具有探测、报警和启动功能的雨淋喷头。

3.3

火灾探测组件 fire detector

能自动探测火灾信号，并对信号进行分析处理，进而发出控制指令和联动信号的组件。

3.4

有效覆盖半径　efficiency overcast radius

下垂型雨淋喷头在最大安装高度，在最低工作压力下喷洒，形成圆形保护区域的半径。

3.5

有效覆盖长度　efficiency overcast length

边墙型雨淋喷头在最大安装高度，在最低工作压力下喷洒，形成有效覆盖区域的最远点与喷头的水平距离。

3.6

有效覆盖宽度　efficiency overcast width

边墙型雨淋喷头在最大安装高度，在最低工作压力下喷洒，形成有效覆盖区域的宽度。

3.7

离心式喷洒　centrifugal spray

压力水在喷头内离心旋转，均匀喷洒在保护区域内。

3.8

撞击式喷洒　impact spray

压力水通过喷头撞击到溅水盘上，均匀喷洒在保护区域内。

4　分类

4.1　按结构形式可分为：

a）　开式雨淋喷头；

b）　闭式雨淋喷头。

4.2　按安装位置可分为：

a）　下垂型雨淋喷头；

b）　边墙型雨淋喷头。

4.3　按洒水形成原理可分为：

a）　离心式雨淋喷头；

b）　撞击式雨淋喷头。

4.4　按功能可分为：

a）　非探测型雨淋喷头；

b）　探测型雨淋喷头。

5　型号编制

5.1　型号编制方法

雨淋喷头的产品型号由类型特征代号、“雨淋喷头”英文首写字母、喷头特性代号、流量系数组成。

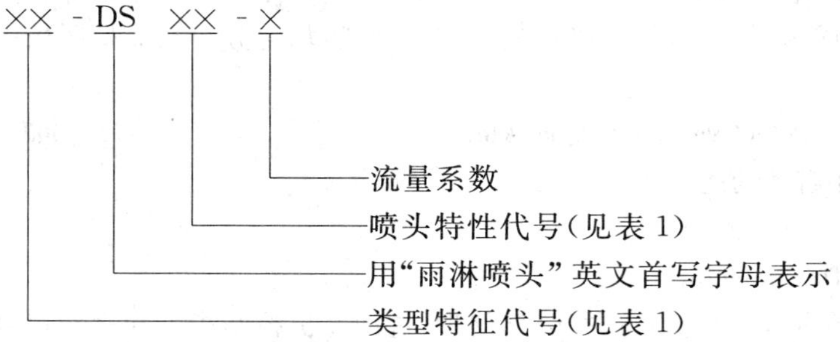

表 1 代号表示方法

类型特征代号				喷头特性代号			
开启机构		火灾探测组件		安装位置		喷洒结构形式	
开式雨淋喷头	闭式雨淋喷头	非探测型	探测型	下垂型	边墙型	离心式	撞击式
不标注	B	不标注	T	X	B	C	I

5.2 标记示例

示例 1：DSBI-300 表示边墙型，撞击式，额定流量系数为 300 的非探测型雨淋喷头。

示例 2：T-DSXC-500 表示下垂型，离心式，额定流量系数为 500 的探测型雨淋喷头。

6 要求

6.1 外观

6.1.1 雨淋喷头外表面应均匀一致，无明显的磕碰伤痕及变形，表面涂、镀层完整美观，结构完整，紧固件无松动。

6.1.2 喷头的接口螺纹应符合 GB/T 7306.1 和 GB/T 7306.2 的规定。

6.1.3 喷头本体或溅水盘上做耐久性标记且标志正确、清晰，标志内容应符合 9.1 的规定。

6.1.4 探测型雨淋喷头的喷头体与火灾探测组件应连接牢固，且火灾探测组件应具有防水措施。

6.1.5 除特殊注明，公差应符合附录 A 的规定。

6.2 流量系数

6.2.1 喷头的流量系数 K 由式(1)计算：

$$K=\frac{Q}{\sqrt{10p}} \qquad \cdots\cdots(1)$$

式中：

p——雨淋喷头入口处压力，单位为兆帕(MPa)；

Q——雨淋喷头的流量，单位为升每分钟(L/min)。

6.2.2 按 7.2 规定的方法进行试验，雨淋喷头流量系数 K 的任一测量值和平均值均不应超过公称值的±10%。

6.3 布水性能及保护面积

6.3.1 按 7.3 规定的方法进行洒水分布及保护面积试验，分别在最大安装高度、最小安装高度下，最低工作压力所对应的流量下，低于平均洒水密度 50%的集水盒的数量不超过集水盒总数量的 10%。其中平均洒水密度按式(2)计算，单个集水盒洒水密度按式(3)计算：

$$\rho_{平均}=Q/S \qquad \cdots\cdots(2)$$

式中：

$\rho_{平均}$——平均洒水密度，单位为毫米每分钟(mm/min)；

Q——喷头在最低工作压力下的流量，单位为升每分钟(L/min)；

S——喷头保护面积，单位为平方米(m^2)。

$$\rho=\frac{V}{St} \qquad \cdots\cdots(3)$$

式中：

ρ——洒水密度，单位为毫米每分钟(mm/min)；

V——单个集水盒中的水量，单位为升(L)；

S——单个集水盒的进水截面积，单位为平方米(m^2)；

t——洒水时间，单位为分钟(min)。

6.3.2 下垂型雨淋喷头的有效覆盖半径不应小于生产厂商公布值。

6.3.3 边墙型雨淋喷头的有效覆盖长度与有效覆盖宽度不应小于生产厂商公布值。

6.4 耐水流冲击强度

按7.4规定的方法进行试验，试验后喷头不得有明显变形或损坏；具有旋转机构的喷头，转动部件应能灵活转动。

6.5 耐水锤冲击性能

按7.5规定的方法进行试验，喷头紧固件无松动，结构不应出现损坏。

6.6 耐低温性能

按7.6.1规定的方法进行试验，试验后喷头金属本体涂层和镀层不能出现任何破裂或卷曲，喷头不应有明显变形或损坏；具有旋转机构的喷头，转动部件应能灵活转动。

6.7 耐高温性能

按7.7.1规定的方法进行试验，试验后喷头金属本体不应有明显变形或损坏；具有旋转机构的喷头，转动部件应能灵活转动。

6.8 耐氨应力腐蚀性能

按7.8规定的方法进行试验，喷头金属本体不应产生腐蚀损坏。具有旋转机构的喷头，转动部件应能灵活转动。

6.9 耐二氧化硫腐蚀性能

按7.9规定的方法进行试验，喷头各部分不应产生明显腐蚀损坏。具有旋转机构的喷头，转动部件应能灵活转动。

6.10 耐盐雾腐蚀性能

按7.10规定的方法进行试验，喷头各部分不应产生明显腐蚀损坏。具有旋转机构的喷头，转动部件应能灵活转动。

6.11 探测型雨淋喷头的其他性能要求

6.11.1 火灾探测组件

6.11.1.1 火灾探测组件采用的点型红外火焰探测器应符合GB 15631的要求，采用的点型紫外火焰探测器应符合GB 12791的要求。采用其他类型的探测器应符合相应国家标准和行业标准要求。

6.11.1.2 火灾探测组件应设有指示灯，在正常监视状态、火警状态和故障状态时具有不同的显示。应具有火灾报警输出端子，故障输出端子。

6.11.1.3 火灾探测组件的探测范围不应小于雨淋喷头的有效覆盖范围，探测距离不应小于雨淋喷头的最大安装高度。

6.11.2 抗环境光干扰性能

按7.12规定的方法进行试验，试验中火灾探测组件应工作正常，不应出现火灾报警或故障信号；试验后，喷头探测功能正常。

6.11.3 抗电磁干扰性能

按7.13规定的电磁干扰条件下进行试验，试验中火灾探测组件应工作正常，不应出现火灾报警或故障信号；试验后火灾探测组件不应损坏，并且喷头探测功能正常。

6.11.4 低温运行性能

按7.6.2规定的方法进行试验，试验中喷头的火灾探测组件应工作正常，不应出现火灾报警或故障信号；恢复到常温后，喷头探测功能正常。

6.11.5 高温运行性能

按7.7.2规定的方法进行试验，试验中喷头的火灾探测组件应工作正常，不应出现火灾报警或故障信号；恢复到常温后，喷头探测功能正常。

6.11.6 抗振动性能

按7.14规定的方法进行试验，试验后喷头紧固部件应无松动、脱落、变形和损坏；喷头探测功能正常。

6.11.7 耐恒定湿热性能

按7.15规定的方法进行试验，试验过程中不应出现火灾报警或故障信号，试验后不应有明显腐蚀现象，喷头探测功能正常。

6.11.8 故障报警性能

按7.16规定的方法进行试验，故障报警时间不应大于60 s。

6.11.9 探测性能

6.11.9.1 基本探测性能

按7.17.1规定的方法进行探测试验，应及时、准确发出火灾报警信号，报警时间不应大于30 s。

采用复合探测器时，挡住任意一种探测器窗口时，另一种探测器能够发出确认信号反馈，探测组件不应有火警信号输出。

6.11.9.2 火灾探测性能

按7.17.2规定的方法进行探测试验，应及时、准确发出火灾报警信号，报警时间不应大于30 s。

6.12 闭式雨淋喷头的其他性能要求

6.12.1 开启机构

电动型开启机构和电爆型开启机构的性能要求应符合GA 61的相关要求。

6.12.2 水压密封和强度性能

6.12.2.1 按7.19.1规定的方法进行试验时，雨淋喷头在整个试验过程中应无渗漏。

6.12.2.2 按7.19.2规定的方法进行试验时，雨淋喷头应无变形或破坏。

6.12.2.3 雨淋喷头在6.6、6.8、6.9、6.10试验后应按7.19规定的方法进行密封试验时，雨淋喷头在整个试验过程中应无渗漏。

6.12.2.4 探测型雨淋喷头在6.11.6、6.11.7试验后应按7.19规定的方法进行密封试验时，雨淋喷头在整个试验过程中应无渗漏。

6.12.3 启动性能

6.12.3.1 喷头按7.20规定的方法进行试验，每一压力下试验的所有喷头应启动灵活，喷洒正常。开启机构完全释放时间不应超过20 s。

6.12.3.2 喷头在6.6、6.8、6.9、6.10试验后应进行最小工作压力的启动性能试验，应启动灵活，喷洒正常。

6.12.3.3 探测型雨淋喷头在6.11.6、6.11.7试验后应进行最小工作压力的启动性能试验，应启动灵活，喷洒正常。

7 试验方法

7.1 外观检验

目测喷头，检查喷头与厂家图纸和说明书的一致性。

7.2 流量试验

将试样安装在试验装置上。试验压力从0.10 MPa～0.60 MPa，压力间隔为0.10 MPa，测量喷头的流量。压力测量精度不应低于0.5%，流量测量精度不应低于1.0%。对于每一个试样，压力先从低升到高，至每一个测量点，再从高降到低，至每一个测量点。

将所测得的数据代入6.2.1中的公式(1)中，计算出每一压力点的K值和K的平均值，结果应符合6.2.2的规定。

在试验中应修正自压力表至喷头出口之间的静压差。

7.3 洒水均匀性及保护面积试验

7.3.1 下垂型喷头

将一只试样安装在试验管路上，每只集水盒的面积不大于 0.5 m×0.5 m，高度不小于 300 mm。集水盒盒口平面距试样底部的距离为喷头安装高度。集水盒按米字型均匀摆放于试样正下方圆形区域内。圆形区域的半径为试样的保护半径，最外侧 8 个集水盒的外边缘应与保护半径界限重合，集水盒外壁间距不大于 0.5 m，见图 1。

试验工作压力为喷头的最低工作压力，喷水时间不少于 3 min，测量每个集水盒的水量，计算每个集水盒的洒水密度和整个有效覆盖面积内的平均洒水密度。

每次喷水试验时，以试样地面投影为圆心，测量有效覆盖半径。

7.3.2 边墙型喷头

将一只试样安装在试验管路上，每只集水盒的面积不大于 0.5 m×0.5 m，高度不小于 300 mm。集水盒盒口平面距试样底部的垂直距离为喷头安装高度。集水盒均匀摆放于喷头下方矩形区域内。矩形区域的面积即喷头的保护面积，长度为有效覆盖长度，宽度为有效覆盖宽度。最外侧集水盒的外边缘应与覆盖面积尺寸边界重合，集水盒外壁间距不大于 0.5 m，见图 2。

试验工作压力为喷头最低工作压力，喷水时间不少于 3 min，测量每个集水盒的水量，计算每个集水盒的洒水密度和整个有效覆盖面积内的平均洒水密度。

每次喷水试验时，以试样地面投影为界限，测量喷洒的有效覆盖长度与有效覆盖宽度。

7.4 水流冲击试验

将试样按正常安装位置安装试验管路上，试验压力为 1.2 MPa，连续洒水 15 min。

7.5 水锤冲击试验

将样品按工作位置安装在试验管路上，进行 30 次压力从 0 MPa～(1.20±0.20)MPa 的交变水压试验，每次试验时间不应大于 2 s。

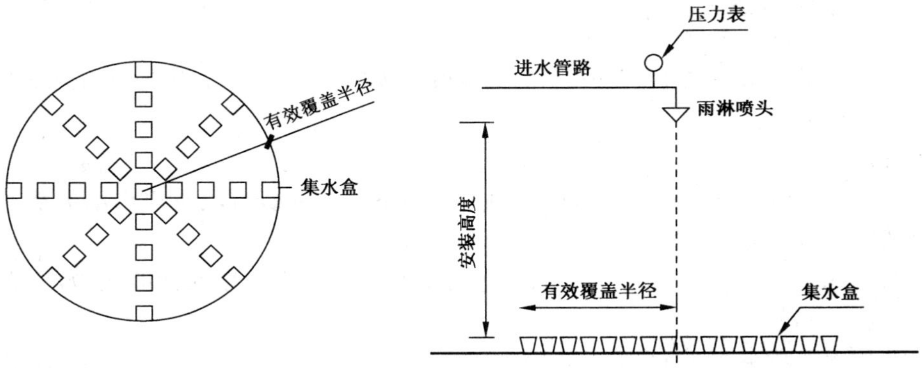

图 1 下垂型雨淋喷头布水示意图

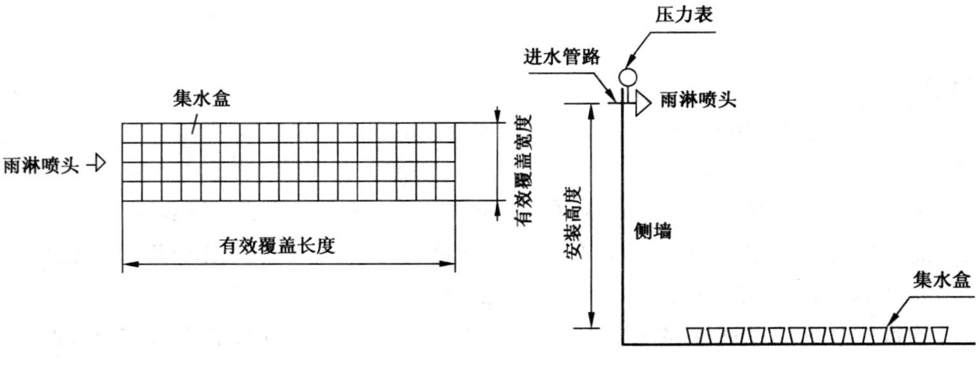

图 2 边墙型雨淋喷头布水示意图

7.6 低温试验

7.6.1 雨淋喷头低温试验

将雨淋喷头置于低温试验箱中，箱内温度保持在－30 ℃±2 ℃，历时24 h。试验后，取出喷头，在室温下放置24 h，然后仔细检查涂层和镀层。

7.6.2 探测型雨淋喷头低温运行试验

将试样固定在安装支架上，放到低温试验箱中，接通控制和指示设备，使其处于正常监视状态。在温度15 ℃～20 ℃、相对湿度不大于70%的条件下保持1 h，然后以不大于0.5 ℃/min的降温速率将温度降至－10 ℃，在此条件下稳定2 h(试样不应有结冰现象)。试验期间，观察并记录试样的工作状态。

试验后，关断电源，取出试样，在正常大气条件下放置1 h，然后按7.17.1规定的方法进行基本探测试验。

7.7 高温试验

7.7.1 雨淋喷头高温试验

将雨淋喷头直立放入温度600 ℃±10 ℃的试验炉中，受热15 min后，夹住试样螺纹部分，取出后立即浸入温度为15 ℃±1 ℃的水浴中，待冷却后进行检查。

7.7.2 探测型雨淋喷头高温运行试验

将试样固定在安装支架上，放到高温试验箱中，接通控制和指示设备，使其处于正常监视状态。在温度23 ℃±5 ℃的条件下，以不大于0.5 ℃/min的升温速率，使温度升至55 ℃±2 ℃，在此条件下保持2 h，试验期间，观察并记录试样的工作状态。

取出试样，在正常大气条件下放置1 h，按7.17.1规定的方法进行基本探测试验。

7.8 耐氨应力腐蚀试验

将雨淋喷头按其工作位置挂在试验箱内试验区。试验箱的工作室内放一个平底大口的玻璃容器。按照每立方厘米的试验容器加氨水0.01 mL的比例，将密度为0.94 g/cm^3的氨水加入玻璃容器。让其自然挥发，以便在试验区内形成潮湿的氨和空气的混合气体。其成分约为：氨35%；水蒸气5%；空气60%。

工作室内的温度应保持在34 ℃±2 ℃，历时10 d。试验后，将样品冲洗、烘干，再仔细检查。

7.9 耐二氧化硫腐蚀试验

将雨淋喷头按其工作位置挂在试验箱内防滴罩的下面，试验箱按体积比每24 h加入1%的二氧化硫。试验箱内温度保持在45 ℃±3 ℃。应保护喷头样品不受冷凝液滴的损害。进行16 d的腐蚀试验。8 d后将喷头从容器中取出。

7.10 耐盐雾腐蚀试验

将雨淋喷头按其工作位置挂在试验箱内试验区。使质量比为20%的氯化钠盐溶液雾化形成盐雾，盐溶液的密度为1.126 g/cm^3～1.157 g/cm^3，pH值为6.5～7.2。

试验区的温度应保持在35 ℃±2 ℃，喷雾压力在0.07 MPa～0.17 MPa之间。使用过的盐溶液应收集起来，不应循环使用。应将试样蔽护以防凝滴落在其上面。

在试验区内，应至少从两点收集盐雾以确定雾化速率和盐浓度。在连续16 h中，收集区内每80 cm^2面积每小时应能收集到1 mL～2 mL盐溶液，盐溶液的质量浓度应为(20±1)%。

经过10 d的试验后将喷头从盐雾试验箱中取出，在温度为20 ℃±5 ℃，相对湿度不超过70%的条件下干燥4 d～7 d。

7.11 火灾探测组件

7.11.1 技术文件

检查火灾探测组件技术文件。

7.11.2 显示功能

目测雨淋装置在监视状态下、消防状态、故障状态下的指示灯工作情况。

7.12 环境光线试验

将试样按正常工作位置固定在安装支架的固定面上，并接通电源，使其处于正常监视状态。

在试验前将环境光线干扰模拟装置安装在前，且使其与试样的距离为 500 mm。

试验步骤：

a) 用两只 25 W 的白炽灯(色温为 2 850 K±100 K)照射 1 h；

b) 用一只直径 308 mm、30 W 环形荧光灯(色温为 4 900 K)照射 1 h；

c) 用两只 25 W 的白炽灯及一只直径 308 mm、30 W 环形荧光灯照射 1 h；

d) 使上述三个光干扰装置的干扰光源同时以通电 1 s、断电 1 s 的时间周期重复 10 次；

e) 整个试验按试验步骤依次连续进行。

试验后按 7.17.1 规定的方法进行基本探测试验。

7.13 抗电磁干扰试验

7.13.1 静电放电抗扰度试验

试样处于正常监视状态，按照 GB/T 17626.2 的要求对试样进行电磁干扰试验。干扰期间，观察并记录试样工作状态。

试验后按 7.17.1 规定的方法进行基本探测试验。

7.13.2 射频电磁场辐射抗扰度试验

试样处于正常监视状态，按照 GB/T 17626.3 的要求，对试样进行电磁干扰试验。干扰期间，观察并记录试样工作状态。

试验后按 7.17.1 规定的方法进行基本探测试验。

7.13.3 电快速瞬变脉冲群抗扰度试验

试样处于正常监视状态，按照 GB/T 17626.4 的要求，对试样进行电磁干扰试验。干扰期间，观察并记录试样工作状态。

试验后按 7.17.1 规定的方法进行基本探测试验。

7.13.4 浪涌(冲击)抗扰度试验

试样处于正常监视状态，按照 GB/T 17626.5 的要求，对试样进行电磁干扰试验。干扰期间，观察并记录试样工作状态。

试验后按 7.17.1 规定的方法进行基本探测试验。

7.13.5 射频场感应的传导骚扰抗扰度试验

试样处于正常监视状态，按照 GB/T 17626.6 的要求，对试样进行电磁干扰试验。干扰期间，观察并记录试样工作状态。

试验后按 7.17.1 规定的方法进行基本探测试验。

7.14 振动试验

按照试样的工作位置紧固在振动台上依次在三个互相垂直的轴线上，在 10 Hz～150 Hz 的频率循环范围内，以 10 m/s^2 的加速度幅值、1 倍频程/min 的扫频速率，各进行 20 次扫频循环。

试验后按 7.17.1 规定的方法进行基本探测试验。

7.15 恒定湿热试验

试样处于正常监视状态，将试样置于试验箱中，调节温度到 40 ℃±2 ℃，相对湿度保持在 90%～96%，持续 96 h，试验中观察试样工作情况。试验后将试样从试验箱中取出，在正常大气条件下放置 1 h，按 7.17.1 规定的方法进行基本探测试验。

7.16 故障报警试验

关闭试样电源，断开火灾探测组件传感器插头或触点，恢复正常监视状态，观察并记录报警时间及状态。

7.17 **探测试验**

7.17.1 **基本探测试验**

将试样按正常工作位置固定在安装支架，试样距地面 1 m，试样处于正常监视状态，在探测视锥角范围内，距火灾探测组件 0.5 m 处放一只酒精灯。点燃酒精灯，启动计时，采用非复合型探测器时。

采用复合探测器时，两个探测器窗口全打开，启动计时；任意遮挡一个探测器窗口，观察每个探测器及探测组件信号反馈情况。

7.17.2 **火灾探测试验**

将试样安装在最大安装高度，接通电源，使装置处于正常监视状态，在保护半径边界地面上放置长宽高为 400 mm×400 mm×50 mm 的钢质油盘，盘壁厚 2 mm，油盘内放置工业乙醇，质量为 2 000 g，点燃乙醇，观察试样动作情况，测量其输出信号，记录火警报警时间。

7.18 **开启机构**

按照 GA 61 中规定的方法进行试验。

7.19 **水压密封与强度试验**

7.19.1 将 5 只试样安装在试验装置上，使管路充满清水，排除管路中的空气。以(0.100±0.025)MPa/s 的速率升压至 2.40 MPa，保持压力 3 min，然后降压至 0 MPa。

7.19.2 将水压密封试验后的试样，以不超过 2.0 MPa/min 的速率升压至 3.6 MPa，保持压力 1 min。

7.20 **启动功能试验**

在最低工作压力、额定工作压力和最高工作压力下，分别取 4 只喷头试样按其正常安装位置进行启动功能试验，按照正常启动方式启动。

8 检验规则

8.1 **检验分类**

8.1.1 **型式检验**

有下述情况之一者，应按表 2 的规定进行型式检验：

a) 正式生产后，产品的结构、材料、工艺、重要部件中任何一项有较大改变，可能影响产品性能时；
b) 产品停产超过一年恢复生产时；
c) 产品转厂生产或异地搬迁生产时；
d) 国家质量监督机构或管理部门提出进行型式检验要求时。

表 2 雨淋喷头出厂检验和型式检验项目

检验项目	标准条款号	型式检验项目				出厂检验项目							
		Ⅰ	Ⅱ	Ⅲ	Ⅳ	Ⅰ		Ⅱ		Ⅲ		Ⅳ	
						全检	抽检	全检	抽检	全检	抽检	全检	抽检
外观	6.1	★	★	★	★	★	—	★	—	★	—	★	—
流量系数	6.2	★	★	★	★	—	★	—	★	—	★	—	★
布水性能和保护面积	6.3	★	★	★	★	—	★	—	★	—	★	—	★
耐水流冲击强度	6.4	★	★	★	★	—	★	—	★	—	★	—	★
耐水锤冲击性能	6.5	★	★	★	★	—	★	—	★	—	★	—	★
耐低温性能	6.6	★	★	★	★	—	—	—	—	—	—	—	—
耐高温性能	6.7	★	★	★	★	—	—	—	—	—	—	—	—

表 2（续）

检验项目	标准条款号	型式检验项目				出厂检验项目							
		Ⅰ	Ⅱ	Ⅲ	Ⅳ	Ⅰ		Ⅱ		Ⅲ		Ⅳ	
						全检	抽检	全检	抽检	全检	抽检	全检	抽检
耐氨应力腐蚀性能	6.8	★	★	★	★	—	—	—	—	—	—	—	—
耐二氧化硫腐蚀性能	6.9	★	★	★	★	—	—	—	—	—	—	—	—
耐盐雾腐蚀性能	6.10	★	★	★	★	—	—	—	—	—	—	—	—
火灾探测组件要求	6.11.1	—	★	★	—	—	—	★	—	★	—	—	—
抗环境光干扰性能	6.11.2	—	★	★	—	—	—	—	★	—	★	—	—
抗电磁干扰性能	6.11.3	—	★	★	—	—	—	—	—	—	—	—	—
低温运行性能	6.11.4	—	★	★	—	—	—	—	★	—	★	—	—
高温运行性能	6.11.5	—	★	★	—	—	—	—	★	—	★	—	—
抗振动性能	6.11.6	—	★	★	—	—	—	—	—	—	—	—	—
耐恒定湿热性能	6.11.7	—	★	★	—	—	—	—	★	—	★	—	—
故障报警性能	6.11.8	—	★	★	—	—	—	★	—	★	—	—	—
探测性能	6.11.9	—	★	★	—	—	—	★	—	★	—	—	—
开启机构	6.12.1	—	—	★	★	—	—	—	—	—	★	—	★
水压密封和强度性能	6.12.2	—	—	★	★	—	—	—	—	★	—	★	—
启动性能	6.12.3	—	—	★	★	—	—	—	—	—	★	—	★
注：Ⅰ表示开式雨淋喷头；Ⅱ表示探测型开式雨淋喷头；Ⅲ表示探测型闭式雨淋喷头；Ⅳ表示闭式雨淋喷头。													

8.1.2　**出厂检验**

每个雨淋喷头出厂前必须按表 2 规定的“全检”项目进行检验。

每组批雨淋喷头出厂前必须按表 2 规定的“抽检”项目进行检验。

8.2　组批

同种工艺，相同的材料及配件组装或生产的同型号、同规格的产品为一批。

8.3　抽样

8.3.1　检验样品的抽取应采用随机抽样的方法，抽样基数不宜少于检验样品数量的 2 倍。

8.3.2　雨淋喷头型式检验的试验程序和样品数量如附录 B 中图 B.1～图 B.4 所示。

8.4　检验结果判定

8.4.1　**型式检验**

对于所有型式雨淋喷头，全部型式检验项目合格，该雨淋喷头合格。

8.4.2　**出厂检验**

出厂检验中，全检项目合格，可提交抽检。抽检项目全部合格，该组批雨淋喷头为合格。出现不合格项目，允许加倍抽检，如果仍不合格，该组批雨淋喷头为不合格。

9　标志、使用说明书

9.1　标志

雨淋喷头应标记如下内容：型号规格、厂商名称或商标、生产年代、主要使用参数。

9.2 使用说明书

雨淋喷头在其基础包装中应附有使用说明书，使用说明书中至少应包括产品名称、型号规格、使用的环境条件、贮存的环境条件、生产年代、产品生产所依据的标准、使用参数、使用说明、注意事项、生产厂商的名称、地址和联络信息等。

雨淋喷头的使用参数应包括以下内容：

a) 安装高度范围；

b) 工作压力范围及额定工作压力；

c) 流量系数；

d) 有效覆盖半径或(有效覆盖长度×有效覆盖宽度)；

e) 喷头安装间距；

f) 安装位置；

g) 喷头距吊顶、墙的最大与最小距离；

h) 火灾探测组件的工作电压等电气参数；

i) 执行标准。

10 包装、运输、贮存

10.1 包装

10.1.1 雨淋喷头在包装箱内应单独固定，防止相互间的磕碰。

10.1.2 产品包装中应附有使用说明书和合格证。

10.1.3 雨淋喷头在包装箱外应标明放置方向、堆放件数限制、贮存防护条件等。

10.2 运输

雨淋喷头在运输过程中，应防雨、防晒、减振，装卸时防止撞击。

10.3 贮存

雨淋喷头应贮存在－10 ℃～＋40 ℃的干燥环境中。

附　录　A
（规范性附录）
公　　差

标准中未标明公差时，按以下规定执行：

a）　角度　　　　　　±2°；

b）　频率(Hz)　　　　测量值的±5％；

c）　长度　　　　　　测量值的±2％；

d）　容积　　　　　　测量值的±5％；

e）　压力　　　　　　测量值的±3％；

f）　温度　　　　　　测量值的±5％；

g）　时间：

　　1）　s　　$^{+5}_{0}$；

　　2）　min　$^{+0.1}_{0}$；

　　3）　h　　$^{+0.1}_{0}$；

　　4）　d　　$^{+0.25}_{0}$。

附　录　B
（规范性附录）
试验程序及样品数量

B.1　试验程序说明

B.1.1　试验序号

1)　外观检验(7.1)；
2)　流量试验(7.2)；
3)　洒水均匀性及保护面积试验(7.3)；
4)　水流冲击试验(7.4)；
5)　水锤冲击试验(7.5)；
6)　低温试验(7.6)；
7)　高温试验(7.7)；
8)　耐氨应力腐蚀试验(7.8)；
9)　耐二氧化硫腐蚀试验(7.9)；
10)　耐盐雾腐蚀试验(7.10)；
11)　火灾探测组件(7.11)；
12)　环境光线试验(7.12)；
13)　抗电磁干扰试验(7.13)；
14)　振动试验(7.14)；
15)　恒定湿热试验(7.15)；
16)　故障报警试验(7.16)；
17)　基本探测试验(7.17.1)；
18)　火灾探测试验(7.17.2)；
19)　开启机构(7.18)；
20)　水压密封和强度试验(7.19)；
21)　启动功能试验(7.20)。

B.1.2　说明

图 B.1～图 B.4 方框中数字为试验条款号。图 B.1～图 B.4 圆圈中的数字为试验所需的样品数。

B.2 试验程序图

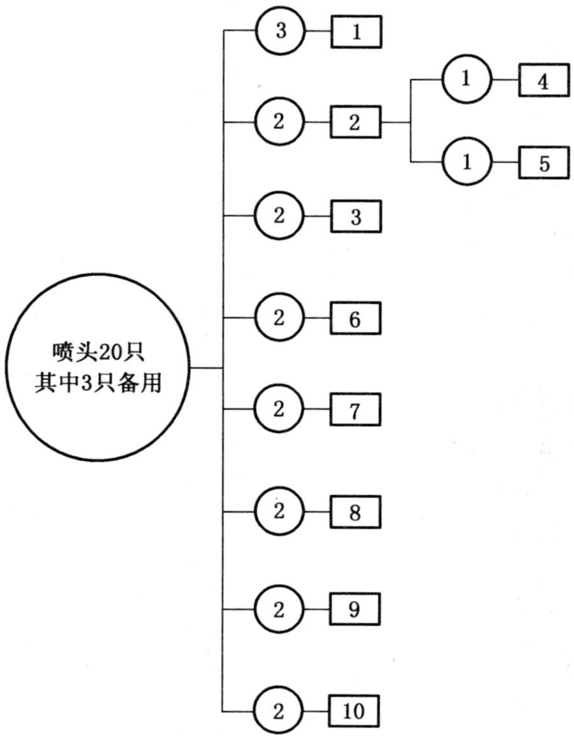

图 B.1 开式雨淋喷头试验程序图

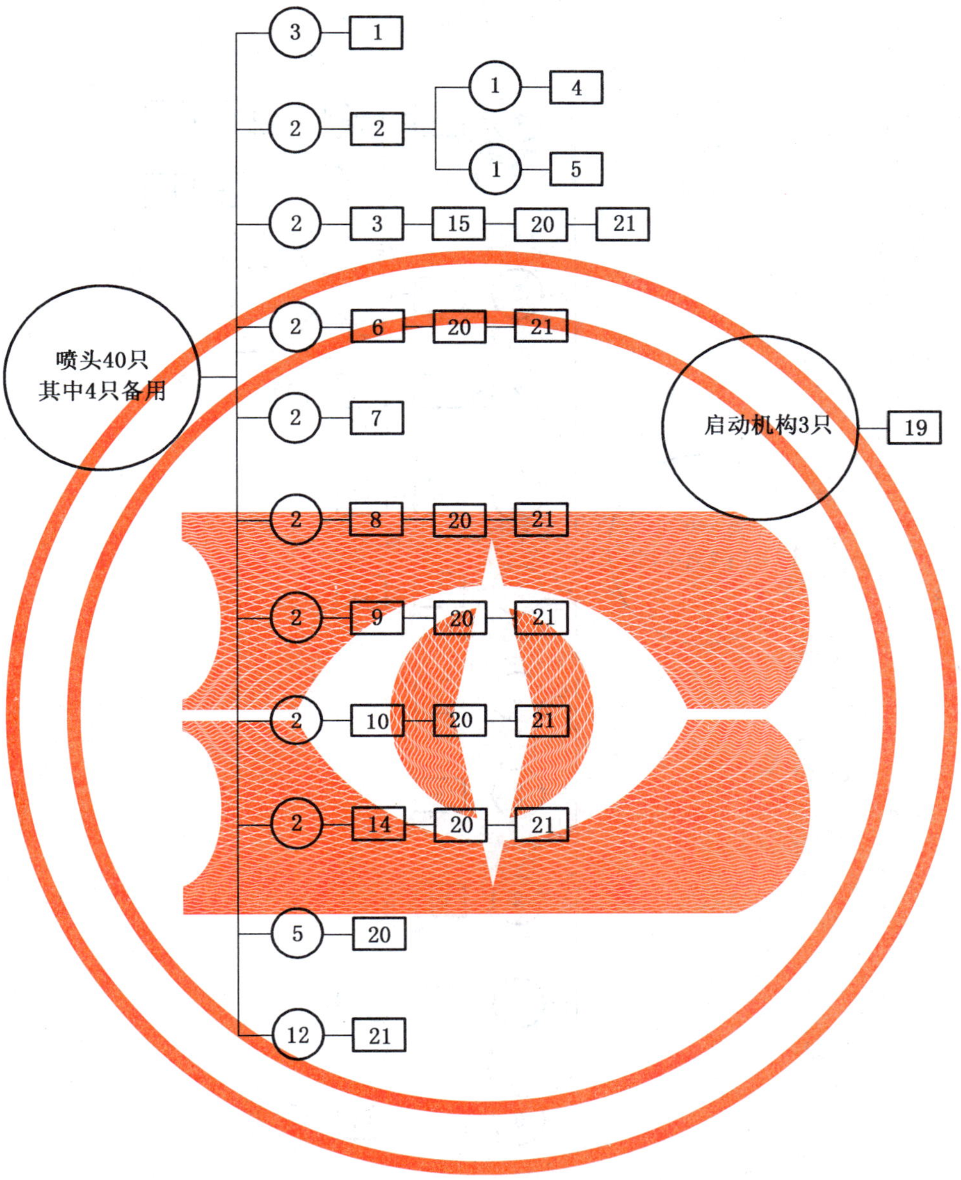

图 B.2　闭式雨淋喷头试验程序图

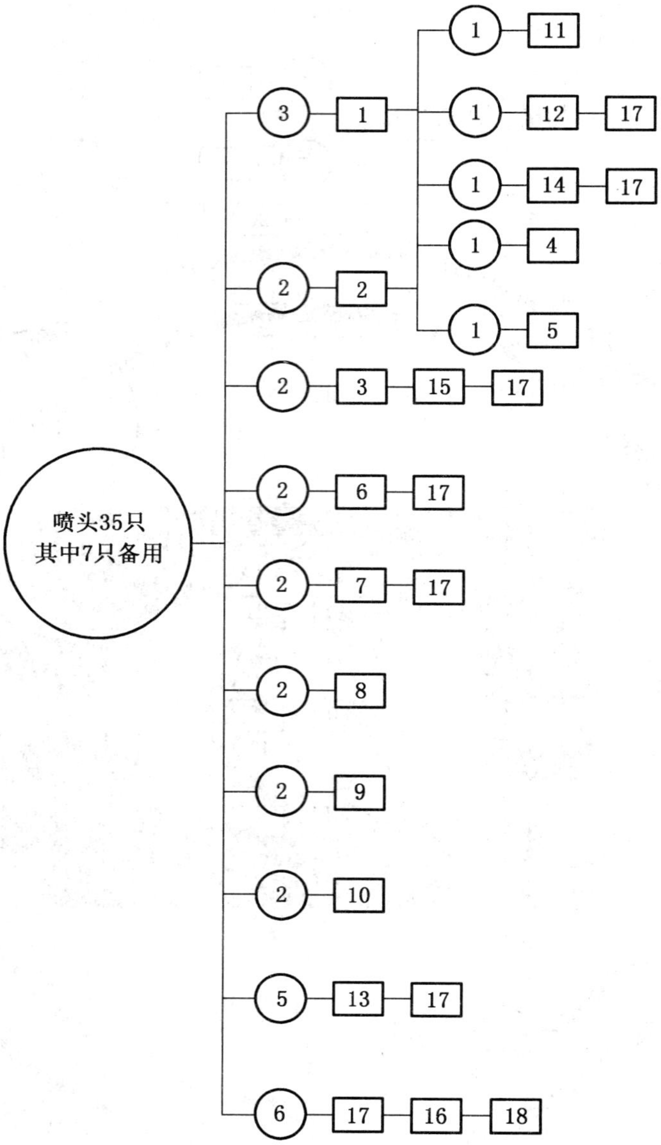

图 B.3 探测型开式雨淋喷头试验程序图

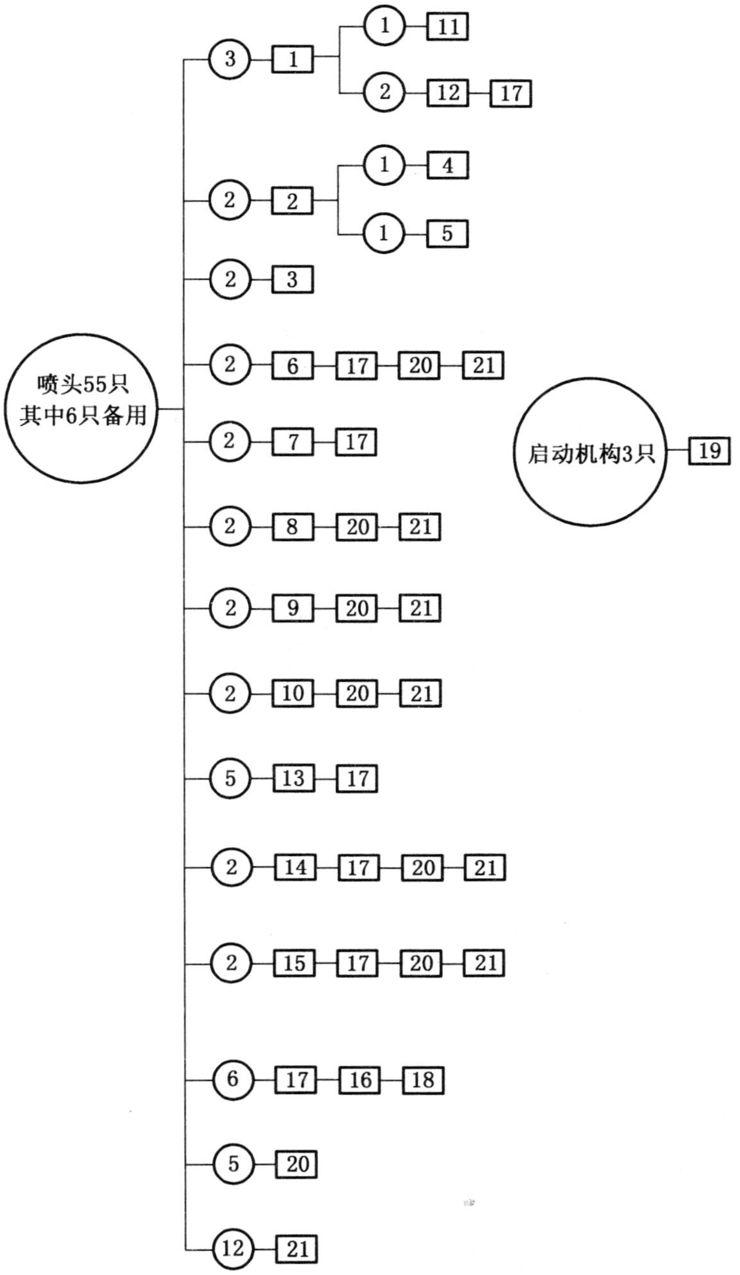

图 B.4 探测型闭式雨淋喷头试验程序图

ICS 13.220.40
C 82

中华人民共和国国家标准

GB/T 25206.2—2010/ISO 13784-2:2002

复合夹芯板建筑体燃烧性能试验 第2部分:大室法

Reaction-to-fire tests for sandwich panel building systems—
Part 2:Test method for large rooms

(ISO 13784-2:2002,IDT)

2010-09-26 发布　　2011-02-01 实施

中华人民共和国国家质量监督检验检疫总局
中国国家标准化管理委员会　发布

前　言

GB/T 25206《复合夹芯板建筑体燃烧性能试验》分为两个部分：

——第1部分：小室法；

——第2部分：大室法。

本部分为GB/T 25206的第2部分。

本部分等同采用ISO 13784-2:2002《复合夹芯板建筑体燃烧性能试验　第2部分：大室法》(英文版)。

本部分等同翻译ISO 13784-2:2002。

为便于使用，本部分做了下列编辑性修改：

a)　“国际标准的本部分”一词改为“本部分”；

b)　用小数点“.”代替作为小数点的逗号“,”；

c)　在规范性引用文件中删除“ISO 13784-1　复合夹芯板建筑体燃烧性能试验　第1部分：小室法”，因为该标准未在ISO 13784-2:2002中出现，本部分也未引用。

本部分由中华人民共和国公安部提出。

本部分由全国消防标准化技术委员会防火材料分技术委员会(SAC/TC 113/SC 7)归口。

本部分起草单位：公安部四川消防研究所、公安部天津消防研究所。

本部分主要起草人：曾绪斌、赵成刚、赵丽、薛思强。

复合夹芯板建筑体燃烧性能试验 第2部分:大室法

1 范围

GB/T 25206的本部分规定了用于评价复合夹芯板建筑体燃烧性能的试验方法。通过模拟室内火灾条件,在建筑房间角落处,用特定火焰直接作用于制品来评价建筑体复合夹芯板表面或内部的火焰传播特性。本试验不用作对制品耐火性能的评估。

本部分规定了复合夹芯板建筑体可采用自支撑和框架支撑等结构,但是只适用于对建筑的墙、吊顶或屋面结构进行测试。

2 规范性引用文件

下列文件中的条款通过GB/T 25206的本部分的引用而成为本部分的条款。凡是注日期的引用文件,其随后所有的修改单(不包括勘误的内容)或修订版均不适用于本部分,然而,鼓励根据本部分达成协议的各方研究是否可使用这些文件的最新版本。凡是不注日期的引用文件,其最新版本适用于本部分。

ISO 13943 消防安全词汇

IEC 60584-2 热电偶 第2部分:允差

3 术语和定义

ISO 13943中确立的以及下列术语和定义适用于GB/T 25206的本部分。

3.1

复合材料 composite

由两种或两种以上单一材料组合而成的复合物,如表面有涂层的材料或层压材料。

3.2

受火面 exposed surface

制品与试验的热条件邻近的表面。

3.3

制品 product

材料、复合材料或其组件。

3.4

质量恒定 constant mass

当间隔24 h的两次连续称量偏差不超过试样质量的0.1%或0.1 g(取两者的较大值)时试样的状态。

3.5

表面制品 surface product

建筑中的墙体、吊顶、屋面的任何暴露表面。

3.6

绝热复合夹芯板 insulating sandwich panel

由三层或多层材料复合而成的多层制品。

注:中间一层为绝热材料,如矿棉、玻璃棉、塑料纤维或天然材料,两面为有保护作用的面材。面材可选择不同的材

料，可以是平板或者异型材定，应用最广泛的是涂层钢板。根据应用及其性能要求，复合材料通过特定的安装连接和支撑可以由单一结构变成复杂的复合组件。

3.7

试样 specimen

代表最终结构的组件。

4 原理

本试验规定了在复合夹芯板建筑内部角落处，通过火焰的直接作用来评价复合夹芯板建筑体的燃烧性能的试验方法。由于可燃气体、复合夹芯板组件的脱落碎片或熔滴物的影响，可出现不同的火焰传播类型，火焰可在夹芯板芯材中传播，也可在表面或接缝处传播。本试验可评价下列火灾危险性参数：

——火灾从发生发展到轰然，建筑体所做的贡献；

——室内火灾传播至外部、其他隔间或相邻建筑的潜在危险性；

——结构倒塌的可能性；

——试验房间内部的火灾烟气的发展。

5 结构类型

本试验规定了用以下两种类型来代表实际使用中的结构和材料：

a) 框架支撑结构

复合夹芯板建筑体以机械方式固定在框架结构（通常为钢制）的外部或内部（在板的厚度方向），吊顶或屋面可按传统方式安装或使用复合夹芯板，常见的例子是工业建筑的外部覆层结构。大多数情况下，这种复合夹芯板组件用于建筑的外部墙体、屋面或同时用于两者中。

b) 自支撑结构

由复合夹芯板组件组成一个不依靠其他任何框架结构而能保持稳定性的房间或封闭空间（如建筑内的冷冻室、食物存储室、无尘室）。通常对于建筑内部的这类结构，它的吊顶可由上部部件来固定。

6 试样

试样应满足试验所要求的数量，所有试样应具有实际使用中结构和材料的代表性，所有试样的拼接缝、安装固定等结构细节都应按实际使用情况进行设置和体现。如果复合夹芯板在实际使用中有内框架或外框架，试验时应体现这种安装结构。

试样在结构安装中应符合此结构的质量要求。

如果在实际使用中，吊顶板和墙板不同，试验时应采用实际使用的墙板与吊顶的组合来进行试验。

如果复合夹芯板组件在实际使用时有装饰涂层或薄膜面层，则应在试样上体现出来。

7 试验房间设计和建造

7.1 本试验规定了复合夹芯板建筑体燃烧性能的评价方法，复合夹芯板组件的尺寸和结构应与实际使用情况相一致。按照实际使用中制品的拼接和安装方法对其进行评估，如果支撑件是结构的一部分，则试验时在特定位置要使用此支撑件。如果板材是自支撑，为安全起见，应采用非连接的外部框架。

7.2 根据实际使用情况，按第6章的要求用复合夹芯板试样建造一个实体房间（见图1）进行试验。试验房间由四面垂直的墙和吊顶组成，建造在硬质的不燃地面上，房间的内部空间尺寸如下。

长：(4.8±0.05)m。

宽：(4.8±0.05)m。

高：(4.0±0.05)m。

7.3 房间的正面应设置一个门洞，其他墙上无任何通风开口，门洞大小如下。

宽:(4.8±0.05)m。

高:(2.8±0.05)m。

7.4 试验房间可建造在室内或室外。

7.5 试验前生产商应提供不同构件的整体布局图和结构详图,包括样品的拼接和任何框架连接的详细要求。

图 2 和图 3 是一个安装了内支撑框架的复合夹芯板建筑体的示意图。

注:样品数量和厚度根据试样类型可与示例所要求的不同,另外,支撑架的型号也应根据实际的安装方式来确定。

单位为毫米

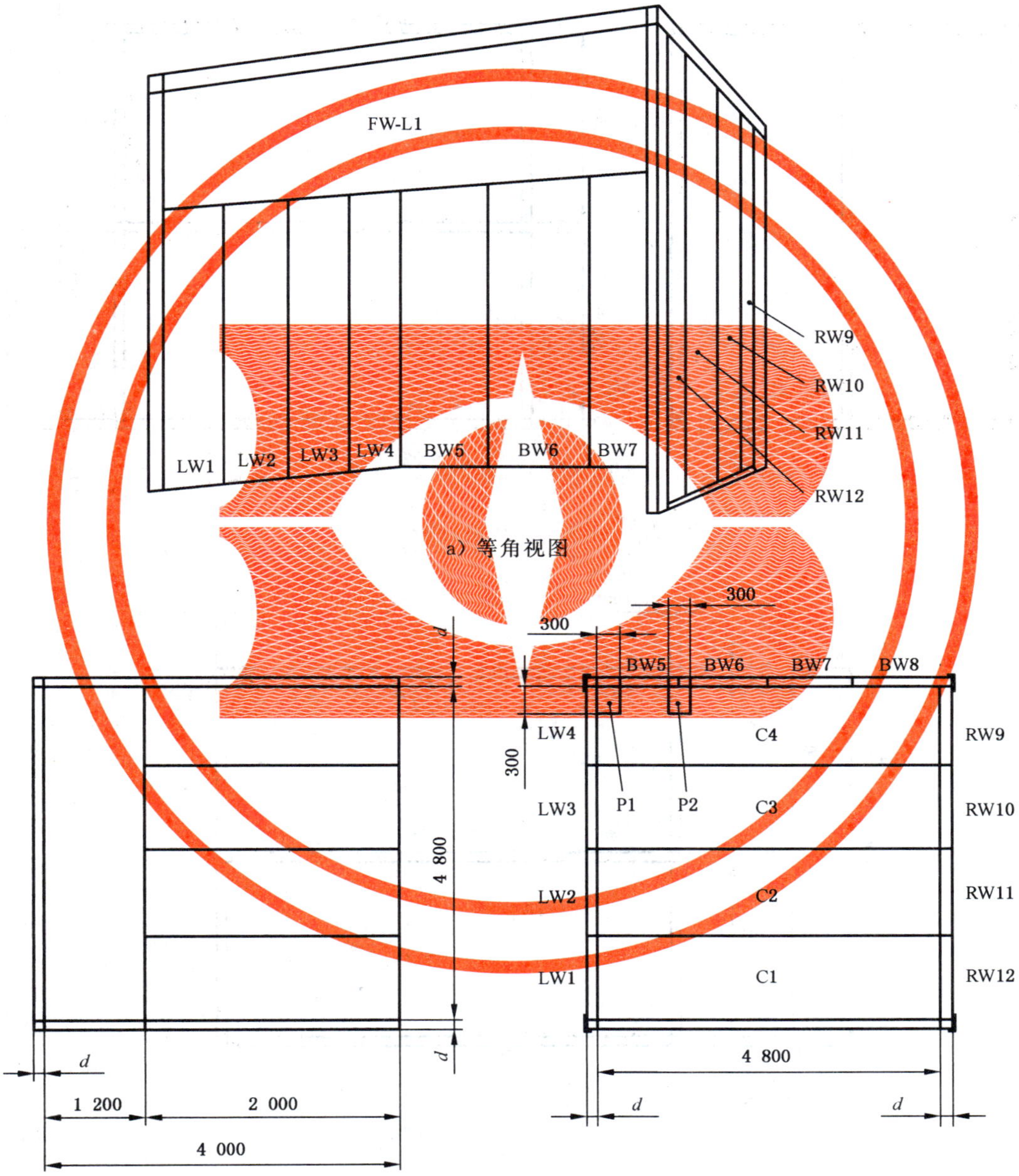

a) 等角视图

b) 燃烧器位置

C——吊顶板;

d——板材厚度;

P1——角落处燃烧器位置 1;

P2——接缝处燃烧器位置 2;

LW——左墙板;

BW——背墙板;

RW——右墙板;

FW-L——前墙过梁板。

图 1 试样

单位为毫米

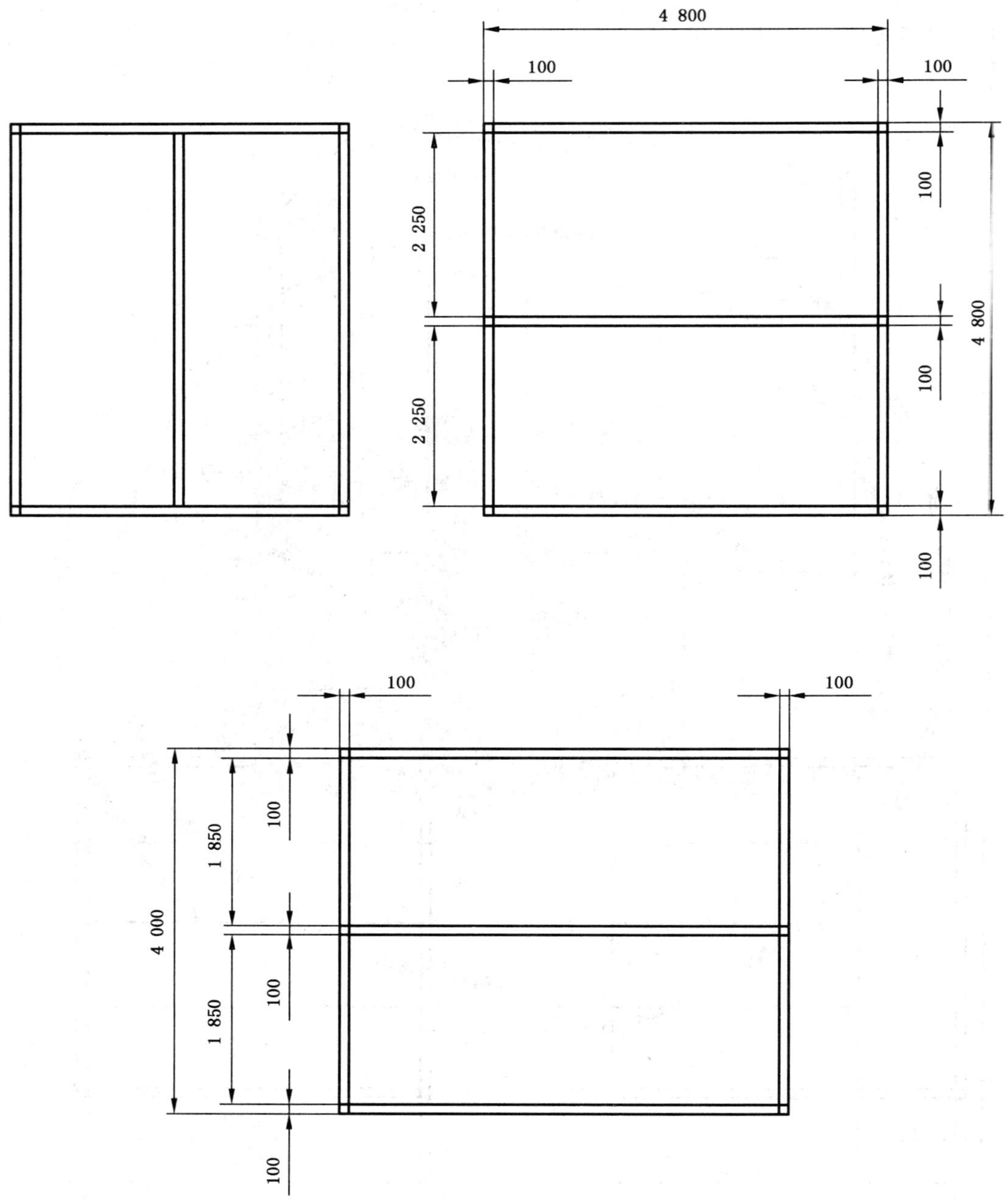

图 2　内部支撑框架结构示意图

单位为毫米

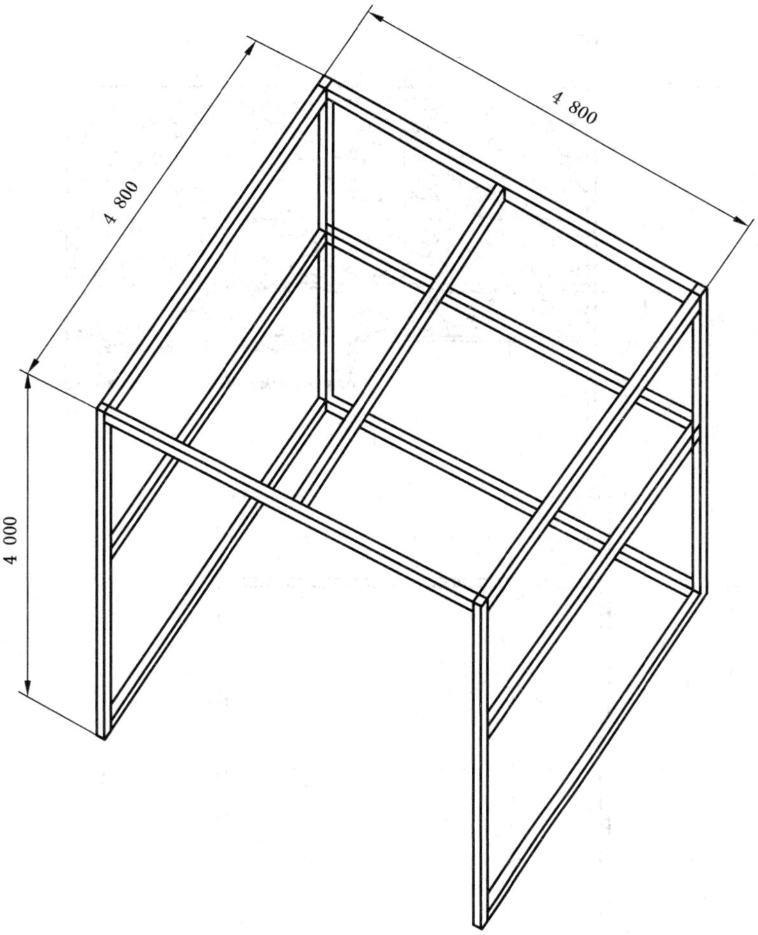

图3 内部支撑框架结构——等角视图

8 点火源

8.1 点火源为钢制丙烷燃烧器,顶面为正方形,以多孔的惰性材料(如砂)填充制作而成,燃烧器尺寸为300 mm×300 mm,高于地面200 mm,燃烧器出口的气流应均匀分布(见图4)。

警示:燃烧器采用丙烷气体,消耗量相对较大。所有仪器(管路、夹具、流量计等)都应适合丙烷,应参照现有规范进行安装。为安全起见,宜安装一个可以远程控制的点火装置,如引燃焰或灼热丝。并且线路中宜安装一个漏气警报装置和安全阀,当燃烧器火焰熄灭时,阀门能立刻自动切断燃气供应。

8.2 燃烧器应安装在一个小车上,必要时可以在试验期间将燃烧器移出试验房间,建议安装一个附加的燃气控制阀。

8.3 燃烧器应安装在与有门洞的前墙直接相对的角落处的地面上,并与试样接触。如果在角落处正好有一个框架构件如钢柱,则燃烧器应安装于与背墙角落最近的拼接缝处,此拼接缝距离角落处的钢柱不应小于300 mm,见图1。

如果某些器件使燃烧器不能接触试样,则应升高燃烧器,使它与试样接触。

8.4 燃烧器应使用丙烷气体(纯度应不低于95%),燃烧器的气体流量的测试精度至少±3%,燃烧器的热输出偏差应控制在规定值的±5%以内。

8.5 试验时燃烧器的热输出前5 min应为100 kW,紧接着5 min为300 kW,如果试样没有被点燃或没有出现持续燃烧,则接下来5 min燃烧器热输出应增至600 kW。燃烧器的热释放速率的计算为气体流量与丙烷燃烧热值的乘积,应使用46.4 kJ/g的燃烧热值。

单位为毫米

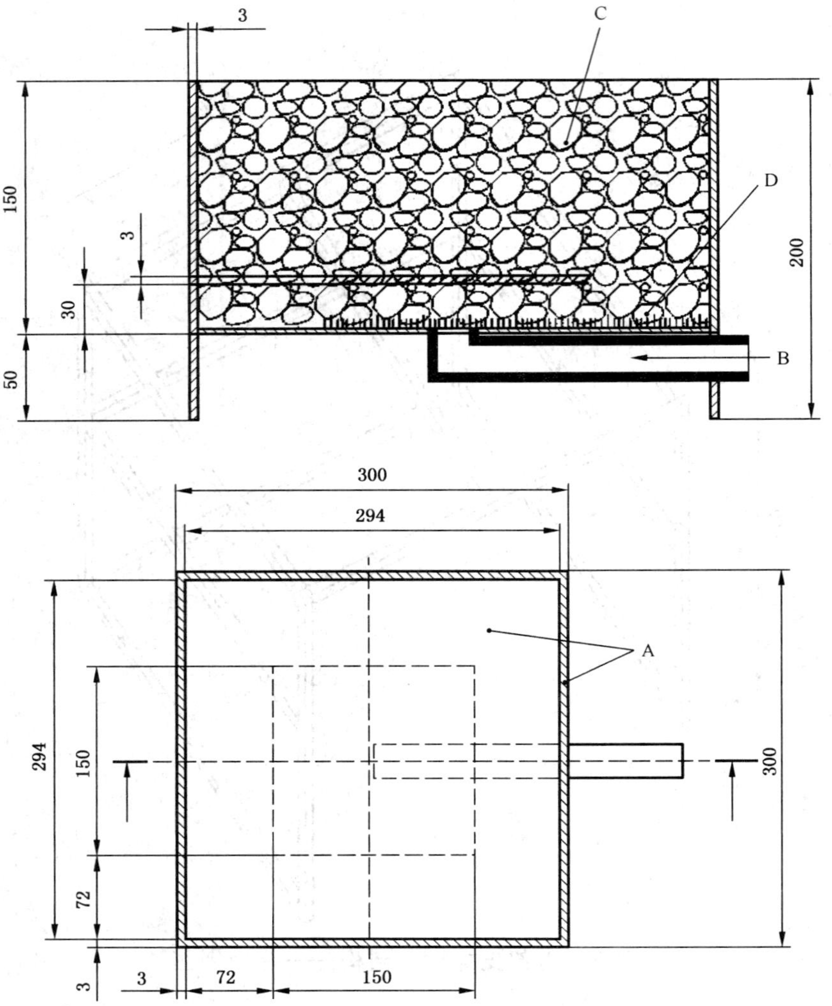

A——钢制筛网；

B——燃气入口；

C——砂(直径 5 mm～12 mm)；

D——铜丝纱布。

图 4 燃烧器

9 装置

9.1 热电偶

在每块试样的表面和芯材内安装热电偶，热电偶的安装应能监测火焰在芯材内部的传播。

在每块试样的表面和芯材里应各安装一根热电偶，安装的位置应在试样中心高于地面 2.7 m 处(见图 5)，在门洞开口处的 O1、O2、O3 热电偶应安装，其他可选安装。

热电偶应为铠装或装配式的，前者应为丝径 0.3 mm、外径 1.5 mm 的 K 式镍铬不锈钢铠装热电偶，测量端应绝热但不接地。装配式热电偶最大直径为 ϕ0.3 mm。安装在试样外表面的热电偶测量端应与试样表面接触，以带铜片的表面热电偶测试表面温度，以铠装热电偶测试芯材温度，以装配式热电偶测试气体温度。热电偶应达到 IEC 60584-2 规定的 1 级要求。

从门洞开口流出的气流可通过开口处的热电偶和附加的压力测试仪计算得出，计算方法可参见 GB/T 25207—2010。

在芯材内安装热电偶时，应检查确保插入热电偶后开口被良好的密封，避免这些开口影响板材的燃烧性能。

9.2 **辅助设备**

9.2.1 数据记录仪：可使用数表或数字记录仪，数据采集的时间间隔不超过 10 s，并能进行数据拷贝。

9.2.2 时间记录仪：分度为 1 s 的时钟或相当的其他装置。

单位为毫米

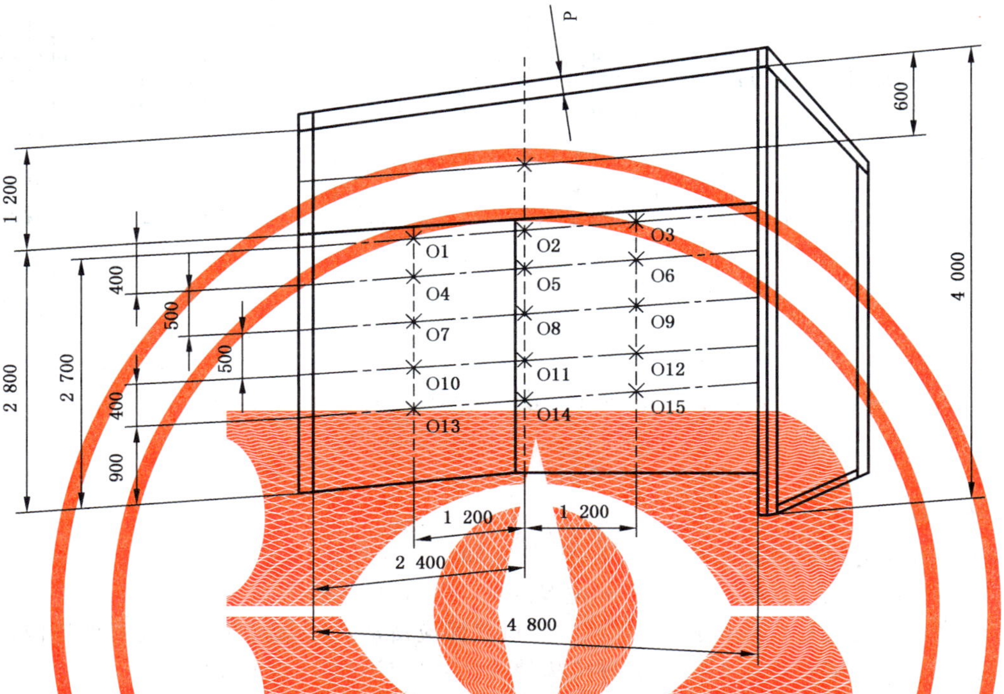

a) 门洞开口

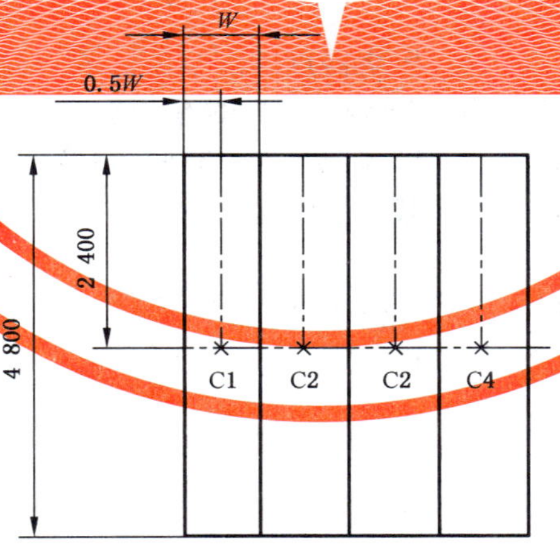

b) 吊顶

1——左墙；
2——背墙；
3——右墙；
4——墙体；
O——开口(1～15)；
C——吊顶板；
W——板材宽度；
LW——左墙板；
RW——右墙板；
BW——背墙板；
CO——芯材；
OS——板材外表面；
d——板材厚度。

图 5 热电偶分布

单位为毫米

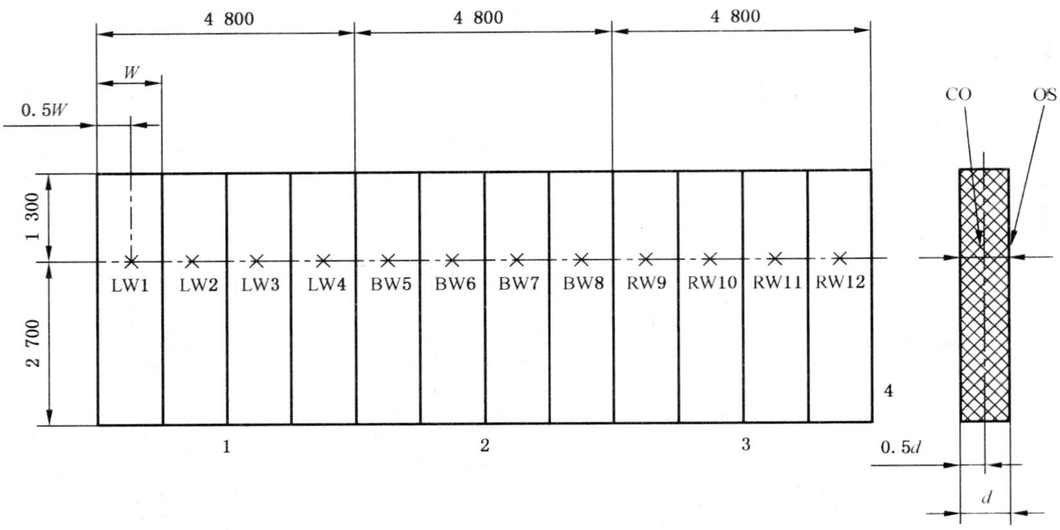

c）墙体

图 5（续）

10 程序

10.1 初始条件

10.1.1 试验开始时环境温度应在 10 ℃～30 ℃之间。

10.1.2 从门洞中心到房间水平距离 1 m 位置的水平风速不应超过 1.75 m/s。

10.1.3 燃烧器应与角落墙体接触，燃烧器的开口表面应清洁。如果房间角落处有框架构件如钢柱，则应将燃烧器安装于距离角落最近的背墙拼接缝处，但距离应不少于 300 mm（见图 1）。

10.1.4 试验前应对试样照相或摄像记录。

10.2 试验

10.2.1 开启所有记录仪和测试装置，在燃烧器点燃前至少记录 2 min。

10.2.2 在 10 s 内将燃烧器调节到要求的热输出（见图 6），调节排烟装置收集所有燃烧产物。

10.2.3 用相机或摄像机记录试验过程，影像记录应有时间，精确至秒。

10.2.4 试验期间，记录以下试验现象及其发生的时间：

a） 试样着火；

b） 试样内侧或外侧的火焰传播；

c） 试样出现开口、裂缝、损坏、间隙；

d） 拼接缝开裂和火焰冒出；

e） 分层、碎片脱落、燃烧熔滴；

f） 烟气或火焰从接缝穿出；

g） 烟气浓度和颜色（视觉）；

h） 试样芯材中的火焰传播迹象（如面板变色）；

i） 火焰从门洞冒出；

j） 轰燃；

k） 结构倒塌。

10.2.5 发生轰燃或试验进行 30 min 后停止试验，如果建筑倒塌或对试验室人员构成潜在危险时应提前中断试验。

10.2.6 报告试验结果，如温度随时间的变化、燃烧现象、火焰传播范围、机械性能等，记录试验后制品的损毁范围，应清楚地报告试样的损毁情况（试样分层或接缝开裂范围，试样碳化、烧焦、裂缝、收缩的程度及深度等)。

10.2.7 记录其他异常现象。

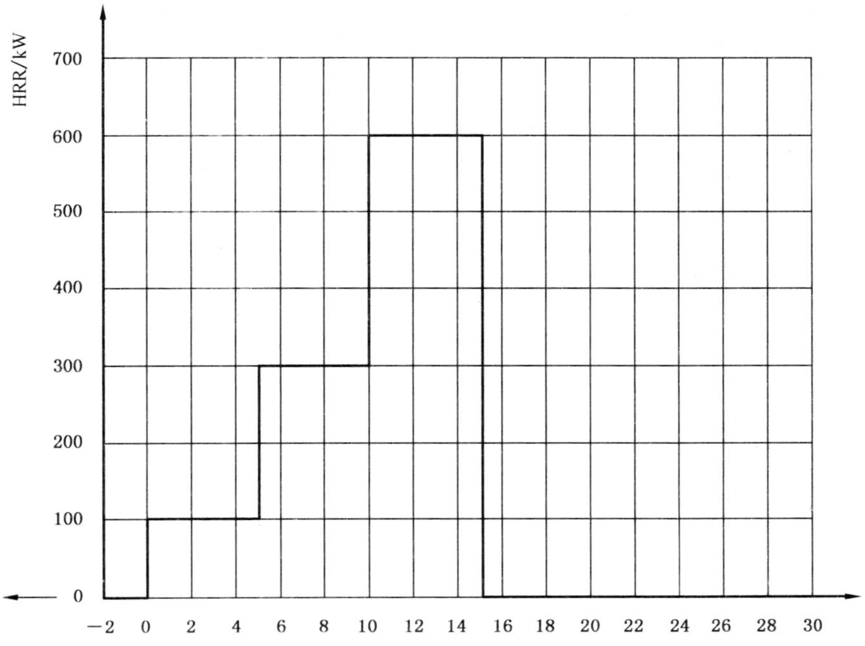

图 6 燃烧器热输出曲线

11 精度

本试验方法的精度尚需确定。

12 试验报告

试验报告应包括以下信息:

a) 试验室的名称和地址;

b) 报告日期和报告编号;

c) 受检单位名称和地址;

d) 试验目的;

e) 抽样方法;

f) 产品制造商或供应商的名称或地址;

g) 产品的名称或标识及其描述;

h) 产品的结构和安装方法,包括:

  1) 图纸;

  2) 描述;

  3) 组装说明;

  4) 材料说明;

  5) 拼接和固定的详细说明。

i) 到样日期;

j) 试验日期;

k) 说明按照本部分是采用自支撑还是框架支撑结构;

l) 试样状态调节、试验过程中的环境条件(温度、大气压力、相对湿度等);

m) 试验方法的偏离;

n) 试验结果,包括:

1) 热电偶 O1、O2、O3 的温度随时间的变化曲线;

2) 复合夹芯板表面、芯材温度和附加的烟气温度随时间的变化曲线(可选择);

3) 最高温度;

4) 制品损毁的说明(如图像)和描述;

5) 试验间和试验后的现象。

参 考 文 献

[1] GB/T 25207—2010 火灾试验 表面制品的实体房间火试验方法(ISO 9705:1993,MOD)

ICS 13.220.40
C 82

中华人民共和国国家标准

GB/T 25207—2010

火灾试验
表面制品的实体房间火试验方法

Fire tests—Full-scale room test for surface products

(ISO 9705:1993,MOD)

2010-09-26 发布　　　　2011-02-01 实施

中华人民共和国国家质量监督检验检疫总局
中国国家标准化管理委员会　发布

前　言

本标准修改采用 ISO 9705:1993《火灾试验　表面制品的实体房间火试验方法》(英文版)，包括其技术勘误 ISO 9705:1993/Cor.1:1993。

本标准根据 ISO 9705:1993 重新起草。本标准条款号与 ISO 9705:1993 的条款号一一对应。本标准与 ISO 9705:1993 的技术性差异及其原因如下，这些技术性差异用垂直单线标识在所涉及的条款的页边空白处：

——第 2 章引用文件 GB/T 5907 代替原国际标准引用文件 ISO 3261:1975，这是由于 ISO 3261:1975 已于 1996 废止；

——第 2 章增加了引用文件 GB 8624—2006，这是因为本标准正文中引用了 GB 8624—2006；

——原国际标准 5.3、11.4 中的"不燃"修改为"燃烧性能符合 GB 8624—2006 规定的 A1 级"，这是为了适应我国对建筑材料及制品燃烧性能分级的要求。

为便于使用，本标准在修改采用 ISO 9705:1993 时还做了下列编辑性修改：

——"本国际标准"一词改为"本标准"；

——用小数点"."代替作为小数点的逗号","；

——删除国际标准的前言和引言；

——技术勘误的内容在其修改条文的页边空白处用垂直双线(||)标识。

本标准的附录 A 为规范性附录，附录 B、附录 C、附录 D、附录 E、附录 F 和附录 G 为资料性附录。

本标准由中华人民共和国公安部提出。

本标准由全国消防标准化技术委员会防火材料分技术委员会(SAC/TC 113/SC 7)归口。

本标准负责起草单位：公安部天津消防研究所。

本标准参加起草单位：公安部四川消防研究所。

本标准主要起草人：李晋、张欣、张网、任常兴、王婕、吕东、孙金香、果春盛、刘松林。

火灾试验 表面制品的实体房间火试验方法

警示——试样在燃烧过程中，实验人员可能受到高温、有毒或有害气体的伤害，所以实验人员应配戴防护用具。

试验装置附近应设置灭火设施。

1 范围

本标准规定了表面制品实体房间火试验装置、测量装置及试验程序。

本标准适用于墙壁内表面及天花板表面制品，尤其是因某种原因（绝热基材、接缝、较大的不规则表面的影响）不能以实验室规模进行试验的制品，如热塑材料。

本标准不适用于评价制品的耐火性能。

2 规范性引用文件

下列文件中的条款通过本标准的引用而成为本标准的条款。凡是注日期的引用文件，其随后所有的修改单（不包括勘误的内容）或修订版均不适用于本标准，然而，鼓励根据本标准达成协议的各方研究是否可使用这些文件的最新版本。凡是不注日期的引用文件，其最新版本适用于本标准。

GB/T 5907 消防基本术语 第一部分[1)]

GB 8624—2006 建筑材料及制品燃烧性能分级

3 术语和定义

GB/T 5907 确立的以及下列术语和定义适用于本标准。

3.1

组件 assembly

材料及其复合材料的制成品，如夹心板。

注：组件可包含空气间隙。

3.2

复合材料 composite

由两种或两种以上单一材料组合而成的复合物，如表面有涂层的材料或层压材料。

3.3

暴露表面 exposed surface

暴露于试验加热条件下的制品表面。

3.4

材料 material

单一物质或均匀分布的混合物，如金属、石材、木材、混凝土、矿纤、聚合物。

3.5

制品 product

要求给出相关信息的建筑材料、复合材料或组件。

1） 该标准将在整合修订 GB/T 5907—1986、GB/T 14107—1993 和 GB/T 16283—1996 的基础上，以《消防词汇》为总标题，分为 5 个部分。

3.6

试样　specimen

试验用有代表性带基材或处理过的制品。

注：试样可包含空气间隙。

3.7

表面制品　surface product

用于建筑物内墙和(或)天花板上的表面材料，如顶板、贴砖、护板、墙纸、喷或刷的涂层。

4　原理

通过设置在地面中心的热流计测量总热流量，估算房间内火自点火源向其他物体蔓延的可能性。

通过测量燃烧的总热释放速率来估算火向房间外物体蔓延的可能性。

通过测量某些有毒气体来提供毒性危害指示。

通过测量遮光烟气的生成量来测定能见度降低的危害。

通过拍照及摄像方式记录火灾增长。

注：如果需要更详细的资料，可以测量房间内气体温度和进出门口的质量流量。

5　试验房间

5.1　试验房间(见图1)应由相互垂直的四面墙壁、地面和天花板组成，内部尺寸如下：

a)　长：(3.6±0.05)m；

b)　宽：(2.4±0.05)m；

c)　高：(2.4±0.05)m。

试验房间应设置在自然通风条件好、干燥的室内。室内空间应足够大，以保证外界环境对试验火没有影响。试验房间的设置宜便于安装仪器和点火源。

5.2　试验房间的门应设在2.4 m×2.4 m的一面墙壁中心，其他墙壁、地面和天花板不应有任何可以通风的开孔。门的尺寸应为：

a)　宽：(0.8±0.01)m；

b)　高：(2.0±0.01)m。

5.3　试验房间宜采用密度为500 kg/m^3～800 kg/m^3、燃烧性能符合GB 8624—2006规定的A1级材料构建。试验房间构件的最小厚度应为20 mm。

6　点火源

6.1　推荐点火源

使用附录A中规定的满足下列要求的点火源：

a)　点火源应为丙烷气体燃烧器，燃烧器填充多孔、惰性材料(如砂)，上表面为方形，其构造应使气流均匀到达整个开孔表面；

b)　燃烧器应放置在与门相对角落的地面上，器壁应与试样接触；

c)　燃烧器气源应为纯度不低于95%的丙烷。供气流量测量精度不低于±3%。燃烧器的热输出应控制在规定值的±5%范围内。

警示——所有设备(如管道、连接件、流量计等)应适于使用丙烷，并按规定安装。

为了安全，燃烧器宜装设远距离控制的点火装置，例如引燃火焰或电热丝。宜加装气体泄漏报警装置和燃气紧急切断装置。

6.2　其他点火源

可以使用其他点火源，参见附录B。

单位为米

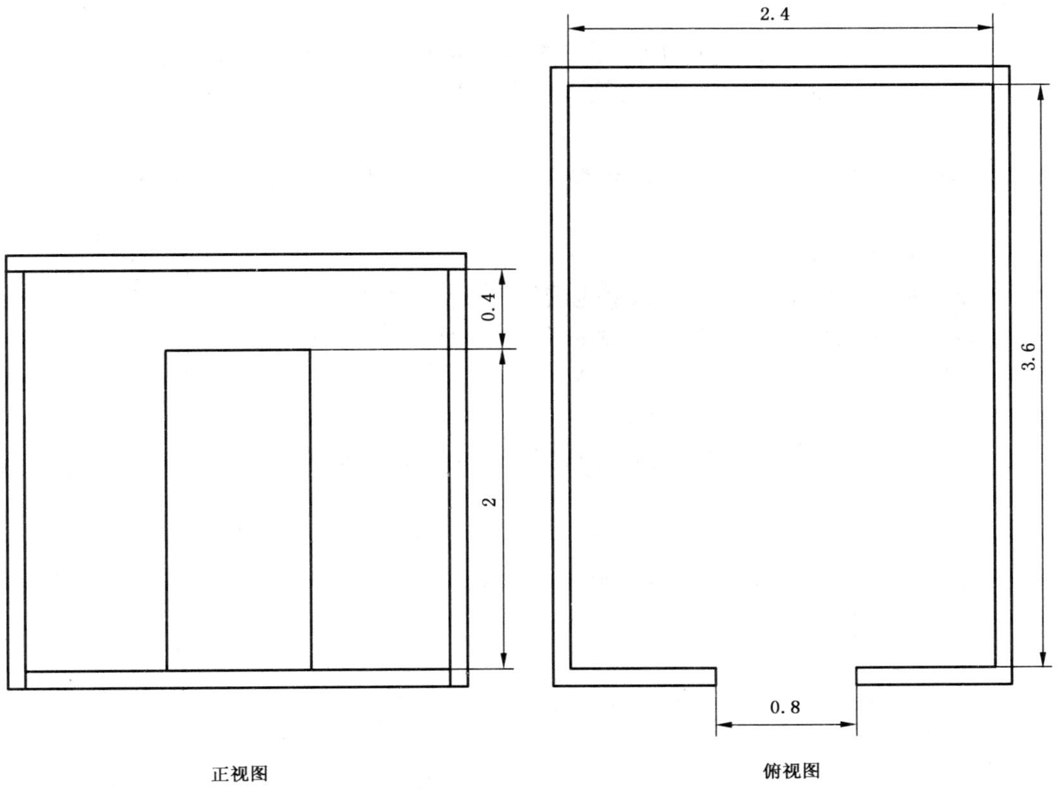

图 1 试验房间

7 试验房间中的热流测量

7.1 要求

热流计应是 Gardon 或 Schmidt-Boelter 型，其设计量程宜为 50 kW/m^2。接收表面应是平整的黑色表面，视角为 180°。热流计的精度应不低于 ±3%，重复性误差应在 0.5% 以内。补充资料和设计方案参见附录 C。

7.2 位置

热流计应安装在试验房间地面的几何中心上。接收表面应在地面上方 5 mm～30 mm 处。辐射达到接收表面前不应穿过任何窗孔。

7.3 标定

用两支热流计专门作为参照热流计进行标定。参照热流计应每年进行一次标定。

8 燃烧产物收集系统

燃烧产物收集系统应能收集试验期间燃烧所产生的全部烟气，并且不应干扰门口处的火羽流。常压状态 25 ℃时，其排烟能力应不低于 3.5 m^3/s。

注：集烟罩和排烟管道的设计参见附录 D。

9 排烟管道中仪器的最低要求

9.1 体积流量

排烟管道中体积流量的测量精度不应低于 ±5%。

阶跃变化的响应时间(到最终状态流量的 90%)不超过 1 s。

9.2　气体分析

9.2.1　取样管线

应在排烟管道内燃烧产物混合均匀的位置处抽取气样。为不影响被分析气体物质的浓度,取样管的材质应选用惰性材料。补充资料和设计方案参见附录 E。

9.2.2　氧气

氧消耗的测量精度不应低于±0.05%(氧的体积分数)。氧分析仪的响应时间不应超过 3 s(参见附录 E)。

9.2.3　一氧化碳和二氧化碳

利用分析仪测量气体样品,分析仪对二氧化碳体积分数的测量精度不应低于±0.1%,对一氧化碳体积分数的测量精度不应低于±0.02%。分析仪的响应时间不应超过 3 s(参见附录 E)。

9.3　光学烟密度计

9.3.1　概述

光学烟密度计由光源、透镜、光圈和光电元件(见图 2)组成,测量过程中由于烟的积尘,光透过率的减小不应超过 5%。

9.3.2　光源

光源应是白炽光型,色温应为(2 900±100)K。电源应为直流稳压电源,其精度不应低于±0.2%(包括温度、短期及长期稳定性)。

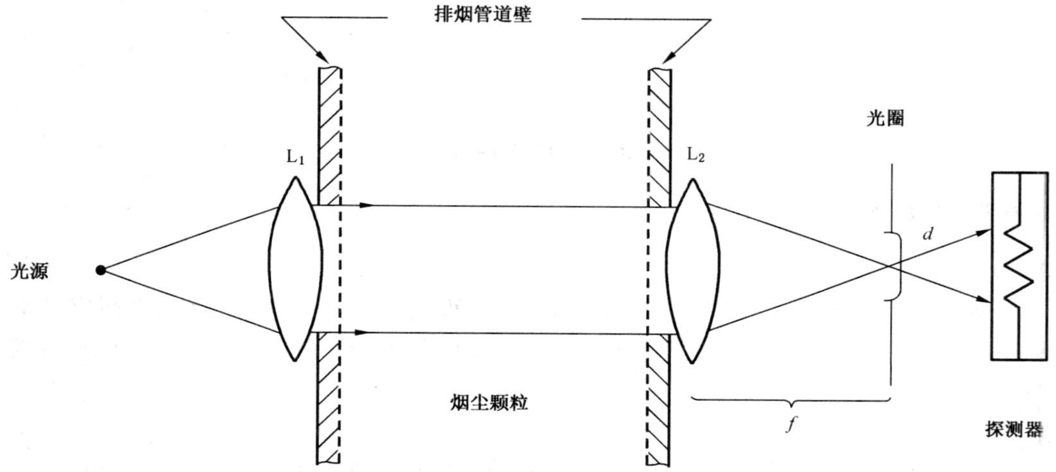

图 2　光学系统

9.3.3　透镜

透镜系统应将光聚成一直径不小于 20 mm 的平行光束。

9.3.4　光圈

光圈应放置在透镜 L_2 的焦点上(如图 2 所示),且其直径(d)与透镜的焦距(f)之比应满足 $d/f<0.04$。

9.3.5　探测器

探测器的光谱分布响应度应与 CIE(光照曲线)相吻合,色度标准函数 $V(\lambda)$ 的精度不低于±5%。在不小于 3.5 个十倍程输出范围内,该探测器的输出线性度应在 5%以内。

9.3.6　位置

光束应沿直径方向横穿排烟管道,且所在位置烟气均匀。

10 系统性能

10.1 标定

每次试验或连续试验以前应进行标定。

注：计算公式参见附录 F。

燃烧器应直接放置在集烟罩下，使用表 1 中给出的燃烧器热输出进行标定。数据采集时间间隔不应超过 6 s，且应从燃烧器引燃前 1 min 开始测量。火源稳定后，对于每个热输出水平，基于氧消耗计算热释放速率在 1 min 内的平均值，与基于气体流量计算的热输出平均值不一致性的偏差应在 5%以内。

表 1 燃烧器热输出分布

时间/min	热输出/kW
0～2	0
2～7	100
7～12	300
12～17	100
17～19	0

10.2 系统响应

系统的响应时间是指由点火源输出跃变到一个给定值至测得热释放速率到达该给定值的 90%所需时间。将燃烧器放置在集烟罩下方 1 m 的中心处时，燃烧器热输出阶跃变化的滞后时间不得超过 20 s，当按表 1 进行标定时，数据采集时间间隔不应超过 6 s。

10.3 精度

排烟管道的流量由 2 m^3/s(在 0.1 MPa 和 25 ℃条件下)到最大值平均分为四级。燃烧器的热输出为 300 kW。每级稳定状态下，测量的热释放速率在 1 min 内平均值与实际热输出的平均值比较，误差不应超过 10%。

11 试样制备

11.1 应尽可能按与实际使用相同的方法安装试样。

注：在标准试样配置中，三面墙和天花板均要敷以试样。可选的试样配置形式参见附录 G。

11.2 以板材形式进行试验时，应尽可能使用板材的标准宽度、长度和厚度。

11.3 试样应固定在基材上或直接固定在试验房间内部，应尽可能采用该制品的实际安装方式(如敲钉、胶粘、使用支撑等)。报告中应清楚地描述其安装方式。

11.4 薄型表面制品、可熔化的热塑制品、涂料应根据其实际使用情况，选用下列基材：

a) 干密度为(680±50)kg/m^3、燃烧性能符合 GB 8624—2006 规定的 A1 级纤维增强硅酸钙板；

b) 干密度为(1 650±150)kg/m^3、燃烧性能符合 GB 8624—2006 规定的 A1 级板材；

c) 在温度(23±2)℃、相对湿度(50±5)%的条件下处理以后，密度为(680±50)kg/m^3 的刨花板(粒子板)；

d) 在温度(23±2)℃、相对湿度(50±5)%的条件下处理以后，密度为(725±50)kg/m^3 的石膏板；

e) 热性质与 a)～d)的基材明显不同的实际基材，例如：钢、矿棉。

注：a)～d) 基材的厚度宜为 9 mm～13 mm。

11.5 涂料应以委托方规定的涂敷率涂敷在 11.4 中所列基材上。

11.6 试样(不吸湿的试样除外)应在(23±2)℃,相对湿度(50±5)%的条件下养护至平衡[2)]。

注:对于木质基材制品和可能发生溶剂蒸发的制品,至少需要四周的养护时间。

12 试验程序

12.1 初始条件

12.1.1 从试样安装直到开始试验,试验房间内和周边环境的温度应为(20±10)℃。

注:试样从停止养护到开始试验之间的时间宜尽可能短。

12.1.2 试验房间门中心 1 m 范围内,水平风速不应超过 0.5 m/s。

12.1.3 燃烧器应与墙角接触。燃烧器表面应清洁。

注:在放置燃烧器的墙角内表面上,划 0.3 m×0.3 m 的方格,以帮助确定火焰蔓延的范围。

12.1.4 试验前应为试样拍照或摄像。

12.2 试验步骤

12.2.1 开启所有的记录和测量装置,采集 2 min 数据后,点燃燃烧器。

12.2.2 在点燃燃烧器后 10 s 内,应将燃烧器的热输出调整到附录 A 中所给的输出水平。随着火势的发展适当调整风机的排烟量,以使集烟罩能收集所有的燃烧产物。

12.2.3 试验应进行拍照及摄像记录。照片及录像中应有一个显示时间的时钟,时钟的最小刻度为 1 s。

12.2.4 试验期间记录下列现象及其发生时间:

a) 天花板被引燃;

b) 火焰蔓延到墙壁和天花板;

c) 燃烧器热输出的改变;

d) 门口出现火焰。

12.2.5 发生轰燃或试验进行 20 min(A.1 点火源)或 15 min(A.2 点火源)(以先出现者为准)以后,结束试验。

试验结束后,应继续观察直到没有燃烧现象,或 2 h 后停止观察。

注:危及安全的情况下可提前结束试验。

12.2.6 试验结束后,记录试样损坏的程度。

12.2.7 记录其他异常现象。

13 试验报告

试验报告应包括下列内容:

a) 实验室的名称及地址;

b) 报告日期和编号;

c) 委托试验单位名称及地址;

d) 试验目的;

e) 取样方法;

f) 制造商或供应商名称;

g) 制品的名称或其他标识及制品描述;

h) 制品的密度或面密度及制品厚度;

i) 到样日期;

j) 试样安装方式;

k) 试样的养护;

l) 试验日期;

---

2) 间隔 24 h 进行称重,试样质量之差不大于 0.1%或 0.1 g(以较大者为准)时,则认为达到了质量平衡。

m） 试验方法；

n） 试验结果（参见附录 F）：

1） 地板几何中心的热流-时间曲线；

2） 排烟管道中的体积流量-时间曲线；

3） 热释放速率-时间曲线；

4） 一氧化碳的产生量-时间曲线；

5） 二氧化碳的产生量-时间曲线；

6） 烟的产生量-时间曲线；

7） 火灾的发展状况说明；

8） 标定结果。

o） 报告中可补充下列试验结果（参见附录 C）：

1） 试样的表面温度-时间曲线；

2） 门口的垂直温度分布-时间曲线；

3） 通过门口的质量流量-时间曲线；

4） 通过门口的对流热流-时间曲线；

5） 碳氢化合物（CH_n）的产生量-时间曲线；

6） 氮氧化合物（NO_x）的产生量-时间曲线；

7） 氰化物（HCN）的产生量-时间曲线。

p） 是否发生轰燃；

q） 发生轰燃的时间（如果发生）。

附　录　A
（规范性附录）
推荐点火源

A.1　标准点火源

A.1.1　燃烧器

燃烧器应采用 4 mm～8 mm 粒径的砾石和 2 mm～3 mm 粒径的砂子填充，见图 A.1。壳体由金属丝网分为两层，上层网孔口规格为 1.4 mm，下层网为 2.8 mm。上层砂子顶层与燃烧器上缘齐平。

A.1.2　热输出水平

引燃后，前 10 min 热输出调整到 100 kW，如果未出现轰燃，10 min 后热输出调至 300 kW。

A.2　替代点火源

A.2.1　燃烧器

燃烧器上表面宜为多孔耐火材料，规格为(0.305±0.005)m×(0.305±0.005)m。

燃烧器上表面距地面 0.3 m，且保持水平。

燃烧器气源的最大热输出应为(162±4)kW(总热输出为 176 kW)。试验期间应当测试其流量。

注：燃烧器既可以由 20 mm 充实物上覆盖 25 mm 厚的多孔陶瓷纤维板构成，也可以采用厚度不小于 100 mm 的渥太华砂，形成水平表面供气(见图 A.2)。对于滴落材料，宜选用后者。

A.2.2　热输出水平

引燃后，热输出按表 A.1 调整。

表 A.1　热输出调整

引燃时间/s	热　输　出
0～30	最大值的 25%
30～60	最大值的 50%
60～90	最大值的 75%
90～120	最大值

单位为毫米

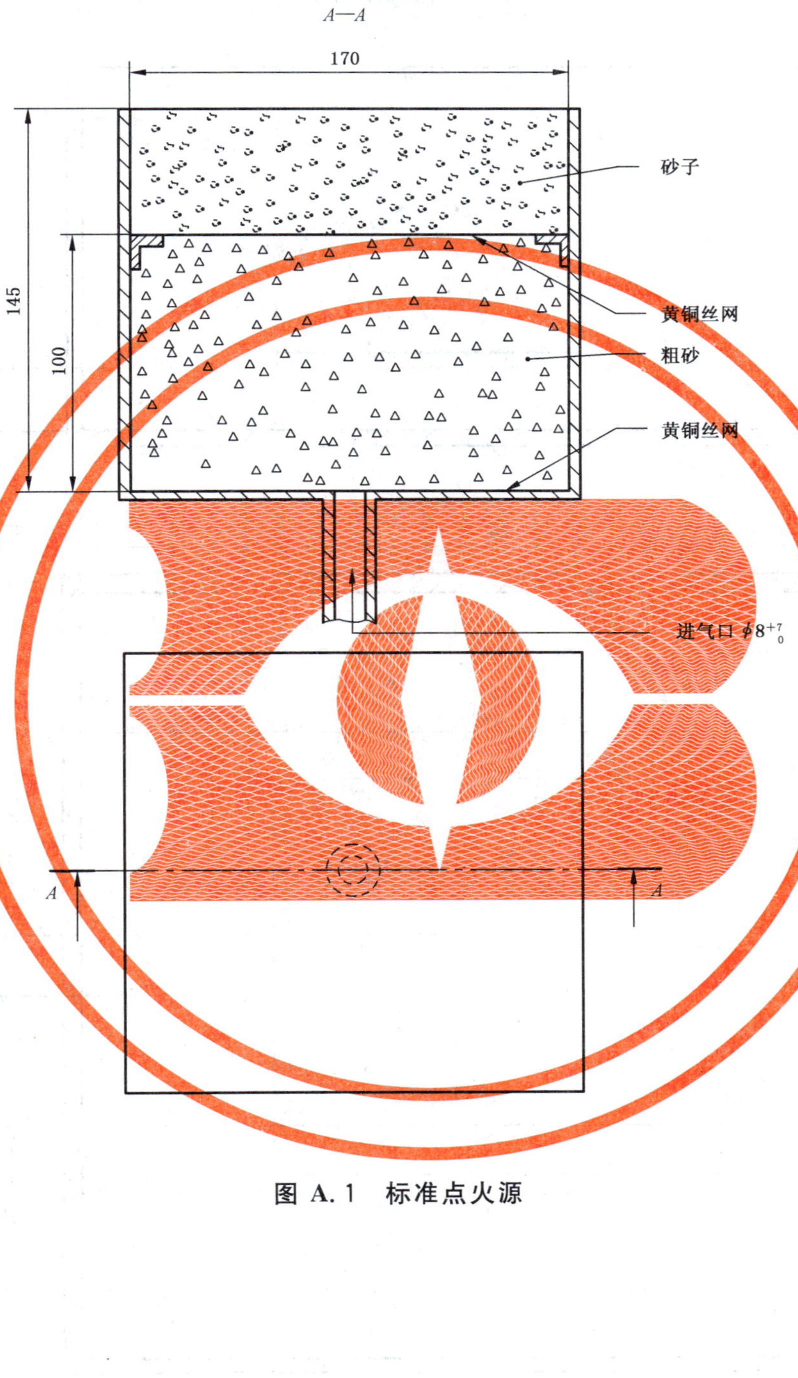

图 A.1 标准点火源

单位为毫米(另有规定的除外)

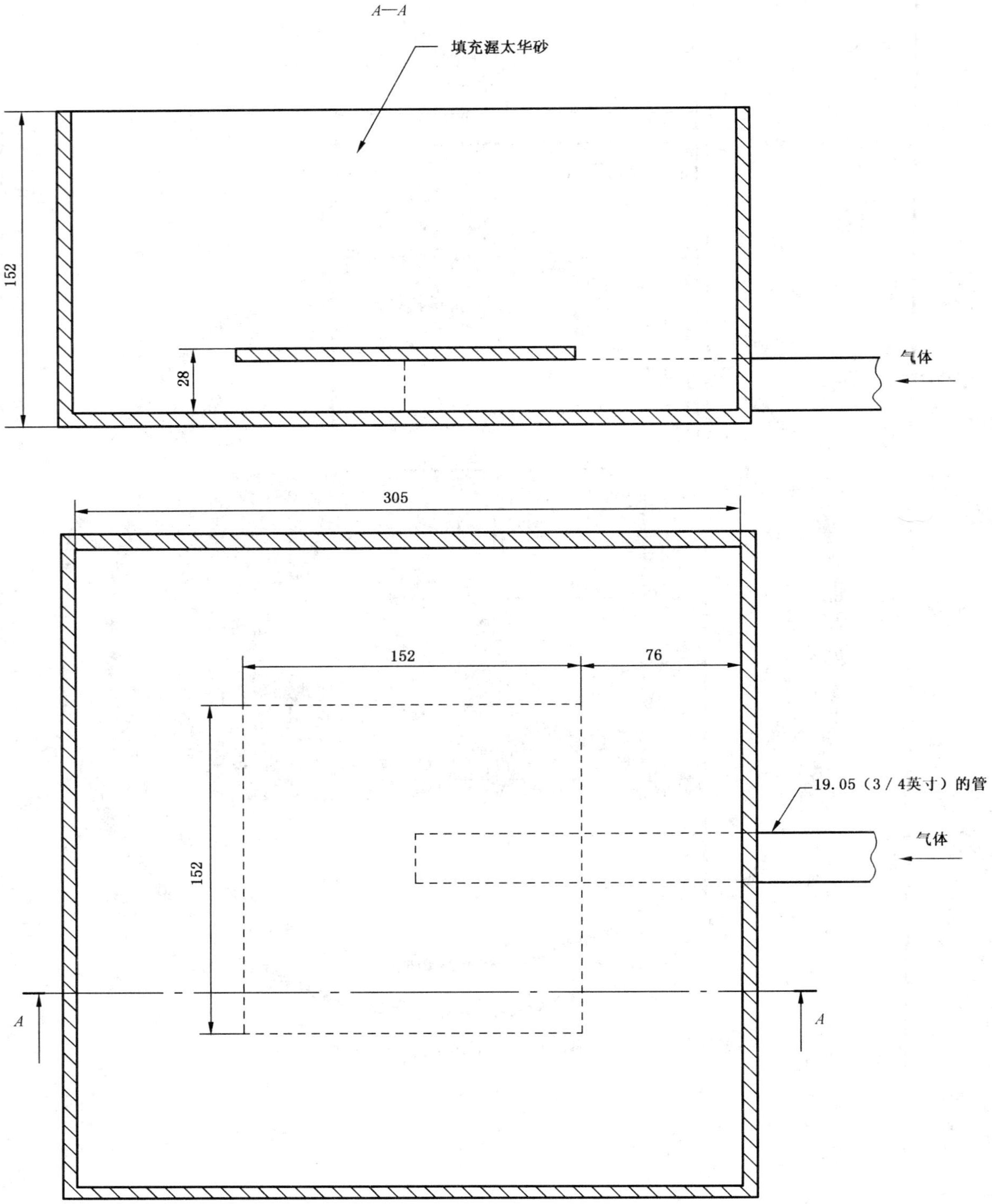

图 A.2 替代点火源

附　录　B
（资料性附录）
其他点火源

B.1　试验可使用其他点火源，例如：

a）　A.2 中规定的替代点火源，引燃后，第一个 5 min 内热输出为 40 kW，此后 10 min 内热输出为 160 kW；

b）　直接点火源，如碰撞产生的火焰；

c）　间接点火源，如房间内的家具或废纸篓等。

B.2　如果使用其他点火源，则应给出详细说明。间接点火源应与火灾场景相关，并经证实具有可重复性和可再现性。

注：为了便于实验室之间数据的比对，点火源应尽量相似并明确描述。

附　录　C
（资料性附录）
试验房间的测量仪器

C.1　热流

接收辐射热的表面(可能接收少量对流热)为一圆形平面,直径不大于15 mm,表面覆有耐磨的无光泽黑色涂层。接收表面应包含在水冷壳体中,壳体正面直径不大于50 mm,平整、高度抛光,与接收表面的平面齐平。

热流计应耐用、便于安装和使用、受通风影响小。热流计的精度应该为±3%,重复性的误差应在0.5%以内。

注:辐射是对热流计的主要热传递方式,但仪器与其周围空气的对流传热也不能忽略,因此用术语“热流”代替“辐射照度”。

C.2　气体温度

为了使气体温度测量误差最小,应选用辐射高温计或非常细的热电偶(50 μm)。

辐射高温计或热电偶的布置位置见图C.1。

C.3　表面温度

C.3.1　通过在试样上安装表面热电偶的方式研究天花板下的火焰蔓延,表面温度的测量也可用于研究试验过程中的热平衡。

C.3.2　热电偶丝的直径不应超过0.25 mm。将热电偶固定于表面积约为100 mm^{2}的耐热薄玻璃纤维带上测量试样表面温度,可避免对流、辐射和气温变化等的影响。在达到500 ℃之前,玻璃纤维带和试样之间应保持接触良好。

表面热电偶位置见图C.2。

C.4　试验房间门口的气体流量

C.4.1　采用E.1中规定的双向测速探头、差压变送器、辐射高温计测量流入流出试验房间门口的气体流量。差压变送器宜选用电容型,分辨率为0.05 Pa,量程为0 Pa～25 Pa。

C.4.2　单位时间和面积上的质量流量 $\dot{m}''$,单位为千克每平方米秒(kg/m^2·s),由下式计算:

$$\dot{m}''=\rho_s v=\rho_s/k_\rho(2\Delta p/\rho_s)^{1/2} \quad \cdots\cdots (C.1)$$

$$\dot{m}''=1/k_\rho(2\Delta p\rho_0 T_0/T_s)^{1/2} \quad \cdots\cdots (C.2)$$

式中:

ρ_s——测量点的气体密度,单位为千克每立方米(kg/m^3);

v——气体流速,单位为米每秒(m/s);

k_ρ——双向测速探头的雷诺数校正;

Δp——压差,单位为帕(Pa);

ρ_0——空气在0 ℃和0.1 MPa时的密度,单位为千克每立方米(kg/m^3);

T_0——273.15 K;

T_s——测量点的气体温度,单位为开尔文(K)。

k_ρ 取1.08,当风速为0.3 m/s时,最大误差约为7%。随着风速的降低,最大误差也会增加。

流出房间门口气体的总质量流量 $\dot{m}_{out}$ 可通过 $\dot{m}''$ 在开口宽度对中性面以上部位积分得到。

C.4.3 流出房间门口的单位面积对流热流量,$\dot{Q}''$,单位为千瓦每平方米(kW/m^2),由下式计算:

$$\dot{Q}''=\dot{m}''c_p(T_s-T_i) \qquad \cdots\cdots(C.3)$$

式中:

$\dot{m}''$——单位面积的质量流率,单位为千克每平方米秒($kg/m^2 \cdot s$);

c_p——燃烧气体的比热,单位为千焦每千克开尔文[kJ/kg·K(≈1.0 kJ/kg·K)];

T_s——气流温度,单位为开尔文(K);

T_i——环境温度,单位为开尔文(K)。

按 C.4.2 规定积分,得到总对流热流量。

C.4.4 为了绘制房间门口处气体流线谱,至少需要 10 支探头,其精度可达±20%以内。也可用三支固定于门中心(该处的气流方向基本水平),安装高度距地面分别为 1 300 mm、1 800 mm、1 900 mm 的双向测速探头粗略估算门口气体的流动速率。

C.5 通过房间门口的辐射

将 C.1 中规定的热流计放置在门口的几何中心点上,测量通过门口的辐射。

单位为毫米

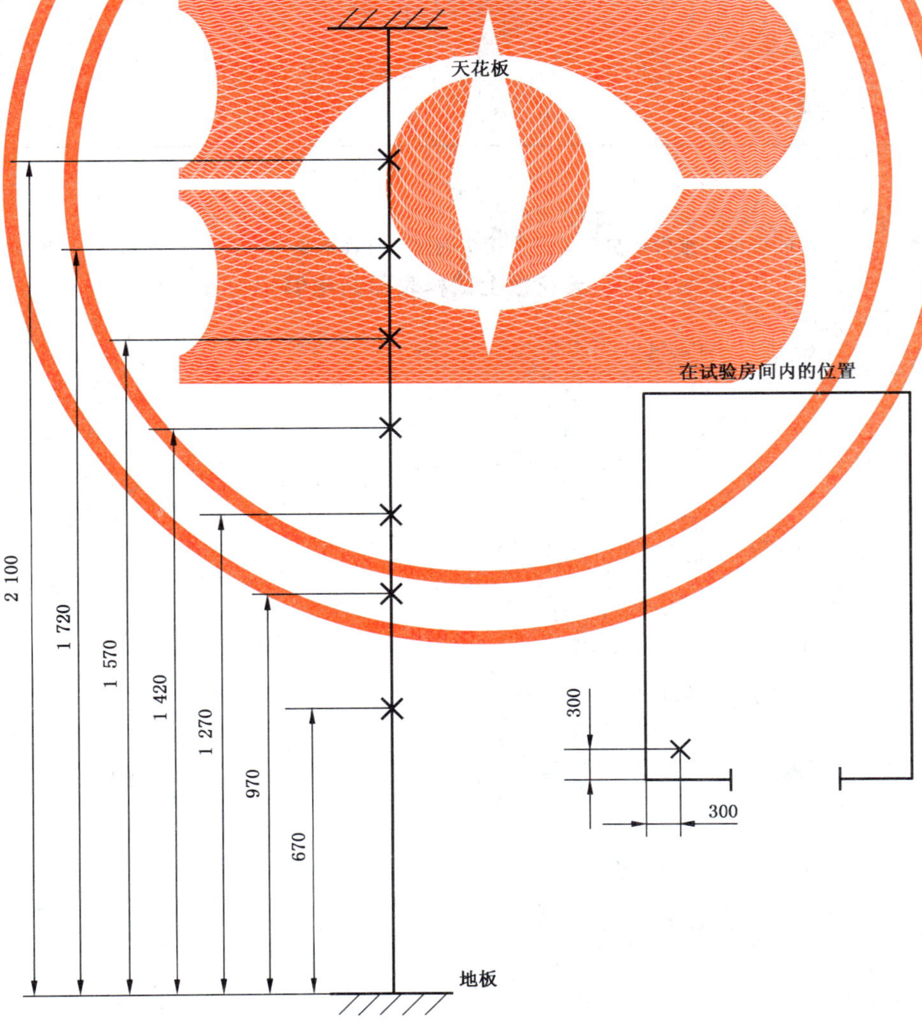

图 C.1 试验房间内气体温度的测量

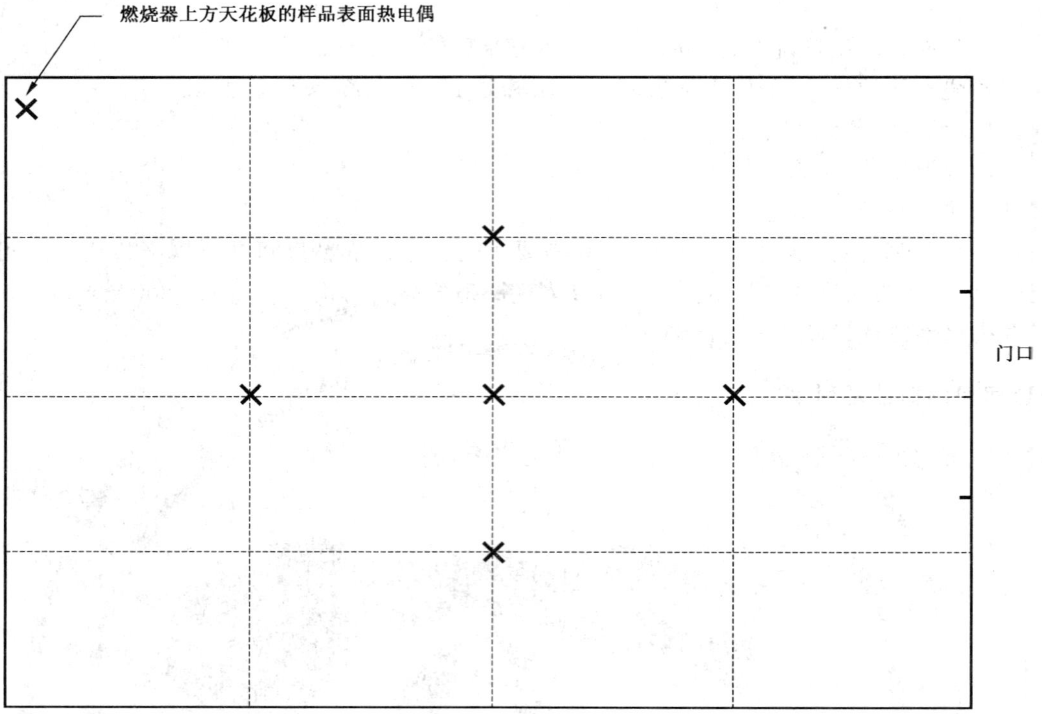

注：用大约 100 mm^2 的玻璃纤维带将热电偶的热接头固定在样品表面上。

图 C.2　天花板上试样表面热电偶的位置

附　录　D
（资料性附录）
排烟系统的设计

D.1　火灾增长过程中，流出试验房间的燃烧气体质量流速大小可能为 1 kg/s，随温度变化的气体流速可能高达 4 m/s。集烟罩收集流出的烟气。经验证，下述排烟系统符合本标准的要求：

a)　集烟罩位于试验房间门口的正上方，底部与房间顶部齐平。集烟罩底部尺寸为 3 m×3 m，高 1.0 m（见图 D.1）。集烟罩底部一边紧贴试验房间，其余三边的钢板向下延伸 1.0 m，集烟罩的有效高度为 2 m（见图 D.2）。集烟罩连接到横截面积为 0.9 m×0.9 m 的混气室。混气室的高度最小为 0.9 m。为增加湍流效果，混气室中设置两块约 0.5 m×0.9 m 的隔板（见图 D.2）。集烟罩的设计和制造应确保无烟气泄漏；

b)　排烟管与混气室相连，内径为 400 mm，直管段不应小于 4.8 m。为了便于流量测量，在排烟管两端设置均流器（见图 D.1 和 D.2），使测量点处气体流动均匀。排烟管道与排烟系统连接；

c)　风机的排烟能力不应小于 4 kg/s（在标准大气压条件下约为 12 000 m^3/h），以收集试验时产生的所有烟气，风机尾部的真空度为 2 kPa。试验过程中，风机排烟量在 0.5 kg/s～4 kg/s 之间连续可调。试验初期应调低空气流量，否则将影响试验的测试精度。

D.2　也可使用符合第 10 章规定的其他排烟系统，但基于自然对流的排烟系统不适用于本装置。

单位为米

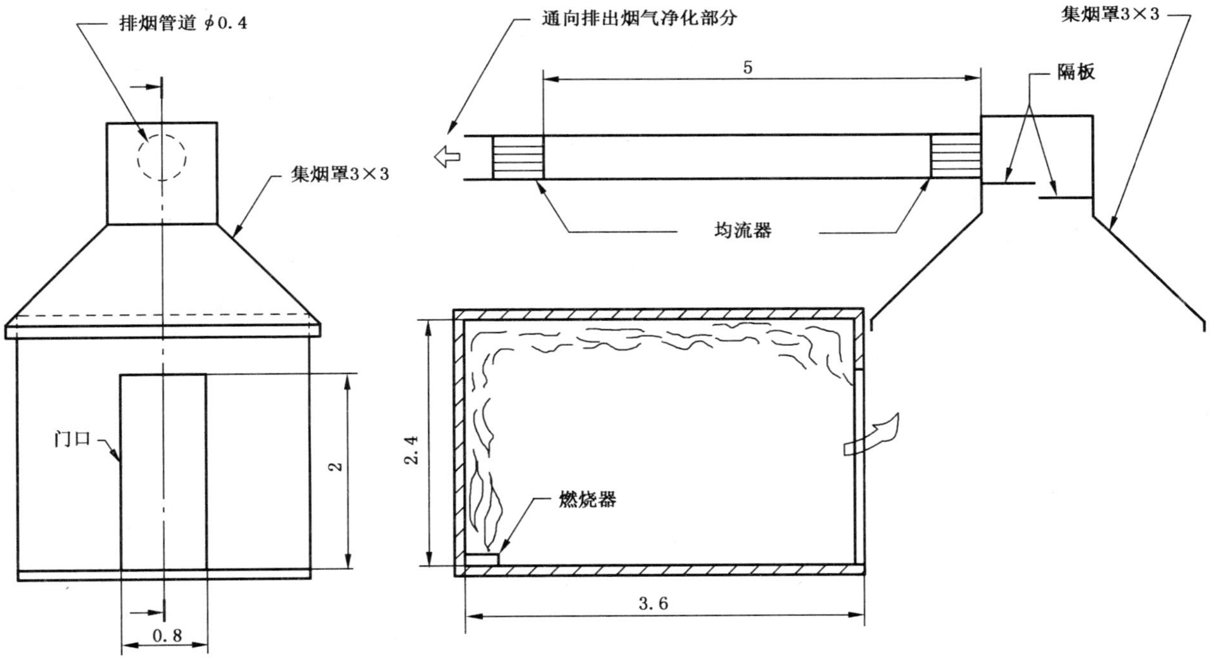

图 D.1　排烟系统原理图（集烟罩上无延伸钢板）

单位为毫米

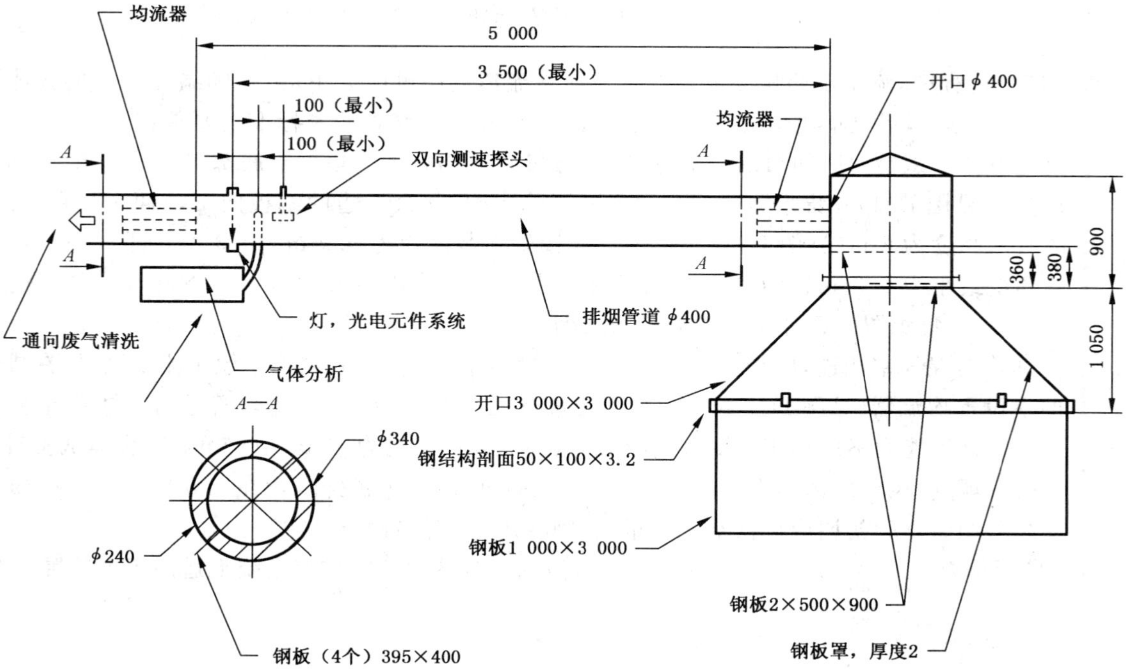

图 D.2 排烟系统及取样头位置

附 录 E
（资料性附录）
排烟管道中的测量仪器

E.1 体积流量

E.1.1 流量由放置在排烟管道中心线上的双向测速探头测量。图 E.1 中所示的探头由长 32 mm、内径为 ϕ14 mm 的不锈钢管构成。该管分成两个相同的小室，两室之间的压差由差压变送器测量。探头响应雷诺数的变化曲线见图 E.2。

E.1.2 差压变送器选用电容型，分辨率高于±5 Pa，测量范围为 0 Pa～2 000 Pa。

E.1.3 探头附近的气体温度由直径不大于 0.25 mm 的热电偶测量。热电偶不应对双向测速探头附近的气流形成扰动。

E.2 取样系统

E.2.1 取样头应放置在排烟管道中气体混和均匀的部位。探头应为圆管形，以使气流扰动最小。应当沿着排烟管道的整个直径抽取气样。

E.2.2 取样管（见图 E.3）应采用耐腐蚀材料制成，如 PTFE（聚四氟乙烯）。气体在进入分析仪器前，应经过二级或以上过滤。气样应冷却到 10 ℃以下。

对于分析除 CO、CO_2 和 O_2 以外的气体，应对取样管加热（150 ℃～175 ℃）。取样管应尽可能短，且气体不应过滤（见 E.3.3 和 E.3.4）。

E.2.3 气样由取样泵（可使用隔膜泵）送到分析仪器，取样过程中应避免油脂或类似物质污染气样。

E.2.4 气样由排烟管道进入气体分析仪器的时间间隔不应超过 1 s。

E.2.5 取样系统见图 E.3，取样头见图 E.4。取样泵容量宜为 10 L/min～50 L/min，每一气体分析仪消耗约为 1 L/min。泵产生的压差不应小于 10 kPa，以免烟垢阻塞过滤器。取样头进气孔应向下，以避免烟尘阻塞。

E.3 燃烧气体分析

E.3.1 一般要求

气样进入二氧化碳和氧气分析仪前应经过干燥处理，去除气样中的水蒸气。

注：燃烧气体分析的详细资料参见 ISO/TR 9122-3。

E.3.2 氧浓度

选用符合 9.2.2 规定的顺磁型氧分析仪测量。

E.3.3 一氧化碳和二氧化碳浓度

使用红外光谱仪进行连续测量。一氧化碳测量量程为 0%～1%，二氧化碳为 0%～6%。

E.3.4 碳氢化合物浓度

用已烷作为参照标准，采用红外光谱法进行测量，量程为 0%～0.2%，最大误差为 2%，响应时间宜小于 6 s，取样管线宜加热。

E.3.5 氮氧化合物浓度

采用化学发光分析仪测量 NO 和 NO_2 的总浓度。分析仪的最大误差为 2%，测量量程 0%～0.025%。响应时间宜小于 6 s，取样管线宜加热。

E.4 烟密度计

烟密度计主要部件要求如下：

a) 透镜：凸透镜，直径 40 mm，焦距 50 mm；

b) 光源：卤素灯，6 V，10 W；

c) 光电元件：带有色玻璃滤光片的硅光电元件，能产生等效于人眼的光谱响应。

光电元件连接到一个适当的电阻或放大器上，以得到最小 3.5 个十倍程的分辨率。透镜、光源和光电元件安装在位于排烟管道内的彼此直接相对的两个护罩内。

系统对沉积的烟尘应具有自洁能力。通过两个护罩可以对烟尘进行清洁。

光测量系统参见 ISO/TR 5924。

注：E.1～E.4 中描述的探头位置见图 D.2。

单位为毫米

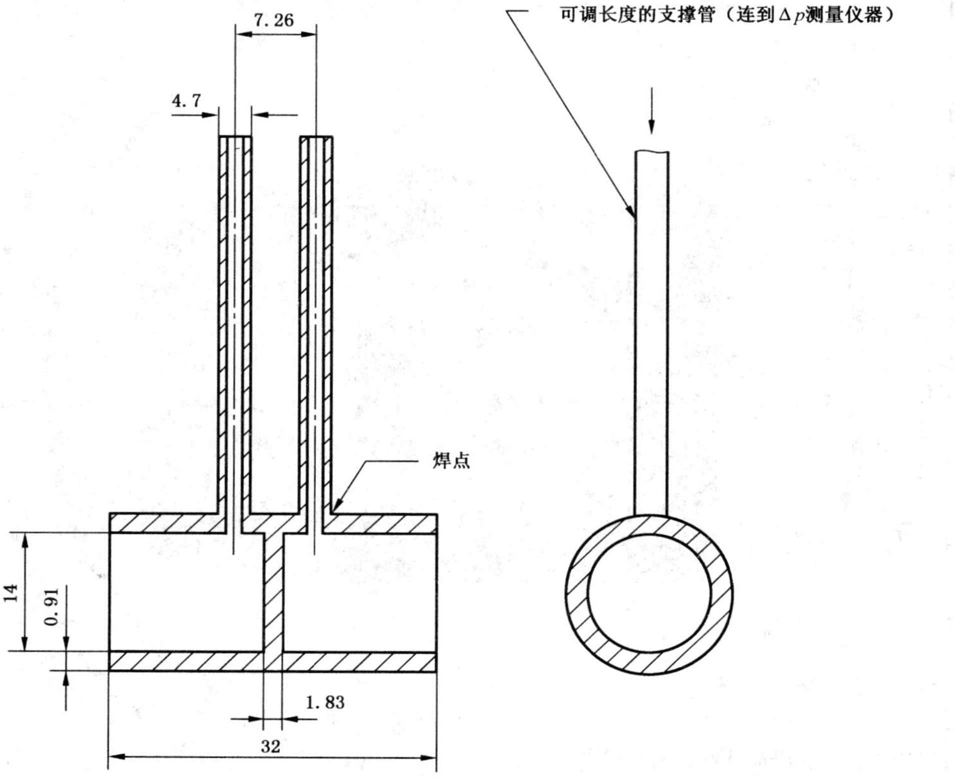

注：源自 McCaffrey 和 Heskestad[10]。

图 E.1 双向测速探头

单位为毫米

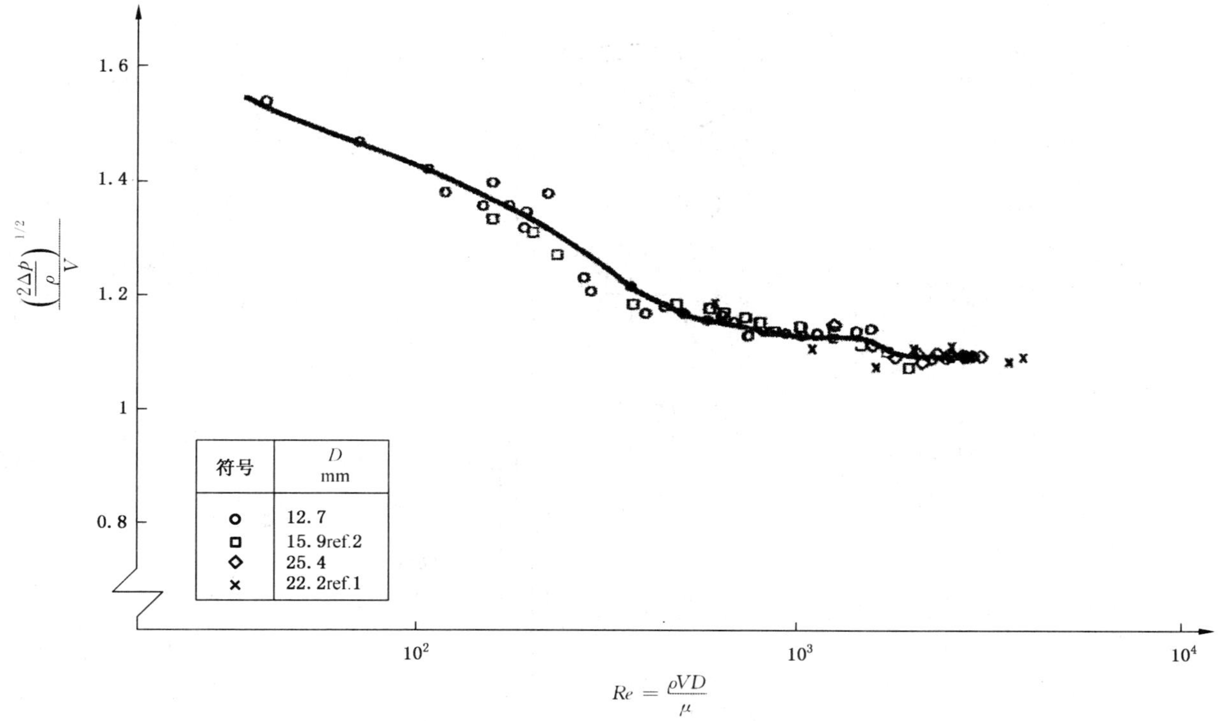

注 1：源自 McCaffrey and Heskestad[10]。

注 2：多项式曲线是图 E.2 中所示各点拟合得到的：

$$\frac{(2\Delta p/\rho)^{1/2}}{V}=1.533-1.366\times10^{-3}Re+1.688\times10^{-6}Re^{2}-9.706\times10^{-10}Re^{3}+2.555\times10^{-13}Re^{4}-2.484\times10^{-17}Re^{5}$$

当 $40<Re<3\ 800$ 时这个表达式成立，精度约 5%。

注 3：D 为 16 mm 最佳。

图 E.2 雷诺数对探头的影响

单位为毫米(另有规定的除外)

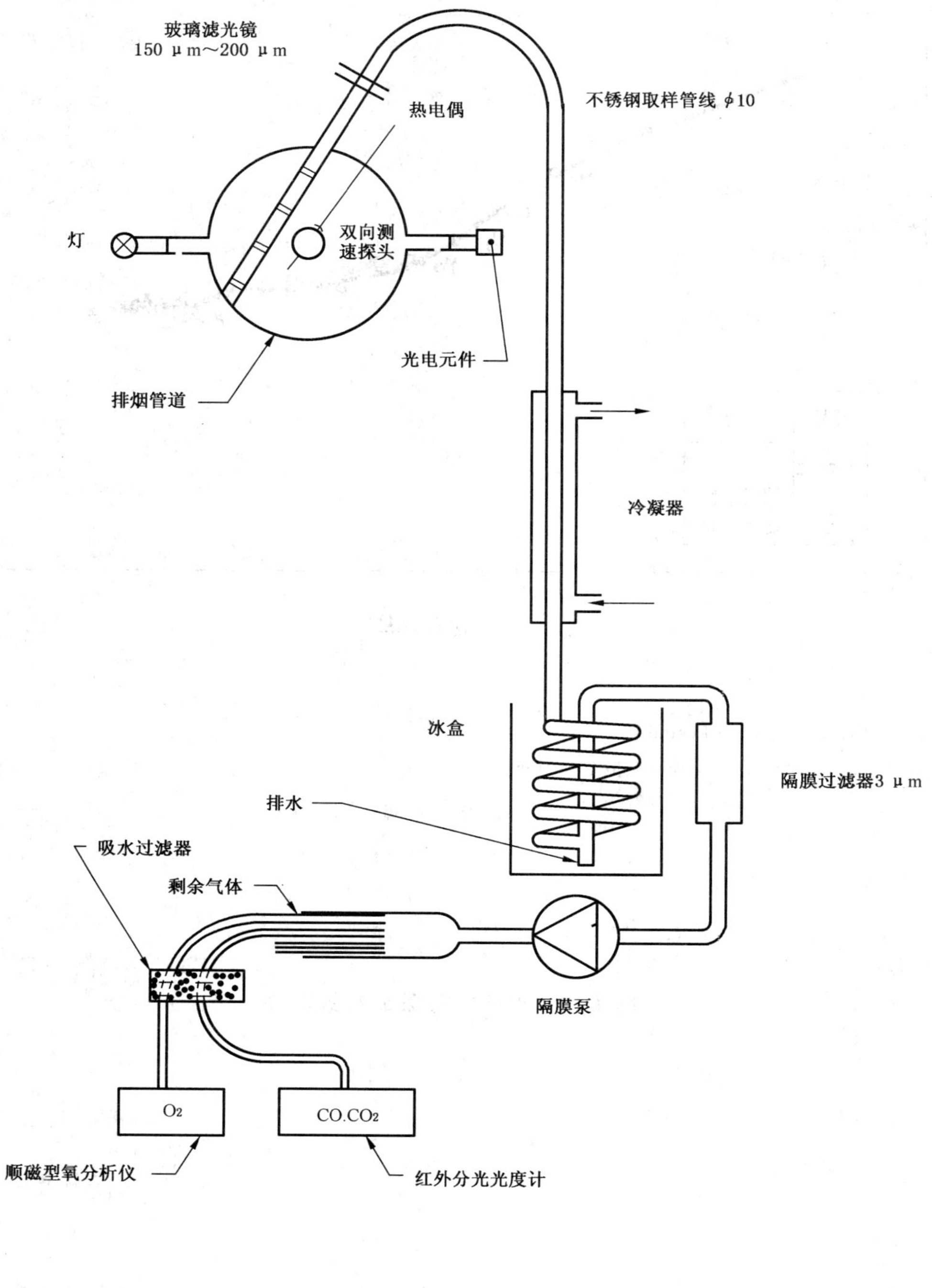

注：也可使用其他气体冷却系统。如果脱水器效率高可以不再冷却。

图 E.3 取样系统原理图(含气体分析仪器)

单位为毫米

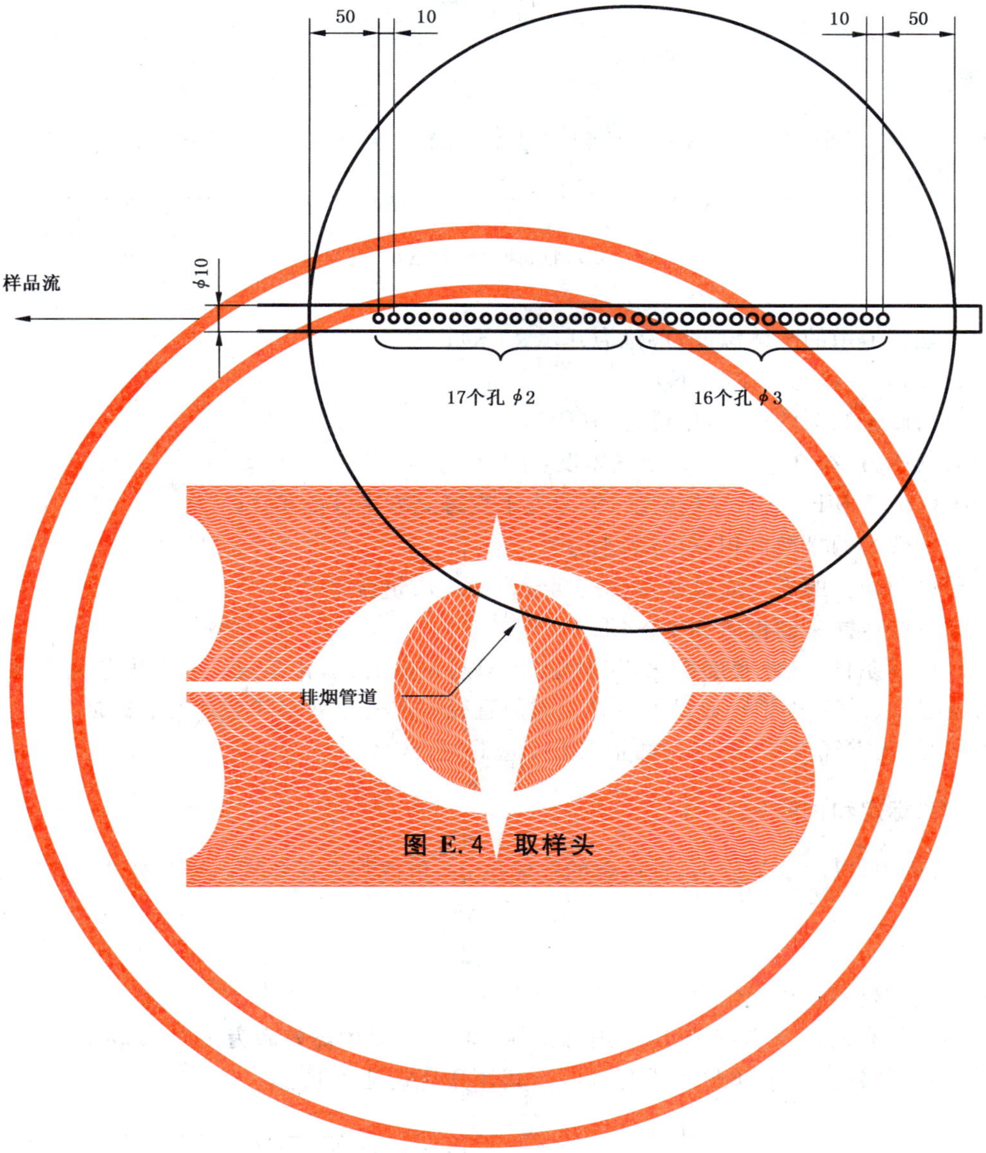

图 E.4 取样头

附 录 F
（资料性附录）
计 算

F.1 体积流量

大气压力下，25 ℃时，排烟管道中的体积流量 $\dot{V}_{298}$，单位为立方米每秒（m³/s），由式 F.1 计算：

$$\dot{V}_{298}=(Ak_t/k_\rho)\times\frac{1}{\rho_{298}}\times(2\Delta pT_0\rho_0/T_s)^{1/2} \quad\cdots\cdots(\text{F.1})$$

$$\dot{V}_{298}=22.4(Ak_t/k_\rho)(\Delta p/T_s)^{1/2} \quad\cdots\cdots(\text{F.2})$$

式中：

T_s——排烟管道中的气体温度，单位为开尔文（K）；

T_0——273.15，单位为开尔文（K）；

Δp——双向测速探头的压差，单位为帕（Pa）；

ρ_{298}——大气压力、25 ℃状态下的空气密度，单位为千克每立方米（kg/m³）；

ρ_0——0 ℃、0.1 MPa 下的空气密度，单位为千克每立方米（kg/m³）；

A——排烟管道的横截面积，单位为平方米（m²）；

k_t——单位面积上的平均质量流量与排烟管道中心质量流量之比；

k_ρ——双向测速探头的雷诺数校正，取 1.08。

式 F.1 的假设条件：气体密度变化（相对空气）只与温度有关，化学成分和湿度忽略不计（除非研究用水灭火的过程）。标定常数 k_t 通过测量管道截面直径方向一系列有代表性的点的质量流量分布来确定。应分别用冷、热空气校准 k_t，k_t 的测量误差不应超过±3%。

F.2 热产生率、标定和试验程序

F.2.1 标定过程中，以丙烷为燃料，点火源的热输出 $\dot{q}_b$，单位为千瓦（kW），计算公式见式 F.3：

$$\dot{q}_b=\dot{m}_b\Delta h_{c,eff} \quad\cdots\cdots(\text{F.3})$$

式中：

$\dot{m}_b$——通过燃烧器的丙烷质量流率，单位为克每秒（g/s）；

$\Delta h_{c,eff}$——丙烷的有效燃烧热，单位为千焦每克（kJ/g）。假设燃烧效率为 100%，取 46.4 kJ/g。

F.2.2 试样的热释放速率 $\dot{q}$，单位为千瓦（kW），其计算公式见式 F.4：

$$\dot{q}=E^1\dot{V}_{298}x_{O_2}^{\alpha}\left[\frac{\Phi}{\Phi(\alpha-1)+1}\right]-\frac{E^1}{E_{C_3H_8}}\dot{q}_b \quad\cdots\cdots(\text{F.4})$$

耗氧系数 Φ 由式 F.5 计算：

$$\Phi=\frac{x_{O_2}^0(1-x_{CO_2})-x_{O_2}(1-x_{CO_2}^0)}{x_{O_2}^0(1-x_{CO_2}-x_{O_2})} \quad\cdots\cdots(\text{F.5})$$

氧的环境摩尔分数 $x_{O_2}^{\alpha}$ 由式 F.6 计算：

$$x_{O_2}^{\alpha}=x_{O_2}^0(1-x_{H_2O}^{\alpha}) \quad\cdots\cdots(\text{F.6})$$

式中：

E——消耗单位体积的氧所释放的能量，单位为千焦每立方米（kJ/m³），对于试样，$E^1=17.2\times10^3$ kJ/m³（25 ℃）；对于丙烷 $E_{C_3H_8}=16.8\times10^3$ kJ/m³（25 ℃）；

$\dot{V}_{298}$——大气压下 25 ℃时排烟管道内的气体体积流量，单位为立方米每秒（m³/s）；

α——燃烧反应的耗氧扩展系数（$\alpha=1.105$）；

$x^a_{O_2}$——含水蒸气环境中氧的摩尔分数；

注 1：试验前未吸收水以前应测量 $x^a_{O_2}$。

$x^0_{O_2}$——氧分析仪测得排烟管道中氧的初始摩尔分数读数；

x_{O_2}——试验过程中氧分析仪测得排烟管道中氧的摩尔分数；

$x^0_{CO_2}$——二氧化碳分析仪测得二氧化碳初始摩尔分数；

x_{CO_2}——试验过程中排烟管道中二氧化碳的摩尔分数；

$x^a_{H_2O}$——环境中水蒸气的摩尔分数。

注 2：减去试验初始时燃烧器的热输出得到的 $\dot{q}$ 有可能为负值，这是由于气体取样存在滞后，可通过燃烧器测量响应时间进行校正。

F.2.3 式 F.3～式 F.6 是基于一定的近似得到的，因此有以下局限性：

a) 未考虑一氧化碳的产生量。如测定了一氧化碳浓度，可以对应定量计算的不完全燃烧影响等情况进行计算修正。

b) 未完全考虑水蒸气对流量测量和气体分析的影响。可通过连续测量水蒸气浓度进行修正。

c) $E^1=17.2\ kW/m^3$ 是通过大量试样试验得到的平均值，对于大多数燃烧物适用，但表 F.1 和 F.2 中所列物质除外。

一般情况下，这些误差累计应小于 10％。

F.3 燃烧气体

通过测量气体的摩尔分数，能够计算出 0.1 MPa、25 ℃时气体的瞬时流量 $\dot{V}_{gas}$，单位为立方米每秒（m^3/s）和气体产生总量 V_{gas}，单位为立方米（m^3），计算公式见式 F.7、F.8：

$$\dot{V}_{gas}=\dot{V}_{298}x_i \qquad \cdots\cdots(F.7)$$

$$V_{gas}=\int_0^t \dot{V}_{gas}dt \qquad \cdots\cdots(F.8)$$

式中：

$\dot{V}_{298}$——0.1 MPa、25 ℃时排烟管道中的体积流量，单位为立方米每秒（m^3/s）；

x_i——分析仪器中气体的摩尔分数；

t——燃烧时间，单位为秒（s）。

F.4 遮光系数

遮光系数 k 是表征光学烟密度的参数，单位为 m^{-1}，按式 F.9 计算：

$$k=\frac{1}{L}\ln\left[\frac{I_0}{I}\right] \qquad \cdots\cdots(F.9)$$

式中：

I_0——无烟环境中平行光束强度；

I——穿过有烟环境的光强度；

L——光束穿过有烟环境的长度，单位为米（m）。

烟气的瞬时遮光率 R_{inst}，单位为平方米每秒（m^2/s），总产烟量 R_{tot}，单位为平方米（m^2），由式 F.10 和式 F.11 计算：

$$R_{inst}=k\dot{V}_s \qquad \cdots\cdots(F.10)$$

$$R_{tot}=\int_0^t k\dot{V}_s dt \qquad \cdots\cdots(F.11)$$

式中：

$\dot{V}_s$——实际管道温度下，排烟管道中的体积流量，单位为立方米每秒（m^3/s）；

t——燃烧时间，单位为秒（s）。

表 F.1 常见合成聚合物的燃烧热及其单位耗氧量的燃烧热

燃 料	重复单元	燃烧热/(kJ/g)	单位耗氧量的燃烧热/(kJ/g)
聚乙烯	-(C_2H_4)-	−43.28	−12.65
聚丙烯	-(C_3H_6)-	−43.31	−12.66
聚丁烯	-(C_4H_8)-	−43.71	−12.77
聚丁二烯	-(C_4H_6)-	−42.75	−13.14
聚苯乙烯	-(C_8H_8)-	−39.85	−12.97
聚氯乙烯	-(C_2H_3Cl)-	−16.43	−12.84
聚酯纤维(亚乙烯基氯)	-($C_2H_2Cl_2$)-	−8.99	−13.61
聚酯纤维(亚乙烯基氟)	-($C_2H_2F_2$)-	−13.32	−13.32
聚酯纤维(甲基丙烯酸酯)	-($C_5H_8O_2$)-	−24.89	−12.98
聚丙烯腈	-(C_3H_3N)-	−30.80	−13.61
聚甲醛	-(CH_2O)-	−15.46	−14.50[a]
聚酯纤维(乙烯对苯二酸酯)	-($C_{10}H_8O_4$)-	−22.00	−13.21
聚碳酸酯	-($C_{16}H_{14}O_3$)-	−29.72	−13.12
纤维素三醋酸基酯	-($C_{12}H_{16}O_8$)-	−17.62	−13.23
尼龙 6.6	-($C_6H_{11}NO$)-	−29.58	−12.67
异丁烯聚砜	-($C_4H_8O_2S$)-	−20.12	−12.59
未加权平均数			−13.02

注 1:数据来自参考文献[11]。
注 2:数据在 25 ℃条件下测得。燃料为固体,所有产物均为气体。

[a] 权重忽略不计。

表 F.2 部分天然燃料的燃烧热及其单位耗氧量的燃烧热

燃料	燃烧热/(kJ/g)	单位耗氧量的燃烧热/(kJ/g)
纤维素	−16.05	−13.59
棉	−15.55	−13.61
新闻纸	−18.40	−13.40
瓦楞纸箱	−16.04	−13.70
树叶,阔叶树	−19.30	−12.28
木材,枫树	−17.76	−12.51
褐煤	−24.78	−13.12
煤,含沥青	−35.17	−13.51
未加权平均数		−13.21

注 1:数据来自参考文献[11]。
注 2:数据在 25 ℃条件下测得。燃料为固体,所有产物均为气体。

附 录 G
（资料性附录）
试样的配置形式

G.1 试样的标准配置形式

为了实验室之间的数据具有可比性，要求墙壁和天花板都要敷以试样。

注：根据试验和研究设定条件下制品的实际使用配置试样，允许存在不同的试样配置形式。

G.2 可选的试样配置形式

可选的配置形式有：

——只对墙壁敷以试样而天花板采用标准材料；

——只对天花板敷以试样而墙壁采用标准材料。

按照11.4中所述的基材选择标准材料。

特殊情况下，不同的墙壁和天花板材料组合也是可行的。

参 考 文 献

[1] ISO 3261:1975,Fire tests—Vocabulary[S].

[2] GB/T 14107—1993,消防基本术语　第二部分[S].

[3] GB/T 16283—1996,固定灭火系统基本术语[S].

[4] ISO 13943:2008,Fire safety—Vocabulary[S].

[5] ISO/TR 9122-3:1993,Toxicity testing of fire effluents—Part 3:Methods for the analysis of gases and vapours in fire effluents.

[6] ISO/TR 5924:1989,Fire tests—Reaction to fire—Smoke generated by building products (dual-chamber test).

[7] BS 6809:1987,Method for calibration of radiometers for use in fire testing[S].

[8] ASTM E 603-77,Standard Guide for Room Fire Experiments[S].

[9] PARKER, W. J. Calculations of the heat release rate by oxygen consumption for various applications. Journal of Fire Science,2(September/October):1984.

[10] McCAFFRE and HESKESTAD. Combustion and Flame,26(1976).

[11] HUGGETT. C Estimation of rate of heat release by means of consumption measurement. Fire and materials. Fire and materials,4(2)(1980).

ICS 13.220.01
C 80

中华人民共和国国家标准

GB/T 25208—2010

固定灭火系统产品环境试验方法

Environmental test methods for fixed extinguishing systems

2010-09-26 发布　　2011-02-01 实施

中华人民共和国国家质量监督检验检疫总局
中国国家标准化管理委员会　发布

前　言

本标准的附录 A、附录 B 为资料性附录。

本标准由中华人民共和国公安部提出。

本标准由全国消防标准化技术委员会固定灭火系统分技术委员会(SAC/TC 113/SC 2)归口。

本标准起草单位:公安部天津消防研究所。

本标准主要起草人:王诣青、宋焕瞳、赵青松、刘连喜、李毅、白殿涛、张强、赵永顺、董海斌、王舒艳、李习民、盛彦锋、巩玉斌、张璐、郭堃。

固定灭火系统产品环境试验方法

警告:本标准中的二氧化硫腐蚀试验方法、二氧化硫和二氧化碳混合气体腐蚀试验方法所使用的二氧化硫和硫化氢气体腐蚀试验方法所使用的硫化氢都是有毒气体,其贮存、运输和使用只能在密闭的气体系统中进行。二氧化硫具有刺激性难闻气味,硫化氢具有可燃性和恶臭气味,必须备有充足的排风以应付意外泄漏。试验操作人员还应采取有效措施进行呼吸防护。

本标准附录A二氧化硫化学制备方法和附录B硫化氢化学制备方法中所使用的硫酸试剂,具有强烈的腐蚀性,属于化学危险品。应根据所规定的试验程序制定出安全操作规程,并对试验操作人员进行必要的培训;应按照国家化学危险品安全管理条例规定进行硫酸试剂的存放和处理,以策安全。

1 范围

本标准规定了用于评定固定灭火系统及部件在运输、贮存和伺应状态下的环境适应能力的环境条件试验方法。

本标准适用于一般安装场所(包括户外)使用的固定灭火系统产品。

2 规范性引用文件

下列文件中的条款通过本标准的引用而成为本标准的条款。凡是注日期的引用文件,其随后所有的修改单(不包括勘误的内容)或修订版均不适用于本标准,然而,鼓励根据本标准达成协议的各方研究是否可使用这些文件的最新版本。凡是不注日期的引用文件,其最新版本适用于本标准。

GB/T 1690 硫化橡胶或热塑性橡胶耐液体试验方法(GB/T 1690—2006,ISO 1817:2005,MOD)

GB/T 1771 色漆和清漆 耐中性盐雾性能的测定(GB/T 1771—2007,ISO 7253:1996,IDT)

GB/T 2941 橡胶物理试验方法试样制备和调节通用程序(GB/T 2941—2006,ISO 23529:2004,IDT)

GB/T 3512 硫化橡胶或热塑性橡胶 热空气加速老化和耐热试验(GB/T 3512—2001,eqv ISO 188:1998)

GB/T 6461 金属基体上金属和其他无机覆盖层 经腐蚀试验后的试样和试样的评级(GB/T 6461—2002,ISO 10289:1999,IDT)

GB/T 10586 湿热试验箱技术条件

GB/T 10587 盐雾试验箱技术条件

GB/T 10589 低温试验箱技术条件

GB/T 10592 高低温试验箱技术条件

GB/T 11158 高温试验箱技术条件

JB/T 7444 空气热老化试验箱

YB/T 5362—2006 不锈钢在沸腾氯化镁溶液中应力腐蚀试验方法

3 术语和定义

下列术语和定义适用于本标准。

3.1

环境 environment

在任何时间和地点存在的或遇到的自然的和诱发的条件总和。

3.2

工作状态　operating state

产品处于履行所要求功能的状态。

3.3

伺应状态　set condition

产品守候在准备工作状态，即待机随时进入工作状态。

3.4

条件试验　conditioning

把试样暴露于规定的试验环境中，持续规定的时间，以确定这种环境条件对试样性能产生影响的过程。

3.5

一般安装场所　non-special installation location

对安装使用的固定灭火系统产品的环境试验方法没有特别要求的非特殊场所。

3.6

固定灭火系统　fixed extinguishing systems

固定安装在建筑及设施中的灭火装置和设备。

3.7

预处理　pre-conditioning

为消除或部分消除试样以前经历的各种效应，在条件试验前对试样所做的处理。

3.8

恢复　recovery

在条件试验之后，最后检测之前，为使试样的性能稳定所做的处理。

3.9

标准大气条件　standard atmosphere condition

测量和试验用标准大气条件，其范围：

温度：＋15 ℃～＋35 ℃；

相对湿度：25％RH～75％RH；

气压：86 kPa～106 kPa。

3.10

应力腐蚀　stress corrosion

由残余或外加应力和腐蚀联合作用导致金属部件出现破裂或涨裂的现象。

4　低温试验方法

4.1　目的

提供一种标准的试验程序，用于评价固定灭火系统及部件在低温下贮存和使用的适应性。

4.2　试验设备

试验设备应符合 GB/T 10589 的规定。试验设备应能在工作室内保持 4.3.1 规定的试验温度，应采用强迫空气循环来保持温度均匀性。试验设备工作室尺寸应能满足试样的任何表面与相对应的箱壁之间的最小距离不小于 10 cm。

4.3　试验条件参数

4.3.1　试验温度

试验温度可从下列温度中选取（温度偏差为±2 ℃）：＋5 ℃、0 ℃、－10 ℃、－20 ℃、－30 ℃、－40 ℃、－55 ℃、－65 ℃或产品标准规定的试验温度。

4.3.2 持续时间

持续时间可从下列时间中选取:2 h、16 h、24 h、72 h、96 h、10 d、30 d或产品标准规定的持续时间。

4.3.3 低温试验严酷程度

低温试验温度和持续时间是决定低温试验严酷程度的两个参数。根据试样的制作材料以及体积、质量的大小和具体使用环境因素,可在4.3.1和4.3.2所给数值中选取,也可另行规定出适宜的试验温度和持续时间。当试验的目的仅仅是检验试样在低温时能否正常工作,则试验的持续时间应能充分满足试样在规定的温度下达到稳定。当用本标准作为与低温耐久性或可靠性相联系的有关试验时,所需的持续时间应足够长,可根据产品的具体情况作出规定。

4.4 预处理

试样在试验前应去掉包装,在标准大气条件下放置不少于2 h或按产品标准的规定进行处理。

4.5 初始检验

按产品标准规定对试样进行外观检查及有关性能的检验。

4.6 条件试验

4.6.1 将试样按正常工作位置或产品标准规定的位置放入试验箱的工作室内。试样可处于不通电状态、通电状态、伺应状态或产品标准规定的状态。

4.6.2 待试验箱工作室内温度达到规定值并稳定后,开始计算持续时间。

4.6.3 若要求进行中间检测,可按产品标准规定对试样进行有关性能的测量。对功能性检测,应按产品标准规定对试样给予通电或施加负载,以检验其能否达到所规定的功能要求。中间检测应在条件试验期间或结束时按规定项目进行测量,测量时,试样不应从试验箱中取出。

4.6.4 在条件试验结束后,应使试样恢复到室温,对通电运行或施加负载的试样可在恢复前停止通电或卸去负载。

4.7 恢复

4.7.1 试样应在标准大气条件下进行恢复直到解冻。

4.7.2 可用手抖动试样或用短时吹风以除去水滴。

4.7.3 当产品标准有要求时,可对试样在恢复期间保持通电或加载并连续进行测量。

4.7.4 恢复时间应足够长,以便使温度达到稳定,所有测量应在恢复终了前进行完毕。

4.8 最后检测

根据产品标准的要求,对试样的外观和有关性能进行检测。

最后检测应在恢复结束后立即进行。对温度变化最敏感的参数应先测量。除非产品标准另有规定,所有参数应在30 min内测量完毕。

4.9 试验结果评定

试验结果的评定由被测试样的产品标准提出,可包括以下内容:

a) 试样的外观变化;

b) 试样的性能及功能的测试结果,包括中间检测和最后检测的结果。

5 高温试验方法

5.1 目的

提供一种标准的试验程序,用于评价固定灭火系统及零部件在高温条件下贮存和使用的适应性,其中包括非金属部件耐高温老化的能力。

5.2 试验设备

试验设备应符合GB/T 11158的规定,并应满足5.3的规定,应采用强迫空气循环来保持温度均匀性。试验设备工作室尺寸应满足试样的任何表面与相对应的箱壁之间的最小距离不小于10 cm。

5.3 试验条件参数

5.3.1 试验温度

试验温度可从下列温度中选取(温度偏差为±2 ℃):+30 ℃、+40 ℃、+55 ℃、+70 ℃、+85 ℃、+100 ℃、+135 ℃、+155 ℃、+175 ℃、+200 ℃或依据产品标准中规定的试验温度。

橡胶的高温老化试验温度应依据 GB/T 3512 中的规定。

5.3.2 持续时间

持续时间可从下列时间中选取:2 h、16 h、24 h、72 h、96 h、10 d、30 d、45 d、90 d 或依据产品标准中规定的持续时间。

橡胶的高温老化时间应依据 GB/T 3512 中的规定。

5.3.3 高温试验严酷程度

高温试验温度和持续时间是决定高温试验严酷程度的两个参数。根据试样的制作材料以及体积、质量的大小和具体的使用环境,在 5.3.1 和 5.3.2 所给数值中选取或另行规定出适宜的试验温度和持续时间。若试验的目的仅仅是检查试样在高温时能否正常工作,则持续时间应满足试样在规定的温度下达到稳定。当用本标准作为与高温耐久性或可靠性相联系的有关试验时,所需的持续时间应足够长,可根据产品的具体情况作出规定。

5.4 预处理

试样在试验前应去掉包装,在标准大气条件下放置不少于 2 h 或按产品标准规定的要求进行。

本方法用于橡胶的耐高温老化试验时,试样的处理应符合 GB/T 3512 中的规定。

5.5 初始检验

在条件试验前按产品标准规定对试样进行外观检查及有关性能的检验。

5.6 条件试验

5.6.1 将试样按正常工作位置或产品标准规定的位置放入试验箱的工作室内。试样可处于不通电状态、通电状态、伺应状态或产品标准规定的状态。用于高温老化的橡胶试样在试验箱工作室内的放置,应符合 GB/T 3512 的规定。

5.6.2 调节试验箱的温度,待工作室内温度达到规定值并稳定后,开始计算试验持续时间。

5.6.3 若要求进行中间检测,可按产品标准规定对试样进行相关性能的测量。对功能性检测,应按产品标准规定对试样给予通电或施加负载,以检查其能否达到规定功能。中间检测应在条件试验期间或结束时按规定进行测量,测量时,试样不应从试验箱中取出。

5.6.4 在条件试验结束后,应使试样恢复到室温,对通电运行或施加负载的试样可在恢复前停止通电或卸去负载。

5.7 恢复

5.7.1 试样应在标准大气条件下进行恢复,恢复时间应足够长,以便使温度达到稳定,恢复时间应从符合恢复条件时开始计算,所有测量应在恢复终了前进行完毕。

5.7.2 当产品标准有要求时,可对试样在恢复期间保持通电或加载并连续进行测量。

5.7.3 用于高温老化的橡胶试样按 GB/T 3512 中的规定进行环境调节处理。

5.8 最后检测

根据产品标准的要求,对试样的外观和有关性能进行检测。

最后检测应在恢复结束后立即进行。对温度变化最敏感的参数应先测量。除非产品标准另有规定,所有参数应在 30 min 内测量完毕。

高温老化后的橡胶试样的性能测试按 GB/T 3512 的规定进行。

5.9 试验结果评定

试验结果的评定由被测试样的产品标准提出,可包括以下内容:

a) 试样的外观变化;

b) 试样的性能及功能的测试结果，包括中间检测和最后检测的结果；

c) 橡胶的高温老化试验结果应按 GB/T 3512 中的规定予以表示。

6 高低温交变循环试验方法

6.1 目的

提供一种标准的试验程序，用于评价固定灭火系统的灭火剂贮存容器、驱动气体贮存容器以及相关部件在温度交变环境下贮存和使用的适应性。

6.2 试验设备

试验设备应满足 6.3 的规定，还应满足 6.4.1 中规定的＋20 ℃±1 ℃的恒温环境条件。其他技术要求应符合 GB/T 10592 的规定。试验设备的工作空间尺寸，应满足试样的任何表面和相对应的箱壁之间的最小距离不小于 10 cm。

6.3 试验条件参数

6.3.1 表 1、表 2、表 3 和表 4 分别给出了四种高低温交变循环试验的方式，可根据试样的材料与结构以及使用环境等因素进行选择。

6.3.2 按表 1 规定的循环方式为一个循环周期，推荐的周期为 1 个或 2 个，可根据需要进行选择或规定适宜的循环周期数。

6.3.3 按表 2 规定的循环方式为一个循环周期，推荐的周期为 1 个，可根据需要规定适宜的循环周期数。

6.3.4 按表 3 规定的循环方式为一个循环周期，推荐的周期为 8 个，可根据需要规定出适宜的循环周期数。

6.3.5 按表 4 规定的循环方式为一个循环周期，推荐的周期为 1 个，可根据需要规定出适宜的循环周期数。

表 1 循环方式 1

试验顺序	试验温度/℃	持续时间
1	最高使用温度±2	24 h
2	最低使用温度±2	24 h
3	最高使用温度±2	24 h
4	最低使用温度±2	24 h
5	最高使用温度±2	24 h
6	最低使用温度±2	24 h
7	＋20±5	24 d

表 2 循环方式 2

试验顺序	试验温度/℃	持续时间/h
1	最高使用温度±2	24
2	最低使用温度±2	24
3	最高使用温度±2	24
4	最低使用温度±2	24
5	最高使用温度±2	24
6	最低使用温度±2	24
7	＋20±5	24

表 3 循环方式 3

试验顺序	试验温度/℃	持续时间/h
1	最低使用温度±2	24
2	+20±5	24
3	最高使用温度±2	24
4	+20±5	24

表 4 循环方式 4

试验顺序	试验温度/℃	持续时间/h
1	最低使用温度±2	24
2	+20±5	24
3	最高使用温度±2	24

6.4 条件试验

6.4.1 在交变循环试验前，按产品标准规定对试样进行外观检查。当需要对温度变化敏感的参数(如气体压力)进行测量时，试样应在+20 ℃±1 ℃环境中放置 24 h，然后记录被测参数值。对于温度变化不敏感的参数(如质量)，试样可在参数测量(如称量)后直接进行下述试验。

6.4.2 将试样按正常工作状态或按产品标准的规定放入试验箱的工作室内，并按照所选择的循环方式和试验周期进行试验。

6.4.3 在交变循环试验结束时，按 6.4.1 的规定进行外观检查和有关参数的测量与记录，以及按产品标准规定对性能和功能进行检验。

6.5 试验结果评定

试验结果的评定由被测试样的产品标准提出，可包括以下内容：

a) 试样的外观变化；

b) 压力变化和质量损失；

c) 按产品标准要求对试样的性能及功能进行检测得出的结果。

7 低温恒温恒湿试验方法

7.1 目的

提供一种标准的试验程序，用于评价固定灭火系统及零部件在湿热气候下贮存和使用的适应性。

7.2 试验设备

试验设备应符合 GB/T 10586 的规定。

使用直接与水接触产生湿度的加湿法时，试验用水的电导率应不大于 20 μS/cm。

7.3 试验条件参数

试验的条件参数主要由试验温度、相对湿度和持续时间共同决定。表 5 给出了试验温度和相对湿度的组合，推荐的持续时间为：24 h，48 h，96 h。可根据需要从中选取或另行规定出适宜的温度、相对湿度和持续时间。

7.4 预处理

试样在试验前应进行表面去油和去污处理，以及在标准大气条件下放置不少于 2 h 或按产品标准的规定进行处理。

7.5 初始检测

按产品标准规定对试样进行外观检查及有关性能的检验。

表 5 试验温度和相对湿度组合表

组合方式种类	试验温度/℃	相对湿度/%RH
1	+40±2	93±3
2	+40±2	85±3
3	+30±2	93±3
4	+30±2	85±3

7.6 条件试验

7.6.1 将试样按其工作位置或产品标准规定的位置放入试验箱的工作室内。试样可处于不通电、通电、伺应状态或产品标准规定的状态。

7.6.2 在不加湿的条件下将试验温度升到规定值，以对试样进行预热。

7.6.3 待温度稳定后开始加湿，以免试样产生凝露。待工作室内温度和相对湿度达到规定值并稳定后，开始计算持续时间。

7.6.4 若要求进行中间检测，可按有关规定对试样进行相关性能的测量。对功能性检测，应按产品标准规定对试样给予通电或施加负载，以检验其能否达到规定功能。中间检测应在条件试验期间或结束时按规定项目进行测量，测量时，试样不应从试验箱中取出。

7.7 恢复

7.7.1 在条件试验结束时，一般试样应在标准大气条件下恢复，恢复时间应足够长，以便使温度与相对湿度均达到稳定，恢复时间应从符合恢复条件时开始计算。如果试样需在特定条件下进行恢复，则由产品标准做出具体规定。

7.7.2 根据试样的特性和试验室的条件，试样也可留在试验箱中恢复，或在另外的试验箱中恢复。留在试验箱中恢复时，应在 0.5 h 内将相对湿度降至环境湿度，然后在 0.5 h 内将温度调节到规定的条件，温度偏差为±2 ℃。转移到另外的试验箱中恢复时，转移试样的时间应尽可能短，最长不应超过 5 min。

7.8 最后检测

根据产品标准的要求，对试样的外观和有关性能进行检测。

最后检测应在恢复阶段结束后立即进行。对湿度变化最敏感的参数应先测量。除非产品标准另有规定，所有参数应在 30 min 内测量完毕。

7.9 试验结果评定

试验结果的评定由被测试样的产品标准提出，可包括以下内容：

a) 试样的外观变化；

b) 试样的性能及功能的检测结果，其中包括中间检测和最后检测的结果。

8 热空气老化试验方法

8.1 目的

提供一种标准的试验程序，用于评价固定灭火系统中的非金属零部件耐热空气老化的能力。

8.2 试验设备

热空气老化试验箱应具有强制空气循环装置，空气流速 0.5 m/s～1.5 m/s，试样的最小表面积正对气流以避免影响流速。老化试验箱的尺寸应满足样品的总体积不超过老化箱试验容积的 10%，悬挂试样的间距至少为 10 mm，试样与老化箱壁至少相距 50 mm。试样支架和挂架应采用隔热和耐热空气老化的材料制造。老化试验箱还应具备空气预热装置，能够使空气进入老化试验箱前预先加热到规定的试验温度。

热空气老化试验箱应满足温度偏差为±2.0 ℃，温度均匀度应不大于 2.0 ℃，温度波动度不大于±2.0 ℃，其他参数应符合 JB/T 7444 的规定。

8.3 试样的处理

用于热空气老化试验的橡胶试样，不使用完整的制品或试片，试样的制备应符合 GB/T 2941 的规定，试样在老化试验前后的处理应符合 GB/T 3512 中的规定。其他非金属材料的热空气老化试验，则按产品标准的规定对试样进行处理。

8.4 试验条件参数

试验条件参数主要由试验温度、持续时间和换气次数共同决定。根据当前各种固定灭火系统及部件的现行国家标准和行业标准中的规定，在表 6 中列出了部分非金属部件的热空气老化试验条件参数，可根据试样种类与制作材料从表 6 中选取或根据需要规定出适宜的试验温度、持续时间和换气次数。硫化橡胶或热塑橡胶的热空气老化试验条件参数可依据 GB/T 3512 的规定。

表 6 非金属试样的种类与热空气老化试验条件参数

试样的制作材料及品种	试验温度/℃	持续时间	换气次数/(次/h)
天然橡胶密封件	+70±2	70 h	3～10
氯化聚氯乙烯管材 自动喷水灭火系统的塑料管道及管件	+100±2	30 d、90 d、180 d	
自动喷水灭火系统通用阀门中的刚性非金属零件	+120±2	180 d	
三元乙丙橡胶密封件	+125±2	70 h	
泡沫灭火系统的泡沫液压力储罐胶囊	+125±2	3 d	
气体灭火系统用非金属连接管和高压橡胶软管	+140±2	10 d	
硅橡胶密封件	+225±2	70 h	

8.5 条件试验

8.5.1 老化试验前，橡胶试样应按 GB/T 2941 的规定进行环境调节不少于 16 h。其他非金属材料的试样应在标准大气条件下放置不少于 2 h 或按产品标准规定进行预处理。

8.5.2 将老化试验箱调至规定的试验温度和换气次数。

8.5.3 将橡胶试样呈自由状态悬挂在老化试验箱内的样品支架或挂架上，其他非金属材料的试样按正常使用状态或按产品标准规定放置在试验箱工作室内。试样不得与试验箱内壁及金属支架直接接触，试样之间也不能相互接触。

8.5.4 待箱内温度达到规定的试验温度值后，开始计算持续时间，达到规定时间时，取出试样。

8.5.5 取出的橡胶试样按 GB/T 2941 的规定进行环境调节不少于 16 h；其他非金属材料的试样可在标准大气条件下放置不少于 2 h 或按产品标准规定进行恢复。

8.6 试验结果的评定

试验结果的评定由被测试样的产品标准提出，可包括以下内容：

a) 试样的外观变化；

b) 橡胶试样按 GB/T 3512 的规定对性能参数进行测试得出的结果；其他非金属材料的试样按产品标准规定进行性能测试得出的结果；

c) 试样的数量和试验前后的性能参数测试值的对比。

9 碳弧光老化试验方法

9.1 目的

提供一种标准的试验程序，用于评价固定灭火系统非金属部件耐太阳光老化的能力。

9.2 试验设备

密闭型紫外线碳弧光耐候试验机，在试验空间内应满足 9.3 规定的试验条件参数。

试验机内装有直径 787 mm，高 451 mm，每分钟可旋转一周的金属筒。金属筒的中心位置装有用高耐火透明玻璃制作的碳弧灯滤光罩，罩内垂直放置两根直径为 12.7 mm 的碳棒。碳弧工作电压为交流 120 V～145 V，工作电流为 15 A～17 A。金属筒筒壁上方设置一个不随金属筒旋转、用于向试样淋水的固定喷嘴，淋水覆盖范围为金属筒周长的 15%。金属筒内壁装有固定试片的金属卡板，并应使试片的受卡面积尽可能小，以保证受光照的面积足够大，固定板的尺寸取决于性能测试所需的试片尺寸。

9.3 试验条件参数

9.3.1 以 20 min 为一个周期，其中试样暴露在碳弧光中的时间为 17 min，暴露在碳弧光下淋雨中的时间为 3 min。一个试验周期中金属筒内最高温度为 +63 ℃±5 ℃。

9.3.2 持续时间为 360 h。对于有防晒包装运输的试样，持续时间可减少到 45 h。

当用本标准作为与碳弧光强度和淋雨量相联系的有关试验时，可根据需要对光照时间、淋雨时间以及试验所需的持续时间等条件参数进行调整。

9.4 试样的处理

将试样按试验机金属旋转筒内试片固定板的尺寸进行制作。

9.5 条件试验

9.5.1 在开始试验前，试验机的温度应处于室温下。将处于室温的试样放入试验机内金属筒的试片固定板上。

9.5.2 多个试样放在同一试验机内进行试验时，各试样间的最小距离应不小于 10 cm。

9.5.3 将试验机温度、光照时间和淋雨时间调控到 4.6.3 的规定。

9.5.4 在规定的持续时间内应随时观察碳棒的燃烧情况，当一组碳棒燃尽后及时更换新碳棒，直至试验结束。

9.5.5 试验结束后取出试样，在温度为 +20 ℃±5 ℃，相对湿度不超过 70%RH 的条件下放置 24 h。

9.6 试验结果的评定

试验结果的评定由被测试样的产品标准提出，可包括以下内容：

a） 试样外观变化；

b） 按产品标准要求对试样的性能进行测试得出的结果。

10 温水老化试验方法

10.1 目的

提供一种标准的试验程序，用于评价固定灭火系统在使用中长期与水接触的零部件耐温水老化的能力。

10.2 试验设备

温水老化试验箱加热系统应满足箱内水温达到表 7 的规定并保持恒定，箱内的试样支架和挂架应采用防锈及耐腐蚀的材料制造，温度控制要求应符合下列规定：

a） 温度偏差：±1.0 ℃；

b） 温度均匀度应不大于 1.0 ℃；

c） 温度波动度应不大于 ±0.5 ℃。

10.3 试验条件参数

试验的条件参数主要由试验水温和持续时间决定。根据试样的材料和使用情况从表 7 中选取或根据需要确定适宜的试验水温和持续时间。

10.4 预处理

将试样清洗干净，清洗时不能用磨料或溶剂，不应洗去试样上有意涂覆的保护性有机膜。

表 7　试验水温与持续时间

试验条件	水温/℃	持续时间/d
1	+87±2	30,90,180
2	+40±2	30

10.5　条件试验

10.5.1　将试样按其工作位置(可根据需要再现或模拟实际使用中样品所处的状态)放置在试验箱内的支架上。试样不能与试验箱壁接触,试样间也不能相互接触。

10.5.2　开启试验箱加热系统,使箱内水温达到 10.3 的规定,待水温恒定开始计算持续时间。

10.5.3　温水试验后按产品标准的规定对试样进行处理。

10.6　试验结果的评定

试验结果的评定由被测试样的产品标准提出,可包括以下内容:

a)　检查试样有无裂纹、扭曲和变形损坏;

b)　按产品标准要求对试样的性能及功能进行测试得出的结果。

11　盐雾腐蚀试验方法

11.1　目的

提供一种标准的试验程序,用于评价固定灭火系统金属部件耐中性盐雾腐蚀的能力。

11.2　试验设备

试验设备应符合 GB/T 10587 的规定。

11.3　试验条件参数

11.3.1　试验温度:+35 ℃±2 ℃。

11.3.2　持续时间:推荐的持续时间为 4 d、5 d、10 d、20 d、30 d。可根据试样的制作材料、工艺与结构以及产品在使用中的相关因素进行选择。

11.3.3　氯化钠溶液质量浓度:(5±0.1)%或 (20±0.1)%。可根据试样基本材料和表面处理的种类以及使用中的相关因素进行选择

11.3.4　喷雾方式:连续喷雾。

11.3.5　盐雾沉降速率:1 mL/80(cm^2 · h)～2 mL/80(cm^2 · h)(经 24 h 连续喷雾后,在 80 cm^2 面积上接收的盐溶液量平均到每小时的盐雾沉降量)。

11.4　盐溶液配制

本试验所用氯化钠应为不低于化学纯的试剂,将氯化钠溶于沸腾的新蒸馏水或去离子水中,其浓度应符合 11.3.3 的规定。使用的蒸馏水或去离子水电导率不超过 20 μS/cm。所配制的氯化钠溶液,在+25 ℃下,5%的溶液密度应在 1.025 5 g/cm^3～1.040 0 g/cm^3 范围内;20%的溶液密度应在 1.126 0 g/cm^3～1.157 0 g/cm^3 范围内。

根据收集的盐雾沉降液的 pH 值调整所配制的氯化钠溶液的 pH 值,使其在温度为+20 ℃±2 ℃时在 6.5～7.2 之间。pH 值的测量可使用酸度计,也可采用精度为 0.3 的精密 pH 试纸。溶液的pH 值可用滴加盐酸或氢氧化钠溶液进行调整,调整过程中应保证氯化钠的浓度在规定的范围内。

为避免堵塞喷嘴,溶液在使用之前应过滤。

11.5　预处理

将试样清洗干净,清洗时不能用磨料或溶剂,不应洗去试样上有意涂覆的保护性有机膜。当产品标准要求封堵试样进出口,应使用不与盐雾反应的材料进行封堵。

11.6　条件试验

11.6.1　将试样按其工作位置放置在试验箱内,让盐雾自然沉降到试样表面上,试样表面不能受到盐雾

的直接喷射。试样可以放置在箱体内不同水平面上，但不得与箱体接触，试样间也不能相互接触。试样之间的距离应不影响盐雾自由降落在试样表面上，试样上的液滴不得落在其他试样上。

11.6.2 启动加热系统，使箱内温度在升到+35 ℃±2 ℃后开始喷雾，当温度达到恒定开始计算持续时间。每8 h监测一次降雾量，通过调整喷雾装置将其控制在规定范围。

11.6.3 试验结束后取出试样，用温度不高于+40 ℃的清水冲洗，去除试样表面残留的盐雾溶液，在+20 ℃±5 ℃，相对湿度不超过70%RH的环境条件下自然干燥4 d～7 d。

11.7 试验结果评定

试验结果的评定由被测试样的产品标准提出，可包括以下内容：

a) 试验后的外观和除去表面腐蚀产物后的外观，是否出现明显腐蚀损坏；

b) 腐蚀缺陷如点蚀、裂纹、气泡等的分布和数量，可参照GB 6461中的相关规定进行评定；

c) 色漆和清漆涂层破坏情况，可参照GB/T 1771中的相关规定进行评定；

d) 按要求对试样的性能及功能进行测试得出的结果。

12 氨应力腐蚀试验方法

12.1 目的

提供一种标准的试验程序，用于评价固定灭火系统铜合金部件耐氨应力腐蚀的能力。

12.2 试验设备

试验设备应为化工气体腐蚀试验箱，或专用于测试氨应力腐蚀的试验装置。用于制造试验设备的材料应具备抗氨腐蚀和不影响试验结果；试验设备应保证严密封闭，其加热系统应保持箱内温度达到12.3b)规定的试验温度，并满足温度均匀度不大于2.0 ℃、温度波动度不大于±0.5 ℃；试验箱顶部的结构应能避免试验过程中凝聚的液体滴落到试样上。试样支架和挂架应采用耐氨腐蚀的材料制造。

12.3 试验条件参数

试验箱内应为氨水(氨水密度0.90 g/mL)自然挥发形成的潮湿氨气与空气的混合气体。其他试验条件如下：

a) 氨水体积与试验箱工作室体积之比：1∶100；

b) 试验温度：+34 ℃±2 ℃；

c) 持续时间：10 d。

12.4 预处理

将试样清洗干净，清洗时不能用磨料或溶剂。不应洗去试样上有意涂覆的保护性有机膜。如标准要求封堵试样进出口，应使用不与氨反应的材料封堵。

12.5 条件试验

12.5.1 将试样按其工作位置放置在试验箱内。试样可以放置在箱体内不同水平面上，但不得与箱体接触，试样间也不能相互接触。

12.5.2 按12.3a)规定的体积比向试验箱底部玻璃槽内加入氨水。开启试验箱加热系统，使箱内温度升至+34 ℃并保持恒定后开始计算持续时间。

12.5.3 试验结束后取出试样，用温度不高于+40 ℃的清水清洗。

12.6 试验结果评定

试验结果的评定由被测试样的产品标准提出，可包括以下内容：

a) 试样是否出现裂纹和损坏；

b) 按产品标准要求对试样的性能及功能进行测试得出的结果。

13 沸腾氯化镁溶液中的应力腐蚀试验方法

13.1 目的

提供一种标准的试验程序，用于评价固定灭火系统中的不锈钢部件耐氯化镁应力腐蚀的能力。

13.2　试验设备

13.2.1　试验容器和相关的玻璃仪器

根据试样的大小，采用足够容积的三口玻璃烧瓶，烧瓶中的一个入口应能保证试样的放入；玻璃回流冷凝器安装在烧瓶的另一个入口，以防止试验溶液的浓缩；玻璃温度计安装在烧瓶的第3个入口。

13.2.2　加热装置

安装在三口玻璃烧瓶底部能使试验溶液保持在微沸腾状态的调温电热套，温度控制要求应符合以下规定：

a)　温度偏差为±1.0 ℃；

b)　温度均匀度应不大于1.0 ℃；

c)　温度波动度不大于±0.5 ℃。

13.3　试验条件参数

试验温度(沸腾氯化镁溶液的温度)：(+143 ℃±1 ℃)～(+155 ℃±1 ℃)。

持续时间：21 d。

13.4　试验溶液

试验溶液按照YB/T 5362—2006中3.2的规定进行配制。

13.5　预处理

将试样上的油污清洗干净，清洗时不能使用磨料或腐蚀性溶剂。

13.6　条件试验

13.6.1　将试样放入玻璃烧瓶内，向烧瓶中加入预先配制的氯化镁溶液并使其没过试样，将回流冷凝器通入冷却水。

13.6.2　通过调温电热套将氯化镁溶液加热至沸腾后调控至微沸腾状态。在氯化镁溶液开始沸腾时计算持续时间。

13.6.3　在整个试验期间，试验溶液的沸点需保持在(+143 ℃±1 ℃)～(+155 ℃±1 ℃)。

13.6.4　试验过程中每隔7 d更新一次氯化镁溶液。

13.6.5　试验结束后取出试样，用不高于+40 ℃的清水冲洗。

13.7　试验结果评定

试验结果的评定由被测试样的产品标准提出，可包括以下内容：

a)　试样是否出现裂纹及损坏；

b)　按要求对试样的性能及功能进行测试得出的结果。

14　二氧化硫腐蚀试验方法

14.1　目的

提供一种标准的试验程序，用于评价固定灭火系统金属部件耐二氧化硫腐蚀的能力。

14.2　试验设备

化工气体腐蚀试验箱的制作材料(包括试样支架和挂架)应具备耐二氧化硫腐蚀和对试验结果不产生影响；试验箱应保证严密封闭，其顶部的结构应能避免试验过程中凝聚的液体滴落到试样上；加热系统应保持箱内温度达到表8的规定，温度控制应符合以下规定：

a)　温度偏差：±2.0 ℃；

b)　温度均匀度应不大于2.0 ℃；

c)　温度波动度不大于±0.5 ℃。

14.3　试验条件参数

14.3.1　二氧化硫体积浓度和试验温度

试验在化工气体腐蚀试验箱中进行，每24 h向试验箱中加入二氧化硫气体，试验箱内二氧化硫的体积浓度和试验温度可根据需要从表8的规定中选取。

表8 二氧化硫的体积浓度和试验温度

二氧化硫体积浓度/%	试验温度/℃
0.5	+25±2
0.5	+45±2
1	+45±2

14.3.2 **持续时间**

推荐的持续时间为8 d、10 d、16 d,可根据试样的制作材料和工艺、结构以及产品在使用中的相关因素进行选择。

14.4 **预处理**

将试样清洗干净,清洗时不能用磨料或溶剂。不应洗去试样上有意涂覆的保护性有机膜。如标准要求封堵试样进出口的,应使用不与二氧化硫反应的材料封堵。

14.5 **条件试验**

14.5.1 将试样按其工作位置放置在试验箱内,试样可以放置在箱体内不同水平面上,但不得与箱体接触,试样间也不能相互接触。

14.5.2 在试验箱的底部放置一个玻璃水槽,玻璃水槽的开口面积与箱底面积的比为1∶5,槽内加入适量(电导率不高于500 μS/cm)去离子水或蒸馏水,加入水的量和试验箱的容积比为1∶100。

14.5.3 开启试验箱加热系统,当温度恒定在规定值后加入二氧化硫,加入二氧化硫的量应满足表8中规定的体积浓度要求,并开始计算持续时间。

14.5.4 二氧化硫可采用钢瓶法直接加入,也可采用化学反应法制取。采用化学反应法制取二氧化硫时,需在试验箱底部再放置一个玻璃槽用于盛装反应溶液,化学反应制取二氧化硫的方法参见附录A。

14.5.5 试验结束后取出试样,在温度+20 ℃±5 ℃,相对湿度不超过70%RH的环境条件下自然干燥4 d~7 d。

14.6 **试验结果评定**

试验结果的评定由被测试样的产品标准提出,可包括以下内容:

a) 试样的外观变化以及保护层和基本金属的腐蚀状况;

b) 试样是否出现明显腐蚀损坏;

c) 按产品标准要求对试样的性能及功能进行测试得出的结果。

15 二氧化硫和二氧化碳混合气体腐蚀试验方法

15.1 **概述**

提供一种标准的试验程序,用于评价固定灭火系统金属部件耐二氧化硫和二氧化碳混合气体腐蚀的能力。

15.2 **试验设备**

制造化工气体腐蚀试验箱的材料(包括试样支架和挂架)应具备耐二氧化硫与二氧化碳混合气体腐蚀和对试验结果不产生影响。试验箱应保证严密封闭,其顶部要避免试验时聚积的溶液滴落到试样上。加热系统应能保证箱内温度达到15.3的规定,温度控制要求应符合以下规定:

a) 温度偏差为±2.0 ℃;

b) 温度均匀度应不大于2.0 ℃;

c) 温度波动度不大于±0.5 ℃。

15.3 **试验条件参数**

试验在化工气体腐蚀试验箱中进行,每隔24 h向试验箱内加入二氧化硫和二氧化碳气体,使试验箱内每种气体的体积与试验箱工作室体积之比均为1%。

试验温度：+25 ℃±2 ℃。

持续时间：10 d。

15.4 预处理

将试样清洗干净，清洗时不能用磨料或溶剂，不应洗去试样上有意涂覆的保护性有机膜。如标准要求封堵试样进出口，应使用不与二氧化硫和二氧化碳反应的封堵件进行封堵。

15.5 条件试验

15.5.1 将试样按其工作位置放置在试验箱内，试样可以放置在箱体内不同水平面上，但不得与箱体接触，试样间也不能相互接触。

15.5.2 在试验箱的底部放置一个玻璃水槽，玻璃水槽的开口面积与箱底面积的比为1∶5，槽内加入适量(电导率不高于500 μS/cm)去离子水或蒸馏水，加入水的量和试验箱的容积比为1∶100。

15.5.3 开启试验箱加热系统，当温度恒定在规定值后分别加入二氧化硫和二氧化碳气体，并开始计算持续时间。加入气体的量应满足15.3规定的体积浓度要求，二氧化硫的加入方式可采用钢瓶法或化学生成法，二氧化碳则采用钢瓶法加入。

15.5.4 试验结束后取出试样，在温度+20 ℃±5 ℃、相对湿度不超过70%RH的环境条件下干燥1 d～5 d。

15.6 试验结果的评定

试验结果的评定由被测试样的产品标准提出，可包括以下内容：

a) 试样的外观变化以及保护层和基本金属的腐蚀状况；

b) 试样是否出现明显腐蚀损坏；

c) 按产品标准要求对试样的性能及功能进行测试得出的结果。

16 硫化氢气体腐蚀试验方法

16.1 概述

提供一种标准的试验程序，用于评价固定灭火系统金属部件耐硫化氢腐蚀的能力。

16.2 试验设备

化工气体腐蚀试验箱的制造材料应抗硫化氢气体腐蚀和不影响试验结果；试样支架和挂架应用耐硫化氢腐蚀的材料制造；试验箱应保证严密封闭，其顶部要避免试验时聚积的溶液滴落到试样上；加热系统应保持箱内温度达到16.3中规定的试验温度，温度控制要求应符合以下规定：

a) 温度偏差：±2.0 ℃；

b) 温度均匀度应不大于2.0 ℃；

c) 温度波动度不大于±0.5 ℃。

16.3 试验条件参数

试验在化工气体腐蚀试验箱中进行，每24 h向试验箱中加入硫化氢气体，使箱内硫化氢气体的体积与试验箱工作室体积之比为1%。

试验温度：+25 ℃±2 ℃。

试验周期：应根据被试材料或产品的相关标准进行选择，推荐的试验周期为8 d、10 d、16 d。

16.4 预处理

将试样清洗干净，清洗时不能用磨料或溶剂。不应洗去试样上有意涂覆的保护性有机膜。若产品标准要求封堵试样进出口，应使用不与硫化氢反应的封堵材料进行封堵。

16.5 条件试验

16.5.1 将试样按其工作位置放置在试验箱内，试样可以放置在箱体内不同水平面上，但不得与箱体接触，试样间也不能相互接触。

16.5.2 在试验箱的底部放置一个玻璃水槽，玻璃水槽的开口面积与箱底面积的比为1∶5，槽内加入适量清水，加入水的量和试验箱的容积比为1∶100。

16.5.3 开启试验箱加热系统，当温度恒定在规定值后加入硫化氢，加入硫化氢的量应满足16.3规定的体积浓度要求，并开始计算持续时间。

16.5.4 硫化氢可采用钢瓶法直接加入，也可采用化学反应法制取。采用化学反应法制取硫化氢时，需在试验箱底部再放置一个玻璃槽用于盛装反应溶液，化学反应制取硫化氢的方法参见附录B。

16.5.5 试验结束后取出试样，在温度+20 ℃±5 ℃、相对湿度不超过70%的环境条件下干燥1 d～5 d。

16.6 试验结果评定

试验结果的评定由被测试样的产品标准提出，可包括以下内容：

a) 试样的外观变化以及保护层和基本金属的腐蚀状况；

b) 试样是否出现明显腐蚀损坏；

c) 按产品标准要求对试样的性能及功能进行测试得出的结果。

17 潮湿空气腐蚀试验方法

17.1 目的

提供一种标准的试验程序，用于评价固定灭火系统零部件耐高温高湿空气腐蚀的能力。

17.2 试验设备

高温高湿试验箱的技术指标应能达到17.3规定的试验条件参数要求。其他技术指标应满足GB/T 10586的相关规定。箱内的试样支架应采用耐高温高湿气体腐蚀的材料制造。

17.3 试验条件参数

试验温度：+95 ℃±2 ℃。

相对湿度：98%RH±2%RH。

持续时间：90 d。

17.4 预处理

将试样清洗干净，清洗时不能用磨料或溶剂。不应洗去试样上有意涂覆的保护性有机膜。如标准要求封堵试样进出口的，应使用耐潮湿气体腐蚀的材料封堵。

17.5 条件试验

17.5.1 将试样按其工作位置并模拟实际使用状态放置在试验箱内。试样间不能相互接触。试样上的液滴不得落在其他试样上。

17.5.2 启动湿热箱，使箱内的温度和湿度达到17.3的规定值并保持恒定，开始计算持续时间。

17.5.3 试验结束后取出试样，在温度为+20 ℃±5 ℃，相对湿度不超过70%RH的条件下自然干燥4 d～7 d。

17.6 试验结果评定

试验结果的评定由被测试样的产品标准提出，可包括以下内容：

a) 试样有无明显腐蚀损坏；

b) 按产品标准要求对试样的性能及功能进行测试得出的结果。

18 耐液体浸渍试验方法

18.1 目的

提供一种标准的试验程序，用于评价固定灭火系统零部件耐使用液体的作用与腐蚀的能力。橡胶零部件的耐液体浸渍试验宜参照GB/T 1690的规定进行。

18.2 试验设备

恒温箱和置于恒温箱工作室内的液体储槽，通过安装在液体储槽中的温感器对恒温箱进行控制，将液温控制在规定的范围内，也可采用能防止液体发泡溢出的恒温液浴箱，温度控制应符合以下规定：

a) 温度偏差为±1.0 ℃；

b) 温度均匀度不大于1.0 ℃；

c) 温度波动度不大于±0.5 ℃。

18.3 试验条件参数

试验温度：+70 ℃±2 ℃或产品标准规定的试验温度。

持续时间：7 d或产品标准规定的持续时间。

18.4 试验溶液

试验溶液为产品实际使用的液体介质。

18.5 预处理

将试样清洗干净，清洗时不能用磨料或溶剂。不应洗去试样上的保护性涂层。

18.6 条件试验

18.6.1 将试样放入装有试验溶液的储槽或恒温液浴箱中，试样必须完全浸没在液体中。试验用的液体不能重复使用。

18.6.2 将试验溶液加温至18.3规定的试验温度并保持恒定，开始计时，历时18.3规定的持续时间后，将试验液体以2 ℃/min的降温速率降至+22 ℃±1 ℃，在此温度下保持30 min。

18.6.3 试验结束后取出试样，用常温下的清水冲洗干净。

18.7 试验结果评定

试验结果的评定由被测试样的产品标准提出，可包括以下内容：

a) 试样的外观变化以及经液体作用与腐蚀后的现象，包括试样的保护性涂层和基体的损坏状况；

b) 按产品标准要求对试样的性能及功能进行测试得出的结果。

19 振动试验方法

19.1 目的

提供一种能在试验室内再现样品可能经受到的实际环境影响的标准试验程序，用于评价固定灭火系统及部件在运输、安装过程中耐振动的能力。

19.2 试验设备

试验设备应满足表9规定的频率和振幅。

试验设备的工作面上应有监视振幅及频率的传感器。

工作面上应有固定被测试样的夹具，能够牢固的固定被测试样。

19.3 试验条件参数

振动波形：正弦波。

表9给出的振动试验参数分别包括了定频振动和扫频振动的试验范围，可根据试样的类型从表9中选取适宜的振动方式、频率、振幅、持续时间和危险频率下的持续时间等参数。

表9 振动试验类型与参数

试验条件参数		试样类型		
		元件	电气设备	机械组件
振动方式		定频或扫频	扫频	定频或扫频
频率/Hz	定频	20、35、40、55、100、150		20、40
	扫频	10～150～10	10～150～10	1～100～1
振动幅值	位移/mm	0.035、0.15、0.19、1.0		0.8、1
	加速度/(m/s^2)	5、10、100、150	5、10、100、150	10、20、100、150

表 9（续）

试验条件参数	试样类型		
	元件	电气设备	机械组件
扫频速率/(oct/min)	1	1	1
扫频循环次数	2、10、20	2、10、20	2、10、20
定频持续时间/h	1、2、120		2
危险频率下的持续时间/min	10±0.5、30±1	10±0.5、30±1	10±0.5、30±1
振动方向	X、Y、Z 轴线	X、Y、Z 轴线	X、Y、Z 轴线

19.4 初始检测

在条件试验前按产品标准规定对试样进行外观检查以及相关性能和功能检验。

19.5 条件试验

19.5.1 试样在运输过程和安装时有防护装置的，应安装防护装置，有特殊要求的应按说明书或其他相关文件中的说明进行处理。试样按正常工作状态或运输状态固定在试验台的工作面上，固定试样的夹具不应损坏或影响试样的正常性能。监测振幅或频率的传感器应尽可能靠近试样，以保证测量的准确性。

19.5.2 在试验设备上设定所选定的试验条件参数，然后启动试验装置进行试验。

19.5.3 扫频试验过程中应监测和记录频率和振幅的变化，以确定危险频率。在确定的危险频率下按选定的持续时间进行试验。对于未找到危险频率的试验，可按选定的扫频频率和循环次数进行试验。

19.6 试验结果的评定

试验结果的评定由被测试样的产品标准提出，应包括以下内容：

a） 试样中的零部件是否出现松动、变形和损坏；

b） 按产品标准要求对试样的性能及功能进行测试得出的结果。

20 机械冲击试验方法

20.1 目的

提供一种能在试验室内再现实际环境效应的标准试验程序，用于评价固定灭火系统及部件在运输、装卸和使用中耐机械冲击的能力。

20.2 试验设备

试验设备应能满足 20.3 规定的试验条件参数要求。

试验设备的工作面上应有监视冲击能量的传感器。

20.3 试验条件参数

冲击加速度：150 m/s^2、400 m/s^2、1 000 m/s^2。

冲击方向：正常安装的正、反方向和垂直于安装所在平面的方向。

冲击次数：每个方向 3 次。

冲击脉冲波形：正弦波。

20.4 初始检测

在条件试验前按产品标准规定对试样进行外观检查以及相关性能和功能检验。

20.5 条件试验

20.5.1 将试验设备输出加速度调整到规定值后，在设备的工作面上固定被测样品。固定试样的夹具不应损坏试样或影响试样正常的性能。监测冲击能量的传感器应尽可能的靠近试样，以保证测量的准确性。

20.5.2 启动试验设备，按规定的冲击加速度、冲击方向和冲击次数进行试验。

20.6 试验结果的评定

试验结果的评定由被测试样的产品标准提出，应包括以下内容：

a) 试样中的零部件是否出现松动、变形和损坏；

b) 按产品标准要求对试样的性能及功能进行测试得出的结果。

21 碰撞试验方法

21.1 目的

为评价固定灭火系统及部件在运输、贮存、安装及使用过程中耐碰撞的能力，提供一种标准的试验方法。

21.2 试验设备

试验设备可根据以下两种不同的试验方法分别进行配置，并应能满足表10的规定。

方法A是利用一只摆动锤头对试验样品进行碰撞试验，对试验样品的边缘产生瞬间的冲击作用。设备主要组成部分为一可转动的铝制锤，该锤有一方形锤头和与水平成60°的打击表面。锤头安装在一个圆柱形的锤柄上，锤柄又与一个转动轴连接，转动轴装在一对滚动轴承上，滚动轴承安装在一个固定的钢架上。在不安装试样时，打击锤可以围绕轴心自由转动，打击锤的转动力由一个用钢丝绳连接到滑轮的落锤提供。试验装置如图1所示，工作重锤质量为0.55 kg，锤头质量为0.79 kg。可通过改变工作重锤锤头的摆动角度对碰撞能量进行调节。

单位为毫米

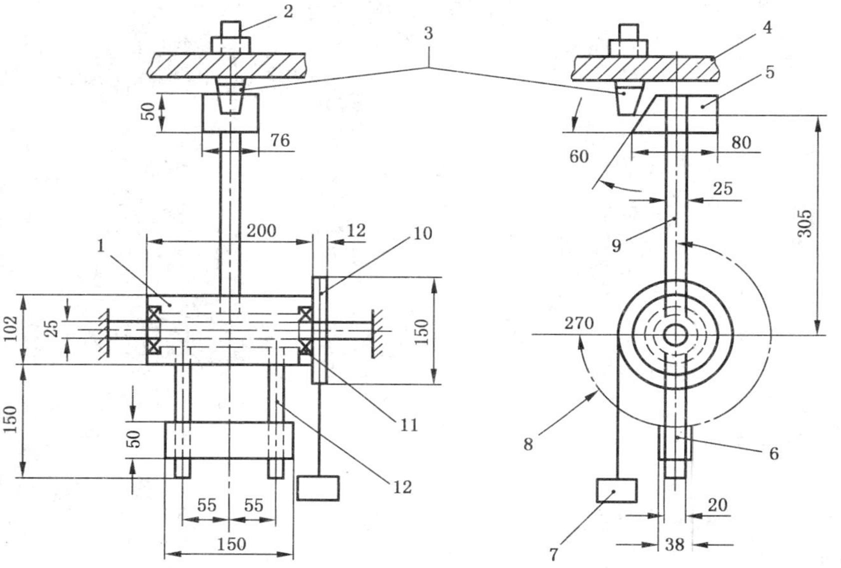

1——钢轮毂；
2——调节杆；
3——被测试样；
4——安装板；
5——锤头；
6——配重块；
7——工作重锤；
8——摆杆转动角度(270°)；
9——摆杆；
10——滑轮；
11——球轴承；
12——配重臂。

图1 碰撞试验设备示意图

方法B是在碰撞试验台上进行试验，试验台的工作面上应有监视碰撞能量的装置，可按试验条件参数中的碰撞能量，根据碰撞试验台的实际行程，计算出冲击加速度，可直凑在计算台上进行设定。

表10 试样种类与试验条件参数

试验条件参数	试样种类	
	电气元件及组件	机械元件及组件
碰撞能量/J	0.5±0.04	2.7±0.5
碰撞方式及碰撞次数	每个易损点撞击3次	3个互相垂直方向上各撞击3次

21.3 试验条件参数

表10中按电气类和机械类两种试样分别列出了碰撞能量、碰撞方式及碰撞次数等试验条件参数，可根据需要从中选取。

21.4 初始检验

在条件试验前按产品标准规定对试样进行外观检查以及相关性能和功能检验。

21.5 条件试验

21.5.1 试样按正常工作状态安装在工作面上，固定试样的夹具不应损坏或影响样品的正常的性能。监测碰撞能量传感器应尽可能的靠近试样，以保持测量的准确性。

21.5.2 采用方法A进行试验，将被测试样安装在图1所示的试验装置上，调整调节杆，使锤头的斜面正好能够冲击被测试样要碰撞的部位。调整摆杆的转动角度到规定角度（规定角度在270°时，碰撞能量为2.7 J）。松开摆杆，使锤头在工作重锤的重力作用下自由旋转，冲击被测试样。

21.5.3 采用方法B进行试验，将被测试样固定在碰撞试验台的工作面上，调整碰撞试验台的输出加速度到规定值（按确定的碰撞能量，根据碰撞试验台的实际行程计算得到）。启动试验台，按规定的碰撞方式及次数进行试验。

21.6 试验结果的评定

试验结果的评定由被测试样的产品标准提出，可包括以下内容：

a） 试验过程中试样是否出现无法恢复的故障或误动作信号；

b） 试样中的零部件是否出现机械损伤和紧固部位松动现象；

c） 按产品标准要求对试样的性能及功能进行测试得出的结果。

22 跌落试验方法

22.1 目的

提供一种用于评价固定灭火系统部件在运输、搬运、安装过程中耐跌落能力（最低安全要求）的标准试验方法。

22.2 试验设备

试验设备应满足试样从规定的高度自由跌落。

22.3 试验条件参数

跌落高度：1.5 m±0.05 m（从试样最低点算起）。

跌落地面：水平水泥地面。

跌落方式：根据试样特征，将试样各面对应于跌落方向分别进行。若有开关，应将开关处于水平轴线之下。

跌落次数：试样每面朝下各2次。

22.4 初始检测

在条件试验前按产品标准规定对试样进行外观检查以及相关性能和功能检验。

22.5 条件试验

将试样按规定的高度置于试验设备上，按规定的跌落方式自由的落到水泥地面上。将试样每面分别朝下各进行两次试验。

22.6 试验结果的评定

试验结果的评定由被测试样的产品标准提出，可包括以下内容：

a） 试样中的零部件是否出现脱落和损坏；

b） 按产品标准要求对试样的性能及功能进行测试得出的结果。

附 录 A
（资料性附录）
二氧化硫气体的化学制备方法

A.1 概述

本附录为使用化工腐蚀试验箱进行二氧化硫（SO_2）腐蚀试验提供一种通过化学反应生成 SO_2 气体的方法，此方法仅是采用 A.3 给出的化学反应原理，也可采用其他化学反应原理制备 SO_2 气体。

A.2 需用的化学物质及品种规格

硫代硫酸钠，分析纯试剂，分子式 $Na_2S_2O_3 \cdot 5H_2O$，分子量 248.07，含量不低于 99.0%。

硫酸，分析纯试剂，分子式 H_2SO_4，分子量 98，含量不低于 95%，密度 1.84 g/mL。

A.3 化学反应原理

$Na_2S_2O_3 \cdot 5H_2O + H_2SO_4 = Na_2SO_4 + S\downarrow + 6H_2O + SO_2\uparrow$

SO_2 分子量为 64

A.4 所需 SO_2 质量的计算

在试验箱工作室容积下，所需 SO_2 质量按式（A.1）计算

$$W_i = N_i \times V \times \rho_i + 2q_i \qquad \cdots\cdots\cdots\cdots(A.1)$$

式中：

W_i——试验箱中 SO_2 气体体积浓度达到试验规定值时，SO_2 在气相和液相中总的质量，单位为克（g）；

N_i——SO_2 气体的体积浓度（试验要求的 SO_2 气体的体积数除以试验箱工作室容积数），单位为升每升（L/L）；

V——试验箱工作室容积，单位为升（L）；

注：当采用通风管道进行气流循环的试验箱，则试验箱工作室容积 V 应包括风道的体积。

ρ_i——SO_2 气体的密度，单位为克每升（g/L）；

注：《化学数据速查手册》中给出了标准状态（101.325 kPa、0 ℃）下的 SO_2 密度为 2.927 g/L。关于常压、试验温度下 SO_2 的密度可从相关资料中查取。

q_i——在常压（101.325 kPa）和试验温度下，SO_2 气体溶解于 100 g 水中的质量，单位为克（g）。

注：不同温度下 SO_2 气体在水中的溶解度可从《化学数据速查手册》或其他的物理化学数据资料中查取。

A.5 硫代硫酸钠溶液的配制

A.5.1 硫代硫酸钠用量计算

硫代硫酸钠用量按式（A.2）计算：

$$W_{i1} = \frac{[Na_2S_2O_3 \cdot 5H_2O] \times W_i}{[SO_2] \times 99.0\%} = \frac{248.07 \times W_i}{64 \times 0.99} = 3.915W_i(g) \qquad \cdots\cdots(A.2)$$

式中：

$[Na_2S_2O_3 \cdot 5H_2O]$——$Na_2S_2O_3 \cdot 5H_2O$ 的分子量，为 248.07；

$[SO_2]$——SO_2 的分子量，为 64；

99.0%——分析纯试剂 $Na_2S_2O_3$ 的百分含量；

W_{i1}——在试验箱工作室容积下，使 SO_2 的体积浓度达到 N_i 时，所需 $Na_2S_2O_3 \cdot 5H_2O$ 的质量，单位为克(g)；

W_i——见公式(A.1)中的符号说明。

A.5.2 配制 $Na_2S_2O_3$ 水溶液的操作

按式(A.2)计算出 $Na_2S_2O_3 \cdot 5H_2O$ 的用量，用电子天平(精确至 0.01 g)称量，用少于 100 mL 的蒸馏水溶解硫代硫酸钠(在烧杯中进行，边搅拌边适当加热)直至硫代硫酸钠完全溶解后，倒入 100 mL 容量瓶中，用蒸馏水将 $Na_2S_2O_3$ 溶液稀释至刻度。

A.6 硫酸溶液的配制

A.6.1 硫酸用量的计算

硫酸用量按式(A.3)计算：

$$W_{i2}=\frac{[H_2SO_4]\times W_i}{[SO_2]\times 95\%}=\frac{98.0\times W_i}{64\times 0.95}=1.612W_i(g) \quad \cdots\cdots(A.3)$$

式中：

$[H_2SO_4]$——H_2SO_4 的分子量，为 98.0；

$[SO_2]$——SO_2 的分子量，为 64；

95%——分析纯试剂 H_2SO_4 的含量；

W_i——见公式(A.1)中的符号说明；

W_{i2}——在试验箱工作室容积下，使 SO_2 的体积浓度达到 N_i 时，所需 H_2SO_4 的质量，单位为克(g)。

由于硫酸为液态，可通过式(A.4)将硫酸的质量用量换算成体积用量，单位为毫升(mL)。

$$硫酸的体积用量=\frac{硫酸的质量用量}{硫酸的密度}=\frac{W_{i2}}{1.84}=0.543W_{i2} \quad \cdots\cdots(A.4)$$

A.6.2 配制稀硫酸的操作

按公式(A.3)计算出的分析纯 H_2SO_4 的体积用量，用量筒称取后，导入蒸馏水中(不能将水倾入浓硫酸中，否则，因 H_2SO_4 的溶解热相当大，会从容器中溅出，造成危险)。在 100 mL 容量瓶中用蒸馏水稀释至刻度。

A.7 SO_2 气体制备步骤

A.7.1 根据试验所需的 SO_2 气体体积浓度值，按式(A.1)计算需 SO_2 的质量。

A.7.2 按式(A.2)、(A.3)和(A.4)计算硫代硫酸钠和硫酸用量，然后分别按 A.5.2、A.6.2 的方法配制硫代硫酸钠溶液和稀硫酸。

A.7.3 将配制的 $Na_2S_2O_3$ 溶液导入置于试验箱工作室内的玻璃槽内，当化工腐蚀箱工作室达到试验规定的温度并保持恒定时，通过导液管向玻璃槽内导入配制的硫酸溶液，即可产生试验所要求的体积浓度的 SO_2 气体。

附 录 B
（资料性附录）
硫化氢气体的化学制备方法

B.1 概述

本附录为用化工气体腐蚀试验箱进行硫化氢（H_2S）气体腐蚀试验提供一种通过化学反应生成 H_2S 气体的方法，提供的 H_2S 气体制备方法仅是采用 B.3 化学反应原理，也可采用其他化学反应原理制备 H_2S 气体。

B.2 需用的化学物质及品种规格

硫化亚铁，分析纯试剂，分子式 FeS，分子量 88，含量不低于 80%。

硫酸，分析纯试剂，分子式 H_2SO_4，分子量 98，含量不低于 95%，密度 1.84 g/mL。

B.3 化学反应原理

$FeS + H_2SO_4 = H_2S\uparrow + FeSO_4$

H_2S 的分子量为 34。

B.4 所需 H_2S 质量的计算

在试验工作室容积下，所需 H_2S 的质量按式（B.1）计算

$$W_j = N_j \times V \times \rho_j + q_j \qquad \cdots\cdots\cdots\cdots(\text{B.1})$$

式中：

W_j——在试验箱中 H_2S 气体的体积浓度达到规定值时，H_2S 在气相和液相中总的质量，单位为克（g）；

N_j——H_2S 气体体积浓度（试验要求的 H_2S 气体的体积除以试验箱工作室容积），单位为升每升（L/L）；

V——化工腐蚀试验箱工作室容积，单位为升（L）；

注：试验箱采用通风管道进行气流循环，则试验箱工作室容积 V 应包括风道的体积。

ρ_j——H_2S 气体的密度，单位为克每升（g/L）；

注：《化学数据速查手册》中给出了标准状态（101.325 kPa、0 ℃）下的 H_2S 密度为 1.539 g/L。关于常压、试验温度下 H_2S 的密度可从相关资料中查取。

q_j——在常压（101.325 kPa）和试验温度下，H_2S 气体溶解于 100 g 水中的质量，单位为克（g）。

注：不同温度下 H_2S 气体在水中的溶解度可从《化学数据速查手册》或其他的物理化学数据资料中查取。

B.5 硫化亚铁（FeS）用量的计算

硫化亚铁（FeS）用量按式（B.2）的计算

$$W_{j1} = \frac{[FeS] \times W_j}{[H_2S] \times 80\%} = \frac{88W_j}{34 \times 0.80} = 3.24W_j(g) \qquad \cdots\cdots\cdots\cdots(\text{B.2})$$

式中：

[FeS]——FeS 的分子量，为 88；

[H_2S]——H_2S 的分子量，为 34；

80%——分析纯试剂品 FeS 的百分含量；

W_{j1}——在腐蚀箱工作室容积下，使 H_2S 体积浓度达到 N_j 时，所需 FeS 的质量，单位为克(g)；

W_j——见公式(B.1)中的符号说明。

B.6 硫酸溶液的配制

B.6.1 硫酸用量的计算

硫酸的用量按式(B.3)计算：

$$W_{j2}=\frac{[H_2SO_4]\times W_j}{[H_2S]\times 95\%}=\frac{98.0\times W_j}{34.0\times 0.95}=3.034W_j \quad\cdots\cdots(B.3)$$

式中：

W_{j2}——指在试验箱工作室容积下，使 H_2S 体积浓度达到 N_j 时，所需 H_2SO_4 的质量，单位为克(g)；

$[H_2SO_4]$——H_2SO_4 的分子量，为 98.0；

$[H_2S]$——H_2S 的分子量，为 34.0；

95%——分析纯试剂 H_2SO_4 的百分含量；

W_j——见公式(B.1)中的符号说明。

由于硫酸为液态，可通过式(B.4)将硫酸的质量用量换算成体积用量，单位为毫升(mL)。

$$\text{硫酸的体积用量}=\frac{\text{硫酸的质量用量}}{\text{硫酸的密度}}=\frac{W_{i2}}{1.84}=0.543W_{i2} \quad\cdots\cdots(B.4)$$

B.6.2 配制稀硫酸的操作

按公式(B.4)计算出的分析纯 H_2SO_4 的体积用量，用量筒称取后，导入蒸馏水中(不能将水倾入浓硫酸中，否则，因 H_2SO_4 的溶解热相当大，会从容器中溅出，造成危险)。在 100 mL 容量瓶中用蒸馏水稀释至刻度。

B.7 H_2S 气体制备步骤

B.7.1 根据试验所需的 H_2S 气体体积浓度值，按式(B.1)计算所需 H_2S 的质量。

B.7.2 按式(B.2)、(B.3)和(B.4)计算硫化亚铁和硫酸用量，然后按 B.6.2 的方法配制稀硫酸。

B.7.3 由于 FeS 分析纯试剂为块状固体，十分坚硬，在称量之前先进行粉碎。将 FeS 粉粒用电子天平(精确度 0.01 g)称量后，放入置于试验箱工作室中的玻璃器皿内。当试验箱工作室温度达到规定值并保持恒定时，通过导液管将配制的 H_2SO_4 溶液导入玻璃器皿内，H_2SO_4 溶液应将 FeS 粉粒全部浸没，即可产生试验所要求的体积浓度的 H_2S 气体。

ICS 73.040
D 08

中华人民共和国国家标准

GB/T 25209—2010

商品煤标识

Commercial coal marking

2010-09-26 发布

2011-02-01 实施

中华人民共和国国家质量监督检验检疫总局
中国国家标准化管理委员会 发布

前　言

本标准的附录A、附录B为资料性附录。

本标准由中国煤炭工业协会提出。

本标准由全国煤炭标准化技术委员会归口。

本标准起草单位：煤炭科学研究总院北京煤化工研究分院、山西煤炭运销集团有限公司、秦皇岛出入境检验检疫局煤炭检测技术中心、山西潞安矿业（集团）有限责任公司。

本标准主要起草人：罗陨飞、高志武、刘翊、王东飞、姜英、张渤、宋耀平。

引　言

煤炭是我国贸易流通领域的大宗商品，每年商品煤交易量超过20亿t。在市场经济条件下，将煤炭作为商品进行科学规范和管理是十分必要的。

商品煤标识是用于识别商品煤及其质量、数量和特征所做的各种表示的统称。本标准项目根据我国煤炭生产、运输、销售及市场贸易的发展现状和需求而提出。本标准的制定，有利于规范煤炭市场秩序，减少贸易纠纷，有利于提高煤炭企业管理水平。本标准的制定和实施对保障我国煤炭市场健康、规范和有序的发展，具有十分重要的意义。

本标准依据《中华人民共和国产品质量法》和《产品标识标注规定》，并按GB/T 1.1—2000《标准化工作导则　第1部分：标准的结构和编写规则》的要求和规定编制。

商 品 煤 标 识

1 范围

本标准规定了商品煤标识的术语、基本原则、一般要求、标识内容、标识方案及标识性能和使用要求等。

本标准适用于中华人民共和国境内销售的煤炭。

2 规范性引用文件

下列文件中的条款通过本标准的引用而成为本标准的条款。凡是注日期的引用文件，其随后所有的修改单(不包括勘误的内容)或修订版均不适用于本标准，然而，鼓励根据本标准达成协议的各方研究是否可使用这些文件的最新版本。凡是不注日期的引用文件，其最新版本适用于本标准。

GB/T 5751 中国煤炭分类

GB/T 14436 工业产品保证文件 总则

GB/T 17608 煤炭产品品种和等级划分

3 术语和定义

下列术语和定义适用于本标准。

3.1

商品煤 commercial coal

作为商品出售的煤。

3.2

标识 marking

用于识别商品煤及其质量、数量和特征所做的各种表示的统称，可以用文字、符号及其他说明物等表示。

3.3

标签 label

供识别商品煤和了解其主要性能而附以必要说明性资料的纸张、塑料片等。

4 基本原则

4.1 标识所标注的所有内容，应符合国家法律、法规的规定，并符合相应产品标准的规定。

4.2 标识所标注的所有内容，应准确、科学、通俗易懂。

4.3 标识所标注的所有内容，不得以错误的、易引起误解的或欺骗性的方式描述或介绍商品煤。

4.4 标识所标注的所有内容，不得以直接或间接暗示性语言、符号导致用户将商品煤的某一性质与另一商品煤混淆。

5 一般要求

5.1 标识中的文字、符号或图形等应清晰、醒目。符号、图形应直观、规范。文字、符号及图形的颜色与背景色或底色应为对比色，易于识别。

5.2 标识中的文字应使用规范汉字，可以同时使用汉语拼音或者外文，汉语拼音和外文字体应小于相应汉字字体。

5.3 标识中应使用法定计量单位。

5.4 标识的形式,分为外包装标识、合格证、质量证明书、说明书及标签等。

6 标识内容

6.1 商品煤名称及商标

6.1.1 应标明国家标准或行业标准已经规定的商品煤名称,如"×××动力煤"、"×××精煤"、"×××喷吹煤"等。

6.1.2 国家标准或行业标准对产品名称没有规定的,应使用不会引起用户误解和混淆的常用名称。

6.1.3 企业可以标注经注册登记的商标。

6.2 数量

应标明本标识所适用的商品煤数量,以"×××t"或"×××万 t"表示。

6.3 产地

应标明商品煤的原产地。

6.4 技术要求

6.4.1 类别

应标明是单种煤或是配煤。如为单一煤种的,其类别按 GB/T 5751 确定;若是配煤,需说明配煤煤种。

6.4.2 品种

应标注商品煤的品种名称和粒度,其品种名称和粒度按 GB/T 17608 确定。

6.4.3 主要煤质指标

根据商品煤特点或用户需要,应标明商品煤的主要煤质指标,如灰分、硫分、发热量、黏结指数(或胶质层最大厚度)、灰熔融性温度等。

6.5 生产者或经销者的名称和地址

6.5.1 应标明经依法登记注册并能承担产品质量责任的生产者或经销者的名称和地址。

6.5.2 进口商品煤应标注该产品的原产地(国家/地区)以及代理商(或进口商、销售商)在中国依法登记注册的名称和地址。

6.6 生产许可证编号或经营资格证编号

应标明生产者或经销者的生产许可证编号或经营资格证编号。

6.7 日期和批号

应标明商品煤的出厂(矿、站等)日期和批号。

6.8 产品标准编号

应标明煤炭产品所执行的国家标准、行业标准、地方标准或经备案的企业标准。

6.9 其他

企业认为必要的,且符合国家法律、法规要求的其他标识。

6.10 标识内容示例

商品煤标识中的主要标注项目示例参见附录 A。

7 标识方案

7.1 质量证明书、说明书或合格证

应符合 GB/T 14436 的规定。

7.2 标签

附录 B 对商品煤标签做了规定。

8 标识的性能和使用要求

8.1 标识应采用纸质或塑料材质，并作防水、防腐蚀包装，且具有一定的强度，易于长期保持。

8.2 标识应随商品煤一起流转。

附 录 A
（资料性附录）
商品煤标识主要项目示例

表 A.1 给出了商品煤标识中的主要标注项目示例。

表 A.1 商品煤标识主要项目示例

序号	标识主要内容	示　　例
1	商品煤名称及商标	“×××公司动力煤”，“×××公司炼焦煤”，“×××公司喷吹煤”等
2	数量	×××t，×××万 t
3	产地	×××公司×××矿
4	煤炭类别	——×××煤，GB/T 5751 ——×××煤和×××煤
5	煤炭品种及粒度	——混煤，<50 mm ——炼焦精煤，<50 mm
6	主要煤质指标	灰分（A_d）：××.××% 硫分（$S_{t,d}$）：×.××% 发热量（$Q_{net,ar}$）：××.××MJ/kg 黏结指数（$G_{R.I.}$）：×× 灰熔融性温度（以 *ST* 或 *FT* 表示）：××××℃ ……
7	生产或经销单位名称	×××××××公司
8	生产或经销单位地址	××省××市××路××号
9	生产许可证编号或经营资格证编号	生产者或经销者的生产许可证编号或经营资格证编号
10	日期和批号	××××年××月××日，第×批
11	产品标准编号	如“GB/T 7562（发电煤粉锅炉用煤技术条件）”、“MT/T 1011（煤基活性炭用煤技术条件）”或“QB ××××”
12	其他	企业认为必要的，且符合国家法律、法规要求的其他标识

附　录　B
（资料性附录）
商品煤标签示例

B.1　标签尺寸

标签尺寸至少为A5(148.5 mm×210 mm)幅面，也可采用A4(210 mm×297 mm)幅面，或在其他幅面中使用尺寸为A5或A4幅面的标识并保证其格式符合要求。

B.2　标签的功能区组成

标签由"标题区"、"技术信息区"、"基本信息区"和"补充说明区"四个功能区组成。

B.3　字体、字号和字体颜色

表B.1规定了各功能区的字体、字号和字体颜色(以A5幅面为例)。

表B.1　各功能区的字体、字号和字体颜色

功能区			字体	字　　号	字体颜色
标题区	文字	中文	黑体加粗	26磅(一号)或22磅(二号)	黑色
		英文	Arial加粗	16磅(三号)或14磅(四号)	黑色
技术信息区	文字	中文	黑体	14磅(四号)	黑色
		英文	Arial	14磅(四号)	黑色
	数字		Arial	14磅(四号)	黑色
基本信息区	文字	中文	黑体	12磅(小四号)	黑色
		英文	Arial	12磅(小四号)	黑色
	数字		Arial	12磅(小四号)	黑色
补充说明区	文字	中文	黑体	12磅(小四号)	黑色
		英文	Arial	12磅(小四号)	黑色

B.4　标签形式示例

图B.1给出了商品煤标签形式示例(以A5幅面为例)。

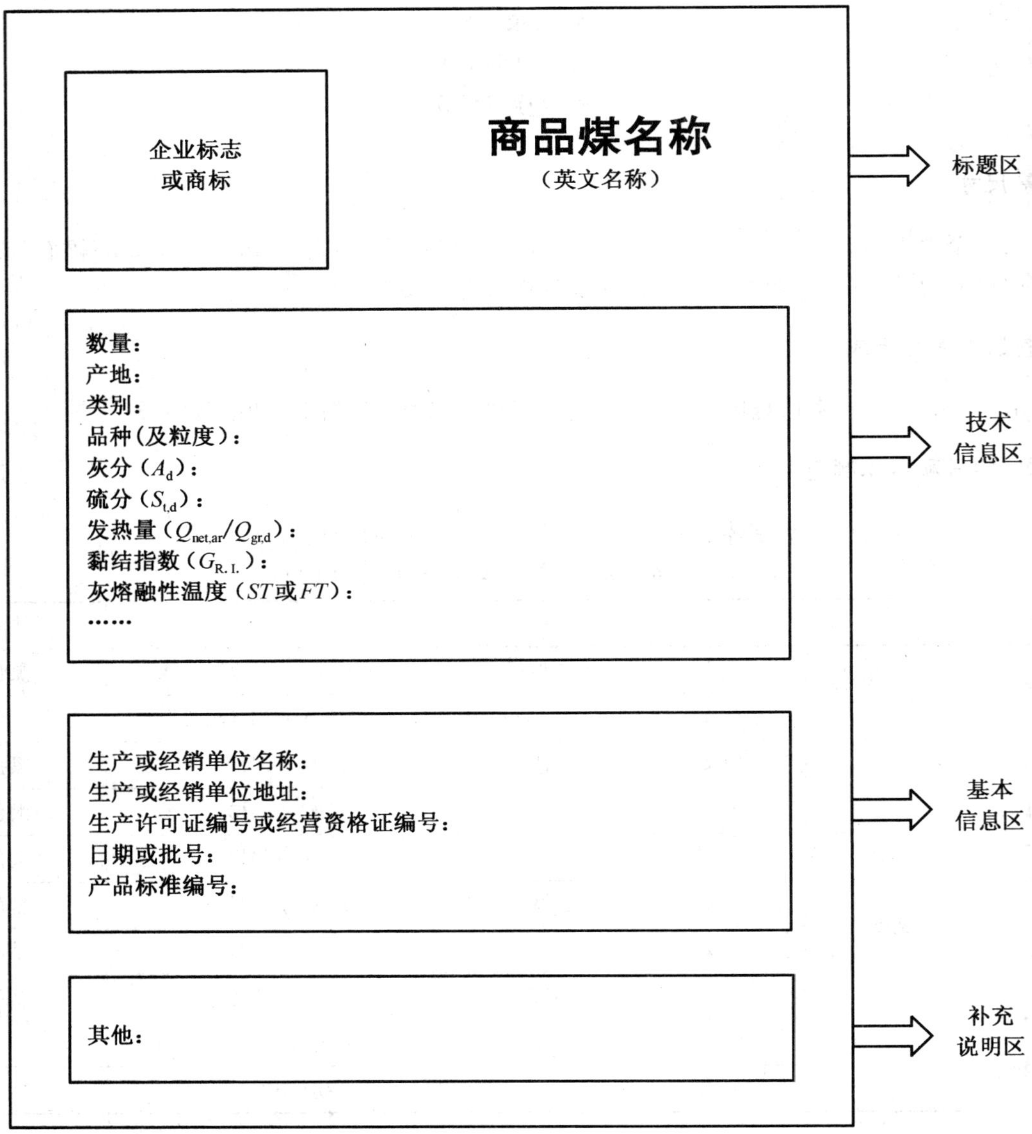
企业标志
或商标
商品煤名称
（英文名称）
标题区
数量：
产地：
类别：
品种(及粒度)：
灰分（A_d）：
硫分（$S_{t,d}$）：
发热量（$Q_{net,ar}$/$Q_{gr,d}$）：
黏结指数（$G_{R.I.}$）：
灰熔融性温度（ST或FT）：
……
技术
信息区
生产或经销单位名称：
生产或经销单位地址：
生产许可证编号或经营资格证编号：
日期或批号：
产品标准编号：
基本
信息区
其他：
补充
说明区

图 B.1 商品煤标签示例

ICS 73.040
D 20

中华人民共和国国家标准

GB/T 25210—2010

兰炭用煤技术条件

Specifications of coals for blue-coke

2010-09-26 发布　　　　2011-02-01 实施

中华人民共和国国家质量监督检验检疫总局
中国国家标准化管理委员会　发布

前　言

本标准由中国煤炭工业协会提出。

本标准由全国煤炭标准化技术委员会(SAC/TC 42)归口。

本标准起草单位:煤炭科学研究总院北京煤化工研究分院、陕西省榆林市技术经济研究中心、西安建筑科技大学陕西省冶金工程技术研究中心、陕西省煤业化工集团有限责任公司、陕西省能源质量监督检验所。

本标准主要起草人:罗陨飞、李金柱、兰新哲、华炜、宋永辉、连进京、魏国庆。

兰炭用煤技术条件

1 范围

本标准规定了兰炭用煤的类别、技术要求、测定方法、质量检验和验收规则。

本标准适用于兰炭生产用煤。

2 规范性引用文件

下列文件中的条款通过本标准的引用而成为本标准的条款。凡是注日期的引用文件，其随后所有的修改单(不包括勘误的内容)或修订版均不适用于本标准，然而，鼓励根据本标准达成协议的各方研究是否可使用这些文件的最新版本。凡是不注日期的引用文件，其最新版本适用于本标准。

GB/T 211 煤中全水分的测定方法(GB/T 211—2007,ISO 589:2003,Hard coal—Determination of total moisture,NEQ)

GB/T 212 煤的工业分析方法(GB/T 212—2008,ISO 11722:1999,Solid mineral fuels—Hard coal—Determination of moisture in the general analysis test sample by drying in nitrogen;ISO 1171:1997,Solid mineral fuels—Determination of ash;ISO 562:1998,Hard coal and coke—Determination of volatile matter,NEQ)

GB/T 214 煤中全硫的测定方法(GB/T 214—2007,ISO 334:1992,Solid mineral fuels—Determination of total sulfur—Eschka method;ISO 351:1996,Solid mineral fuels—Determination of total sulfur—High temperature combustion method,NEQ)

GB/T 216 煤中磷的测定方法(GB/T 216—2003,ISO 622:1981,NEQ)

GB 474 煤样的制备方法(GB 474—2008,ISO 18283:2006,Hard coal and coke—Manual sampling,MOD)

GB 475 商品煤样人工采取方法(GB 475—2008,ISO 18283:2006,Hard coal and coke—Manual sampling,MOD)

GB/T 1574 煤灰成分分析方法

GB/T 5751 中国煤炭分类

GB/T 17608 煤炭产品品种和等级划分

GB/T 18666 商品煤质量抽查和验收方法

GB/T 19494.1 煤炭机械化采样 第1部分:采样方法(GB/T 19494.1—2004,ISO 13909-1:2001 Hard coal and coke—Mechanical sampling—Part 1:General introduction;ISO 13909-2:2001 Hard coal and coke—Mechanical sampling—Part 2:Coal—Sampling from moving streams;ISO 13909-3:2001 Hard coal and coke—Mechanical sampling—Part 3:Coal—Sampling from stationary lots,NEQ)

GB/T 19494.2 煤炭机械化采样 第2部分:煤样的制备(GB/T 19494.2—2004,ISO 13909-1:2001 Hard coal and coke—Mechanical sampling—Part 1:General introduction;ISO 13909-4:2001 Hard coal and coke—Mechanical sampling—Part 4:Coal—Preparation of test samples,NEQ)

3 术语和定义

下列术语和定义适用于本标准。

3.1

兰炭 blue-coke

无黏结性或弱黏结性的高挥发分烟煤在中低温条件下干馏热解,得到的较低挥发分的固体炭质产品。

4 煤炭类别

长焰煤、不黏煤、弱黏煤。煤炭类别按 GB/T 5751 确定。

5 技术要求和试验方法

兰炭用煤的技术要求和试验方法应符合表 1 的规定。

表 1 兰炭用煤的技术要求和试验方法

项目	符号	单位	级别	技术要求	试验方法
粒度[a]	—	mm		>13~50(<13 mm 的不大于 20%) >13~80(<13 mm 的不大于 18%)	GB/T 17608
全水分	M_t	%	Ⅰ级 Ⅱ级 Ⅲ级	≤8.0 >8.0~12.0 >12.0~16.0	GB/T 211
灰分	A_d	%	Ⅰ级 Ⅱ级 Ⅲ级	≤5.00 >5.00~10.00 >10.00~15.00	GB/T 212
全硫	$S_{t,d}$	%	Ⅰ级 Ⅱ级 Ⅲ级	≤0.30 >0.30~0.50 >0.50~1.00	GB/T 214
磷	P_d	%	Ⅰ级 Ⅱ级	≤0.010 >0.010~0.030	GB/T 216
氧化铝[b]	$w(Al_2O_3)$	%	Ⅰ级 Ⅱ级 Ⅲ级	≤1.00 >1.00~2.00 >2.00~3.00	GB/T 1574

[a] 特殊工艺生产兰炭时,可以使用粒度≤13 mm 的末煤。

[b] 煤中氧化铝含量的计算方法:

$$w(Al_2O_3) = \frac{w_1(Al_2O_3) \times A_d}{100}$$

式中:

$w(Al_2O_3)$——煤中氧化铝含量,%;

$w_1(Al_2O_3)$——灰中氧化铝含量,%;

A_d——煤的干燥基灰分,%。

6 质量检验和验收

6.1 煤样的采取和制备

煤样按 GB 475 或 GB/T 19494.1 的规定采取，按 GB 474 或 GB/T 19494.2 的规定制备。

6.2 煤炭产品应附有质量证明书。

6.3 兰炭用煤的质量由具有资质的检验机构检验。

6.4 兰炭用煤的验收按 GB/T 18666 的规定执行。

ICS 75.160.10
D 20

中华人民共和国国家标准

GB/T 25211—2010

兰炭产品技术条件

Specifications of blue-coke

2010-09-26 发布　　2011-02-01 实施

中华人民共和国国家质量监督检验检疫总局
中国国家标准化管理委员会　发布

前　言

本标准由中国煤炭工业协会提出。

本标准由全国煤炭标准化技术委员会(SAC/TC 42)归口。

本标准起草单位:煤炭科学研究总院北京煤化工研究分院、陕西省榆林市技术经济研究中心、西安建筑科技大学陕西省冶金工程技术研究中心、陕西省煤业化工集团有限责任公司。

本标准主要起草人:姜英、李金柱、兰新哲、华炜、赵西成、罗陨飞、丁华、宋永辉。

兰炭产品技术条件

1 范围

本标准规定了不同用途兰炭的技术要求、试验方法、检验规则、运输及贮存等。

本标准适用于作为铁合金等冶炼用还原剂、电石还原剂、固定床气化用原料、高炉喷吹用原料、工业及民用燃料的各类兰炭产品。

2 规范性引用文件

下列文件中的条款通过本标准的引用而成为本标准的条款。凡是注日期的引用文件，其随后所有的修改单（不包括勘误的内容）或修订版均不适用于本标准，然而，鼓励根据本标准达成协议的各方研究是否可使用这些文件的最新版本。凡是不注日期的引用文件，其最新版本适用于本标准。

GB/T 211 煤中全水分的测定方法（GB/T 211—2007，ISO 589:2003，Hard coal—Determination of total moisture，NEQ）

GB/T 212 煤的工业分析方法（GB/T 212—2008，ISO 11722:1999，Solid mineral fuels—Hard coal—Determination of moisture in the general analysis test sample by drying in nitrogen；ISO 1171:1997，Solid mineral fuels—Determination of ash；ISO 562:1998，Hard coal and coke—Determination of volatile matter，NEQ）

GB/T 213 煤的发热量测定方法（GB/T 213—2008，ISO 1928:1995，Solid mineral fuels—Determination of gross calorific value by the bomb calorimetric method and calculation of net calorific value，MOD）

GB/T 214 煤中全硫的测定方法（GB/T 214—2007，ISO 334:1992，Solid mineral fuels—Determination of total sulfur—Eschka method；ISO 351:1996，Solid mineral fuels—Determination of total sulfur—High temperature combustion method，NEQ）

GB/T 216 煤中磷的测定方法（GB/T 216—2003，ISO 622:1981，NEQ）

GB/T 219 煤灰熔融性的测定方法（GB/T 219—2008，ISO 540:1995，Solid mineral fuels—Determination of fusibility of ash—High-temperature tube method，MOD）

GB 474 煤样的制备方法（GB 474—2008，ISO 18283:2006，Hard coal and coke—Manual sampling，MOD）

GB 475 商品煤样人工采取方法（GB 475—2008，ISO 18283:2006，Hard coal and coke—Manual sampling，MOD）

GB/T 1573 煤的热稳定性测定方法

GB/T 1574 煤灰成分分析方法

GB/T 2565 煤的可磨性指数测定方法（哈德格罗夫法）（GB/T 2565—1998，ISO 5074:1980，NEQ）

GB/T 19494.1 煤炭机械化采样 第1部分：采样方法（GB/T 19494.1—2004，ISO 13909-1:2001 Hard coal and coke—Mechanical sampling—Part 1:General introduction；ISO 13909-2:2001 Hard coal and coke—Mechanical sampling—Part 2:Coal—Sampling from moving streams；ISO 13909-3:2001 Hard coal and coke—Mechanical sampling—Part 3:Coal—Sampling from stationary lots，NEQ）

GB/T 19494.2 煤炭机械化采样 第2部分：煤样的制备（GB/T 19494.2—2004，ISO 13909-1:

2001 Hard coal and coke—Mechanical sampling—Part 1: General introduction; ISO 13909-4: 2001 Hard coal and coke—Mechanical sampling—Part 4: Coal—Preparation of test samples, NEQ)

YB/T 035　焦炭电阻率的测定方法

3　术语和定义

下列术语和定义适用于本标准。

3.1

兰炭　blue-coke

无黏结性或弱黏结性的高挥发分烟煤在中低温条件下干馏热解，得到的较低挥发分的固体炭质产品。

3.2

电阻率　resistivity

ρ

用来表示兰炭电阻特性的物理量，以一定粒度的兰炭样品在规定条件下测得的电阻表示。

3.3

热稳定性　thermal stability

TS_{+6}

兰炭受热后保持规定粒度能力的量度，以在规定条件下，一定粒度的兰炭样品受热后大于 6 mm 的颗粒占原样品的质量分数表示。

4　技术要求和试验方法

4.1　兰炭产品可用作铁合金等冶炼用还原剂、电石还原剂、固定床气化用原料、高炉喷吹用原料、工业及民用燃料等，其技术要求也按用途的不同分别进行划分。

4.2　用作铁合金等冶炼用还原剂的兰炭产品技术要求和试验方法，见表 1。

表 1　用作铁合金等冶炼用还原剂的兰炭产品技术要求和试验方法

项目	符号	单位	级别	技术要求	试验方法
粒度	—	mm		6～13(＜6 mm 的不大于 10%) 13～25(＜13 mm 的不大于 10%)	
挥发分	V_{daf}	%	Ⅰ级 Ⅱ级	≤5.00 ＞5.00～10.00	GB/T 212
固定碳	FC_d	%	Ⅰ级 Ⅱ级	＞85 ＞80～85	GB/T 212
全水分	M_t	%	Ⅰ级 Ⅱ级	≤8.0 ＞8.0～12.0	GB/T 211
灰分	A_d	%	Ⅰ级 Ⅱ级 Ⅲ级	≤6.00 ＞6.00～9.00 ＞9.00～12.00	GB/T 212
全硫	$S_{t,d}$	%	Ⅰ级 Ⅱ级 Ⅲ级	≤0.30 ＞0.30～0.50 ＞0.50～0.75	GB/T 214

表 1（续）

项目	符号	单位	级别	技术要求	试验方法
磷	P_d	%	Ⅰ级 Ⅱ级 Ⅲ级	≤0.010 >0.010～0.030 >0.030～0.040	GB/T 216
电阻率	ρ	10^{-6} Ω·m	Ⅰ级 Ⅱ级 Ⅲ级	>15 000 >10 000～15 000 >5 000～10 000	YB/T 035
氧化铝[a]	$w(Al_2O_3)$	%	Ⅰ级 Ⅱ级 Ⅲ级	≤2.00 >2.00～3.00 >3.00～4.00	GB/T 1574

[a] 兰炭中氧化铝含量的计算方法：

$$w(Al_2O_3)=\frac{w_1(Al_2O_3)\times A_d}{100}$$

式中：

$w(Al_2O_3)$——兰炭中氧化铝含量，%；

$w_1(Al_2O_3)$——灰中氧化铝含量，%；

A_d——兰炭的干燥基灰分，%。

4.3 用作电石还原剂的兰炭产品技术要求和试验方法，见表 2。

表 2 用作电石还原剂的兰炭产品技术要求和试验方法

项目	符号	单位	级别	技术要求	试验方法
粒度	—	mm		6～13(<6 mm 的不大于 20%) 13～25(<13 mm 的不大于 20%)	
挥发分	V_{daf}	%	Ⅰ级 Ⅱ级	≤5.00 >5.00～10.00	GB/T 212
固定碳	FC_d	%	Ⅰ级 Ⅱ级	>85 >80～85	GB/T 212
全水分	M_t	%	Ⅰ级 Ⅱ级	≤8.0 >8.0～10.0	GB/T 211
灰分	A_d	%	Ⅰ级 Ⅱ级 Ⅲ级	≤9.00 >9.00～12.00 >12.00～15.00	GB/T 212
全硫	$S_{t,d}$	%	Ⅰ级 Ⅱ级	≤0.50 >0.50～1.00	GB/T 214
磷	P_d	%	Ⅰ级 Ⅱ级 Ⅲ级	≤0.010 >0.010～0.030 >0.030～0.050	GB/T 216
电阻率	ρ	10^{-6} Ω·m	Ⅰ级 Ⅱ级 Ⅲ级	>15 000 >10 000～15 000 >5 000～10 000	YB/T 035

表 2（续）

项目	符号	单位	级别	技术要求	试验方法
氧化铝[a]	$w(Al_2O_3)$	%	Ⅰ级 Ⅱ级 Ⅲ级	≤2.00 >2.00～3.00 >3.00～4.00	GB/T 1574

[a] 兰炭中氧化铝含量的计算方法：

$$w(Al_2O_3)=\frac{w_1(Al_2O_3)\times A_d}{100}$$

式中：

$w(Al_2O_3)$——兰炭中氧化铝含量，%；

$w_1(Al_2O_3)$——灰中氧化铝含量，%；

A_d——兰炭的干燥基灰分，%。

4.4 用作固定床气化原料的兰炭产品技术要求和试验方法，见表3。

表 3 用作固定床气化原料的兰炭产品技术要求和试验方法

项目	符号	单位	级别	技术要求	试验方法
粒度	—	mm		6～13（<6 mm 的不大于 20%） 13～25（<13 mm 的不大于 18%） 25～50（<25 mm 的不大于 15%）	
灰分	A_d	%	Ⅰ级 Ⅱ级 Ⅲ级	≤12.00 >12.00～15.00 >15.00	GB/T 212
煤灰熔融性软化温度	ST	℃	Ⅰ级 Ⅱ级	>1 250 >1 150～1 250	GB/T 219
全水分	M_t	%	Ⅰ级 Ⅱ级	≤10.0 >10.0～12.0	GB/T 211
全硫	$S_{t,d}$	%	Ⅰ级 Ⅱ级	≤0.50 >0.50～1.00	GB/T 214
热稳定性	TS_{+6}	%	Ⅰ级 Ⅱ级 Ⅲ级	>80 >70～80 >60～70	GB/T 1573

4.5 用作高炉喷吹原料的兰炭产品技术要求和试验方法，见表4。

表 4 用作高炉喷吹原料的兰炭产品技术要求和试验方法

项目	符号	单位	级别	技术要求	试验方法
粒度	—	mm		<6 <13 <25	
灰分	A_d	%	Ⅰ级 Ⅱ级 Ⅲ级 Ⅳ级	≤8.00 >8.00～10.00 >10.00～12.00 >12.00～14.00	GB/T 212

表 4（续）

项目	符号	单位	级别	技术要求	试验方法
全硫	$S_{t,d}$	%	Ⅰ级 Ⅱ级 Ⅲ级	≤0.30 >0.30～0.50 >0.50～1.00	GB/T 214
哈氏可磨性	*HGI*	—	Ⅰ级 Ⅱ级 Ⅲ级	>70 >50～70 >40～50	GB/T 2565
磷	P_d	%	Ⅰ级 Ⅱ级 Ⅲ级	≤0.010 >0.010～0.030 >0.030～0.050	GB/T 216
钾和钠总量[a]	$w(K+Na)$	%	Ⅰ级 Ⅱ级	<0.12 >0.12～0.20	GB/T 1574
全水分	M_t	%	Ⅰ级 Ⅱ级 Ⅲ级	≤8.0 >8.0～10.0 >10.0～12.0	GB/T 211

[a] 兰炭中钾和钠总量的计算方法：

$$w(K+Na)=\frac{[0.830w(K_2O)+0.742w(Na_2O)]}{100}\times A_d$$

式中：

$w(K+Na)$——兰炭中钾和钠总量，%；

0.830——钾占氧化钾的系数；

$w(K_2O)$——灰中氧化钾的含量，%；

0.742——钠占氧化钠的系数；

$w(Na_2O)$——灰中氧化钠的含量，%；

A_d——兰炭的干燥基灰分，%。

4.6　用作工业及民用燃料的兰炭产品技术要求和试验方法，见表 5。

表 5　用作工业及民用燃料的兰炭产品技术要求和试验方法

项目	符号	单位	级别	技术要求	试验方法
挥发分	V_{daf}	%	Ⅰ级 Ⅱ级	≤10.00 >10.00	GB/T 212
发热量	$Q_{net,ar}$	MJ/kg	Ⅰ级 Ⅱ级	>24.00 >21.00～24.00	GB/T 212
灰分	A_d	%	Ⅰ级 Ⅱ级 Ⅲ级	≤10.00 >10.00～15.00 >15.00	GB/T 212
全硫	$S_{t,d}$	%	Ⅰ级 Ⅱ级	≤0.50 >0.50～1.00	GB/T 214
全水分	M_t	%	Ⅰ级 Ⅱ级	≤8.0 >8.0～12.0	GB/T 211

5 质量检验和验收

5.1 兰炭样品的采取和制备

兰炭样品按 GB 475 或 GB/T 19494.1 的规定采取，按 GB 474 或 GB/T 19494.2 的规定制备。

5.2 每批产品应附有质量证明书。

5.3 检验规则

产品质量由具有资质的检验机构检验。

5.4 验收规则

产品的验收按买卖双方合同约定。发生质量争议时，应由有资质的第三方检验机构对产品进行检验。

6 运输和贮存

产品在运输和贮存过程中应防止雨淋和污染。

ICS 75.160.10
D 20

中华人民共和国国家标准

GB/T 25212—2010

兰炭产品品种及等级划分

Classification and quality grading for blue-coke

2010-09-26 发布　　2011-02-01 实施

中华人民共和国国家质量监督检验检疫总局
中国国家标准化管理委员会　发布

前　言

本标准由中国煤炭工业协会提出。

本标准由全国煤炭标准化技术委员会(SAC/TC 42)归口。

本标准起草单位:煤炭科学研究总院北京煤化工研究分院、陕西省榆林市技术经济研究中心、西安建筑科技大学陕西省冶金工程技术研究中心、陕西省煤业化工集团有限责任公司。

本标准主要起草人:罗陨飞、李金柱、兰新哲、华炜、赵西成、丁华、姜英、尚文智。

兰炭产品品种及等级划分

1 范围

本标准规定了兰炭产品有关的术语和定义，产品的分类和质量等级的划分。

本标准适用于各类兰炭产品。

2 规范性引用文件

下列文件中的条款通过本标准的引用而成为本标准的条款。凡是注日期的引用文件，其随后所有的修改单(不包括勘误的内容)或修订版均不适用于本标准，然而，鼓励根据本标准达成协议的各方研究是否可使用这些文件的最新版本。凡是不注日期的引用文件，其最新版本适用于本标准。

GB/T 212 煤的工业分析方法(GB/T 212—2008，ISO 11722:1999，Solid mineral fuels—Hard coal—Determination of moisture in the general analysis test sample by drying in nitrogen；ISO 1171:1997，Solid mineral fuels—Determination of ash；ISO 562:1998，Hard coal and coke—Determination of volatile matter，NEQ)

GB/T 214 煤中全硫的测定方法(GB/T 214—2007，ISO 334:1992，Solid mineral fuels—Determination of total sulfur—Eschka method；ISO 351:1996，Solid mineral fuels—Determination of total sulfur—High temperature combustion method，NEQ)

3 术语和定义

下列术语和定义适用于本标准。

3.1

兰炭 blue-coke

无黏结性或弱黏结性的高挥发分烟煤在中低温条件下干馏热解，得到的较低挥发分的固体炭质产品。

3.2

兰炭混 raw blue-coke

不经过破碎和筛分的兰炭产品，一般粒度小于 50 mm 或小于 80 mm。

3.3

兰炭块 sized blue-coke

经过破碎或筛分得到的粒度大于或等于 6 mm 的兰炭产品。

3.4

大块兰炭 large-sized blue-coke

粒度大于 25 mm 的兰炭产品。

3.5

中块兰炭 medium-sized blue-coke

粒度介于 13 mm～25 mm 的兰炭产品。

3.6

小块兰炭 small-sized blue-coke

粒度介于 6 mm～13 mm 的兰炭产品。

3.7

混块兰炭　mixed-sized blue-coke

粒度介于6 mm～25 mm，13 mm～50 mm或6 mm～50 mm的兰炭。

3.8

兰炭末　fine blue-coke

粒度小于6 mm的兰炭。

4　产品规格和分类

兰炭产品按其粒度、用途和技术要求划分为3类共6个品种。

兰炭的主要产品类别和品种见表1。表2给出了兰炭产品的主要用途和有关参考技术指标，生产者和用户可根据预期用途选用。

表1　兰炭产品的主要类别和品种

产品类别	品　种	粒度/mm
1　兰炭混	1-1　兰炭混	<50,<80
2　兰炭块	2-1　大块兰炭	>25
	2-2　中块兰炭	13～25
	2-3　小块兰炭	6～13
	2-4　混块兰炭	6～25,13～50,6～50
3　兰炭末	3-1　兰炭末	<6

表2　兰炭产品的主要用途和参考技术指标

产品类别	主要用途	参考技术指标
1　兰炭混	可用作燃料，气化原料、高炉喷吹原料等	(1)灰分；(2)发热量；(3)水分；(4)全硫；(5)挥发分；(6)灰熔融性温度；(7)哈氏可磨性等
2　兰炭块	(1)可用作固定床气化原料	(1)粒度；(2)灰分；(3)灰熔融性温度；(4)全硫；(5)热稳定性等
	(2)可作为炭质还原剂用于铁合金或电石生产	(1)粒度；(2)固定碳；(3)灰分；(4)水分；(5)全硫；(6)磷；(7)Al_2O_3含量；(8)电阻率等
3　兰炭末	可用作燃料，气化原料、高炉喷吹原料等	(1)灰分；(2)发热量；(3)水分；(4)全硫；(5)挥发分；(6)灰熔融性温度；(7)哈氏可磨性等

5　产品质量等级的划分

5.1　挥发分(V_{daf})

兰炭产品的挥发分等级划分见表3。兰炭的挥发分(V_{daf})按GB/T 212的方法进行测定。

表3　兰炭产品挥发分等级划分

等　级	挥发分(V_{daf})/%
V-1	≤5.00
V-2	5.01～10.00
V-3	10.01～15.00

5.2　灰分(A_d)

兰炭产品的灰分等级划分见表4。兰炭的灰分(A_d)按GB/T 212的方法进行测定。

表 4 兰炭产品灰分等级划分

等级	灰分(A_d)/%	等级	灰分(A_d)/%
A-1	≤5.00	A-7	10.01～11.00
A-2	5.01～6.00	A-8	11.01～12.00
A-3	6.01～7.00	A-9	12.01～13.00
A-4	7.01～8.00	A-10	13.01～14.00
A-5	8.01～9.00	A-11	14.01～15.00
A-6	9.01～10.00	A-12	>15.00

5.3 硫分($S_{t,d}$)

兰炭产品的硫分等级划分见表 5。兰炭的硫分($S_{t,d}$)按 GB/T 214 规定的方法进行测定。

表 5 兰炭产品硫分等级划分

等　级	硫分($S_{t,d}$)/%
S-1	0～0.30
S-2	0.31～0.50
S-3	0.51～0.75
S-4	0.76～1.00

5.4 固定碳(FC_d)

兰炭产品的固定碳等级划分见表 6。兰炭的固定碳(FC_d)按 GB/T 212 规定的方法进行测定。

表 6 兰炭产品固定碳等级划分

等　级	固定碳(FC_d)/%	等级	固定碳(FC_d)/%
FC-1	>90.00	FC-6	80.01～82.00
FC-2	88.01～90.00	FC-7	78.01～80.00
FC-3	86.01～88.00	FC-8	76.01～78.00
FC-4	84.01～86.00	FC-9	74.01～76.00
FC-5	82.01～84.00	FC-10	≤74.00

ICS 73.040
D 21

中华人民共和国国家标准

GB/T 25213—2010

煤的塑性测定　恒力矩吉氏塑性仪法

Determination of plastic properties of coal—Constant-torque Gieseler plastometer method

2010-09-26 发布　　2011-02-01 实施

中华人民共和国国家质量监督检验检疫总局
中国国家标准化管理委员会　发布

前　言

本标准参照 ASTM D 2639:2004《煤的塑性测定　恒力矩吉氏塑性仪法》制定。本标准与 ASTM D 2639 的主要差异如下:

——修改了 ASTM D 2639 中“塑性范围”的定义;

——将 ASTM D 2639 规定“约 4 kg 粒度小于 4.75 mm 的煤为试验室煤样”改为“4 kg 粒度小于 6 mm的试验室煤样”;

——在塑性仪转矩标定中增加了力矩表和传感器测量法。

本标准由中国煤炭工业协会提出。

本标准由全国煤炭标准化技术委员会(SAC/TC 42)归口。

本标准起草单位:煤炭科学研究总院煤炭分析实验室。

本标准主要起草人:王丽华、孔令坡。

本标准为首次制定。

煤的塑性测定 恒力矩吉氏塑性仪法

1 范围

本标准规定了用恒力矩吉氏仪测定煤的塑性的术语和定义、方法提要、仪器设备、标定、试样、测定步骤、结果表达和方法精密度。

本标准适用于烟煤。

2 规范性引用文件

下列文件中的条款通过本标准的引用而成为本标准的条款。凡是注日期的引用文件，其随后所有的修改单(不包括勘误的内容)或修订版均不适用于本标准，然而，鼓励根据本标准达成协议的各方研究是否可使用这些文件的最新版本。凡是不注日期的引用文件，其最新版本适用于本标准。

GB/T 474 煤样的制备方法(GB 474—2008,ISO 18283:2006,Hard coal and coke—Manual sampling,MOD)

GB 475 商品煤样人工采取方法(GB 475—2008,ISO 18283:2006,Hard coal and coke—Manual sampling,MOD)

GB/T 19494.1 煤炭机械化采样 第1部分:采样方法(GB/T 19494.1—2004,ISO 13909-1:2001 Hard coal and coke—Mechanical sampling—Part 1:General introduction;ISO 13909-2:2001 Hard coal and coke—Mechanical sampling—Part 2:Coal—sampling from moving streams;ISO 13909-3:2001 Hard coal and coke—Mechanical sampling—Part 3:Coal—sampling from stationary lots,NEQ)

GB/T 19494.2 煤炭机械化采样 第2部分:煤样的制备(GB/T 19494.2—2004,ISO 13909-1:2001 Hard coal and coke—Mechanical sampling—Part 1:General introduction;ISO 13909-4:2001 Hard coal and coke—Mechanical sampling—Part 4:Coal—Preparation of test samples,NEQ)

3 术语和定义

下列术语和定义适用于本标准。

3.1

每分钟刻度盘度 dial division per minute

搅拌桨转动速度的量度。用以表达流动度测定结果。

将搅拌桨每满转动360°分为100刻度盘度，搅拌桨每分钟转动的总刻度盘度数即为其转动速度，dd/min。

3.2

初始软化温度 initial softening temperature

搅拌桨转速第一次达到1 dd/min且其后的转速至少为1 dd/min时的温度。

3.3

最大流动度温度 maximum fluidity temperature

搅拌桨转速达到最大时的温度。

3.4

最后流动温度 final fluidity temperature

搅拌桨转速最后达到1 dd/min时的温度。

3.5

固化温度　solidification temperature

搅拌桨停止转动时的温度。

3.6

塑性范围　plastic range

固化温度与初始软化温度之间的差值。

3.7

最大流动度　maximum fluidity

搅拌桨转速达到最大时的流动度，用 dd/min 表示。

4　方法提要

在一装有煤样的坩埚中插入一搅拌桨，坩埚浸入一浴槽，以均匀的速度升温，对搅拌桨施加一恒定旋转力矩，记录相应温度下的搅拌桨转动速度。

5　仪器设备

5.1　吉氏塑性仪甑

吉氏塑性仪甑由以下部件构成（见图 1）。

5.1.1　甑坩埚

圆柱形，内径（21.4±0.1）mm，深（35±0.3）mm，外部有螺纹，用于与坩埚盖接合。坩埚底部中央有一直径（2.38±0.02）mm、坡口角度 70°的凹槽，用于定位搅拌桨。

5.1.2　甑坩埚盖

内外有螺纹，内螺纹用于与甑坩埚接合，外螺纹用于与甑筒接合。中央有一直径为（9.5±0.1）mm 的搅拌桨插入孔。

5.1.3　导向环

安装在靠近搅拌桨顶部处，以将搅拌桨定位在甑筒中并留有（0.05～0.10）mm 间隙。

5.1.4　排气管

在甑筒中部，用于排出试验中产生的挥发物质。

5.1.5　甑筒

筒长（121.0±2.5）mm，内径（9.5±0.1）mm，筒的顶部内径 12.7 mm，长度以仪器组装后导向环可装配于内、搅拌桨轴可穿过导向环为准。

5.1.6　金属搅拌桨

一直径（3.95±0.05）mm 的直轴上配有 4 个桨臂，搅拌桨末端成 60°锥形。桨臂长（6.40±0.05）mm、直径（1.60±0.05）mm。4 个桨臂沿搅拌桨轴周向成 90°间隔排列，臂与轴垂直，上下相邻臂中心轴向间距为（3.20±0.05）mm。中间两臂成 180°配置，其余两臂也成 180°配置。搅拌桨放入坩埚中时，其最下面一个桨臂与坩埚底部间应有（1.60±0.05）mm 的间隙。搅拌杆顶端应削细，以便插入塑性仪头轴下部槽口中（见图 2）。

每次测试前应检查桨臂，确保其干净、不变形或无其他可见的损伤。尺寸应符合本条规定以及图 2 所示要求。应定期（如每使用 50 次后）检查这些尺寸，如经准确测量发现桨臂的任一尺寸超出规定限度，应更换桨臂或搅拌桨。

单位为毫米

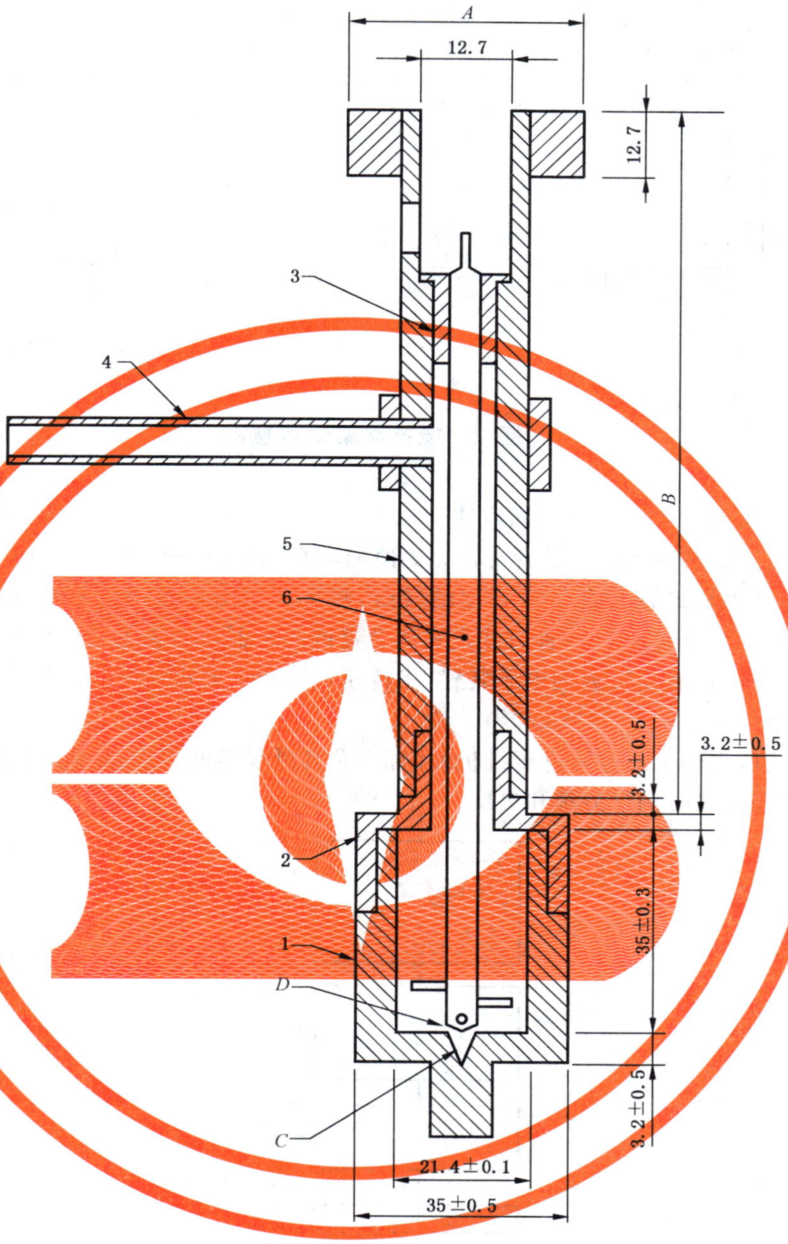

1——坩埚；

2——坩埚盖；

3——导向环；

4——排气管；

5——甑筒；

6——搅拌桨。

A——直径与头连接器相应；

B——足以进入浴槽 75 mm 的长度；

C——70°倾角；

D——下部桨臂与坩埚底部间隙 1.6 mm。

图 1 甑组件示意图

单位为毫米

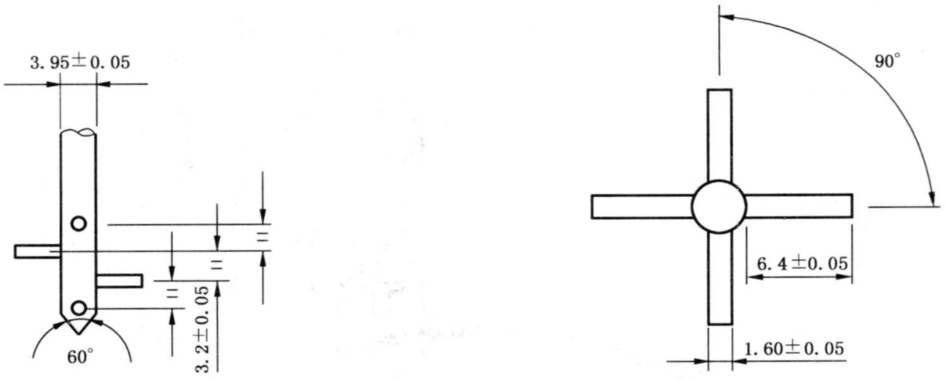

a）主视图　　　　b）俯视图

图 2　搅拌桨桨臂示意图

5.2　塑性仪头

图 3 为塑性仪头示意图。它由一固定速度（约 300 r/min 至 600 r/min）的电机和一与之直接相接的电磁离合器或磁滞制动器构成。后者可将力矩值调节至（101.6±5.1）g·cm[（$9.96\times10^{-3}\pm0.5\times10^{-3}$）N·m]。制动器输出轴上有一带刻度的转鼓，将 360°平分为 100 分度刻度。转鼓每转一周（或 100 分度）由计数器记录下来。另一种方式是在离合器或制动器输出轴上接一可在 0.01 r/min～300 r/min 至 600 r/min 范围内测量转速的电子装置，将转速直接转换为 dd/min，并将其显示或记录在电子读数装置或打印机上。

塑性仪头中的所有轴承应经常进行维护和润滑，尤其是仪器测定高挥发分煤之后。应尽可能使用开放滚道轴承，并定期进行例行清洗和更换。

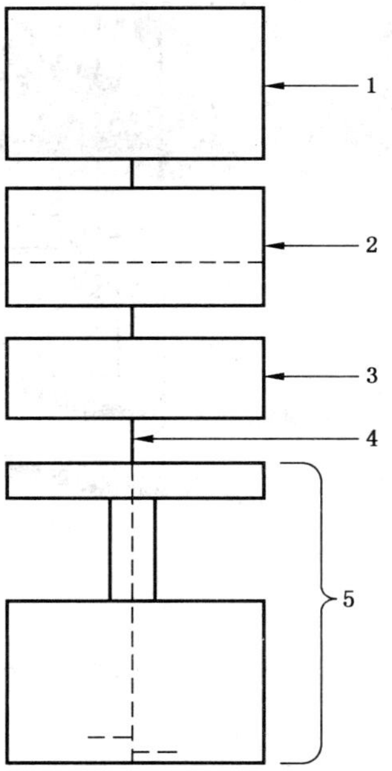

1——电机；
2——离合器或制动器；
3——刻度转鼓或传感器；
4——轴；
5——甑组件（见图 1）。

图 3　塑性仪头示意图

5.3 电炉

一自动控制的电加热炉(见图 4),平均加热速度为(3.0±0.1)℃/min。在(300~550)℃的温度区间内,任一给定时刻的加热速度不应超过(3.0±1.0)℃/min,任一给定 5 min 的温升为(15±1)℃。炉内有铅锡各占 50%的熔融焊料浴,焊料浴温度由一带保护套管(外径约 6 mm)的热电偶测定。保护套管插入焊料浴至触及坩埚外壁、其热接点与坩埚中煤样中心高度一致。焊料浴需用搅拌器搅拌。

5.4 装样装置

装样装置可使煤在 10 kg 总负荷下均匀地装在坩埚中,而且加压后带样坩埚可容易地从中取出而不使煤样扰乱。图 5 为一典型的装样装置。其静荷为 9 kg,动荷为 1 kg,压煤时,后者从 115 mm 高度自由落下 12 次。

注:9 kg 静荷为支撑架、装样头、落锤杆和静压块的总质量。

5.5 天平

感量 0.01 g。

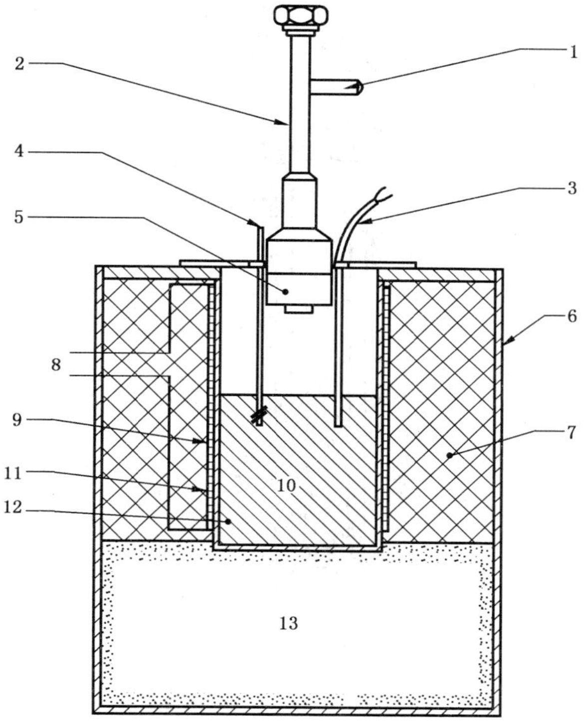

1——排气管;
2——甑筒;
3——带套热电偶;
4——焊料浴搅拌器;
5——甑坩埚;
6——炉壳;
7——绝热层;
8——加热控制器接线引出端;
9——加热线圈;
10——焊料浴;
11——云母绝缘层;
12——低碳(软)钢浴槽;
13——耐火块。

图 4 煤甑和加热炉示意图

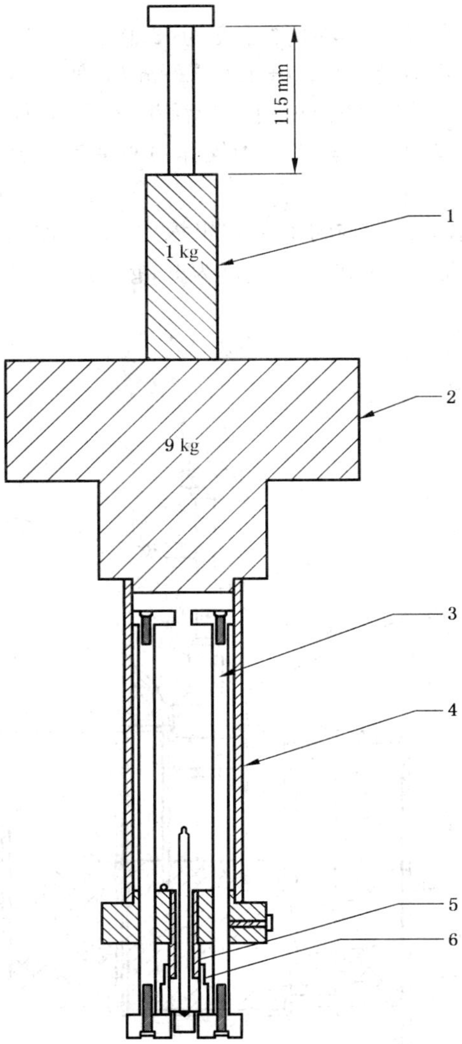

1——动荷(1 kg)；
2——静荷(9 kg)；
3——滑杆；
4——支撑架；
5——与坩埚壁相配合(间隙 0.5 mm)的装样头；
6——装有煤样和搅拌桨的坩埚。

图 5　典型装样装置示意图

6　标定

塑性仪转矩用图 6 所示的绳和滑轮组合装置来校验。一个滑轮拧在吉氏塑性仪头的轴上，一附在此滑轮的绳子搭在另一个垂直放置的滑轮上，绳端挂一质量符合要求的重荷。滑轮半径为 25.4 mm，重荷质量为 40 g。当塑性仪电机启动时，制动器或离合器悬置，力矩表或传感器的读数为(101.6±5.1) g·cm。所有的仪器都应定期用这种方法、在恒定的转矩设置下进行校验。

开动电机，如果旋转轴转动一满转能提起(38.0±0.1)g，但提不起(42.0±0.1)g 重荷，则转矩符合要求。

转矩也可用恰当的力矩表或传感器来检查。此时，建议至少要从两个互成 90°的位置上来校验施加在轴上的力矩，以检查驱动轴是否准直和轴承转动是否正确。如果力矩值不同，则说明仪器有问题，需要修理，否则得不到可靠的流动度测定值。

注：滑轮/重荷组合装置校准法是唯一能可靠地测定旋转一周(360°)的力矩的方法。

单位为毫米

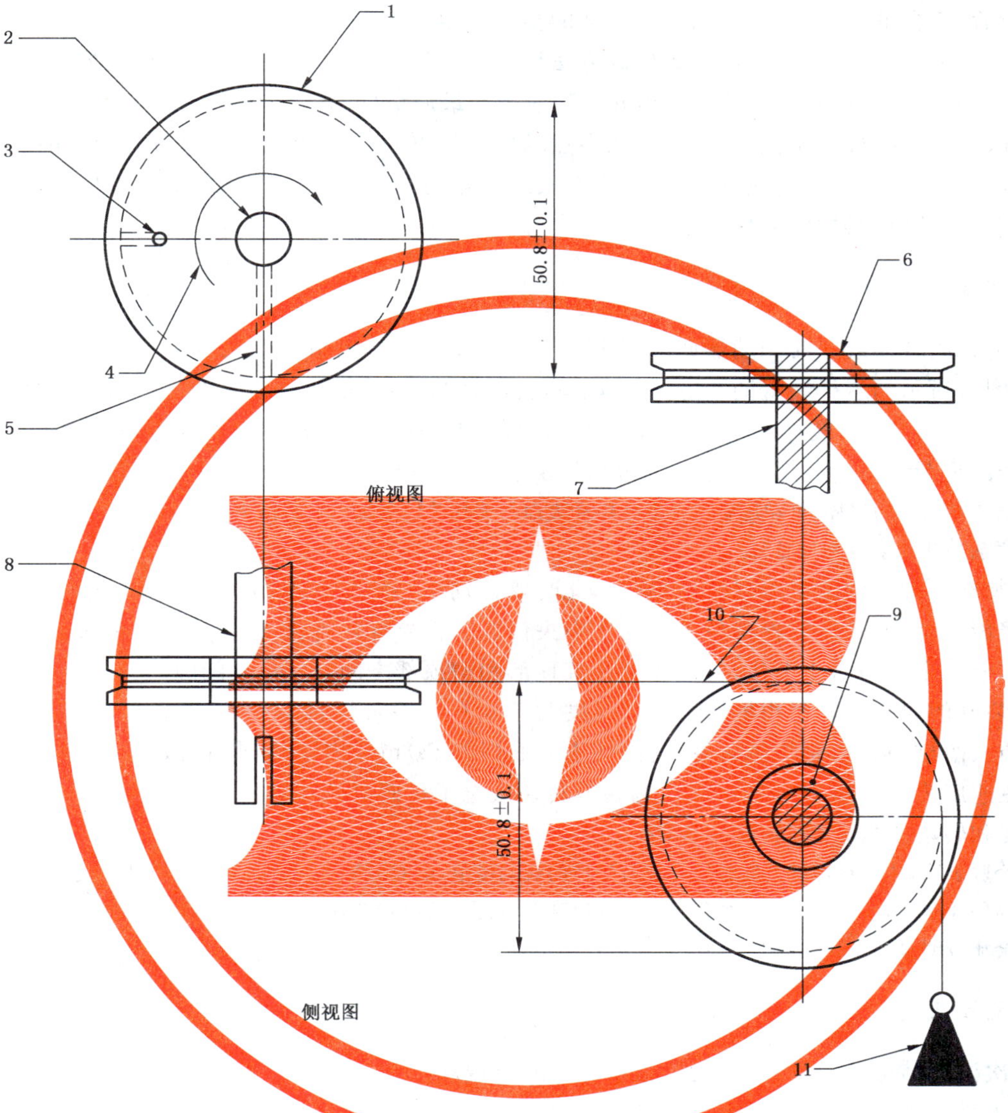

1——主动滑轮；

2——与带槽轴相配合的中心孔；

3——滑轮线连接点；

4——转动方向；

5——定位螺丝；

6——传动滑轮(铝)；

7——传动滑轮支撑杆；

8——带槽轴；

9——密封低摩擦轴承；

10——3 kg 测试单丝滑轮线；

11——重荷。

图 6 标定力矩的滑轮装置示意图

7 试样

试样按 GB/T 19494.1 或按 GB 475 采取，按 GB/T 19494.2 或 GB 474 制备出 4 kg 粒度小于 6 mm 的试验室煤样。将煤样在盘中摊开成薄层，于不超过 40 ℃温度下干燥，使之与试验室大气达到平衡。达到平衡后，不再继续进行干燥，以确保煤样的塑性不因氧化而改变。干燥后，将煤样缩分出 500 g。将 500 g 煤样分成 4 份，取其一份用逐级破碎方法破碎到通过 0.425 mm 筛子。破碎时要最大限度地减少粉煤产率。所得试样中粒度小于 0.2 mm 细粉应少于最后试样的 50%。

充分混合煤样，最好用机械法混匀，用多点取样法从不同部位，取出 5 g 试样，在样品制备后 8 小时内完成重复测定。尽量避免拖延，以免煤样变质或氧化而对塑性产生显著影响。煤样应冷藏或保存于惰性气氛中，以降低煤样的氧化程度。

8 测定步骤

8.1 将电磁离合器或磁滞制动器调节到 101.6 g·cm±5.1 g·cm。

8.2 将图 5 所示的装样装置的 9 kg 静荷取下，提起动荷，将已插入搅拌桨的坩埚置入装样装置。在坩埚中加入 5.0 g 煤样。装样时用手指小心地转动搅拌桨，使煤样填入桨臂下空隙中。放下静荷与动荷，并确保全部重荷都传递到煤样上。使 1 kg 的动荷从 115 mm 高处自由落下 12 次，将煤样压实。

注：对于难压实的煤样，可在压实前在靠近煤样表面的搅拌桨轴上加(1～3)滴甲苯或润滑油，非常干的煤样可在装样前加几滴水并充分混和。

8.3 从装样装置中取出坩埚，拧上坩埚盖，此时要特别小心不要改变搅拌桨在煤样中的状态。将坩埚和搅拌桨旋入甑中，并使搅拌桨位于导向环中央位置。将甑旋入吉氏塑性仪头，并确保搅拌桨顶部进入轴末端的槽口中。为防止卡住，应确保搅拌桨顶部和槽顶部之间有 1 mm 间隙。

8.4 将装好的煤甑降下至坩埚底部进入温度为 300 ℃的熔融焊料浴中 75 mm 深度处，按 5.3 所述将热电偶插入浴槽中。控制加热速度，使甑体进入后(10±2)min 内浴槽回到初始温度，此后整个过程中控制加热速度为(3.0±0.1)℃/min。当转鼓转速或电子传感器读数达到 1.0 dd/min 时，以 1 min 间隔读取温度和转动度数，直到转鼓不再转动。

注：经验表明，要想获得能真实表征煤相对塑性的流动度值，需对力矩进行正确调节。有些煤尤其是坩埚膨胀序数高的煤在甑管内膨胀，使搅拌桨“挤住”或速度变慢使流动度结果偏低，这对流动度测值高于 5 000 dd/min 的煤会比较明显。

9 试验器具清理

9.1 每次试验结束后，清理搅拌桨和坩埚上的所有残炭。

9.2 除去排气管内的残留物，使之保持原有的内径。

9.3 每 100 次试验后，清洗滚珠轴承并上少许油或更换轴承。

9.4 每 100 次试验后，检查热电偶套管是否损坏。

10 结果计算和表述

10.1 将记数器和转动读数，换算成相应的转鼓转速(每分钟刻度盘度)。烟煤流动范围宽，为此可以每分钟刻度盘度的对数值为纵坐标，温度的算术值为横坐标作图表示。

10.2 每一煤样做两次重复测定，以平均值报出。

10.3 报告包括以下内容：

a) 特征温度即初始软化温度、最大流动温度、最后流动温度、固化温度和塑性范围，修约到 1 ℃报出；

b) 最大流动度(dd/min)按以下规定修约后报出：

1） 0 至 50 修约到 1；
2） 50 至 100 修约到 10；
3） 100 至 1 000 修约到 50；
4） 1 000 至 10 000 修约到 100；
5） 10 000 以上修约到 1 000。

c） 最大流动度也可用以 10 为底的对数值表示，修约到小数后 2 位报出。

11 方法精密度

对同一试样所做的 2 次重复测定结果，相差不得超过表 1 规定。

如果第一对重复测定的差值大于表 1 规定的重复性限值，则进行第二对重复测定。如果第二对重复测定的差值满足表 1 的规定，则取第二对重复测定的平均值，否则取四次测定的平均值作为报告值。

表 1 恒力矩吉氏塑性仪法测定煤的塑性精密度

特性指标		重复性限
最大流动度/dd/min	<10	—
	10～100	30%（相对）
	100～1 000	25%（相对）
	>1 000	20%（相对）
特征温度/℃	初始软化温度	8
	最大流动度温度	8
	固化温度	8

12 试验报告

试验报告至少应包括以下信息：

a） 样品编号；
b） 依据标准；
c） 使用的方法；
d） 试验结果；
e） 与标准的任何偏离；
f） 试验中出现的异常现象；
g） 试验日期。

ICS 73.040
D 21

中华人民共和国国家标准

GB/T 25214—2010

煤中全硫测定　红外光谱法

Determination of total sulfur in coal by IR spectrometry

(ISO 19579:2006,Solid mineral fuels—Determination of sulfur by IR spectrometry,MOD)

2010-09-26 发布　　　　2011-02-01 实施

中华人民共和国国家质量监督检验检疫总局
中国国家标准化管理委员会　发布

前　言

本标准修改采用 ISO 19579:2006《固体矿物燃料　红外光谱法测定硫含量》。

本标准根据 ISO 19579:2006 重新起草。在附录 A 中列出了本标准章条编号与 ISO 19579:2006 章条编号的对照一览表。

考虑到我国国情,在采用 ISO 19579:2006 时,本标准做了一些修改。有关技术性差异已编入正文中并在它们所涉及的条款的页边空白处用垂直单线标识。在附录 B 中给出了这些技术性差异及其原因的一览表以供参考。

本标准与 ISO 19579:2006 的主要技术性差异如下:

——样品燃烧温度用 1 300 ℃代替 1 350 ℃;

——增加仪器装置示意图和组成系统说明;

——称样量用 0.3 g 左右代替(0.2～0.5)g;

——将步骤中的标定内容和校准核查合并形成单独的条款,并增加了详细的标定步骤要求;

——方法的精密度按中国国内的协同试验确定,并根据全硫含量范围分段给出。

为便于使用,本标准还做了下列编辑性修改:

——“本国际标准”改为“本标准”;

——用小数点“.”代替作为小数点的逗号“,”;

——删除 ISO 19579:2006 的前言和引言。

本标准的附录 A 和附录 B 为资料性附录。

本标准由中国煤炭工业协会提出。

本标准由全国煤炭标准化技术委员会(SAC/TC 42)归口。

本标准起草单位:煤炭科学研究总院煤炭分析实验室、长沙开元仪器有限公司。

本标准主要起草人:皮中原、尹杨林、吴扬、刘长江。

本标准为首次制定。

煤中全硫测定　红外光谱法

1　范围

本标准规定了高温燃烧红外光谱法测定煤中全硫的方法提要、试剂和材料、仪器设备、测定、标定和方法精密度等。

本标准适用于褐煤、烟煤、无烟煤和焦炭。

2　规范性引用文件

下列文件中的条款通过本标准的引用而成为本标准的条款。凡是注日期的引用文件，其随后所有的修改单(不包括勘误的内容)或修订版均不适用于本标准，然而，鼓励根据本标准达成协议的各方研究是否可使用这些文件的最新版本。凡是不注日期的引用文件，其最新版本适用于本标准。

GB/T 212　煤的工业分析方法(GB/T 212—2008，ISO 11722：1999，Solid mineral fuels—Hard coal—Determination of moisture in the general analysis test sample by drying in nitrogen；ISO 1171：1997，Solid mineral fuels—Determination of ash；ISO 562：1998，Hard coal and coke—Determination of volatile matter，NEQ)

GB/T 483　煤质分析试验方法一般规定(GB/T 483—2007，ISO 1213：1992，Solid mineral fuels—Vocabulary—Part 2：Terms relating to sampling，testing and analysis，NEQ)

3　方法提要

煤样在 1 300 ℃高温下，于氧气流中燃烧分解。气流中的颗粒和水蒸气分别被玻璃棉和高氯酸盐吸附滤除后通过红外检测池，其中的二氧化硫由红外检测系统测定。仪器使用前需用标准物质标定，煤样中全硫的含量根据预先的标定由微型计算机计算。

4　试剂和材料

4.1　无水高氯酸镁[$Mg(ClO_4)_2$]：粒状或片状。

4.2　氧气：纯度不小于 99.5%。

4.3　玻璃棉。

4.4　燃烧舟：耐温 1 300 ℃以上。

4.5　煤标准物质：带有全硫含量的有证煤标准物质。

5　仪器设备

5.1　红外光谱仪：组成如图 1 所示，主要部件如下：

a)　管式高温炉：燃烧区温度能保持在(1 300±10)℃，有与燃烧舟长度相适应的恒温区，其中燃烧管在工作温度下应气密，附有铂铑-铂热电偶测温及控温装置；

b)　气体净化系统：由玻璃棉滤柱和高氯酸镁柱构成；

c)　微机控制处理系统：主要功能有：分析条件选择设置、分析过程的监控和报警中断、分析数据的采集、计算、校正处理等；

d)　红外检测系统：非色散红外检测系统。

5.2　分析天平：感量 0.1 mg。

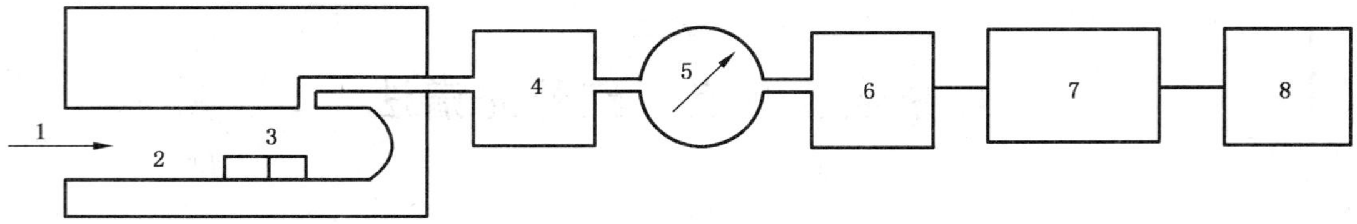

1——氧气流；
2——管式高温炉燃烧管；
3——样品燃烧舟；
4——气体净化系统；
5——流量调节系统；
6——红外检测系统；
7——微机控制处理系统；
8——打印机。

图 1 仪器组成示意图

6 测定

按照仪器使用说明书开启和调试仪器，在燃烧舟中称取 0.3 g 左右，粒度小于 0.2 mm 的一般分析煤样(称准至 0.000 2 g)，待燃烧管温度升至 1 300 ℃后，通入氧气，并调节氧气流量为 3.0 L/min，将装有一般分析煤样的燃烧舟推入燃烧管的恒温区，待燃烧完全后仪器显示和(或)打印出样品中的硫毫克数或质量分数，取出燃烧舟。正式测定前至少测定 2 次煤样测定使仪器处于稳定状态。

注：全硫含量大于 4%时，适当减少称样量。

7 标定

7.1 标定方法

使用有证煤标准物质、按以下方法之一进行测硫仪标定。

7.1.1 多点标定法：选用多个不同含量的有证煤标准物质进行标定，这些标准物质的硫含量应能覆盖被测样品的硫含量范围。

7.1.2 单点标定法：选用与被测样品硫含量相近的标准物质进行标定。

7.2 标定程序

7.2.1 按 GB/T 212 测定有证煤标准物质的空气干燥基水分，换算硫标准值为空气干燥基全硫 $S_{t,ad}$。

7.2.2 按测定步骤，使用被标定仪器测定有证煤标准物质的全硫含量。每一标准物质重复测定 4 次，以 4 次测定值的平均值为有证煤标准物质的全硫测定值。

7.2.3 将有证煤标准物质的全硫测定值和标准值(换算的空气干燥基值)输入测硫仪(或仪器自动读取)，生成工作曲线或校正系数。

注：有些仪器可能需要人工计算该校正系数，计算后将该系数输入到测硫仪。

7.3 标定有效性核验

另外选取(1～2)个有证煤标准物质或者其他控制样品，用已完成标定的测硫仪测定其全硫含量，若测定值与标准值(或控制值)之差在标准值(或控制值)和测定值的合成不确定度范围内，说明标定有效，否则应查明原因，重新标定。

7.4 标定检查

标定检查是在样品测定期间使用已知全硫含量的煤样或者有证煤标准物质进行测定，当测定值不在已知煤样测定值的重复性限内或标准值的不确定度范围内时，应查找原因，解决问题，必要时按 7.2 步骤重新标定仪器，并且对检查前完成的试验结果重新测定。标定检查推荐在每批样品试验的开始和结束时进行,样品量大时在试验中间插入(1～2)次。

8 结果表述

被测样品的全硫含量(以质量分数计,%)以重复测定结果的平均值,按 GB/T 483 修约到 0.01%报出。

9 方法的精密度

全硫测定的重复性限和再现性临界差如表 1 规定。

表 1 红外光谱法测定煤中全硫精密度

全硫含量范围 S_t/%	重复性限 $S_{t,ad}$/%	再现性临界差 $S_{t,d}$/%
<1.50	0.05	0.15
1.50～4.00	0.10	0.25
>4.00	0.20	0.35

10 试验报告

试验报告至少应包括以下信息:

a) 样品编号;

b) 依据标准;

c) 使用的方法;

d) 试验结果;

e) 与标准的任何偏离;

f) 试验中出现的异常现象;

g) 试验日期。

附 录 A
（资料性附录）
本标准章条编号与 ISO 19579:2006 章条编号对照

本标准章条编号与 ISO 19579:2006 章条编号对照见表 A.1。

表 A.1 本标准章条编号与 ISO 19579:2006 章条编号对照

本标准章条编号	对应国际标准章条编号
—	引言
1	1
2	2
3	3
4	5
4.1	5.1
4.2	5.2
4.3	5.3
4.4	4.1c)
4.5	5.4
5	4
5.1	—
5.1a)	4.1a) 4.1b)
5.1b)	4.1d)
5.1c)	—
5.1d)	4.1e)
5.2	4.2
6	7
7	7
7.1	7
7.1.1	7
7.1.2	7
7.2	—
7.2.1	—
7.2.2	—
7.2.3	—
7.3	7
7.4	8
8	9
9	10
10	11

附　录　B
（资料性附录）
本标准与 ISO 19579:2006 的技术性差异及其原因

本标准与 ISO 19579:2006 的技术性差异及其原因见表 B.1。

表 B.1　本标准与 ISO 19579:2006 技术性差异及其原因

本标准章条编号	技术性差异	原　因
—	删除国际标准中引言	引言无实际意义
2	引用了中国标准 GB/T 212 和 GB/T 483，而非国际标准	适合中国国情，与本标准相适应
3	燃烧温度修改为 1 300 ℃	根据试验 1 300 ℃能满足测定要求，并且增加燃烧管寿命
5.1	增加仪器组成示意图	使标准表述更清晰，利于说明
5.1a)	增加燃烧管气密性要求	提高仪器技术水平，保证测定精密度
5.1c)	增加微机控制处理系统组成说明	使标准表述更清晰
6	删除煤样制备内容	国内已有煤样制备标准，本标准无特殊要求
	调整标准结构，加入测定步骤内容	使表述更适合中文表达习惯
	称样量由(0.2～0.5)g 改为 0.3 g 左右	试验表明(0.4～0.5)g 称样量常导致结果不准确
7.2	增加标定具体步骤	强调标定的可靠性和可操作性
9	精密度按照全硫含量分段给出	根据协同试验结果确定